CALCULO DIFERENCIAL

PARA

ADMINISTRACION
Y
ECONOMIA

SEGUNDA EDICION

Jorge Sáenz

HIPOTENUSA

2007

Cálculo Diferencial para Administración y Economía

Jorge Sáenz

Depósito Legal: Lf05120075101848

ISBN: 978-980-6588-06-6

Editado y distribuido por:

Editorial Hipotenusa

Lima, Perú

E-mail: info@hipotenusaonline.com

www.hipotenusaonline.com

Reimpresión Internacional - Segunda Edición, 2007

CONTENIDO

PROLOGO

Después de una larga espera presentamos esta segunda edición de *Cálculo Diferencial para Administración y Economía.*

En esta edición, al igual que en la primera, se ha buscado equilibrar la teoría y la práctica. La teoría es acompañada de numerosos ejemplos. Cada sección presenta una sección de problemas resueltos, donde muchos problemas típicos de relevancia son desarrollados con todo detalle. La gran mayoría de teoremas son presentados con sus respectivas demostraciones. Cuando la demostración no es corta, ésta es presentada como un problema resuelto.

Esta segunda edición trae algunos cambios notables respecto a la primera. Entre estos cambios tenemos:

1. Con el ánimo ayudar a los estudiantes a refrescar y complementar sus conocimientos de matemática de la secundaria, se han agregado los dos primeros capítulos, que cubren los puntos claves del álgebra elemental.

2. Se ha incorporado al texto las funciones exponenciales y logarítmicas. Este hecho nos traerá dos ventajas muy significativas. En primer lugar, nos permitirá tratar tempranamente temas importantes como la derivación logarítmica. En segundo lugar, los ejemplos y aplicaciones serán más interesantes y más variados.

3. A lo largo de todo texto presentamos biografías y partes histórica relacionadas con los temas tratados.

Dejo testimonio de agradecimiento a mis colegas y mis estudiantes que me han ayudado en la confección de estas dos ediciones. Ellos son numerosos y están repartidos entre la UCLA, el Tecnológico Andrés Eloy Blanco, la Universidad Fermín Toro y la Universidad de Yacanbú. No doy nombres porque la lista es larga y, además, temo omitir algunos nombres.

Jorge Sáenz Camacho

0

PRELIMINARES ALGEBRAICOS

Pitágoras de Samos
(569–475 A. C.)

*PITAGORAS DE SAMOS nació en la isla griega de Samos alrededor del año 569 A.
C. Su padre fue un mercader de Tiro. Cuando joven, acompañó a su padre en sus viajes
de negocios a Caldea, Siria, Italia y otras regiones. Cuando tenía 29 años, visitó al
matemático **Thales** y a **Anaximander** (discípulo de Thales), en la ciudad de **Mileto**. Allí
recibió lecciones de Geometría y Astronomía, de parte de Anaximander.*

*En el año 535 A. C, los persas invadieron Egipto derrotándolos en la batalla de
Pelusium en el delta del Nilo. Tomaros algunos prisioneros, entre los que se encontraba
Pitágoras. Fueron llevados a Babilonia. Pitágoras permaneció allí algún tiempo,
aprendiendo algunos principios religiosos propios de esta cultura. El año 520 A. C.
regresó a Samos. Alrededor del 518 AC, supuestamente huyendo de una tiranía en
Samos, se mudó a **Crotona**, una colonia griega al sur de Italia. Allí fundó un
movimiento con propósitos científicos, filosóficos, religiosos, llamado el **Pitagorismo**.
Esta escuela adoptó ciertos principios y misterios, propios de los cultos de la antigua
Grecia. Los pitagóricos eran vegetarianos, no poseían propiedades personales,
practicaban la obediencia y el silencio. Sostenían que todas las relaciones que aparecen
en la matemática, la música, la Astronomía, etc, se pueden reducir a relaciones entre
números. Para ellos, en un inicio, número quería decir, número racional. Cuando uno
de ellos (Hippasus de Metapontum) descubrió los números irracionales, su filosofía
tambaleó. Decidieron guardar silencio sobre este hallazgo, quitándole la vida al
descubridor.*

*Actualmente, Pitágoras es conocido por el teorema que lleva su nombre. Se dice que
este teorema fue conocido por los babilonios, 1.000 años antes. Sin embargo, él (o
alguno de los pitagóricos) fue el primero en demostrarlo.*

*En el año 508, los pitagóricos fueros perseguidos. Pitágoras huyó a Metapontum,
otra colonia griega en Italia al norte de Crotona, donde, según algunos historiadores,
muere el año 500 A. C. Otros historiadores sostienen que regresó a Crotona y que
siguió dirigiendo su sociedad hasta su muerte en el año 475 A. C.*

ACONTECIMIENTOS IMPORTANTES

*Durante la vida de Pitágoras, en América sucedieron los siguientes hechos notables:
En América Central, la civilización Maya estaba viviendo los últimos años de su
periodo preclásico (2000 A. C. 100 D. C.). Comienza la construcción de las pirámides.
En el Perú se desarrollaba la cultura Chavín de Huantar (2000 A. C. 600 D. C.). Las
culturas inca y azteca aparecen mucho más tarde, siglos XII y XIV de nuestra era,
respectivamente*

SECCION 0.1
UN POQUITO DE LOGICA

Antes de iniciarnos en el desarrollo de Cálculo necesitamos ponernos de acuerdo en algunas notaciones y en revisar algunos conceptos muy generales que son propias de toda teoría matemática.

La gran mayoría de los teoremas que encontraremos más adelante tiene la forma de una proposición condicional:

Si *H*, entonces *T*, que se simboliza así: $H \Rightarrow T$.

En expresión anterior, *H* es la **hipótesis** y *T* es la *tesis*.

Recordemos que un **axioma** es una proposición que, por convención, admitimos que es verdadero, sin el requisito de una demostración. En cambio, un **teorema**, para ser admitido como tal, requiere de una **demostración** o **prueba**. Una demostración es una secuencia de proposiciones que termina con la tesis, donde cada paso de la secuencia es una hipótesis, un axioma o un teorema previamente demostrado.

La **proposición recíproca** de la proposición $P \Rightarrow Q$ es la proposición $Q \Rightarrow P$.

A la proposición compuesta que consiste de una proposición y su recíproca, $P \Rightarrow Q$ y $Q \Rightarrow P$, se llama **proposición bicondicional** de *P* y *Q* y se simboliza así:

$$P \Leftrightarrow Q \text{ y se lee } P \text{ si y sólo si } Q.$$

Toda definición, aunque a veces no se lo exprese explícitamente, es una proposición bicondicional.

Algunos teoremas tiene la forma bicondicional, $P \Leftrightarrow Q$. En este caso, en realidad estamos al frente de dos teoremas: $P \Rightarrow Q$ y su recíproco $Q \Rightarrow P$. Esto significa que para probar $P \Leftrightarrow Q$, debemos aportar dos demostraciones: $P \Rightarrow Q$ y $Q \Rightarrow P$.

En nuestra exposición nos encontraremos con muchos teoremas, unos más importantes que otros. A los teoremas de los cuales pensamos que no son tan relevantes, los llamamos simplemente proposiciones.

Con frecuencia, con el ánimo de simplificar la escritura, usaremos los siguientes símbolos:

1. $\forall$, que significa: **para todo.**

2. $\exists$, que significa: **existe.**

3. $\exists!$, que significa: **existe y es único**

4. $\wedge$, que significa: **y** (conjunción lógica)

5. $\vee$, que significa: **o** (disyunción lógica)

SECCION 0.2
EL SISTEMA DE LOS NUMEROS REALES

LOS NUMEROS REALES Y LA RECTA NUMERICA

Presentamos brevemente el sistema de los números reales.

Un conjunto de números muy conocido es el conjunto de los **números enteros:**

$$\mathbb{Z} = \{ \ldots, -3, -2, -1, 0, 1, 2, 3, \ldots \}$$

Este contiene, como subconjunto, al conjunto de los **números naturales:**

$$\mathbb{N} = \{ 0, 1, 2, 3, \ldots \}$$

Otra clase importante de números son los **números racionales,** a los que se les conoce comúnmente con el nombre de números fraccionarios. Un número racional es un cociente de dos números enteros, donde el denominador es siempre distinto de 0. Así, son números racionales los siguientes:

$$\frac{1}{2}, \quad \frac{-3}{4}, \quad \frac{5}{-2}, \text{ etc.}$$

Todo número entero es un número racional de denominador 1. Así,

$$2 = \frac{2}{1}, \quad -5 = \frac{-5}{1}.$$

Es usual denotar al conjunto de los números racionales con la letra $\mathbb{Q}$. Esto es

$$\mathbb{Q} = \left\{ \frac{a}{b} \,/\, a, b \in \mathbb{Z} \ \text{ y } \ b \neq 0 \right\}$$

Todos sabemos expresar un número mediante su expresión decimal. Así

a. $\frac{1}{2} = 0.500\ldots$ **b.** $\frac{1}{3} = 0.333\ldots$ **c.** $\frac{11}{6} = 1.8333\ldots$

Observen la periodicidad de estas expresiones decimales.

El siguiente resultado caracteriza a los números racionales:

Un número es racional si, y sólo si su expresión decimal es periódica.

Un **número irracional** es un número que tiene una expresión decimal no periódica. Como ejemplos de números irracionales tenemos $\sqrt{2}$, $\sqrt{3}$, $\sqrt[3]{2}$, el famoso número π y el no menos famoso número e, base de los logaritmos naturales. Algunas cifras de sus expresiones decimales $\sqrt{2}$, π de e son:

$$\sqrt{2} = 1.41415\ldots \qquad \pi = 3.14159\ldots \qquad e = 2.7182818284\ldots$$

El conjunto $\mathbb{R}$ de los números reales es el conjunto formado por la unión del conjunto de los números racionales con el conjunto de los números irracionales. Si denotaremos con $\mathbb{I}$ al conjunto de los números irracionales, entonces

$$\mathbb{R} = \mathbb{Q} \cup \mathbb{I}$$

Una representación geométrica de los números reales se obtiene identificando a cada uno de éstos con un punto de una recta fija, la cual orientamos eligiendo una dirección positiva (a la derecha), que indicamos mediante una flecha. Fijamos un punto de la recta al que le damos el nombre de **origen**, y le asignamos el entero **0**. Elegimos una unidad de longitud y mediante ésta localizamos el punto que está a la derecha del origen a una distancia igual a la unidad escogida. A este punto le asignamos el entero 1. El punto que está a la izquierda del origen a una distancia igual a la unidad, le asignamos el entero -1. Si x es un real positivo, le asignamos el punto que está a una distancia x a la derecha del origen. Si x es negativo ($-x$ es positivo), le asignamos el punto que está a una distancia $-x$ a la izquierda del origen.

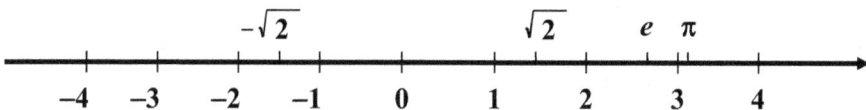

Hacemos, ahora, una afirmación fundamental:

> **La correspondencia establecida entre los números reales y los puntos de la recta es una correspondencia biunívoca. A cada número real le corresponde un único punto y a cada punto le corresponde un único número real.**

A la recta, provista de esta correspondencia, la llamaremos **recta real** o **recta numérica**. Se llama **coordenada** de un punto al número real que le asigna esta correspondencia. Por razones de comodidad, muchas veces identificaremos a cada punto de la recta numérica con su coordenada. Así, por ejemplo, diremos "el punto 2" para indicar al punto que le corresponde el número 2.

En el conjunto $\mathbb{R}$ tenemos dos operaciones fundamentales: La **adición** y la **multiplicación**. Las otras dos operaciones básicas, la **sustracción** y la **división**, se definen en términos de las dos primeras. El sistema de los números reales se construye a partir de 15 axiomas. A continuación presentamos los axiomas que gobiernan la adición y la multiplicación. En el capítulo 2 presentamos los axiomas que gobiernan la relación "menor" (propiedades básicas de las desigualdades). Además se tiene el axioma de completitud de $\mathbb{R}$, el cuál sólo lo mencionamos.

PROPIEDADES DE LA ADICION Y MULTIPLICACION

Sean a, b y c tres números reales cualesquiera. Se tiene:

I. $a + b = b + a$ **Ley conmutativa de la adición.**

    Ejemplo: $4 + 5 = 5 + 4$ El orden de los sumandos no altera la suma.

II. $ab = ba$ **Ley conmutativa de la multiplicación.**

   Ejemplo: $3 \cdot 7 = 7 \cdot 3$ El orden de los factores no altera el producto.

III. $a + (b + c) = (a + b) + c$ **Ley asociativa de la adición.**

   Ejemplo: $2 + (5 + 8) = (2 + 5) + 8$ Cuando se suman tres números, no importa cuales dos sumamos primero.

IV. $a(bc) = (ab)c$ **Ley asociativa de la multiplicación.**

   Ejemplo: $2 \cdot (5 \cdot 8) = (2 \cdot 5) \cdot 8$ Cuando se multiplican tres números, no importa cuales dos multipliquemos primero.

V. $a(b + c) = ab + ac$ **Ley distributiva.**

   Ejemplo: $2 \cdot (5 + 8) = 2 \cdot 5 + 2 \cdot 8$ El resultado de multiplicar un número por la suma de otros dos, es el mismo que se obtiene multiplicando el número por cada término y sumando los resultados.

VI. $a + 0 = a, \forall\, a \in \mathbb{R}$ **0 es el elemento neutro de la adición.**

   Ejemplo: $3 + 0 = 3$ Sumar 0 a cualquier número, no altera el número.

VII. $1 \cdot a = a, \quad \forall\, a \in \mathbb{R}$ **1 es el elemento neutro de la multiplicación**

   Ejemplo: $1 \cdot 3 = 3$ Multiplicar por 1 a cualquier número, no altera el número

VIII. Inverso aditivo:

   Para todo número real a existe un único número real, denotado por $-a$, tal que

$$a + (-a) = 0$$

Simbólicamente: $\forall\, a \in \mathbb{R} \;\exists\, -a \in \mathbb{R}$ **tal que** $a + (-a) = 0$.

   El número $-a$ es denominado **el inverso aditivo de a**.
   Ejemplo: $5 + (-5) = 0$

IX. Inverso multiplicativo:

   Para todo número real $a \neq 0$, existe un único número real, denotado por a^{-1}, tal que

$$a \cdot a^{-1} = 1$$

Simbólicamente: $\forall\, a \in \mathbb{R}$ **tal que** $a \neq 0$, $\exists\, a^{-1} \in \mathbb{R}$ **tal que** $a \cdot a^{-1} = 1$

   El número a^{-1} es denominado **el inverso multiplicativo de a o recíproco de a y también se lo denota por** $\dfrac{1}{a}$. Esto es, $a^{-1} = \dfrac{1}{a}$.

   Ejemplo: Para 5, tenemos $5^{-1} = \dfrac{1}{5}$ y se tiene $5 \times 5^{-1} = 5 \times \dfrac{1}{5} = 1$

LA SUSTRACCION O RESTA DE NUMEROS REALES

DEFINICION. Diferencia.

Dados dos números reales a y b se llama **diferencia** de a y b al número real $a - b$ que es la suma de a con el inverso aditivo de b:

$$a - b = a + (-b)$$

La sustracción o resta es la operación que hace corresponder a cada par de números reales (a, b) su diferencia $a - b$.

PROPIEDADES DEL INVERSO ADITIVO

1. $(-1)\, a = -a$ **2.** $-(-a) = a$

3. $(-a)\, b = a(-b) = -(ab)$ **4.** $(-a)\,(-b) = ab$

5. $-(a + b) = -a - b$ **6.** $-(a - b) = -a + b$

EJEMPLO 1. Haciendo uso de las propiedades antes enunciadas, simplificar:

     1. $(-2)\,(-3)\,(-6\,)$ **2.** $-(\,a + b - 3)$ **3.** $(-5)[3x + (-2)]$

Solución

1. $(-2)\,(-3)\,(-6) = (-2)\,[\,(-3)\,(-6)]$ (ley asociativa)

            $= (-2)\,[\,3 \times 6] \; = \; (-2)\,[\,18]$ (por 4)

            $= -[\,2 \times 18]$ (por 3)

            $= -36$

2. $-(a + b - 3) = -a - b - (-3)$ (por 5)

            $= -a - b + 3$ (por 2)

3. $(-5)\big[3x + (-2)\big] = (-5)(3x) + (-5)\,(-2)]$ (ley distributiva)

            $= -(5(3x)) + \; 5 \times 2$ (por 3 y 4)

            $= -((5 \times 3)x)) + 10$ (ley asociativa)

            $= -15x + 10$

DIVISION DE NUMEROS REALES

DEFINICION. Cociente.

Dados dos números reales a y b, siendo $b \neq 0$, se llama **cociente** de a **entre** b al número real $\dfrac{a}{b}$ que es el producto de a con el inverso multiplicativo de b. Esto es,

$$\frac{a}{b} = a \cdot b^{-1} = a \cdot \frac{1}{b}$$

La división es la operación que hace corresponder a cada par de números reales **(a, b)** su cociente $\dfrac{a}{b}$.

Al cociente $\dfrac{a}{b}$ la llamaremos también **la fracción de a sobre b**. El número **a es el numerador** y **b es el denominador** de la fracción.

PROPIEDADES DE LAS FRACCIONES

1. $\dfrac{a}{b} \cdot \dfrac{c}{d} = \dfrac{ac}{bd}$ **Para multiplicar fracciones, multiplicar numeradores y denominadores**

$$\text{Ejemplo: } \frac{3}{5} \times \frac{6}{7} = \frac{3 \times 6}{5 \times 7} = \frac{18}{35}$$

2. $\dfrac{a}{b} \div \dfrac{c}{d} = \dfrac{a}{b} \cdot \dfrac{d}{c}$ **Para dividir fracciones, invierta el divisor y multiplique**

$$\text{Ejemplo: } \frac{3}{5} \div \frac{4}{7} = \frac{3}{5} \times \frac{7}{4} = \frac{3 \times 7}{5 \times 4} = \frac{21}{20}$$

3. $\dfrac{a}{b} + \dfrac{c}{b} = \dfrac{a+c}{b}$ **Para sumar fracciones que tienen el mismo denominador, sumar los numeradores.**

$$\text{Ejemplo: } \frac{3}{5} + \frac{4}{5} = \frac{3+4}{5} = \frac{7}{5}$$

4. $\dfrac{a}{b} + \dfrac{c}{d} = \dfrac{ad+bc}{bd}$ $\quad$ $\text{Ejemplo: } \dfrac{3}{5} + \dfrac{6}{7} = \dfrac{3 \times 7 + 6 \times 5}{5 \times 7} = \dfrac{21+30}{35} = \dfrac{51}{35}$

5. $\dfrac{ac}{bc} = \dfrac{a}{b}$, $c \neq 0$ **Cancelar factores que son comunes al numerador y al denominador.**

$$\text{Ejemplo: } \frac{3 \times 6}{5 \times 6} = \frac{3}{5}$$

6. $\dfrac{a}{b} = \dfrac{c}{d} \Rightarrow ad = bc$ **Si dos fracciones son iguales, los productos cruzados son iguales.**

$$\text{Ejemplo: } \frac{3}{5} = \frac{6}{10} \Rightarrow 3 \times 10 = 5 \times 6$$

7. $\dfrac{-a}{b} = \dfrac{a}{-b} = -\dfrac{a}{b}$ **En fracción se puede cambiar 2 de los tres signos sin**

alterar la fracción

Ejemplo: $\dfrac{-3}{5} = \dfrac{3}{-5} = -\dfrac{3}{5}$

EJEMPLO 2. Efectuar las operaciones indicadas y simplificar

$$\textbf{1.}\ \frac{6}{5} \times \frac{-35}{36} \qquad\qquad \textbf{2.}\ \frac{-9}{10} \div \frac{-3}{5}$$

Solución

1. $\dfrac{6}{5} \times \dfrac{-35}{36} = \dfrac{6(-35)}{5 \times 36} = \dfrac{-6(35)}{5 \times 36}$ (por 4)

$= \dfrac{-2 \times 3 \times 5 \times 7}{5 \times 2 \times 2 \times 3 \times 3}$ (factorizando)

$= \dfrac{-7}{2 \times 3} = \dfrac{-7}{6} = -\dfrac{7}{6}$ (cancelando y aplicando 7)

2. $\dfrac{-9}{10} \div \dfrac{3}{-5} = \dfrac{-9}{10} \cdot \dfrac{-5}{3} = \dfrac{(-9)(-5)}{10 \times 3} = \dfrac{(9)(5)}{10 \times 3}$ (por 2 y por 1)

$= \dfrac{3 \times 3 \times 5}{2 \times 5 \times 3} = \dfrac{3}{2}$ (factorizando y cancelando)

EJEMPLO 3. Efectuar la operación indicada y simplificar $\dfrac{3}{8} - \dfrac{5}{12}$

Solución

Método 1. Mediante la propiedad 4:

$$\frac{3}{8} - \frac{5}{12} = \frac{3 \times 12 - 5 \times 8}{12 \times 8} = \frac{36 - 40}{96} = \frac{-4}{96} = \frac{-2^2}{2^5 \times 3} = \frac{-1}{2^3 \times 3} = -\frac{1}{24}$$

Método 2. Mediante el **Mínimo Común Denominador (MCD)**:

El mínimo común denominador es mínimo común múltiplo de los denominadores.

Descomponemos los denominadores en sus factores primos.

$$8 = 2^3 \quad \text{y} \quad 12 = 2^2 \times 3$$

El mínimo común múltiplo es el producto de los factores comunes y no comunes con el mayor exponente. Luego,

El mínimo común denominador de $\dfrac{3}{8}$ y $\dfrac{5}{12}$ es $2^3 \times 3 = 24$

Ahora,

$$\frac{3}{8} - \frac{5}{12} = \frac{3 \times 3}{24} - \frac{5 \times 2}{24} = \frac{3 \times 3 - 5 \times 2}{24} = \frac{9 - 10}{24} = -\frac{1}{24}$$

ORDEN EN $\mathbb{R}$

Admitimos la existencia de un subconjunto no vacío de $\mathbb{R}$, que es el conjunto de los **números positivos**, al que denotaremos con $\mathbb{R}^+$. En la recta numérica, los números positivos son los que están a la derecha del origen. Este conjunto nos permite definir la relación $<$, que se lee "es menor que", del modo siguiente:

| **DEFINICION.** | $a < b \Leftrightarrow (b - a)$ **es positivo** |

Como consecuencia inmediata de esta definición obtenemos que:

a **es positivo** $\Leftrightarrow$ **0 < a**

De acuerdo a la recta numérica, $a < b$ significa que el punto que corresponde a a esta a la izquierda del punto que corresponde a b.

| **EJEMPLO 4.** | **a.** $2 < 6$, ya que $6 - 2 = 4$ y 4 es positivo |

b. $-4 < -1$, ya que $-1 - (-4) = 4 - 1 = 3$ y 3 es positivo.

| **DEFINICION.** | a **es negativo** $\Leftrightarrow$ $a < 0$ |

Las relaciones $>$, "**mayor que**" , $\leq$, "**menor o igual que**" y $\geq$, "**mayor o igual que**" se definen en términos de la relación $<$, del siguiente modo:

| **DEFINICION.** | 1. $a > b \Leftrightarrow b < a$ |

2. $a \leq b \Leftrightarrow a < b$ o $a = b$

3. $a \geq b \Leftrightarrow a > b$ o $a = b$

| **EJEMPLO 5.** | 1. $5 > 2$, ya que $2 < 5$ | 2. $3 \leq 7$, ya que $3 < 7$ |

3. $3 \leq 3$, ya que $3 = 3$ **4.** $6 \geq 4$, ya que $6 > 4$

INTERVALOS

Más adelante aparecerán con frecuencia ciertos conjuntos de números reales llamados **intervalos**, los que se definen en términos de las relaciones de desigualdad anteriores.

Dados dos números reales **a** y **b**, se llama:

1. Intervalo cerrado de extremos **a** y **b** al conjunto:

$$[a, b] = \{x \in \mathbb{R} / a \leq x \leq b\}$$

2. Intervalo abierto de extremos **a** y **b** al conjunto:

$$(a, b) = \{x \in \mathbb{R} / a < x < b\}$$

Notar que los extremos de un intervalo cerrado pertenecen al intervalo, mientras que un intervalo abierto excluye a estos extremos.

Intervalos semiabiertos

3. $[a, b) = \{ x \in \mathbb{R} / a \leq x < b \}$

4. $(a, b] = \{ x \in \mathbb{R} / a < x \leq b \}$

Intervalos infinitos

5. $[a, +\infty) = \{ x \in \mathbb{R} / a \leq x \}$

6. $(a, +\infty) = \{ x \in \mathbb{R} / a < x \}$

7. $(-\infty, a] = \{ x \in \mathbb{R} / x \leq a \}$

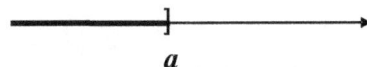

8. $(-\infty, a) = \{ x \in \mathbb{R} / x < a \}$

9. $(-\infty, +\infty) = \mathbb{R}$

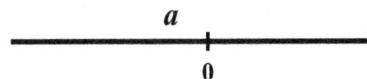

Geométricamente, el intervalo infinito 9 es toda la recta y los intervalos infinitos son semirrectas. Los símbolos $+\infty$, $-\infty$ son simples notaciones que usamos por comodidad. Ellos no representan ningún número real.

VALOR ABSOLUTO

Por conveniencia presentamos aquí, brevemente, el concepto de valor absoluto de un número real. Más adelante encontraremos una sección enteramente dedicada a este concepto.

DEFINICION. El **valor absoluto** de un número real a es el número real

$$|a| = \begin{cases} a, & si\ \ a \geq 0 \\ -a, & si\ \ a < 0 \end{cases}$$

O sea, el valor absoluto de un número real es igual al mismo número si éste es 0 ó positivo y es igual a su inverso aditivo si es negativo.

EJEMPLO 6.   **1.** $|-2| = -(-2) = 2$ **2.** $|8| = 8$ **3.** $|\pi| = \pi$

¿SABIA UD. QUE . . .

HIPPASUS DE METAPONTUM *vivió alrededor de año 500 A. C. Fue uno de los primeros discípulos de Pitágoras en Crotona. Hippasus fue quien descubrió la existencia de los números irracionales. Descubrió que la longitud de la diagonal de un cuadrado de lado 1 es $\sqrt{2}$, el cual no es un número racional.*

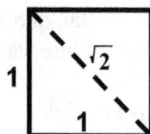

Hippasus divulgó su descubrimiento, ignorando el juramento de silencio instituida por la escuela pitagórica.

Se cuenta que los pitagóricos estaban navegando en alta mar cuando se enteraron de estos hechos. Reaccionaron con furia. Se sintieron traicionados. Ellos pregonaban que los números (naturales) y sus cocientes (números racionales positivos) eran la esencia del universo. Para castigar la supuesta traición, ahogaron a Hippasus lanzándolo al mar.

PROBLEMAS PROPUESTOS 0.2

En los problemas del 1 al 28, llevar a cabo las operaciones indicadas, dando la respuesta lo más simplificada posible.

1. $3(x-1) - x(x-5)$ **2.** $a[5(a-3) - 3(a+1)]$ **3.** $a^{-1}(a+3)$

4. $(2b)^{-1}(2b-8)$ **5.** $(ab)^{-1}(b-a)$ **6.** $(-2ab)^{-1}(4a - 10b)$

7. $\left(\dfrac{8}{15} \times \dfrac{6}{7}\right) \div \dfrac{4}{7}$ **8.** $\left(\dfrac{5a}{12} \times 3b\right) \div \dfrac{10ab}{4}$ **9.** $12ab \div \left(\dfrac{3a}{2} \times \dfrac{4}{3b}\right)$

10. $\left(\dfrac{8a}{5b} \times \dfrac{a}{10b}\right) \div \dfrac{2a}{15b}$ **11.** $\dfrac{x}{8y} - \dfrac{x}{3y}$ **12.** $\dfrac{3}{5x^2} + \dfrac{1}{2x}$

13. $\dfrac{x}{a} + \dfrac{x}{ab}$ **14.** $3\left(\dfrac{b}{3a} - \dfrac{2a}{b}\right) - \dfrac{a^2 + b^2}{ab}$ **15.** $-\dfrac{5}{21} + 1 - \dfrac{3}{7}$

16. $1 - \left(-\dfrac{3}{8}+\dfrac{2}{3}\right)$ **17.** $\left(\dfrac{1}{5}-2\right)-\left(\dfrac{1}{7}-2\right)$ **18.** $\dfrac{9}{10}\left(-\dfrac{5}{6}\right)$

19. $\left(-\dfrac{3}{4}\right)\left(-\dfrac{5}{27}\right)\left(-\dfrac{2}{25}\right)$ **20.** $(-5)\left(-\dfrac{1}{5}\right)\left(\dfrac{-3}{4}+\dfrac{-2}{-3}\right)$ **21.** $\left(\dfrac{1}{5}-\dfrac{2}{3}\right)\div\dfrac{1}{15}$

22. $\left(4\div\dfrac{8}{5}\right)-\left(\dfrac{9}{10}\div\dfrac{3}{2}\right)$ **23.** $\left(\dfrac{1}{3}+\dfrac{2}{5}+\dfrac{1}{30}\right)\div\dfrac{23}{30}$ **24.** $\dfrac{1/2\ -\ 3/4}{1/2\ +\ 3/4}$

25. $\left(\dfrac{1}{8}+\dfrac{3}{4}\right)\left(1-\dfrac{5}{12}\right)^{-1}$ **26.** $\dfrac{4a/5\ -\ 2a}{3a/10\ -\ 3a}$ **27.** $\dfrac{1/(5a)\ -\ 1/(6a)}{1/(6b)\ -\ 1/(7b)}$

28. $\left[\dfrac{5}{9a}\div\dfrac{10}{3a}\ -\ \dfrac{1}{4}\right]\div\left[\dfrac{4y}{5x}\ -\ \dfrac{y}{2x}\right]$

SECCION 0.3
EXPONENTES ENTEROS

DEFINICION.   **Exponente entero positivo.**

Si a es un número real y n un entero positivo, se llama **potencia de grado n de a** al número:

$$a^n = \underbrace{a\ a\ .\ .\ .\ a}_{n\ factores}$$

El número a es la **base** y el número n es el **exponente**.

De la definición anterior obtenemos que:

1. Toda potencia par de una cantidad negativa es positiva.

2. Toda potencia impar de una cantidad negativa es negativa.

EJEMPLO 1.

1. $3^1 = 3$ **2.** $5^4 = 5\cdot 5\cdot 5\cdot 5 = 625$

3. $(-2)^2 = (-2)\,(-2) = 4$ **4.** $(-4)^3 = (-4)(-4)(-4) = -64$

5. $\left(-\dfrac{2}{5}\right)^3 = \left(\dfrac{-2}{5}\right)^3 = \left(\dfrac{-2}{5}\right)\left(\dfrac{-2}{5}\right)\left(\dfrac{-2}{5}\right) = \dfrac{(-2)(-2)(-2)}{5\times5\times5} = \dfrac{-8}{125} = -\dfrac{8}{125}$

DEFINICION. **Exponente cero y exponente negativo.**

Si $a \neq 0$ es un número real y n un entero positivo, entonces

$$a^0 = 1 \quad \text{y} \quad a^{-n} = \frac{1}{a^n}$$

Observar que hemos evitado establecer que $0^0 = 1$. De haberlo hecho, hubiéremos incurrido en una inconsistencia. Ver el problema resuelto 4.

EJEMPLO 2.   **1.** $3^0 = 1$ **2.** $\left(-\frac{2}{5}\right)^0 = 1$

3. $5^{-3} = \frac{1}{5^3} = \frac{1}{125}$ **3.** $(-5)^{-3} = \frac{1}{(-5)^3} = \frac{1}{-125} = -\frac{1}{125}$

4. $3x^{-2} = 3\left(\frac{1}{x^2}\right) = \frac{3}{x^2}$

5. $(3x)^{-2} = \frac{1}{(3x)^2} = \frac{1}{(3x)(3x)} = \frac{1}{9x^2}$

TEOREMA 0.1   **Leyes de los exponentes.**

Si a y b son números reales y m y n números enteros, entonces

1. $a^n a^m = a^{n+m}$ Para multiplicar potencias de una misma base, sumar los exponentes.

2. $\dfrac{a^n}{a^m} = a^{n-m}$ Para dividir potencias de una misma base, restar los exponentes.

3. $\left(a^n\right)^m = a^{nm}$ Para elevar a una potencia una potencia, multiplicar los exponentes.

4. $(ab)^n = a^n b^n$ Para elevar a una potencia un producto, elevar a la potencia cada factor.

5. $\left(\dfrac{a}{b}\right)^n = \dfrac{a^n}{b^n}$ Para elevar a una potencia un cociente, elevar a la potencia el numerador y el denominador.

Demostración

Ver el problema resuelto 2 y el problema propuesto 24.

EJEMPLO 3.

1. $(-2)^3(-2)^4 = (-2)^{3+4} = (-2)^7 = -128$ (Ley 1)

2. $\dfrac{3^7}{3^5} = 3^{7-5} = 3^2 = 9$ (Ley 2)

3. $\left(4^{-3}\right)^{-1} = 4^{(-3)(-1)} = 4^3 = 64$ (Ley 3)

4. $\left((-2)x^2\right)^4 = (-2)^4 (x^2)^4 = 16x^{2\times4} = 16x^8$ (leyes 4 y 3)

5. $\left(\dfrac{2x^3}{y^2z}\right)^4 = \dfrac{\left(2x^3\right)^4}{\left(y^2z\right)^4} = \dfrac{2^4 x^{3\times4}}{y^{2\times4}z^4} = \dfrac{16x^{12}}{y^8z^4}$ (Leyes 5 y 4)

PASAR FACTORES DEL NUMERADOR AL DENOMINADOR Y VICEVERSA

TEOREMA 0.2 **Otras leyes de los exponentes.**

6. $\left(\dfrac{a}{b}\right)^{-n} = \left(\dfrac{b}{a}\right)^{n}$ Para elevar una fracción a una potencia con signo negativo invertir la fracción y cambiar el signo del exponente.

7. $\dfrac{a^n}{b^n} = \dfrac{b^{-n}}{a^{-n}}$ En una fracción, si mueves el numerador al denominador o el denominador al numerador, cambia el signo del exponente.

Demostración

Ver el problema resuelto 3 y el problema propuesto 24.

EJEMPLO 4. Simplificar $\left(\dfrac{4}{5b^3}\right)\left(\dfrac{2}{b}\right)^{-3}$

Solución

Aplicando las leyes 5 y 6, tenemos:

$$\left(\frac{4}{5b^3}\right)\left(\frac{2}{b}\right)^{-3} = \left(\frac{4}{5b^3}\right)\left(\frac{b}{2}\right)^{3} = \left(\frac{4}{5b^3}\right)\left(\frac{b^3}{2^3}\right) = \frac{4b^3}{5(2)^3 b^3} = \frac{1}{5(2)} = \frac{1}{10}$$

EJEMPLO 5. Expresar con exponentes positivos y simplificar:

$$\frac{12x^4y^{-5}}{-3x^{-2}y^3}$$

Solución

$$\frac{12x^4y^{-5}}{-3x^{-2}y^3} = \frac{12x^4x^2}{-3y^3y^5} = \frac{12x^{4+2}}{-3y^{3+5}} = \frac{12x^6}{-3y^8} = -4\frac{x^6}{y^8} \qquad \text{(leyes 7 y 1)}$$

NOTACION CIENTIFICA

Con frecuencia, en las diferentes ciencias apareces números muy grandes o muy pequeños. Para compactificar la escritura de estos números se usan exponentes.

Un número x está escrito en **notación científica** si x es expresado del modo siguiente:

$$x = a \times 10^n, \qquad \text{donde} \quad 1 \le a < 10 \quad \text{y} \quad n \text{ es un entero.}$$

EJEMPLO 6. Expresar los siguientes números en notación científica.

                 a. 534,000,000   **b.** 0.0000672

Solución

a. $\underbrace{534000000}_{\substack{8 \ lugares \\ a \ la \ izquierda}} = 5.34 \times 10^8$ **b.** $0.\underbrace{0000006}_{\substack{7 \ lugares \ a \\ la \ derecha}}72 = 6.72 \times 10^{-7}$

Observar que el exponente n en 10^n indica el número de cifras que hay que correr la coma decimal. Si se corre a la izquierda, n es positivo. Si se corre a la derecha, n es negativo.

EJEMPLO 7. La estrella más próxima a nuestro sistema es la llamada **alfa del Centauro.** Esta se encuentra a una distancia de 4.22 años−luz.

       Un años−luz es la distancia que recorre la luz en un año y este es igual a 5.88×10^{12} millas. Hallar la distancia en millas y expresarla en notación científica.

Solución

La distancia d a la estrella en millas es:

$$d = 4.22 \times 5.88 \times 12^{12} = 24.8126 \times 12^{12} \text{ millas}$$

$$= 2.48126 \times 12^{13} \text{ millas}$$

PROBLEMAS RESUELTOS 0.3

PROBLEMA 1. Escribir con exponentes positivos y simplificar las expresiones, si es posible.

$$\textbf{a.}\ \left(\frac{9^{-1}a^{-2}b^{-8}c^{-12}}{3^{-2}ab^{-5}c^{-10}}\right)^{-3}\qquad \textbf{b.}\ \left(a^{-1}-b^{-1}\right)^{-2}\qquad \textbf{c.}\ \left(\frac{y}{2x^{-3}}\right)\div\left(\frac{3}{x}\div\frac{2}{y^3}\right)$$

Solución

$$\textbf{a.}\ \left(\frac{9^{-1}a^{-2}b^{-8}c^{-12}}{3^{-2}ab^{-5}c^{-10}}\right)^{-3}=\left(\frac{3^2b^5c^{10}}{9aa^2b^8c^{12}}\right)^{-3}=\left(\frac{9}{9a^3b^3c^2}\right)^{-3}=\left(\frac{1}{a^3b^3c^2}\right)^{-3}$$

$$=\left(a^3b^3c^2\right)^3=a^9b^9c^6$$

$$\textbf{b.}\ \left(a^{-1}-b^{-1}\right)^{-2}=\left(\frac{1}{a}-\frac{1}{b}\right)^{-2}=\left(\frac{b-a}{ab}\right)^{-2}=\left(\frac{ab}{b-a}\right)^2=\frac{a^2b^2}{\left(b-a\right)^2}$$

$$\textbf{c.}\ \left(\frac{y}{2x^{-3}}\right)\div\left(\frac{3}{x}\div\frac{2}{y^3}\right)=\left(\frac{x^3y}{2}\right)\div\left(\frac{3}{x}\times\frac{y^3}{2}\right)=\left(\frac{x^3y}{2}\right)\div\left(\frac{3y^3}{2x}\right)$$

$$=\left(\frac{x^3y}{2}\right)\left(\frac{2x}{3y^3}\right)=\frac{2x^4y}{6y^3}=\frac{x^4}{3y^2}$$

PROBLEMA 2. Probar las siguientes leyes de los exponentes.

Si a y b son números reales, $b\neq 0$, y m y n enteros, entonces

$$\textbf{1.}\ a^na^m=a^{n+m}\qquad\qquad \textbf{2.}\ \left(\frac{a}{b}\right)^n=\frac{a^n}{b^n}$$

Solución

1. Caso 1. $n>0$ y $m>0$:

$$a^na^m=\underbrace{a\,a\,.\,.\,.\,a}_{n\ factores}\,\underbrace{a\,a\,.\,.\,.\,a}_{m\ factores}=\underbrace{a\,a\,.\,.\,.\,a}_{n+m\ factores}=a^{n+m}$$

Caso 2. $n<0$ y $m<0$. Sea $j=-n$ y $k=-m$, entonces $j>0$ y $k>0$.

$$a^na^m=a^{-j}a^{-k}=\frac{1}{a^j}\frac{1}{a^k}=\frac{1}{a^ja^k}=\frac{1}{a^{j+k}}=a^{-(j+k)}=a^{-j-k}=a^{n+m}$$

Caso 3. $n=0$

$$a^na^m=a^0a^m=(1)a^m=a^m=a^{0+m}=a^{n+m}$$

En los otros casos, se procede en forma similar.

2. Caso 1. $n > 0$:

$$\frac{a^n}{b^n} = \frac{\overbrace{a \; a \; . \; . \; . \; a}^{n \; factores}}{\underbrace{b \; b \; . \; . \; b}_{n \; factores}} = \underbrace{\frac{a}{b} \; \frac{a}{b} \; . \; . \; . \; \frac{a}{b}}_{n \; factores} = \left(\frac{a}{b}\right)^n$$

Caso 2. n es negativo. Sea $k = -n$, entonces $k > 0$.

$$\left(\frac{a}{b}\right)^n = \left(\frac{a}{b}\right)^{-k} = \frac{1}{\left(\dfrac{a}{b}\right)^k} = \frac{1}{\dfrac{a^k}{b^k}} = \frac{b^k}{a^k} = \frac{a^{-k}}{b^{-k}} = \frac{a^n}{b^n}$$

Caso 3. $n = 0$:

$$\left(\frac{a}{b}\right)^n = \left(\frac{a}{b}\right)^0 = 1 \quad \text{y} \quad \frac{a^n}{b^n} = \frac{a^0}{b^0} = \frac{1}{1} = 1. \text{ Luego, } \left(\frac{a}{b}\right)^n = \frac{a^n}{b^n}$$

PROBLEMA 3. Probar la siguiente ley de los exponentes: Si a y b son números reales, $a \neq 0$ y $b \neq 0$, y n un números entero, entonces

$$\left(\frac{a}{b}\right)^{-n} = \left(\frac{b}{a}\right)^n$$

Solución

Caso 1. $n > 0$. $\left(\dfrac{a}{b}\right)^{-n} = \dfrac{1}{\left(\dfrac{a}{b}\right)^n} = \dfrac{1}{\dfrac{a^n}{b^n}} = \dfrac{b^n}{a^n} = \left(\dfrac{b}{a}\right)^n$

Caso 2. $n < 0$. Sea $k = -n$, entonces $k > 0$ y $n = -k$.

$$\left(\frac{a}{b}\right)^{-n} = \left(\frac{a}{b}\right)^k = \frac{a^k}{b^k} = a^k \frac{1}{b^k} = a^{-(-k)} \frac{1}{b^{-(-k)}} = \frac{1}{a^{-k}} \, b^{-k} = \frac{1}{a^n} \, b^n = \frac{b^n}{a^n}$$

Caso 3. $n = 0$. $\left(\dfrac{a}{b}\right)^{-n} = \left(\dfrac{a}{b}\right)^{-0} = \left(\dfrac{a}{b}\right)^0 = 1$, $\left(\dfrac{b}{a}\right)^n = \left(\dfrac{b}{a}\right)^0 = 1$. Luego, $\left(\dfrac{a}{b}\right)^{-n} = \left(\dfrac{b}{a}\right)^n$

PROBLEMA 4.   **Inconsistencia**

Mostrar que si establecemos que $0^0 = 1$, entonces $\left(\dfrac{1}{0}\right)^0 = 1$.

Solución

$$1 = \frac{1}{1} = \frac{1^0}{0^0} = \left(\frac{1}{0}\right)^0$$

Este resultado es inconsistente porque la división entre cero no está definida

---

PROBLEMAS PROPUESTOS 0.3

En los problemas del 1 al 22   simplificar y expresar la respuesta con exponentes positivos.

1. $(2^2 \times 2^3)^2$ 　　　**2.** $\left(\dfrac{3}{4}\right)^0$ 　　　**3.** $\left(\dfrac{3}{4}\right)^{-1}$ 　　　**4.** $5^{-1} \times \left(\dfrac{5}{6}\right)^2$

5. $\left(\dfrac{2}{3}\right)^{-4} \div 3^{-3}$ 　　**6.** $\left[\left(\dfrac{2}{3}\right)^2\right]^3$ 　　**7.** $\left(\dfrac{4}{5}\right)^1 + \left(\dfrac{4}{5}\right)^0$ 　**8.** $\dfrac{3^{-2} \times 3^3}{2^{-3}}$

9. $\left(\dfrac{2}{3}\right)^{-2} + \left(\dfrac{2}{3}\right)^{-1}$ 　　**10.** $\dfrac{2^3 \times 3^{-4} \times 4^5}{2^5 \times 3^{-5} \times 4^2}$ 　　**11.** $(5^{-2} \times 2^5) \div (2^{-2} \times 5^4)^{-2}$

12. $(3^{-3} a^3 b^{-2})(9 a^{-4} b^{-5})$ 　**13.** $(5x^2 y)^0 (4^2 x^{-2} y^{-5})$ 　　**14.** $(4x^0)^2 \div (-2x^{-1} y^4)^{-3}$

15. $\left(\dfrac{3a^{-3} b^2}{9ab^{-1}}\right)^{-2}$ 　　**16.** $\left(\dfrac{4xy^{-2}}{2x^{-1} y^2}\right)^{-3}$ 　　**17.** $\left(\dfrac{5^3 m^0 n^{-2}}{4^3 m^3 n^{-5}}\right)\left(\dfrac{5^3 m^{-1} n}{4^2 m^2 n^{-2}}\right)^{-1}$

18. $\left(a^{-2} - b^{-2}\right)^{-1}$ 　　**19.** $\dfrac{3}{7x^{-3}} - \dfrac{2}{21x^{-1}}$ 　　**20.** $\left(\dfrac{x}{2y}\right)^3 \div \left(\dfrac{4y}{x} \div \dfrac{2}{3y^3}\right)^{-1}$

21. $\left(\dfrac{2}{x} + 8x^{-1}\right)^{-1} \div 5^{-1} x$ 　　　**22.** $\left(\dfrac{3}{x^2} - 5x^{-2}\right)^{-1} \div \left(\dfrac{x^3}{9} + \dfrac{1}{6x^{-3}}\right)$

23. Escribir los siguientes números en notación científica.

    a. Un año luz, la distancia que recorre la luz en un año, es aproximadamente, 9,440,000,000,000 km.

    b. El diámetro de un electrón: 0.0000000000004 cm.

    c. La población de la tierra en el año 2002: 6,251,000,000 habitantes.

    d. La masa de un neutrón: 0.00000000000000000000000167 Kg.

24. Escribir los siguientes números en el sistema decimal ordinario.

    a. La distancia de la tierra a la luna es 4.624×10^5 km.

    b. La longitud de onda de los rayos X: 4.92×10^{-11} m.

25. (Leyes de los exponentes) Si a y b son números reales y m y n, enteros, probar:

    a. $\dfrac{a^n}{a^m} = a^{n-m}$ 　　**b.** $\left(a^n\right)^m = a^{nm}$ 　　**c.** $(ab)^n = a^n b^n$ 　　**d.** $\dfrac{a^n}{b^n} = \dfrac{b^{-n}}{a^{-n}}$

SECCION 0.4
RADICALES Y EXPONENTES RACIONALES

RADICALES

Si se cumple que $b^2 = a$, decimos que **b** es **una raíz cuadrada de a**. Si $a > 0$, a tiene dos raíces cuadradas, una positiva y otro negativa. A la positiva se la denota por

$\sqrt{a}$ y se la llama **raíz cuadrada principal** de a. La otra, la negativa, es $-\sqrt{a}$. Así, si $a = 9$, tenemos que $3^2 = 9$ y $(-3)^2 = 9$. Luego, las dos raíces cuadrada de 9 son -3 y 3. La raíz principal es $\sqrt{9} = 3$ y la otra es $-\sqrt{9} = -3$. En cambio, si $a = -9$, como el cuadrado de todo número en no negativo, no existe un número real b tal que $b^2 = -9$. En consecuencia, -9 no tiene raíces cuadradas. En general, ningún número negativo tiene raíz cuadrada.

Si se cumple que $b^3 = a$, decimos que b es **una raíz cúbica de a**. Todo número real a tiene una única raíz cúbica real, a la cual llamaremos **raíz cúbica principal** o, simplemente, **raíz cúbica,** y la denotaremos por $\sqrt[3]{a}$. Si $a > 0$, $\sqrt[3]{a} > 0$ y si $a < 0$, $\sqrt[3]{a} < 0$. Así, $\sqrt[3]{8} = 2$ y $\sqrt[3]{-8} = -2$.

En general tenemos la siguiente definición.

DEFINICION.   **La raíz n-ésima de a, $\sqrt[n]{a}$**

Sea a un número real y n un entero positivo tal que $n \geq 2$.

Entonces $\sqrt[n]{a}$, la raíz n-ésima principal de a es el número:

1. $\sqrt[n]{a} = b$, si $b^n = a$, $a > 0$ y $b > 0$

2. $\sqrt[n]{a} = 0$, si $a = 0$. Esto es, $\sqrt[n]{0} = 0$

3. $\sqrt[n]{a} = b$, si $b^n = a$, $a < 0$ y $b < 0$

Debe tenerse en cuenta que si $a < 0$ y n es par, $\sqrt[n]{a}$ no es número real.

A la expresión $\sqrt[n]{a}$ se le llama **radical**. En $\sqrt[n]{a}$, $\sqrt{}$ es el **signo de radical**, n es el **índice** y a es el **radicando ó cantidad subradical.** Cuando se trata de la raíz cuadrada, es costumbre obviar el índice y escribir $\sqrt{a}$ en lugar de $\sqrt[2]{a}$.

EJEMPLO 1.   **a.** $\sqrt[6]{64} = 2$, ya que $2^6 = 64$ y $2 > 0$

b. $\sqrt[3]{-125} = -5$, ya que $(-5)^3 = -125$

c. $\sqrt[4]{-16}$ no es un número real, $n = 4$ es par y $a = -16 < 0$.

TEOREMA 0. 3 **Leyes de los radicales.**

1. $\sqrt[n]{ab} = \sqrt[n]{a}\ \sqrt[n]{b}$ Ejemplo: $\sqrt[3]{27(-64)} = \sqrt[3]{27}\ \sqrt[3]{-64} = 3(-4) = -12$

2. $\sqrt[n]{\dfrac{a}{b}} = \dfrac{\sqrt[n]{a}}{\sqrt[n]{b}}$, $b \neq 0$ Ejemplo: $\sqrt{\dfrac{9}{49}} = \dfrac{\sqrt{9}}{\sqrt{49}} = \dfrac{3}{7}$

3. $\sqrt[m]{\sqrt[n]{a}} = \sqrt[mn]{a}$ Ejemplo: $\sqrt[3]{\sqrt{64}} = \sqrt[3\times2]{64} = \sqrt[6]{64} = 2$

4. $\left(\sqrt[n]{a}\right)^n = a$

Ejemplo: $\left(\sqrt[4]{3}\right)^4 = 3$

5. $\sqrt[n]{a^n} = a$, **si n es impar**

Ejemplo: $\sqrt[3]{(-5)^3} = -5$

6. $\sqrt[n]{a^n} = \mid a \mid$, **si n es par.**

Ejemplo: $\sqrt[4]{(-5)^4} = \mid -5 \mid = -(-5) = 5$

Demostración

Ver una demostración parcial el problema resuelto 4.

EJEMPLO 2. Usando las leyes de los radicales simplificar las expresiones:

a. $\sqrt[4]{8}\sqrt[4]{2}$ **b.** $\sqrt[3]{-256}$ **c.** $\dfrac{\sqrt[4]{128}}{\sqrt[4]{8}}$ **d.** $\sqrt[2]{\sqrt[3]{64}}$ **e.** $\sqrt[5]{-1024}$ **f.** $\sqrt[4]{(-8)^4}$

Solución

a. $\sqrt[4]{8}\sqrt[4]{2} = \sqrt[4]{8 \times 2} = \sqrt[4]{16} = 2$ (Ley 1)

b. $\sqrt[3]{-256} = \sqrt[3]{(-64)4} = \sqrt[3]{-64}\sqrt[3]{4} = -4\sqrt[3]{4}$ (Ley 1)

c. $\dfrac{\sqrt[4]{128}}{\sqrt[4]{8}} = \sqrt[4]{\dfrac{128}{8}} = \sqrt[4]{16} = 2$ (Ley 2)

d. $\sqrt[2]{\sqrt[3]{64}} = \sqrt[6]{64} = 2$ (Ley 3)

e. $\sqrt[5]{-1024} = \sqrt[5]{(-4)^5} = -4$ (ley 5)

f. $\sqrt[4]{(-8)^4} = \mid -8 \mid = 8$ (Ley 6)

EJEMPLO 3. Simplificar:

a. $\sqrt{18} - \sqrt{50} + \sqrt{72}$ **b.** $x\sqrt[4]{16x^3} + \sqrt[4]{81x^7}$, $x > 0$ **c.** $\dfrac{\sqrt[3]{-54x^7}}{\sqrt[3]{2x^5}}$, $x \neq 0$

Solución

a. $\sqrt{18} - \sqrt{50} + \sqrt{72} = \sqrt{9 \times 2} - \sqrt{25 \times 2} + \sqrt{36 \times 2} = 3\sqrt{2} - 5\sqrt{2} + 6\sqrt{2} = 4\sqrt{2}$

b. $x\sqrt[4]{16x^3} + \sqrt[4]{81x^7} = x\sqrt[4]{(16)\left(x^3\right)} + \sqrt[4]{\left(81x^4\right)\left(x^3\right)}$

$$= x\sqrt[4]{16}\,\sqrt[4]{x^3} + \sqrt[4]{81x^4}\,\sqrt[4]{x^3} = 2x\sqrt[4]{x^3} + 3x\sqrt[4]{x^3} = 5x\sqrt[4]{x^3}$$

c. $\dfrac{\sqrt[3]{-54x^7}}{\sqrt[3]{2x^5}} = \sqrt[3]{\dfrac{-54x^7}{2x^5}} = \sqrt[3]{-27x^2} = \sqrt[3]{-27}\,\sqrt[3]{x^2} = -3\sqrt[3]{x^2}$

RACIONALIZACION

Se llama **racionalización del denominador** al proceso mediante el cual se transforma una fracción que tiene radicales en el denominar en otro equivalente que no los tiene. Para lograr este propósito se multiplican el numerador y el denominador por una expresión adecuada, llamada **expresión racionalizante**. En esta parte veremos dos casos sencillos. Más adelante veremos otros casos.

Caso 1. El denominador es una raíz cuadrada $\sqrt{a}$. Se multiplica el numerador y numerador por el mismo radical, $\sqrt{a}$. Así:

$$\frac{b}{\sqrt{a}} = \frac{b\sqrt{a}}{\sqrt{a}\sqrt{a}} = \frac{b\sqrt{a}}{a}$$

Caso 2. El denominador es un radical de la forma $\sqrt[n]{a^m}$, donde $m < n$ y $a > 0$. Se multiplica el numerador y numerador por el radical $\sqrt[n]{a^{n-m}}$. Así:

$$\frac{b}{\sqrt[n]{a^m}} = \frac{b\sqrt[n]{a^{n-m}}}{\sqrt[n]{a^m}\,\sqrt[n]{a^{n-m}}} = \frac{b\sqrt[n]{a^{n-m}}}{\sqrt[n]{a^{m+n-m}}} = \frac{b\sqrt[n]{a^{n-m}}}{\sqrt[n]{a^n}} = \frac{b\sqrt[n]{a^{n-m}}}{a}$$

EJEMPLO 4. Racionalizar el denominador de

$$\textbf{a.} \ \ \frac{5}{\sqrt{3}} \qquad \textbf{b.} \ \ \frac{8}{\sqrt[3]{4}} \qquad \textbf{c.} \ \ \frac{18}{\sqrt[7]{2^3 \times 3^5}}$$

Solución

a. $\dfrac{5}{\sqrt{3}} = \dfrac{5\sqrt{3}}{\sqrt{3}\sqrt{3}} = \dfrac{5\sqrt{3}}{3}$

b. $\dfrac{8}{\sqrt[3]{4}} = \dfrac{8\sqrt[3]{4^2}}{\sqrt[3]{4}\,\sqrt[3]{4^2}} = \dfrac{8\sqrt[3]{4^2}}{\sqrt[3]{4^3}} = \dfrac{8\sqrt[3]{4^2}}{4} = 2\sqrt[3]{4^2} = 2\sqrt[3]{2^4} = 2\sqrt[3]{2^3 \times 2} = 4\sqrt[3]{2}$

c. $\dfrac{18}{\sqrt[7]{2^3 \times 3^5}} = \dfrac{18\sqrt[7]{2^4 \times 3^2}}{\sqrt[7]{2^3 \times 3^5}\,\sqrt[7]{2^4 \times 3^2}} = \dfrac{18\sqrt[7]{2^4 \times 3^2}}{\sqrt[7]{2^7 \times 3^7}} = \dfrac{18\sqrt[7]{2^4 \times 3^2}}{2 \times 3} = 3\sqrt[7]{2^4 \times 3^2}$

EXPONENTES RACIONALES

Terminamos esta sección unificando los conceptos de exponentes enteros y radicales para definir exponentes racionales.

DEFINCION. Sea m y n dos enteros, $n \geq 2$ y a un número real tal que existe $\sqrt[n]{a}$

a. $a^{1/n} = \sqrt[n]{a}$

b. $a^{m/n} = \left(\sqrt[n]{a}\right)^m = \sqrt[n]{a^m}$

EJEMPLO 5. a. $(-27)^{1/3} = \sqrt[3]{-27} = -3$

b. $(-64)^{2/3} = \left(\sqrt[3]{-64}\right)^2 = (-4)^2 = 16.$ O bien

$(-64)^{2/3} = \sqrt[3]{(-64)^2} = \sqrt[3]{4096} = 16$

EJEMPLO 6. Expresar los siguientes radicales en términos de exponentes fraccionarios.

a. $\sqrt{x^{-3}}$ b. $\dfrac{1}{\sqrt[5]{z^4}}$ c. $\sqrt[3]{(xy)^6}$

Solución

a. $\sqrt{x^{-3}} = x^{-3/2}$ b. $\dfrac{1}{\sqrt[5]{z^4}} = \dfrac{1}{z^{4/5}}$ c. $\sqrt[3]{(xy)^6} = (xy)^{6/3} = (xy)^2$

LEYES DE LOS EXPONENTES RACIONALES

No es difícil probar que las leyes de los exponentes enunciadas en los teoremas 0.1 y 0.2 para exponentes enteros, se cumplen también para exponentes racionales. Ilustraremos estas leyes mediante ejemplos.

EJEMPLO 7. Simplificar

a. $\left(-216x^6 y\right)^{1/3}$ b. $\left(\dfrac{27}{8}\right)^{-2/3} + \left(-\dfrac{32}{243}\right)^{2/5}$

Solución

a. $\left(-216x^6 y\right)^{1/3} = \left(-216\right)^{1/3}\left(x^6\right)^{1/3} y^{1/3} = \left((-6)^3\right)^{1/3}\left(x^6\right)^{1/3} y^{1/3}$

$= (-6)^{3/3} x^{6/3} y^{1/3} = -6x^2 y^{1/3}$

b. $\left(\dfrac{27}{8}\right)^{-2/3} + \left(-\dfrac{32}{243}\right)^{2/5} = \left(\dfrac{8}{27}\right)^{2/3} + \left(\dfrac{-32}{243}\right)^{2/5} = \dfrac{8^{2/3}}{(27)^{2/3}} + \dfrac{(-32)^{2/5}}{(243)^{2/5}}$

$= \dfrac{(8^{1/3})^2}{\left((27)^{1/3}\right)^2} + \dfrac{\left((-32)^{1/5}\right)^2}{\left((243)^{1/5}\right)^2} = \dfrac{\left(\sqrt[3]{8}\right)^2}{\left(\sqrt[3]{27}\right)^2} + \dfrac{\left(\sqrt[5]{-32}\right)^2}{\left(\sqrt[5]{343}\right)^2}$

$$= \frac{2^2}{3^2} + \frac{(-2)^2}{3^2} = \frac{4}{9} + \frac{4}{9} = \frac{8}{9}$$

EJEMPLO 8. Simplificar $\sqrt[4]{\dfrac{a^8}{81b^4c^{-12}}}$

Solución

$$\sqrt[4]{\frac{a^8}{81b^4c^{-12}}} = \left(\frac{a^8}{81b^4c^{-12}}\right)^{1/4} = \frac{\left(a^8\right)^{1/4}}{\left(81b^4c^{-12}\right)^{1/4}} = \frac{a^{8/4}}{(81)^{1/4} \; b^{4/4}c^{-12/4}} = \frac{a^2}{3b^1c^{-3}} = \frac{a^2c^3}{3b}$$

PROBLEMAS RESUELTOS 0.4

PROBLEMA 1. Simplificar $\dfrac{(64)^{n/6}(49)^{-n/2}}{(27)^{-n/3}}$

Solución

$$\frac{(64)^{n/6}(49)^{-n/2}}{(27)^{-n/3}} = \frac{(64)^{n/6}(27)^{n/3}}{(49)^{n/2}} = \frac{\left(2^6\right)^{n/6}\left(3^3\right)^{n/3}}{\left(7^2\right)^{n/2}} = \frac{2^{6n/6}\;3^{3n/3}}{7^{2n/2}}$$

$$= \frac{2^n\;3^n}{7^n} = \frac{(2\times3)^n}{7^n} = \frac{6^n}{7^n} = \left(\frac{6}{7}\right)^n$$

PROBLEMA 2. Simplificar $\dfrac{\sqrt{18}-\sqrt{50}}{\sqrt{72}+\sqrt{2}}$

Solución

$$\frac{\sqrt{18}-\sqrt{50}}{\sqrt{72}+\sqrt{2}} = \frac{\sqrt{9\times2}-\sqrt{25\times2}}{\sqrt{36\times2}+\sqrt{2}} = \frac{3\sqrt{2}-5\sqrt{2}}{6\sqrt{2}+\sqrt{2}} = \frac{-2\sqrt{2}}{7\sqrt{2}} = -\frac{2}{7}$$

PROBLEMA 3. Simplificar $\dfrac{18}{\sqrt{27}} - 5\sqrt{3} + \dfrac{12}{\sqrt{3}} - \dfrac{2}{\sqrt{2}}$

Solución

$$\frac{18}{\sqrt{27}} = \frac{18}{\sqrt{9\times 3}} = \frac{18}{3\sqrt{3}} = \frac{6}{\sqrt{3}} = \frac{6\sqrt{3}}{\sqrt{3}\sqrt{3}} = \frac{6\sqrt{3}}{3} = 2\sqrt{3}$$

$$\frac{12}{\sqrt{3}} = \frac{12\sqrt{3}}{\sqrt{3}\sqrt{3}} = \frac{12\sqrt{3}}{3} = 4\sqrt{3} \quad \text{y} \quad \frac{2}{\sqrt{2}} = \frac{2\sqrt{2}}{\sqrt{2}\sqrt{2}} = \frac{2\sqrt{2}}{2} = \sqrt{2}$$

Ahora,

$$\frac{18}{\sqrt{27}} - 5\sqrt{3} + \frac{12}{\sqrt{3}} - \frac{2}{\sqrt{2}} = 2\sqrt{3} - 5\sqrt{3} + 4\sqrt{3} - \sqrt{2} = \sqrt{3} - \sqrt{2}$$

PROBLEMA 4. Halla n tal que $5^n = \dfrac{\sqrt[3]{25}}{\sqrt[3]{\sqrt{5}}}$

Solución

Expresamos los radicales de la derecha como una potencia de 5

$$5^n = \frac{\sqrt[3]{25}}{\sqrt[3]{\sqrt{5}}} = \frac{\sqrt[3]{5^2}}{\sqrt[3\times 2]{5}} = \frac{\sqrt[3]{5^2}}{\sqrt[6]{5}} = \frac{5^{2/3}}{5^{1/6}} = 5^{(2/3)-(1/6)} = 5^{1/2} \Rightarrow 5^n = 5^{1/2} \Rightarrow n = \frac{1}{2}$$

PROBLEMA 5. Probar: **1.** $\sqrt[n]{a}\,\sqrt[n]{b} = \sqrt[n]{ab}$ **2.** $\sqrt[m]{\sqrt[n]{a}} = \sqrt[mn]{a}$

Solución

1. Sea $\sqrt[n]{a} = c$ y $\sqrt[n]{b} = d$. Luego, $a = c^n$, $b = d^n$ y
$ab = c^n d^n = (cd)^n$. Por lo tanto, , $\sqrt[n]{ab} = cd = \sqrt[n]{a}\,\sqrt[n]{b}$

2. Sea $\sqrt[m]{\sqrt[n]{a}} = b$. Luego, $\sqrt[n]{a} = b^m$ y $a = (b^m)^n = b^{nm}$. Luego, $b = \sqrt[mn]{a}$

PROBLEMAS PROPUESTOS 0.4

En los problemas del 1 al 9 evaluar las expresiones dadas.

1. $\sqrt{(-5)^2}$ **2.** $\sqrt[3]{-0.027}$ **3.** $(0.16)^{-1/2}$

4. $(32)^{-2/5}$ **5.** $\left(-\dfrac{8}{27}\right)^{-1/3}$ **6.** $(0.0016)^{-3/4}$

7. $5^{2/7}5^{5/7}$ **8.** $(125)^{-2/3} \div (81)^{1/4}$ **9.** $\left[(243)^{-4/5}(64)^{2/3}\right]^{1/4}$

En los problemas del 10 al 14 simplificar las expresiones dadas y de una respuesta sin exponentes negativos.

10. $(-2a^{-3}b)^2(3a^2b^{-1})^3$ **11.** $\left(\dfrac{3x^2}{y^3}\right)^2\left(\dfrac{-2x^2}{3y}\right)^{-2}$ **12.** $\dfrac{\left(x^{-3}y^2\right)^3}{\left(x^3y^{-2}\right)^2}$

13. $\dfrac{\left(32a^{15}c^{-5}\right)^{1/5}}{\left(-27a^6c^{-3}\right)^{1/3}}$ **14.** $\left(\dfrac{x^{-2}y^3}{x^4y^{-3}}\right)^{-1/2}\left(\dfrac{x^4y^{-4}}{xy^2}\right)^{-1/3}$

En los problemas del 15 al 26 simplificar las expresiones dadas. Si es necesario, racionalice los denominadores.

15. $5\sqrt{20}-3\sqrt{45}+\dfrac{\sqrt{80}}{2}$ **16.** $\sqrt{243}-\sqrt{63}+\sqrt{175}-2\sqrt{75}$

17. $\dfrac{\sqrt{48}+\sqrt{75}}{-\sqrt{81}}$ **18.** $\dfrac{\sqrt{2}}{\sqrt{72}-\sqrt{8}+\sqrt{50}}$

19. $\sqrt[3]{1,080}-\sqrt[3]{625}+\sqrt[3]{40}$ **20.** $\sqrt[3]{-375}-3\sqrt[3]{-24}-4\sqrt[3]{-81}$

21. $\dfrac{56}{\sqrt{7}}-6\sqrt{28}+\dfrac{\sqrt{343}}{7}$ **22.** $\sqrt{75}-3\sqrt{\dfrac{4}{3}}+\sqrt{48}$

23. $\sqrt{\dfrac{3}{8}}-\sqrt{\dfrac{2}{3}}-\dfrac{\sqrt{24}}{3}$ **24.** $\sqrt{\dfrac{1}{12}}-\sqrt{\dfrac{1}{3}}+\sqrt{\dfrac{3}{4}}$

25. $\sqrt[3]{\dfrac{1}{4}}+\sqrt[3]{\dfrac{1}{32}}-\sqrt[3]{\dfrac{2}{27}}$

En los problemas del 26 y 27   simplificar las expresiones dadas.

26. $\dfrac{2^{n-2}-2^{n-1}+2^n}{2^{n+2}-2^{n+1}+2^n}$ **27.** $\dfrac{12^n\times225^{n/2}\times35^{2n}}{49^n\times16^{n/4}\times27^{2n/3}}$

En los problemas del 27 al 30   hallar el valor de n.

27. $5\sqrt{5}\ \sqrt[3]{25}=5^n$ **29.** $\sqrt{\sqrt[5]{3}}=3^n$ **30.** $\sqrt[n]{\sqrt[n]{5}}=5^{1/9}$

SECCION 0.5
OPERACIONES CON EXPRESIONES ALGEBRAICAS

Se llama **expresión algebraica** a toda expresión que se obtiene combinando constantes y variables mediante la operaciones de adición, sustracción, multiplicación, división, elevando a potencias y extrayendo raíces. Así, son expresiones algebraicas:

$$4x^3 - 5x^2 + 1, \quad 3\sqrt[5]{x^2 y} + \frac{2y}{y^2 + 1}, \quad \frac{ax^2 + bx + c}{\sqrt{ax^2 + by^3}}$$

En una expresión algebraica está conformada por bloques separados por los signos $+$ ó $-$. Cada bloque es un **término** de la expresión. Así, $4x^3 - 5x^2 + 1$ tiene tres términos. En el término $4x^3$, 4 es el **coeficiente** y x^3 es la **parte literal**. Dos términos que difieren sólo en el coeficiente, teniendo la misma parte literal, se llaman **términos semejantes.** Así, $6x^2 y$, $\frac{1}{2}x^2 y$, $\sqrt{3}\,x^2 y$ son términos semejantes.

Las expresiones algebraicas más simples son los polinomios. **Un polinomio de grado n en la variable x,** donde $n \geq 0$, es un expresión algebraica de la forma:

$$p(x) = a_n x^n + a_{n-1}x^{n-1} + \cdots + a_1 x + a_0,$$

donde $a_0, a_1, \cdots a_n$ son constantes, siendo $a_n \neq 0$. Así

Un polinomio de **grado 0** es una constante $p(x) = a_0$, $a_0 \neq 0.$

Un polinomio de **grado 1** es un polinomio de la forma $p(x) = a_1 x + a_0$, $\quad a_1 \neq 0.$

Un polinomio de **grado 2** es un polinomio de la forma $a_2 x^2 + a_1 x + a_0$, $\quad a_2 \neq 0.$

Un polinomio de **grado 3** es un polinomio de la forma $a_3 x^3 + a_2 x^2 + a_1 x + a_0$, $a_3 \neq 0$

También consideramos el polinomio que tiene todos sus coeficientes nulos al que llamaremos **polinomio nulo** y lo denotaremos por 0. A este polinomio no se le asigna ningún grado.

También se clasifican los polinomios de acuerdo a su número de términos. Los polinomios que tienen un solo término se llaman **monomios**, los que tienes dos términos, **binomios**; y los que tienen tres términos, **trinomios**, etc. Así, $4x^3$ es un monomio, $4x^3 - 5x^2$ es un binomio y $4x^3 - 5x^2 + 1$, es un trinomio.

Una variable de una expresión algebraica representa cualquier número de un conjunto de números reales. En consecuencia, con las expresiones algebraicas podemos llevar a cabo las operaciones que realizamos con los números reales. Aún más, gozan de las mismas propiedades establecidas en las secciones anteriores para los números reales, como las leyes conmutativas, asociativas, distributivas, etc.

ADICION Y SUSTRACCION

En esencia, la adición y sustracción de expresiones algebraicas, se reduce a **sumar o restar términos semejantes.** Para sumar o restar términos semejantes se aplica la propiedad distributiva, leyéndola de derecha a izquierda:

$$ab \pm ac = a(b \pm c) \text{ ó bien, conmutando, } ba \pm ca = (b \pm c)a$$

De acuerdo a esta propiedad, para sumar o restar términos semejantes, sólo tenemos que sumar o restar los coeficientes. Así:

$$3x^2z + 8x^2z = (3 + 8)x^2z = 11x^2z \quad \text{y} \quad 3x^2z - 8x^2z = = (3 - 8)x^2z = -5x^2z$$

Ahora, para sumar o restar expresiones algebraicas, haciendo uso de las leyes conmutativas y asociativas, se agrupan lo términos semejantes y luego se opera.

EJEMPLO 1. Hallar la suma de

       a. $5x^4 + 6x^3 - 2xz - 8z^2 \quad \text{y} \quad -2x^4 + 7xz + 4z^2$

       b. $\dfrac{2}{3}x^3 + \dfrac{3}{7}x^2 - \dfrac{1}{2}x^2y^2 - y^2 \quad \text{y} \quad \dfrac{1}{6}x^3 + \dfrac{1}{8}x^2y^2 + \dfrac{2}{5}y^2$

Solución

a. $\left(5x^4 + 6x^3 - 2xz - 8z^2\right) + \left(-2x^4 + 7xz + 4z^2\right)$

    $= \left(5x^4 - 2x^4\right) + \left(6x^3\right) + \left(-2xz + 7xz\right) + \left(-8z^2 + 4z^2\right) = 3x^4 + 6x^3 + 5xz - 4z^2$

Otra manera. Se colocan los sumando en filas colocando los términos semejantes en la misma columna. Luego se suma los términos semejantes de cada columna.

$$
\begin{array}{r}
5x^4 + 6x^3 - 2xz - 8z^2 \\
-2x^4 \qquad\quad + 7xz + 4z^2 \\
\hline
3x^4 + 6x^3 + 5xz - 4z^2
\end{array}
$$

b. $\dfrac{2}{3}x^3 + \dfrac{3}{7}x^2 - \dfrac{1}{2}x^2y^2 - y^2$

      $\dfrac{1}{6}x^3 \qquad\qquad + \dfrac{1}{8}x^2y^2 + \dfrac{2}{5}y^2$

      $\overline{\dfrac{5}{6}x^3 + \dfrac{3}{7}x^2 - \dfrac{3}{8}x^2y^2 - \dfrac{3}{5}y^2}$

EJEMPLO 2. Restar $3x^2 - \dfrac{2}{5}xy - 2y^2$ de $12x^2 - 2xy - \dfrac{1}{3}y^2$

Solución

$$\left(12x^2 - 2xy - \frac{1}{3}y^2\right) - \left(3x^2 - \frac{2}{5}xy - 2y^2\right) = 12x^2 - 2xy - \frac{1}{3}y^2 - 3x^2 + \frac{2}{5}xy + 2y^2$$

$$= \left(12x^2 - 3x^2\right) + \left(-2xy + \frac{2}{5}xy\right) + \left(-\frac{1}{3}y^2 + 2y^2\right) = 9x^2 - \frac{8}{5}xy + \frac{5}{3}y^2$$

Otra manera. Se colocan en filas el minuendo y el sustraendo con los signos cambiados, colocando los términos semejantes en la misma columna. Luego se suma los términos semejantes de cada columna.

$$12x^2 - 2xy - \frac{1}{3}y^2$$

$$-3x^2 + \frac{2}{5}xy + 2y^2$$

$$\overline{\quad 9x^2 - \frac{8}{5}xy + \frac{5}{3}y^2 \quad}$$

MULTIPLICACION

Para multiplicar expresiones algebraicas se hace uso reiterado de la ley distributiva. Así, por ejemplo, tenemos:

$$(a+b)(c+d) = a(c+d) + b(c+d) = ac + ad + bc + bd$$

EJEMPLO 3. **Multiplicación de polinomios.**

Hallar el producto $\left(3x^4 - 5x^2 + 7\right)\left(4x^3 + x^2 - 6\right)$

Solución

$$\left(3x^4 - 5x^2 + 7\right)\left(4x^3 + x^2 - 6\right)$$

$$= 3x^4\left(4x^3 + x^2 - 6\right) - 5x^2\left(4x^3 + x^2 - 6\right) + 7\left(4x^3 + x^2 - 6\right)$$

$$= \left(12x^7 + 3x^6 - 18x^4\right) + \left(-20x^5 - 5x^4 + 30x^2\right) + \left(28x^3 + 7x^2 - 42\right)$$

$$= 12x^7 + 3x^6 - 20x^5 + \left(-18x^4 - 5x^4\right) + 28x^3 + \left(30x^2 + 7x^2\right) - 42$$

$$= 12x^7 + 3x^6 - 20x^5 - 23x^4 + 28x^3 + 37x^2 - 42$$

Otra manera. Se colocan en filas los dos factores, ordenando sus términos de acuerdo a su grado (creciente o decreciente). Se multiplica cada término de la segunda fila por la expresión de la primera fila. Los resultados se colocan en filas poniendo cada término debajo de sus términos semejantes. Luego se suma los términos semejantes de cada columna.

$$3x^4 - 5x^2 + 7 \qquad \textbf{(1)}$$
$$\underline{4x^3 + x^2 - 6}$$

$12x^7$	$- 20x^5$	$+ 28x^3$		Multiplicando $4x^3$ por (1)
$+ 3x^6$	$-5x^4$	$+ 7x^2$		Multiplicando x^2 por (1)
	$-18x^4$	$+30x^2 - 42$		Multiplicando -6 por (1)

$$12x^7 + 3x^6 - 20x^5 - 23x^4 + 28x^3 + 37x^2 - 42$$

EJEMPLO 4. **Multiplicación de expresiones algebraicas.**

Hallar el producto $\left(\sqrt{x} + 5\right)\left(2x - 3\sqrt{x} - 1\right)$

Solución

$$\left(\sqrt{x}+5\right)\left(2x-3\sqrt{x}-1\right) = \sqrt{x}\left(2x-3\sqrt{x}-1\right) + 5\left(2x-3\sqrt{x}-1\right)$$

$$= \left(2x\sqrt{x}-3x-\sqrt{x}\right) + \left(10x-15\sqrt{x}-5\right)$$

$$=2x\sqrt{x} + (-3x+10x) + \left(-\sqrt{x}-15\sqrt{x}\right) - 5 = 2x\sqrt{x} + 7x - 16\sqrt{x} - 5$$

DIVISION

En esta parte sólo nos ocuparemos de la división de polinomios.

DIVISION DE UN POLINOMIO ENTRE UN MONOMIO.

Para dividir un polinomio entre un monomio nos basamos en la siguiente propiedad de las fracciones:

$$\frac{a + c}{b} = \frac{a}{b} + \frac{c}{b}$$

Viendo a una fracción $\dfrac{a}{b}$ como una división de a entre b, el numerador a es dividendo y b es el divisor. El resultado de la división es el cociente.

EJEMPLO 5. Hallar

$$\textbf{a. } \frac{36x^5 + 20x^4 - 8x^3}{4x^2} \qquad \textbf{b. } \frac{24ax^2 - 2a^2x + a^3x}{3x}$$

Solución

a. $\dfrac{36x^5 + 20x^4 - 8x^3}{4x^2} = \dfrac{36x^5}{4x^2} + \dfrac{20x^4}{4x^2} + \dfrac{-8x^3}{4x^2} = 9x^3 + 5x^2 - 2x$

b. $\dfrac{24ax^2 - 2a^2x + a^3x}{3x} = \dfrac{24ax^2}{3x} + \dfrac{-2a^2x}{3x} + \dfrac{a^3x}{3x} = 8ax - \dfrac{2}{3}a^2 + \dfrac{a^3}{3}$

DIVISION DE POLINOMIOS.

Al dividir 23 entre 7 encontramos que el cociente es 3 y el residuo es 2, y se cumple que:

$$23 = 7{\times}3 + 2, \text{ siendo } 2 < 7$$

En general, si p y d son dos números positivos, existen dos únicos números, q y r tales que:

$$p = dq + r, \text{ donde } r = 0 \ \text{ ó } \ r < d$$

Esto es, en palabras, el dividendo es igual al producto del divisor por el cociente más el residuo. El residuo es 0 o menor que el divisor.

Para los polinomios se tiene un resultado análogo, conocido con el nombre de algoritmo de la división, que dice así:

ALGORITMO DE LA DIVISION

Si $p(x)$ y $d(x)$ son dos polinomios, siendo $d(x)$ distinto del polinomio nulo, entonces existen dos únicos polinomios $q(x)$ y $r(x)$ tales que

$$p(x) = d(x) \cdot q(x) + r(x), \qquad (1)$$

donde $r(x)$ **es el polinomio nulo** o de **grado menor** que el de $d(x)$

La igualdad (1) anterior también se puede escribir así:

$$\frac{p(x)}{d(x)} = q(x) + \frac{r(x)}{d(x)}$$

El polinomio $p(x)$ **es el dividendo**, $d(x)$ **es el divisor**, $q(x)$ **es el cociente** y $r(x)$ **es el residuo o resto.** Cuando $r(x) = 0$ tenemos que:

$$\frac{p(x)}{d(x)} = q(x) \quad \text{ó} \quad \text{bien} \quad p(x) = q(x)d(x)$$

En este caso, decimos que la división es exacta y que $p(x)$ es **divisible** por $d(x)$.

El proceso de dividir un polinomio (dividendo) entre otro de menor grado (divisor) lo sintetizamos en los siguientes pasos:

1. Se ordenan los términos del dividendo y del divisor en orden decreciente (o creciente) de sus grados. Si en el dividendo no existe un término represente a un grado intermedio, poner 0 es esa posición.

2. Se divide el primer término del dividendo entre el primer término del divisor. El resultado es el primer término de cociente.

3. Se multiplica el primer término del cociente por el divisor y el resultado se resta del dividendo, obteniendo un nuevo dividendo.

4. Con el nuevo dividendo obtenido en la parte 3, se repiten los pasos 2 y 3. Se repite el proceso hasta obtener un resto 0 o un polinomio de grado menor que el divisor.

EJEMPLO 6. Dividir $3x^4 - 10x^3 + 9x^2 - 5$ entre $x^2 - 3x + 2$

Solución

$$
\begin{array}{r|l}
3x^4 - 10x^3 + 7x^2 + 0x - 5 & \;x^2 - 3x + 2 \\
\cline{2-2}
\underline{-3x^4 + 9x^3 - 6x^2 } & \;3x^2 - x - 2 \\
\quad\;\; -x^3 + x^2 + 0x & \\
\quad\;\; \underline{x^3 - 3x^2 + 2x} & \\
\qquad\qquad -2x^2 + 2x - 5 & \\
\qquad\qquad \underline{2x^2 - 6x + 4} & \\
\qquad\qquad\qquad -4x - 1 &
\end{array}
$$

El cociente es $q(x) = 3x^2 - x - 2$ y el residuo $r(x) = -4x - 1$.

REGLA DE RUFFINI

Para dividir un polinomio entre el binomio $x + c$ ó, un tanto más general, entre el binomio $ax + c$, existe un método más rápido que la división larga anterior, que es llamado **método sintético** o **Regla de Ruffini.** Como el divisor es un polinomio de grado 1, el cociente $q(x)$ es un polinomio de un grado menor que el dividendo y el residuo es un polinomio de grado 0, o sea, una constante.

CASO I. División entre $x + c$

Gráficamente, se sigue el siguiente esquema:

$$
\begin{array}{c|c}
 & \text{Coeficientes del dividendo} \\
-c & \\
\hline
 & \text{Coeficientes del cociente} \quad | \quad \text{Residuo}
\end{array}
$$

A continuación explicamos los pasos a seguir en la aplicación de esta regla. Lo hacemos resolviendo un caso particular.

Observar que $-c$ es la raíz o solución de la ecuación $x + c = 0$.

EJEMPLO 7. Dividir $2x^3 - 10x^2 + 25$ entre $x - 3$

Solución

Paso 1. Se colocan los coeficientes del dividendo, ordenados de acuerdo al grado de la variable. Si falta un término, colocar un 0. A la izquierda y en la segunda fila se coloca $-c$, que es el término constante del divisor con el sigo cambiado, En nuestro ejemplo, $-c = -(-3) = 3$.

Se traza un segmente vertical para separar $-c$ de los coeficientes. Se traza una línea horizontal debajo de $-c$

$$
\begin{array}{r|rrrr}
 & 2 & -10 & 0 & 25 \\
3 & \\
\hline
\end{array}
$$

Paso 2. Se baja el primer coeficiente del dividendo a la tercera fila. Este coeficiente es el primer término del cociente.

$$
\begin{array}{r|rrrr}
 & 2 & -10 & 0 & 25 \\
3 & \\
\hline
 & 2
\end{array}
$$

Paso 3. Se multiplica $-c$ por este primer término bajado y el producto se coloca en la segunda fila debajo del segundo coeficiente del dividendo. Se suma algebraicamente esta columna y el resultado se pone debajo.

$$
\begin{array}{r|rrrr}
 & 2 & -10 & 0 & 25 \\
3 & & 6 & & \\
\hline
 & 2 & -4 & &
\end{array}
$$

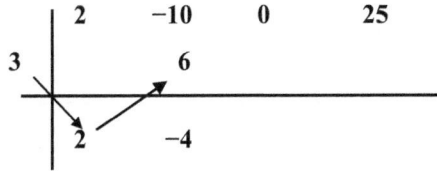

Paso 4. Repetimos el paso 3, multiplicando $-c = 3$ por -4, que es el número obtenido al sumar la segunda columna. El producto se coloca debajo del tercer coeficiente del dividendo. Se suma algebraicamente esta columna y el resultado se pone debajo. Se repite este proceso hasta agotar los coeficientes del dividendo.

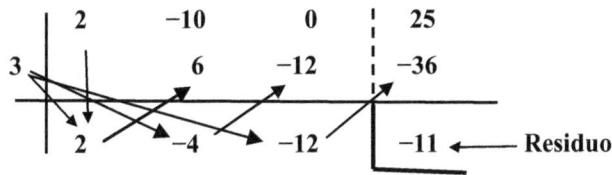

$$
\begin{array}{r|rrr|r}
 & 2 & -10 & 0 & 25 \\
3 & & 6 & -12 & -36 \\
\hline
 & 2 & -4 & -12 & -11 \quad \longleftarrow \text{ Residuo}
\end{array}
$$

Paso 5. Colocamos dos barritas para separar el último resultado para indicar que este es el residuo. Los números anteriores al residuo son los coeficientes del cociente.

Luego, el cociente es $q(x) = 2x^2 - 4x - 12$ y el residuo, $r = -11$

EJEMPLO 8. Dividir $3x^4 - 4x^3 + \dfrac{1}{2}x^2 + x - \dfrac{1}{9}$ entre $x + \dfrac{2}{3}$

Solución

Tenemos que $c = 2/3$ y $-c = -2/3$

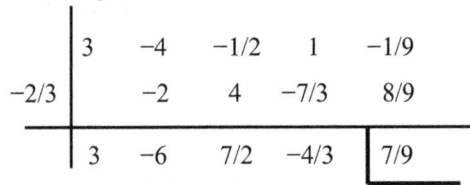

$$
\begin{array}{r|rrrr|r}
 & 3 & -4 & -1/2 & 1 & -1/9 \\
-2/3 & & -2 & 4 & -7/3 & 8/9 \\
\hline
 & 3 & -6 & 7/2 & -4/3 & 7/9
\end{array}
$$

Cociente es $q(x) = 3x^3 - 6x^2 + \dfrac{7}{2}x - \dfrac{4}{3}$ y el residuo, $r = 7/9$

EJEMPLO 9. Efectuar la división $\dfrac{x^5 - 2\sqrt{3}x^4 + 8\sqrt{3}x^2 - \sqrt{3}}{x + \sqrt{3}}$

Solución

Tenemos que $c = \sqrt{3}$ y $-c = -\sqrt{3}$

$$\begin{array}{c|ccccc} & 1 & -2\sqrt{3} & 0 & 8\sqrt{3} & 0 & -\sqrt{3} \\ -\sqrt{3} & & -\sqrt{3} & 9 & -9\sqrt{3} & 3 & -3\sqrt{3} \\ \hline & 1 & -3\sqrt{3} & 9 & -\sqrt{3} & 3 & \boxed{-4\sqrt{3}} \end{array}$$

Cociente es $q(x) = x^4 - 3\sqrt{3}\,x^3 + 9x^2 - \sqrt{3}\,x + 3$ y el residuo, $r = -4\sqrt{3}$

EJEMPLO 10. Efectuar la división $\dfrac{2x^9 - 3x^6 - 16x^3 - 9}{x^3 - 4}$

Solución

Vemos que el divisor no es un binomio de primer grado, como lo requiere la regla de Ruffini. Sin embargo, el cambio de variable $y = x^3$ salva esta dificultad, ya que con este cambio tenemos:

$$\frac{2x^9 - 3x^6 - 16x^3 - 9}{x^3 - 4} = \frac{2\left(x^3\right)^3 - 3\left(x^3\right)^2 - 16x^3 - 9}{x^3 - 4} = \frac{2y^3 - 3y^2 - 16y - 9}{y - 4}$$

A esta última división le aplicamos la regla de Ruffini:

$$\begin{array}{c|cccc} & 2 & -3 & -16 & -9 \\ 4 & & 8 & 20 & 16 \\ \hline & 2 & 5 & 4 & \boxed{7} \end{array}$$

El cociente es $q_1(y) = 2y^2 + 5y + 4$ y el residuo, $r = 7$

Ahora, regresando a la variable inicial $x^3 = y$, se tiene finalmente:

Cociente es $q(x) = 2x^6 + 5x^3 + 4$ y el residuo, $r = 7$

CASO II. División entre $ax + c$

Dados el $p(x)$ y $d(x) = ax + c$, buscamos $q(x)$ y r tales que:

$$p(x) = (ax + c)q(x) + r \qquad \textbf{(1)}$$

Resolvemos este nuevo caso reduciéndolo al caso anterior. Para esto, al cociente lo escribimos $ax + c$ así:

$$ax + c = a\left(x + \frac{c}{a}\right)$$

Luego, remplazando esta igualdad en (1):

$$p(x) = a\left(x + \frac{c}{a}\right)q(x) + r = \left(x + \frac{c}{a}\right)\left(aq(x)\right) + r \qquad \textbf{(2)}$$

Este igualdad (2) nos dice que si dividimos $p(x)$ entre el nuevo dividendo $x + \dfrac{c}{a}$, el cociente que se obtiene es $aq(x)$, que es el cociente de dividir $p(x)$ entre $ax + c$, multiplicado por a. El residuo de ambas divisiones es el mismo.

En consecuencia, para hallar el cociente $q(x)$ y el residuo r de dividir $p(x)$ entre $ax + c$, lo hacemos en dos pasos:

Paso 1. Hallar, mediante Ruffini, el cociente de dividir $p(x)$ entre $x + \dfrac{c}{a}$.

Paso 2. Dividir entre a el cociente hallado en el paso 1. El residuo es el mismo que se halló en el paso 1. Este paso podemos mostrarlo agregando una fila más a la tabla de Ruffini, donde aparezcan los coeficiente de la fila anterior divididos entre a.

EJEMPLO 11. Aplicando la regla de Ruffini, hallar el cociente y el residuo de dividir:

$$\left(2x^4 - 3x^3 - 8x^2 + 6x + 18\right) \div \left(2x - 3\right)$$

Solución

El dividendo es $d(x) = 2x - 3 = 2\left(x - \dfrac{3}{2}\right)$

Aplicamos la regla de Ruffini para dividir

$$\left(2x^4 - 3x^3 - 8x^2 + 6x + 18\right) \div \left(x - 3/2\right) \qquad\qquad (2)$$

El lado izquierdo de la tabla debemos poner $-\left(-\dfrac{3}{2}\right) = \dfrac{3}{2}$. Observar que

$\dfrac{3}{2}$ es la raíz o solución de la ecuación determinada por el divisor: $2x - 3 = 0$

		2	−3	−8	6	18
$\dfrac{3}{2}$			3	0	−12	−9
		2	0	−8	−6	9
÷ 2		1	0	−4	−3	

Luego, cociente de dividir $\left(2x^4 - 3x^3 - 8x^2 + 6x + 18\right) \div \left(2x - 3\right)$ es

$$q(x) = x^3 - 4x - 3 \quad \text{y el residuo es} \quad r = 9.$$

EJEMPLO 12. Aplicando la regla de Ruffini, hallar

$$\left(\dfrac{1}{4}x^4 - x^3 + \dfrac{1}{2}x^2 - 3x + 12\right) \div \left(\dfrac{1}{4}x - 1\right)$$

Solución

El dividendo es $d(x) = \dfrac{1}{4}x - 1 = \dfrac{1}{4}(x-4)$

Aplicamos la regla de Ruffini para dividir

$$\left(\frac{1}{4}x^4 - x^3 + \frac{1}{2}x^2 - 3x + 12\right) \div (x-4)$$

El lado izquierdo de la tabla debemos poner $-(-4) = 4$.

	1/4	−1	1/2	−3	12
4		1	0	2	−4
	1/4	0	1/2	−1	8
$\div\dfrac{1}{4}$	1	0	2	−4	

El cociente es $q(x) = x^3 + 2x - 4$ y   el residuo, $r = 8$

¿SABIA UD. QUE...

PAOLO RUFFINI *nació el año 1765 en Valentano, tierras papales en aquella época y ahora italianas. Estudió matemáticas, medicina, filosofía y literatura, en la Universidad de Modena, en el norte de Italia. En 1791 fue nombrado profesor de matemática en esta universidad. En 1,798 renunció a esta posición, víctima de las intrigas causadas por las guerras napoleónicas. Se dedica a la medicina y, en sus tiempos libres, a las matemáticas.*

Por más de 250 años, desde 1540, año en que Ferrari encontró la fórmula, para resolver la ecuación de cuarto grado, los matemáticos buscaban, infructuosamente, la fórmula para resolver, en términos de radicales, la ecuación de quinto grado. En 1799, Ruffini publicó un libro en el que presenta una prueba que tal fórmula no existe. El mundo matemático no estaba preparado para este inesperado resultado, por lo que lo ignoró. El crédito de este resultado fue dado a Niels Henrik Abel en 1824, 25 años después de la publicación del libro.

En 1817, mientras Ruffini tenía a su cargo las cátedras de matemática aplicada y de medicina clínica en la Universidad de Modena,, la región fue atacada por una epidemia de tifus. El continuó viendo sus pacientes hasta que fue contagiado. Esta enfermedad lo dejó debilitado. Muere en Modena en 1822.

PROBLEMAS PROPUESTOS 0.5

En los problemas del 1 al 17 efectuar las operaciones indicadas y simplificar.

1. $(5x^3 - 8x^2 + 2x - 1) + (-7x^3 + 3x^2 - 11x + 9)$

2. $\left(\dfrac{3}{4}x^2 - \dfrac{1}{2}x + 1\right) + \left(\dfrac{1}{5}x^3 - \dfrac{1}{8}x^2 + \dfrac{5}{6}x - \dfrac{2}{7}\right)$

3. $\left(\sqrt{x} + 4\sqrt{xy} - 5\sqrt{y}\,\right) + \left(9\sqrt{x} - 2\sqrt{xy} - 7\sqrt{y}\right)$

4. $(3x^2 - 8xy + 5y^2 - 1) - (-9x^2 + 3xy - 13y^2 + 9)$

5. $\left(\dfrac{2}{3}a^2b + \dfrac{3}{4}ab^2 - \dfrac{1}{2}b^3\right) - \left(-a^3 - \dfrac{1}{6}a^2b - \dfrac{1}{4}ab^2 - \dfrac{1}{2}b^3\right)$

6. $(3x^2 - 1)(3x + 9)$

7. $\left(\dfrac{2}{3}a^2 + \dfrac{3}{4}\right)\left(\dfrac{1}{5}a^2 - \dfrac{1}{2}\right)$

8. $(x^n + a^m)(x^n - a^m)$

9. $(x^{2/3} - 3)(x^{2/3} + 2x^{1/3} - 1)$

10. $\left(\sqrt{x} - 5\sqrt{y}\right)\left(3\sqrt{x} - 4\sqrt{y}\right)$

11. $(x^2 - 1)(3x + 2) + 4x(x - 2)$

12. $(x - 5)(4x - 3) - (7x - 3)(x + 6)$

13. $(x + 2)(x - 2)(x^2 - 2x + 3)$

14. $\left(1 + x^{2/3}\right)\left(1 - x^{4/3}\right)(-x^{2/3} + 1)$

15. $\dfrac{3xy^4 - 12x^2y^2 + 6x^3y^3}{3xy^3}$

16. $\left[\dfrac{2}{3}x^{n+1} - \dfrac{1}{2}x^n + \dfrac{3}{5}x^{n-1}\right] \div \dfrac{2}{15}x^{n-2}$

17. $\left[4(x+1) - 3\left(x^2 + 1\right)\right]\left[2\left(x^2 - 3x\right) + 5(x-1)\right]$

En los problemas del 18 al 21 efectuar la división indicada. Indicar el cociente q(x) y el residuo r(x).

18. $(x^5 + 12x^2 - 5x) \div (x^2 - 2x + 5)$

19. $(2x^4 - x^3 + x^2 - 3x + 7) \div (x^2 - 2x + 2)$

20. $\left(-x^4 + 3x^3y - 5xy^3 + 3y^4\right) \div \left(x^2 - 2xy + y^2\right)$

21. $\left[\dfrac{1}{3}x^3 + \dfrac{1}{5}x^2y - \dfrac{2}{15}y^2\right] \div \left[x^2 - \dfrac{2}{5}xy\right]$

En los problemas del 22 al 30 efectuar la división indicada aplicando la regla de Ruffini. Indicar el cociente q(x) y el residuo r.

22. $\left(5x^4 - 2x^2 + 8x - 3\right) \div \left(x - 2\right)$

23. $\left(4x^3 - 8x^2 + x - 3\right) \div \left(x - 1/2\right)$

24. $\left(x^4 + x^3 - \dfrac{19}{4}x^2 - 4x - 3\right) \div \left(x + \dfrac{3}{2}\right)$

25. $\left(4x^8 - 9x^6 - 4x^2 - 5\right) \div \left(x^2 - 2\right)$

26. $\left(2x^{15} - 10x^5 - 15\right) \div \left(x^5 - 3\right)$ **27.** $\left(x^5 - 2x^3 + 3x - 8\sqrt{2}\right) \div \left(x^2 - \sqrt{2}\right)$

28. $\left(-x^3 + 3x^2 + 2x + 1\right) \div \left(2x + 1\right)$ **29.** $\left(6y^4 - 4y^3 + y^2 + 10y - 2\right) \div \left(3y + 1\right)$

30. $\left(6y^5 - 5y^4 - 3y^3 - 4y^2 - y + 2\right) \div \left(3y + 2\right)$

SECCION 0.6
PRODUCTOS NOTABLES Y FACTORIZACION

Algunos productos aparecen con mucha frecuencia en los cálculos algebraicos, razón por la cual se los llama **productos notables.** El lector debe memorizarlos. La veracidad de estos productos se comprueba fácilmente, efectuando las multiplicaciones indicadas.

PRODUCTOS NOTABLES

1. $(A + B)(A - B) = A^2 - B^2$ **Producto de la Suma por la Diferencia**

2. $(A + B)^2 = A^2 + 2AB + B^2$ **Cuadrado de una Suma**

3. $(A - B)^2 = A^2 - 2AB + B^2$ **Cuadrado de una Diferencia**

4. $(A + B)^3 = A^3 + 3A^2B + 3AB^2 + B^3$ **Cubo de una Suma**

5. $(A - B)^3 = A^3 - 3A^2B + 3AB^2 - B^3$ **Cubo de una Diferencia**

EJEMPLO 1. Aplicando los productos notables, hallar:

$$\textbf{a.} \ \left(2x^3 + \sqrt{5}\right)\left(2x^3 - \sqrt{5}\right) \qquad \textbf{b.} \ \left(4a^2 - \frac{3}{b}\right)^2 \qquad \textbf{c.} \ \left(4x^2 - 3y\right)^3$$

Solución

a. Aplicando la fórmula 1 con $A = 2x^3$ y $B = \sqrt{5}$

$$\left(2x^3 + \sqrt{5}\right)\left(2x^3 - \sqrt{5}\right) = \left(2x^3\right)^2 - \left(\sqrt{5}\right)^2 = 4x^6 - 5$$

b. Aplicando la fórmula 3 con $A = 4a^2$ y $B = \dfrac{3}{b}$

$$\left(4a^2 - \frac{3}{b}\right)^2 = \left(4a^2\right)^2 - 2\left(4a^2\right)\left(\frac{3}{b}\right) + \left(\frac{3}{b}\right)^2 = 16a^4 - \frac{24a^2}{b} + \frac{9}{b^2}$$

c. Aplicando la fórmula 5 con $A = 4x^2$ y $B = 3y$

$$\left(4x^2 - 3y\right)^3 = \left(4x^2\right)^3 - 3\left(4x^2\right)^2(3y) + 3\left(4x^2\right)(3y)^2 - (3y)^3$$

$$= 64x^6 - 3\left(16x^4\right)(3y) + 3\left(4x^2\right)\left(9y^2\right) - 27y^3$$
$$= 64x^6 - 144x^4y + 108x^2y^2 - 27y^3$$

FACTORIZACION

Si una expresión algebraica es escrita como un producto de otras expresiones algebraicas, entonces cada una de estas expresiones es **un factor**. Se llama **factorización** al proceso de convertir una expresión algebraica en producto de sus factores.

FACTORIZACION POR FACTOR COMUN

El caso más simple y común de factorización es sacar el **factor común** a dos o más expresiones algebraicas. Esta técnica se base el la propiedad distributiva, mirándola de izquierda a derecha:

$$AB \pm AC = A(B \pm C)$$

EJEMPLO 1. Factorizar:

$$\textbf{a. } 12x^3yz + 18x^2y^2 \qquad \textbf{b. } 10a^5 - 15a^4 + 20a^2$$

Solución

a. Coeficientes 12 y 18 tienen como factores a 2, 3 y 6. Tomamos el mayor, 6.

En la parte literal, aparecen en dos los términos las variables x e y. Tomamos esta dos variables con el menor exponente: x^2 y y.

El factor común es $6x^2y$. Luego,

$$12x^3yz + 18x^2y^2 = (6x^2y)(2xz) + (6x^2y)(3y) = 6x^2y(2xz + 3y)$$

b. El factor común de los tres términos es $5a^2$. Luego,

$$10a^5 - 15a^4 + 20a^2 = (5a^2)(2a^3) - (5a^2)(3a^2) + (5a^2)(4)$$
$$= 5a^2(2a^3 - 3a^2 + 4)$$

EJEMPLO 2. **Factor común por agrupación de términos.**

Factorizar $3x^3 - 2xy - 6x^2 + 4y$

Solución

Vemos que los cuatro términos no tiene un factor común distinto de 1. Pero, si los agrupamos en parejas de dos términos que tienen factores comunes, tenemos:

$$3x^3 - 2xy - 6x^2 + 4y = (3x^3 - 6x^2) + (-2xy^2 + 4y^2)$$
$$= 3x^2(x - 2) - 2y^2(x - 2)$$
$$= (3x^2 - 2y^2)(x - 2)$$

FACTORIZACION DEL TRINOMIO $x^2 + bx + c$

Se trata de hallar dos números r y s tales que

$$x^2 + bx + c = (x + r)(x + s)$$

Pero, $(x + r)(x + s) = x^2 + (r + s)x + rs$. En consecuencia, los números r y s que buscamos deben cumplir que

$$rs = c \quad \text{y} \quad r + s = b$$

EJEMPLO 3. Factorizar $x^2 - 2x - 8$

Solución

Tenemos que $c = -8$ y $b = -2$. Buscamos dos números r y s tales que

$$rs = -8 \qquad \text{y} \qquad r + s = -2$$

Presentamos los factores de -8 con su respectiva suma algebraica:

$r = -1$ $s = 8$ $r + s = 7$

$r = 1$ $s = -8$ $r + s = -7$

$r = -2$ $s = 4$ $r + s = 2$

$r = 2$ $s = -4$ $r + s = -2$

Vemos que los números que satisfacen el requerimiento son $r = 2$ y $s = -4$. En consecuencia,

$$x^2 - 2x - 8 = (x + 2)(x - 4)$$

EJEMPLO 4. Factorizar $x^2 - 7x + 12$

Solución

Buscamos dos números, r y s, cuyo producto sea 12 y que sumados den -7

Los factores de 12 son:

$$(1)(12), \quad (-1)(-12), \quad (2)(6), \quad (-2)(-6), \quad (3)(4) \quad \text{y} \quad (-3)(-4)$$

De estas parejas, la que suma -7 es la última. Esto es, $r = -3$ y $s = -4$

En consecuencia, $x^2 - 7x + 12 = (x - 3)(x - 4)$

FACTORIZACION DEL TRINOMIO $ax^2 + bx + c$

La factorización del trinomio $ax^2 + bx + c$ lo reducimos al caso $x^2 + bx + c$. Para esto, en primer lugar, multiplicamos y dividimos al polinomio por el coeficiente a y luego hacemos el cambio de variable $y = ax$:

$$\frac{a\left(ax^2+bx+c\right)}{a}=\frac{(ax)^2+b(ax)+ac}{a}=\frac{y^2+by+ac}{a}$$

Este último trinomio es del tipo que ya tratamos.

EJEMPLO 5. Factorizar $5x^2-7x-6$

Solución

Multiplicamos el trinomio por el coeficiente 5.

$$\frac{5\left(5x^2-7x-6\right)}{5}=\frac{(5x)^2-7(5x)-30}{5}=\frac{(5x-10)(5x+3)}{5}$$

$$=\left(\frac{5x-10}{5}\right)(5x+2)\ =(x-2)(5x+2)$$

EJEMPLO 6. Factorizar $12x^2-5ax-2a^2$

Solución

Multiplicamos el trinomio por el coeficiente 12:

$$\frac{12\left(12x^2-5ax-2a^2\right)}{12}=\frac{(12x)^2-5a(12x)-24a^2}{12}\ \frac{(12x-8a)(12x+3a)}{4\times3}$$

$$=\left(\frac{12x-8a}{4}\right)\left(\frac{12x+3a}{3}\right)=(3x-2a)(4x+a)$$

A continuación presentamos las fórmulas más usuales de factorización.

FORMULAS DE FACTORIZACION

1. $A^2-B^2=(A+B)(A-B)$ **Diferencia de cuadrados**

2. $A^2+2AB+B^2=(A+B)^2$ **Cuadrado perfecto**

3. $A^2-2AB+B^2=(A-B)^2$ **Cuadrado perfecto**

4. $A^3-B^3=(A-B)(A^2+AB+B^2)$ **Diferencia de cubos**

5. $A^3+B^3=(A+B)(A^2-AB+B^2)$ **Suma de cubos**

6. **Diferencia de n–simas potencias**

$$A^n-B^n=(A-B)(A^{n-1}+A^{n-2}B+A^{n-3}B^2+\ldots+AB^{n-2}+B^{n-1})$$

Las fórmulas 2, 3 y 4 son los productos notables 1, 2 y 3 escritos de izquierda a derecha. La fórmulas 4, 5 y 6 se prueban efectuando la multiplicación indicada a la derecha de las fórmulas. Como muestra, probamos la fórmula 6 en el problema resuelto 3.

EJEMPLO 7. **Diferencia de cuadrados y diferencia de cubos.**

Factorizar: **a.** $x^2 - 36$ **b.** $16x^4 - 81y^2$ **c.** $8x^3 - 27$

Solución

a. De acuerdo a la fórmula 1.

$$x^2 - 36 = x^2 - 6^2 = (x+6)(x-6)$$

b. De acuerdo a la fórmula 1.

$$16x^4 - 81y^2 = \left(4x^2\right)^2 - (9y)^2 = (4x^2 + 9y)(4x^2 - 9y)$$

c. De acuerdo a la fórmula 4.

$$8x^3 - 27 = (2x)^3 - 3^3 = (2x-3)\left((2x)^2 + (2x)(3) + 3^2\right) = (4x-3)(4x^2 + 6x + 9)$$

EJEMPLO 8. **Cuadrados Perfectos.** Factorizar:

a. $40x^2 + 25x^4 + 16$ **b.** $9x^2 - 3xy + \dfrac{y^2}{4}$

Solución

Para aplicar las fórmulas 2 o 3, antes debemos verificar que el trinomio dado es un cuadrado perfecto. Para esto, en primer lugar se ordena el trinomio de acuerdo al grado de la variable (o de una de las variables si hay más de una). Ahora:

1. Se verifica que el primer y el tercer términos tienen raíz cuadrada.

2. Se verifica que el segundo término es igual ± al doble del producto de las raíces cuadradas.

a. Ordenamos $40x^2 + 25x^4 + 16$: $25x^4 + 40x^2 + 16$

Raíz cuadrada de $25x^4$ . . . . $5x^2$

Raíz cuadrada de 16 4

Doble producto de las raíces: $2(5x^2)(4) = 40x^2 = $ segundo término

En consecuencia, $25x^4 + 40x^2 + 16 = \left(5x^2 + 4\right)^2$

b. $9x^2 - 3xy + \dfrac{y^2}{4}$ ya está ordenado de acuerdo a la variable x.

Raíz cuadrada de $9x^2$ . . . . $3x$

Raíz cuadrada de $\dfrac{y^2}{4}$ . . . . $\dfrac{y}{2}$

Doble producto de las raíces, con singo negativo: $-2(3x)(y/2) = -3xy = $ segundo término.

En consecuencia, $9x^2 - 3xy + \dfrac{y^2}{4} = \left(3x - \dfrac{y}{2}\right)^2$

EJEMPLO 9. **Diferencia de n−ésimas potencias.** Factorizar:

$$2x^5 - 64a^5$$

Solución

De acuerdo a la fórmula 6:

$$2(x^5 - 32a^5) = 2(x^5 - (2a)^5) = 2(x - 2a)(x^4 + x^3(2a) + x^2(2a)^2 + x(2a)^3 + (2a)^4)$$

$$= 2(x - 2a)(x^4 + 2ax^3 + 4a^2x^2 + 8a^2x + 16a^4)$$

PROBLEMAS RESUELTOS 0.6

PROBLEMA 1. Usando productos notables, efectuar

$$(a + b)^2 (a - b)^2$$

Solución

$$(a + b)^2 (a - b)^2 = [(a + b)(a - b)]^2 = [a^2 - b^2]^2 = a^4 - 2a^2b^2 + b^4$$

PROBLEMA 2. Factorizar:

$$\textbf{a. } x^2 - y^2 - 6y - 9 \qquad \textbf{b. } x^2 - y^2 + 2x - 2y$$

Solución

a. $x^2 - y^2 - 6y - 9 = x^2 - (y^2 + 6y + 9) = x^2 - (y + 3)^2 - (x + y + 3)(x - y - 3)$

b. $x^2 - y^2 + 2x - 2y = (x^2 - y^2) + (2x - 2y) = (x - y)(x + y) + 2(x - y)$

$$= (x - y)[(x + y) + 2] = (x - y)(x + y + 2)$$

PROBLEMA 3. **Factorización de la diferencia de n−simas potencias**

Probar que

$$A^n - B^n = (A - B)(A^{n-1} + A^{n-2}B + A^{n-3}B^2 + \ldots + AB^{n-2} + B^{n-1})$$

Solución

Efectuando la multiplicación de la derecha tenemos:

$$A^{n-1} + A^{n-2}B + A^{n-3}B^2 + \ldots + AB^{n-2} + B^{n-1}$$

$$A - B$$

$$\overline{A^n + A^{n-1}B + A^{n-2}B^2 + \ldots + A^2B^{n-2} + AB^{n-1}}$$

$$- A^{n-1}B - A^{n-2}B^2 - \ldots - A^2B^{n-2} - AB^{n-1} - B^n$$

$$A^n + 0 + 0 + \ldots + 0 + 0 - B^n$$

PROBLEMAS PROPUESTOS 0.6

En los problemas del 1 al 16, efectuar los productos indicados, usando las fórmulas de productos notables.

1. $(2x + \sqrt{5})(2x - \sqrt{5})$ **2.** $(2\sqrt{x} + \sqrt{y})(2\sqrt{x} - \sqrt{y})$

3. $(3x^2 + 4y^3)(3x^2 - 4y^3)$ **4.** $(\sqrt{h+1} + 1)(\sqrt{h+1} - 1)$

5. $(\sqrt{x} + 1/y)(\sqrt{x} - 1/y)$ **6.** $(a+b+c)(a+b-c)$ **7.** $(4x + 5)^2$

8. $(2x - 5y)^2$ **9.** $(x - x^{-1})^2$ **10.** $(x^3 - x^{-3})^2$

11. $(4x + y)^3$ **12.** $(a^2 + b^2)^3$ **13.** $(x^2 - y)^3$

14. $(\sqrt[3]{x} + \sqrt[3]{y})^3$ **15.** $(x - 5)^2(x + 5)^2$ **16.** $(2x - y)(2x + y)(4x^2 + y^2)$

En los problemas del 17 al 56, factorizar las expresiones dadas

17. $7x^3 - 63x^2$ **18.** $8x^2y^2z^3 - 24xy^3z^2 - 4x^3y^4z^3$

19. $x^3 - 2x^2 - 4x + 8$ **20.** $4y^2 + 16y + 12xy + 48x$

21. $x^2y^2 - y^2 - 4x + 4$ **22.** $2a^2x - 5a^2y + 15by - 6bx$

23. $x^2 + 2x - 48$ **24.** $x^2 - 4x - 5$ **25.** $y^2 + 28y - 29$

26. $x^2 + 15x - 216$ **27.** $x^4 - 2x^2 - 80$ **28.** $a^2b^2 + ab - 12$

29. $3x^2 + 7x + 4$ **30.** $5y^2 + 10y - 75$ **31.** $5a^2x^2 + 4ax - 12$

32. $9x^2 - 15x - 50$ **33.** $4x^2y^2 + 11xy^2 + 6y^2$ **34.** $25x^4 - 10x^2 + 1$

35. $25x^2 - 36y^4$ **36.** $63x^4 - 7x^2$ **37.** $45x^2y^2 - 5x^4$

38. $x^2/36 - y^2/25$ **39.** $16x^{2n} - 1/49$ **40.** $(a - b)^2 - 9$

41. $(a+b)^2 - (a-b)^2$ **42.** $(x - 1)^2 - (y - 2)^2$ **43.** $x^2 - y^2 - 6y - 9$

44. $9(a - b)^2 - 4(a + b)^2$ **45.** $a^4 - 2a^2 + 1$ **46.** $16x^2 - 24xy + 9y^2$

47. $400x^4 + 40x^2 + 1$ **48.** $x^2/9 + 2x/3 + 1$ **49.** $4x^2/25 - x/5 + 1/16$

50. $8x^3 - y^3$ **51.** $27a^3 + 64b^3$ **52.** $5x^3y^3 + 5$

53. $x^5 - 125x^2$ **54.** $(x + y)^3 - 1$ **55.** $(x - y)^3 - 8$

56. $(x + 1)^3 - (x - 2)^3$

SECCION 0.7
FRACCIONES ALGEBRAICAS. RACIONALIZACION

Llamamos **fracción algebraica** a un cociente (o razón) de dos expresiones algebraicas. En particular, una fracción racional es una fracción algebraica que es cociente de dos polinomios. Así, las tres siguientes expresiones son fracciones algebraicas, donde sólo la primer es una fracción racional:

1. $\dfrac{2x^3 - 3x^2 + 5}{x^2 - 4x + 3}$ **2.** $\dfrac{3x + 1}{x - \sqrt{2}}$ **3.** $\dfrac{\sqrt{2x - 3}}{x + 5}$

Las variables que aparecen en una fracción algebraica representan números reales. En consecuencia, las fracciones algebraicas son gobernadas por las propiedades de las fracciones de números reales, establecidas en la sección 0.2.

SIMPLIFICACION DE FRACCIONES

La simplificación de fracciones algebraicas se basa en la siguiente propiedad de las fracciones: $\dfrac{A \times C}{B \times C} = \dfrac{A}{B}$

Para simplificar una fracción algebraica se factorizan el numerador y el denominador y se simplifican los factores comunes.

| EJEMPLO 1. | Simplificar: **a.** $\dfrac{6x^2 - 3xy}{4x^2 - y^2}$ **b.** $\dfrac{2x^3 - 54}{4x^2 - 32x + 60}$

Solución

a. $\dfrac{6x^2 - 3xy}{4x^2 - y^2} = \dfrac{3x(2x - y)}{(2x - y)(2x + y)} = \dfrac{3x}{2x + y}$

b. $\dfrac{2x^3 - 54}{4x^2 - 32x + 60} = \dfrac{2(x^3 - 27)}{4(x^2 - 8x + 15)} = \dfrac{2(x^3 - 3^3)}{4(x^2 - 8x + 15)}$

$$= \dfrac{2(x - 3)(x^2 + 3x + 9)}{4(x - 3)(x - 5)} = \dfrac{x^2 + 3x + 9}{2(x - 5)}$$

RACIONALIZACION

Aquí nos interesamos en racionalizar denominadores que consisten en un binomio que contiene raíces cuadradas o raíces cúbicas.

Denominador de la Forma $\sqrt{a} \pm \sqrt{b}$

Si el denominador es $\sqrt{a} \pm \sqrt{b}$, a la fracción se multiplica y divide por su conjugada, que es $\sqrt{a} \mp \sqrt{b}$. Esta estrategia se basa en la identidad:

$$(A + B)(A - B) = A^2 - B^2$$

EJEMPLO 2. Racionalizar los denominadores de:

$$\text{a. } \frac{5}{3\sqrt{2} + \sqrt{3}} \qquad \text{b. } \frac{h}{\sqrt{h+4} - 2}$$

Solución

a. $\dfrac{5}{3\sqrt{2}+\sqrt{3}} = \dfrac{5}{3\sqrt{2}+\sqrt{3}} \dfrac{3\sqrt{2}-\sqrt{3}}{3\sqrt{2}-\sqrt{3}} = \dfrac{5\left(3\sqrt{2}-\sqrt{3}\right)}{\left(3\sqrt{2}\right)^2 -\left(\sqrt{3}\right)^2}$

$\qquad = \dfrac{5\left(3\sqrt{2}-\sqrt{3}\right)}{18-3} = \dfrac{5\left(3\sqrt{2}-\sqrt{3}\right)}{15} = \dfrac{3\sqrt{2}-\sqrt{3}}{3}$

b. $\dfrac{h}{\sqrt{h+4} - 2} = \dfrac{h}{\sqrt{h+4} - 2} \dfrac{\sqrt{h+4} + 2}{\sqrt{h+4} + 2} = \dfrac{h\left(\sqrt{h+4} + 2\right)}{\left(\sqrt{h+4}\right)^2 - (2)^2}$

$\qquad = \dfrac{h\left(\sqrt{h+4}+2\right)}{h+4-4} = \dfrac{h\left(\sqrt{h+4}+2\right)}{h} = \sqrt{h+4}+2$

Denominador de la Forma $\sqrt[3]{a} \pm \sqrt[3]{b}$

Considerando la identidad
$$A^3 + B^3 = (A + B)(A^2 - AB + B^2),$$

Si el denominador es $\sqrt[3]{a} + \sqrt[3]{b}$, se multiplica y divide por

$$\sqrt[3]{a^2} - \sqrt[3]{a}\,\sqrt[3]{b} + \sqrt[3]{b^2}$$

En este caso de tiene que:

$$\left(\sqrt[3]{a} + \sqrt[3]{b}\right)\left(\sqrt[3]{a^2} - \sqrt[3]{a}\,\sqrt[3]{b} + \sqrt[3]{b^2}\right) = \left(\sqrt[3]{a}\right)^3 + \left(\sqrt[3]{b}\right)^3 = a + b$$

Análogamente, considerando la identidad
$$A^3 - B^3 = (A - B)(A^2 + AB + B^2)$$

Si el denominador es $\sqrt[3]{a} - \sqrt[3]{b}$, se multiplica y divide por

$$\sqrt[3]{a^2} - \sqrt[3]{a}\,\sqrt[3]{b} + \sqrt[3]{b^2}\ .$$

En este caso de tiene que:

$$\left(\sqrt[3]{a} - \sqrt[3]{b}\right)\left(\sqrt[3]{a^2} + \sqrt[3]{a}\,\sqrt[3]{b} + \sqrt[3]{b^2}\right) = \left(\sqrt[3]{a}\right)^3 - \left(\sqrt[3]{b}\right)^3 = a - b$$

EJEMPLO 3. Racionalizar el denominador de $\dfrac{16}{\sqrt[3]{5} + \sqrt[3]{3}}$

Solución

$$\frac{16}{\sqrt[3]{5} + \sqrt[3]{3}} = \frac{16\left(\sqrt[3]{5^2} - \sqrt[3]{5}\,\sqrt[3]{3} + \sqrt[3]{3^2}\right)}{\left(\sqrt[3]{5} + \sqrt[3]{3}\right)\left(\sqrt[3]{5^2} - \sqrt[3]{5}\,\sqrt[3]{3} + \sqrt[3]{3^2}\right)} = \frac{16\left(\sqrt[3]{5^2} - \sqrt[3]{5}\,\sqrt[3]{3} + \sqrt[3]{3^2}\right)}{\left(\sqrt[3]{5}\right)^3 + \left(\sqrt[3]{3}\right)^3}$$

$$= \frac{16\left(\sqrt[3]{5^2} - \sqrt[3]{5}\,\sqrt[3]{3} + \sqrt[3]{3^2}\right)}{5 + 3} = 2\left(\sqrt[3]{25} - \sqrt[3]{15} + \sqrt[3]{9}\right)$$

EJEMPLO 4. Racionalizar el denominador de $\dfrac{6}{3 - \sqrt[3]{3}}$

Solución

$$\frac{6}{3 - \sqrt[3]{3}} = \frac{6\left(3^2 + 3\sqrt[3]{3} + \sqrt[3]{3^2}\right)}{\left(3 - \sqrt[3]{3}\right)\left(3^2 + 3\sqrt[3]{3} + \sqrt[3]{3^2}\right)} = \frac{6\left(9 + 3\sqrt[3]{3} + \sqrt[3]{9}\right)}{3^3 - \left(\sqrt[3]{3}\right)^3}$$

$$= \frac{6\left(9 + 3\sqrt[3]{3} + \sqrt[3]{9}\right)}{27 - 3} = \frac{6\left(3^2 + 3\sqrt[3]{3} + \sqrt[3]{3^2}\right)}{24} = \frac{9 + 3\sqrt[3]{3} + \sqrt[3]{9}}{4}$$

ADICION Y SUSTRACCION DE FRACCIONES

FRACCIONES CON EL MISMO DENOMINADOR.

Para Sumar o restar fracciones que tienen el mismo denominador, simplemente se suman o restan los numeradores y se coloca el mismo denominador.

EJEMPLO 5. Hallar $\dfrac{5}{x^2 + 1} + \dfrac{x}{x^2 + 1} - \dfrac{x - 3}{x^2 + 1}$

Solución

$$\frac{5}{x^2 + 1} + \frac{x}{x^2 + 1} - \frac{x - 3}{x^2 + 1} = \frac{5 + x - (x - 3)}{x^2 + 1} = \frac{8}{x^2 + 1}$$

FRACCIONES CON DISTINTO DENOMINADOR.

Para Sumar o restar fracciones que tienen distinto denominador, se transforman estas fracciones en otras equivalentes que tengan como denominador el mínimo común denominador (M.C.D.).

Para hallar el mínimo común denominador (M.C.D.), se factorizan completamente los denominadores. El M.C.D. es igual al producto de los factores comunes y no comunes tomados con el mayor exponente.

El proceso es igual al que usamos cuando sumamos o restamos números racionales.

EJEMPLO 6. Hallar $\dfrac{2}{x-2} + \dfrac{3x}{x^2-7x+10}$

Solución

a. Tenemos que $x-2 = x-2$, $x^2 - 7x + 10 = (x-2)(x-5)$

El M.C.D es $(x-2)(x-5)$. Luego,

$$\frac{2}{x-2} + \frac{3x}{x^2-7x+10} = \frac{2(x-5)}{(x-2)(x-5)} + \frac{3x}{(x-2)(x-5)} = \frac{2x-10+3x}{(x-2)(x-5)}$$

$$= \frac{5x-10}{(x-2)(x-5)} = \frac{5(x-2)}{(x-2)(x-5)} = \frac{5}{x-5}$$

EJEMPLO 7. Hallar $\dfrac{2x^2+12}{x^2-9} - \dfrac{x+2}{x-3} - \dfrac{x-3}{x+3}$

Solución

$x^2 - 9 = (x-3)(x+3)$. El M.C.D. es $(x-3)(x+3)$. Luego,

$$\frac{2x^2+12}{x^2-9} - \frac{x+2}{x-3} - \frac{x-3}{x+3} = \frac{2x^2+12}{(x-3)(x+3)} - \frac{(x+2)(x+3)}{(x-3)(x+3)} - \frac{(x-3)(x-3)}{(x-3)(x+3)}$$

$$= \frac{2x^2+12-x^2-5x-6-x^2+6x-9}{(x-3)(x+3)} = \frac{x-3}{(x-3)(x+3)} = \frac{1}{x+3}$$

MULTIPLICACION Y DIVISION DE FRACCIONES

La multiplicación y división de fracciones se llevan a cabo de acuerdo a las siguientes propiedades de las fracciones:

$$\frac{A}{B} \times \frac{C}{D} = \frac{A \times C}{B \times D}, \qquad \frac{A}{B} \div \frac{C}{D} = \frac{A \times D}{B \times C}$$

EJEMPLO 8. Efectuar $\dfrac{2x-2}{3x+6} \times \dfrac{x^2-x-6}{6x^2-6}$

Solución

$$\frac{2x-2}{3x+6} \times \frac{x^2-x-6}{6x^2-6} = \frac{2(x-1)}{3(x+2)} \times \frac{(x+2)(x-3)}{6(x^2-1)} = \frac{2(x-1)}{3(x+2)} \times \frac{(x+2)(x-3)}{6(x-1)(x+1)}$$

$$= \frac{2(x-1)(x+2)(x-3)}{(6)(3)(x+2)(x-1)(x+1)} = \frac{(x-3)}{(3)(3)(x+1)} = \frac{x-3}{9(x+1)}$$

EJEMPLO 9. Efectuar $\dfrac{3x+3}{x^2-49} \div \dfrac{x^2-3x-4}{x^2-14x+49}$

Solución

$$\frac{3x+3}{x^2-49} \div \frac{x^2-3x-4}{x^2-14x+49} = \frac{3(x+1)}{(x-7)(x+7)} \div \frac{(x+1)(x-4)}{(x-7)^2}$$

$$= \frac{3(x+1)}{(x-7)(x+7)} \times \frac{(x-7)^2}{(x+1)(x-4)} = \frac{3(x+1)(x-7)^2}{(x-7)(x+7)(x+1)(x-4)} = \frac{3(x-7)}{(x+7)(x-4)}$$

FRACCIONES COMPUESTAS

Una **fracción compuesta** es una fracción algebraica en la cual el numerador, el denominador o ambos a la vez son fracciones algebraicas. Podemos decir que una fracción compuesta es una fracción de fracciones. Teniendo en cuenta que una fracción es un división entre el numerador y el denominador, para simplificar una fracción compuesta se procede a dividir el numerador entre el denominador.

EJEMPLO 10. Simplificar $\dfrac{\dfrac{x}{y} - \dfrac{y}{x}}{\dfrac{1}{x} + \dfrac{1}{y}}$

Solución

$$\frac{\dfrac{x}{y} - \dfrac{y}{x}}{\dfrac{1}{x} + \dfrac{1}{y}} = \left(\frac{x}{y} - \frac{y}{x}\right) \div \left(\frac{1}{x} - \frac{1}{y}\right) = \left(\frac{x^2-y^2}{xy}\right) \div \left(\frac{y-x}{xy}\right) = \left(\frac{(x-y)(x+y)}{xy}\right)\left(\frac{xy}{y-x}\right)$$

$$= \left(\frac{(x-y)(x+y)}{xy}\right)\left(-\frac{xy}{x-y}\right) = -(x+y) = -x-y$$

PROBLEMAS RESUELTOS 0.7

PROBLEMA 1. Simplificar $\left(\dfrac{x^2-9}{2x+14}\times\dfrac{x^2+10x+21}{6x-18}\right)\div\dfrac{x^2+5x+6}{4x}$

Solución

$$\left(\frac{x^2-9}{2x+14}\times\frac{x^2+10x+21}{6x-18}\right)\div\frac{x^2+5x+6}{4x}=\frac{x^2-9}{2x+14}\times\frac{x^2+10x+21}{6x-18}\times\frac{4x}{x^2+5x+6}$$

$$=\frac{(x-3)(x+3)}{2(x+7)}\times\frac{(x+7)(x+3)}{6(x-3)}\times\frac{4x}{(x+3)(x+2)}=\frac{x(x+3)}{3(x+2)}$$

PROBLEMA 2. Racionalizar **a.** $\dfrac{9-a}{\sqrt[3]{\sqrt{a}\ -\sqrt{b}}}$ **b.** $\dfrac{x+y}{\sqrt[3]{x^2}\ -\sqrt[3]{xy}+\sqrt[3]{y}}$

Solución

a. $\dfrac{9-a}{\sqrt[3]{\sqrt{a}\ -\sqrt{b}}}=\dfrac{(9-a)\sqrt[3]{\left(\sqrt{a}-3\right)^2}}{\left(\sqrt[3]{\sqrt{a}\ -3}\right)\left(\sqrt[3]{\left(\sqrt{a}-3\right)^2}\right)}=\dfrac{(9-a)\sqrt[3]{\left(\sqrt{a}-3\right)^2}}{\sqrt{a}\ -3}$

$$=\frac{(9-a)\sqrt[3]{\left(\sqrt{a}-3\right)^2}\left(\sqrt{a}+3\right)}{\left(\sqrt{a}-3\right)\left(\sqrt{a}+3\right)}=\frac{(9-a)\sqrt[3]{\left(\sqrt{a}-3\right)^2}\left(\sqrt{a}+3\right)}{a-9}$$

$$=-\sqrt[3]{\left(\sqrt{a}-3\right)^2}\left(\sqrt{a}+3\right)$$

b. $\dfrac{x+y}{\sqrt[3]{x^2}\ -\sqrt[3]{xy}+\sqrt[3]{y}}=\dfrac{(x+y)\left(\sqrt[3]{x}+\sqrt[3]{y}\right)}{\left(\sqrt[3]{x^2}\ -\sqrt[3]{xy}+\sqrt[3]{y^2}\ \right)\left(\sqrt[3]{x}+\sqrt[3]{y}\right)}=\dfrac{(x+y)\left(\sqrt[3]{x}+\sqrt[3]{y}\right)}{\left(\sqrt[3]{x}\right)^3+\left(\sqrt[3]{y}\right)^3}$

$$=\frac{(x+y)\left(\sqrt[3]{x}+\sqrt[3]{y}\right)}{x+y}=\sqrt[3]{x}+\sqrt[3]{y}$$

PROBLEMA 3. Simplificar $\dfrac{x}{1-\dfrac{1}{1+\dfrac{x}{y}}}$

Solución

$$\frac{x}{1-\dfrac{1}{1+\dfrac{x}{y}}} = \frac{x}{1-\dfrac{1}{\dfrac{y+x}{y}}} = \frac{x}{1-\dfrac{y}{y+x}} = \frac{x}{\dfrac{y+x-y}{y+x}} = \frac{x}{\dfrac{x}{y+x}} = \frac{x(y+x)}{x} = y+x$$

PROBLEMA 4. Simplificar $\dfrac{\dfrac{1}{x+1}+\dfrac{1}{x-1}}{\dfrac{x+1}{x-1}-\dfrac{x-1}{x+1}}$

Solución

$$\frac{\dfrac{1}{x+1}+\dfrac{1}{x-1}}{\dfrac{x+1}{x-1}-\dfrac{x-1}{x+1}} = \left(\frac{1}{x+1}+\frac{1}{x-1}\right) \div \left(\frac{x+1}{x-1}-\frac{x-1}{x+1}\right)$$

$$= \left(\frac{x-1+x+1}{(x+1)(x-1)}\right) \div \left(\frac{(x+1)(x+1)-(x-1)(x-1)}{(x-1)(x+1)}\right)$$

$$= \left(\frac{2x}{(x+1)(x-1)}\right) \div \left(\frac{\left(x^2+2x+1\right)-\left(x^2-2x+1\right)}{(x-1)(x+1)}\right)$$

$$= \left(\frac{2x}{(x+1)(x-1)}\right) \div \left(\frac{4x}{(x-1)(x+1)}\right) = \frac{2x}{(x+1)(x-1)} \times \frac{(x-1)(x+1)}{4x} = \frac{1}{2}$$

PROBLEMAS PROPUESTOS 0.7

En los problemas del 1 al 12, simplificar las fracciones dadas

1. $\dfrac{60a^3b^2 - 45a^2b}{15a^2b}$ **2.** $\dfrac{x^2-3x}{3-x}$ **3.** $\dfrac{a^2-1}{a+1}$

4. $\dfrac{x^2-x-20}{x^2+2x-8}$ **5.** $\dfrac{2x^2+x-6}{2x-3}$ **6.** $\dfrac{x^2+x-2}{2x^2+6x+4}$

7. $\dfrac{x^2-y^2}{x^2+2xy+y^2}$ **8.** $\dfrac{x^2-4xy+4y^2}{x^3-8y^3}$ **9.** $\dfrac{(3-a)^2}{27-a^3}$

10. $\dfrac{x^3+1}{x^4-x^3+x-1}$ **11.** $\dfrac{y+8y^2+16y^3}{6y^2+25y^3+4y^4}$ **12.** $\dfrac{x^2-y^2}{x^2-6y-xy+6x}$

En los problemas del 13 al 24, racionalizar el denominador.

13. $\dfrac{2}{1-\sqrt{2}}$ **14.** $\dfrac{h}{\sqrt{3+h}-\sqrt{3}}$ **15.** $\dfrac{2a}{\sqrt{a+1}-\sqrt{a-1}}$

16. $\dfrac{3\sqrt{2}}{7\sqrt{2}-6\sqrt{3}}$ **17.** $\dfrac{\sqrt{x}+\sqrt{a}}{\sqrt{x}+2\sqrt{a}}$ **18.** $\dfrac{x-5}{\sqrt{x-3}-\sqrt{x-13}}$

19. $\dfrac{3}{\sqrt[3]{7}+\sqrt[3]{2}}$ **20.** $\dfrac{16x-2}{2\sqrt[3]{x}-1}$ **21.** $\dfrac{70x-16}{2\sqrt[3]{x-1}+3\sqrt[3]{x}}$

22. $\dfrac{3x-9y}{\sqrt[3]{x^2}+\sqrt[3]{3xy}+\sqrt[3]{9y^2}}$ **23.** $\dfrac{8-x}{\sqrt{2-\sqrt[3]{x}}}$ **24.** $\dfrac{2x-1}{\sqrt{2\sqrt{x}+\sqrt{2}}}$

En los problemas del 25 al 27, racionalizar el numerador.

25. $\dfrac{3+\sqrt{5}}{4}$ **26.** $\dfrac{\sqrt{a+2}-\sqrt{a}}{2}$ **27.** $\dfrac{\sqrt{a-1+h}-\sqrt{a-1}}{h}$

En los problemas del 28 al 48, efectuar las operaciones indicadas.

28. $\dfrac{3a}{a+1}+\dfrac{2a}{a-1}$ **29.** $\dfrac{x+y}{x-y}-\dfrac{x-y}{x+y}$

30. $\dfrac{12}{x^2-9}-\dfrac{2}{x-3}+1$ **31.** $\dfrac{x-2}{x^2-x-2}-\dfrac{2}{x^2-1}$

32. $\dfrac{1}{x+1}+\dfrac{2}{x-1}-\dfrac{1}{x^2-1}$ **33.** $\dfrac{x+5}{x^2+2x+1}+\dfrac{x}{x^2-4x-5}+\dfrac{1}{x-5}$

34. $\dfrac{x}{x^2-x-2}-\dfrac{6}{x^2+5x-14}-\dfrac{1}{x^2+8x+7}$ **35.** $\dfrac{x^2}{y^2-x^2}\times\dfrac{xy-x^2}{xy}$

36. $\dfrac{x^2+4x}{3x-2}\times\dfrac{9x^2-4}{x^2-16}$ **37.** $\dfrac{x^3-8}{a^3-1}\times\dfrac{a^2+a+1}{x^2+2x+4}$

38. $\dfrac{x^2+xy-2y^2}{x^2-2xy-8y^2}\times\dfrac{x^2+2xy}{x^2+4xy}\times\dfrac{x^2-16y^2}{x+2y}$ **39.** $\dfrac{a^2-ab-6b^2}{b^2+ab}\div\dfrac{a^2-4b^2}{a^2+áb}$

40. $\dfrac{x^4-x}{x^2+6x+8}\div\dfrac{2x^2-x-1}{2x^2+9x+4}$ **41.** $\dfrac{25x^3-x}{25x^2-10x+1}\div\dfrac{6x^2+13x+6}{15x^2+7x-2}$

42. $\left(\dfrac{x+1}{3x-3}\times\dfrac{6x-6}{2x+4}\right)\div\dfrac{x^2+x}{x^2+x-2}$ **43.** $\dfrac{3x^2+3}{2x-4}\div\left(\dfrac{3x+6}{2x-6}\times\dfrac{x^3+x}{3x-6}\right)$

44. $\left(1 - \dfrac{a^3}{b^3}\right)\left(b + \dfrac{ab}{b-a}\right)$

45. $\left(x + \dfrac{4x^2 + 20x}{x^2 - 25}\right)\left(x + 2 - \dfrac{28}{x-1}\right)$

46. $\left(\dfrac{x^2}{x^2 - y^2} - 1\right)\left(\dfrac{x}{y} - 1\right)\left(\dfrac{y}{x} + 1\right)$

47. $\left(\dfrac{x^2}{x+1} - x + 1\right) \div \left(\dfrac{2}{x^2 - 1} + 1\right)$

48. $\left(\dfrac{2a+1}{a^2 + 2} - a\right) \div \left(\dfrac{a+1}{a} - a^2 - 1\right)$

En los problemas del 49 al 53, simplificar las fracciones compuestas dadas.

49. $\dfrac{\dfrac{1}{x} - x^2}{\dfrac{1}{x} - 1}$

50. $\dfrac{\dfrac{a}{b^2} - \dfrac{b}{a^2}}{\dfrac{1}{b^2} - \dfrac{1}{a^2}}$

51. $a - \dfrac{b}{\dfrac{a}{b} + \dfrac{b}{a}}$

52. $1 - \dfrac{1}{1 - \dfrac{1}{1 - \dfrac{1}{x^2}}}$

53. $\dfrac{1 - \dfrac{1}{a-2}}{a + 3 - \dfrac{24}{a+1}}$

¿CUAL ES EL NUMERO MAS GRANDE QUE UD. PUEDE IMAGINAR?

    Edgard Kasner, matemático americano graduado de la Universidad de Columbia, estaba interesado en explicar la diferencia entre números inmensamente grandes y el infinito. Corría el año 1938 cuando escribió el número que comienza con 1 y le siguen 100 ceros. En nuestra notación científica, 10^{100}. Luego se preguntó ¿qué nombre le pongo? Por ahí cerca jugaba su sobrino de 9 años, Milton Sirotta. ¡Chamo¡, le dijo. ¿Qué nombre le pongo a este número?. Milton, inspirado en una comiquita de aquella época, respondió en voz alta:

¡GOOGOL!

Y así quedó bautizado este número.

    *Pero, ¿que tan grande es un googol?. Invocamos al **Hombre que Calculaba,** para que calcule el número de hojas que tienen todos los árboles del mundo o el número de granitos de arena que hay en todas las playas de tierra. Estos números son menores que un googol. En efecto, este par de número es menor que el número de átomo que existe en el universo, el cual se estima que es 10^{80}, que es menor que un googol.*

Otros matemáticos, no satisfechos con la inmensidad del googol, crearon el **googolplex**, que es un 1 seguido de googol de ceros, o sea,

$$\textbf{Un googolplex} = 10^{10^{100}}$$

Si se tratara escribir el googolplex de la manera usual escribiendo 1 y sus correspondientes ceros en hojas de papel, no habría suficiente papel en la tierra para esta tarea. Aún más, en el supuesto que sí existiera, este cantidad de papel no cabría en el universo.

Se cuenta que **Larry Page** y **Sergey Brin**, creadores del famoso motor de búsqueda **Google,** mientras eran estudiantes graduados de la Universidad de Stamford, se reunieron en septiembre de 1997, para darle nombre a su buscador de la web, recientemente creado. En primera instancia, decidieron llamarlo **googol,** pero se quedaron con el nombre de google debido a que el que tomada notas cometió el error de escribir Google en lugar de googol.

Pero, ¿qué tan cerca están estos grades números del infinito? Para sorpresa de muchos, estos están tan apartados del infinito como lo está el 1. Para mayor sorpresa, no sólo existe un infinito, sino que hay infinito infinitos, siendo unos mayores que otros. El menor de ellos es que corresponde al número (cardinal) de elementos que tiene conjunto $\mathbb{N}$ de los números naturales. El siguiente infinito, inmediatamente mayor que el anterior, es el infinito que corresponde al número de elementos que tiene el conjunto $\mathbb{R}$ de lo números reales. Estas ideas sorprendentes sobre el infinito, fueron creaciones de matemático alemán Georg Cantor (1845−1918).

1

ECUACIONES

AL-KHWARIZMI

(780–850)

AL−KHWARIZMI

(780−850)

Abu Ja'far Muhammad ibn Musa al−Khawarizmi (algorismi, en latín) matemático, astrónomo, geógrafo y cartógrafo persa. Se conoce pocos detalles acerca de su vida. Nació alrededor del año 780. Su nombre sugiere que su lugar de nacimiento fue Khwarizm, una ciudad al sur del Mar de Aral, Asia central, que, en aquella época era parte del imperio persa. Otra versión dice que nació en Bagdad, ciudad fundada hacía menos de dos décadas, por el califa musulmán Al−Mansur, a orillas del Tigres.

El mundo musulmán vivió su Edad de Oro en el periodo comprendido entre los años 700 al 1200. Se extendió desde España hasta la India. En este periodo, el mundo occidental vivía el oscurantismo de la Edad Media.

*Bagdad se convirtió en el centro del comercio y de la ciencia. En el año 786, Harum al−Rashid fue nombrado califa (jefe supremo del Islam) del imperio musulmán. Harum alcanzó fama inmortal con las historias que se contaban sobre él y su imperio. Estas historias se reunieron en la famosa obra **Las Mil y una Noches**. Harum empezó el proceso de culturización y avance de la ciencia en el mundo árabe. Su hijo y sucesor, Al−Mamun, fundó en Bagdad una academia, llamada **La Casa de la Sabiduría,** donde los eruditos traducían al árabe las obras de Aristóteles, Galeno, Euclides Ptolomeo, etc. Se logró construir una biblioteca que hacía recordar la famosa biblioteca de Alejandría. De este modo, los árabes lograron conservar el saber antiguo, el que fue llevado a Europa en el siglo XII. Uno de los eruditos más sobresalientes de la Casa de la Sabiduría fue al−Khawarizmi. Escribió obras de matemáticas, astronomía y geografía. Su libro más famoso e importante fue **al−Kitab al−muskhtasar fi Hisab al−jabr w'al−muqabala** (El Libro Resumen Concerniente al Calculo Mediante Transposición y Reducción) Este es el primer texto sistemático de álgebra. Una parte importante de la obra se ocupa de la solución de ecuaciones de primer y segundo grado, con la característica de que las soluciones se presentan enteramente en palabras, sin uso de símbolos. Con esta obra, al−Khawarizmi se ganó el título, que comparte con Diofanto de Alejandría, de **Padre del algebra**.*

*La palabra **"algebra"** deriva del termino **al−jabr** que aparece en el título del libro y significa "restauración" o "completación". al−jabr es el proceso de eliminar los términos negativos añadiendo la misma cantidad a ambos lados de la ecuación. La otra palabra que aparece en el título, **muqabala,** significa "balanceo" y es el proceso de transponer los términos semejantes a un mismo lado de una ecuación y simplificarlos.*

*Los vocablos **algoritmo** y **guarismo** derivan de algorismi, la latinización del nombre al−Khawarizmi.*

SECCION 1.1
PROPIEDADES BASICAS DE LAS IGUALDADES

Dos expresiones (no necesariamente algebraicas) a y b unidas por el signo igual, $a = b$, indica que a y b son dos nombres o dos descripciones de un mismo objeto. La negación de $a = b$ es $a \neq b$.

La relación de igualdad goza de las siguientes propiedades.

PROPIEDADES BASICAS DE LA IGUALDAD

Si a, b y c nombres o descripciones de objetos, entonces

1. $a = a$ **Propiedad reflexiva**

2. $a = b \Longrightarrow b = a$ **Propiedad simétrica**

3. $a = b$ y $b = c \Longrightarrow a = c$ **Propiedad transitiva.**

4. propiedad de sustitución.

Si $a = b$, la **sustitución** de uno de ellos por el otro, en cualquier proposición, no altera la verdad o falsedad de la proposición.

Dos **expresiones algebraicas** unidas con el signo igual es una **ecuación**. Así, las siguientes igualdades son ecuaciones:

   1. $4 + 3 = 7$ **2.** $x^2 - y^2 = (x + y)(x - y)$ **3.** $x + 2 = 5$ **4.** $2x + y = 1$

La primera es simplemente una igualdad aritmética. La segunda igualdad es la fórmula de factorización de diferencia de cuadrados y, por tanto, la igualdad se cumple para todos par x, y de números reales. Una igualdad con esta propiedad, es una **identidad**. La tercera **igualdad es una ecuación de una variable, que es x. La cuarta igualdad es una ecuación de dos variables**, que son x e y.

En esta parte, sólo nos interesamos en ecuaciones de una sola variable, como la tercera ecuación. Una **solución o una raíz** de este tipo de ecuaciones es un número que al ser reemplazado en lugar de la variable, se obtiene una proposición verdadera. Así, 3 es una solución de la ecuación $x + 2 = 5$, ya que la igualdad $3 + 2 = 5$ es verdadera. Se llama conjunto solución de una ecuación al conjunto formado por todas sus soluciones.

Dos **ecuaciones son equivalentes** si tienen exactamente **las mismas raíces.**

El proceso de encontrar las raíces de una ecuación se denomina **resolver la ecuación.**

Los pasos a seguir para resolver una ecuación están basados en las dos siguientes propiedades de las igualdades de expresiones algebraicas.

PROPIEDADES BASICAS DE LA IGUALDADES DE EXPRESIONES ALGEBRAICAS

Sean A, B, C expresiones algebraicas y c una constante.

1. $A = B \Leftrightarrow A \pm C = B \pm C$ **Propiedad Aditiva.**

   Sumando o restando cualquier expresión algebraica a ambos lados de una ecuación se obtiene otra ecuación equivalente

2. $A = B \Leftrightarrow cA = cB,\ c \neq 0$ **Propiedad Multiplicativa.**

   $A = B \Leftrightarrow \dfrac{A}{c} = \dfrac{B}{c},\ c \neq 0$ Multiplicando o dividiendo por una constante

   no nula ambos lados de una ecuación se obtiene otra ecuación equivalente

---

TEOREMA 1.1   **Transposición**

1. $A \pm C = B \Leftrightarrow A = B \mp C$

   Se puede transponer una expresión algebraica de un lado de una ecuación al otro, cambiándola de signo.

2. $cA = B \Leftrightarrow A = \dfrac{B}{c}$,   siendo $c \neq 0$

   Toda constante no nula que esta multiplicando un lado de una ecuación, puede transponerse al otro lado, dividiendo.

3. $\dfrac{A}{c} = B \Leftrightarrow A = cB$,   siendo $c \neq 0$

   Toda constante no nula que esta dividiendo un lado de una ecuación, puede transponerse al otro lado, multiplicando.

Demostración

Ver el problema resuelto 1

¿SABIA UD. QUE . . .

ROBERT RECORDE (1510–1558) *fue el primer matemático que usó el símbolo = para representar a la igualdad. Recorde justifica esta escogencia preguntando: ¿Qué puede ser más igual que dos segmentos de recta paralelos y de igual longitud? El símbolo aparece por primera vez en su libro **Whetstone of Witte** (afilador de la inteligencia), publicado el año 1557. Este fue el primer texto de álgebra en el idioma inglés.*

Recorde, al igual que Paolo Ruffini, se dedicó a la matemática y a la medicina.

PROBLEMAS RESUELTOS 1.1

PROBLEMA 1. Probar el teorema 1.1 (teorema de transposición)

$$1.\ A \pm C = B \Leftrightarrow A = B \mp C$$

$$2.\ cA = B \Leftrightarrow A = \frac{B}{c}, \quad \text{siendo } c \neq 0$$

$$3.\ \frac{A}{c} = B \Leftrightarrow A = cB, \quad \text{siendo } c \neq 0$$

Solución

1. $A \pm C = \underline{B} \Leftrightarrow (A \pm C) + (\mp C) = B \mp C$ (Propiedad aditiva)

$\qquad \Leftrightarrow A + (\pm C \mp C) = B \mp C$ (Propiedad asociativa)

$\qquad \Leftrightarrow A + 0 = B \mp C$ (Propiedad del inverso aditivo)

$\qquad \Leftrightarrow A = B \mp C$ (Elemento neutro de la adición)

2. $cA = B \Leftrightarrow \dfrac{1}{c}(cA) = \dfrac{1}{c}B$ (Propiedad multiplicativa)

$\qquad \Leftrightarrow \left(\dfrac{1}{c}\,c\right)A = \dfrac{B}{c}$ (Propiedad asociativa)

$\qquad \Leftrightarrow 1 \cdot A = \dfrac{B}{c}$ (Propiedad del inverso multiplicativo)

$\qquad \Leftrightarrow A = \dfrac{B}{c}$ (Elemento neutro de la multiplicación)

3. Similar a 2.

SECCION 1.2
ECUACIONES LINEALES

Una **ecuación lineal en una variable** es una ecuación de la forma:

$$ax + b = 0, \ a \neq 0$$

La solución de $ax + b = 0$ es $x = -\dfrac{b}{a}$

EJEMPLO 1. Resolver la siguiente ecuación, justificando cada paso.

$$3(x - 4) = 4 - 2(x + 3)$$

Solución

1. $3(x-4) = 4 - 2(x+3) \iff 3x - 12 = 4 - 2x - 6$ (Ley distributiva)

$\iff 3x + 2x = 4 - 6 + 12$ (Transponiendo)

$\iff 5x = 10$ (Simplificando)

$\iff x = 10/2$ (Transponiendo)

$\iff x = 2$

EJEMPLO 2. Resolver la siguiente ecuación

$$\frac{x+1}{2} + \frac{x+2}{3} - \frac{x+3}{4} = -\frac{1}{6}$$

En primer lugar, eliminamos los denominadores multiplicando por el Mínimo Común Denominador (MCD) de los denominadores, que es el mínimo común Múltiplo de los denominadores. El MCD, o sea el mínimo común múltiplo de 2, 3, 4 y 6, es 12. Luego,

$$\frac{x+1}{2} + \frac{x+2}{3} - \frac{x+3}{4} = -\frac{1}{6} \iff 12\frac{x+1}{2} + 12\frac{x+2}{3} - 12\frac{x+3}{4} = 12\left(-\frac{1}{6}\right)$$

$$\iff 6(x+1) + 4(x+2) - 3(x+3) = -2$$

$$\iff 6x + 6 + 4x + 8 - 3x - 9 = -2$$

$$\iff 6x + 4x - 3x = -2 - 6 - 8 + 9$$

$$\iff 7x = -7 \iff x = -1$$

EJEMPLO 3. **Resolución de una ecuación literal.**

Resolver las siguientes ecuaciones para x:

1. $x(a+x) = (x-a)^2$, $a \neq 0$ **2.** $a(x-a) = b(x-b)$, $a \neq b$

Solución

1. $x(a+x) = (x-a)^2 \iff ax + x^2 = x^2 - 2ax + a^2 \iff ax = -2ax + a^2$

$$\iff ax + 2ax = a^2 \qquad\qquad \iff 3ax = a^2$$

$$\iff x = \frac{a^2}{3a} \qquad\qquad\qquad \iff x = \frac{a}{3}$$

2. $a(x-a) = b(x-b) \iff ax - a^2 = bx - b^2 \qquad \iff ax - bx = a^2 - b^2$

$$\iff (a-b)x = a^2 - b^2 \iff x = \frac{a^2 - b^2}{a-b}$$

$$\iff x = \frac{(a+b)(a-b)}{a-b} \iff x = a + b$$

$\boxed{\text{EJEMPLO 4.}}$ **Despejando una variable.**

Sabemos que un capital P invertido durante t años a un interés simple de $100r\,\%$ produce un monto de

$$M = P(1 + rt)$$

Expresar (despejar) la variable t en término de las otras.

Solución

$$M = P(1 + rt) \Leftrightarrow M = P + Prt \Leftrightarrow P + Prt = M \Leftrightarrow Prt = M - P \Leftrightarrow t = \frac{M - P}{Pr}$$

ECUACIONES QUE CONDUCEN A ECUACIONES LINEALES

Existen ecuaciones no lineales que en el proceso de resolverla, se reducen a ecuaciones lineales.

$\boxed{\text{EJEMPLO 5.}}$ **Resolución de una ecuación fraccionaria**

Resolver la ecuación:

$$\frac{4}{x-1} + \frac{2}{x+1} = \frac{32}{x^2 - 1}$$

Solución

La táctica es transformar esta ecuación fraccionaria en otra que no lo es. Para esto, multiplicamos la ecuación por el mínimo común denominador (MCD).

Tenemos que $x^2 - 1 = (x + 1)(x - 1)$. Luego, MCD $= (x + 1)(x - 1)$.

Ahora,

$$(x+1)(x-1)\left(\frac{4}{x-1} + \frac{2}{x+1}\right) = (x+1)(x-1)\frac{32}{x^2 - 1} \Leftrightarrow$$

$$4(x + 1) + 2(x - 1) = 32 \Leftrightarrow$$

$$4x + 4 + 2x - 2 = 32 \Leftrightarrow$$

$$6x = 30 \Leftrightarrow x = 5$$

Puede suceder que en el proceso de eliminar estos denominadores, que no son constantes, se pueden introducir soluciones extrañas, o sea soluciones que no correspondan a la ecuación inicial. Por tal motivo, se debe verificar que las soluciones encontradas satisfacen la ecuación inicial.

Comprobemos que $x = 5$ es una solución de la ecuación inicial:

Reemplazando $x = 5$ en el miembro de la izquierda:

$$\frac{4}{5-1} + \frac{2}{5+1} = \frac{4}{4} + \frac{2}{6} = 1 + \frac{1}{3} = \frac{4}{3}$$

Reemplazando $x = 5$ en el miembro de la derecha:

$$\frac{32}{5^2-1} = \frac{32}{24} = \frac{4}{3}$$

Efectivamente, $x = 5$ es una solución de la ecuación inicial.

EJEMPLO 6. **Resolución de una ecuación fraccionaria.**

$$\frac{x+1}{x-1} - \frac{x+6}{x+2} = \frac{12}{x^2+x+2}$$

Solución

Eliminamos los denominadores:

$x^2 + x + 2 = (x-1)(x+2)$. Luego, el MCD es $(x-1)(x+2)$

Ahora, multiplicando por $(x-1)(x+2)$:

$$(x-1)(x+2)\frac{x+1}{x-1} - (x-1)(x+2)\frac{x+6}{x+2} = (x-1)(x+2)\frac{12}{x^2+x+2}$$

$\Leftrightarrow (x+2)(x+1) - (x-1)(x+6) = 12$

$\Leftrightarrow x^2 + 3x + 2 - (x^2 + 5x - 6) = 12$

$\Leftrightarrow x^2 + 3x + 2 - x^2 - 5x + 6 = 12$

$\Leftrightarrow -2x = 4 \quad \Leftrightarrow \quad x = -2$

Pero, -2 no es solución de la ecuación inicial, ya que ésta no está definida para $x = -2$. Luego, -2 es una solución extraña. En consecuencia, la ecuación inicial no tiene soluciones.

EJEMPLO 7. **Resolución de una ecuación con radicales.**

Resolver la ecuación:

$$\sqrt{y^2+3y} = y + 6$$

Solución

La táctica es transformar esta ecuación con radicales en otra que no los tenga. Para esto, elevamos a ambos miembros de la ecuación a la potencia que elimine los radicales. En nuestro caso, elevamos al cuadrado. Las soluciones halladas deben verificarse que son soluciones de la ecuación inicial, porque puede suceder que aparezcan soluciones extrañas.

$$\sqrt{y^2+3y} = y + 6 \implies \left(\sqrt{y^2+3y}\right)^2 = (y+6)^2 \Leftrightarrow y^2 + 3y = y^2 + 12y + 36$$

$$\Leftrightarrow 3y = 12y + 36 \quad \Leftrightarrow \quad -9y = 36 \Leftrightarrow y = -4$$

Comprobemos que $y = -4$ es una solución de la ecuación inicial:

Reemplazando $y = -4$ en el miembro de la izquierda:

$$\sqrt{(-4)^2 + 3(-4)} = \sqrt{16-12} = \sqrt{4} = 2 = 2.$$

Reemplazando $y = -4$ en el miembro de la derecha:

$$-4+6=2$$

Efectivamente, $y = -4$ es una solución de la ecuación inicial.

PROBLEMAS PROPUESTOS 1. 2

En los problemas del 1 al 10, resolver las ecuaciones dadas.

1. $5(x-3) = 3(x+7) + x$

2. $y - (6-2y) = 8(y-2)$

3. $\dfrac{1}{2}(2x-1) = 3\left(x + \dfrac{1}{4}\right)$

4. $\dfrac{x}{4} - \dfrac{x}{3} = \dfrac{7}{6} - \dfrac{4x}{3}$

5. $\dfrac{2x-1}{5} = \dfrac{2+x}{3}$

6. $\dfrac{7z+1}{6} + \dfrac{3}{2} = \dfrac{3z}{4}$

7. $\dfrac{x-1}{3} - \dfrac{2-3x}{14} = \dfrac{4x-3}{7}$

8. $\dfrac{x-3}{6} - \dfrac{2x-1}{5} = -1$

9. $\dfrac{x+1}{5} + \dfrac{x+2}{6} = \dfrac{x-1}{4} + \dfrac{x+7}{10}$

10. $\dfrac{5x-2}{3} - \dfrac{1}{2}(3x-1) = \dfrac{9x+7}{6} - \dfrac{2}{9}(5x-1)$

En los problemas del 11 al 14, reducir las ecuaciones dadas a ecuaciones lineales y resolverlas.

11. $(x-3)^2 = (x-1)^2$

12. $(x-5)(x+1) = (x+2)(x-3) + 13$

13. $(2x-5)(x-1) + x^2 = (3x-1)(x+2) + 1$

14. $8x(x+2)(x-1) = (2x+1)^3 - (2x+3)^2$

En los problemas del 15 al 22, resolver las ecuaciones literales (despejar x).

15. $5(5x-a) = a^2(x-1)$

16. $a(x+b) + x(b-a) = 2b(2a-x)$

17. $x^2 + b^2 + b(b-1) = (x+b)^2$

18. $(x+a)^3 - 2x^3 = 12a^3 - (x-a)^3$

19. $\dfrac{x-a}{b} + \dfrac{x-b}{a} = 2$

20. $\dfrac{x-3m}{m^2} + \dfrac{x-2m}{mn} = -\dfrac{1}{m}$

21. $\dfrac{a-x}{a} - \dfrac{b-x}{b} = \dfrac{2(a-b)}{ab}$

22. $\dfrac{x-a}{a+b} + \dfrac{a+b}{a-b} = \dfrac{x+b}{a+b} + \dfrac{x-b}{a-b}$

En los problemas del 23 al 26 despejar la variable indicada en términos de las otras.

23. $A = \pi(r^2 + rs)$, s

24. $S = a\dfrac{1-r^n}{1-r}$, a

25. $S = \dfrac{f}{H-h}$, h

26. $\dfrac{1}{x} + \dfrac{1}{y} = \dfrac{1}{a}$, x

En los problemas del 27 al 30, reducir las ecuaciones fraccionarias a ecuaciones lineales y resolverlas.

27. $\dfrac{x-6}{x} = \dfrac{x+6}{x-6} + \dfrac{6}{x}$

28. $\dfrac{x}{x+2} - \dfrac{x}{x-2} = \dfrac{x-15}{x^2-4}$

29. $\dfrac{1}{3x-3} + \dfrac{1}{4x+4} = \dfrac{1}{12x-12}$

30. $\dfrac{4x+1}{4x-1} = \dfrac{4x-1}{4x+1} + \dfrac{6}{16x^2-1}$

En los problemas del 31 al 38, reducir las ecuaciones con radicales a ecuaciones lineales y resolverlas.

31. $5 - \sqrt{2x+3} = 0$

32. $\sqrt{\dfrac{x}{18} + 1} = \dfrac{2}{3}$

33. $(5x-1)^{1/2} = 7$

34. $(y+9)^{3/2} = 4^3$

35. $\sqrt{x^2-5} = 5 - x$

36. $\sqrt{z+7} - \sqrt{z} = 1$

37. $\sqrt{9x^2-10x} = 3x - 2$

38. $\sqrt{\dfrac{1}{x}} - \sqrt{\dfrac{8}{4x+1}} = 0$

SECCION 1.3
APLICACIONES DE LAS ECUACIONES LINEALES

Esta sección la dedicamos a aplicar los resultados obtenidos en las secciones anteriores para resolver algunos problemas de la vida real.

EJEMPLO 1.   La edad actual de un padre es el doble de la de su hijo, y hace 10 años la edad del padre fue el triple de la del hijo. Hallar las edades actuales.

Solución

Si la edad actual del hijo es x, entonces

La edad actual del padre es: $2x$
La edad del hijo hace 10 años es: $x - 10$
La edad del padre hace 10 años es: $2x - 10$

De acuerdo al enunciado del problema tenemos la ecuación:

$$2x - 10 = 3(x - 10)$$

Resolvemos la ecuación:

$$2x - 10 = 3(x - 10) \Leftrightarrow 2x - 10 = 3x - 30 \Leftrightarrow 2x - 3x = -30 + 10$$
$$\Leftrightarrow -x = -20 \qquad \Leftrightarrow x = 20$$

La edad actual del hijo es 20 años y la del padre es 2(20) = 40 años

---

EJEMPLO 2. Hallar tres números enteros consecutivos tales que los 4/5 del mayor más la mitad del intermedio equivale al menor aumentado en 6.

Solución

Si el número menor es x, entonces

El número intermedio es: $x + 1$
El número mayor es: $x + 2$

$\dfrac{4}{5}$ del número mayor es: $\dfrac{4}{5}(x + 2) = \dfrac{4(x+2)}{5}$

La mitad del número intermedio es: $\dfrac{1}{2}(x+1) = \dfrac{(x+1)}{2}$

De acuerdo al enunciado del problema tenemos la ecuación:

$$\frac{4(x+2)}{5} + \frac{(x+1)}{2} = x + 6$$

Resolvemos la ecuación.

MCD de 5 y 2 es 10. Luego,

$$\frac{4(x+2)}{5} + \frac{(x+1)}{2} = x + 6 \Leftrightarrow 10\frac{4(x+2)}{5} + 10\frac{(x+1)}{2} = 10(x+6) \Leftrightarrow$$

$$8(x+2) + 5(x+1) = 10(x+6) \Leftrightarrow 8x + 16 + 5x + 5 = 10x + 60 \Leftrightarrow$$

$$8x + 5x - 10x = 60 - 16 - 5 \Leftrightarrow 3x = 39 \Leftrightarrow x = 13$$

Los números buscados son: 13, 13 + 1 = 14 y 13 + 2 = 15

EJEMPLO 3. **Mezcla de productos.**

Las almendras, el merey y el maní cuestan $ 8, $ 10 y $ 4 el Kg, respectivamente. Un fabricante de pasapalos junta 5 Kg. de almendras, con 3 Kg. de merey y cierto número de kg. de maní para producir una mezcla que vale $ 6 el Kg. ¿Que cantidad de maní debe tener la mezcla?

Solución

Si x es el número de Kg de maní, entonces

El costo de las almendras: $5(8) = 40$
El costo del merey: $3(10) = 30$
El costo del maní: $4x$
El costo de la mezcla: $6(5 + 3 + x)$

Debemos tener que:

$$5(8) + 3(10) + 4x = 6(5 + 3 + x) \Leftrightarrow 40 + 30 + 4x = 30 + 18 + 6x$$
$$\Leftrightarrow 70 - 48 = 6x - 4x$$
$$\Leftrightarrow 22 = 2x \Leftrightarrow x = 11$$

La mezcla debe tener 11 Kgs. de maní.

APLICACIONES A LAS FINANZAS

Veamos algunos conceptos propios de las finanzas que aparecerán con mucha frecuencia más adelante.

Toda empresa industrial en actividad tiene costos fijos, costos variables y costo total. Los **costos fijos** o costos generales es la suma de todos costos que son independientes de la cantidad de unidades producidas, como seguros, alquiler o compra de local, etc. Los **costos variables** es la suma de todos los costos que dependen de la cantidad de unidades producidas, como costos de materiales, costos de mano de obra, etc. El costo total es la suma de los costos variables con los costos fijos.

> **Costo total = Costos variables + Costos fijos**

El **Ingreso total** es el dinero que recibe la empresa por la venta de su producción.

> **Ingreso total = (precio por unidad) (número de unidades vendidas)**

La ganancia, beneficio o utilidades es el ingreso total menos el costo total:

> **Utilidades = Ingreso total − Costo total**

EJEMPLO 4. **Ahorros.**

Se quiere depositar $36,000 en una libreta de ahorros y en un plazo fijo que pagan un interés anual de 4% y 6%, respectivamente. ¿Cómo debe repartirse esta inversión si se busca que al final de año se tenga un ingreso igual al 5.5 % de la inversión total?

Solución

Sea x la cantidad depositada en la libreta de ahorros. Entonces

Cantidad depositada a plazo fijo: $36,000 - x$
Interés ganado en la libreta: $0.04x$
Interés ganado en plazo fijo: $0.06(36,000 - x)$
Ingreso al final del año: $0.055(36,000) = 1,980$

Debemos tener que:

$$\text{Intereses de la libreta} + \text{Intereses a plazo fijo} = 1,980$$

$$0.04x + 0.06(36,000 - x) = 1,980$$

Resolvemos la ecuación:

$$0{,}04x + 0{,}06(36,000 - x) = 1,980 \iff 0.04x + 2,160 - 0.06 = 1,980$$
$$\iff 0.04x - 0.06x = 1,980 - 2,160$$
$$\iff -0.02x = -180$$
$$\iff 0.02x = 180$$
$$\iff x = \frac{180}{0.02} = 9,000$$

Se debe invertir $ 9,000 en la libreta y $36,000 - 9,000 = \$ 27,000$ a plazo fijo.

EJEMPLO 5. **Descuento.**

Una zapatería ofrece el 40% de descuento sobre el precio marcado (PVP) en cierto modelo de zapatos, por los que pagó $ 60 el par. Aun con el descuento, la zapatería ganará 15% de su inversión. ¿Cuál es el precio marcado (el PVP) en cada par de zapatos?

Solución

Sea p el precio de venta de cada par de zapatos. Entonces

Ganancia de la zapatería: $15\,\%$ de $60 = 0.15(60) = 9$

Ingreso de la zapatería por cada par: $60 + 9 = 69$

Descuento en cada par de zapatos: $0.40p$

Precio de cada par después del descuento: $p - 0.40p = 0.6p$

Debemos tener que:

Precio de cada par después del descuento es igual al ingreso de la zapatería por cada par:

$$0.6p = 69 \implies p = \frac{69}{0.6} = 115$$

Luego, el precio marcado (PVP) en cada par de zapatos es de $ 115.

¿SABIA UD. QUE . . .

DIOFANTO DE ALEJANDRIA (200–284 D.C.), *matemático griego de la escuela de Alejandría, es conocido como uno de los **padres del álgebra**. De su vida se sabe poco. Es famoso por su obra, **Aritmética**, que es un tratado de 15 libros, de los cuales sólo se conocen los seis primeros. En ellos se presenta soluciones a ecuaciones algebraicas y los inicios de la teoría de números. Esta obra ejerció una influencia fundamental en la matemática durante varios siglos.*

DIOPHANTI
ALEXANDRINI
ARITHMETICORVM

Diofanto vivió 84 años. Este número se obtiene a partir del famoso epitafio, que uno de sus discípulos, escribió en su tumba. Ver el siguiente ejemplo.

EJEMPLO 6.   **EL EPITAFIO DE DIOFANTO**

«¡Caminante!

Aquí yacen los restos de Diofanto. Los números pueden mostrar, ¡oh maravilla! , la duración de su vida, cuya sexta parte constituyó la hermosa infancia. Había transcurrido además una duodécima parte de su vida cuando se cubrió de vello su barba. A partir de ahí, la séptima parte de su existencia transcurrió en un matrimonio estéril. Pasó, además, un quinquenio y entonces le hizo dichoso el nacimiento de su primogénito. Este entregó su cuerpo y su hermosa existencia a la tierra, habiendo vivido la mitad de lo que su padre llegó a vivir. Por su parte Diofanto descendió a la sepultura con profunda pena habiendo sobrevivido cuatro años a su hijo. Dime, caminante, ¿cuántos años vivió Diofanto hasta que le llegó la muerte?».

Solución

Sea x el número de años que vivió Diofanto. Entonces se tiene:

$$\frac{x}{6} + \frac{x}{12} + \frac{x}{7} + 5 + \frac{x}{2} + 4 = x$$

Resolvemos la ecuación.

El MCD de 6, 12, 7 y 2 es 84. Luego,

$$84\left(\frac{x}{6}\right) + 84\left(\frac{x}{12}\right) + 84\left(\frac{x}{7}\right) + 84(5) + 84\left(\frac{x}{2}\right) + 84(4) = 84x$$

$$\Leftrightarrow \quad 14x + 7x + 12x + 420 + 42x + 336 = 84x$$

$$\Leftrightarrow \quad 14x + 7x + 12x + 42x - 84x = -336 - 420$$

$$\Leftrightarrow \quad -9x = -756 \Leftrightarrow x = \frac{-756}{-9} = 84$$

El caminante responde: Diofanto vivió 84 años.

PROBLEMAS RESUELTOS 1.3

PROBLEMA 1.   Hallar un número entero par tal que sumado con los dos impares que le preceden y con los dos enteros pares que le siguen se obtiene 202.

Solución

Sea $x = 2n$ el número par buscado. Entonces

Los números impares que le preceden a $x = 2n$ son:
$$x - 1 = 2n - 1 \quad \text{y} \quad x - 3 = 2n - 3$$

Los números pares que le siguen a $x = 2n$ son:

$$x + 2 = 2n + 2 \quad \text{y} \quad x + 4 = 2n = 4$$

Sumando los 5 números tenemos:

$$(x - 1) + (x - 3) + x + (x + 2) + (x + 4) = 202$$

Resolvemos la ecuación:

$$(x - 1) + (x - 3) + x + (x + 2) + (x + 4) = 202 \Leftrightarrow 5x + 2 = 202 \Leftrightarrow$$
$$5x = 200 \Leftrightarrow x = 40$$

El número par buscado es 40.

PROBLEMA 2.   Un comerciante tiene un capital disponible. De este capital, el 35 % lo usará para pagar una deuda, 45 % para invertirlo en mercadería. Si aún le sobran $ 120,000, hallar el monto del capital disponible.

Solución

Sea x el capital disponible. Entonces
Parte del capital para pagar la deuda: $0.35x$
Parte del capital para comprar mercancía: $0.45x$

El capital es la suma de los gastos más lo que todavía le queda. Luego,

$$0.35x + 0.45x + 120,000 = x$$

Resolvemos la ecuación:

$$x = 0.35x + 0.45x + 120{,}000 \Leftrightarrow x - 0.35x - 0.45x = 120{,}000$$
$$\Leftrightarrow 0.2x = 120{,}000$$
$$\Leftrightarrow x = 600{,}000$$

El capital inicial es de $ 600,000.

PROBLEMA 3. **Tiraje de una revista.**

Una revista, de publicación semanal, se vende a $ 2 el ejemplar. El costo de cada ejemplar es de $ 2.1. El ingreso por publicidad es del 25 % del ingreso de la venta de las revistas que sobrepasan los 1,000 primeros ejemplares. ¿Cuál debe ser el tiraje si se quiere tener una ganancia de $ 9,500 semanales? Se supone que todas las revistas publicadas (todo el tiraje) son vendidas.

Solución

Sea x el tiraje de la revista. Entonces

Ingreso por venta de las revistas: $2x$

Ingreso por publicidad: $(0.25)(2)(x - 1{,}000) = 0.5(x - 1{,}000)$

Costo del tiraje: $2.1x$

Debemos tener que:

Ganancia = Ingreso por venta de revistas+Ingreso por publicidad − Costo del tiraje:

$$9{,}500 = 2x + 0.5(x - 1{,}000) - 2.1x$$

Resolvemos la ecuación:

$$9{,}500 = 2x + 0.5(x - 1{,}000) - 2.1x \Leftrightarrow 9{,}500 = 2x + 0.5x - 500 - 2.1x$$
$$\Leftrightarrow 2x + 0.5x - 2.1x = 9{,}500 + 500$$
$$\Leftrightarrow 0{,}4x = 10{,}000 \Leftrightarrow x = 25{,}000$$

Luego, semanalmente se deben publicar 25,000 ejemplares.

PROBLEMA 4. **Ventas.**

Una inmobiliaria compró una casa y un apartamento, pagando por ambos, $ 200,000. Vendió ambos inmuebles de urgencia. En la casa ganó el 15 % y en el apartamento perdió 10 %. Al final de ambas transacciones, tuvo una ganancia de $ 10,000 ¿Cuánto pagó la inmobiliaria por cada inmueble?

Solución

Sea x el precio que pagó la inmobiliaria por la casa. Entonces

Precio que pagó la inmobiliaria por el apartamento: $200{,}000 - x$

Ganancia en la casa: 0.15x

Pérdida en el apartamento: $0.10(200,000 - x)$

Se tiene que:

Ganancia en la casa $-$ Pérdida en el apartamento = Ganancia final

$$0.15x - 0.10(200,000 - x) = 10,000$$

Resolvemos la ecuación:

$$0.15x - 0.10(200,000 - x) = 10,000 \Leftrightarrow 0.15x - 20,000 + 0.1x = 10,000$$
$$\Leftrightarrow 0.15x + 0.1x = 10,000 + 20,000$$
$$\Leftrightarrow 0.25x = 30,000$$
$$\Leftrightarrow x = \frac{30,000}{0.25} = 120,000$$

Luego, por la casa pagó $ 120,000 y por el apartamento,

$$ 200,000 - 120,000 = $ 80,000.

PROBLEMAS PROPUESTOS 1.3

1. **(Gastos)** Gasté la tercera parte de lo que tenía y luego gasté la quinta parte de lo que me quedaba. Si aún tengo $ 80 ¿Cuánto tenía inicialmente?

2. **(Números consecutivos)** Hallar tres números enteros consecutivos tales que 3/5 del menor aumentado en 3/4 del mayor exceda en 11 al intermedio.

3. **(Números consecutivos)** Hallar un número entero impar tal que sumado con los dos impares que le preceden y con los dos enteros pares que le siguen se obtiene 203.

4. **(Edades)** La edad actual de un padre es el triple de la edad actual de su hijo. La suma de las edades que ellos tenían hace 5 años es igual a la edad que tendrá el padre dentro de 6 años. Hallar las edades actuales.

5. **(Juegos de cartas)** A y B empiezan un juego de cartas con igual suma de dinero. Cuando A ha perdido 3/4 de su dinero, lo que ha ganado B es igual a $ 200 más la mitad de lo que le queda a A. ¿Con cuánto dinero empezaron?

6. **(Dimensiones de un patio)** El largo de un patio rectangular excede al ancho en 8 m. Si al largo se disminuye 6 m y al ancho se le aumenta 4, el área no varía. Hallar las dimensiones del patio.

7. **(Tiempo requerido para hacer un trabajo)** Una compañía A asfalta una calle en 4 días y una compañía B lo asfalta en 6 días. ¿En cuánto tiempo asfaltarían la calle las dos compañías trabajando juntas?

8. **(Fracciones)** El denominador de una fracción excede al numerador en 4. Si al denominador se aumenta en 8, el valor de fracción es 1/5. Hallar la fracción.

9. **(Salario)** Un empleado tuvo un aumento de 20 % de su sueldo. Luego este nuevo sueldo sufrió una rebaja de 20 %. Si después del aumento y reducción, el sueldo quedó en $ 576 ¿Cuál era el sueldo inicial?

10. **(Inversiones)** Un ahorrista invierte una cantidad de su dinero al 12 % anual. El doble de esta cantidad lo invierte al 9 % anual. Al final del año recibe $ 600 de ganancia en ambas inversiones. ¿Qué cantidad invirtió en cada tasa?

11. **(Inversiones)** Se depositarán un capital de $ 24,000 en un banco, que paga tasas anuales de 6 % a la vista y 10 % a plazo fijo. ¿Cuánto debe depositarse en cada modalidad, si se espera que al fin del año se obtenga un beneficio equivalente al 8.5 % del capital?

12. **(Inversiones)** Se invierten $ 7,000 al 9 % anual y $ 15,000 al 6 % anual. A qué tasa anual debe invertirse $ 10,000 para obtener, al fin del año, una entrada de $ 2,730?

13. **(Descuento)** Un comerciante ofrece el 30 % de descuento sobre el precio marcado (PVP) en cierto artículo, que le costó $ 50. Aun con el descuento, el comerciante ganará 12 % de su inversión. ¿Cuál es el precio marcado (el PVP) en el artículo?

14. **(Venta de carros)** Un vendedor de carros usados compró una camioneta y un automóvil por $ 30,000. Vendió la camioneta ganando el 15 % y vendió el automóvil perdiendo el 8 %. Aún así, las dos transacciones le dejaron al final una ganancia de $ 1,740. ¿Cuánto pagó el vendedor por cada vehículo?

15. **(Tiraje)** Cada ejemplar de un diario es vendido a $ 0.5. El costo de cada ejemplar es de $ 0.6. El ingreso por publicidad es del 40 % del ingreso de la venta de los ejemplares que sobrepasan los 5,000 primeros. ¿Cuál debe ser el tiraje si se quiere tener una ganancia de $ 3,000 diarios? Se supone que todos los periódicos publicados (todo el tiraje) son vendidos.

SECCION 1.4
SISTEMAS DE ECUACIONES LINEALES

Un sistema de dos ecuaciones lineales con dos incógnitas x y y, es un par de ecuaciones lineales con variables x y y:

$$\begin{cases} a_1 x + b_1 y = c_1 \\ a_2 x + b_2 y = c_2 \end{cases}$$

Una **solución del sistema** es una solución que es común a ambas ecuaciones. Así, el par de números $(2, -5)$ es una solución del sistema:

$$\begin{cases} 4x + 3y = -7 \\ 2x - y = 9 \end{cases}$$

Efecto, tenemos que: $4(2) + 3(-5) = -7$ y $2(2) - (-5) = 9$.

A continuación presentamos tres métodos para resolver un sistema de ecuaciones. El método de reducción o eliminación, el método de sustitución y el método de igualación.

METODO DE REDUCCION O ELIMINACION

Se multiplica una o las dos ecuaciones por números apropiados para que los coeficientes de una misma incógnita, en ambas ecuaciones, sean el mismo, pero de signos distintos. Luego se suman ambas ecuaciones, logrando eliminar la incógnita escogida.

EJEMPLO 1. Resolver el siguiente sistema por el método de reducción.

$$\begin{cases} 2x + 5y = -4 & (1) \\ 7x - 3y = 27 & (2) \end{cases}$$

Solución

Escogemos eliminar la variable y. Multiplicamos la ecuación (1) por 3 y la ecuación (2) por 5. Luego sumamos:

$$\begin{array}{ll} \text{Multiplicando} \,(1) \times 3 & \begin{cases} 6x + 15y = -12 \\ 35x - 15y = 135 \end{cases} \\ \text{Multiplicando} \,(2) \times 5 & \end{array}$$

$$\text{Sumando} \qquad 41x + 0 = 123 \implies x = 123/41 = 3$$

Sustituyendo $x = 3$ e la ecuación (1).

$$2(3) + 5y = -4 \implies 5y = -10 \implies y = -10/5 = -2$$

En consecuencia, la solución es $(x, y) = (3, -2)$ o bien $\begin{cases} x = 3 \\ y = -2 \end{cases}$

METODO DE SUSTITUCION

Se despeja una de las variables en una de las ecuaciones y se sustituye en la otra ecuación. La ecuación que se obtiene es de una variable.

EJEMPLO 2. Resolver el siguiente sistema por el método de sustitución:

$$\begin{cases} 3x + y = -4 & (1) \\ 4x + 5y = 13 & (2) \end{cases}$$

Solución

Despejamos y en la ecuación (1):
$$3x + y = -4 \implies y = -4 - 3x \qquad (3)$$

Sustituimos $y = -4 - 3x$ en la ecuación (2):
$$4x + 5(-4 - 3x) = 13 \implies 4x - 20 - 15x = 13 \implies -11x = 33 \implies x = -3$$

Sustituimos $x = -3$ en la ecuación (3):
$$y = -4 - 3(-3) = 5$$

En consecuencia, la solución es $(x, y) = (-3, 5)$ o bien $\begin{cases} x = -3 \\ y = 5 \end{cases}$

METODO DE IGUALACION

Se despeja una de las variables en cada una de las ecuaciones y se igualan los resultados. La ecuación que se obtiene es de una variable.

EJEMPLO 3. Resolver el siguiente sistema por el método de igualación:
$$\begin{cases} 2x - y = -1 \qquad (1) \\ 5x + y = 15 \qquad (2) \end{cases}$$

Solución

Despejamos la variable y en ambas ecuaciones:
$$2x - y = -1 \implies -y = -1 - 2x \implies y = 1 + 2x \qquad (3)$$
$$5x + y = 15 \implies y = 15 - 5x \qquad (4)$$

Ahora, igualamos (3) y (4) y resolvemos:
$$1 + 2x = = 15 - 5x \implies 7x = 14 \implies x = 2$$

Ahora, reemplazamos $x = 2$ en (3):
$$y = 1 + 2(2) \implies y = 5$$

En consecuencia, la solución del sistema es $(x, y) = (2, 5)$ o bien $\begin{cases} x = 2 \\ y = 5 \end{cases}$

PROBLEMAS RESUELTOS 1.4

PROBLEMA 1. Resolver el siguiente sistema

$$\begin{cases} \dfrac{x-2}{2} - \dfrac{y-x}{4} = x - \dfrac{3}{2} \qquad (1) \\[4mm] \dfrac{3x-6}{6} + \dfrac{2y-x}{8} = -y + 1 \qquad (2) \end{cases}$$

Solución

En primer lugar, operamos en cada una de estas ecuaciones para transformarlas a la forma: $ax + by = c$

En la ecuación (1), eliminamos los denominadores. El MCD de 2 y 4 es 4.

$$\frac{x-2}{2} - \frac{y-x}{4} = x - \frac{3}{2} \iff 2(x-2) - (y-x) = 4x - 6$$
$$\iff 2x - 4 - y + x = 4x - 6$$
$$\iff -x - y = -2$$

En la ecuación (2), eliminamos denominadores. El MCD de 6 y 8 es 24.

$$\frac{3x-6}{6} - \frac{2y-x}{8} = -y+1 \iff 4(3x-6) - 3(2y-x) = -24y + 24$$
$$\iff 12x - 24 - 6y + 3x = -24y + 24$$
$$\iff 15x + 18y = 48$$
$$\iff 5x + 6y = 16$$

El sistema inicial se ha convertido en siguiente sistema equivalente:

$$\begin{cases} -x - y = -2 & (3) \\ 5x + 6y = 16 & (4) \end{cases}$$

Resolvemos este nuevo sistema mediante el método de reducción:

$$\text{Multiplicando } (3) \text{ por } 5 \quad \begin{cases} -5x - 5y = -10 \\ 5x + 6y = 16 \end{cases}$$

Sumando $\qquad\qquad\qquad 0 + y = 6 \Rightarrow y = 6$

Sustituyendo $y = 6$ en la ecuación (3):

$$-x - 6 = -2 \implies -x - 4 \implies x = -4$$

En consecuencia, la solución es $(x, y) = (-4, 6)$ o bien $\begin{cases} x = -4 \\ y = 6 \end{cases}$

PROBLEMA 2. Resolver el siguiente sistema

$$\begin{cases} \dfrac{2}{x} + \dfrac{3}{y} = 2 \\[2mm] \dfrac{1}{x} - \dfrac{2}{y} = 8 \end{cases}$$

Solución

Hacemos los siguientes cambios de variables: $z = \dfrac{1}{x}$ y $w = \dfrac{1}{y}$.

Con estas nuevas variables, el sistema dado se transforma en el siguiente:

$$\begin{cases} 2z+3w=2 & (1) \\ z-2w=8 & (2) \end{cases}$$

Resolvemos este sistema:

Multiplicando (2) por -2 $\begin{cases} 2z + 3w = 2 \\ -2z + 4w = -16 \end{cases}$

Sumando $0 + 7w = -14 \implies w = -2$

Sustituyendo $w = -2$ en la ecuación (2):

$$z - 2(-2) = 8 \implies z + 4 = 8 \implies z = 4$$

Ahora regresamos a las variables iniciales:

$$\frac{1}{x} = z = 4 \implies \frac{1}{x} = 4 \implies x = \frac{1}{4}. \quad \frac{1}{y} = w = -2 \implies y = \frac{1}{-2} = -\frac{1}{2}$$

Luego, la solución del sistema es $(x, y) = (1/4, -1/2)$ o bien $\begin{cases} x = 1/4 \\ y = -1/2 \end{cases}$

PROBLEMA 3. Un laboratorio necesita 600 cm^3 de solución de ácido al 25 %. En existencia tiene soluciones al 30 % y al 18 %. ¿Cuántos cm^3 de cada solución se precisan para obtener los 600 cm^3?

Solución

Sean x y y el número de cm^3 de solución al 30 % y 18 %, que deben mezclarse para obtener los 600 cm^3.

En primer lugar tenemos que: $x + y = 600$

Por otro lado,

En 600 cm^3 de solución al 25 % hay $0.25(600) = 150$ cm^3 de ácido.

En x cm^3 de solución al 30 % hay $0.3x$ cm^3 de ácido.

En y cm^3 de solución al 18 % hay $0.18y$ cm^3 de ácido.

Debemos tener que: $0.3x + 0.18y = 150$

Hemos obtenido el siguiente sistema:

$$\begin{cases} x + y = 600 & (1) \\ 0.3x + 0.18y = 150 & (2) \end{cases}$$

Despejando x en (1): $x = 600 - y$. Reemplazando este valor de x en (2)

$$0.3(600 - y) + 0.18y = 150 \implies 180 - 0.3y + 0.18y = 150$$
$$\implies -0.12y = -30 \implies y = 250$$

Luego, $x = 600 - 250 = 150$.

En consecuencia, se precisan mezclar 150 cm³ de solución al 30 % con 250 cm³ de solución al 18 %.

PROBLEMA 4.   Se tiene un número fraccionario. Si al numerador se le resta 1 y al denominador se suma 1, se obtiene 1/4. Si al numerador se le suma 1 y al denominador se le resta 3, se obtiene 1. Hallar la fracción.

Solución

Sean x el numerador y y el denominador. O sea, la fracción es $\dfrac{x}{y}$.

Restando 1 al numerador y sumando al denominador, se tiene: $\dfrac{x-1}{y+1} = \dfrac{1}{4}$

Sumando 1 al numerador y restando 3 al denominador, se tiene: $\dfrac{x+1}{y-3} = 1$

Hemos obtenido el siguiente sistema: $\begin{cases} \dfrac{x-1}{y+1} = \dfrac{1}{4} \\ \dfrac{x+1}{y-3} = 1 \end{cases}$

Operando en cada una de estas dos ecuaciones, tenemos

$$\dfrac{x-1}{y+1} = \dfrac{1}{4} \Rightarrow 4(x-1) = 1(y+1) \Rightarrow 4x - 4 = y + 1 \Rightarrow 4x - y = 5 \quad (1)$$

$$\dfrac{x+1}{y-3} = 1 \Rightarrow x + 1 = y - 3 \Rightarrow x - y = -4 \quad\quad\quad (2)$$

Ahora tenemos el nuevo sistema: $\begin{cases} 4x - y = 5 \\ x - y = -4 \end{cases}$

Despejando x en la segunda ecuación: $x = y - 4$.

Reemplazando $x = y - 4$ en la primera ecuación:

$$4(y - 4) - y = 5 \Rightarrow 4y - 16 - y = 5 \Rightarrow 3y = 21 \Rightarrow y = 7$$

Reemplazando $y = 7$ en $x = y - 4$ se tiene $x = 7 - 4 \Rightarrow x = 3$

En consecuencia, la fracción buscada es $\dfrac{3}{7}$

PROBLEMA 5.   Una tienda ropa de caballeros vende pantalones a $ 55 y camisas a $ 35. Su existencia, en estos dos productos, tiene un valor de $ 41,000. En el transcurso de una semana se vendieron las dos terceras partes de los pantalones y la mitad de las camisas, por lo que se recibió $ 23,250. Hallar el número de pantalones y el número de camisas que se vendieron.

Solución

Sean p el número de pantalones en existencia y
      c el número de camisas en existencia.

El valor de la existencia de estos dos productos es:

$$55p + 35c = 41,000 \implies 11p + 7c = 8,200 \qquad (1) \quad \text{(dividiendo entre 5)}$$

El valor de la venta de estos dos productos es:

$$55\left(\frac{2}{3}p\right) + 35\left(\frac{c}{2}\right) = 23,250$$

Eliminamos los divisores. El mínimo común divisor es 6. Luego,

$$(6)55\left(\frac{2}{3}p\right) + (6)35\left(\frac{c}{2}\right) = (6)23,250 \implies 220p + 105c = 139,500$$

$$\implies 44p + 21c = 27,900 \quad \text{(divid. entre 5)}$$

Tenemos el sistema: $\begin{cases} 11p + 7c = 8,200 & (1) \\ 44p + 21c = 27,900 & (2) \end{cases}$

Multiplicando (1) por -4 $\begin{cases} -44p - 28c = -32,800 \\ 44p + 21c = 27,900 \end{cases}$

Sumando $\qquad\qquad\qquad\quad 0 \ - 7c = -4,900 \implies c = 700$

Reemplazando $c = 700$ en (1): $11p + 7(700) = 8,200 \implies 11p = 3,300 \implies p = 300$

Se vendieron:

Las dos terceras partes de los pantalones: $\frac{2}{3}(300) = 200$ pantalones.

La mitad de las camisas: $\frac{1}{2}(700) = 350$ camisas.

PROBLEMA 6.   Un padre de familia empieza a pintar su casa. Después de 2 horas se une su hijo y ambos terminan la tarea trabajando durante 6 horas más. También pueden pintar la casa si el hijo trabaja 3 horas solo y luego se une el padre, trabajando juntos por 6 horas más. ¿En cuanto tiempo pintarían la casa cada un de ellos trabajando individualmente?

Solución

Sea x = números de horas que emplearía el padre trabando individualmente.
Sea y = números de horas que emplearía el hijo trabando individualmente.

En el primer caso, el padre trabaja 8 horas y el hijo, 6. En el segundo caso, el padre trabajó 6 horas y el hijo, 9 horas.

El padre, en una hora hace $\dfrac{1}{x}$ del total del trabajo y en 8 horas hace $\dfrac{8}{x}$

El hijo, en una hora hace $\dfrac{1}{y}$ del total del trabajo y en 6 horas hace $\dfrac{6}{y}$

Juntando estas dos partes obtenemos la obra completa. Esto es,

$$\frac{8}{x} + \frac{6}{y} = 1$$

Similarmente, el padre en 6 horas hace $\dfrac{6}{x}$. El hijo en 9 horas hace $\dfrac{9}{y}$:

$$\frac{6}{x} + \frac{9}{y} = 1$$

Tenemos el sistema: $\begin{cases} \dfrac{8}{x} + \dfrac{6}{y} = 1 \\ \dfrac{6}{x} + \dfrac{9}{y} = 1 \end{cases}$

Con los cambio de variables $z = 1/x$, $w = 1/y$ el sistema se transforma en

$$\begin{cases} 8z + 6w = 1 & (1) \\ 6z + 9w = 1 & (2) \end{cases}$$

Multiplicando (1) por 3 $\qquad \begin{cases} 24z + 18w = 3 \\ -24z - 36w = -4 \end{cases}$
Multiplicando (2) por -4

Sumando $\qquad\qquad\quad \overline{\quad 0 - 18w = -1 \quad} \Rightarrow \quad w = 1/18$

Reemplazando $w = 1/18$ en (1):

$8z + 6(1/18) = 1 \;\Rightarrow\; 8z + 1/3 = 1 \;\Rightarrow\; 8z - 2/3 \;\Rightarrow\; z - 1/12$

Regresamos a las variables iniciales:

$$\frac{1}{x} = z = \frac{1}{12} \;\Rightarrow\; x = 12 \qquad \frac{1}{y} = w = \frac{1}{18} \;\Rightarrow\; y = 18$$

En consecuencia, trabajando individualmente, el padre pintaría la casa en 12 horas y el hijo, en 18 horas.

PROBLEMAS PROPUESTOS 1.4

En los problemas del 1 al 9, resolver el sistema dado usando cualquiera de los tres métodos explicados.

1. $\begin{cases} 2x - y = -15 \\ 5x + 7y = -9 \end{cases}$

2. $\begin{cases} x - 3y = 9 \\ 2x - y = 8 \end{cases}$

3. $\begin{cases} 5x + 2y = 28 \\ \dfrac{x}{2} - \dfrac{y}{3} = 6 \end{cases}$

4. $\begin{cases} \dfrac{2}{3}x - \dfrac{3}{4}y = 2 \\ \dfrac{5}{6}x - \dfrac{1}{8}y = 9 \end{cases}$

5. $\begin{cases} 0.2x + 0.3y = 5 \\ 0.8x - 0.5y = 6.4 \end{cases}$

6. $\begin{cases} \dfrac{x - 10}{y - 4} = \dfrac{x}{y} \\ \dfrac{1}{x - 1} - \dfrac{1}{y + 2} = 0 \end{cases}$

7. $\begin{cases} \dfrac{x}{7} + \dfrac{5y}{2} = 2 \\ 2x - 28y = -17 \end{cases}$

8. $\begin{cases} \dfrac{3}{x} - \dfrac{2}{y} = -6 \\ \dfrac{-7}{x} + \dfrac{2}{y} = -10 \end{cases}$

9. $\begin{cases} \dfrac{5}{x} + \dfrac{3}{y} = 3 \\ \dfrac{1}{x} + \dfrac{9}{y} = 2 \end{cases}$

10. **(Trabajo)** Un padre y su hijo, trabando juntos, pueden pintar una casa en 6 horas. Si el hijo trabaja sólo durante 6 horas y luego se une el padre y juntos terminan el trabajo en 4 horas más. ¿Cuántas horas le tomaría a cada uno de ellos para pintar la casa individualmente?

11. **(Ventas)** Una tienda de deportes vende bicicletas de carrera a $ 800 y bicicletas de paseo a $ 600. Su existencia, en estos dos productos, tiene un valor de $ 96,000. En el transcurso de un mes se vendieron las tres cuartas partes de las bicicletas de paseo y una tercera parte de las bicicletas de carrera, por lo que se recibió $ 52,000. Hallar el número de bicicletas de paseo y de carrera que todavía quedan en la tienda.

12. **(Mezcla)** Un agricultor tiene dos clases de fertilizantes. Uno de ellos tiene 6 % de nitrógeno y el otro, 13 %. El agricultor necesita 70 Kg. de fertilizante que contenga 10 % de nitrógeno. ¿Qué cantidad de fertilizante de cada clase se necesitan para que al mezclarlos se obtenga los 70 kg necesitados?

13. **(Fracciones)** Si al numerador y denominador de una fracción se aumenta 5, se obtiene 3/4. Si al numerador y al denominador se le resta 5, se obtiene 1/3. Hallar la fracción.

14. **(Ahorros)** Un ahorrista tiene una parte de su capital invertido al 4 % anual y la otro parte al 6 % anual. Al final del año recibe $1,440. Si las inversiones las hubiera hecho al revés, se hubiera ganado $ 120 más. Hallar el capital total invertido.

15. **(Ahorros)** Un ahorrista tiene una parte de su capital invertido al 6 % anual y la otro parte al 9 % anual. Al final del año percibe en intereses, $ 2,340. Si hubiera aumentado en 25 % el dinero que está al 6 % y en 20 % el dinero que está al 9 %, los intereses anuales hubieran aumentado en $ 504. Hallar la cantidad de dinero que está a cada tipo de interés.

16. **(Inflación)** El mes pasado, por 7 kg. de carne y 5 kg. de leche en polvo se pagaron $ 56. La carne ha subido 10% y la leche 20 %, de modo que ahora,

por las mismas cantidades se paga $ 63.35. Hallar los precios iniciales de la carne y de la leche.

17. (**Tarjetas de Crédito**) Roberto tiene una deuda total de $ 4,600 en dos tarjetas de crédito con tasas de interés anual de 12 % y 15 %, respectivamente. Si al final del año pagó $ 630 en intereses, hallar el monto de la deuda en cada tarjeta.

SECCION 1.5
ECUACIONES CUADRATICAS

Una **ecuación cuadrática** es una ecuación de la forma

$$ax^2 + bx + c = 0, \ a \neq 0$$

A continuación presentamos dos maneras de resolver una ecuación cuadrática.

I. SOLUCION MEDIANTE LA FORMULA CUADRATICA

Se llama **fórmula cuadrática** a la fórmula

$$x = \frac{-b \pm \sqrt{b^2 - 4ac}}{2a}$$

La expresión subradical $D = b^2 - 4ac$ se llamada **discriminante** de la ecuación cuadrática $ax^2 + bx + c = 0$. Se tiene que:

Si $D = b^2 - 4ac > 0$, la ecuación tiene **2 raíces reales distintas**.

Si $D = b^2 - 4ac = 0$, la ecuación tiene **2 raíces reales iguales**.

Si $D = b^2 - 4ac < 0$, la ecuación **no tiene raíces reales**.

| **EJEMPLO 1.** | **Una ecuación cuadrática con dos raíces reales** |

Resolver: $2x^2 + 5x - 3 = 0$

Solución

En esta ecuación: $a = 2$, $b = 5$ y $c = -3$. Luego,

$$x = \frac{-b \pm \sqrt{b^2 - 4ac}}{2a} = \frac{-5 \pm \sqrt{5^2 - 4(2)(-3)}}{2(2)} = \frac{-5 \pm \sqrt{49}}{4} = \frac{-5 \pm 7}{4}$$

Las raíces son: $r_1 = \dfrac{-5+7}{4} = \dfrac{2}{4} = \dfrac{1}{2}$ y $r_2 = \dfrac{-5-7}{4} = \dfrac{-12}{4} = -3$

EJEMPLO 2. **Una ecuación cuadrática con dos raíces reales iguales.**

$$\text{Resolver: } 4x^2 - 4\sqrt{3}\,x + 3 = 0$$

Solución

En esta ecuación: $a = 4$, $b = -4\sqrt{3}$ y $c = 3$. Luego,

$$x = \frac{-b \pm \sqrt{b^2 - 4ac}}{2a} = \frac{-\left(-4\sqrt{3}\right) \pm \sqrt{\left(-4\sqrt{3}\right)^2 - 4(4)(3)}}{2(4)} = \frac{4\sqrt{3} \pm \sqrt{0}}{8}$$

Las dos raíces de ecuación son iguales. En efecto:

$$r_1 = \frac{4\sqrt{3} + \sqrt{0}}{8} = \frac{4\sqrt{3}}{8} = \frac{\sqrt{3}}{2}, \quad r_2 = \frac{4\sqrt{3} - \sqrt{0}}{8} = \frac{4\sqrt{3}}{8} = \frac{\sqrt{3}}{2}$$

EJEMPLO 3. **Una ecuación cuadrática sin raíces reales.**

$$\text{Resolver: } x^2 + 2x + 2 = 0$$

Solución

En esta ecuación: $a = 1$, $b = 2$ y $c = 2$. Luego,

$$x = \frac{-b \pm \sqrt{b^2 - 4ac}}{2a} = \frac{-2 \pm \sqrt{2^2 - 4(1)(2)}}{2(1)} = \frac{-2 \pm \sqrt{-4}}{2}$$

Pero, $\sqrt{-4}$ no es un número real, ya que no existe un real que su cuadrado sea el negativo -4.

Las dos raíces de esta ecuación son números complejos. En efecto, tomando en cuenta que la unidad imaginaria es $i = \sqrt{-1}$, se tiene:

$$x = \frac{-2 \pm \sqrt{-4}}{2} = \frac{-2 \pm \sqrt{4(-1)}}{2} = \frac{-2 \pm \sqrt{4}\sqrt{-1}}{2} = \frac{-2 \pm 2i}{2} = \frac{-2}{2} \pm \frac{2i}{2} = -1 \pm i \implies$$

$$r_1 = -1 + i, \quad r_2 = -1 - i$$

EJEMPLO 4. **Una ecuación literal.**

$$\text{Resolver: } \frac{x^2}{2d} - \frac{3x}{4} = \frac{d}{2}, \quad d > 0$$

Solución

MCD de $2d$, 4 y 2 es $4d$. Luego,

$$\frac{x^2}{2d} - \frac{3x}{4} = \frac{d}{2} \Leftrightarrow 4d\left(\frac{x^2}{2d}\right) - 4d\left(\frac{3x}{4}\right) = 4d\left(\frac{d}{2}\right)$$

$$\Leftrightarrow 2x^2 - 3dx = 2d^2 \Leftrightarrow 2x^2 - 3dx - 2d^2 = 0$$

Aplicamos la fórmula cuadrática considerando que $a = 2$, $b = -3d$ y $c = -2d^2$

$$x = \frac{-b \pm \sqrt{b^2 - 4ac}}{2a} = \frac{-(-3d) \pm \sqrt{(-3d)^2 - 4(2)(-2d^2)}}{2(2)}$$

$$= \frac{3d \pm \sqrt{9d^2 + 16d^2}}{2(2)} = \frac{3d \pm \sqrt{25d^2}}{4} = \frac{3d \pm 5d}{4} \Rightarrow$$

$$r_1 = \frac{3d + 5d}{4} = \frac{8d}{4} = 2d, \quad r_2 = \frac{3d - 5d}{4} = \frac{-2d}{4} = -\frac{d}{2}$$

II. SOLUCION MEDIANTE FACTORIZACION

Este método de resolver una ecuación se basa en el siguiente teorema.

$\boxed{\textbf{TEOREMA 1.2}}$ Sean a y b números reales

$$ab = 0 \Leftrightarrow a = 0 \ \text{ó} \ b = 0$$

Demostración

Ver el problema resuelto 1.

$\boxed{\textbf{EJEMPLO 5.}}$ Resolver las ecuaciones:

1. $x^2 - 3x - 4 = 0$ **2.** $3x^2 = -7x - 2$

Solución

La táctica consiste en factorizar la ecuación para aplicar el teorema anterior.

1. $x^2 - 3x - 4 = 0 \Leftrightarrow (x - 4)(x + 1) = 0 \Leftrightarrow x - 4 = 0 \ \text{ó} \ x + 1 = 0$

$\Leftrightarrow x = 4 \ \text{ó} \ x = -1$

2. $3x^2 = -7x - 2 \Leftrightarrow 3x^2 + 7x + 2 = 0 \Leftrightarrow (3x + 1)(x + 2) = 0$

$\Leftrightarrow 3x + 1 = 0 \ \text{ó} \ x + 2 = 0 \Leftrightarrow x = -\dfrac{1}{3} \ \text{ó} \ x = -2$

El método de factorización puede usarse para resolver ecuaciones polinomiales de grado mayor que 2. Así.

$\boxed{\textbf{EJEMPLO 6.}}$ Resolver $3x^3 - 9 = 3x^2 + 9(2x - 1)$

Solución

$$3x^3 - 9 = 3x^2 + 9(2x - 1) \Leftrightarrow 3x^3 - 9 = 3x^2 + 18x - 9 \Leftrightarrow 3x^3 - 3x^2 - 18x = 0$$

$$\Leftrightarrow 3x(x^2 - x - 6) = 0 \Leftrightarrow 3x(x - 3)(x + 2) = 0$$

$$\Leftrightarrow 3x = 0 \ \text{ó} \ x - 3 = 0 \ \text{ó} \ x + 2 = 0$$

$$\Leftrightarrow x = 0 \ \text{ó} \ x = 3 \ \text{ó} \ x = -2$$

ECUACIONES REDUCIBLES A CUADRATICAS

EJEMPLO 7. Ecuación de la forma $ax^4 + bx^2 + c = 0$.

$$\text{Resolver:} \quad x^4 - 11x^2 - 18 = 0$$

Solución

Con el cambio de variable $z = x^2$ y factorizando, tenemos:

$$x^4 - 11x^2 - 18 = 0 \Leftrightarrow z^2 - 11z - 18 = 0 \Leftrightarrow (z - 9)(z - 2) = 0$$
$$\Leftrightarrow z = 9 \ \text{ó} \ z = 2$$

Ahora, regresando a la variable x:

$$z = 9 \ \text{ó} \ z = 2 \Leftrightarrow x^2 = 9 \ \text{ó} \ x^2 = 2 \Leftrightarrow x = \pm\sqrt{9} \ \text{ó} \ x = \pm\sqrt{2}$$
$$\Leftrightarrow x = \pm 3 \ \text{ó} \ x = \pm\sqrt{2}$$

La ecuación tiene 4 raíces: $-3, \ 3, \ -\sqrt{2} \ \text{y} \ \sqrt{2}$

EJEMPLO 8. Ecuación con exponentes fraccionarios.

$$\text{Resolver:} \quad x^{2/3} + 4x^{1/3} - 32 = 0$$

Solución

Con el cambio de variable $w = x^{1/3}$ y factorizando, tenemos:

$$x^{2/3} + 4x^{1/2} - 32 = 0 \Leftrightarrow (x^{1/3})^2 + 4x^{1/3} - 32 = 0 \Leftrightarrow w^2 + 4w - 32 = 0$$
$$\Leftrightarrow (w + 8)(w - 4) = 0 \qquad \Leftrightarrow w = -8 \ \text{ó} \ w = 4$$

Ahora, regresando a la variable x:

$$w = -8 \ \text{ó} \ w = 4 \Leftrightarrow x^{1/3} = -8 \ \text{ó} \ x^{1/3} = 4 \Leftrightarrow x = -512 \ \text{ó} \ x = 64$$

EJEMPLO 9. Ecuación fraccionaria.

$$\text{Resolver:} \quad \frac{2}{x+2} + \frac{1}{x} = 1$$

Solución

El MCD es $x(x + 2)$. Luego,

$$x(x+2)\frac{2}{x+2} + x(x+2)\frac{1}{x} = x(x+2) \Leftrightarrow 2x + (x+2) = x^2 + 2x$$
$$\Leftrightarrow x^2 - x - 2 = 0$$

$$\Leftrightarrow \ (x-2)(x+1) = 0$$
$$\Leftrightarrow \ x = 2 \ \text{ó} \ x = -1$$

$\boxed{\text{EJEMPLO 10. .}}$ **Ecuaciones con radicales.** Resolver las ecuaciones:

$$\textbf{1.} \ \sqrt{2x^2 - 7} \ - 3 = x \qquad\qquad \textbf{2.} \ \sqrt{\sqrt{x} + 2} \ = \sqrt{2x - 4}$$

Solución

1. $\sqrt{2x^2 - 7} \ -3 = x \ \Leftrightarrow \ \sqrt{2x^2 - 7} \ = x + 3 \ \Rightarrow \ 2x^2 - 7 = (x+3)^2$

$$\Leftrightarrow \ 2x^2 - 7 = x^2 + 6x + 9 \Leftrightarrow x^2 - 6x - 16 = 0$$
$$\Leftrightarrow \ (x-8)(x+2) = 0 \quad \Leftrightarrow \ x = 8 \ \text{ó} \ x = -2$$

Verifiquemos si 8 es raíz de la ecuación inicial.

$$\sqrt{2(8)^2 - 7} \ - 3 \ = \ \sqrt{121} - 3 \ = 11 - 3 \ = \ 8. \quad \text{Sí lo es.}$$

Verifiquemos si −2 es raíz de la ecuación inicial.

$$\sqrt{2(-2)^2 - 7} \ - 3 = \sqrt{8 - 7} - 3 \ = \ \sqrt{1} - 3 \ = \ 1 - 3 = -2. \ \text{Sí lo es.}$$

2. $\sqrt{\sqrt{x} + 2} \ = \sqrt{2x - 4} \ \Rightarrow \ \sqrt{x} + 2 \ = 2x - 4 \Leftrightarrow \sqrt{x} \ = 2x - 6$

$$\Rightarrow \ x = 4x^2 - 24x + 36 \Leftrightarrow 4x^2 \ - 25x + 36 = 0$$
$$\Leftrightarrow \ (x-4)(4x-9) = 0 \Leftrightarrow \ x = 4 \ \text{ó} \ x = 9/4$$

Verifiquemos si 4 es raíz de la ecuación inicial.

$$\sqrt{\sqrt{4} + 2} = \sqrt{4} \ = 2 \quad \text{y} \quad \sqrt{2(4) - 4} = \sqrt{8 - 4} \ = \ \sqrt{4} \ = 2$$

Luego, 4 es raíz de la ecuación inicial.

Verifiquemos si 9/4 es raíz de la ecuación inicial.

$$\sqrt{\sqrt{9/4} + 2} = \sqrt{3/2 + 2} \ = \ \sqrt{7/2} \quad \text{y} \quad \sqrt{2(9/4) - 4} = \sqrt{9/2 - 4} = \ \sqrt{1/2}$$

Luego, 9/4 no es raíz de la ecuación inicial.

PROBLEMAS RESUELTOS 1.5

$\boxed{\text{PROBLEMA 1.}}$ Probar el teorema 1.2: $ab = 0 \Leftrightarrow a = 0 \ \text{ó} \ b = 0$

Solución

($\Leftarrow$) $a = 0$ ó $b = 0$ $\Rightarrow$ $ab = 0$

Supongamos que $b = 0$. Debemos probar que $a0 = 0$. En efecto:

$$0 + 0 = 0$$
$$a(0 + 0) = a0 \qquad \text{(multiplicando por } a\text{)}$$
$$a0 + a0 = a0 \qquad \text{(Ley distributiva)}$$
$$(a0 + a0) + (-a0) = a0 + (-a0) \qquad \text{(Sumando } -a0)$$
$$a0 + \big(a0 + (-a0)\big) = a0 + (-a0)$$
$$a0 + 0 = 0$$
$$a0 = 0$$

En forma similar se prueba que si $a = 0$, entonces $0b = 0$.

($\Rightarrow$) $ab = 0$ $\Rightarrow$ $a = 0$ ó $b = 0$

Si $a = 0$, la proposición se cumple. Si $a \neq 0$, probaremos que $b = 0$:
Si $a \neq 0$, existe a^{-1}. Ahora:

$$ab = 0 \qquad \text{(Hipótesis)}$$
$$a^{-1}(ab) = a^{-1}0 \qquad \text{(Multiplicando por } a^{-1})$$
$$(a^{-1}a)b = a^{-1}0 \qquad \text{(Ley asociativa)}$$
$$(1)b = 0 \qquad \text{(Elem. Ident. y la primera parte de este Teorema)}$$
$$b = 0$$

PROBLEMAS PROPUESTOS 1.5

En los problemas del 1 al 14, resolver las ecuaciones dadas, factorizando.

1. $x^2 - 4x - 12 = 0$

2. $x^2 - 6x + 9 = 0$

3. $x^2 + 24 = -11x$

4. $2x^2 - 3x + 1 = 0$

5. $9x^2 - 17x - 2 = 0$

6. $(2x - 1)^2 - (x + 5)^2 = -19$

7. $(x - 5)^2 - (x - 4)^2 = (2x + 3)^2 + 12$

8. $(x - 2)^3 - (x + 1)^3 = -x(3x + 4) - 24$

9. $6x^2 - \dfrac{5x}{2} = -\dfrac{1}{4}$

10. $\dfrac{2(x - 5)}{5} + \dfrac{x - 4}{4} = \dfrac{x^2 - 53}{5}$

11. $x^4 - 17x^2 + 16 = 0$

12. $6y^4 = \dfrac{y^2}{2} + \dfrac{1}{4}$

13. $x^{2/3} + x^{1/3} - 6 = 0$

14. $2x^{2/3} + 3x^{1/3} - 2 = 0$

En los problemas del 15 al 20, resolver las ecuaciones dadas, mediante la fórmula cuadrática.

15. $9(x-1)^2 = 5$

16. $4\sqrt{3}\,x - 3 = 4x^2$

17. $2x(2x-3) = -1$

18. $(x+15)^2 = 6x(x+5)$

19. $x^2 - 2x - (a^2 + 2a) = 0$

20. $\dfrac{x^2}{2a} - \dfrac{a+2}{2a}x + 1 = 0$

En los problemas del 21 al 30, transformar las ecuaciones fraccionarias dadas en ecuaciones cuadráticas y resolverlas.

21. $\dfrac{1}{x} + \dfrac{1}{4-x} = 1$

22. $\dfrac{x}{1+x} + \dfrac{1}{1-x} = 0$

23. $\dfrac{3y-2}{3y+2} = \dfrac{2y+3}{4y-1}$

24. $\dfrac{x+5}{(x-1)(x+2)} = \dfrac{2x}{x+2}$

25. $\dfrac{1}{x-1} - \dfrac{1}{x-2} = \dfrac{1}{x-3}$

26. $\dfrac{3x}{x-2} - \dfrac{1}{x^2-4} = 2$

27. $\dfrac{1}{x^2} + \dfrac{2}{x} - 15 = 0$

28. $\dfrac{12}{x-1} + \dfrac{12}{x} = 10$

29. $\dfrac{2x}{x-1} = \dfrac{8}{x-1} - \dfrac{5}{x}$

30. $\dfrac{1}{x^2-4} + \dfrac{2x+3}{x+2} + \dfrac{x+3}{x-2} = 0$

En los problemas del 31 al 36, transformar las ecuaciones radicales dadas en ecuaciones cuadráticas y resolverlas. Eliminar las soluciones extrañas.

31. $\sqrt{4x+1} + 1 = 2x$

32. $\sqrt{x^2+5} = 2x - 1$

33. $\sqrt{x+5} = 2\sqrt{x} - 1$

34. $\sqrt{x} + \sqrt{x-3} = \sqrt{x+5}$

35. $\sqrt{x+\sqrt{x+8}} = 2\sqrt{x}$

36. $\sqrt{3x-2} = \sqrt{2x-3} + \sqrt{x-1}$

SECCION 1.6
APLICACIONES DE LAS ECUACIONES CUADRATICAS

En esta sección presentamos algunos problemas de la vida real que se resuelven mediante ecuaciones cuadráticas.

EJEMPLO 1. La edad que tendrá un niño dentro de 7 años es igual al cuadrado de la edad que tenía hace 5 años. Hallar la edad actual del niño.

Solución

Sea x la edad actual del niño. Entonces

La del niño dentro de 7 años: $x + 7$

La del niño hace de 5 años: $x - 5$

Tenemos que:

$$x + 7 = (x - 5)^2$$

Resolvemos la ecuación:

$$x + 7 = (x - 5)^2 \iff x + 7 = x^2 - 10x + 25 \iff x^2 - 11x + 18 = 0$$
$$\iff (x - 2)(x - 9) = 0 \iff x = 2 \text{ ó } x = 9$$

Desechamos $x = 2$, porque la edad del niño hace 5 años sería negativa.

En consecuencia, el niño tiene actualmente 9 años.

EJEMPLO 2. Un lector compró cierto número de libros por \$ 240. Si hubiera comprado 4 más por el mismo dinero, cada libro le hubiera costado \$ 2 menos. ¿Cuántos libros compró y a qué precio?

Solución

Sea x el número de libros que compró. Entonces

El precio de cada libro: $\dfrac{240}{x}$

El nuevo precio de cada libro si compra 4 más: $\dfrac{240}{x + 4}$

Como la diferencia entre ambos precios es \$ 2, tenemos:

$$\frac{240}{x} - \frac{240}{x + 4} = 2$$

Resolvemos la ecuación. El MCD de x y $x + 4$ es $x(x + 4)$. Luego,

$$\frac{240}{x} - \frac{240}{x + 4} = 2 \iff x(x + 4)\frac{240}{x} - x(x + 4)\frac{240}{x + 4} = 2x(x + 4)$$

$$\iff 240(x + 4) - 240x = 2x^2 + 8x$$

$$\iff 240x + 960 - 240x = 2x^2 + 8x$$

$$\iff 2x^2 + 8x - 960 = 0$$

$$\iff x^2 + 4x - 480 = 0$$

$$x = \frac{-b \pm \sqrt{b^2 - 4ac}}{2a} = \frac{-4 \pm \sqrt{4^2 - 4(1)(-480)}}{2(1)} = \frac{-4 \pm \sqrt{16 + 1{,}920}}{2}$$

$$= \frac{-4 \pm \sqrt{1{,}936}}{2} = \frac{-4 \pm 44}{2} \iff x = 20 \text{ ó } x = -24$$

Desechamos a -24 por ser negativo.

En consecuencia, se compraron 20 libros a $\$\ 240/20 = \$\ 12$ cada uno.

EJEMPLO 3. Dos compañías constructoras A y B, trabajando juntas, pavimentarían una carretera en 6 días. Trabajando por separado, la compañía B demoraría 9 días más que la compañía A ¿En cuántos días harían la obra cada compañía, trabajando por separado?

Solución

Sea x el número de días en que haría la obra la compañía A. Entonces

La compañía B haría la obra en: $\qquad\qquad x+9 \quad$ días

En un día, la compañía A haría: $\qquad\qquad \dfrac{1}{x} \quad$ de la obra

En un día, la compañía B haría: $\qquad\qquad \dfrac{1}{x+9} \quad$ de la obra

En un día, las compañías juntas harían: $\qquad \dfrac{1}{x} + \dfrac{1}{x+9} \quad$ de la obra

Como en 6 días, las compañías juntas harían la obra completa, tenemos:

$$6\left(\frac{1}{x}+\frac{1}{x+9}\right)=1$$

Resolvemos la ecuación: El MCD es $x(x+9)$. Luego,

$$x(x+9)(6)\left(\frac{1}{x}+\frac{1}{x+9}\right)=x(x+9) \quad\Leftrightarrow\quad 6(x+9)+6x=x^2+9x$$

$$\Leftrightarrow\quad x^2-3x-54=0$$

$$\Leftrightarrow\quad (x-9)(x+6)$$

$$\Leftrightarrow\quad x=9 \ \text{ó}\ x=-6$$

Desechamos a $x=-6$ por ser negativa. En consecuencia, la compañía A haría la obra en 9 días y la compañía B lo haría en $9+9=18$ días.

EJEMPLO 4. **(Precio de habitaciones)** Un hotel tiene 35 habitaciones. El gerente sabe que cuando el precio por habitación es de $\$\ 81$, todas las habitaciones son alquiladas, pero por cada $\$3$ de aumento, una habitación se desocupa. ¿Cuál debe ser el precio por habitación si se quiere obtener los mismos $\$\ 35(81) = 2{,}835$ que se obtendrían con el precio de $\$\ 81$ y, además, contar con algunas habitaciones desocupadas.

Solución

Sea x el número de habitaciones desocupadas. Entonces

El número de habitaciones ocupadas:	$35 - x$
El nuevo precio por habitación:	$81 + 3x$
El ingreso por las habitaciones ocupadas:	$(35 - x)(81 + 3x)$

Debemos tener que:
$$(35 - x)(81 + 3x) = 2.835$$

Resolvemos la ecuación:

$$(35 - x)(81 + 3x) = 2,835 \iff 2,835 + 105x - 81x - 3x^2 = 2,835$$
$$\iff -3x^2 + 24x = 0$$
$$\iff -3x(x - 8) = 0 \iff x = 0 \quad \text{ó} \quad x = 8$$

Luego, quedan 8 habitaciones desocupadas y el precio por habitación debe ser

$$81 + 3(8) = 105 \text{ dólares.}$$

EJEMPLO 5.   (**Precio de habitaciones**) En el problema anterior, los costos fijos del hotel son de \$500 diarios. Además, el costo por habitación ocupada es de \$14 y él de una desocupada, \$2. ¿Cuál debe ser el precio por habitación para obtener una utilidad de \$ 1,905?

Solución

Sea x el número de habitaciones desocupadas. Entonces

El ingreso del hotel:	$I(x) = (35 - x)(81 + 3x)$
El costo total:	$C(x) = 14(35 - x) + 2x + 500$
Utilidad:	$U(x) = I(x) - C(x)$

Luego,
$$1,905 = (35 - x)(81 + 3x) - \left[14(35 - x) + 2x + 500 \right]$$

Resolvemos la ecuación:

$$1,905 = (35 - x)(81 + 3x) - \left[14(35 - x) + 2x + 500 \right]$$
$$\iff 1,905 = 2,835 + 105x - 81x - 3x^2 - 490 + 14x - 2x - 500$$
$$\iff -3x^2 + 36x - 60 = 0$$
$$\iff 3x^2 - 36x + 60 = 0$$
$$\iff x^2 - 12x + 20 = 0$$
$$\iff (x - 2)(x - 10) = 0 \iff x = 2 \quad \text{ó} \quad x = 10$$

Luego, pueden quedar 2 ó 10 habitaciones desocupadas y, en cada caso, el precio por habitación debe ser

$$81 + 3(2) = 87 \quad \text{ó} \quad 81 + 3(10) = 111 \text{ dólares.}$$

EJEMPLO 6. La hipotenusa de un triángulo mide 34 cm. El doble de la longitud del cateto menor excede en 2 cm a la longitud del cateto mayor. Hallar la longitud de los catetos.

Solución

Sea x la longitud del cateto menor. Entonces

La longitud del lado mayor es $2x - 2$

Aplicando el teorema de Pitágoras:

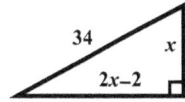

Resolvemos la ecuación:

$$(2x - 2)^2 + x^2 = 34^2 \Leftrightarrow 4x^2 - 8x + 4 + x^2 = 1{,}156 \quad \Leftrightarrow \quad 5x^2 - 8x - 1{,}152 = 0$$

$$\Leftrightarrow \ 5x^2 - 8x - 1{,}152 = 0$$

$$\Rightarrow \quad x = \frac{8 \pm \sqrt{64 - 4(5)(-1{,}152)}}{2(5)} = \frac{8 \pm 152}{10}$$

$$\Leftrightarrow \ x = 16 \ \text{ó} \ x = -14.4$$

Desechamos a $x = -14{,}4$ por negativo. En consecuencia, la longitud del cateto menor es 16 cm. y la del mayor, $2(16) - 2 = 30$ cm.

EJEMPLO 7. Un fabricante de envases construye cajas sin tapa utilizando láminas rectangulares de cartón. De cada lámina se recorta, en cada esquina, un pequeño cuadrado de 5 cm. de lado. Luego dobla las aletas para formar los lados de cada caja. El volumen de la caja es de 840 cm^3. Hallar las longitudes de la lámina si el largo de la base de la caja excede a su ancho en 2 cm.

Solución

Sea x la longitud del ancho de la base de la caja. Entonces

El largo de la base de la caja: $x + 2$
Volumen de la caja: $5x(x + 2)$
Ancho de la lámina: $x + 10$
Largo de la lámina: $x + 12$

Tenemos que:

$$5x(x + 2) = 840$$

Resolvemos la ecuación:

$$5x(x + 2) = 840 \Leftrightarrow x(x + 2) = 168 \Leftrightarrow x^2 + 2x - 168 = 0 \ \Rightarrow$$

$$x = \frac{-2 \pm \sqrt{2^2 - 4(1)(-168)}}{2} = \frac{-2 \pm \sqrt{4 + 672}}{2} = \frac{-2 \pm 26}{2} \Leftrightarrow$$

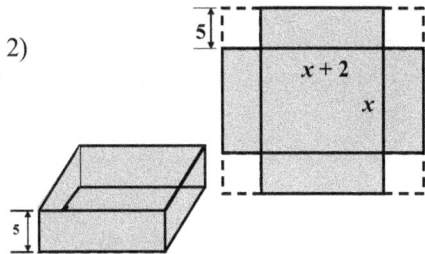

$$x = \frac{-2 + 26}{2} = 12 \quad \text{ó} \quad x = \frac{-2 - 26}{2} = -14$$

Desechamos $x = -14$ por no haber longitudes negativas. En consecuencia, el ancho y el largo de la base de la caja son 12 y 12 + 2 = 14 cm, respectivamente. El ancho de la lámina es 12 + 10 = 22 cm. y el largo, 14 + 10 = 24 cm.

EJEMPLO 8.   Un banco paga a sus ahorristas una tasa de R % anual. Se deposita en el banco un capital de $ 5,000. Al final del primer año, se dejó en el banco el capital y el interés, para ganar un nuevo interés por otro año. Si al final del segundo año se obtuvo un monto (capital más intereses) de $ 5,832, hallar la tasa R que paga el banco.

Solución

El interés que gana un capital P invertido por uño a una tasa de $R = 100r$ % anual es Pr. El monto, la suma del capital con sus intereses, al final del año es

$$M_1 = P + Pr = P(1 + r)$$

En el segundo año, el interés que gana el monto M_1 es $M_1(r)$.

El nuevo monto, al final del segundo, año es,

$$M_2 = M_1 + M_1(r) = M_1\left(1 + r\right) = P(1 + r)(1 + r) = P(1 + r)^2$$

Esto es, $M_2 = P(1 + r)^2$

En nuestro problema: $P = 5,000$ y $M_2 = 5,832$. Luego,
$$5,832. = 5,000(1 + r)^2$$

Resolvemos la ecuación:

$$5,832 = 5,000(1 + r)^2 \Leftrightarrow (1 + r)^2 = \frac{5,832}{5,000} = 1.1664$$

$$\Leftrightarrow 1 + r = \pm\sqrt{1.1664} \quad \Leftrightarrow 1 + r = \pm 1.08$$

$$\Leftrightarrow r = \pm 1.08 - 1 \quad \Leftrightarrow r = 0.08 \text{ ó } r = -2.08$$

Desechamos $r = -2.08$, porque la tasa no puede ser negativa. En consecuencia, la tasa que paga el banco es $R = 100r = 100(0.08) = 8$ %

EJEMPLO 9.   Un banco paga a sus ahorristas una tasa de R % anual. Se deposita en el banco un capital de $ 1,000. Al final del primer año, se retiran $ 400. El resto del monto es dejado en el banco, para ganar un nuevo interés por otro año. Si al final del segundo año se obtuvo un monto (capital más intereses) de $ 770, hallar la tasa R que paga el banco.

Solución

Si R % = $100r$ % y recordando que monto = capital + intereses, se tiene que:

El interés ganado al final del primer año es: $1,000r$
El monto al final del primer es: $M_1 = 1,000(1 + r)$
El capital para el segundo año es: $1,000(1 + r) - 400$
El interés ganado en el segundo año es: $[1,000(1 + r) - 400]r$
El monto al final del segundo año es: $M_2 = [1,000(1 + r) - 400](1 + r)$

En nuestro problema, $M_2 = \$ 770$. Luego,

$$[1,000(1+r) - 400](1+r) = 770$$

Resolvemos la ecuación:

$$[1,000(1 + r) - 400](1 + r) = 770 \Leftrightarrow [1,000 + 1,000r - 400](1 + r) = 770$$
$$\Leftrightarrow [600 + 1,000r](1 + r) = 770$$
$$\Leftrightarrow 600 + 1,000r + 600r + 1,000r^2 = 770$$
$$\Leftrightarrow 1,000r^2 + 1,600r - 170 = 0$$
$$\Leftrightarrow 100r^2 + 160r - 17 = 0 \Rightarrow$$

$$r = \frac{-160 \pm \sqrt{(160)^2 - 4(100)(-17)}}{2(100)} = \frac{-160 \pm \sqrt{32,400}}{200} = \frac{-160 \pm 180}{200} \Rightarrow$$

$$r = \frac{20}{200} \text{ ó } r = \frac{-340}{200} \Leftrightarrow r = 0.1 \text{ ó } r = -1.7$$

Desechamos $r = -1.7$, por negativa. En consecuencia, la tasa que paga el banco es $R = 100r = 100(0.1) = 10\,\%$

MOVIMIENTO DE CAÍDA LIBRE

Un objeto es lanzado verticalmente hacia arriba con una velocidad inicial v_0. Si s es la distancia desde el punto de lanzamiento a la posición del objeto alcanzado después de t segundos, se sabe que:

$$s = v_0 t - \frac{1}{2}gt^2$$

donde g es la aceleración de la gravedad.

En el sistema inglés, $g = 32$ pies/seg^2, en el sistema métrico decimal, $g = 9.8$ m/seg^2.

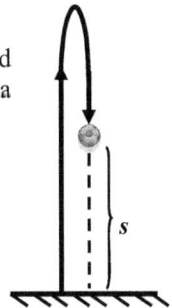

EJEMPLO 10. Una pelota es lanzada verticalmente desde la cancha de béisbol con una velocidad inicial de 29.4 m/seg^2.

a. ¿En qué instante la pelota alcanza la altura 39.2 m.?
b. ¿En qué instante la pelota alcanza el suelo?
c. ¿Cuál es la altura máxima alcanzada?

Solución

a. Tenemos que $v_0 = 29.4$ m/seg^2, $g = 9.8$ m/seg^2 y $s = 39.2$ m. Reemplazando estos valores en la ecuación de caída libre:

$$39.2 = 29.4t - \frac{1}{2}(9.8)t^2 \iff 4.9t^2 - 29.4t + 39.2 = 0 \iff t^2 - 6t + 8 = 0$$

$$\iff (t-2)(t-4) = 0 \iff t = 2 \quad \text{ó} \quad t = 4$$

La pelota alcanza la altura de 39.2 m a los 2 segundos y a los 4 segundos después de la partida. En el primer caso, la pelota va de subida, y en el segundo caso, viene de bajada.

b. La pelota alcanza el suelo cuando $s = 0$. Luego,

$$0 = 29.4t - \frac{1}{2}(9.8)t^2 \iff 4.9t^2 - 29.4t = 0 \iff 4.9t(t-6) = 0 \iff t = 0 \quad \text{ó} \quad t = 6$$

La pelota está en el suelo en el segundo 0 y 6 segundos después de lanzada. En el instante 0, la pelota es lanzada.

c. El tiempo que demora la pelota en subir es el mismo que demora en bajar. Como en total demora 6 segundos, para subir hasta la altura máxima precisó 3 segundos. Luego, la altura máxima alcanzada es:

$$s = (29.4)(3) - \frac{1}{2}(9.8)(3)^2 = 88.2 - 44.1 = 44.1 \text{ m}$$

La altura máxima alcanzada por la pelota es 44.1 m.

PROBLEMAS RESUELTOS 1. 6

| PROBLEMA 1. | **Ancho de una vereda** |

Un pequeño parque está conformado por un jardín rectangular, de 30 m de largo y 20 m de ancho, y por una vereda de anchura uniforme que rodea al jardín y tiene un área de 216 m^2. Hallar el ancho de la vereda.

Solución

Sea x el ancho de la vereda. Entonces

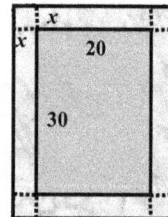

El largo del parque es $30 + 2x$
El ancho del parque es $20 + 2x$
Area del parque es $(30 + 2x)(20 + 2x)$
Area del jardín es $30 \times 20 = 600$

Tenemos que:

Area del parque = Area del jardín + Area de la vereda

Luego,

$$(30 + 2x)(20 + 2x) = 600 + 216$$

Resolvemos la ecuación:

$$(30 + 2x)(20 + 2x) = 600 + 216 \Leftrightarrow 600 + 100x + 4x^2 = 816$$
$$\Leftrightarrow 4x^2 + 100x - 216 = 0$$
$$\Leftrightarrow x^2 + 25x - 54 = 0$$
$$\Leftrightarrow (x + 27)(x - 2) = 0$$
$$\Leftrightarrow x = -27 \ \text{ó} \ x = 2$$

Desechamos $x = -27$ por ser negativa. En consecuencia, el ancho de la vereda es de 2 m.

PROBLEMA 2. **Inversión.**

Se depositan $ 8,000. en una libreta de ahorros a cierta tasa de interés por un año. Al terminar el año, se retiran $2,000 y el resto del monto se invierte por otro año, ganando una nueva tasa igual al doble de la anterior. Al terminar este segundo año, el valor de esta nueva inversión es de $ 7,040. Hallar ambas tasas de interés.

Solución

Sea $R = 100r$ % la tasa del primer año. Recordando que

$$\text{Monto} = \text{Capital} + \text{Intereses},$$

Se tiene:

El monto al terminar el primer año: $M_1 = 8,000(1 + r)$
El capital a invertir el segundo año: $8,000(1 + r) - 2,000$
El monto al finalizar el segundo año: $M_2 = \left[8,000(1 + r) - 2,000\right](1 + 2r)$

Nos dicen que $M_2 = $ $ 7,040. Luego,

$$\left[8,000(1 + r) - 2,000\right](1 + 2r) = 7,040$$

Resolvemos la ecuación:

$$[8.000(1 + r) - 2.000](1+2r) = 7.040 \Leftrightarrow [6.000 + 8.000r](1 + 2r) = 7.040 \Leftrightarrow$$
$$6,000 + 20,000r + 16,000r^2 = 7,040 \Leftrightarrow 16,000r^2 + 20,000r - 1,040 = 0 \Leftrightarrow$$

$$200r^2 + 250r - 13 = 0 \Rightarrow \quad r = \frac{-250 \pm \sqrt{(250)^2 - 4(200)(-13)}}{2(200)} \Leftrightarrow$$

$$r = \frac{-250 \pm 270}{400} \Leftrightarrow r = \frac{20}{400} \ \text{ó} \ r = \frac{-520}{400} \Leftrightarrow r = 0.05 \ \text{ó} \ r = -1.3$$

Desechamos $r = -1.3$ por negativa.

En consecuencia, la tasa de interés en el primer año fue 100r = 100(0.5) = 5 %, y la del segundo año, 2(5) = 10 %.

PROBLEMA 3.   **Decisión de precio.**

Una editorial tiene 2,000 libros de Cálculo en su almacén. Si los ofrece $ 10 el ejemplar, todos se venden; pero por cada aumento de $ 1 al precio, se dejan de vender 300 libros. El costo de cada libro es de $ 5. Además, *por derechos de autor, se debe pagar el 10 % de la venta.* ¿A qué precio debe vender cada ejemplar si se busca una utilidad de $ 7,370?

Solución

Sea n el número de aumentos de $1 al precio de cada ejemplar. Entonces

Precio a que se debe vender cada libro es: $10 + n$

Numero de ejemplares que se venderán es: $2,000 - 300n$

Ingreso por la venta total es: $(2,000 - 300n)(10 + n)$

Costo de los ejemplares vendidos es: $5(2,000 - 300n)$

Pago por derechos de autor es: $(0.1)(2,000 - 300n)(10 + n)$

Tenemos que:

Utilidad = Ingreso − Costos − Derechos de autor

Luego,

$$7,370 = (2,000-300n)(10 + n) -5(2,000-300n) - (0.1)(2,000-300n)(10 + n)$$

Resolvemos la ecuación:

$$7,370 = (2,000-300n)(10+ n) -5(2,000-300n) - (0.1)(2,000-300n)(10 + n) \Leftrightarrow$$

$$7,370 = 20,000 -1,000n - 300n^2 - 10,000 +1.500n - 2,000 + 100n + 30n^2 \Leftrightarrow$$

$$7,370 = - 270n^2 + 600n + 8,000 \Leftrightarrow 270n^2 - 600n - 630 = 0$$

$$\Leftrightarrow 9n^2 - 20n - 21 = 0 \Rightarrow$$

$$n = \frac{20 \pm \sqrt{(20)^2 - 4(9)(-21)}}{2(18)} = \frac{20 \pm \sqrt{1,156}}{18} = \frac{20 \pm 34}{18} \Leftrightarrow n = 3 \text{ ó } n = -\frac{7}{9}$$

Desechamos a n = −7/9 por no ser entera.

En consecuencia, el precio de cada ejemplar debe de 10 + 3 = 13 dólares.

PROBLEMA 4.   **Oferta y precio.**

Un fabricante puede vender x unidades por semana de cierto producto cuando el precio por unidad es de p dólares, donde $p = 510 - 3x$. El costo de producir x unidades es

$$C(x) = 30x + 9,000.$$

    a. ¿Cuántas unidades deben venderse semanalmente para obtener un ingreso de $ 21,600?

    b. ¿A qué precio debe vender el fabricante para tener un ingreso de 21,675?

    c. ¿Cuántas unidades debe producir el fabricante, para que al venderlas todas, tenga una utilidad de 8,600?

    d. ¿A qué precio se debe vender la unidad para obtener una utilidad de 9,900?

Solución

a. Ingreso $= xp = x(510 - 3x)$. Luego,

$$x(510 - 3x) = 21,600 \Leftrightarrow 3x^2 - 510x + 21,600 = 0 \Leftrightarrow x^2 - 170x + 7,200$$

$$\Rightarrow x = \frac{170 \pm \sqrt{28,900 - 4(7,200)}}{2} = \frac{170 \pm 10}{2}$$

$$\Leftrightarrow x = 90 \text{ ó } x = 80$$

Se deben vender 80 ó 90 unidades semanales.

b. Tenemos que $p = 510 - 3x \Rightarrow x = \dfrac{510 - p}{3}$. Además:

Ingreso $= xp = \left(\dfrac{510 - p}{3}\right)p$. Luego,

$$\left(\frac{510 - p}{3}\right)p = 21,675 \Leftrightarrow 510p - p^2 = 3(21,675) \Leftrightarrow p^2 - 510p + 65,025 = 0$$

$$\Rightarrow p = \frac{510 \pm \sqrt{260,100 - 4(65,025)}}{2} = \frac{510 \pm \sqrt{0}}{2} = 255$$

El fabricante debe vender a $ 255 la unidad.

c. Utilidad = Ingreso − Costos. Luego,

$$10,200 = xp - (30x + 9,000) \Leftrightarrow 10,200 = x(510 - 3x) - 30x - 9,000$$

$$\Leftrightarrow 10,200 = 510x - 3x^2 - 30x - 9,000$$

$$\Leftrightarrow 3x^2 - 480x + 19,200 = 0$$

$$\Leftrightarrow x^2 - 160x + 6,400 = 0$$

$$\Rightarrow x = \frac{160 \pm \sqrt{25,600 - 25,600}}{2} = \frac{160 \pm 0}{2} = 80$$

Se deben vender 80 unidades semanales.

d. Utilidad = Ingreso − Costos. Luego,

$$9.900 = xp - 30x - 9,000 \Leftrightarrow \frac{510 - p}{3}p - 30\frac{510 - p}{3} - 9,000 = 9,900$$

$$\Leftrightarrow (510 - p)p - 30(510 - p) - 3(18,900) = 0$$
$$\Leftrightarrow p^2 - 540p + 72,000 = 0 \implies$$

$$p = \frac{540 \pm \sqrt{291,600 - 288,000}}{2} = \frac{540 \pm 60}{2} \Leftrightarrow p = 240 \ \acute{o} \ p = 300$$

El fabricante debe vender a $ 240 ó a $ 300 la unidad.

PROBLEMAS PROPUESTOS 1. 6

1. (Números) Hallar dos números cuya suma sea 21 y su producto 104.

2. (Números) Hallar dos números cuya suma sea 12 y que la suma de sus cuadrados sea 74.

3. (Números) Hallar dos números positivos pares consecutivos, cuyo producto sea 120.

4. (Números) Hallar dos números positivos impares consecutivos, cuyo producto sea 195.

5. (Caída libre) Se dispara una bala verticalmente desde el suelo con una velocidad inicial de 640 pies/seg.

   a. ¿En que instante la bala alcanza la altura de 4,800 pies?

   b. ¿En que instante la pelota alcanza el suelo?

   c. ¿Cuál es la altura máxima alcanzada?

   Sugerencia: $s = 640t - 16t^2$

6. (Tiempo de trabajo) Dos compañías A y B, trabajando juntas, hacen un trabajo en 12 días. Trabajando por separado, la compañía B demoraría 18 días más que la compañía A ¿En cuántos días harían la obra trabajando por separado?

7. (Tiempo de llenado) Dos grifos A y B, abriéndolas simultáneamente, llenan una piscina en 6 horas. La pluma A, trabajando sola, la llena en 5 horas más que la pluma B. ¿En cuántos horas llenan la piscina cada pluma, trabajando separadamente?

8. (Ancho de una vereda) Una piscina rectangular de 10 m de ancho y 18 m de largo está rodeada por una vereda de ancho uniforme, donde se solean los nadadores. Si el área de la vereda es de 204 m², hallar el ancho.

9. (Ancho de un marco) Las dimensiones exteriores de un marco de fotografía son 20 cm. y 15 cm. El ancho del marco es uniforme. El área visible de la fotografía es 150 cm². Hallar el ancho del marco.

10. **(Construcción de cajas)** Se construye una caja sin tapa utilizando una lámina cuadrada de aluminio. De cada lámina recorta en cada esquina un pequeño cuadrado de 8 cm. de lado. Luego dobla las aletas para formar los lados de cada caja. El volumen de la caja debe ser de 1,568 cm³. Hallar la longitud del lado de la lámina.

11. **(Catetos de un triángulo rectángulo)** La hipotenusa de un triángulo mide 13 cm. La longitud del cateto mayor excede en 2 cm. al doble de la longitud del cateto menor. Hallar la longitud de los catetos.

12. **(Edades)** Un padre es 25 años mayor que su hijo. La edad que tendrá el padre dentro de 9 años es igual al cuadrado de la edad que tenía su hijo hace 8 años. Hallar las edades actuales del padre y del hijo.

13. **(Edades)** La edad que tenía un niño hace 6 años es la raíz cuadrada de la edad que tendrá dentro de 6 años. Hallar la edad actual del niño.

14. **(Precios)** Una persona compró cierto número de libros por $360. Si hubiera comprado 10 menos por el mismo dinero, cada libro le hubiera costado $3 más. ¿Cuántos libros compró y qué precio?

15. **(Renta de apartamentos)** Una inmobiliaria posee un edificio con 45 apartamentos de alquiler. Por experiencia se sabe que si la renta mensual es de $190 por apartamento, todos ellos son ocupados; pero por cada aumento de $5 en la renta, un apartamento se desocupa. ¿Cuál debe la renta mensual por apartamento si quiere obtener los mismos $ 45(190) = $ 8,550 que se obtendrían con el precio de $ 190 y, además, contar con algunas habitaciones desocupadas.

16. **(Renta de apartamentos)** En problema anterior, el costo de mantenimiento del edificio es de $ 2,500 mensual. Además, el costo mensual por apartamento es de $ 20, si está ocupado, y de $ 12 si está desocupada. ¿Cuál debe ser la renta mensual por apartamento para obtener una utilidad mensual de $ 5,174?

17. **(Tasa de interés)** Un banco paga a sus ahorristas una tasa de R % anual. Se deposita en el banco un capital de $ 15,000. Al final del primer año, se dejó en el banco el capital y el interés, para ganar un nuevo interés por otro año. Si al final de segundo año se obtuvo un monto (capital más intereses) de $ 18,816, hallar la tasa R que paga el banco.

18. **(Tasa de interés)** Un banco paga a sus ahorristas una tasa de R % anual. Se deposita en el banco un capital de $ 4,000. Al final del primer año, se retiran $ 1,480. El resto del monto es dejado en el banco, para ganar un nuevo interés por otro año. Si al final de segundo año se obtuvo un monto (capital más intereses) de $ 3,360, hallar la tasa R que paga el banco.

19. **(Inversión)** Se depositan $ 1,000. en una libreta de ahorros a cierta tasa de interés por un año. Al terminar el año, se retiran $460 y el resto del monto se invierte por otro año, ganando una nueva tasa igual dobles de la anterior. Al terminar este segundo año, el valor de esta nueva inversión es de $ 672. Hallar ambas tasas de interés.

20. (Decisión de precio) Una editorial tiene 1,000 libros de algebra en su almacén. Si los ofrece $ 8 el ejemplar, todos se venden; pero por cada aumento de $ 1 al precio, se dejan de vender 200 libros. El costo de cada libro es de $ 4. Además, por derechos de autor, se debe el 10 % de la venta. ¿A qué precio debe vender cada ejemplar si se busaca una utilidad de $ 3,000?

21. (Oferta y precio) Un fabricante puede vender x unidades por semana de cierto producto cuando el precio por unidad es p, donde $p = 400 - 4x$. El costo de producir x unidades es $C(x) = 8x + 3,200$.

    a. ¿Cuántas unidades deben venderse semanalmente para obtener un ingreso de $ 9,600?

    b. ¿A qué precio debe vender el fabricante para tener un ingreso de 6,400?

    c. ¿Cuántas unidades deben producir semanalmente el fabricante para que al venderlas todas, tenga una utilidad de 4,288?

    d. ¿A qué precio por unidad debe vender el fabricante para obtener una utilidad de 3,700?

SECCION 1.7
ECUACIONES POLINOMICAS

Una **función polinómica** o **función polinomial de grado n** o, simplemente, un **polinomio de grado n**, es una expresión de la forma:

$$p(x) = a_n x^n + a_{n-1} x^{n-1} + \ldots + a_1 x + a_0, \qquad (1)$$

donde **n** es un número natural, a_n, a_{n-1}, $\ldots$, a_1 y a_0 **son reales**, y $a_n \neq 0$.

Los números a_n, a_{n-1}, $\ldots$, a_1 y a_0 son los coeficientes del polinomio, siendo a_n el **coeficiente principal** y a_0 es el **coeficiente constante**.

Un cero del polinomio $p(x)$ es un número c tal que $p(c) = 0$. En este caso, también se dice que c es **una raíz** o **una solución** de la **ecuación polinómica:**

$$a_n x^n + a_{n-1} x^{n-1} + \ldots + a_1 x + a_0 = 0 \qquad (2)$$

En la ecuación anterior, si $n = 1$, tenemos la **ecuación lineal** y si $n = 2$, tenemos la **ecuación cuadrática**, de las cuales ya nos hemos ocupado.

Para resolver las ecuaciones de tercer y cuarto grado se conocen fórmulas análogas a la fórmula cuadrática. (ver la historia Nicolo Fontana al inicio del próximo capítulo), sin embargo éstas fórmulas no son fáciles de manejar, por lo cual aquí no la las usaremos.

¿Y las ecuaciones de quinto grado? Los brillantes matemáticos Paolo Rubbini, (italiano, 1765−1822), Neil Abel (Noruego, 1802−1829) y Evaristo

Galois (Francés, 1811–1832) probaron que no existe fórmula, similar a la cuadrática, para resolver las ecuaciones de grado 5 o más.

Nuestra intención en este apéndice es mostrar un camino práctico para hallar los raíces de algunas ecuaciones de grados mayores o iguales a 3.

Recordemos el algoritmo de la división:

ALGORITMO DE LA DIVISION

Si $p(x)$ y $d(x)$ son dos polinomios, y si $d(x)$ no es polinomio cero, entonces existen dos únicos polinomios $q(x)$ y $r(x)$ tales que

$$p(x) = d(x)q(x) + r(x)$$

donde $r(x)$ es cero o un polinomio de grado menor que el de $d(x)$. $p(x)$ es el **dividendo**, $d(x)$ es el **divisor**, $q(x)$ es el **cociente** y $r(x)$ es el **residuo**.

Nuestro interés se concentra en el caso especial en el que $d(x) = x - c$. En esta situación, el residuo $r(x)$, por ser de grado menor que el grado de $x - c$, debe ser un polinomio de grado 0, o sea, una constante, a la denotaremos simplemente con r. El valor de esta constante nos el siguiente teorema.

TEOREMA 1.3   **Teorema del Residuo.**

Si el polinomio $p(x)$ es dividido entre $x - c$, entonces el valor del residuo es $r = p(c)$. Esto es,

$$p(x) = (x - c)q(x) + p(c)$$

Demostración

De acuerdo al algoritmo de la división, tenemos:
$$p(x) = (x - c)q(x) + r$$

Evaluando la igualdad en $x = c$:
$$p(c) = (c - c)q(c) + r = (0)q(c) + r \implies r = p(c)$$

EJEMPLO 1. Hallar el residuo de dividir el polinomio $p(x) = x^3 - 7x^2 + 3x + 9$ entre $x - 2$

Solución

De acuerdo al teorema anterior:
$$r = p(2) = 2^3 - 7(2)^2 + 3(2) + 9 = 8 - 28 + 6 + 9 = -5$$

TEOREMA 1.4   **Teorema del factor.**

$x - c$ es un factor del polinomio $p(x) \iff p(c) = 0$

Demostración

($\Rightarrow$)   Si $x - c$ es un factor de $p(x)$, entonces $p(x) = (x - c)q(x)$. Evaluando en c:
$$p(c) = (c - c)q(c) = (0)q(c) = 0$$

($\Leftarrow$)   Sabemos, por el teorema anterior:

$$p(x) = (x - c)q(x) + p(c) = (x - c)q(x) + 0 \ = (x - c)q(x)$$

Luego, $x - c$ es un factor de $p(x)$

OBSERVACION.   Según el teorema anterior, las siguientes proposiciones son equivalentes:

   1. $x - c$ es un factor de $p(x)$ **2.** $p(c) = 0$

   3. c es un cero de $p(x)$

   4. c es una raíz o solución de la ecuación $p(x) = 0$

EJEMPLO 2.   **Factorizar un polinomio mediante el teorema del factor.**

Sea el polinomio $p(x) = x^3 - 4x^2 - 11x + 30$.
a. Probar que -3 es un cero del polinomio $p(x)$.
b. Usar la parte a. para factorizar el polinomio $p(x)$.

Solución

a. Tenemos que:
$$p(-3) = (-3)^3 - 4(-3)^2 - 11(-3) \ + 30 \ = -27 - 36 + 33 + 30 = 0$$
Luego, por el teorema del factor, -3 es un cero de $p(x)$.

b. Dividimos el polinomio $p(x)$ entre $x - (-3) = x + 3$. Para esto, esto recurrimos a la **regla de Ruffini**:

		1	-4	-11	30
-3			-3	21	-30
		1	-7	10	**0**

Luego,

$$x^3 - 4x^2 - 11x + 30 = (x - (-3))(x^2 - 7x + 10) = (x + 3)(x^2 - 7x + 10)$$

Ahora factorizamos el polinomio cuadrático $x^2 - 7x + 10$.

$$x^2 - 7x + 10 = (x - 2)(x - 5)$$

Es consecuencia, $x^3 - 4x^2 - 11x + 30 = (x + 3)(x - 2)(x - 5)$

TEOREMA FUNDAMENTAL DEL ALGEBRA

¿Toda ecuación polinomial tiene, al menos, una raíz? La respuesta es afirmativa y lo da el llamado **Teorema Fundamental del Álgebra**, que fue demostrado por C. F. Gauss en 1799. Su demostración no es elemental, por lo que la omitimos.

| **TEOREMA 1.5** | **Teorema Fundamental del Álgebra.** |

Todo polinomio no constante (de grado $n \geq 1$) tiene al menos una cero, real o complejo.

¿SABIA UD. QUE . . .

CARL FRIEDRICH GAUSS (1777–1855) nació en Brunswick, Alemania. Uno de los matemáticos más geniales que ha producido la humanidad. Hizo contribuciones fundamentales en casi todas las ramas de la matemática: Algebra, Geometría, Probabilidades, etc. En su tesis doctoral, en 1799, probó el teorema fundamental del álgebra, cuado tenía 22 años.

Si $p(x)$ es un polinomio de grado $n > 0$, el Teorema Fundamental del Algebra nos dice que existe un r_1, que es un cero de $p(x)$. Luego, por el teorema del factor,

$$p(x) = (x - r_1)q_1(x),$$

donde el grado de $q_1(x)$ es $n - 1$. Volviendo a aplicar el Teorema Fundamental del Álgebra a $q_1(x)$, tenemos que existe r_2, que es un cero de $q_1(x)$. Luego,

$$q_1(x) = (x - r_2)q_2(x) \quad \text{y} \quad p(x) = (x - r_1)(x - r_2)q_2(x),$$

donde el grado de $q_2(x)$ es $n - 2$. Siguiendo el proceso, después de n pasos tendremos n ceros de $p(x)$, $r_1, r_2, \ldots r_n$, y un polinomio $q_n(x)$, de grado 0 tal que:

$$p(x) = (x - r_1)(x - r_2) \ldots (x - r_n)q_n(x) \quad (4)$$

El polinomio $q_n(x)$, por ser de grado 0, es una constante.

Estos resultados los resumimos en la siguiente proposición:

| **TEOREMA 1.6** | **Teorema de factorización completa.** |

Si $p(x)$ es un polinomio de grado n con coeficiente principal a_n, entonces existen ***n* números**, $r_1, r_2, \ldots r_n$, que son ceros de $p(x)$ y se cumple que:

$$\boldsymbol{p(x) = a_n(x - r_1)(x - r_2) \ldots (x - r_n)} \quad \textbf{(5)}$$

Demostración

Sólo falta probar que, en (4), $q_n(x) = a_n$.

Si efectuamos la multiplicación indicada a la derecha de (4) conseguimos un solo término de grado n, que $q_n(x)x^n$. Similarmente, si efectuamos la multiplicación indicada a la derecha de (5) conseguimos un solo término de grado n, que a_nx^n. En consecuencia, $q_n(x) = a_n$.

Las n ceros $r_1, r_2, \ldots r_n$ no necesariamente son distintos. Si un cero se repite k veces, se dice que ese **cero** tiene **multiplicidad k**.

LOS CEROS RACIONALES DE UN POLINOMIO

Nuestro interés en el este curso se concentra   en el sistema de los números reales. De un polinomio, sólo nos interesan las raíces reales y no las raíces complejas.

El siguiente teorema nos proporciona un camino para hallar los ceros racionales de un polinomio, o sea las raíces racionales de una ecuación polinomial.

| TEOREMA 1.7 | **Los ceros racionales de un polinomio.**

Si los coeficientes del siguiente polinomio son enteros

$$p(x) = a_nx^n + a_{n-1}x^{n-1} + \ldots + a_1x + a_0,$$

y si el racional $\dfrac{h}{k}$, reducido a su mínima expresión, es un cero del polinomio, entonces

1. h es un divisor del coeficiente constante a_0

2. k es un divisor del coeficiente principal a_n

Demostración

Ver el problema resuelto 2.

| COROLARIO. | Si el coeficiente principal del polinomio es $a_n = 1$, esto es,

$$p(x) = x^n + a_{n-1}x^{n-1} + \ldots + a_1x + a_0,$$

entonces toda cero racional de $p(x)$ es un **entero** que divide a a_0

Demostración

Si $\dfrac{h}{k}$ es un cero de $p(x)$, entonces, por el teorema, k divide a $a_n = 1$ y h divide

a a_0. Pero si k divide 1, entonces $k = 1$ y $\dfrac{h}{k} = h$, o $k = -1$ y $\dfrac{h}{k} = -h$. Esto es, el

cero racional h/k es el entero h ó el entero $-h$, el cual divide a a_0.

ESTRATEGIA PARA RESOLVER UNA ECUACION $p(x) = 0$

Paso 1. Haga un listado de todos los racionales que son candidatos a ceros de $p(x)$. Para esto, recurrir al teorema de los ceros racionales de un polinomio. De este listado, identifique cuales son realmente ceros, verificando que $p(r) = 0$, donde r es un candidato.

Paso 2. Tome un cero, digamos r, conseguido en el paso anterior. Divide, (puede ser mediante la regla de Ruffini) el polinomio $p(x)$ dado en la ecuación entre $x - r$ y hallar el polinomio cociente $q(x)$:
$$p(x) = (x - r)q(x)$$

Paso 3. Repetir los pasos 1 y 2 con el cociente $q(x)$ y conseguir otro cociente. Seguir repitiendo el proceso hasta conseguir un cociente que es cuadrático o un cociente de fácil factorización. Factorice este último cociente, usando la fórmula cuadrática, si es necesario.

EJEMPLO 3. **a.** Resolver la ecuación siguiente:
$$x^3 - 3x^2 - 5x + 15 = 0$$
b. Factorizar el polinomio $x^3 - 3x^2 - 5x + 15$

Solución

a. Paso 1. Las raíces de esta ecuación son los ceros de $p(x) = x^3 - 3x^2 - 5x + 15$

Como el coeficiente principal es 1, de acuerdo al corolario anterior, los candidatos a ser ceros raciones son número los enteros que dividen a 15:

$$1, \ -1, \ 3, -3, \ 5, \ -5, 15 \ \text{ y } \ -15$$

Aplicamos el teorema del factor a estos candidatos.

$$p(1) = 8, \quad p(-1) = 16, \qquad p(3) = 0 \qquad\qquad p(-3) = -24$$

$$p(5) = 40 \quad p(-5) = -150 \qquad p(15) = 2640 \qquad p(-15) = -3960$$

Luego, tenemos sólo un cero racional, que es el entero 3.

Paso 2. Dividimos el polinomio $p(x) = x^3 - 3x^2 - 5x + 15$ entre $x - 3$.

$$
\begin{array}{c|rrrr}
 & 1 & -3 & -5 & 15 \\
3 & & 3 & 0 & -15 \\
\hline
 & 1 & 0 & -5 & 0
\end{array}
$$

Luego,

$$x^3 - 3x^2 - 5x + 15 = (x - 3)(x^2 - 5) = 0$$

Paso 3. El cociente $q(x) = x^2 - 5$ es ya un polinomio cuadrático, que se factoriza fácilmente como una diferencia de cuadrados:
$$x^2 - 5 = (x - \sqrt{5})(x + \sqrt{5})$$

Luego,

$$x^3 - 3x^2 - 5x + 15 = (x - 3)\left(x - \sqrt{5}\right)\left(x + \sqrt{5}\right) = 0$$

Las raíces son: 3, $\sqrt{5}$ y $-\sqrt{5}$, una raíz es entera y dos irracionales.

b. $x^3 - 3x^2 - 5x + 15 = (x - 3)\left(x - \sqrt{5}\right)\left(x + \sqrt{5}\right)$

EJEMPLO 4. **a.** Resolver la ecuación siguiente.

$$2x^4 + x^3 - 9x^2 + 16x - 6 = 0$$

b. Factorizar el polinomio $2x^4 + x^3 - 9x^2 + 16x - 6$

Solución

Paso 1. Hallamos las raíces racionales $\dfrac{h}{k}$:

Numeradores posibles (factores de -6): $\pm 1,\ \pm 2,\ \pm 3, \pm 6$.
Denominadores posibles (factores de 2) : $\pm 1, \pm 2$
Racionales candidatos a raíces:

$$\pm 1,\ \pm 2,\ \pm 3,\ \pm 6,\ \pm\frac{1}{2},\ \pm\frac{2}{2},\ \pm\frac{3}{2},\ \pm\frac{6}{2}$$

Simplificando y eliminando los candidatos iguales:

$$\pm 1,\ \pm 2,\ \pm 3,\ \pm 6,\ \pm\frac{1}{2},\ \pm\frac{3}{2}$$

Si $p(x) = 2x^4 + x^3 - 9x^2 + 16x - 6$, se tiene:

$$p(1) = 4 \qquad p(-1) = -30 \qquad p(2) = 30 \qquad p(-2) = -50$$

$$p(3) = 150 \qquad p(-3) = 0 \qquad p(1/2) = 0 \qquad p(-1/2) = -65/4$$

$$p(3/2) = 45/4 \quad p(-3/2) = -87/2$$

Vemos que $p(x)$ tiene sólo dos ceros racionales: -3 y $1/2$.

Pasos 2 y 3. Dividimos el polinomio $p(x) = 2x^4 + x^3 - 9x^2 + 16x - 6$ entre $x + 3$ y
el cociente resultante, entre $x - 1/2$:

	2	1	-9	16	-6
-3		-6	15	-18	6
	2	-5	6	-2	**0**

	2	-5	6	-2
1/2		1	-2	2
	2	-4	4	**0**

$$p(x) = (x + 3)(2x^3 - 5x^2 + 6x - 2) = (x + 3)(x - 1/2)(2x^2 - 4x + 4)$$

El polinomio $2x^2 - 4x + 4$ es de segundo grado, cuyos ceros los hallamos mediante la fórmula cuadrática:

$$x = \frac{4 \pm \sqrt{16^2 - 4(1)(4)}}{4} = \frac{4 \pm 4\sqrt{-1}}{4} = 1 \pm \sqrt{-1} = 1 \pm i$$

Como sólo estamos interesados en las raíces reales, estas dos últimas dos raíces no las tomamos en cuenta, por ser complejas. Por tanto, la ecuación dada tiene sólo dos raíces reales, que son 3 y 1/2.

b. $2x^4 + x^3 - 9x^2 + 16x - 6 = (x + 3)(x - 1/2)(2x^2 - 4x + 4)$
$$= 2(x + 3)(x - 1/2)(x^2 - 2x + 2)$$
$$= (x + 3)(2x - 1)(x^2 - 2x + 2)$$

EJEMPLO 5. **a.** Resolver la ecuación siguiente:

$$4x^3 - 16x^2 + 11x + 10 = 0$$

b. Factorizar el polinomio $4x^3 - 16x^2 + 11x + 10$

Solución

a. Hallamos las raíces racionales $\dfrac{h}{k}$:

Numeradores posibles (factores de 10): $\pm 1, \pm 2, \pm 5, \pm 10$.

Denominadores posibles (factores de 4): $\pm 1, \pm 2, \pm 4$

Racionales candidatos a raíces:

$$\pm 1, \pm 2, \pm 5, \pm 10, \pm \frac{1}{2}, \pm \frac{2}{2}, \pm \frac{5}{2}, \pm \frac{10}{2}, \pm \frac{1}{4}, \pm \frac{5}{4}, \pm \frac{10}{4}$$

Simplificando y eliminando los candidatos iguales:

$$\pm 1, \pm 2, \pm 5, \pm 10, \pm \frac{1}{2}, \pm \frac{1}{4}, \pm \frac{5}{2}, \pm \frac{5}{4}$$

Si $p(x) = 4x^3 - 16x^2 + 11x + 10$, se tiene:

$p(1) = 9$	$p(-1) = -21$	$p(2) = 0$	$p(-2) = -108$
$p(5) = 165$	$p(-5) = -945$	$p(10) = 2520$	$p(-10) = -2500$
$p(1/2) = 12$	$p(-1/2) = 0$	$p(1/4) = 189/16$	$p(-1/4) = 99/16$
$p(5/2) = 0$	$p(-5/2) = -125$	$p(5/4) = 105/16$	$p(-5/4) = -805/16$

La ecuación tiene 3 raíces racionales: $-1/2$, 2 y 5/2.

El hecho de que la ecuación dada es de grado 3 y de ella ya conocemos 3 raíces, las tres raíces del polinomio son $-1/2$, 2 y 5/2.

b. Aplicando el teorema de la factorización completa (teorema 1.6) tenemos:

$$4x^3 - 16x^2 + 11x + 10 = 4(x + 1/2)(x - 2)(x - 5/2) = (2x + 1)(x - 2)(2x - 5)$$

PROBLEMAS RESULTOS 1.7

| PROBLEMA 1. | Resolver la siguiente ecuación, factorizar el polinomio y señalar la multiplicidad de cada raíz.

$$x^5 + x^4 - 2x^3 - 2x^2 + x + 1 = 0$$

Solución

Sea $p(x) = x^5 + x^4 - 2x^3 - 2x^2 + x + 1$

Como el coeficiente principal es 1, los racionales candidatos a raíces son los venteros divisores del coeficiente constante 1. Estos son: 1 y −1.

$$p(1) = 1 + 1 - 2 - 2 + 1 + 1 = 0 \qquad\qquad p(-1) = -1 + 1 + 2 - 2 - 1 + 1 = 0$$

Tanto 1 y −1 son raíces. Dividimos $p(x)$ entre $x - 1$ y el cociente $q_1(x)$ entre $x + 1$.

$$x^5 + x^4 - 2x^3 - 2x^2 + x + 1 =$$

$$(x - 1)(x + 1)(x^3 + x^2 - x - 1)$$

	1	1	−2	−2	1	1
1		1	2	0	−2	−1
	1	2	0	−2	−1	**0**
−1		−1	−1	1	1	
	1	1	−1	−1	**0**	

Si 1 es una raíz múltiple esta también debe ser raíz del cociente:

$$q_2(x) = x^3 + x^2 - x - 1$$

Lo mismo afirmamos de la raíz −1. Veamos:

$$q_2(1) = 1 + 1 - 1 - 1 = 0 \qquad\qquad q_2(-1) = -1 + 1 + 1 - 1 = 0$$

Estos resultados nos dicen que, efectivamente, 1 y −1 son raíces de $q_2(x)$. Dividimos este cociente entre $x - 1$ y nuevo cociente $q_3(x)$ entre $x + 1$.

$$x^3 + x^2 - x - 1 = (x - 1)(x + 1)(x + 1)$$

Luego,

$$x^5 + x^4 - 2x^3 - 2x^2 + x + 1 =$$

$$(x - 1)(x + 1)(x - 1)(x + 1)(x + 1) =$$

$$(x - 1)^2 (x + 1)^3$$

	1	1	−1	−1
1		1	2	1
	1	2	1	**0**
−1		−1	−1	
	1	1	**0**	

La raíces de la ecuación son 1, con multiplicad 2, y −1, con multiplicidad 3.

PROBLEMA 2. Demostrar el teorema de las raíces racionales de un polinomio:

Si los coeficientes del siguiente polinomio son enteros

$$p(x) = a_n x^n + a_{n-1} x^{n-1} + \ldots + a_1 x + a_0$$

y si el racional $\dfrac{h}{k}$, reducido a su mínima expresión, es un cero del polinomio, entonces

    1. h es un divisor del coeficiente constante a_0

    2. k es un divisor del coeficiente principal a_n

solución

Si $\dfrac{h}{k}$ es un cero de p(x), entonces

$$a_n \left(\frac{h}{k} \right)^n + a_{n-1} \left(\frac{h}{k} \right)^{n-1} + \ldots a_1 \left(\frac{h}{k} \right) + a_0 = 0$$

Multiplicando por k^n:

$$a_n h^n + a_{n-1} h^{n-1} k + \ldots a_1 h k^{n-1} + a_0 k^n = 0 \qquad (\text{ i })$$

1. Transponiendo $a_0 k^n$ en (i) y factorizando:

$$h \left(a_n h^{n-1} + a_{n-1} h^{n-2} k + \ldots a_1 k^{n-1} \right) = -a_0 k^n$$

Esta igualdad nos dice que h divide a $a_0 k^n$. Como h no divide a k, tampoco divide a k^n y, por lo tanto, h a divide a a_0.

2. Transponiendo $a_n h^n$ en (i) y factorizando:

$$k \left(a_{n-1} h^{n-1} + \ldots a_1 h k^{n-2} + a_0 k^{n-1} \right) = -a_n h^n$$

Esta igualdad nos dice que k divide a $a_n h^n$. Como k no divide a h, tampoco divide a h^n y, por lo tanto, k divide a a_n.

PROBLEMAS PROPUESTOS 1.7

En los problemas del 1 y 2, usando el teorema del residuo, hallar el residuo cuando se divide:

1. $x^3 - 6x^2 + 11x - 6$ entre $x + 2$ **2.** $3x^4 - 5x^3 - 4x^2 + 3x - 2$ entre $x - 2$

En los problemas del 3al 10, hallar las raíces de la ecuación dada y factorice el polinomio correspondiente.

3. $x^3 + 2x^2 - x - 2 = 0$

4. $x^3 - 3x^2 + 2 = 0$

5. $4x^3 - 7x^2 + 3 = 0$

6. $2x^3 - 2x^2 - 11x + 2 = 0$

7. $x^4 - x^3 - 5x^2 + 3x + 6 = 0$

8. $3x^4 + 5x^3 - 5x^2 - 5x + 2 = 0$

9. $x^5 - 3x^4 - 5x^3 + 15x^2 + 4x - 12 = 0$ **10.** $x^5 + 4x^4 - 4x^3 - 34x^2 - 45x - 18 = 0$

En los problemas del 11 al 13, usar el teorema del factor para probar que:

11. $x - a$ es un factor de $x^n - a^n$, para todo entero positivo n.

12. $x + a$ es un factor de $x^n - a^n$, para todo entero positivo par n.

13. $x + a$ es un factor de $x^n + a^n$, para todo entero positivo impar n.

2

INECUACIONES
Y
VALOR ABSOLUTO

NICOLO FONTANA
(TARTAGLIA)
(1500−1557)

NICOLO FONTANA

(TARTAGLIA)

(1500–1557)

NICOLO FONTANA, *más conocido con el sobrenombre de **Tartaglia** (tartamudo), nació en Brescia, Italia. En 1512 , los franceses invaden Brescia y masacran a sus habitantes. Nicolo, un niño de 12 años, se refugia en un templo junto con su madre y otros ciudadanos. Entraron los invasores y dieron muerte a casi todos. Nicolo recibió un golpe de espada que le partió parte de su rostro y sus mandíbulas. Sobrevivió esta fatalidad, pero quedó tartamudo.*

*Alrededor de 1535, **Tartaglia** hizo correr la noticia que él había descubierto la fórmula para resolver la ecuación de tercer grado: $ax^3 + bx^2 + cx + d = 0$. En Bologna, levantó la voz **Antonio del Fiore**, un discípulo del profesor de Matemáticas de la Universidad de Bologna, **Scipione del Ferro (1465–1526).** Del Fiore acusa a Tartaglia de impostor y sostiene que fue su maestro quien ya había descubierto la fórmula en 1,515. Para dilucidar esta situación, Fiore desafió a Tartaglia a un concurso público. Tartagia aceptó y ganó el desafío.*

*La fama de Tartaglia se extendió en toda Italia. En 1,539, otro matemático de Milán, **Giroldamo Cardano (1501–1526),** le solicita conocer la fórmula. En un principio, Tartaglia rehusó, pero más tarde acepta después de hacer jurar a Cardano que éste no la revelaría. En 1545, Giroldamo Cardano publicó su famoso libro **Ars Magna** (Arte Mayor) en el cual, aparece la fórmula, sin dar el completo crédito de autoría a Tartaglia. En el libro **Ars Magna** también aparece la fórmula para resolver la ecuación de cuarto grado, que fue hallada por **Ludovico Ferrari**, siguiendo los pasos de la solución de la de tercer grado.*

Veamos la fórmula para resolver la ecuación de tercer grado: $ax^3 + bx^2 + cx + d = 0$.

En primer lugar, el cambio de variable $x = z - b/3a$, transforma esta ecuación en una de la forma $x^3 + qx + r = 0$, la cual tiene por solución:

$$x = \left[-\frac{r}{2} + \sqrt{\frac{r^2}{4} + \frac{q^3}{27}} \right]^{1/3} + \left[-\frac{r}{2} - \sqrt{\frac{r^2}{4} + \frac{q^3}{27}} \right]^{1/3}$$

SECCION 2.1
PROPIEDADES BASICAS DE LAS DESIGUALDADES

En los cursos de matemáticas de secundaria se trabaja, casi en forma exclusiva, con igualdades. En cambio, en el estudio del cálculo, las desigualdades juegan un rol fundamental. Esto se debe a que, frecuentemente, estaremos interesados en las aproximaciones de un número, más que en el mismo número. Es, pues, necesario para el desarrollo de nuestro curso que nos familiaricemos con las desigualdades.

Una **desigualdad** es una "proposición" conformada por dos expresiones algebraicas ligadas con uno de los símbolos $<$, $\leq$, $>$ o $\geq$. Así, son desigualdades:

1. $2 < 3$ **2.** $3x - 8 > 0$ **3.** $2y \leq x + 5$ **4.** $5x^2 \geq 2x - 3$

Las desigualdades 2, 3 y 4, a diferencia de la primera, poseen variables. A este tipo de desigualdades, que se caracterizan por tener variables, las llamaremos **inecuaciones.** Podríamos decir que una inecuación se obtiene de una ecuación cambiando el sigo $=$ por alguno de los signos $<$, $\leq$, $>$ o $\geq$.

Las inecuaciones 2 y 3 son lineales (de primer grado); en cambio, la 4 es una inecuación cuadrática. (de segundo grado). Aún más, las inecuaciones 2 y 3, aunque ambas son lineales, ellas se diferencian en el número de variables: La inecuación 2 es una inecuación lineal de una variable, en cambio la 3, es de dos variables. En este capítulo sólo nos ocupamos de las inecuaciones de una sola variable.

Una **solución de una inecuación de una variable** es un **número real** tal que, al reemplazar la variable por este número en la inecuación, se obtiene una proposición verdadera. Así 5 es una solución de la inecuación $1 + x < 8$, ya que $1 + 5 < 8$ es una proposición verdadera.

Llamaremos **conjunto solución** de una inecuación, al conjunto formado por las **soluciones**. **Resolver una inecuación** significa hallar el conjunto solución de la desigualdad. En general, el conjunto solución de una inecuación, es un intervalo o una unión de intervalos. A continuación presentamos las propiedades básicas de las desigualdades, en las que nos apoyaremos para resolver las inecuaciones.

Sean A, B y C tres expresiones algebraicas cualesquiera. Se tiene:

D_1. Ley de la tricotomía.

Se cumple una y sólo una de las tres relaciones siguientes:

$$A = B, \quad A < B \quad \text{ó} \quad A > B$$

D_2. Ley de transitividad: $A < B$ y $B < C \Rightarrow A < C$

D_3. Ley aditiva: $A < B \Leftrightarrow A + C < B + C$ y $A < B \Leftrightarrow A - C < B - C$

Si se **suma o resta** una **misma cantidad** a ambos lados de una desigualdad, se obtiene otra desigualdad equivalente del **mismo sentido**.

Ejemplo: $4 < 7 \Leftrightarrow 4 + 2 < 7 + 2$ y $4 < 7 \Leftrightarrow 4 - 2 < 7 - 2$

D_4. Ley multiplicativa con factor positivo.

Si $C > 0$, entonces

$$A < B \Leftrightarrow AC < BC \quad \text{y} \quad A < B \Leftrightarrow \frac{A}{C} < \frac{B}{C}$$

Si se multiplica o divide ambos lados de una desigualdad por una misma **cantidad positiva**, se obtiene otra desigualdad equivalente del **mismo sentido.**

Ejemplo: $6 < 9 \Leftrightarrow 6(3) < 9(3)$ y $6 < 9 \Leftrightarrow \dfrac{6}{3} < \dfrac{9}{3}$

D_5. Ley multiplicativa con factor negativo.

Si $C < 0$, entonces

$$A < B \Leftrightarrow AC > BC \quad \text{y} \quad A < B \Leftrightarrow \frac{A}{C} > \frac{B}{C}$$

Si se multiplica o divide ambos lados de una desigualdad por una misma **cantidad negativa**, se obtiene otra desigualdad equivalente de **sentido contrario.**

Ejemplo: $6 < 9 \Leftrightarrow 6(-3) > 9(-3)$ y $6 < 9 \Leftrightarrow \dfrac{6}{-3} > \dfrac{9}{-3} \Leftrightarrow -2 > -3$

$\boxed{\text{OBSERVACIONES}}$ Las propiedades básicas D_2, D_3, D_4, y D_5 también se cumplen si se cambias las relaciones $<$ y $>$ por las relaciones $\leq$ y $\geq$.

$\boxed{\text{TEOREMA 2.1}}$ **Transposición**

1. $A \pm C < B \Leftrightarrow A < B \mp C$

Se puede transponer una expresión algebraica de un lado de una inecuación al otro, cambiándola de signo, sin que se altere el sentido de la desigualdad

Ejemplo: $5 + 2 < 8 \Leftrightarrow 5 < 8 - 2$

2. $cA < B \Leftrightarrow A < \dfrac{B}{c}$,   si $c > 0$

Toda constante positiva que está multiplicando (dividiendo) un lado de una inecuación, puede transponerse al otro lado, dividiendo (multiplicando) sin que se altere el sentido de la desigualdad.

Ejemplo: $2 \times 3 < 8 \Leftrightarrow 3 < \dfrac{8}{2}$

3. $cA < B \Leftrightarrow A > \dfrac{B}{c}$,   si $c < 0$

Toda constante negativa que está multiplicando (dividiendo) un lado de una inecuación, puede transponerse al otro lado, dividiendo (multiplicando), cambiando el sentido de la desigualdad.

Ejemplo: $(-2) \times 3 < 8 \Leftrightarrow 3 > \dfrac{8}{-2}$

Demostración

Ver el problema resuelto 1

PROBLEMAS RESUELTOS 2.1

PROBLEMA 1. Probar el teorema 2.1

1. $A \pm C < B \Leftrightarrow A < B \mp C$

2. $cA < B \Leftrightarrow A < \dfrac{B}{c}$, si $c > 0$

3. $cA < B \Leftrightarrow A > \dfrac{B}{c}$, si $c < 0$

Solución

1. $A + C < B \Leftrightarrow (A + C) + (-C) < B + (-C)$ (por D_3, ley aditiva)

       $\Leftrightarrow A + (C + (-C)) < B - C$ (Ley asociativa)

       $\Leftrightarrow A + 0 < B - C$ (Ley del inverso aditivo)

       $\Leftrightarrow A < B - C$ (Ley del elemento identidad de la adición)

   En forma similar, $A - C < B \Leftrightarrow A < B + C$

2. Si $c > 0$, entonces $\dfrac{1}{c} > 0$.

   $cA < B \Leftrightarrow \dfrac{1}{c}(cA) < \dfrac{1}{c}(B)$ (por D_4, $1/c$ es un factor positivo)

       $\Leftrightarrow \left(\dfrac{1}{c}c\right)A < \dfrac{B}{c}$ (Ley asociativa de la multiplicación)

       $\Leftrightarrow (1)A < \dfrac{B}{c}$ (Ley del inverso multiplicativo)

       $\Leftrightarrow A < \dfrac{B}{c}$ (Ley del elemento identidad de la multiplicación)

3. Similar a 2.

SECCION 2.2
INECUACIONES LINEALES

EJEMPLO 1.   Resolver la inecuación: $5x - 15 < 2x$

Solución

$5x - 15 < 2x \Leftrightarrow 5x - 2x < 15$ (Transponiendo -15 y $2x$)

$\Leftrightarrow 3x < 15$ (Operando)

$\Leftrightarrow x < 15/3$ (Transponiendo el factor $3 > 0$)

$\Leftrightarrow x < 5$

Luego, el conjunto solución de esta desigualdad es el intervalo $(-\infty, 5)$

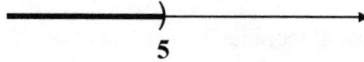

De aquí en adelante las transposiciones las haremos sin mencionarlas.

EJEMPLO 2.   Resolver $\dfrac{x-1}{6} + 2 \leq \dfrac{x-3}{2} + \dfrac{x}{3}$

Solución

Eliminamos los denominadores. MCD de 2, 3 y 6 es 6. Luego,

$6\left(\dfrac{x-1}{6} + 2\right) \leq 6\left(\dfrac{x-3}{2} + \dfrac{x}{3}\right) \Leftrightarrow (x - 1) + 12 \leq 3(x - 3) + 2x$

$\Leftrightarrow x - 1 + 12 \leq 3x - 9 + 2x$

$\Leftrightarrow -4x \leq 1 - 12 - 9$

$\Leftrightarrow -4x \leq -20$

$\Leftrightarrow x \geq \dfrac{-20}{-4} = 5$

Luego, el conjunto solución de esta desigualdad es el intervalo $[5, \infty)$

EJEMPLO 3.   Resolver: $4 \leq \dfrac{5x+1}{4} < 9$

Solución

En esta expresión, realmente tenemos dos inecuaciones:

$4 \leq \dfrac{5x+1}{4}$ y $\dfrac{5x+1}{4} < 9,$

las que pueden resolverse separadamente.

$$4 \leq \frac{5x+1}{4} \iff 16 \leq 5x + 1 \iff 16 - 1 \leq 5x \iff 15 \leq 5x \iff 3 \leq x$$

El conjunto solución de esta inecuación es el intervalo $[3, \infty)$.

$$\frac{5x+1}{4} < 9 \iff 5x + 1 < 36 \iff 5x < 35 \iff x < 7$$

El conjunto solución de esta inecuación es el intervalo $(-\infty, 7)$.

Como cada solución del problema inicial debe ser solución de ambas ecuaciones, el conjunto solución del problema inicial es la intersección de los dos conjuntos de soluciones parciales. Esto es, $[3, \infty) \cap (-\infty, 7) = [3, 7)$.

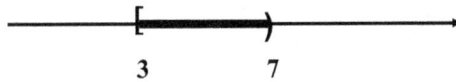

$$3 \qquad\qquad 7$$

| **EJEMPLO 4.** | **Utilidades del fabricante.** |

Una carpintería fabrica juegos de comedor. El costo de los materiales y de la mano de obra es de $ 1,200 por unidad. Los costos fijos (seguros, alquileres) son de $ 32,000. El precio de venta es de $ 1,600 por unidad.

a. ¿Cuántas unidades deben venderse para obtener alguna utilidad?

b. Hallar el mínimo número de unidades que deben venderse para obtener, por lo menos, $ 40,000 de utilidades

Solución

Sea x el número de juegos de comedor que deben venderse. Entonces

El costo de producir x unidades: $C(x) = 1,200x + 32,000$
El ingreso por la venta de x unidades: $I(x) = 1,600x$

Sabemos que: Utilidades = Ingresos − Costos
Luego,

$$U(x) = 1,600x - (1,200x + 32,000) = 400x - 32,000$$

a. Como buscamos tener alguna utilidad, ésta debe ser positiva. Esto es

$$U(x) > 0 \implies 400x - 32,000 > 0 \iff x > \frac{32,000}{400} \iff x > 80$$

Luego, para obtener alguna utilidad, deben venderse, por lo menos, 81 juegos de comedor.

b. Para conseguir, una utilidad de, por lo menos, $ 40,000, debemos tener que:

$$U(x) \geq 40,000 \iff 400x - 32,000 \geq 40,000 \iff 400x \geq 72,000 \iff x \geq 180$$

Luego, para obtener, por lo menos, $ 40,000 de utilidades, se deben vender como mínimo, 180 juegos de comedor.

| EJEMPLO 5. | Decisión de fabricación |

   Una fábrica de lavadores utiliza una correa de goma en el motor de cada lavadora. Las correas son compradas a un proveedor a $ 12 por unidad. La gerencia ha decidido producir sus propias correas. Para esto, la fábrica precisa invertir $ 42,000 como costos fijos al año. Además, por cada correa se gastaría $ 5 en materia prima y mano de obra. Hallar el número de lavadores que se deban fabricarse y venderse anualmente, para justificar la decisión de fabricar sus propias correas.

Solución

Sea x el número de correas (y de lavadoras) utilizadas por año. Entonces
El costo de producción de las x correas al año es $= 5x + 42,000$
El costo de adquisición de las x correas es $= 12x$
La decisión de fabricar sus propias correas se justifica si:

$$\text{El costo de producción} < \text{El costo de adquisición}$$

Luego, $5x + 42,000 < 12x \iff -7x < -42,000 \iff x > \dfrac{-42,000}{-7} = 6,000$

Por lo tanto, la decisión de fabricar sus propias correas se justifica si se venden, mas de 6,000 lavadoras por año.

PROBLEMAS RESUELTOS 2.2

| PROBLEMA 1. | Resolver la inecuación:

$$(x + 5)\left(x - \frac{2}{3}\right) - \frac{2}{15} \le \left(x - \frac{3}{5}\right)(x+4)$$

Solución

$$(x + 5)\left(x - \frac{2}{3}\right) - \frac{2}{15} \le \left(x - \frac{3}{5}\right)(x+4) \qquad \iff$$

$$x^2 + 5x - \frac{2x}{3} - \frac{10}{3} - \frac{2}{15} \le x^2 + 4x - \frac{3x}{5} - \frac{12}{5} \qquad \iff$$

$$x - \frac{2x}{3} + \frac{3x}{5} \le -\frac{12}{5} + \frac{10}{3} + \frac{2}{15} \qquad \iff$$

$$15\left(x - \frac{2x}{3} + \frac{3x}{5}\right) \le 15\left(-\frac{12}{5} + \frac{10}{3} + \frac{2}{15}\right) \qquad \iff$$

$$15x - 10x + 9x \le -36 + 50 + 2 \quad \iff 14x \le 16 \iff x \le 8/7$$

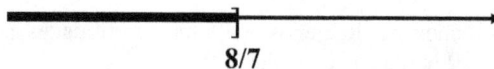

8/7

PROBLEMA 2. **Alquiler o compra de un vehículo.**

Una empresa necesita un carro para ponerlo al servicio de un técnico que viene contratado del extranjero por un año. El carro puede ser alquilado o comprado. En el primer caso, en base de un contrato anual, se debe pagar $ 480 mensuales de alquiler más un gasto de $ 6 diarios (gasolina, aceite, etc.). En el segundo caso, se debe pagar el precio del carro, que es de $ 20,000 más un gasto diario de $10 (seguro, gasolina, etc.). Se sabe que el carro, después de año de uso, tiene un precio de reventa de $ 15,000. ¿Cuál es el mínimo número de días al año que se tendría que utilizar el carro para que alquilar resulte más beneficioso que comprar?

Solución

Sea d el número de días al año que se utiliza el carro. Se tiene:

Costo anual del carro alquilado $= 12(480) + 6d = 5{,}720 + 6d$

Costo anual del carro comprado $= (20{,}000 - 15{,}000) + 10d = 5{,}000 + 10d$

Se debe cumplir que:

Costo anual del carro alquilado < costo anual del carro comprado

Esto es,

$$5{,}720 + 6d < 5{,}000 + 10d \Leftrightarrow 5{,}720 - 5{,}000 < 10d - 6d \Leftrightarrow$$
$$720 < 4d \Leftrightarrow 4d > 720 \qquad\qquad \Leftrightarrow$$
$$d > \frac{720}{4} \Leftrightarrow d > 180$$

Por lo tanto, el carro debe ser usado, por lo menos 181 días al año para que alquilarlo resulte más beneficioso que comprarlo.

PROBLEMA 3. Una empresa electrónica fabrica computadoras para vender en el mercado interno y para exportación. El costo de producción de cada computadora es $ 860 y es vendida en $ 800 en el mercado interno (perdiendo) y en $ 910 en el mercado externo. Si en el mercado interno se venden 1,000 unidades, hallar el número total de computadoras que deben venderse para que la empresa obtenga utilidades.

Solución

Si x es el número de computadoras vendidas. Se tiene:
Costo total: $860x$
Ingreso proveniente del mercado interno: $800(1{,}000) = 800.000$
Ingreso proveniente del mercado externo: $910(x - 1{,}000)$
Ingreso total: $800{,}000 + 910(x - 1{,}000)]$

Además:

Utilidad $=$ Ingreso total $-$ Costo total $> 0 \Rightarrow$

$$800,000 + 910(x - 1,000) - 860x > 0 \Rightarrow$$
$$800,000 + 910x - 910,000 - 860x > 0 \Rightarrow$$
$$50x > 110,000 \Rightarrow x > \frac{110,000}{50} = 2,200$$

Para garantizar una utilidad se deben vender más de 2200 computadoras.

| PROBLEMA 4. | **Tiraje de una revista.**

Una revista de publicación semanal se vende a $ 2.50 el ejemplar. Por publicidad, la revista obtiene un ingreso igual al 40 % del ingreso por la ventas más allá de los 1,000 ejemplares. El costo de cada ejemplar es de $ 2.70.

a. ¿Cuánto ejemplares, como mínimo, deben publicarse y venderse para obtener un ingreso de, al menos, $ 6,000?

b. ¿Cuántas ejemplares, como mínimo, deben publicarse y venderse para obtener alguna utilidad?

Solución

Sea x el número de ejemplares vendidos. Entonces

Ingreso por venta de los x ejemplares:	$2.5x$
Ingreso por publicidad:	$0.4\left[2.5(x - 1,000)\right]$
Ingreso total:	$2.5x + 0.4\left[2.5(x - 1,000)\right]$
Costo de la publicación:	$2.7x$
Utilidad:	$2.5x + 0.4\left[2.5(x - 1,000)\right] - 2.7x$

a. Buscamos x tal que $.,5x + 0.4\left[2.5(x - 1,000)\right] \geq 6,000$
Resolvemos la inecuación:

$$2.5x + 0.4\left[2.5(x - 1,000)\right] \geq 6,000 \Leftrightarrow 2.5x + 0.4\left[2.5x - 2,500)\right] \geq 6,000 \Leftrightarrow$$
$$2.5x + x - 1,000 \geq 6,000 \Leftrightarrow 3.5x \geq 7,000 \Leftrightarrow x \geq \frac{7,000}{3.5} = 2,000$$

Luego, se deben vender un mínimo de 2,000 ejemplares para asegurar un ingreso de, al menos, $ 6,000.

b. Buscamos x que produzca utilidad positiva. Esto es,
$$2.5x + 0.4\left[2.5(x - 1,000)\right] - 2.7x > 0$$

Resolvemos la inecuación:
$$2.5x + 0.4\left[2.5(x - 1,000)\right] - 2.7x > 0 \Leftrightarrow 2.5x + x - 1,000 - 2.7x > 0$$
$$0.8x > 1,000 \Leftrightarrow x > \frac{1,000}{0.8} = 1,250$$

Luego, se deben vender 1,251 ejemplares para asegurar alguna utilidad.

PROBLEMAS PROPUESTOS 2.2

En los problemas del 1 al 17 resolver las inecuaciones dadas

1. $4x - 5 < 2x + 3$

2. $2(x - 5) - 4 > 5(x + 4) - 1$

3. $\dfrac{2x - 5}{3} - 3 > 2$

4. $\dfrac{5x - 1}{4} - \dfrac{4x + 1}{3} \leq \dfrac{15 - 5x}{10}$

5. $8 \geq \dfrac{2x - 5}{3} - 3 > 1 - x$

6. $5 < \dfrac{x - 1}{-2} < 10$

7. $\dfrac{3x + 12}{2} + \dfrac{1 - 4x}{5} \geq 2$

8. $\dfrac{x - 1}{3} + 2 \leq \dfrac{x - 5}{7} + 6$

9. $\dfrac{x + 4}{3} - \dfrac{x - 4}{5} < 1 + \dfrac{4x - 1}{15}$

10. $\dfrac{1}{2}\left(x - \dfrac{4}{9}\right) - \dfrac{5}{18}(x - 2) > x$

11. $(2x - 6)(3x - 2) \geq (6x - 1)(x - 3)$

12. $(0,4x - 0,1)(0,3x + 0,2) \geq (0,6x + 0,5)(0,2x - 0,1)$

13. $(3x - 1)^2 \geq x[1 - (5 - 9x)] + 2$

14. $(4x + 1)^2 \geq (4x - 1)^2 + 8$

15. $(0,2x + 0,1)^2 - 2,4 > (0,2x - 0,1)^2$

16. $\dfrac{x}{\sqrt{3}} + \dfrac{x}{\sqrt{12}} + \dfrac{x}{\sqrt{27}} \geq \dfrac{11}{\sqrt{3}}$

17. $\dfrac{x}{\sqrt{2}} + \dfrac{x}{2 - \sqrt{2}} - \dfrac{x}{2 + \sqrt{2}} \leq 3$

18. (Ventas) Una pequeña empresa fabrica un producto cuyo costo unitario es $25 y los vende por $ 30. Los costos fijos son de $ 75,000. Hallar el número mínimo de unidades que se deben vender para que la empresa obtenga utilidades.

19. (Ventas) Una compañía va a fabricar un nuevo producto. Se ha determinado que, por cada unidad, los costos de los materiales es $ 25 y el costo de la mano de obra es de $ 13. Los costos fijos son de $24,000. Si el precio de venta es de $ 50 por unidad, determinar el mínimo número de unidades que deben venderse para no tener pérdidas.

20. (Alquilar o comprar un carro) Una empresa necesita un carro económico para ponerlo al servicio de un técnico que viene contratado del extranjero por un año. El carro puede ser alquilado o comprado. En el primer caso, se debe pagar $ 400 mensuales de alquiler (en base de un contrato anual) más un costo de $ 0.05 por milla. En el segundo caso, se debe pagar el precio del carro, que es de $ 12,200 más un costo de $ 0.09 por milla. Se sabe que el carro, después de año de uso, tiene un precio de reventa de $ 8,000. ¿Cuál es el mínimo número de millas al año que se tendría que recorrer el carro para que alquilar no resulte más costoso que comprar?

21. (Inversión) Se tiene un capital de 40,000 dólares para ser ahorrados en un banco. El banco ofrece una tasa de 13 % anual en depósitos a la vista y una tasa de 18 % anual en depósitos a plazo fijo. Si se desea obtener un rendimiento anual no inferior al 16 % del capital, hallar mínima cantidad de dinero que debe invertirse al 18 %.

22. **(Tiraje de una revista)** Una empresa editorial internacional publica una revista cuyo costo por ejemplar es de $ 2.2. La editorial vende a sus distribuidores a $ 2 bolívares por ejemplar. Además, por publicidad, la editorial recibe un 20 % de lo recaudado en la venta de las revistas que sobrepasen los 5,000 ejemplares. Determinar el mínimo número de ejemplares que deben publicarse para tener alguna utilidad. Se supone que se vende todo el tiraje.

SECCION 2.3
INECUACIONES CUADRATICAS

En el ejemplo anterior la desigualdad es planteada en términos de polinomios de primer grado. Cuando la desigualdad viene expresada en términos de polinomios de grados superiores o en términos de cociente de polinomios, la situación se complica un poco más. Para resolver este tipo de desigualdades existen varios métodos. Por su practicidad, escogemos el método de Sturm.

METODO DE STURM

El método de Sturm se basa en el siguiente resultado:

El signo de un polinomio es constante en un intervalo formado por dos raíces consecutivas.

Resolveremos inecuaciones polinomiales, haciendo énfasis en las inecuaciones cuadráticas.

Sea $p(x)$ un polinomio de grado 2 o más. Este polinomio da lugar a las siguientes inecuaciones:

    1. $p(x) < 0$ **2.** $p(x) > 0$ **3.** $p(x) \leq 0$ **4.** $p(x) \geq 0,$

Para resolver cualquiera de ellas, dividimos a la recta real en intervalos, llamados **intervalos de prueba,** determinados por las raíces del polinomio. En estos intervalos de prueba, el polinomio no cambia de signo. Para determinar el signo de uno de estos intervalos de prueba, se toma un valor cualquiera de dicho intervalo en el cual se evalúa   el polinomio. A este valor escogido lo llamaremos **valor de prueba**. Los intervalos de prueba se encuentran factorizando el polinomio. Esto es:

Si $p(x) = a_n(x - r_1)\,(x - r_2)\,(x - r_3) \ldots (x - r_n),$ donde $r_1 < r_2 < r_3 < \ldots < r_n$

entonces los intervalos de prueba son:

$$(-\infty, r_1), \quad (r_1, r_2), \quad (r_2, r_3), \quad \ldots, \quad (r_{n-1}, r_n), \quad (r_n, +\infty)$$

En la recta numérica marcamos los signos para cada intervalo. Esta recta nos da inmediatamente la solución. Si la desigualdad viene expresada mediante las relaciones $<$ ó $>$, todos los intervalos que conforman la solución son abiertos. Si, en cambio, la desigualdad se expresa en términos de $\geq$ ó $\leq$, los intervalos que conforman la solución son cerrados.

EJEMPLO 1. Resolver la inecuación $x^2 - 2 < 3x + 8$.

Solución

Paso 1. Transponemos todos los términos al primer miembro de la desigualdad y factorizamos:

$$x^2 - 2 \ < 3x + 8 \Leftrightarrow x^2 - 3x - 10 < 0 \Leftrightarrow (x + 2)(x - 5) < 0$$

Tenemos que $p(x) = (x + 2)(x - 5) < 0$

Paso 2. Hallamos las raíces de $p(x) = (x + 2)(x - 5)$:

$$(x + 2)(x - 5) = 0 \Leftrightarrow x + 2 = 0 \ \text{ó} \ x - 5 \Leftrightarrow x = -2 \ \text{ó} \ x = 5.$$

Pas 3. Los intervalos se prueba son:

$$(-\infty, -2), \qquad (-2, 5) \quad \text{y} \quad (5, +\infty)$$

Hallamos el signo de $p(x) = (x + 2)(x - 5)$ en cada intervalo de prueba.

En $(-\infty, -2)$ tomamos a $x = -3$ como valor de prueba y obtenemos:

$$p(-3) = (-3 + 2)(-3 - 5) = + 8 \Rightarrow \text{signo en } (-\infty, -2) \ \text{es} \ +$$

En $(-2, 5)$ tomamos a $x = 0$ como valor de prueba y obtenemos:

$$p(0) = (0 + 2)(0 - 5) = -10 \Rightarrow \text{signo en } (-2, 5) \text{ es} \ -$$

En $(5, +\infty)$ tomamos a $x - 7$ como valor de prueba y obtenemos:

$$p(6) = (7 + 2)(7 - 5) = +18 \Rightarrow \text{signo en } (5, +\infty) \ \text{es} \ +$$

Las raíces y los signos en los intervalos de prueba los consignarlos en la recta numérica. Así:

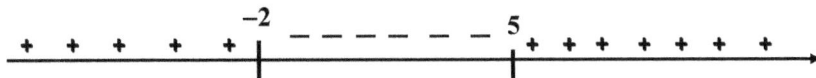

La figura nos dice que $p(x)$ es negativo, o sea $p(x) < 0$, en el intervalo $(-2, 5)$. Luego, el conjunto solución es el intervalo $(-2, 5)$.

CONVENCION.   Con el ánimo de simplificar, en los ejemplos venideros no
especificaremos los pasos. Además, los cálculos y la figura
del paso 3 lo sintetizaremos en una figura como la siguiente:

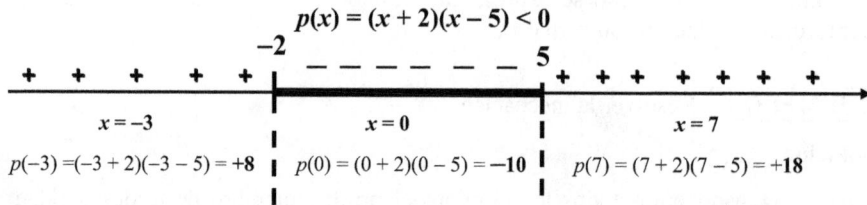

$$p(x) = (x + 2)(x - 5) < 0$$

```
        −2                    5
 +  +  +  +  +  − − − − − −  +  +  +  +  +  +  +

     x = −3            x = 0                x = 7

p(−3) =(−3 + 2)(−3 − 5) = +8   p(0) = (0 + 2)(0 − 5) = −10   p(7) = (7 + 2)(7 − 5) = +18
```

EJEMPLO 2.   Resolver $(x - 1)(2 - 3x) \leq (2x + 7)(x - 2) - 4$

Solución

$$(x - 1)(2 - 3x) \leq (2x + 7)(x - 2) - 4 \Leftrightarrow 2x - 3x^2 - 2 + 3x \leq 2x^2 - 4x + 7x - 14 - 4$$

$$\Leftrightarrow -3x^2 + 5x - 2 \leq 2x^2 + 3x - 18$$

$$\Leftrightarrow -5x^2 + 2x + 16 \leq 0$$

$$\Leftrightarrow 5x^2 - 2x - 16 \geq 0$$

$$\Leftrightarrow (5x + 8)(x - 2) \geq 0$$

Hallemos las raíces de $p(x) = (5x + 8)(x - 2) = 0$:

$$(5x + 8)(x - 2) = 0 \Leftrightarrow 5x + 8 = 0 \ \text{ó} \ x - 2 = 0 \Leftrightarrow x = -8/5 \ \text{ó} \ x = 2$$

Luego, los intervalos de prueba son: $(-\infty, -8/5), \ (-8/5, 2) \ \text{y} \ (2, +\infty)$

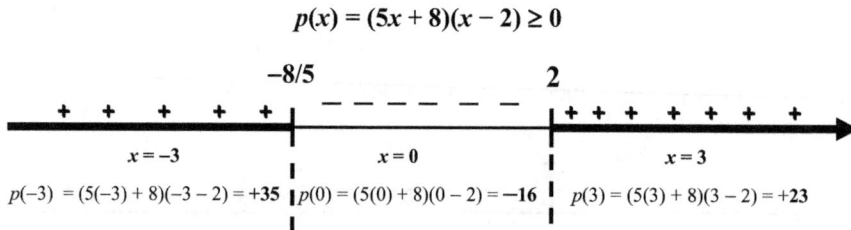

$$p(x) = (5x + 8)(x - 2) \geq 0$$

```
          −8/5                   2
 +  +  +  +  +  − − − − − −  +  +  +  +  +  +  +

     x = −3            x = 0                x = 3

p(−3) = (5(−3) + 8)(−3 − 2) = +35   p(0) = (5(0) + 8)(0 − 2) = −16   p(3) = (5(3) + 8)(3 − 2) = +23
```

El conjunto solución es $(-\infty, -8/5] \cup [2, \infty)$.

EJEMPLO 3.   Resolver $3x^3 - 6x > 7x^2$
Solución

$$3x^3 - 6x > 7x^2 \iff 3x^3 - 7x^2 - 6x > 0$$

$$\iff x(3x^2 - 7x - 6) > 0$$

$$\iff x(3x + 2)(x - 3) > 0$$

Hallamos las raíces de $p(x) = x(3x + 2)(x - 3) = 0$:

$$x(3x + 2)(x - 3) = 0 \iff x = 0,\ \ 3x + 2 = 0\ \text{ó}\ x - 3 = 0$$

$$\iff x = 0,\ \ x = -\frac{2}{3}\ \ \text{ó}\ \ \ x = 3$$

Luego, los intervalos de prueba son **(–∞, –2/3), (–2/3, 3) y (3, +∞)**

$$p(x) = x(3x + 2)(x - 3) > 0$$

	–2/3	0	3
	– – – – – –	+ + + + +	– – – – –	+ + + + +
	$x = -1$	$x = -1/3$	$x = 1$	$x = 4$
	$p(-1) =$	$p(-1/3) =$	$p(1) =$	$p(4) =$
	$-1(3(-1) + 2)(-1 - 3)$	$-1/3(3(-1/3) + 2)$	$1(3(1) + 2)(1 - 3)$	$4(3(4) + 2)(4 - 3)$
	$= -4$	$(-1/3 - 3) = +10/9$	$= -10$	$= 56$

El conjunto solución es **(–2/3, 0) ∪ (3, ∞)**

EJEMPLO 4. Un hotel tiene 70 habitaciones. La experiencia dice que cuando se cobra $ 40 diarios por habitación, todas ellas son alquiladas y que, por cada $ 5 de aumento, 2 habitaciones quedan desocupadas. El costo de administración del hotel (salarios, limpieza, etc.) es de $ 4,320 diarios.

a. ¿Cuál es el mínimo número de de habitaciones que deben alquilarse para el hotel no tenga pérdidas?

b. ¿Cuál es el precio de alquiler de cada habitación?

Solución

Sea x el número de aumentos de $ 5 cada uno. Entonces

Habitaciones ocupadas $= 70 - 2x$
Precio de cada habitación $= 40 + 5x$

Ingreso diario = (habitaciones ocupadas)(precio por habitación)

$$= (70 - 2x)(40 + 5x)$$

a. Pero, Utilidades = Ingreso diario – Costo de administración.

Para no tener pérdidas se debe cumplir que: Utilidades ≥ 0. Luego,

$$(70 - 2x)(40 + 5x) - 4320 \geq 0$$

Resolvemos la inecuación:

$$(70 - 2x)(40 + 5x) - 4{,}320 \geq 0 \iff 2{,}800 + 270x - 10x^2 - 4{,}320 \geq 0$$
$$\iff -10x^2 + 270x - 1.520 \geq 0$$
$$\iff x^2 - 27x + 152 \leq 0$$
$$\iff (x - 8)(x - 19) \leq 0$$

Las raíces de $(x - 8)(x - 19) = 0$ son   8 y 19

Luego, $8 \leq x \leq 19$ es el intervalo donde debe estar el número de aumentos.

Busquemos el intervalo donde está el número $n = 70 - 2x$ de habitaciones ocupadas:

$$8 \leq x \leq 19 \iff 16 \leq 2x \leq 38 \iff -16 \geq -2x \geq -38$$
$$\iff 70 - 16 \geq 70 - 2x \geq 70 - 38 \iff 54 \geq n \geq 32$$

Luego, para que el hotel no tenga pérdidas, se deben alquilar, como mínimo, 32 Habitaciones y como máximo, 54 habitaciones.

Observar que estas 32 habitaciones corresponde a $x = 19$ aumentos. En efecto,

$$70 - 2(19) = 70 - 38 = 32$$

b. Considerando que hubo $x = 19$ aumentos, el precio de cada habitación es

$$40 + 5(19) = 40 + 95 = 135 \text{ dólares.}$$

¿SABIA UD. QUE

JACQUES CHARLES FRANÇOIS STURM (1803–1855) *nació en Ginebra, Suiza, en 1803. Estudió matemáticas en la Academia de Ginebra. En 1833 se hizo ciudadano francés y en 1,836 fue incorporado a la Academia de Ciencias de París. Fue amigo de Laplace, Poisson, Fourier, Ampere y otros científicos franceses notables. En 1829 publicó su trabajo más conocido,* **Mémoires sur la resolutión des equations numériques**, *que tiene que ver con la determinación del número de raíces reales de una ecuación en un intervalo.*

PROBLEMAS RESUELTOS 2.3

PROBLEMA 1. Resolver $x^3 - 5x^2 + 3x + 9 > 0$

Solución

Factoricemos $p(x) = x^3 - 5x^2 + 3x + 9$

Las posibles raíces enteras de este polinomio son los divisores de 9, que son:

$$\pm 1, \ \pm 3 \ \text{y} \ \pm 9$$

$p(-1) = 0, \ \ p(1) = 8, \ \ \ p(-3) = -72, \ \ \ p(3) = 0, \ p(-9) = -1.152, \ p(9) = 360$

Vemos que $p(x) = x^3 - 5x^2 + 3x + 9 = 0$
tiene dos raíces enteras: -1 y 3.

Dividimos $x^3 - 5x^2 + 3x + 9$ entre

$$x - (-1) = x + 1$$

		1	−5	3	9
− 1			−1	6	−9
		1	−6	9	0

Tenemos que:

$p(x) = x^3 - 5x^2 + 3x + 9 = (x + 1)(x^2 - 6x + 9) = (x + 1)(x - 3)^2$

Esto es, $\qquad\qquad p(x) = (x + 1)(x - 3)^2$

Vemos que $x = 3$ es una raíz de multiplicidad 2.

Aplicamos el método de Sturm:

Los intervalos de prueba son $(-\infty, -1), \ (-1, 3) \ \text{y} \ (3, \infty)$

$$p(x) = (x + 1)(x - 3)^2 > 0$$

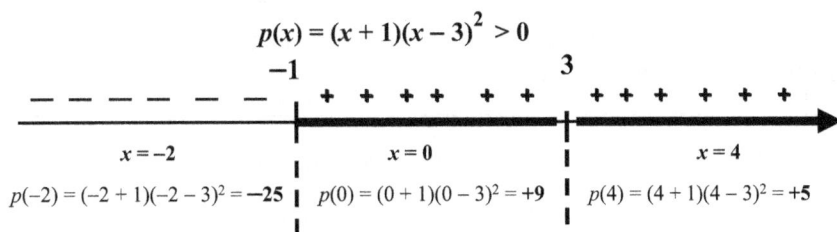

$x = -2$ $\qquad\qquad$ $x = 0$ $\qquad\qquad$ $x = 4$

$p(-2) = (-2 + 1)(-2 - 3)^2 = -25$ $\quad$ $p(0) = (0 + 1)(0 - 3)^2 = +9$ $\quad$ $p(4) = (4 + 1)(4 - 3)^2 = +5$

El conjunto solución es $(-1, 3) \cup (3, \infty)$

PROBLEMA 2. Se quiere construir una caja sin tapa de una lámina rectangular de 40 cm. de largo por 30 cm. de ancho. Para esto, se debe cortar de cada esquina de la lámina un cuadrado de lado x cm. para luego doblar las aletas. Hallar la máxima longitud x del cuadrado si se quiere que el área de la base de la caja tenga, por lo menos, 600 cm^2.

Solución

Si x es el lado del cuadrada que se corta, entonces

El largo de la base es $= 40 - 2x$
El ancho de la base es $= 30 - 2x$
El área de la base es $= (40 - 2x)(30 - 2x)$

Se debe cumplir que:

$$(40 - 2x)(30 - 2x) \geq 600$$

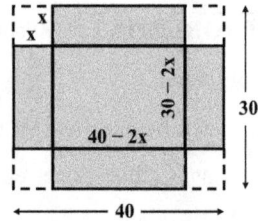

Resolvemos la inecuación:

$$(40 - 2x)(30 - 2x) \geq 600 \iff 1{,}200 - 140x + 4x^2 \geq 600$$
$$\iff 4x^2 - 140x + 600 \geq 0$$
$$\iff x^2 - 35x + 150 \geq 0$$
$$\iff (x - 5)(x - 30) \geq 0$$

Las raíces de $(x - 5)(x - 30) = 0$ son $x = 5$ y $x = 30$

Tomando valores de prueba obtenemos la siguiente gráfica:

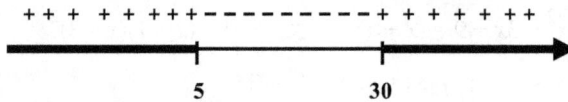

Luego, el conjunto solución es $(-\infty, 5] \cup [30, +\infty)$

Para nuestro problema, las soluciones del intervalo $[30, \infty)$ las desechamos, porque éstas nos darían longitudes negativas para la base: Así, para $x = 30$ el ancho sería $30 - 2(30) = -30$.

En consecuencia, el conjunto solución para este problema es $(0, 5]$.

En el intervalo $(0, 5]$, el máximo es 5. Por lo tanto, la máxima longitud del lado del cuadrado que se corta es 5 cm.

PROBLEMA 3.   Un ahorrista hace dos depósitos de $1,000. Uno lo hace en un banco que paga una tasa anual de R %. El otro lo hace en una cooperativa de ahorro que paga una tasa anual que es el doble de la del banco. Estos depósitos, junto con sus intereses se retirarán después de 2 años. Hallar la mínima tasa de R que garantice al ahorrista que el total de retiro será, por lo menos, $ 2,378. Se entiende que los intereses ganados en primer año, ganarán sus propios intereses el segundo año.

Solución

Sea $R = 100r$ % la tasa anual que paga el banco. Entones

La tasa que paga la cooperativa es $= 2R = 100(2r)$ %

En general, un capital P depositado en el banco después de primer año gana de interés: $I_1 = Pr$. Este interés, sumado al capital, da un monto:

$$M_1^b = P + I_1 = P + Pr = P(1 + r)$$

Este primer monto M_1 pasa a ser el nuevo capital para el segundo año, y ganará un interés $I_2 = M_1^b(r) = P(1 + r)r$. Este nuevo interés, sumado al nuevo capital, un nuevo monto:

$$M_2^b = M_1^b + I_2 = P(1 + r) + P(1 + r)r = P(1 + r)[1 + r] = P(1 + r)^2$$

Esto es, del banco retira después de 2 años, un monto igual a:

$$M_2^b = P(1 + r)^2 = 1{,}000(1 + r)^2$$

Similarmente, el monto M_2^c que se retira de la cooperativa de ahorros, después de dos años, al $2R = 100(2r)$ % es,

$$M_2^c = P(1 + 2r)^2 = 1{,}000(1 + 2r)^2$$

Debemos tener que: $M_2^b + M_2^c \geq 2{,}378$. Esto es,

$$1{,}000(1 + r)^2 + 1{,}000(1 + 2r)^2 \geq 2{,}378.$$

Resolvemos la inecuación:

$$1{,}000(1 + r)^2 + 1{,}000(1 + 2r)^2 \geq 2{,}378 \iff (1 + r)^2 + (1 + 2r)^2 \geq 2.378$$

$$\iff 1 + 2r + r^2 + 1 + 4r + 4r^2 \geq 2.378$$

$$\iff 5r^2 + 6r + 2 \geq 2.378$$

$$\iff 5r^2 + 6r - 0.378 \geq 0$$

Hallemos las raíces de la ecuación $5r^2 + 6r - 0.378 = 0$

$$\frac{-6 \pm \sqrt{36 - 4(5)(-0.378)}}{2(5)} = \frac{-6 \pm 6.6}{10} \iff r = -1.26 \; \text{ó} \; r = 0.06$$

Luego,

$$5r^2 + 6r - 0.378 \geq 0 \iff 5(r + 1.26)(r - 0.06)$$

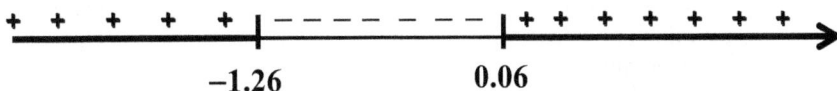

El conjunto solución es $(-\infty, -1.26] \cup [0.06, +\infty)$

Como las tasa no son negativas, sólo consideramos el intervalo $[0.06, \infty)$.

Luego, la mínima tasa buscada es $R = 100(0.06) = 6$ %.

PROBLEMAS PROPUESTOS 2.3

En los problemas del 1 al 17, hallar el conjunto solución de las inecuaciones cuadráticas dadas.

1. $x(x-2)<0$ **2.** $x\left(\sqrt{5}-x\right)\geq 0$ **3.** $3x^2+x>0$

4. $x^4<1$ **5.** $x^2>9$ **6.** $16x^2\geq 9$

7. $(x-3)(x+2)<0$ **8.** $x^2+2x-20\geq 0$ **9.** $2x^2+5x-3>0$

10. $9x-2<9x^2$ **11.** $(x-2)(x-5)<-2$ **12.** $x-x^2<\dfrac{1}{4}$

13. $\dfrac{x^2-7x-8}{11}\leq 2$ **14.** $\dfrac{x^2+x+5}{7}\geq\dfrac{2+x^2}{3}$

15. $\dfrac{x-2}{6}-\dfrac{x(x-1)}{12}\leq\dfrac{x-2,5}{3}$ **16.** $\dfrac{x(x-1)}{7}+\dfrac{x}{21}\geq\dfrac{x(1+5x)}{21}-\dfrac{3}{7}$

17. $\dfrac{x}{4}-\dfrac{(x+1)^2}{7}\leq-\dfrac{1}{4}$ **18.** $x(x-1)^2+(x+2)^2\leq(x-1)^3+9$

En los problemas de 19 y 20, hallar el conjunto solución de las inecuaciones polinómicas dadas.

19. $x^3+4x^2-5x<0$ **20.** $x^3+4x^2+x-6\geq 0$

21. (Decisión sobre ventas) Una tienda de comercio recibe diariamente un ingreso de $x(60-0.2x)$ dólares, por la venta de x camisas. A la tienda, cada camisa le cuesta 30 dólares. ¿Cuál es el mínimo número de camisa que debe vender diariamente la tienda para obtener una utilidad no menor de $ 1,000?

22. (Caída libre) Una pelota es lanzada verticalmente hacia arriba desde el suelo. Su altura, después de t segundos, es $h=40t-8t^2$.

  a. ¿Después de cuántos segundos la pelota regresa al suelo?

  b. ¿Durante qué intervalo de tiempo se cumple que $h\geq 48$?

  c. ¿Durante qué intervalo de tiempo se cumple que $h\leq 32$?

23. (Inversiones) Un inversionista deposita 20 millones de dólares en un banco a interés compuesto anual (después de cada año, los interés ganan intereses). El inversionista tiene una deuda de 24.2 millones de dólares, que debe pagar en 2 años. ¿Cuál es la mínima tasa que debe pagar el banco para que ahorrista, por lo menos, pague su deuda?

24. (Inversiones) Un ahorrista hace dos depósitos de $2,000 cada uno. Uno lo hace en un banco que paga una tasa anual de R %. El otro lo hace en una cooperativa de ahorro que paga una tasa anual que es el doble de la del banco. Estos depósitos, junto con sus intereses, se retirarán después de 2 años. Hallar la mínima tasa R que garantice al ahorrista que el total que retire será, por lo menos, $ 4,625. Se entiende que los intereses ganados en primer año, ganarán sus propios intereses el segundo año.

25. **(Decisión sobre precios)** Un hotel tiene 60 habitaciones. La experiencia dice que cuando se cobra $ 30 diarios por habitación, todas ellas son alquiladas y que por cada $ 3 de aumento, una habitación queda desocupada. El costo de administración del hotel (salarios, limpieza, etc.) es de $ 3,375 diarios.

    a. ¿Cuál es el mínimo número de habitaciones que deben alquilarse para el hotel no tenga pérdidas?

    b. ¿Cuál es el precio de alquiler de cada habitación?

26. **(Decisión sobre precios)** Una peluquería atiende semanalmente a 96 clientes si el precio del peinado es de $ 8. La administradora está pensando aumentar el precio del peinado. Por experiencia se sabe que se pierden 4 clientes por cada aumento de $ 0.5. Determinar el máximo precio que se puede cobrar por peinado para asegurar un ingreso semanal no menor de $ 792.

27. **(Longitud máxima)** Se quiere construir una caja sin tapa de una lámina rectangular de 52 cm. de largo por 42 cm. de ancho. Para esto, se debe cortar de cada esquina de la lámina un cuadrado de lado x cm. para luego doblar las aletas. Hallar la máxima longitud x del cuadrado si se quiere que el área de la base de la caja tenga, por lo menos, 1,200 cm^2.

SECCION 2.4
INECUACIONES RACIONALES

Una **inecuación racional** es una inecuación que viene expresada en términos de cocientes de polinomios. Para resolver este tipo de inecuaciones se siguen los mimos 4 pasos usados con las inecuaciones polinomiales, con el agregado que ahora se trabaja con dos polinomios, que son el numerador y denominador.

Paso1. Se trasforma algebraicamente la desigualdad hasta obtener una expresión de la forma siguiente, donde los polinomios $p(x)$ y $q(x)$ están factorizados,

$$\frac{p(x)}{q(x)} > 0, \qquad \frac{p(x)}{q(x)} \geq 0, \qquad \frac{p(x)}{q(x)} < 0 \qquad \text{ó} \qquad \frac{p(x)}{q(x)} \leq 0$$

Paso 2. Se hallan las raíces de $p(x) = 0$ y de $q(x) = 0$.

Paso 3. Marcamos en la recta numérica las raíces halladas en el paso 2, así como el signo de $\dfrac{p(x)}{q(x)}$ correspondiente a cada intervalo en que ha quedado dividida la recta. Para hallar el signo se puede usar los valores de prueba.

    Determinar el conjunto solución observando los signos en la recta numérica. Si la desigualdad viene expresada mediante las relaciones $<$ ó $>$, todos los intervalos que conforman la solución son abiertos. Si, en cambio, la desigualdad se expresa en términos de $\geq$ ó $\leq$, los intervalos que conforman la solución son cerrados en los extremos que corresponden a raíces del numerador y abiertos en los extremos correspondientes a raíces del denominador.

EJEMPLO 1. Resolver $\dfrac{x+3}{1-x} \geq -3$

Solución

Paso 1. Transponemos y factorizamos:

$$\frac{x+3}{1-x} \geq -3 \;\Leftrightarrow\; \frac{x+3}{1-x} + 3 \geq 0 \;\Leftrightarrow\; \frac{x+3-3(1-x)}{1-x} \geq 0 \;\Leftrightarrow\; \frac{2(1-x)}{x-1} \geq 0$$

Paso 2. Raíces del numerador y del denominador.

$$2(x-3) = 0 \;\;\text{y}\;\; x-1 = 0 \;\Leftrightarrow\; x = 3 \;\;\text{y}\;\; x = 1.$$

Paso 3. Los intervalos de prueba son:

$$(-\infty, 1), \quad (1, 3) \quad \text{y} \quad (3, +\infty)$$

El signo de $r(x) = \dfrac{2(x-3)}{x-1}$ en cada uno de los intervalos es:

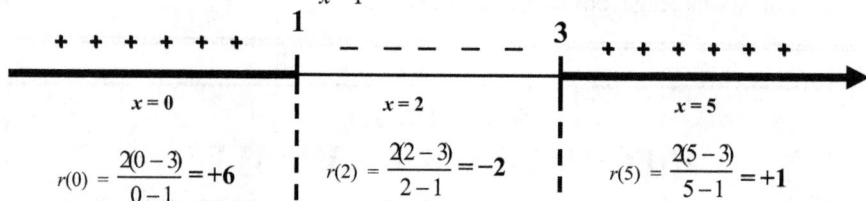

El conjunto solución es $(-\infty, 1) \cup [3, +\infty)$.

Observar en la solución que en el extremo correspondiente a 3 tomamos el intervalo cerrado. Esto debido a que la desigualdad viene expresada en términos de la relación $\geq$ y a que 3 es una raíz del numerador.

EJEMPLO 2. Resolver $\dfrac{3x+1}{x-1} \leq \dfrac{2x+7}{x+2}$

Solución

En busca de brevedad, los pasos requeridos para resolver la desigualdad se presentarán implícitamente.

$$\frac{3x+1}{x-1} \leq \frac{2x+7}{x+2} \;\Leftrightarrow\; \frac{3x+1}{x-1} - \frac{2x+7}{x+2} \leq 0 \;\Leftrightarrow\;$$

$$\frac{(x+2)(3x+1)-(x-1)(2x+7)}{(x-1)(x+2)} \leq 0 \;\Leftrightarrow\; \frac{x^2+2x+9}{(x-1)(x+2)} \leq 0$$

El numerador de la última fracción es un polinomio de segundo grado con raíces complejas (su discriminante es negativo: $b^2 - 4ac < 0$). Esto significa que este polinomio no tiene raíces reales y, por tanto, no se puede factorizar en términos de números reales. Las raíces del denominador son -2 y 1.

Las raíces -2 y 1 determinan los intervalos: $(-\infty, -2)$, $(-2, 1)$ y $(1, -\infty)$

$$r(x) = \frac{x^2 + 2x + 9}{(x-1)(x+2)} \leq 0$$

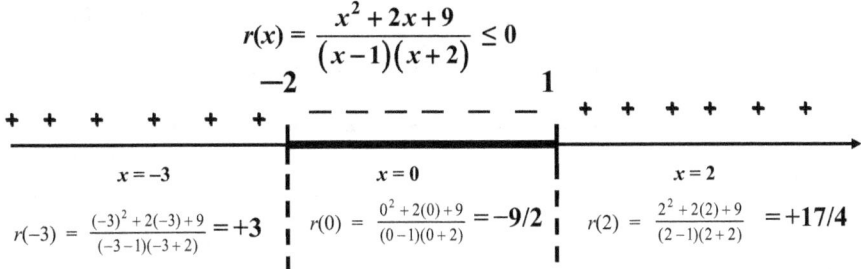

$$r(-3) = \frac{(-3)^2 + 2(-3) + 9}{(-3-1)(-3+2)} = +3 \qquad r(0) = \frac{0^2 + 2(0) + 9}{(0-1)(0+2)} = -9/2 \qquad r(2) = \frac{2^2 + 2(2) + 9}{(2-1)(2+2)} = +17/4$$

El conjunto solución es $(-2, \; 1)$

EJEMPLO 3. Resolver $\dfrac{4}{x} < x \leq \dfrac{20}{x-1}$

Solución

En esta expresión tenemos dos inecuaciones, las que resolvemos separadamente,

$$\frac{4}{x} < x \qquad y \qquad x \leq \frac{20}{x-1}$$

1. Solución de $\dfrac{4}{x} < x$

$$\frac{4}{x} < x \iff \frac{4}{x} - x < 0 \iff \frac{4 - x^2}{4} < 0 \iff \frac{(x-2)(2+x)}{x} < 0$$

Las raíces son: -2, 0 y 2. Mediante valores de prueba hallamos que:

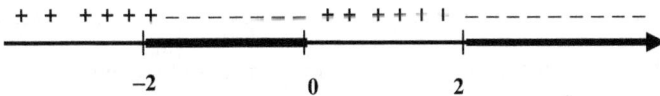

Luego la solución de esta desigualdad es $(-2, 0) \cup (2, +\infty)$

2. Solución de $x \leq \dfrac{20}{x-1}$

$$x \leq \frac{20}{x-1} \iff x - \frac{20}{x-1} \leq 0 \iff \frac{x(x-1) - 20}{x-1} \leq 0$$

$$\iff \frac{x^2 - x - 20}{x-1} \leq 0 \iff \frac{(x-5)(x+4)}{x-1} \leq 0$$

Las raíces son: -4, 1 y 5. Mediante valores de prueba hallamos que:

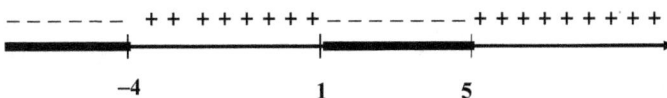

Luego, la solución de esta desigualdad es $(-\infty, -4] \cup (1, 5]$.

3. Solución total. La solución total es la intersección de las soluciones parciales:

$$\Big[(-2, 0) \cup (2,+\infty)\Big] \cap \Big[(-\infty, -4] \cup (1, 5]\Big] = (2, \; 5]$$

PROBLEMAS PROPUESTOS 2.4

Resolver las siguientes inecuaciones

1. $\dfrac{x-2}{x+2} \le 0$
2. $\dfrac{2}{x} \le -\dfrac{3}{5}$
3. $\dfrac{2}{x-1} \le -3$

4. $\dfrac{x}{2} + \dfrac{1}{x} \le \dfrac{3}{x}$
5. $\dfrac{1}{x+1} - \dfrac{x-2}{3} \ge 1$
6. $\dfrac{x-1}{x+3} < \dfrac{x+2}{x}$

7. $\dfrac{x+1}{1-x} < \dfrac{x}{2+x}$
8. $\dfrac{4-2x}{x^2+2} > 2 - \dfrac{x}{x-3}$

SECCION 2.5
VALOR ABSOLUTO

DEFINICION. El **valor absoluto** de un número real es el número real

$$|x| = \begin{cases} x, & \text{si } x \ge 0 \\ -x, & \text{si } x < 0 \end{cases}$$

O sea, el valor absoluto de un número real es igual al mismo número si éste es 0 ó positivo o es igual a su inverso aditivo si es negativo.

Sabemos que todo número positivo x tiene dos raíces cuadradas, una positiva y otra negativa. A la positiva la denotamos con $\sqrt{x}$ y a la negativa con $-\sqrt{x}$.

Considerando que $\sqrt{x^2}$ es la raíz cuadrada positiva de x^2, se tiene que:

$$\sqrt{x^2} = |x|$$

| **EJEMPLO 1.** | **a.** $\mid 5 \mid \ = 5$ | **b.** $\mid -8 \mid = 8$ | **c.** $\mid 0 \mid \ = 0$ |

d. $\sqrt{3^2} = \mid 3 \mid = 3$ **e.** $\sqrt{(-3)^2} = \mid -3 \mid = 3$

Las siguientes propiedades siguen inmediatamente de la definición.

| **TEOREMA 2.2** | **1.** $\mid x \mid \geq 0, \ \ \forall x \in \mathbb{R}$ |

2. $\mid x \mid = 0 \Leftrightarrow x = 0$

3. $-\mid x \mid \leq x \leq \mid x \mid, \ \ \forall x \in \mathbb{R}$

4. Si $a \geq 0$, entonces $\mid x \mid = a \Leftrightarrow x = a$ ó $x = -a$

EJEMPLO 2. Resolver la ecuación $\mid x - 3 \mid \ = 1$

Solución

De acuerdo a la propiedad 4 anterior tenemos que:

$$\mid x - 3 \mid = 1 \Leftrightarrow x - 3 = 1 \ \ \text{ó} \ \ x - 3 = -1 \Leftrightarrow x = 4 \ \ \text{ó} \ \ x = 2.$$

EJEMPLO 3. Resolver las ecuaciones:

a. $\mid 2x - 3 \mid = 3x - 6$ **b.** $\mid 2x - 3 \mid = 6 - 3x$

Solución

a. En primer lugar, como el valor absoluto no es negativo, la expresión $3x - 6$ también tiene que ser no negativa. Esto es, debemos tener que:

$$3x - 6 \geq 0 \Leftrightarrow 3x \geq 6 \Leftrightarrow x \geq 2$$

Ahora, de acuerdo a la propiedad 4 anterior, tenemos:

$$2x - 3 = 3x - 6 \ \text{ó} \ 2x - 3 = -(3x - 6) \Leftrightarrow -x = -3 \ \text{ó} \ 5x = 9 \Leftrightarrow x = 3 \ \text{ó} \ x = 9/5$$

De estas dos posibles soluciones desechamos $x = 9/5$, debido a que no cumple la condición $x \geq 2$. Luego, la ecuación tiene una sola solución, que es $x = 3$.

b. Debemos, en primer lugar, tener que:

$$6 - 3x \geq 0 \Leftrightarrow 6 \geq 3x \Leftrightarrow 2 \geq x \Leftrightarrow x \leq 2$$

Ahora, de acuerdo a la propiedad 3 anterior, tenemos

$$2x - 3 = 6 - 3x \ \text{ó} \ 2x - 3 = -(6 - 3x) \Leftrightarrow 5x = 9 \ \text{ó} \ -x = -3 \ \Leftrightarrow x = 9/5 \ \text{ó} \ x = 3$$

De estas dos posibles soluciones desechamos a $x = 3$, debido a que no cumple la condición $x \leq 2$. Luego, la ecuación tiene una sola solución, $x = 9/5$.

TEOREMA 2.3   Sea $a > 0$.

1. $|x| < a \Leftrightarrow -a < x < a$

2. $|x| \leq a \Leftrightarrow -a \leq x \leq a$

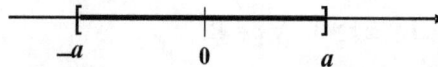

3. $|x| > a \Leftrightarrow x < -a$ ó $x > a$

4. $|x| \geq a \Leftrightarrow x \leq -a$ ó $x \geq a$

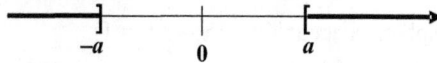

Demostración

Ver el problema resuelto 2.

EJEMPLO 3.   Resolver la inecuación $|2x - 3| < 5$

Solución

De acuerdo a la parte 1 del teorema anterior tenemos:

$|2x - 3| < 5 \Leftrightarrow -5 < 2x - 3 < 5 \Leftrightarrow -2 < 2x < 8 \Leftrightarrow -1 < x < 4$

O sea, la solución es el intervalo $(-1, 4)$

EJEMPLO 4.   Resolver la inecuación $\left|\dfrac{x}{3} - 2\right| > 4$

Solución

De acuerdo a la parte 3 del teorema anterior, tenemos:

$\left|\dfrac{x}{3} - 2\right| > 4 \Leftrightarrow \dfrac{x}{3} - 2 < -4$ ó $\dfrac{x}{3} - 2 > 4 \Leftrightarrow \dfrac{x}{3} < -2$ ó $\dfrac{x}{3} > 6$

$\Leftrightarrow x < -6$ ó $x > 18$

Luego, el conjunto solución es $(-\infty, -6) \cup (18, +\infty)$

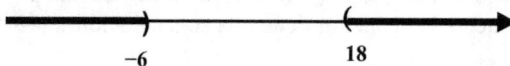

EJEMPLO 5. Resolver la inecuación $\left| 7x - 2 \right| \leq 3x + 6$

Solución

Aplicamos la parte 2 del teorema anterior. En primer lugar, debemos tener que:

$$3x + 6 \geq 0 \implies x \geq -2 \qquad \textbf{(1)}$$

Ahora,

$$\left| 7x - 2 \right| \leq 3x + 6 \Longleftrightarrow -(3x + 6) \leq 7x - 2 \leq 3x + 6$$

$$\Longleftrightarrow -3x - 6 \leq 7x - 2 \quad y \quad 7x - 2 \leq 3x + 6$$

$$\Longleftrightarrow -10x \leq 4 \quad y \quad 4x \leq 8$$

$$\Longleftrightarrow x \geq -2/5 \quad y \quad x \leq 2 \qquad \textbf{(2)}$$

La soluciones de la inecuación inicial deben satisfacer las tres condiciones:

$$x > -2, \quad x \geq -2/5 \quad y \quad x \leq 2$$

En consecuencia, el conjunto solución es el intervalo $\left[-2/5, 2 \right]$

OTRAS PROPIEDADES IMPORTANTES DEL VALOR ABSOLUTO

TEOREMA 2.4 Si x y y son números reales y n es un número natural, entonces

1. $\left| xy \right| = \left| x \right|\left| y \right|$ Ejemplo: $\left| 2(-3) \right| = \left| 2 \right|\left| -3 \right| = 6$

2. $\left| \dfrac{x}{y} \right| = \dfrac{\left| x \right|}{\left| y \right|}$, $y \neq 0$ Ejemplo: $\left| \dfrac{-6}{3} \right| = \dfrac{\left| -6 \right|}{\left| 3 \right|} = \dfrac{6}{3} = 2$

3. $\left| x^n \right| = \left| x \right|^n$ Ejemplo: $\left| (-2)^3 \right| = \left| -2 \right|^3 = 8$

4. $\left| x \right| < \left| y \right| \Longleftrightarrow x^2 < y^2$

5. Desigualdad triangular:

$$\left| x + y \right| \leq \left| x \right| + \left| y \right|$$

Demostración

Ver el problema resuelto 4.

EJEMPLO 6. Resolver la inecuación $\left| \dfrac{x + 4}{x - 3} \right| < 1$

Solución

Aplicando la propiedad 2 del teorema anterior:

$$\left|\frac{x+4}{x-3}\right| < 1 \iff \frac{|x+4|}{|x-3|} < 1 \iff |x+4| < |x-3|$$

Ahora, Aplicando la propiedad 4 del teorema anterior:

$$|x+4| < |x-3| \iff (x+4)^2 < (x-3)^2$$
$$\iff x^2 + 8x + 16 < x^2 - 6x + 9$$
$$\iff 14x < -7 \iff x < -1/2$$

El conjunto solución es $(-\infty, -1/2)$.

DIVIDE Y CONQUISTARAS

Llamaremos "divide y conquistarás" al siguiente método, que nos permite deshacernos del símbolo del valor absoluto y, de este modo, podemos resolver inecuaciones un tanto más complicadas.

Dividimos la resta numérica en intervalos, los que son determinados por las raíces de las expresiones encerrados en valores absolutos. Resolvemos la inecuación en cada intervalo. La solución de la inecuación inicial es la unión de las soluciones en los intervalos. Procedemos en forma detallada, para que sirva de modelo para otros problemas.

EJEMPLO 7. Resolver la inecuación $|x+3| < 1 + |x-4|$

Solución

Dividimos a la recta en intervalos. Las raíces de las expresiones encerradas en valores absolutos son:

$$x + 3 = 0 \quad \text{y} \quad x - 4 = 0 \iff x = -3 \quad \text{y} \quad x = 4.$$

Estas raíces dividen a la recta en los intervalos: $(-\infty, -3), [-3, 4)$ y $[4, +\infty)$

Resolvemos la desigualdad en cada uno de estos intervalos.

En el intervalo $(-\infty, -3)$: $x + 3 < 0$ y $x - 4 < 0$. Luego,

$$|x+3| < 1 + |x-4| \iff -(x+3) < 1 - (x-4) \iff -x - 3 < 1 - x + 4$$
$$\iff -3 < 5 \iff x \in (-\infty, \infty)$$

El conjunto solución en el intervalo $(-\infty, -3)$ es

$$(-\infty, -3) \cap (-\infty, \infty) = (-\infty, -3)$$

En el intervalo $[-3, \ 4)$: $x + 3 \geq 0$ y $x - 4 < 0$. Luego,

$$| \, x + 3 \, | < 1 + | \, x - 4 \, | \iff x + 3 < 1 - (x - 4) \iff x + 3 < 1 - x + 4$$

$$\iff 2x < 2 \iff x < 1$$

$$\iff x \in (-\infty, 1)$$

El conjunto solución en el intervalo $[-3, \ 4)$ es

$$[-3, \ 4) \cap (-\infty, 1) = \mathbf{[-3, \ 1)}$$

En el intervalo $[4, +\infty)$: $x + 3 \geq 0$ y $x - 4 \geq 0$. Luego,

$$| \, x + 3 \, | < 1 + | \, x - 4 \, | \iff x + 3 < 1 + x - 4 \iff 3 < -3 \iff x \in \phi$$

El conjunto solución en el intervalo $[4, +\infty)$ es

$$[4, +\infty) \cap \phi = \boldsymbol{\phi}$$

La solución total es la unión de las soluciones parciales. Esto es, la solución de la inecuación inicial es

$$(-\infty , -3) \cup [-3, 1) \cup \phi = \mathbf{(-\infty, 1)}$$

PROBLEMAS RESUELTOS 2.5

PROBLEMA 1. Resolver la ecuación $\left| \dfrac{3x - 2}{x - 2} \right| = 2$

Solución

Aplicamos la propiedad 4 del teorema 2.2:

$$\left| \frac{3x - 2}{x - 2} \right| = 2 \iff \frac{3x - 2}{x - 2} = 2 \quad \text{ó} \quad \frac{3x - 2}{x - 2} = -2$$

$$\iff 3x - 2 = 2(x - 2) \quad \text{ó} \quad 3x - 2 = -2(x - 2)$$

$$\iff 3x - 2 = 2x - 4 \quad \text{ó} \quad 3x - 2 = -2x + 4$$

$$\iff x = -2 \quad \text{ó} \quad 5x = 6$$

$$\iff x = -2 \quad \text{ó} \quad x = 6/5$$

PROBLEMA 2. Resolver la inecuación $|\,3x-2\,|>2x+12$

Solución

Aplicamos la propiedad 3 del teorema 2.3:

$$|\,3x-2\,|>2x+12 \iff 3x-2<-(2x+12) \quad \text{ó} \quad 3x-2>2x+12$$

$$\iff 5x<-10 \quad \text{ó} \quad x>14$$

$$\iff x<-2 \quad \text{ó} \quad x>14$$

Luego, la solución es $(-\infty,\,-2)\cup(14,\,+\infty)$

$$-2 \qquad\qquad 14$$

PROBLEMA 3. Probar el teorema 2.3: Sea $a>0$

1. $|\,x\,|<a \iff -a<x<a$

2. $|\,x\,|\le a \iff -a\le x\le a$

3. $|\,x\,|>a \iff x<-a \quad \text{ó} \quad x>a$

4. $|\,x\,|\ge a \iff x\le -a \quad \text{ó} \quad x\ge a$

Solución

1. Como $-x\le|\,x\,|$ y $x\le|\,x\,|$, tenemos que

$$|\,x\,|<a \iff -x<a \;\text{y}\; x<a \iff -a<x \;\text{y}\; x<a \iff -a<x<a$$

2. Similar a 1.

3. Como $|\,x\,|=-x$ ó $|\,x\,|=x$, tenemos que

$$|\,x\,|>a \iff -x>a \;\text{ó}\; x>a \iff x<-a \;\text{ó}\; x>a$$

4. Similar a 3.

PROBLEMA 4. Probar el teorema 2.4:

1. $|\,xy\,|=|\,x\,|\,|\,y\,|$ \qquad\qquad **2.** $\left|\dfrac{x}{y}\right|=\dfrac{|\,x\,|}{|\,y\,|}$, $y\ne 0$

3. $|\,x^{n}\,|=|\,x\,|^{n}$ \qquad\qquad **4.** $|\,x\,|<|\,y\,| \iff x^{2}<y^{2}$

5. Desigualdad triangular:

$$|x+y| \le |x|+|y|$$

Solución

1. $|xy| = \sqrt{(xy)^2} = \sqrt{x^2 y^2} = \sqrt{x^2}\ \sqrt{y^2} = |x||y|$

2. Sea $\dfrac{x}{y} = z$. Luego,

$$x = yz \implies |x| = |yz| = |y||z| \implies \frac{|x|}{|y|} = |z| = \left|\frac{x}{y}\right|$$

3. Si $n = 0$, entonces $|x^0| = |1| = 1$ y $|x|^0 = 1$. Luego, $|x^0| = |x|^0$

Si $n > 0$, $|x^n| = |\underbrace{x\ x\ x\ \dots\ x}_{n}| = \underbrace{|x|\ |x|\ |x|\ \dots\ |x|}_{n} = |x|^n$

4. $(\implies)$ $|x| < |y| \implies |x||x| < |x||y|$ y $|x||y| < |y||y|$ (D_4)

$$\implies |x|^2 < |y|^2 \implies x^2 < y^2$$

$(\impliedby)$ $x^2 < y^2 \implies |x|^2 < |y|^2 \implies |x|^2 - |y|^2 < 0$

$$\implies (|x|-|y|)(|x|+|y|) < 0$$

$$\implies |x|-|y| < 0 \implies |x| < |y|$$

5. Tenemos que:

$$-|x| \le x \le |x| \quad \text{y} \quad -|y| \le y \le |y|$$

Sumando estas desigualdades:

$$-(|x|+|y|) \le x+y \le |x|+|y|$$

Aplicando la parte 2 del problema anterior obtenemos:

$$|x+y| \le |x|+|y|$$

PROBLEMAS PROPUESTOS 2.5

En los problemas del 1 al 9, resolver la ecuación dada.

1. $|x-5| = 4$ **2.** $|2x+1| = x+3$ **3.** $|x-2| = 3x-9$

4. $|x-2| = 9-3x$ **5.** $|x+4| = |2-x|$ **6.** $|x-1| = |2x-4|$

7. $\left| \dfrac{3x-2}{2} \right| = |x-4|$ 8. $\left| 5 - \dfrac{2}{x} \right| = 3$ 9. $\left| \dfrac{x-5}{2x-3} \right| = 1$

En los problemas del 10 al 26, resolver la desigualdad dada.

10. $|x-4| < 3$

11. $|3x+1| < 15$

12. $\left| \dfrac{2x}{3} - 1 \right| < 2$

13. $|-3x-2| \leq 4$

14. $|5x+2| \geq 1$

15. $|-4x-3| > 1$

16. $\left| \dfrac{2x}{5} - 2 \right| \geq 3$

17. $|x^2 - 5| \geq 4$

18. $1 < |x| \leq 4$

19. $0 < |x-3| < 1$

20. $|x-1| < |x|$

21. $\left| \dfrac{3-2x}{1+x} \right| \leq 1$

22. $\left| \dfrac{1}{1-2x} \right| \geq \dfrac{1}{3}$

23. $|x-1| + |x-2| > 1$ **24.** $|x-1| + |x+1| \leq 4$

25. $\left| \dfrac{1}{2+x} \right| < \dfrac{1}{|x|}$

26. $|3x-5| \leq |2x-1| + |2x+3|$

3

GRAFICAS DE ECUACIONES

Y

LA LINEA RECTA

RENE DESCARTES
(1596 -1650)

3.1 EL PLANO CARTESIANO

3.2 GRAFICAS DE ECUACIONES

3.3 LA RECTA Y LA ECUACION DE PRIMER
GRADO

René Descartes
(1596 -1650)

RENE DESCARTES, *filósofo, matemático y físico francés, nació en La Haya. Es considerado como el padre de la filosofía moderna. De él es la famosa frase: "Cogito, ergo sum" (Pienso, luego existo).*

Fue un niño de singular inteligencia, pero físicamente débil. Durante los años de su educación en el colegio jesuita de la Flèche, los religiosos, para mitigar el frío de las duras mañanas de invierno, le permitían permanecer en la cama. Se dice que fueron precisamente durante esas ociosas horas de cama cuando Descartes concibió las ideas fundamentales de la Geometría Analítica.

*En 1637 escribe el libro **Géometrie** en el que da nacimiento oficial a la **Geometría Analítica**. Su compatriota Pierre de Fermat (1601-1665), independientemente, también descubrió los principios fundamentales de esta ciencia.*

*En 1628 se mudó a Holanda donde vivió 21 años. Durante esta permanencia escribió sus principales obras: **Principios de Filosofía**, **El Discurso del Método**, **Las Meditaciones**, etc.*

En 1649, la joven y energética reina Cristina de Suecia lo invitó a Estocolmo, como su tutor de filosofía. Sus clases eran en las tempranas horas de la mañana. El eminente filósofo y distinguido matemático no soportó el duro invierno sueco, muriendo a consecuencia de una neumonía el año siguiente de su llegada a Estocolmo.

ACONTECIMIENTOS PARALELOS IMPORTANTES

*Durante la vida de René Descartes, en América y en el mundo hispano sucedieron los siguientes hechos notables: En 1609 el cronista peruano Inca Gracilazo de la Vega, hijo de un conquistador y de una princesa india, publica **"Los Comentarios Reales"**, famosa obra que cuenta la historia del Imperio Incaico. El 17 de septiembre de 1630, en la desembocadura del río Charles, unos colonos ingleses fundan la ciudad de Boston. En 1636 en Cambridge, ciudad contigua a Boston, se funda la Universidad de Harvard. Para ese entonces, la América española ya contaba, desde muchos años atrás, con la Universidad Mayor de San Marcos (Lima, 1551) y la Universidad de Santo Domingo*

SECCION 3.1
EL PLANO CARTESIANO

Un conjunto sumamente importante y que aparecerá con mucha frecuencia más adelante, es el conjunto $\mathbb{R}^2$ formado por todos los pares ordenados (a, b) de números reales. Esto es,

$$\mathbb{R}^2 = \left\{ (a, b) \,/\, a, b \in \mathbb{R} \right\}$$

Estamos usando la misma notación para expresar tanto al par ordenado (a, b) como al intervalo (a, b). Para evitar confusiones, en el contexto seremos suficientemente explícitos para indicar cual de los dos conceptos se está tratando.

Recordemos que un par ordenado de números reales es una pareja de números reales, en la cual se distingue un orden. Es decir, en general, $(a, b) \neq (b, a)$.

Sean (a, b) y (c, d) dos pares ordenados:

$$(a, b) = (c, d) \iff a = c \ \ y \ \ b = d.$$

Es de fundamental importancia tener una representación geométrica de $\mathbb{R}^2$. Para esto tomamos un plano cualquiera al cual fijamos. Sobre este plano tomamos dos rectas numéricas perpendiculares a la misma escala y cuyos orígenes coinciden.

Estas dos rectas nos permiten establecer una correspondencia biunívoca entre los puntos P del plano y los pares ordenados (x, y) de números reales, en la forma que indica la figura adjunta. A la recta X se le llama **eje X** o eje de las **abscisas**. La recta Y es el **eje Y** o eje de las **ordenadas**. El punto de intersección **O** es el origen. Si al punto P le corresponde el par (x, y), diremos que x e y son las **coordenadas** de P, siendo x su abscisa e y su ordenada. Con el objeto de abreviar, identificaremos el punto P con el par (x, y), y escribiremos $P = (x, y)$. Así, tenemos, por ejemplo, $\mathbf{O} = (0, 0)$.

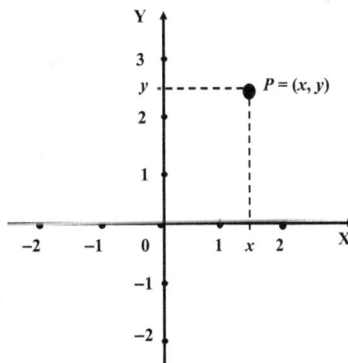

Esta correspondencia biunívoca nos permite identificar al plano con $\mathbb{R}^2$.

Una correspondencia biunívoca del plano con $\mathbb{R}^2$, de la forma obtenida anteriormente, se llama un **sistema de coordenadas rectangulares o sistema de coordenadas cartesianas** del plano.

Se ha adoptado el nombre de "cartesianas" en honor al célebre matemático y filósofo **René Descartes** (1596–1650), a quién se le otorga la paternidad de la Geometría Analítica. El plano, provisto con este sistema de coordenadas, recibe el nombre de **plano cartesiano**.

EJEMPLO 1. Sea $P_1 = (3, 2)$

a. Hallar el punto P_2 que es simétrico respecto al eje X al punto $P_1 = (3, 2)$
b. Hallar el punto P_3 que es simétrico respecto al eje Y al punto $P_1 = (3, 2)$
c. Hallar el punto P_4 que es simétrico respecto al origen al punto $P_1 = (3, 2)$

Solución

a. $P_2 = (3, -2)$

b. $P_3 = (-3, 2)$

c. $P_4 = (-3, -2)$

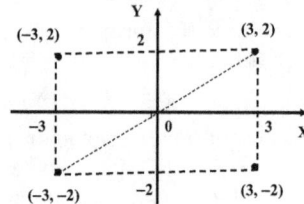

DISTANCIA

Encontremos una fórmula que nos proporcione la distancia entre dos puntos P_1 y P_2 del plano. A esta distancia la denotaremos por $d(P_1, P_2)$.

TEOREMA 3.1   La distancia entre los puntos $P_1 = (x_1, y_1)$ y $P_2 = (x_2, y_2)$ es

$$d(P_1, P_2) = \sqrt{(x_2 - x_1)^2 + (y_2 - y_1)^2}$$

Demostración

Tomemos el triángulo rectángulo que tiene por hipotenusa el segmento que une $P_1 = (x_1, y_1)$ y $P_2 = (x_2, y_2)$ y por catetos, los segmentos paralelos a los ejes indicados en la figura.

Las longitudes de los catetos son $|x_2 - x_1|$ y $|y_2 - y_1|$. La distancia $d(P_1, P_2)$ es la longitud de la hipotenusa. Luego, aplicando el teorema de Pitágoras, tenemos que:

$$d(P_1, P_2)^2 = |x_2 - x_1|^2 + |y_2 - y_1|^2$$

de donde obtenemos:

$$d(P_1, P_2) = \sqrt{(x_2 - x_1)^2 + (y_2 - y_1)^2}$$

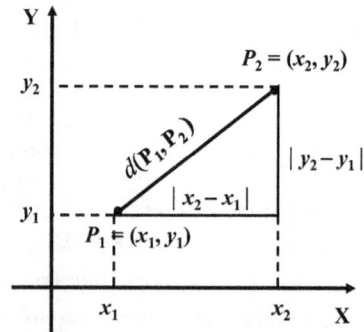

EJEMPLO 2.   Empleando la fórmula de la distancia probar que los siguientes puntos son los vértices de un triángulo rectángulo.

$$A = (1, 1), B = (3, 0) \text{ y } C = (4, 7)$$

solución

Calculamos la longitud de los lados del triángulo:

$$d(A, B) = \sqrt{(3-1)^2 + (0-1)^2} = \sqrt{2^2 + 1^2} = \sqrt{5}$$

$$d(A, C) = \sqrt{(4-1)^2 + (7-1)^2} = \sqrt{3^2 + 6^2} = \sqrt{45}$$

$$d(B, C) = \sqrt{(4-3)^2 + (7-0)^2} = \sqrt{1^2 + 7^2} = \sqrt{50}$$

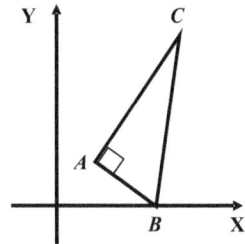

Como se cumple que:

$$d(A, B)^2 + d(A, C)^2 = 5 + 45 = 50 = d(B, C)^2,$$

el triángulo debe ser rectángulo, por el teorema recíproco al teorema de Pitágoras.

PUNTO MEDIO

TEOREMA 3.2 El punto medio del segmento de recta de extremos $P_1 = (x_1, y_1)$ y $P_2 = (x_2, y_2)$ es el punto

$$M = \left(\frac{x_1 + x_2}{2}, \ \frac{y_1 + y_2}{2} \right)$$

Demostración

Sea $M = (x, y)$. Vamos a suponer que $x_2 > x_1$ y que $y_2 > y_1$. Para los otros casos se procede en forma análoga.

Los triángulos P_1AM y MBP_2 son congruentes. Luego,

$$d(P_1, A) = d(M, B) \implies x - x_1 = x_2 - x$$

$$\implies 2x = x_1 + x_2 \implies x = \frac{x_1 + x_2}{2}$$

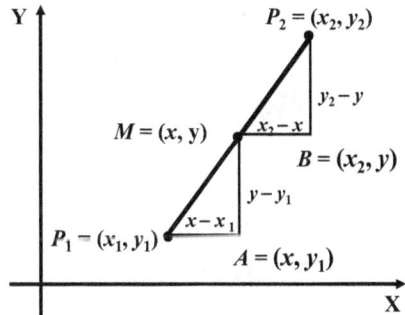

$$d(A, M) = d(B, P_2) \implies y - y_1 = y_2 - y \implies 2y = y_1 + y_2 \implies y = \frac{y_1 + y_2}{2}$$

EJEMPLO 3. Probar que el punto medio de la hipotenusa de un triángulo rectángulo equidista de los tres vértices.

Solución

Tomamos un triángulo rectángulo cualquiera y, por conveniencia, lo colocamos en el plano coordenado en tal forma que el vértice correspondiente al ángulo recto coincida con el origen y un cateto caiga sobre el semieje positivo de las X. Por tratarse de un triángulo rectángulo, el otro cateto debe caer sobre el eje Y y lo colocamos en la parte positiva, como indica la figura.

Un vértice es $\mathbf{O} = (0, 0)$. Sean $A = (a, 0)$ y $B = (0, b)$ los otros dos vértices.

El punto medio de la hipotenusa es

$$M = \left(\frac{a+0}{2}, \frac{b+0}{2} \right) = \left(\frac{a}{2}, \frac{b}{2} \right)$$

Ahora calculamos las distancias de M a los tres vértices y observamos que estas tres distancias son iguales:

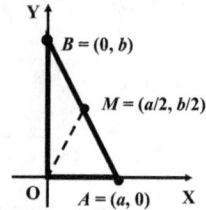

$$d(M, A) = \sqrt{ \left(a - \frac{a}{2} \right)^2 + \left(0 - \frac{b}{2} \right)^2 } = \sqrt{ \left(\frac{a}{2} \right)^2 + \left(-\frac{b}{2} \right)^2 } = \frac{1}{2}\sqrt{a^2 + b^2}$$

$$d(M, B) = \sqrt{ \left(0 - \frac{a}{2} \right)^2 + \left(b - \frac{b}{2} \right)^2 } = \sqrt{ \left(-\frac{a}{2} \right)^2 + \left(\frac{b}{2} \right)^2 } = \frac{1}{2}\sqrt{a^2 + b^2}$$

$$d(M, O) = \sqrt{ \left(0 - \frac{a}{2} \right)^2 + \left(0 - \frac{b}{2} \right)^2 } = \sqrt{ \left(-\frac{a}{2} \right)^2 + \left(-\frac{b}{2} \right)^2 } = \frac{1}{2}\sqrt{a^2 + b^2}$$

PROBLEMAS RESUELTOS 3.1

PROBLEMA 1.   Usando la fórmula de la distancia probar que los puntos $A = (-1, 1)$, $B = (3, 9)$ y $C = (5, 13)$ son colineales.

Solución

Calculemos las siguientes distancias:

$$d(A, B) = \sqrt{ (3+1)^2 + (9-1)^2 } = \sqrt{80} = 4\sqrt{5}$$

$$d(B, C) = \sqrt{ (5-3)^2 + (13-9)^2 } = \sqrt{20} = 2\sqrt{5}$$

$$d(A, C) = \sqrt{ (5+1)^2 + (13-1)^2 } = \sqrt{180} = 6\sqrt{5}$$

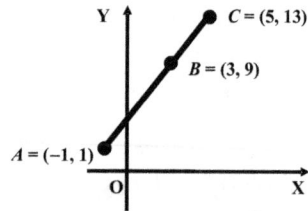

Observamos que $d(A, B) + d(B, C) = d(A, C)$. Luego, los tres puntos: A, B y C son colineales.

PROBLEMA 2.   Dos vértices adyacentes de un paralelogramo son $A = (-4, 3)$ y $B = (1, 5)$. El punto medio de las diagonales es $M = (2, 1)$.

a. Hallar los otros dos vértices.
b. Hallar la longitud de dos lados adyacentes.

Solución

a. Sean $C = (c_1, c_2)$ y $G = (g_1, g_2)$ los otros dos vértices.

Por ser $M = (2, 1)$ el punto medio de la diagonal $\overline{BC}$:

$$2 = \frac{c_1 + 1}{2}, \quad 1 = \frac{c_2 + 5}{2} \implies$$

$$c_1 = 3, \quad c_2 = -3 \implies C = (3, -3)$$

Por ser $M = (2, 1)$ el punto medio de la diagonal $\overline{AG}$:

$$2 = \frac{-4 + g_1}{2}, \quad 1 = \frac{3 + g_2}{2} \implies$$

$$g_1 = 8, \quad g_2 = -1 \implies G = (8, -1)$$

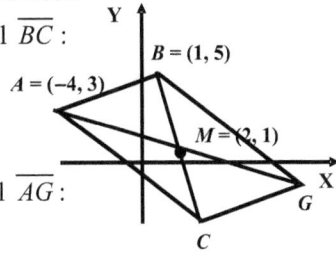

b. $d(A, B) = \sqrt{(1 - (-4))^2 + (5 - 3)^2} = \sqrt{5^2 + 2^2} = \sqrt{29} = \sqrt{9(3)} = 3\sqrt{3}$

$d(A, C) = \sqrt{(3 - (-4))^2 + (-3 - 3)^2} = \sqrt{7^2 + (-6)^2} = \sqrt{85}$

PROBLEMAS PROPUESTO 3.1

En los problemas 1, 2 y 3 hallar la distancia entre los siguientes pares de puntos P y Q y encontrar el punto medio del segmento que los une.

1. $P = (0, 0)$, $Q = (1. 2)$ **2.** $P = (1, 3)$, $Q = (3, 5)$ **3.** $P = (-1, 1)$, $Q = (1, \sqrt{2})$

4. Probar que los puntos $A = (-2, 4)$, $B = (-1, 3)$ y $C = (3, -1)$ son colineales.

5. Si $A = (-3, -5)$ y $M = (0, 2)$, hallar B sabiendo que M es el punto medio del segmento $\overline{AB}$.

6. Si $B = (8, -12)$ y $M = (7/2, 3)$, hallar A sabiendo que M es el punto medio del segmento $\overline{AB}$.

7. Probar que los puntos $A = (2, -3)$, $B = (4, 2)$ y $C = (-1, 4)$ son los vértices de un triángulo isósceles.

8. Probar que el triángulo con vértices $A = (4, 1)$, $B = (2, 2)$ y $C = (-1, -4)$ es rectángulo.

9. Probar que los puntos $A = (1, 2)$, $B = (4, 8)$, $C = (5, 5)$ y $D = (2, -1)$ son los vértices de un paralelogramo.

10. Probar que los puntos $A = (0, 2)$, $B = (1, 1)$, $C = (2, 3)$ y $D = (-1, 0)$ son los vértices de un rombo.

11. Probar que los puntos $A = (1, 1)$, $B = (11, 3)$, $C = (10, 8)$ y $D = (0, 6)$ son los vértices de un rectángulo.

12. Probar que los puntos $A = (-4, 1)$, $B = (1, 3)$, $C = (3, -2)$ y $D = (-2, -4)$ son los vértices de un cuadrado.

13. Hallar los puntos $P = (x, 2)$ que distan 5 unidades del punto $(-1, -2)$.

14. Hallar los puntos $P = (1, y)$ que distan 13 unidades del punto $(-4, 1)$.

15. Hallar una ecuación que relaciona a x con y que describa el hecho de que el punto $P = (x, y)$ equidista de los puntos $A = (6, 1)$ y $B = (-4, -3)$.

16. Hallar una ecuación que relacione a x con y que describa el hecho de que el punto $P = (x, y)$ dista 3 unidades del origen.

17. Los puntos medios de los lados de un triángulo son $M = (2, -1)$, $N = (-1, 4)$ y $Q = (-2, 2)$. Hallar los vértices.

18. Dos vértices adyacentes de un paralelogramo son $A = (2, 3)$ y $B = (4, -1)$. Si las diagonales se bisecan en el punto $M = (1, -3)$, hallar los otros dos vértices.

19. Probar que las diagonales de un paralelogramo se bisecan. Sugerencia: Sean tres de los vértices: $O = (0, 0)$, $A = (a, 0)$ y $B = (b_1, b_2)$.

SECCION 3.2
GRAFICAS DE ECUACIONES

DEFINICION. Se llama **gráfico** o **gráfica** de esta ecuación en dos variables $F(x, y) = 0$ al conjunto **G** formado por todos los puntos $P = (x, y)$ del plano cuyas coordenadas satisfacen la ecuación. En otras palabras, el gráfico de la ecuación $F(x, y) = 0$ es el conjunto:

$$G = \left\{ (x, y) \in \mathbb{R}^2 \ / \ F(x, y) = 0 \right\}$$

En general, trazar el gráfico de una ecuación no es simple y requiere de conocimientos que desarrollaremos más adelante, después de estudiar el concepto de derivada. Sin embargo, si la ecuación no es complicada, ésta se puede graficar localizando algunos puntos. Para esto, se confecciona una tabla que nos proporcione los valores de la variable y que correspondan a algunos valores que tomemos de la variable x. Este es el método que usaremos en esta sección para trazar algunos gráficos.

Dos ecuaciones son **equivalentes** si ambas tienen las mismas soluciones. Así, las ecuaciones $y = \dfrac{1}{2}x$ y $2y = x$ son equivalentes. Es claro que las ecuaciones equivalentes tienen el mismo gráfico.

En la elección de los puntos a representar se deben tratar de escoger los más simples de calcular. Los puntos que generalmente son fáciles de encontrar son los puntos donde la gráfica intersecta a los ejes coordenados. Las abscisas de los puntos donde la gráfica intersecta al eje X se llama **abscisas en el origen.** Estas se encuentran haciendo $y = 0$ en la ecuación. Similarmente, las ordenadas de los puntos donde la gráfica intersecta al eje Y se llaman **ordenadas en el origen**, y se encuentran haciendo $x = 0$ en la ecuación.

EJEMPLO 1. Graficar la ecuación $y = x^2$.

Solución

Confeccionamos una tabla que nos proporcione algunos puntos cuyas coordenadas satisfagan esta ecuación. En primer lugar hallamos las intersecciones con los ejes

Intersección con el eje X:

$y = 0 \implies x = 0$. Luego, la gráfica intersecta al eje X en el punto $(0, 0)$.

Intersección con el eje Y:

$x = 0 \implies y = 0$. Luego, la gráfica intersecta al eje Y en el punto $(0, 0)$

Otros puntos de la gráfica los proporciona la siguiente tabla:

x	-3	-2	0	1	2	3
y	9	4	0	1	4	9

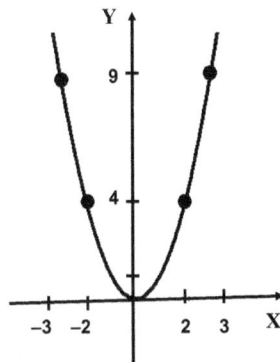

El lector recordará que esta curva es una **parábola** con vértice en el origen y cuyo eje coincide con el eje Y. Esta parábola es un caso particular de las parábolas con ecuación $y = ax^2$, que se caracterizan por tener su **vértice en el origen** y su **eje** coincide con **eje Y**.

EJEMPLO 2. Trazar el gráfico de las ecuaciones:

$$\frac{x^2}{9} + \frac{y^2}{4} = 1$$

Solución

a. Intersección con el eje X:

$y = 0 \implies x^2 = 9 \implies x = 3$ ó $x = -3$.

Luego, la gráfica corta al eje X en los puntos

$(3, 0)$ y $(-3, 0)$.

Intersección con el eje Y:

$x = 0 \Rightarrow y^2 = 4 \Rightarrow y = 2$ ó $y = -2$.

Luego, la gráfica corta al eje Y en los puntos

$$(0, 2) \quad y \quad (0, -2).$$

x	-3	-2	0	2	3
y	0	$\pm 2\sqrt{5}/3$	± 2	$\pm 2\sqrt{5}/3$	0

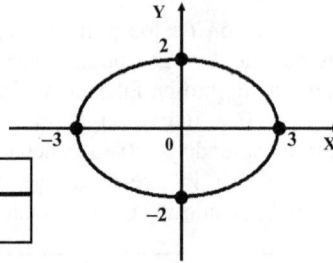

Esta curva es una **elipse**. La ecuación dada es un caso particular de la ecuación:

$$\frac{x^2}{a^2} + \frac{y^2}{b^2} = 1'$$

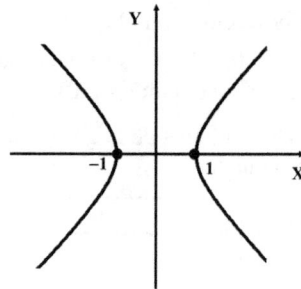

llamada **ecuación normal de la elipse**. Estas elipses se caracterizan por tener su centro en el origen.

EJEMPLO 3. Trazar el gráfico de la ecuación $x^2 - y^2 = 1$

Solución

Intersección con el eje X:

$y = 0 \Rightarrow x = \pm 1$.

Luego, la gráfica intersecta al eje X en los puntos

$$(-1, 0) \text{ y } (1, 0)$$

Intersección con el eje Y:

$x = 0 \Rightarrow y^2 = -1$. No soluciones reales Luego, la gráfica no intersecta al eje Y.

Esta curva es una **hipérbola**.

La igualdad $x^2 - y^2 = 1$ es un caso particular de la ecuación:

$$\frac{x^2}{a^2} - \frac{y^2}{b^2} = 1$$

llamada **ecuación normal de la hipérbola**. Estas hipérbolas se caracterizan por tener su centro en el origen y sus vértices sobre el eje X.

OBSERVACION. El lector recordará que las tres gráficas anteriores son casos particulares de tres grupos de curvas, llamadas **secciones cónicas**.

SIMETRIAS

DEFINICION. Una gráfica G es **simétrica respecto al:**

    a. Eje Y si se cumple que: $(x, y) \in G \Rightarrow (-x, y) \in G$.

    b. Eje X si se cumple que: $(x, y) \in G \Rightarrow (x, -y) \in G$.

    c. Origen si se cumple que: $(x, y) \in G \Rightarrow (-x, -y) \in G$

Las siguientes proposiciones traducen estos conceptos en términos algebraicos

---

CRITERIOS DE SIMETRIA.

La gráfica de una ecuación es simétrica respecto al:

a. Eje Y si al sustituir a x por $-x$ se obtiene una ecuación equivalente.

b. Eje X si al sustituir a y por $-y$ se obtiene una ecuación equivalente.

c. Origen si al sustituir a x por $-x$ y a y por $-y$ se obtiene una ecuación equivalente.

EJEMPLO 4. Probar que:

    a. La **bruja de Agnesi** es simétrica respecto al eje Y

    b. La **parábola semicúbica** es simétrica respecto al eje X

    c. La **parábola cúbica** es simetría respecto al origen.

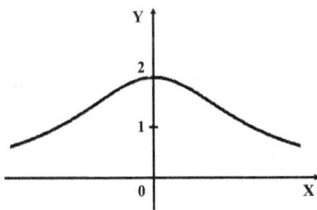

$$x^2 y = 4(2 - y)$$
Bruja de Agnesi

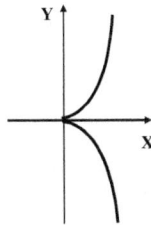

$$y^2 = x^3$$
Parábola semicúbica

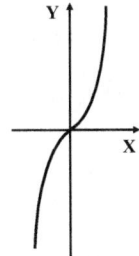

$$y = x^3$$
Parábola cúbica

Solución

a. Reemplazamos a x por $-x$ en la ecuación de la Bruja:

$$(-x)^2 y = 4(2 - y) \Rightarrow x^2 y = 4(2 - y) \quad \text{que es la ecuación de la Bruja.}$$

b. Reemplazamos a y por $-y$ en la ecuación de la parábola semicúbica:

$(-y)^2 = x^3 \implies y^2 = x^3$, que es la ecuación de la parábola semicúbica.

c. Reemplazando a x por $-x$ y a y por $-y$ en la ecuación de la parábola cúbica:

$-y = (-x)^3 \implies -y = -x^3 \implies y = x^3$, que es la ecuación de la parábola cúbica.

Toda gráfica que es simétrica respecto a ambos ejes es simétrica respecto al origen. Lo recíproco no es cierto, como muestra la gráfica de la parábola cúbica.

¿SABIA UD. QUE . . .

MARÍA GAETANA AGNESI (1718–1779). Nació en Milán., Italia. Desde muy joven demostró talento y afición por la Matemática. Escribió, en italiano, un texto para la enseñanza del Cálculo: **Instituzioni Analitiche ad uso della gioventú italiana.** *En este libro describió la curva que ahora se llama la* **Bruja de Agnesi,** *y cuyo nombre inicial fue* **la versiera,** *tomado del latín versoria, que es la cuerda con la que se gira la vela de un bote. En una traducción del libro al inglés, se confundió la palabra "la versiera" con otra palabra latina,"l'aversiera", que significa bruja. De esta confusión viene el nombre de bruja de Agnesi.*

ECUACION DE UNA CURVA

El hecho de contar con un sistema de coordenadas para el plano nos ha permitido traducir conceptos algebraicos, como son las ecuaciones, a conceptos geométricos, como son los gráficos. También nos permite tomar el camino inverso, de traducir conceptos geométricos a conceptos algebraicos.

DEFINICION. Una **ecuación de una curva** es una ecuación a la cual satisfacen las coordenadas de todos los puntos de la curva y sólo éstos.

Una curva puede tener muchas ecuaciones. Por esta razón decimos **una** ecuación y no la ecuación de una curva.

LA CIRCUNFERENCIA

Entre las curvas más simples encontramos la circunferencia. Recordar que la circunferencia de centro en el punto C y radio $r > 0$ es el conjunto de puntos del plano cuya distancia al punto C es r. Es decir:

$$\left\{ P \in \mathbb{R}^2 \,/\, d(P, C) = r \right\}$$

Hallemos una ecuación para la circunferencia.

TEOREMA 3.3 La **circunferencia** de centro $C = (h, k)$ y radio r tiene por ecuación:

$$(x - h)^2 + (y - k)^2 = r^2$$

Demostración

$P = (x, y)$ está en la circunferencia $\Leftrightarrow$

$d(P, C) = r \;\Leftrightarrow\; \sqrt{(x-h)^2 + (y-k)^2} = r$

$\Leftrightarrow (x - h)^2 + (y - k)^2 = r^2$

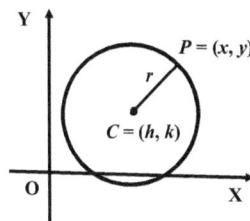

EJEMPLO 5. Hallar una ecuación de la circunferencia de centro $C = (2, 1)$ y radio 3

Solución

Por la proposición anterior, una ecuación de esta circunferencia es:

$$(x - 2)^2 + (y - 1)^2 = 3^2$$

Esta ecuación también podemos presentarla desarrollando los cuadrados y simplificando. Esto es,

$$x^2 + y^2 - 4x - 2y - 4 = 0$$

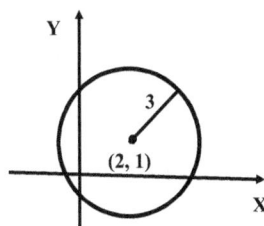

CRITERIO DE TRASLACION

Observando la figura adjunta podemos concluir que a la circunferencia de centro en (h, k):

$$(x - h)^2 + (y - k)^2 = r^2$$

la podemos obtener mediante una conveniente traslación de la circunferencia de centro en el origen:

$$x^2 + y^2 = r^2$$

Esta traslación lleva el origen $(0, 0)$ al punto (h, k) del modo siguiente: Si $h > 0$ y $k > 0$, trasladando a todo punto del plano h unidades hacia la derecha y k unidades hacia arriba. Si $h < 0$ ó $k < 0$ trasladamos $|h|$ unidades a la izquierda ó $|k|$ hacia abajo.

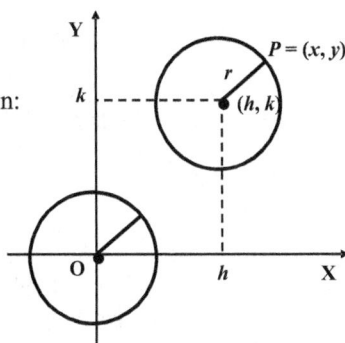

Esta observación la enunciamos en forma más general en la siguiente proposición:

CRITERIO DE TRASLACION.

La gráfica de la ecuación

$$F(x - h, y - k) = 0$$

se obtiene trasladando la gráfica de la ecuación

$$F(x, y) = 0,$$

mediante la traslación que lleva el **origen** al punto (h, k).

EJEMPLO 6. Graficar la ecuación $4x^2 + 9y^2 - 8x - 36y + 4 = 0$.

Solución

Completamos cuadrados en la ecuación dada:

$$4x^2 + 9y^2 - 8x - 36y + 4 = 0$$

$$\Leftrightarrow 4(x^2 - 2x + 1) + 9(y^2 + 4y + 4) = -4 + 4 + 36$$

$$\Leftrightarrow 4(x - 1)^2 + 9(y + 2)^2 = 36$$

$$\Leftrightarrow \frac{(x-1)^2}{9} + \frac{(y+2)^2}{4} = 1$$

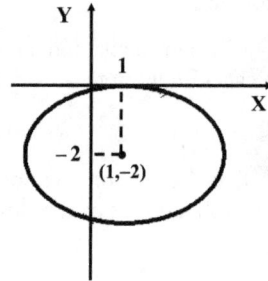

Esta ecuación se obtiene de la ecuación del ejemplo 2, $\dfrac{x^2}{9} + \dfrac{y^2}{4} = 1$,

mediante la traslación que lleva el origen al punto $(h, k) = (1, -2)$.

CRITERIO DE INVERSION

Si a un punto $P = (x, y)$ le intercambiamos sus coordenadas obtenemos el punto $Q = (y, x)$. ¿Qué propiedad geométrica relaciona estos dos puntos?

Para hallar esta relación grafiquemos algunas de estas parejas en el plano coordenado. Graficamos también la recta diagonal $y = x$, a la que llamaremos **diagonal principal**.

Observamos que los puntos $P = (x, y)$ y $Q = (y, x)$ se caracterizan por ser simétricos respecto a la diagonal principal.

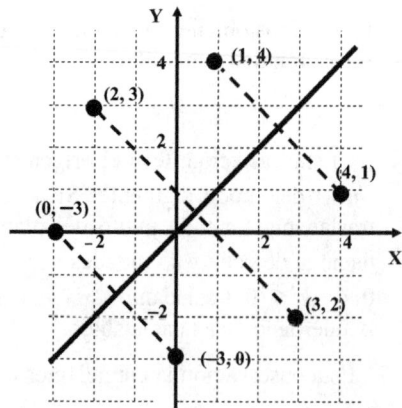

Este resultado nos permite establecer la siguiente proposición, a la que llamaremos criterio de inversión. Le damos ese nombre debido a que él nos servirá para construir las gráficas de las funciones inversas.

CRITERIO DE INVERSION.

La gráfica de la ecuación

$$F(y, x) = 0$$

se obtiene reflejando en la diagonal principal la gráfica de la ecuación

$$F(x, y) = 0.$$

EJEMPLO 7.   Trazar el gráfico de $x = y^2$

Solución

La ecuación dada se obtienen intercambiando las variables x y y en la de la parábola $y = x^2$ del ejemplo 1. En consecuencia, la nueva gráfica se obtiene de la gráfica del ejemplo 1, reflejándola en la diagonal principal.

La gráfica de $x = y^2$ es un caso particular de las parábolas

$$x = ay^2,$$

que se caracterizan por tener su vértice en el origen y su eje coincide con el eje X.

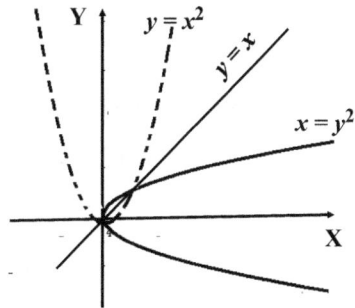

EJEMPLO 8. Trazar el gráfico de $y^2 - x^2 = 1$

Esta ecuación se obtienen intercambiando las variables x y y en la ecuación de la hipérbola $x^2 - y^2 = 1$ del ejemplo 3. En consecuencia, la nueva gráfica se obtiene de la gráfica del ejemplo 3, reflejándola en la diagonal principal.

La gráfica de $y^2 - x^2 = 1$ es un caso particular de ecuación:

$$\frac{y^2}{a^2} - \frac{x^2}{b^2} = 1,$$

llamada también **ecuación normal de la hipérbola**. Estas hipérbolas se caracterizan por su centro en el origen y sus vértices sobre eje Y.

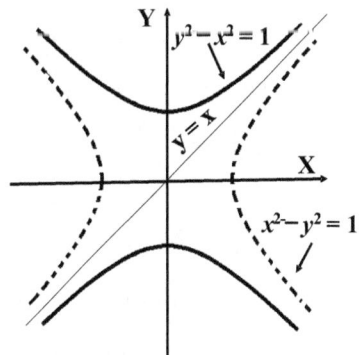

PROBLEMAS RESUELTOS 3.2

PROBLEMA 1. Hallar una ecuación de la circunferencia que tiene por diámetro al segmento de extremos $A = (-2, 1)$ y $B = (4, 7)$.

Solución

El centro de la circunferencia es el punto medio del segmento $\overline{AB}$; esto es:

$$M = \left(\frac{-2+4}{2}, \ \frac{1+7}{2} \right) = (1, 4)$$

El radio de la circunferencia debe ser la mitad del diámetro o bien la distancia del punto medio

M a cualquiera de los extremos A ó B; esto es

$$r = d(M, B) = \sqrt{(4-1)^2 + (7-4)^2} = \sqrt{18}$$

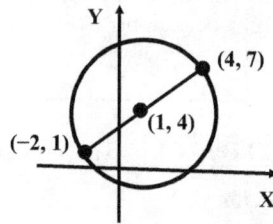

Luego, una ecuación para esta circunferencia es,

$$(x-1)^2 + (y-4)^2 = 18 \quad \text{ó bien} \quad x^2 + y^2 - 2x - 8y - 1 = 0$$

PROBLEMA 2. Hallar una ecuación de la circunferencia que de radio $r = \sqrt{10}$ y pasa por los puntos $Q = (2, -2)$ y $S = (6, -4)$.

Solución

Hallemos el centro $C = (h, k)$ de la circunferencia.

Como Q y S están en la circunferencia debemos tener que:

$$d(C, Q) = r \quad \text{y} \quad d(C, S) = r \quad \Rightarrow$$

$$d(C, Q)^2 = r^2 \quad \text{y} \quad d(C, S)^2 = r^2 \quad \Rightarrow$$

$$(h-2)^2 + (k+2)^2 = 10 \quad \text{y}$$

$$(h-6)^2 + (k+4)^2 = 10 \quad \Rightarrow$$

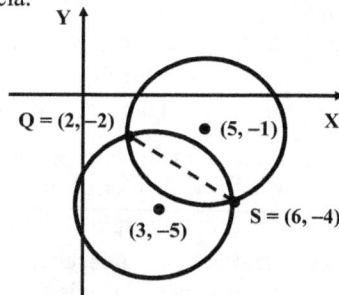

(a) $h^2 + k^2 - 4h + 4k - 2 = 0$ y   **(b)** $h^2 + k^2 - 12h + 8k + 42 = 0$

Restando la primera ecuación de la segunda se tiene:

$$-8h + 4k + 44 = 0 \ \Rightarrow \ -2h + k + 11 = 0 \ \Rightarrow \ k = 2h - 11$$

Reemplazando este valor de k en (a):

$$h^2 + (2h-11)^2 - 4h + 4(2h-11) - 2 = 0 \Rightarrow \ 5h^2 - 40h + 75 = 0 \ \Rightarrow$$

$$h^2 - 8h + 15 = 0 \Rightarrow \ (h-5)(h-3) = 0 \ \Rightarrow \ h = 5 \ \text{ó} \ h = 3.$$

Si tomamos $h = 5$, entonces $k = 2(5) - 11 = -1$ y $C = (5, -1)$. Si tomamos $h = 3$, entonces $k = 2(3) - 11 = -5$ y $C = (3, -5)$. Tenemos dos soluciones, una para cada centro C hallado. Estas son:

$$(x - 5)^2 + (y + 1)^2 = 10 \quad \text{y} \quad (x - 3)^2 + (y + 5)^2 = 10$$

PROBLEMA 3 . Haciendo uso del criterios de traslación, graficar la ecuación

$$x = y^2 + 2y + 5$$

Solución

$$x = y^2 + 2y + 5 \iff x - 1 = y^2 + 2y + 4$$

$$\iff x - 1 = (y + 2)^2$$

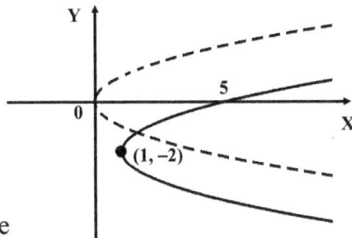

Luego, la gráfica de $x = y^2 + 2y + 5$, o sea la de

$x - 1 = (y + 2)^2$, se obtiene de la gráfica de $x = y^2$ (ejemplo 7) mediante la traslación que lleva el origen a $(1, -2)$.

PROBLEMAS PROPUESTOS 3.2

En los problemas del 1 al 7 aplicar los criterios de simetría para determinar si el gráfico de la ecuación dada es simétrico respecto al eje X, al eje Y o al origen.

1. $y = x^2$ **2.** $xy = 1$ **3.** $\dfrac{x^2}{4} + \dfrac{y^2}{9} = 1$ **4.** $\dfrac{x^2}{4} - \dfrac{y^2}{9} = 1$

5. $y^2(2 - x) = x^3$ **6.** $x^2 + y^2 + x = \sqrt{x^2 + y^2}$ **7.** $(x^2 + y^2)^2 = x^2 - y^2$

En los problemas del 8 al 16 hallar una ecuación de la circunferencia que satisface las condiciones dadas.

8. Centro $(2, -1)$; $r = 5$ **9.** Centro $(-3, 2)$; $r = \sqrt{5}$

10. Centro el origen y pasa por $(-3, 4)$ **11.** Centro $(1, -1)$ y pasa por $(6, 4)$

12. Centro $(1, -3)$ y es tangente al eje X   **13.** Centro $(-4, 1)$ y es tangente al eje Y

14. Tiene un diámetro de extremos $(2, 4)$ y $(4, -2)$

15. De radio $r = 1$ y pasa por $(1, 1)$ y $(1, -1)$

16. Pasa por los puntos $(0, 0)$, $(0, 8)$ y $(6, 0)$

En los problemas del 17 al 22 probar que la ecuación dada representa una circunferencia, hallando su centro y su radio.

17. $x^2 + y^2 - 2x - 3 = 0$ **18.** $x^2 + y^2 + 4y - 4 = 0$ **19.** $x^2 + y^2 + y = 0$

20. $x^2 + y^2 - 2x + 4y - 4 = 0$ **21.** $2x^2 + 2y^2 - x + y - 1 = 0$

22. $16x^2 + 16y^2 - 48x - 16y - 41 = 0$

En los problemas 23 al 25, aplicando los criterios de traslación a la gráfica de la parábola semicúbica (ejemplo 4), graficar las siguientes ecuaciones.

23. $(y - 1)^2 = (x + 1)^3$ **24.** $(x - 1)^2 = (y + 1)^3$ **25.** $(y + 1)^2 = (x - 1)^3$

En los problemas del 26 al 28, aplicando los criterios de traslación y de reflexión a la gráfica de la Bruja de Agnesi (ejemplo 4), graficar las siguientes ecuaciones.

26. $(x - 3)^2(y - 2) = 4(4 - y)$ **27.** $(y - 3)^2(x - 2) = 4(4 - x)$

28. $(x + 3)^2(y + 2) = 4(-y)$

En los problemas del 29 al 35, identificar el tipo de cónica (parábola, elipse o hipérbola).. En cada caso, bosquejar su gráfica usando, cuando sea necesario, traslaciones y simetrías.

29. $y - x^2 = 2x$ **30.** $y^2 = 2 - x$

31. $16x^2 + 9y^2 = 144$ **32.** $16x^2 + 9y^2 - 36y = 108$

33. $16x^2 - 25y^2 = 400$ **34.** $16y^2 - 25x^2 = 400$

35. $16y^2 - 25x^2 + 32y - 50x = 409$

SECCION 3.3
LA RECTA Y LA ECUACION DE PRIMER GRADO

Una **ecuación de primer grado en dos variables**, x y y, es una ecuación de la forma:

$$Ax + By + C = 0, \text{ donde } A \neq 0 \text{ ó } B \neq 0$$

Veremos que la gráfica de esta ecuación es una recta y, recíprocamente, cualquier ecuación que represente a una recta es una ecuación de primer grado. Comenzamos presentando las diferentes formas de la ecuación de una recta.

PENDIENTE DE UNA RECTA

Introducimos el concepto de **pendiente** de una recta para medir la razón de elevación o inclinación de la recta. Este concepto capta el sentido intuitivo de la palabra pendiente que usamos en frases como "la pendiente de una carretera" o "la pendiente de una colina".

DEFINICION. La **pendiente** de una recta **no vertical** L que pasa por los puntos

$P_1 = (x_1, y_1)$ y $P_2 = (x_2, y_2)$ es el cociente:

$$m = \frac{y_2 - y_1}{x_2 - x_1}$$

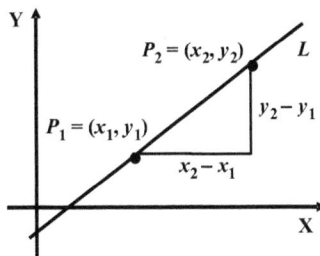

OBSERVACIONES:

1. La pendiente de una recta es independiente de los puntos que se toman para definirla. Esto es, si $P'_1 = (x'_1, y'_1)$ y $P'_2 = (x'_2, y'_2)$ son otros puntos de la recta, se tiene:

$$m = \frac{y_2 - y_1}{x_2 - x_1} = \frac{y'_2 - y'_1}{x'_2 - x'_1}$$

4. La pendiente m indica el número de unidades que la recta sube (si $m > 0$) o baja (si $m < 0$) por cada unidad horizontal que se avance a la derecha. Si $m = 0$, la recta es horizontal.

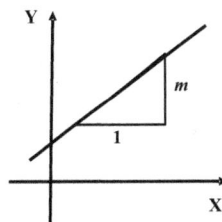

Ya estamos en condiciones de obtener algunas formas de la ecuación de la recta. Para esto aprovechamos el hecho de que una recta queda determinada si se conocen dos datos de ella, que pueden ser un punto y su pendiente o dos puntos distintos de ella. Veamos el primer caso:

ECUACION PUNTO PENDIENTE DE LA RECTA

TEOREMA 3.4 **Ecuación punto–pendiente.**

Una ecuación de la recta de pendiente **m** y pasa por el punto $P_0 = (x_0, y_0)$ es

$$y - y_0 = m(x - x_0)$$

Demostración

Sea $P = (x, y)$ un punto cualquiera de la recta. De la definición de pendiente obtenemos:

$$m = \frac{y - y_0}{x - x_0} \implies y - y_0 = m(x - x_0)$$

EJEMPLO 1. Hallar una ecuación de la recta que pasa por los puntos

$(-2, 5)$ y $(1, -1)$.

Solución

Hallemos, en primer lugar, la pendiente de la recta:

$$m = \frac{-1 - 5}{1 - (-2)} = \frac{-6}{3} = -2$$

Ahora hallamos la ecuación punto–pendiente de la recta. Como el punto P_0 podemos tomar cualquiera de los dos puntos dados, $(-2, 5)$ ó $(1, -1)$. Así, si $P_0 = (1, -1)$,

$$y - (-1) = -2(x - 1) \implies y + 1 = -2x + 2 \implies y + 2x - 1 = 0$$

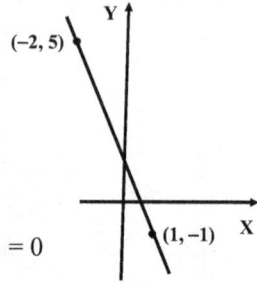

ECUACION PENDIENTE INTERSECCION

Si en la ecuación punto–pendiente tomamos $P_0 = (0, b)$, el punto donde la la recta corta al eje Y, se tiene que:

$$y - b = m(x - 0) \implies y = mx + b$$

Esta nueva ecuación de la recta se llama ecuación **pendiente–intersección.**

Resumimos este resultado en el siguiente teorema:

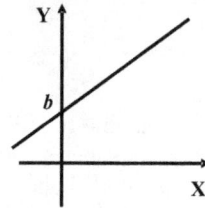

| **TEOREMA 3.5** | **Ecuación pendiente-intersección.** Una ecuación de la recta que tiene pendiente **m** y pasa por el punto **(0, b)** es |

$$y = mx + b$$

RECTAS VERTICALES Y HORIZONTALES

Ninguna de las ecuaciones de la recta presentadas describe a las rectas verticales, debido a que éstas no tienen pendiente.

Supongamos que una recta vertical L corta al eje X en el punto $(a, 0)$; es decir a su **abscisa en el origen**. Un punto cualquiera (x, y) está en L si y sólo si su abscisa es a; es decir, si x = a. Por tanto, una ecuación para esta recta vertical es: $x = a$

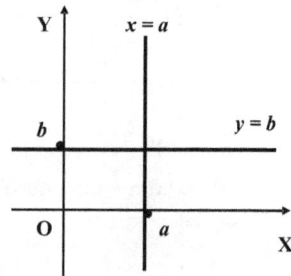

Por otro lado, una recta horizontal tiene pendiente $m = 0$, ya que cualquier par de puntos de la recta tienen la misma ordenada. Luego, reemplazando $m = 0$ en la ecuación punto–intersección se obtiene una ecuación para la recta horizontal: $y = b$

En resumen, tenemos el siguiente teorema:

TEOREMA 3.6 **1.** Una ecuación de la **recta vertical** con abscisa en el origen *a* es:
$$x = a$$
2. Una ecuación de la **recta horizontal** con ordenada en el origen *b* es: $y = b$

EJEMPLO 2. **1.** Hallar una ecuación de la recta vertical que pasa por el punto $(-2, 3)$.

2. Hallar una ecuación de la recta horizontal que pasa por el punto $(-2, 3)$.

Solución

    1. $x = -2$ **2.** $y = 3$

=====

LA ECUACION LINEAL

Recordemos que una **ecuación lineal en dos variables,** *x* y *y*, es una ecuación de la forma

$$Ax + By + C = 0, \text{ donde } A \neq 0 \quad \text{ó} \quad B \neq 0$$

Las distintas ecuaciones que hemos hallado anteriormente para las rectas, ya sean oblicuas, horizontales o verticales, son todas ecuaciones lineales. Probaremos ahora que lo recíproco también es cierto; es decir, el gráfico de una ecuación lineal es una recta. De hecho, el nombre de "ecuación lineal" está motivado por este resultado.

TEOREMA 3.7 El gráfico de la ecuación lineal $Ax + By + C = 0, A \neq 0$ ó $B \neq 0$ es una **recta**. Además:

    1. Si $A \neq 0$ y $B \neq 0$, la recta es **oblicua.**

    2. Si $A = 0$ y $B \neq 0$, la recta es **horizontal.**

    3. Si $A \neq 0$ y $B = 0$, la recta es **vertical.**

Demostración

Caso 1. Si $A \neq 0$ y $B \neq 0$, despejamos y: $y = -\dfrac{A}{B}x - \dfrac{C}{B}$

Su gráfica es una recta oblicua, ya que su pendiente $m = -\dfrac{A}{B} \neq 0$.

Caso 2. Si $A = 0$, la ecuación lineal se convierte en $By + C = 0$. De donde, despejando y obtenemos $y = -\dfrac{C}{B}$, la cual tiene por gráfica una recta horizontal.

Caso 3. Si $B = 0$, la ecuación se convierte en $Ax + C = 0$. De donde, $x = -\dfrac{C}{A}$, la cual tiene por gráfica una recta vertical.

$\boxed{\text{CONVENCION.}}$ Frecuentemente, con el ánimo de simplificar, en lugar de decir "la recta que es el gráfico de la ecuación $Ax + By + C = 0$" diremos simplemente "la recta $Ax + By + C = 0$".

$\boxed{\text{EJEMPLO 3.}}$ Dada la recta $L: 2x - 3y + 12 = 0$, hallar su pendiente, ordenada en el origen y abscisa en el origen. Graficarla.

Solución

Despejamos y: $y = \dfrac{2}{3}x + 4$. Luego, la pendiente es

$$m = \frac{2}{3}$$

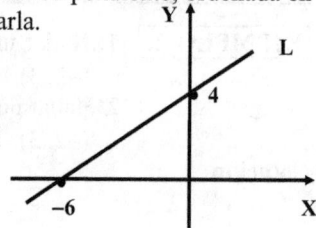

Si en $y = \dfrac{2}{3}x + 4$ hacemos $x = 0$ obtenemos que $y = 4$. Luego la ordenada en el origen es 4.

Si en $2x - 3y + 12 = 0$ ó en $y = \dfrac{2}{3}x + 4$ hacemos $y = 0$, obtenemos que $x = -6$.

Luego, la abscisa en el origen es -6.

Para graficar una recta basta conocer dos de sus puntos. De esta recta ya conocemos los puntos $(0, 4)$ y $(-6, 0)$, obtenidos a partir de la ordenada y la abscisa en el origen. El gráfico se obtiene trazando la recta que une estos dos puntos.

$\boxed{\text{EJEMPLO 4.}}$ Sea L_1 la recta que pasa por los puntos $P_1 = (4, 6)$ y $P_2 = (5, 8)$. Hallar el punto donde L_1 intersecta la recta $L_2 : x + y - 7 = 0$.

Solución

En primer lugar hallemos una ecuación de L_1. Como L_1 pasa por $P_1 = (4, 6)$ y $P_2 = (5, 8)$, tenemos:

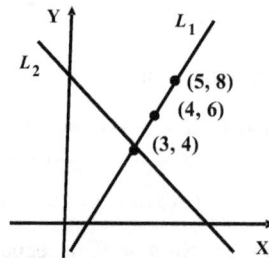

$$y - 6 = \frac{8-6}{5-4}(x-4) \iff y - 6 = 2(x-4)$$

$$\iff 2x - y - 2 = 0$$

Luego, $L_1: 2x - y - 2 = 0$

El punto donde L_1 y L_2 se intersectan, debe tener por coordenadas la solución común a ambas ecuaciones. Luego, debemos resolver el sistema:

$$L_1 : 2x - y - 2 = 0$$
$$L_2 : x + y - 7 - 0$$

La solución es $x = 3$, $y = 4$. Luego, las rectas se intersectan en el punto $(3, 4)$.

===

RECTAS PARALELAS

Dos rectas del plano, L_1 y L_2 , son **paralelas** si no se intersectan o son coincidentes; es decir: L_1 y L_2 son paralelas $\Leftrightarrow L_1 \cap L_2 = \varnothing$ ó $L_1 = L_2$

La siguiente proposición traduce el paralelismo en términos de pendientes.

TEOREMA 3.8 Sean L_1 y L_2 dos rectas del plano que son no verticales y tienen
pendientes m_1 y m_2 respectivamente, entonces

$$L_1 \text{ y } L_2 \text{ son paralelas} \Leftrightarrow m_1 = m_2.$$

Demostración

Sean Δ_1 y Δ_2 los triángulos rectángulos
mostrados en la figura adjunta. Se tiene que:

L_1 y L_2 son paralelas $\Leftrightarrow \Delta_1$ y Δ_2 son congruentes

$$\Leftrightarrow m_1 = m_2$$

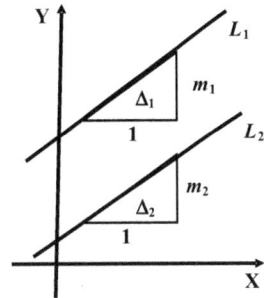

EJEMPLO 5. Hallar una ecuación de la recta L_1 que pasa por el punto $P_1 = (-1,1)$
y es paralela a la recta L_2: $2x + 3y - 8 = 0$.

Solución

Tenemos que:

$$2x + 3y - 8 = 0 \Leftrightarrow y = -\frac{2}{3}x + \frac{8}{3}$$

Luego, la pendiente de L_2 es $m = -\frac{2}{3}$

Como L_1 y L_2 son paralelas, por la proposición
anterior, la pendiente de L_1 también es $m = -\frac{2}{3}$.

Además, como L_1 pasa por $P_1 = (-1,1)$, tenemos que:

$$L_1: y - 1 = -\frac{2}{3}(x+1) \Leftrightarrow L_1 : 2x + 3y - 1 = 0$$

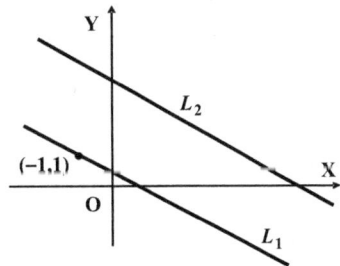

RECTAS PERPENDICULARES

Dos rectas en el plano son **perpendiculares** si éstas se cortan formando un ángulo recto. La siguiente proposición caracteriza la perpendicularidad de rectas en términos de las pendientes. Ver su demostración en el problema resuelto 7.

TEOREMA 3.9 Si L_1 y L_2 son dos rectas no verticales con pendientes m_1 y m_2 respectivamente, entonces,

$$L_1 \text{ y } L_2 \text{ son perpendiculares} \Leftrightarrow m_1 m_2 = -1$$

EJEMPLO 6. **a.** Hallar una ecuación de la recta L_1 que pasa por el punto $P_1 = (15/8, 7)$ y es perpendicular a la recta $L_2 : 3x - 4y - 12 = 0$

b. Hallar el punto donde L_1 corta a L_2.

Solución

a. Sean m_1 y m_2 las pendientes de L_1 y L_2, respectivamente. Por el teorema anterior tenemos que $m_1 = -\dfrac{1}{m_2}$. Pero,

$$L_2: 3x - 4y - 12 = 0 \Leftrightarrow L_2 : y = \frac{3}{4}x - 3$$

Luego, $m_2 = \dfrac{3}{4}$ y, por tanto,

$$m_1 = -\frac{1}{3/4} = -\frac{4}{3}$$

Como L_1 pasa por el punto $P_1 = (15/8, 7)$ y tiene pendiente $m_1 = -\dfrac{4}{3}$, aplicando la ecuación punto–pendiente, tenemos:

$$L_1: y - 7 = -\frac{4}{3}\left(x - \frac{15}{8}\right) \Leftrightarrow L_1: 8x + 6y - 57 = 0$$

b. Resolvemos el sistema determinado por las ecuaciones de L_1 y L_2: $\quad 8x + 6y - 57 = 0 \quad$ y $\quad 3x - 4y - 12 = 0$

hallamos que $x = 6$ y $y = \dfrac{3}{2}$. Luego, las rectas se cortan en el punto $(6, 3/2)$.

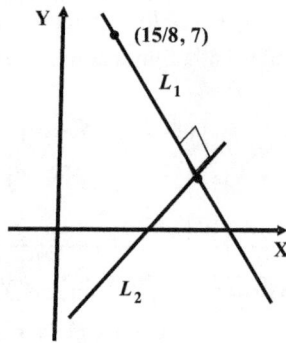

DISTANCIA DE UN PUNTO A UNA RECTA

Dado un punto P y una recta L, se llama **distancia del punto P a la recta L** a la distancia de P al punto Q, donde Q es la intersección de L con la recta perpendicular a L que pasa por P. Esto es,

$$d(P, L) = d(P, Q)$$

El siguiente teorema nos proporciona una fórmula muy simple de calcular la distancia de un punto a una recta.

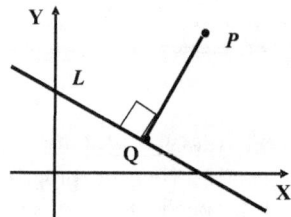

$\boxed{\textbf{TEOREMA 3.10}}$ La distancia del punto $P = (x_0, y_0)$ a la recta $L: Ax + By + C = 0$ es

$$d(P, L) = \frac{|Ax_0 + By_0 + C|}{\sqrt{A^2 + B^2}}$$

Demostración

Ver el problema resuelto 8.

$\boxed{\textbf{EJEMPLO 7.}}$ Hallar la distancia del punto $P = (-2, 3)$ a la recta

$$L: 3x - 4y - 2 = 0$$

Solución

$$d(P, L) = \frac{|Ax_0 + By_0 + C|}{\sqrt{A^2 + B^2}}$$

$$= \frac{|3(-2) - 4(3) - 2|}{\sqrt{3^2 + (-4)^2}} = \frac{20}{5} = 4$$

$P = (-2, 3)$

L

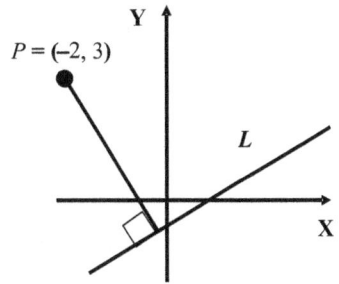

$\boxed{\textbf{EJEMPLO 8.}}$ Hallar la distancia entre las rectas paralelas.

$$L_1: 2y - x - 8 = 0, \quad L_2: 2y - x + 2 = 0$$

Solución

Se entiende que la distancia entre dos rectas paralelas es la distancia de un punto cualquiera de una de ellas a la otra recta. Consigamos un punto de la recta $L_1: 2y - x - 8 = 0$. Por ejemplo el punto P donde L_1 corta al eje Y. Si hacemos $x = 0$, entonces $2y - 8 = 0$ y, por tanto, $y = 4$. Luego $P = (0, 4)$. Ahora:

$P = (0, 4)$

L_1

L_2

$$d(L_1, L_2) = d(P, L_2) = \frac{|2(4) - 0 + 2|}{\sqrt{2^2 + (-1)^2}} = \frac{10}{\sqrt{5}} = 2\sqrt{5}$$

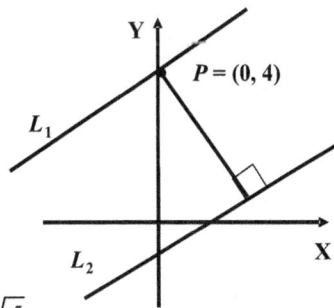

PROBLEMAS RESUELTOS 3.3

PROBLEMA 1. Usando pendientes probar que los puntos $P_1 = (-3, -3)$, $P_2 = (3, 1)$ y $P_3 = (6, 3)$ son colineales (están sobre una misma recta).

Solución

Si m_1 es la pendiente de la recta que pasa por
$P_1 = (-3, -3)$ y $P_2 = (3, 1)$, entonces

$$m_1 = \frac{1 - (-3)}{3 - (-3)} = \frac{4}{6} = \frac{2}{3}$$

Si m_2 es la pendiente de la recta que pasa por
$P_1 = (-3, -3)$ y $P_3 = (6, 3)$, entonces

$$m_2 = \frac{3 - (-3)}{6 - (-3)} = \frac{6}{9} = \frac{2}{3}$$

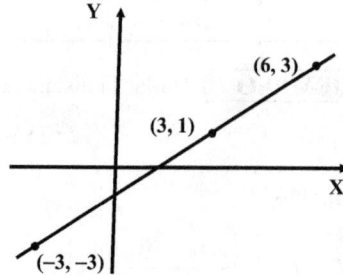

Vemos que $m_1 = m_2$. Esto nos dice que estas dos rectas son paralelas. Además, como ambas pasan por el punto P_1, concluimos que las dos rectas son iguales y, por tanto, los tres puntos son colineales.

PROBLEMA 2. Dada la recta L: $y = 5$, hallar una ecuación de la recta:

    a. L_1 que pasa por el punto $P = (-4, 2)$ y es paralela a la recta L.

    b. L_2 que pasa por el punto $P = (-4, 2)$ y es perpendicular a L.

Solución

a. La recta L: $y = 5$ es una recta horizontal. La recta L_1, por ser paralela a L, también es horizontal.

Como pasa por el punto $P = (-4, 2)$, una ecuación de ésta recta es:

$$L_1 : y = 2$$

b. La recta L_2, por ser perpendicular a una recta horizontal, debe ser vertical. Como pasa por $P = (-4, 2)$, una ecuación de ésta es:

$$L_2 : x = -4$$

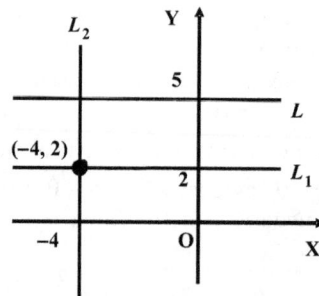

PROBLEMA 3. Probar que las siguientes rectas son paralelas:

$$L_1: 8x + 3y - 5 = 0, \quad L_2: 16x + 6y = 7$$

Solución

La pendiente de L_1 es $m_1 = -\dfrac{8}{3}$ y la de L_2 es $m_2 = -\dfrac{16}{6} = -\dfrac{8}{3}$

Como $m_1 = m_2 = -\dfrac{8}{3}$, por el teorema 3.8, L_1 y L_2 son paralelas.

PROBLEMA 4. Probar que las rectas siguientes son perpendiculares.

$$L_1:\ 3x - \sqrt{2}\,y - 5 = 0, \qquad L_2:\ \sqrt{2}\,x + 3y - 6 = 0$$

Solución

Hallemos las pendientes de estas rectas. Despejamos y en cada ecuación:

$$L_1:\ y = \frac{3}{\sqrt{2}}x - 5 \qquad L_2:\ y = -\frac{\sqrt{2}}{3}x + 2$$

Las pendientes de L_1 y L_2 son, respectivamente, $m_1 = \dfrac{3}{\sqrt{2}}$ y $m_2 = -\dfrac{\sqrt{2}}{3}$.

Pero, $m_1 m_2 = \left(3/\sqrt{2}\right)\left(-\sqrt{2}/3\right) = -1.$

En consecuencia, por el teorema 3.9, las rectas L_1 y L_2 son perpendiculares.

PROBLEMA 5. Hallar una ecuación de la recta que es perpendicular a la recta

$$L: 3y - 4x - 15 = 0$$

y que forma con los ejes coordenados un triángulo de área igual a 6.

Solución

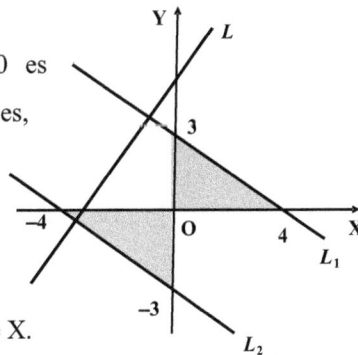

La pendiente de la recta $L: 3y - 4x - 15 = 0$ es $m_1 = \dfrac{4}{3}$. Luego, la pendiente de la recta buscada es,

$$m_2 = -\frac{1}{m_1} = -\frac{1}{4/3} = -\frac{3}{4}$$

y, por tanto, esta recta tiene por ecuación:

$$y = -\frac{3}{4}x + b \qquad \textbf{(1)}$$

Sea $(a, 0)$ el punto donde esta recta corta al eje X.

Reemplazando estos valores en la ecuación anterior:

$$0 = -\frac{3}{4}a + b \ \Rightarrow\ a = \frac{4}{3}b \qquad \textbf{(2)}$$

El área del triángulo formado por la recta y los ejes es:

$$\frac{|a\,||\,b|}{2} = 6 \ \Leftrightarrow\ |ab| = 12$$

Reemplazando (2) en esta última igualdad:

$$|ab| = 12 \iff \left|\frac{4}{3}ab\right| = 12 \iff b^2 = 9 \iff b = \pm 3$$

Reemplazando $b = 3$ y $b = -3$ en la ecuación (1) encontramos dos respuestas para nuestro problema:

$$L_1: y = -\frac{3}{4}x + 3, \qquad L_2: y = -\frac{3}{4}x - 3$$

PROBLEMA 6. Hallar una ecuación de la mediatriz del segmento de extremos $A = (1, 2)$ y $B = (5, -1)$. Recordar que la mediatriz de un segmento es la recta que corta perpendicularmente al segmento en su punto medio.

Solución

La pendiente de la recta que pasa por los puntos $A = (1, 2)$ y $B = (5, -1)$ es

$$m' = \frac{-1-2}{5-1} = \frac{-3}{4}$$

Luego, la pendiente de la mediatriz es

$$m = -\frac{1}{m'} = -\frac{1}{-3/4} = \frac{4}{3}$$

Por otro lado, el punto medio del segmento $\overline{AB}$ es

$$M = \left(\frac{1+5}{2}, \frac{2+(-1)}{2}\right) = \left(3, \frac{1}{2}\right)$$

Luego, la ecuación punto–pendiente de la mediatriz es:

$$y - \frac{1}{2} = \frac{4}{3}(x - 3) \iff 8x - 6y - 21 = 0$$

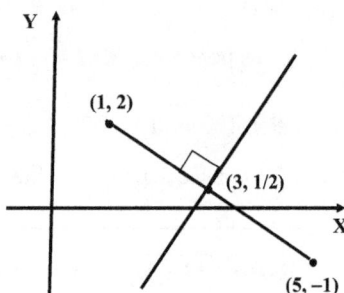

PROBLEMA 7. Si L_1 y L_2 son dos rectas no verticales con pendiente m_1 y m_2, respectivamente. Probar que:

$$L_1 \text{ y } L_2 \text{ son perpendiculares} \iff m_1 m_2 = -1$$

Solución

Como la perpendicularidad permanece invariante por traslaciones, podemos suponer que estas dos rectas se intersectan en el origen.

Las ecuaciones pendiente–intersección de estas rectas son:

$$L_1: y = m_1 x \qquad L_2: y = m_2 x$$

Sea $P = (x_1, m_1 x_1)$ un punto de L_1 y $Q = (x_2, m_2 x_2)$ un punto de L_2, tales que ninguno de ellos es el origen.

Luego, $x_1 \neq 0$, $x_2 \neq 0$ y, por tanto, $x_1 x_2 \neq 0$.

De acuerdo al teorema de Pitágoras:

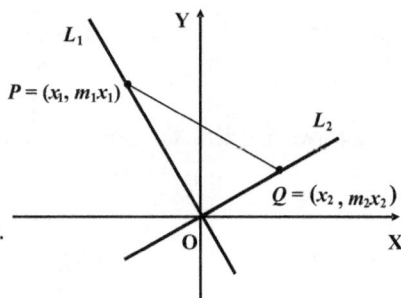

L_1 y L_2 son perpendiculares $\Leftrightarrow$ ΔPOQ es rectángulo $\Leftrightarrow$

$$d(P, Q)^2 = d(O, P)^2 + d(O, Q)^2$$

Pero,

$$d(P, Q)^2 = (x_2 - x_1)^2 + (m_2 x_2 - m_1 x_1)^2$$

$$= x_2{}^2 - 2x_2 x_1 + x_1{}^2 + (m_2 x_2)^2 - 2m_2 m_1 x_2 x_1 + (m_1 x_1)^2$$

$$d(O, P)^2 = x_1{}^2 + (m_1 x_1)^2 \quad \text{y} \quad d(O, Q)^2 = x_2{}^2 + (m_2 x_2)^2$$

Luego,

L_1 y L_2 son perpendiculares $\Leftrightarrow$

$$x_2{}^2 - 2x_2 x_1 + x_1{}^2 + (m_2 x_2)^2 - 2m_2 m_1 x_2 x_1 + (m_1 x_1)^2 = x_1{}^2 + (m_1 x_1)^2 + x_2{}^2 + (m_2 x_2)^2$$

$$\Leftrightarrow -2x_2 x_1 - 2m_2 m_1 x_2 x_1 = 0 \Leftrightarrow -2x_2 x_1(1 + m_2 m_1) = 0$$

$$\Leftrightarrow 1 + m_2 m_1 = 0 \quad \Leftrightarrow \quad m_2 m_1 = -1$$

PROBLEMA 8.   Probar que la distancia del punto $P_0 = (x_0, y_0)$ a la recta

$$L: Ax + By + C = 0,$$

$$\text{está dada por} \quad d(P, L) = \frac{|Ax_0 + By_0 + C|}{\sqrt{A^2 + B^2}}$$

Solución

Sea L_1 la recta perpendicular a L y
que pasa por el punto $P_0 = (x_0, y_0)$.

La pendiente de L es $m = -\dfrac{A}{B}$

Por tanto, la pendiente de L_1 es $m_1 = \dfrac{B}{A}$

La ecuación punto pendiente de L_1 es

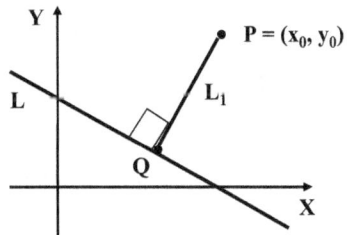

$$y - y_0 = \frac{B}{A}(x - x_0) \Leftrightarrow Ay - Bx + (Bx_0 - Ay_0) = 0$$

Hallemos el punto Q donde se intersectan las rectas perpendiculares L y L_1. Para
esto resolvemos el sistema:

$$\textbf{(1)} \quad Ax + By + C = 0, \qquad \textbf{(2)} \quad Ay - Bx + (Bx_0 - Ay_0) = 0$$

El resultado es $Q = \left(\dfrac{B^2 x_0 - ABy_0 - AC}{A^2 + B^2}, \; \dfrac{A^2 y_0 - ABx_0 - BC}{A^2 + B^2} \right),$

Ahora,

$$d(P, L)^2 = d(P, Q)^2$$

$$= \left(\frac{B^2 x_0 - AB y_0 - AC}{A^2 + B^2} - x_0 \right)^2 + \left(\frac{A^2 y_0 - AB x_0 - BC}{A^2 + B^2} - y_0 \right)^2$$

$$= \left(\frac{-A}{A^2 + B^2} \right)^2 \left(A x_0 + B y_0 + C \right)^2 + \left(\frac{-B}{A^2 + B^2} \right)^2 \left(A x_0 + B y_0 + C \right)^2$$

$$= \frac{A^2 + B^2}{\left(A^2 + B^2 \right)^2} \left(A x_0 + B x_0 + C \right)^2 = \frac{1}{A^2 + B^2} \left(A x_0 + B x_0 + C \right)^2$$

Extrayendo raíz cuadrada, $d(P, L) = \dfrac{|A x_0 + B y_0 + C|}{\sqrt{A^2 + B^2}}$

PROBLEMAS PROPUESTOS 3.3

1. Usando pendientes probar que los puntos $A = (2, 1)$, $B = (-4, -2)$, $C = (1, 1/2)$ son colineales.

En los problemas del 2 al 9, hallar una ecuación de la recta que satisface las condiciones dadas y llevarla a la forma $y = mx + b$.

2. Pasa por el punto $(1, 3)$ y tiene pendiente 5.

3. Tiene pendiente -3 y pasa por el origen.

4. Pasa por los puntos $(1, 1)$ y $(2, 3)$.

5. Intersecta al eje X en 5 y al eje Y en 2.

6. Pasa por el punto $(1, 3)$ y es paralela a la recta $3x + 5y - 6 = 0$.

7. Pasa por el punto $(4, 3)$ y es perpendicular a la recta $5x + y - 2 = 0$.

8. Es paralela a $4x + 2y - 5 = 0$ y pasa por el punto de intersección de las rectas
$5x + 2y = 4$, $\quad 2x + 5y - 3 = 0$.

9. Intersecta a los ejes coordenados a igual distancia del origen y pasa por $(8, -6)$.

10. Dada la recta $L: 2y - 4x - 7 = 0$
    a. Encontrar la recta que pasa por el punto $P = (1, 1)$ y es perpendicular a L.
    b. Hallar la distancia del punto $P = (1, 1)$ a la recta L.

11. Usando pendientes probar que los puntos $A = (3, 1)$, $B = (6, 0)$ y $C = (4, 4)$ son los vértices de un triángulo rectángulo. Hallar el área de dicho triángulo.

12. Determinar cuáles de las siguientes rectas son paralelas y cuáles son perpendiculares:

a. L_1: $2x + 5y - 6 = 0$,   **b.** L_2: $4x + 3y - 6 = 0$ **c.** L_3: $-5x + 2y - 8 = 0$

d. L_4: $5x + y - 3 = 0$ **e.** L_5: $4x + 3y - 9 = 0$ **f.** L_6: $-x + 5y - 20 = 0$

13. Hallar la mediatriz de cada uno de los siguientes segmentos de extremos

      a. $(1, 0)$ y $(2, -3)$ **b.** $(-1, 2)$ y $(3, 10)$ **c.** $(-2, 3)$ y $(-2, -1)$

14. Los extremos de una de las diagonales de un rombo son $(2, -1)$ y $(14, 3)$. Hallar una ecuación de la recta que contiene a la otra diagonal. *Sugerencia: las diagonales de un rombo son perpendiculares.*

15. Hallar la distancia del origen a la recta $4x + 3y - 15 = 0$.

16. Hallar la distancia del punto $(0, -3)$ a la recta $5x - 12y - 10 = 0$.

17. Hallar la distancia del punto $(1, -2)$ a la recta $x - 3y = 5$.

18. Hallar la distancia entre las rectas paralelas $3x - 4y = 0$, $3x - 4y = 10$.

19. Hallar la distancia entre las rectas paralelas $3x - y + 1 = 0$, $3x - y + 9 = 0$.

20. Hallar la distancia de $Q = (6, -3)$ a la recta que pasa por $P = (-4, 1)$ y es paralela a la recta $4x + 3y = 0$

21. Determinar el valor de C en la recta L: $4x + 3y + C = 0$ sabiendo que la distancia del punto $Q = (5, 9)$ a L es 4 veces la distancia del punto $P = (-3, 3)$ a L.

22. Hallar las rectas paralelas a la recta $5x + 12y - 12 = 0$ y que distan 4 unidades de ésta.

23. Hallar la ecuación de la recta que es tangente en el punto $(-1, 1)$ a la circunferencia $x^2 + y^2 - 4x + 6y - 12 = 0$

24. Hallar las ecuaciones de las dos rectas que pasan por el punto $P = (2, -8)$ y son tangentes a la circunferencia $x^2 + y^2 = 34$

25. En el problema anterior, hallar los puntos de contacto de las tangentes con la circunferencia.

26. Hallar las ecuaciones de las dos rectas paralelas a la recta $2x - 2y + 5 = 0$ y que son tangentes a la circunferencia $x^2 + y^2 = 9$.

27. Hallar la ecuación de la recta que es tangente en el punto $(2, 2)$ a la circunferencia $x^2 + y^2 + 2x + 4y - 20 = 0$.

28. Hallar la ecuación de la circunferencia de centro $C = (1, -1)$ que es tangente a la recta $5x - 12y + 22 = 0$.

29. Hallar la ecuación de la circunferencia que pasa por $Q = (4, 0)$ y es tangente a la recta $3x - 4y + 20 = 0$ en el punto $P = (-12/5, 16/5)$.

30. Hallar la ecuación de la circunferencia que pasa por los puntos $(3, 1)$ y $(-1, 3)$ y su centro está en la recta $3x - y - 2 = 0$.

31. Hallar la ecuación de la circunferencia que es tangente a las rectas paralelas: $2x + y - 5 = 0$, $2x + y + 15 = 0$, siendo $B = (2, 1)$ uno de los puntos de tangencia.

32. Hallar la ecuación de la recta que pasando por el punto $P = (8, 6)$ intersecta a los ejes coordenados formando un triángulo de área 12 unidades cuadradas.

33. Determinar para que valores de k y de n las rectas:
$$kx - 2y - 3 = 0, \qquad 6x - 4y - n = 0$$
a. Se intersectan en un único punto.   **b.** son perpendiculares
c. son paralelas no coincidentes   **d.** son coincidentes.

34. Determinar para qué valores de k y de n las rectas:
$$kx + 8y + n = 0 \ , \ 2x + ky - 1 = 0$$
a. son paralelas no coincidentes   **b.** son coincidentes.   **c.** son perpendiculares

35. Un cuadrado tiene por centro $C = (1, -1)$ y uno de sus lados está en la recta $x - 2y = -12$. Hallar las ecuaciones de las rectas que contienen a los otros lados.

36. Probar que los puntos $A = (1, 4)$, $B = (5, 1)$, $C = (8, 5)$ y $D = (4, 8)$ son los vértices de un rombo (cuadrilátero de lados de igual longitud). Verifique que las diagonales se cortan perpendicularmente.

37. Sean a y b la abscisa en el origen y la ordenada en el origen de una recta.

Si $a \neq 0$ y $b \neq 0$, probar que una ecuación de esta recta es $\dfrac{x}{a} + \dfrac{y}{b} = 1$.

38. El ángulo de inclinación de una recta que no intersecta el segundo cuadrante es de $\pi/4$ rad. Hallar su ecuación sabiendo que su distancia al origen es de 4 unidades.

39. Hallar el ángulo agudo formado por las rectas: $3x + 2y = 0$ y $5x - y + 7 = 0$.

40. Hallar la ecuación de la recta que pasa por el punto $Q = (2, 1)$ y forma un ángulo de $\pi/4$ rad. con la recta $3y + 2x + 4 = 0$ (dos soluciones).

41. Alberto está defendiendo los colores de su barrio en un campeonato de billar. En determinado momento, él debe golpear con una bola blanca a la roja con un tiro sin efecto y usando 2 bandas, como indica la figura. Si la bola blanca está en el punto $P = (2, 6)$ y la roja en $Q = (3, 2)$, hallar los puntos A y B en los extremos de la mesa donde la bola debe tocar para que la jugada tenga éxito.

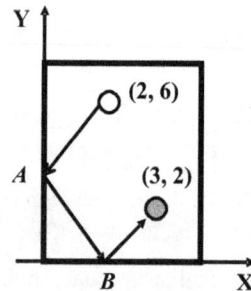

4

FUNCIONES REALES

VILFREDO PARETO
(1848–1923)

4.1 FUNCIONES REALES Y SUS GRAFICAS

4.2 OPERACIONES CON FUNCIONES

4.3 LAS FUNCIONES COMO MODELOS
MATEMATICOS

4.4 ALGUNAS APLICACIONES DE LAS FUNCIONES
EN LA ECONOMIA

Vilfredo Pareto (1848–1923)

VILFREDO PARETO nació en Turín en una familia aristocrática. Su madre fue francesa y su padre fue un Marquez genovés, exilado en Francia. Estudió en el Instituto Politécnico de Turín, donde adquirió los conocimientos matemáticos que más tarde los aplicaría en sus investigaciones en Economía. A los 21 años se graduó de ingeniero, profesión que ejerció durante 23 años, en el área de ferrocarriles y en la industria de la fundición. Durante sus horas libres se dedicaba al estudio e investigación en Economía. En esta ciencia realizó importantes contribuciones, especialmente en el campo de distribución de la riqueza. También hizo importantes contribuciones a la Sociología. En 1893 ocupó la categra de Economía Política en la universidad suiza de **Lausana.** Este puesto se logró a través de la recomendación del conocido economista Leon Walras, uno de los tres fundadores de la escuela marginalista.

Las investigaciones de Pareto ejercieron influencia en Europa y, en especial, en Italia. El partido Fascista tomó algunas de sus ideas. Benito Mussolini afirmaba que él asistió a las clases de Pareto en la universidad de Lausana. En 1923, el año de su muerte, fue elegido senador.

ACONTECIMIENTOS PARALRLOS IMPORTANTES

Durante la vida de Pareto, Europa experimentó grandes transformaciones. En 1848, en Francia, después de sangrientas revueltas, se proclama una nueva costitución, que cambia la monrquía por una república. Estos hechos repercuten en todo el continente. En Italia, en 1860, Garibaldi se apodera de Sicilia y Nápoles, iniciándose la reunificación de Italia.

Durante la segunda mitad del siglo XIX, la Revolución Industrial, iniciada en Inglaterra, se extiende por toda Europa. Este hecho produjo profundos cambios en la vida social. Aparece la clase capitalista, la clase obrera y los correspondientes conflictos. En 1847, Carlos Marx publicó El Manifiesto Comunista, en el cual llama a todos los obreros del mundo a unirse para la lucha contra el capitalismo. Pareto aceptó algunas de la ideas de Marx, como la lucha de clase, pero dicrepaba de sus ideas económicas.

Durante los últimos años de Pareto, la humanidad sufrió los estragos de la Primera Guerra Mundial (1914–1918).

SECCION 4.1
FUNCIONES REALES Y SUS GRAFICAS

DEFINICION.   Una función es una tríada de objetos (X, Y, f), donde X y Y son dos conjuntos y f es una regla que hace corresponder a **cada** elemento de X un **único** elemento de Y. Al conjunto X se le llama **dominio** de la función y al conjunto Y, **conjunto de llegada** de la función.

A una función (X, Y, f) se le denota más comunmente por

$$f : X \longrightarrow Y \quad ó \quad X \xrightarrow{\ f\ } Y$$

y se lee: " **la función f de X en Y**".

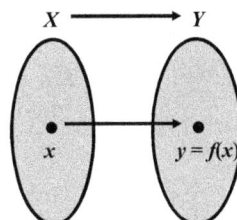

Para indicar que a un elemento x de X, f le hace corresponder el elemento y de Y, se escribe así: $y = f(x)$, lo cual se lee "**y es igual a f de x**". También diremos que y es el valor que toma f en x ó que y es la **imagen** de x mediante f. El elemento x, en este caso, es una **preimagen** del elemento y.

A la variable que usamos para denotar los elementos del dominio se le llama **variable independiente** y a la variable que denota las imágenes, **variable dependiente**. En nuestra notación anterior, $y = f(x)$, **la variable independiente es x y la dependiente es y**. Las letras x y y, por ser variables, pueden ser cambiadas por cualquier otro par de letras. Así, podemos escribir $z = f(t)$, en cuyo caso, la variable independiente es t y la dependiente es z.

Dadas las funciones $f : X \longrightarrow Y$ y $g : X \longrightarrow Y$. Diremos que:

$$f = g \iff f(x) = g(x), \ \forall\, x \in X$$

El **rango** de la función $f : X \longrightarrow Y$ es el conjunto formado por todas las imágenes. Esto es,

$$\textbf{Rango de } f = \left\{ f(x) \in Y \,/\, x \in X \right\}$$

Al dominio y al rango de una función $f : X \longrightarrow Y$ los abreviaremos con Dom(f) y Rang(f), respectivamente.

OBSERVACION.   En la definición de función hemos utilizado dos términos que merecen atención. Uno de ellos es "**cada**", el cual indica que todo elemento del dominio debe tener una imagen. El otro término es "**único**", el cual indica que todo elemento del dominio tiene exactamente una imagen.

EJEMPLO 1. Sea la función $f: X \longrightarrow Y$, donde $X = \{a, b, c, d\}, Y = \{1, 2, 3, 4, 5\}$ y
cuya regla f está dada por el gráfico adjunto. Se tiene:

Dominio = Dom $(f) = X = \{a, b, c, d\}$

Conjunto de llegada = $Y = \{1, 2, 3, 4, 5\}$

Rango = Rang(f) = $\{3, 4, 5\}$

La **regla** f establece que:

$f(a) = 3$, $f(b) = 5$, $f(c) = 3$, $f(d) = 4$

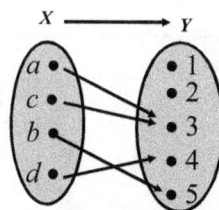

EJEMPLO 2. Sea X un conjunto cualquiera. A la siguiente función se le llama
función identidad del conjunto X.

$$I_X: X \longrightarrow X$$
$$I_X(x) = x$$

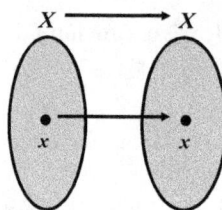

En este caso, el dominio, el conjunto de llegada y el rango,
todos coinciden y son iguales a X. Esto es,

Dom (f) = Cnjunto de llegada = X Rang$(f) = X$

La regla I_X hace corresponder a cada elemento x el mismo elemento x.

FUNCIONES REALES

Las funciones que nos interesan en el curso de Cálculo son las funciones reales de
variable real. Una **función real de variable real** es una función cuyo dominio y cuyo
conjunto de llegada son subconjuntos de $\mathbb{R}$. Así, son funciones de este tipo las
siguientes:

a. $f: \mathbb{R} \longrightarrow \mathbb{R}$ **b.** $g: \mathbb{R} - \{0\} \longrightarrow \mathbb{R}$ **c.** $h: \mathbb{R} \longrightarrow \mathbb{R}$

$f(x) = x$ $g(x) = \dfrac{1}{x}$ $h(x) = 5$

Observar que f es la función identidad de $\mathbb{R}$ y que h es una función constante.

CONVENCION. Con el objeto de simplificar la notación, para presentar una función
real de variable real $f: X \longrightarrow \mathbb{R}$ daremos simplemente la regla f,
prescindiendo del dominio X y del conjunto de llegada $\mathbb{R}$. Para
esto, adoptamos la convención de que el dominio es el mayor
subconjunto X de $\mathbb{R}$ en el cual la regla f tiene sentido.

Así, por ejemplo, diremos la función $f(x) = \dfrac{2}{x-1}$, en lugar de la función :

$$f: \mathbb{R} - \{1\} \longrightarrow \mathbb{R}, \quad f(x) = \dfrac{2}{x-1}$$

Aquí el dominio es $X = \mathbb{R} - \{1\}$. Hemos eliminado a 1 ya que no existe división entre 0. Además, 1 es el único elemento que presenta esta situación.

EJEMPLO 3. Hallar el dominio y el rango de la funciónes:

$$\textbf{1. } f(x) = x + 5 \qquad \textbf{2. } g(x) = \sqrt{x - 3}$$

Solución

1. Como $f(x) = x + 3$ está definido para todo $x \in \mathbb{R}$, tenemos que $\text{Dom}(f) = \mathbb{R}$.

Por otro lado, para todo $y \in \mathbb{R}$, tenemos $x = y - 5$ que cumple
$$f(x) = f(y - 5) = (y - 5) + 5 = y,$$

concluimos que $\text{Rang}(f) = \mathbb{R}$.

2. Como la expresión subradical debe ser no negativa, tenemos que:
$$x - 3 \geq 0 \iff x \geq 3 \iff x \in [3, +\infty)$$

Luego, $\text{Dom}(g) = [3, +\infty)$.

Por otro lado, como la raíz cuadrada es no negativa, vemos que $\text{Rang}(g) = [0, +\infty)$.

===

GRAFICO O GRAFICA DE UNA FUNCION

El **gráfico** o la **gráfica de la función**

$$f : X \to \mathbb{R}$$

es la gráfica de la ecuación: $y = f(x)$.

En términos más explícitos, es el conjunto:

$$G = \left\{ (x, f(x)) \in \mathbb{R}^2 / x \in X \right\}$$

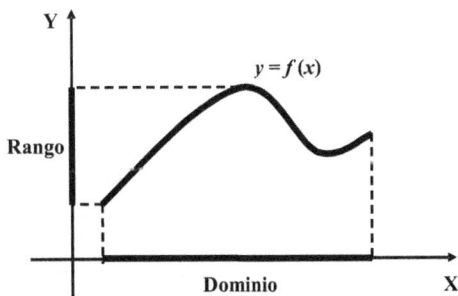

CRITERIO DE LA RECTA VERTICAL PARA UNA FUNCION

No toda curva en el plano es el gráfico de una función. Para reconocer las curvas que corresponden a gráficos de funciones se tiene el siguiente criterio geométrico:

Una curva en el plano es el gráfico de una función si y sólo si toda recta vertical corta a la curva a lo más en un punto.

La veracidad de este criterio estriba en el hecho de que si una recta vertical $x = a$ corta a la curva dos veces, en (a, b) y en (a, c), entonces a tiene dos imágenes, b y c; pero esto viola la definición de función.

De acuerdo a este criterio, de las siguientes curvas, sólo la última representa a una función:

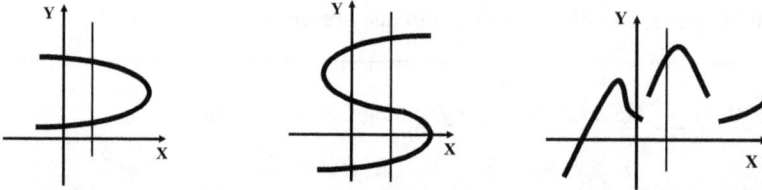

A estas alturas, para graficar una función sólo contamos con el método incompleto de las tablas de valores. Al final de nuestro texto contaremos con técnicas más precisas. Recomendamos al estudiante hacer uso de algún paquete de computación que grafique funciones, como es Graphmatica, Derive, Maple.

| EJEMPLO 4. | **a.** Hallar el dominio y rango de la función

$$f(x) = \frac{1}{x}$$

b. Graficar la función.

Solución

Dominio: $\mathbb{R} - \{0\}$

Rango: Sea y una imagen. Debe existir un x en el dominio tal que $y = f(x)$; esto es, $y = 1/x$. De donde: $x = 1/y$. Vemos que y debe ser distinto de 0. Luego,

Rango: $\mathbb{R} - \{0\}$.

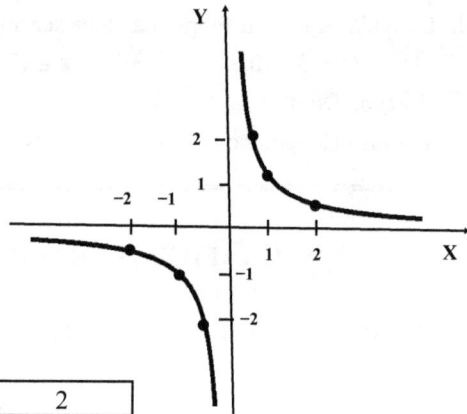

x	-2	-1	$-1/2$	$1/2$	1	2
$y = f(x)$	$-1/2$	-1	-2	2	1	$1/2$

A esta gráfica se la llama **hipérbola rectangular o hipérbola equilátera.**

BREVE CATALOGO DE FUNCIONES

A continuación presentamos las funciones elementales más importantes.

FUNCION CONSTANTE

Sea **b** un número real fijo. La función

$$f(x) = b, \forall x \in \mathbb{R}$$

es una **función constante.** Su dominio es todo $\mathbb{R}$ y su rango es el conjunto unitario $\{ b \}$.

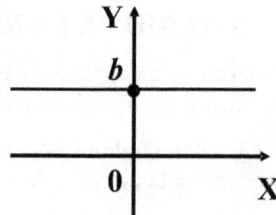

Su gráfico es la recta horizontal con ordenada en el origen b.

FUNCION LINEAL

Una **función lineal** es una función de la forma:

$$f(x) = ax + b, \quad a \neq 0$$

Sabemos, por el capitulo anterior, que su gráfica es una recta de pendiente $m = a$ y que corta al eje Y en el punto $(0, b)$.

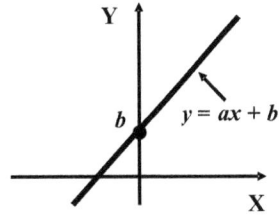

Dominio: $\mathbb{R}$ **Rango**: $\mathbb{R}$

FUNCION VALOR ABSOLUTO

La función **valor absoluto** es la función

$$f(x) = |x| = \begin{cases} x, & si\ x \geq 0 \\ -x, & si\ x < 0 \end{cases}$$

El gráfico de la función valor absoluto está comfomado por dos semirrectas: La semirrecta $y = x$ donde $x \geq 0$, a la derecha del eje Y. La semirrecta $y = -x$ donde $x < 0$, a la izquierda del eje Y.

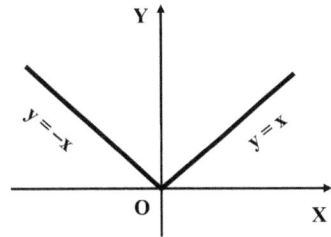

Dominio: $\mathbb{R}$ **Rango**: $[0, \infty)$

FUNCION PARTE ENTERA O FUNCION MAXIMO ENTERO

Se llama **función parte entera o función máximo entero a la función**

$$f(x) = [x] = n, \quad si\ \ n \leq x < n + 1,$$
donde n es un entero.

Por su forma, a esta función también se le llama **función escalera.**

Consignamos algunos valores de esta función:

Si $-2 \leq x < -1$, entonces $[x] = -2$

Si $-1 \leq x < 0$, entonces $[x] = -1$

Si $0 \leq x < 1$, entonces $[x] = 0$

Si $1 \leq x < 2$, entonces $[x] = 1$, etc

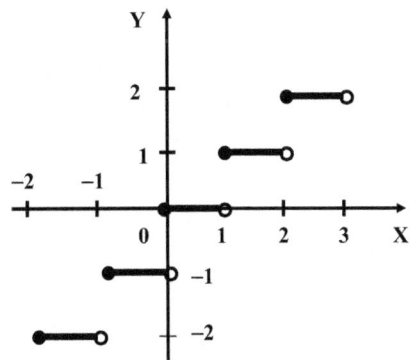

Dominio: $\mathbb{R}$ **Rango**: $\mathbb{Z}$.

FUNCIONES CUADRATICAS

Una función cuadrática es una función de la forma:

$$f(x) = ax^2 + bx + c$$

La gráfica de una función cuadrática es una **parabóla.** Las funciones cuadráticas más simples son las que tienen $b = 0$ y $c = 0$. Esto es, las cuadráticas de la forma:

$$f(x) = ax^2$$

Si $a > 0$, la parábola se abre hacia arriba. Si $a < 0$, la parábola se abre hacia abajo.

$y = ax^2$, con $a > 0$ $\qquad\qquad\qquad\qquad$ $y = ax^2$, con $a < 0$

Toda parábola es simétrica respecto a una recta, a la que se le llama **eje de simetría**. El punto donde el eje de simetría corta a la parábola se llama **vértice.** En la parábola que es la gráfica de $y = ax^2$, el eje de simetría coincide con el eje Y y el vértice coincide con el origen de coordenadas $(0, 0)$.

En el caso general $y = ax^2 + bx + c$, completando cuadrados le podemos dar la forma:

$$y - k = a(x - h)^2$$

En consecuencia, de acuerdo al criterio de traslación dado en el capítulo anterior, la gráfica de $y = ax^2 + bx + c$ se obtiene trasladando la gráfica de $y = ax^2$, mediante la traslación que lleva el origen $(0, 0)$ al punto (h, k). En el problema resuelto 6 probaremos que este nuevo punto (h, k) se obtiene así:

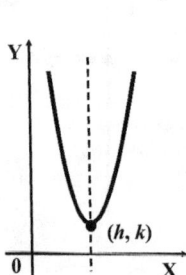

$$h = -\frac{b}{2a} \quad \text{y} \quad k = \frac{4ac - b^2}{4a}$$

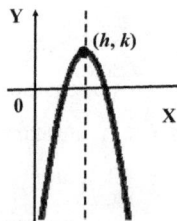

$y = ax^2 + bx + c$, con $a > 0$ $\qquad\qquad\qquad$ $y = ax^2 + bx + c$, con $a < 0$

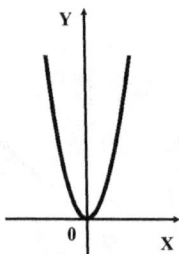

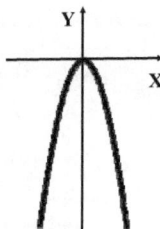

Si $a > 0$, el vértice es el punto más bajo de la parábola y, por lo tanto,

$$f(h) = f(-b/2a) = k = \frac{4ac - b^2}{4a}$$

es el valor mínimo de la función $y = f(x)$. Esto es, se cumple que

$$f(h) \le f(x),\ \forall\ x \in \text{Dom}(f)$$

Análomente, si $a < 0$, el vértice es el punto más alto de la parábola y, por lo tanto,

$$f(h) = f(-b/2a) = k = \frac{4ac - b^2}{4a}$$

es el valor máximo de la función $y = f(x)$. Esto es, se cumple que

$$f(h) \ge f(x),\ \forall\ x \in \text{Dom(f)}$$

En resumen: La gráfica de la función cuadrática $y = f(x) = ax^2 + bx + c$ es una parábola con vértice $\left(-\dfrac{b}{2a},\ f\left(-\dfrac{b}{2a} \right) \right)$

1. Si $a > 0$, la parábola se abre hacia arriba y $f(-b/a)$ es el valor mínimo de $y = f(x)$.

2. Si $a < 0$, la parábola se abre hacia abajo y $f(-b/a)$ es el valor máximo de $y = f(x)$.

Para bosquejar el gafico de una función cuadrática, $y = ax^2 + bx + c$, en primer lugar, se encuentra el vértice y, en segundo lugar, las intersecciones con los ejes. Para hallar la intersección con el eje Y, en la fórmula de la función, se hace $x = 0$; y para hallar las intersecciones con el eje X se resuelve la encuación $ax^2 + bx + c = 0$. De ser necesario, se encuetra otros puntos adicionales.

EJEMPLO 5.   **a.** Graficar la función cuadrática $f(x) = -2x^2 + 8x + 10$

b. Hallar el máximo de la función.

c. Hallar cl rango de la función.

Solución

a. Sabemos que la gráfica de esta función, por ser cuadrática, es una parábola.

Tenemos que $a = -2$, $b = 8$, $c = 10$. Como $a = -2 < 0$, la parábola se abre hacia abajo.

Vértice:

$$-\frac{b}{2a} = -\frac{8}{2(-2)} = 2,\quad f(-b/2a) = f(2) = -2(2)^2 + 8(2) + 10 = 18$$

El vértice es $(2, 18)$.

Intersección con el eje Y:

$$x = 0 \Rightarrow f(0) = -2(0) + 8(0) + 10 = 10$$
$$\Rightarrow \text{Intersecta al eje Y en el punto } (0, 10)$$

Intersección con el eje X:

$$-2x^2 + 8x + 10 = 0 \iff$$
$$-2(x^2 - 4x - 5) = 0 \iff$$
$$-2(x - 5)(x + 1) = 0 \iff$$
$$x = 5 \text{ ó } x = -1 \implies$$

Corta al eje X en los puntos $(-1, 0)$ y $(5, 0)$

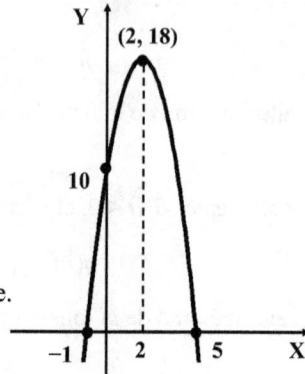

b. El máximo de la función es la ordenada del vértice. Esto es, $f(2) = 18$.

c. $\text{Rang}(f) = (-\infty, 18]$

EJEMPLO 6.   **a.** Graficar la función cuadrática $f(x) = x^2 + 6x + 5$

b. Hallar el mínimo de la función $y = f(x)$.

c. Hallar el rango de $y = f(x)$.

Solución

Tenemos que $a = 3$, $b = 6$, $c = 5$. Como $a = 3 > 0$, la parábola se abre hacia arriba.

a. Vértice:

$$-\frac{b}{2a} = -\frac{6}{2(3)} = -1, \quad f(-b/2a) = f(-1) = 3(-1)^2 + 6(-1) + 5 = 2$$

El vértice es $(-1, 2)$.

Intersección con el eje Y:

$$x = 0 \implies f(0) = 3(0) + 6(0) + 5 = 5$$
$$\implies \text{Intersecta al eje Y en el punto } (0, 5)$$

Intersección con el eje X:

$$3x^2 + 6x + 5 = 0$$

Esta ecuación no tiene soluciones reales. En efecto, su discriminante es negativo:

$$D = b^2 - 4ac = 6^2 - 4(3)(5) = -14$$

Luego, la parábola no corta al eje X.

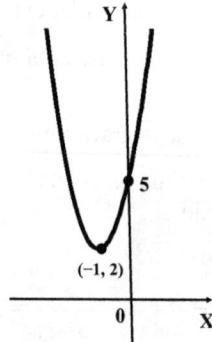

b. El mínimo de la función es la ordenada del vértice. Esto es, $f(-1) = 2$.

c. $\text{Rang}(f) = [2, \infty)$

EJEMPLO 7. (**Precio de habitaciones**) Un hotel tiene 35 habitaciones. El gerente sabe que cuando el precio por habitación es de $ 81, todas las habitaciones son alquiladas, pero por cada $3 de aumento, una habitación se desocupa.

    a. Expresar el ingreso del hotel en términos del número de habitaciones desocupadas.

    b. Hallar el número de habitaciones desocupadas que proporciona el ingreso máximo.

    c. Hallar el ingreso máximo.

Solución

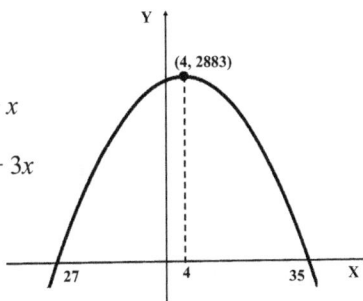

a. Sea x el número de habitaciones desocupadas.

  El número de habitaciones ocupadas es: $35 - x$
  El número de aumentos de $ 3 cada uno es: x
  El nuevo precio por habitación es: $81 + 3x$
  El ingreso por las habitaciones ocupadas es

$$R(x) = (35 - x)(81 + 3x)$$

  Efectuando la multiplicación:

$$R(x) = -3x^2 + 24x + 2,835$$

b. La función ingreso es una función cuadrática, cuya gráfica es una parábola que se abre hacia abajo. Hallemos las ccordenadas del vértice:

$$h = -\frac{b}{2a} = -\frac{24}{2(-3)} = 4 \qquad k = R(h) = I(4) = -3(4)^2 + 24(4) + 2,835 = 2,883$$

  Luego, el ingreso máximo es $R(4) = 2,883$

FUNCION POTENCIA

Una **función potencia** es una.función de la forma $f(x) = x^{\alpha}$, donde α es un real.

EJEMPLO 8. Si $\alpha = 0$, $f(x) = x^0 = 1$ es la función constante 1.
           Si $\alpha = 1$, $f(x) = x^1 = x$ es la función identidad de $\mathbb{R}$.

           Si $\alpha = 2$, $f(x) = x^2$ es una función cuadrática.

           Si $\alpha = 3$, $f(x) = x^3$ es la función cúbica.

a. $f(x) = x^0 = 1$ **b.** $f(x) = x^1 = x$ **c.** $f(x) = x^2$ **d.** $f(x) = x^3$

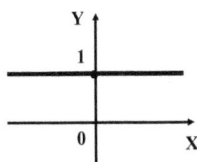 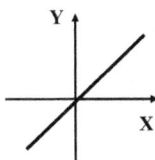 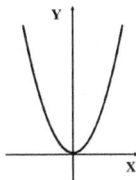 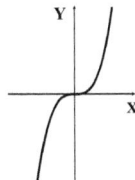

EJEMPLO 9. Si $\alpha = 1/2$, $f(x) = x^{1/2} = \sqrt{x}$ es la función raiz cuadrada.

Si $\alpha = 1/3$, $f(x) = x^{1/3} = \sqrt[3]{x}$ es la función raiz cúbica.

En general, si $\alpha = 1/n$, donde n es un número natural no nulo,
$f(x) = x^{1/n} = \sqrt[n]{x}$ es la función raiz n–ésima.

$f(x) = x^{1/2} = \sqrt{x}$,

$f(x) = x^{1/3} = \sqrt[3]{x}$

$\text{Dom}(f) = \text{Rang}(f) = [0, +\infty)$

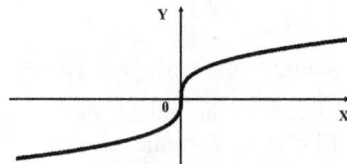

$\text{Dom}(f) = \text{Rang.}(f) = \mathbb{R}$

EJEMPLO 10. Si $\alpha = -n$, donde n es un número natural no nulo, tenemos la función:

$$f(x) = x^{-n} = \frac{1}{x^n}$$

$$\text{Dom}(f) = \text{Rang}(f) = \mathbb{R} - \{0\}$$

A ccontinuación presentamos los casos $n = 1$ y $n = 2$.

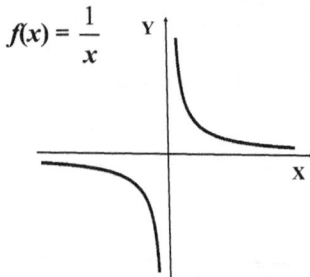

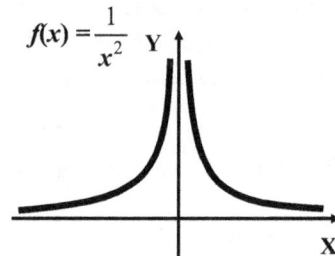

$f(x) = \dfrac{1}{x}$

$f(x) = \dfrac{1}{x^2}$

La gráfica de $f(x) = \dfrac{1}{x^n}$ se parece a la de $f(x) = \dfrac{1}{x}$ si n es impar; y a la gráfica de

$f(x) = \dfrac{1}{x^2}$ si n es par.

FUNCION POLINOMIAL

Una **función polinomial de grado n** es una función de la forma:

$$p(x) = a_n x^n + \ldots + a_2 x^2 + a_1 x + a_0 ,$$

donde n es un número natural y $a_0, a_1, \ldots, a_n$ son números reales siendo $a_n \neq 0$.

Una función polinomial de grado 0 es una función constante: $p(x) = a_0$

Una **función polinomial de grado 1** es una **función lineal:** $p(x) = a_1x + a_0$

Una **función polinomial de grado 2** es una **función cuadrática:**

$$p(x) = a_2x^2 + a_1x + a_0 \quad \text{ó} \quad y = a_2x^2 + a_1x + a_0.$$

FUNCION RACIONAL

Una **función racional** es una función que es el cociente de dos funciones

polinomiales: $f(x) = \dfrac{p(x)}{q(x)}$.

Así, $f(x) = \dfrac{2 - 3x + 8x^3}{4 - x^2}$ es una función racional.

El dominio de una función racional es $\mathbb{R}$ menos el conjunto de puntos donde el denominador se anula. Así el dominio de la función racional anterior es $\mathbb{R} - \{2, -2\}$

FUNCION ALGEBRAICA

Una función f es **algebraica** si ésta puede construirse usando operaciones algebraicas (adición, sustracción, multiplicación, división y extracción de raíces), comenzando con polinomios. Los polinomios y las funciones racionales son, automáticamente, funciones algebraicas. Otros ejemplos son los siguientes:

$$\textbf{a.} \ \ f(x) = \sqrt{x^2 - 1} \qquad \textbf{b.} \ \ g(x) = \frac{2}{1 + \sqrt{x}}$$

FUNCIONES TRANSCENDENTES

Las funciones que no son algebraicas son llamadas **funciones transcendentes**. Entre éstas tenemos las **funciones exponenciales, logarítmicas y trigonométricas**, etc. De estas dos últimas nos ocuparemos en el siguiente capítulo.

TRANSFORMACION DE GRAFICAS

NUEVAS GRAFICAS DE GRAFICAS CONOCIDAS

Conociendo el gráfico de una función $y = f(x)$ podemos obtener, mediante simples transformaciones geométricas, los gráficos de las siguientes funciones:

$$y = f(x) + k, \quad y = f(x + h), \quad y = af(x), \quad y = -f(x), \quad y = f(-x)$$

Las transformaciones sugeridas son de tres tipos:

1. **Traslaciones verticales**   2. **Traslaciones horizontales**

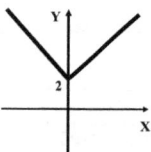

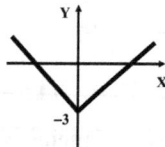

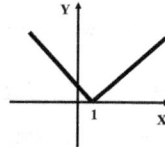

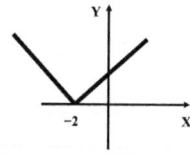

3. **Expansión y Contracción Vertical**   4. **Reflexiones**

Veamos cada caso.

TRASLACIONES VERTICALES

$$y = f(x) + k \begin{cases} \text{Si } k > 0, \text{ trasladar la gráfica de } y = f(x) \ k \text{ unidades hacia arriba} \\ \\ \text{Si } k < 0, \text{ trasladar la gráfica de } y = f(x) \ |k| \text{ unidades hacia abajo} \end{cases}$$

TRASLACIONES HORIZONTES

$$y = f(x + h) \begin{cases} \text{Si } h > 0, \text{ trasladar la gráfica de } y = f(x) \ h \text{ unidades a la izquierda} \\ \\ \text{Si } h < 0, \text{ trasladar la gráfica de } y = f(x) \ |h| \text{ unidades a la derecha} \end{cases}$$

EJEMPLO 11. Utilizando la gráfica de la función $y = |x|$, graficar las funciones:

$$\textbf{a. } y = |x| + 2 \quad \textbf{b. } y = |x| - 3 \quad \textbf{c. } y = |x - 1| \quad \textbf{d. } y = |x + 2|$$

Solución

a. $y = |x| + 2$ **b.** $y = |x| - 3$ **c.** $y = |x - 1|$ **d.** $y = |x + 2|$

EXPANSION Y CONTRACCIÓN VERTICAL

$$y = af(x) \begin{cases} \text{Si } a > 1, \quad \text{expandir verticalmente la gráfica de } y = f(x), \\ \qquad \text{multiplicando cada ordenada por } a \\ \\ \text{Si } 0 < a < 1, \text{ contraer verticalmente la gráfica de } y = f(x), \\ \qquad \text{multiplicando cada ordenada por } a \end{cases}$$

EJEMPLO 12. Utilizando las gráfica de $y = \sqrt{1-x^2}$ graficar las funciones

$$\text{a. } g(x) = 2\sqrt{1-x^2} \qquad\qquad \text{b. } h(x) = \frac{1}{2}\sqrt{1-x^2}$$

Solución

La gráfica de $y = \sqrt{1-x^2}$ es la parte superior de la circunferencia $x^2 + y^2 = 1$

a. En $g(x) = 2\sqrt{1-x^2}$, $a = 2 > 1$. Luego, la gráfica de $g(x) = 2\sqrt{1-x^2}$ se obtiene

estirando verticalmente con factor $a = 2$ la gráfica $y = \sqrt{1-x^2}$

b. En $h(x) = \frac{1}{2}\sqrt{1-x^2}$, $a = \frac{1}{2} < 1$. Luego, la gráfica de $h(x) = \frac{1}{2}\sqrt{1-x^2}$ se obtiene

comprimiendo verticalmente con factor $a = 1/2$ la gráfica $y = \sqrt{1-x^2}$

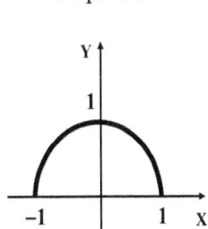

$$y = \sqrt{1-x^2}$$

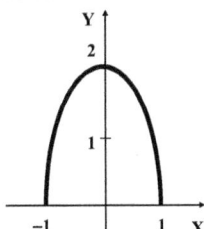

$$\text{a. } g(x) = 2\sqrt{1-x^2}$$

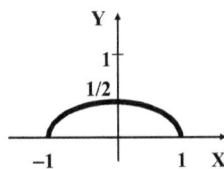

$$\text{b. } h(x) = \frac{1}{2}\sqrt{1-x^2}$$

REFLEXIONES

Para obtener la gráfica de:

1. $y = -f(x)$, **reflejar** la gráfica de $y = f(x)$ **en el eje X.**

2. $y = f(-x)$, **reflejar** la gráfica de $y = f(x)$ **en el eje Y.**

EJEMPLO 13. Utilizando las gráficas de $y = |x|$ y la de la $y = \sqrt{x}$ (ejemplo 9) graficar las siguientes funciones:

$$\text{a. } y = -|x| \qquad\qquad \text{b. } y = \sqrt{-x}$$

Solución

a. La gráfica de $y = -|x|$ se obtiene reflejando en el eje X la gráfica de $y = |x|$

b. La gráfica de $y = \sqrt{-x}$ se obtiene reflejando en el eje Y la gráfica de $y = \sqrt{x}$

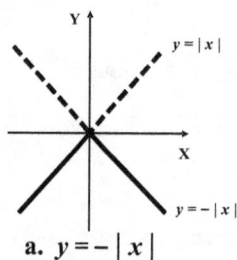

a. $y = -|x|$

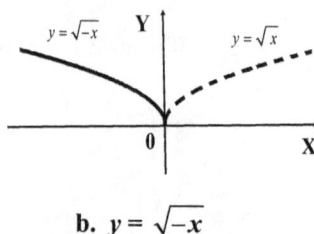

b. $y = \sqrt{-x}$

EJEMPLO 14. **Expansión.** Graficar la función $y = -3\sqrt{1-x^2}$

Solución

En primer lugar, obtenemos el gráfico de $y = 3\sqrt{1-x^2}$, expandiendo verticalmente con factor 3 el fráfico de $y = \sqrt{1-x^2}$. Luego, a este gráfico lo reflejamos en el eje X.

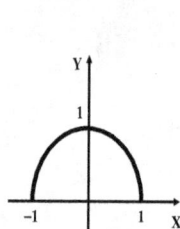

$y = \sqrt{1-x^2}$

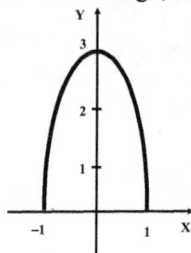

$y = 3\sqrt{1-x^2}$

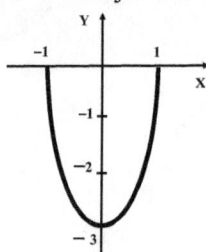

$y = -3\sqrt{1-x^2}$

FUNCIONES PARES E IMPARES Y SIMETRIA

1. Una función f **es par** si, para todo x en el dominio de f, se cumple que:

$$f(-x) = f(x)$$

2. Una función f **es impar** si, para todo x en el dominio de f, se cumple que:

$$f(-x) = -f(x)$$

Se prueba fácilmente que:

a. Una función f es par $\Leftrightarrow$ **el gráfico de f es simétrico respecto al eje Y.**

b. Una función f es impar $\Leftrightarrow$ **el gráfico de f es simétrico respecto al origen.**

EJEMPLO 15.   **a.** Probar que la $f(x) = x^2$ es par. Graficar la función.

   b. Probar que la $g(x) = x^3$ es impar. Graficar la función.

Solución

a. $f(-x) = (-x)^2 = x^2 = f(x)$ **b.** $g(-x) = (-x)^3 = -x^3 = -g(x)$

$$f(x) = x^2 \qquad\qquad g(x) = x^3$$

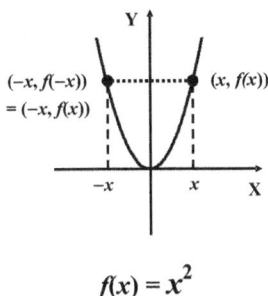

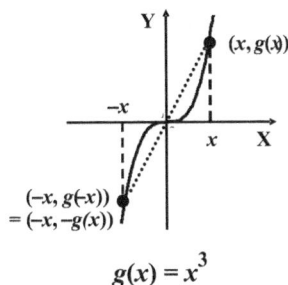

El término de función **par** o **impar** está inspirado en el siguiente resultado:

La función $f(x) = x^n$ es par si n es par, y es impar si n es impar.

FUNCIONES CRECIENTES Y DECRECIENTES

DEFINICION.   Sea f una función definida en un intervalo I. Diremos que:

1. f **es creciente en** I si, para cualquier par de puntos, x_1 y x_2 en I, se cumple:
$$x_1 < x_2 \;\Rightarrow\; f(x_1) < f(x_2)$$

2. f **es decreciente en** I si, para cualquier par de puntos, x_1 y x_2 en I, se cumple:
$$x_1 < x_2 \;\Rightarrow\; f(x_1) > f(x_2)$$

3. f **es monótona en** I si f es o bien creciente o decreciente en I.

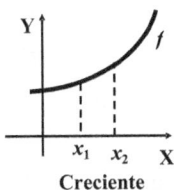

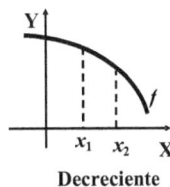

La función $f(x) = x^2$, dada en el ejemplo anterior, es decreciente en el intervalo $(-\infty, 0]$ y es creciente en el intervalo $[0, +\infty)$. En cambio, la otra función $g(x) = x^3$, es creciente en todo su dominio, que es $\mathbb{R}$.

PROBLEMAS RESUELTOS 4.1

PROBLEMA 1.   Hallar el dominio de la función $f(x) = \sqrt{x^2 - x - 6}$

Solución

Como la expresión subradical no puede ser negativa, se tiene que
$$x^2 - x - 6 \ge 0 \;\Leftrightarrow\; (x + 2)(x - 3) \ge 0$$

Las raíces de este polinomio son −2 y 3 y los signos en los intervalos de prueba en la recta numérica son como se indica a continuación:

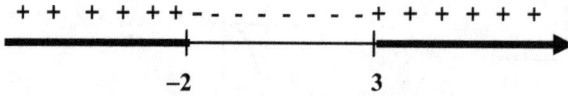

Luego, Dom(f) = solución de $(x + 2)(x - 3) \geq 0$ = $(-\infty, -2] \cup [3,+\infty)$.

PROBLEMA 2. Hallar el dominio de la función $g(x) = \dfrac{1}{\sqrt{x^2 - 9} - 4}$

Solución

El dominio de esta función es igual al dominio del denominador menos los puntos donde éste se anula.

Pero, x está en el dominio del denominador $\Leftrightarrow x^2 - 9 \geq 0 \Leftrightarrow x^2 \geq 9$

$$\Leftrightarrow |x| \geq 3 \quad \Leftrightarrow \quad x \leq -3 \text{ ó } x \geq 3.$$

Luego, el dominio del denominador es $(-\infty, -3] \cup [3, +\infty)$.
Encontremos los puntos donde el denominador se anula:

$$\sqrt{x^2 - 9} - 4 = 0 \Leftrightarrow x^2 - 9 = 16 \Leftrightarrow x^2 = 25 \Leftrightarrow x = -5 \text{ ó } x = 5$$

Por tanto, $\mathrm{Dom}(g) = (-\infty, -3] \cup [3, +\infty) - \{-5, 5\}$.

PROBLEMA 3. Usando las técnicas de transformación, bosquejar la gráfica de:

$$\textbf{a.} \quad y = \big[-x\big] \qquad\qquad \textbf{b.} \quad y = -\big[x\big]$$

Solución

a. El gráfico de $y = \big[-x\big]$ se obtiene reflejando en el eje Y el gráfico de $y = \big[x\big]$.

b. El gráfico de $y = -\big[x\big]$ se obtiene reflejando en el eje X el gráfico de $y = \big[x\big]$.

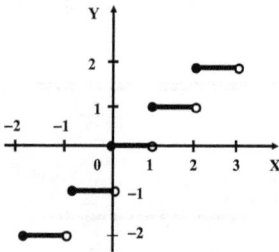

$y = \big[x\big]$

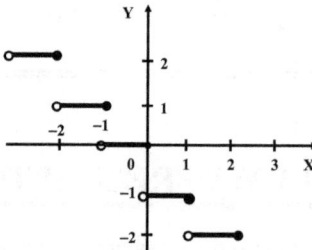

a. $y = \big[-x\big]$

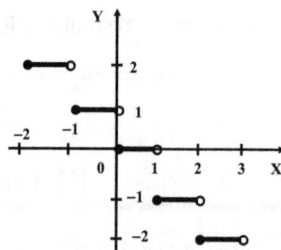

b. $y = -\big[x\big]$

PROBLEMA 4. Usando la gráfica de $y = \sqrt{x}$ y las técnicas de transformación, graficar:

$$\textbf{a. } y = \sqrt{x+3} \qquad \textbf{b. } y = -\sqrt{x+3} \qquad \textbf{c. } y = -\sqrt{x+3} + 3/2$$

Solución

a. Se traslada horizontalmente 3 unidades a la izquierda la gráfica de $y = \sqrt{x}$

b. Se refleja en el eje X la gráfica de $y = \sqrt{x+3}$

c. Se traslada verticalmente 3/2 unidades hacia arriba la grafica de $y = -\sqrt{x+3}$

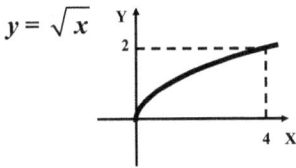

$y = \sqrt{x}$

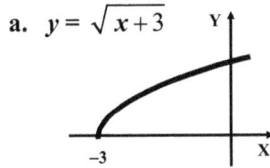

a. $y = \sqrt{x+3}$

b. $y = -\sqrt{x+3}$

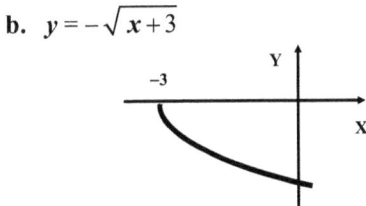

c. $y = -\sqrt{x+3} + 3/2$

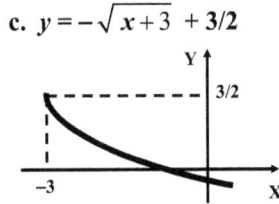

PROBLEMA 5. Usando la gráfica de $y = \dfrac{1}{x}$ y las técnicas de transformación,

graficar:

$$\textbf{a. } y = \frac{1}{x+1} \qquad \textbf{b. } y = -\frac{1}{x+1} \qquad \textbf{c. } y = \frac{x}{x+1}$$

Solución

a. Si $f(x) = \dfrac{1}{x}$, se tiene que $f(x+1) = \dfrac{1}{x+1}$. Luego, la gráfica $y = \dfrac{1}{x+1}$ se obtiene

trasladando horizontalmente una unidad a la izquierda la gráfica de $y = \dfrac{1}{x}$

b. Se refleja en el eje X la gráfica de $y = \dfrac{1}{x+1}$

c. Dividiendo x entre $x + 1$ obenemos que $\dfrac{x}{x+1} = 1 - \dfrac{1}{x+1} = -\dfrac{1}{x+1} + 1.$

Luego, para obtener la gráfica de $y = \dfrac{x}{x+1}$, se traslada verticalmente una unidad

hacia arriba la grafica de $y = -\dfrac{1}{x+1}$

$$y = \frac{1}{x}$$ **a.** $y = \frac{1}{x+1}$ **b.** $y = -\frac{1}{x+1}$ **c.** $y = \frac{x}{x+1} = -\frac{1}{x+1} + 1$

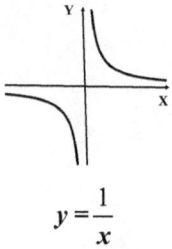

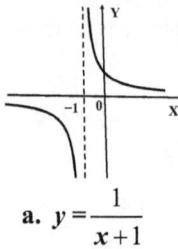

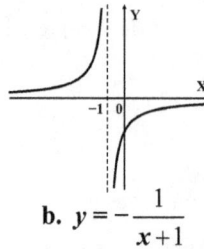

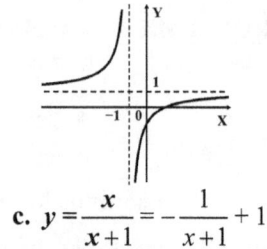

PROBLEMA 6. Probar que el vértice de la parábola correspondiente al gráfico de la función cuadrática $f(x) = ax^2 + bx + c$ es

$$\left(-\frac{b}{2a}, \ f\left(-\frac{b}{2a} \right) \right) = \left(-\frac{b}{2a}, \ \frac{4ac - b^2}{4a} \right)$$

Solución

$$f(x) = ax^2 + bx + c$$

$$= (ax^2 + bx) + c \qquad\qquad\qquad \text{(Asociando)}$$

$$= \left(ax^2 + bx + \frac{b^2}{4a} \right) + c - \frac{b^2}{4a} \qquad \text{(Sumando y restando } b^2/4a\text{)}$$

$$= a\left(x^2 + \frac{b}{a}x + \frac{b^2}{4a^2} \right) + \frac{4ac - b^2}{4a} \qquad \text{(Factorizando y operando)}$$

$$= a\left(x + \frac{b}{2a} \right)^2 + \frac{4ac - b^2}{4a} \qquad\qquad \text{(Factorizando)}$$

Ahora, si $a > 0$, la parábola se abre hacia arriba y el vértice es el punto más bajo.

Pero, $a\left(x + \dfrac{b}{2a} \right)^2 \geq 0$, luego $f(x)$ tiene un mínimo cuando $x + \dfrac{b}{2a} = 0$, o sea, cuando

$x = -\dfrac{b}{2a}$. La ordenada correspondiente a $x = -\dfrac{b}{2a}$ es $f\left(-\dfrac{b}{2a} \right) = \dfrac{4ac - b^2}{4a}$. En

consecuencia, el vértice de la parábola es $\left(-\dfrac{b}{2a}, \ f\left(-\dfrac{b}{2a} \right) \right)$.

Similarmente, si $a < 0$, la parábola se abre hacia abajo y el vértice es el punto más

alto. Pero, $a\left(x + \dfrac{b}{2a} \right)^2 \leq 0$, luego $f(x)$ tiene un máximo cuando $x + \dfrac{b}{2a} = 0$, osea,

cuando $x = -\dfrac{b}{2a}$. Luego, $\left(-\dfrac{b}{2a}, \ f\left(-\dfrac{b}{2a} \right) \right)$ es el vértice de la parábola.

PROBLEMAS PROPUESTOS 4.1

1. Dada la función $f(x) = \dfrac{x}{x+1}$, encontrar:

    a. $f(3)$ **b.** $f(1+\sqrt{2}\,)$ **c.** $f(2+h)-f(2)$ **d.** $f(a+h)-f(a)$

2. Dada la función $g(x) = x + \dfrac{(x-2)^2}{4}$, encontrar:

    a. $g(2)$,   **b.** $g(a+2)$,   **c.** $g(a+h)-g(a)$

En los problemas del 3 al 11 hallar el dominio y el rango de la función dada.

3. $f(x) = \dfrac{-5}{x+4}$ **4.** $f(x) = 3 + \dfrac{1}{x}$ **5.** $f(x) = -2 + \dfrac{1}{x-3}$

6. $f(x) = \sqrt{x-9}$ **7.** $g(x) = \dfrac{\sqrt{16-x^2}}{3}$ **8.** $h(x) = \dfrac{\sqrt{x^2-4}}{2}$

9. $u(x) = \sqrt[3]{x-2}$ **10.** $f(x) = \dfrac{x^2-4}{x}$ **11.** $y = \sqrt{x(x-2)}$

En los problemas del 12 al 17 hallar el dominio de la función dada.

12. $g(x) = \dfrac{6}{\sqrt{9-x}\,-2}$ **13.** $y = \dfrac{1}{\sqrt{x^2-4}\,-2}$

14. $y = \sqrt{4-\dfrac{1}{x}}$ **15.** $y = \dfrac{1}{4-\sqrt{1-x}}$

16. $f(x) = \dfrac{x+1}{x^3-2x^2-5x+6}$ **17.** $f(x) = \dfrac{x+5}{\sqrt{2x^2+3x-9}}$

En los problemas del 18 al 21 hallar el vértice de la parábola dada.

18. $y = x^2 - 2x + 3$ **19.** $y = -2x^2 + 12x + 17$

20. $y = -3x^2 + 6x + 5$ **21.** $y = x^2 - x - 6$

En los problemas del 22 al 24: a. Graficar la función cuadrática dada.
b. Hallar el máximo o mínimo de la función. c. Determinar el rango.

22. $f(x) = x^2 + 6x + 8$ **23.** $f(x) = \dfrac{1}{2}x^2 + 3x - 8$ **24.** $f(x) = -3x^2 + 24x - 46$

25. Usando transformaciones de gráficas y la gráfica de $f(x) = |x|$, bosquejar los gráficos de:

    a. $y = |x-4|$ **b.** $y = |x-4| + 3$ **c.** $y = -|x-4| + 3$

    d. $y = -2 - |x-4|$ **e.** $y = 2|x|$ **f.** $y = \dfrac{1}{4}|x|$

26. Usando transformaciones de gráficas y   la gráfica de $f(x) = x^3$, bosquejar los gráficos de:

   a. $y = x^3 - 3$ **b.** $y = (x-1)^3$ **c.** $y = -x^3 + 1$ **d.** $y = -(x-1)^3 + 1$

27. Usando transformaciones de gráficas y   la gráfica de $f(x) = \dfrac{1}{x}$, bosquejar los gráficos de:

   a. $y = \dfrac{1}{x} - 2$ **b.** $y = \dfrac{1}{x-2}$ **c.** $y = -\dfrac{1}{x}$ **d.** $y = \dfrac{1}{x-2} + 5$

28. Usando transformaciones de gráficas y   la gráfica de $f(x) = \dfrac{1}{x^2}$, bosquejar los gráficos de:

   a. $y = \dfrac{1}{(x+2)^2}$ **b.** $y = -\dfrac{1}{(x+2)^2}$ **c.** $y = -\dfrac{1}{(x+2)^2} - 2$

29. Usando transformaciones de gráficas y   la gráfica de $f(x) = [x]$, bosquejar los gráficos de:

   a. $y = [x+2]$,   **b.** $y = \dfrac{1}{2}[x]$

SECCION 4.2
0PERACIONES CON FUNCIONES

ALGEBRA DE FUNCIONES

Dadas las funciones reales, f y g, queremos definir la suma $f + g$, la diferencia $f - g$, el producto de un número r por una función rf y el cociente $\dfrac{f}{g}$.

| DEFINCION. | Sean f y g funciones reales y r un número real.

   a. $(f + g)(x) = f(x) + g(x)$, $\text{Dom}(f + g) = \text{Dom}(f) \cap \text{Dom}(g)$.

   b. $(f - g)(x) = f(x) - g(x)$, $\text{Dom}(f - g) = \text{Dom}(f) \cap \text{Dom}(g)$.

   c. $(fg)(x) = f(x)g(x)$, $\text{Dom}(fg) = \text{Dom}(f) \cap \text{Dom}(g)$.

   d. $(rf)(x) = rf(x)$, $\text{Dom}(rf) = \text{Dom}(f)$.

   e. $\left(\dfrac{f}{g}\right)(x) = \dfrac{f(x)}{g(x)}$, $\text{Dom}\left(\dfrac{f}{g}\right) = \text{Dom}(f) \cap \text{Dom}(g) - \{x \,/\, g(x) = 0\}$

EJEMPLO 1. Si $f(x) = \sqrt{x}$, $g(x) = \sqrt{9-x^2}$ y $r = 5$, hallar las funciones:

$$\textbf{a. } f+g \qquad \textbf{b. } f-g \qquad \textbf{c. } fg \qquad \textbf{d. } rf \qquad \textbf{e. } \frac{f}{g}$$

Solución

Hallemos los dominios de f y de g:

$$x \in \text{Dom}(f) \iff x \geq 0 \text{ . Luego, } \text{Dom}(f) = [0, +\infty).$$
$$x \in \text{Dom}(g) \iff 9 - x^2 \geq 0 \iff x^2 \leq 9 \iff -3 \leq x \leq 3.$$

Luego, $\text{Dom}(g) = [-3, 3]$.

La intersección de estos dominios es:
$$\text{Dom}(f) \cap \text{Dom}(g) = [0, +\infty) \cap [-3, 3] = [0, 3].$$

Ahora,

a. $(f+g)(x) = f(x) + g(x) = \sqrt{x} + \sqrt{9-x^2}$, con dominio $= [0, 3]$.

b. $(f-g)(x) = f(x) - g(x) = \sqrt{x} - \sqrt{9-x^2}$,   con dominio $= [0, 3]$.

c. $(fg)(x) = f(x)g(x) = \sqrt{x}\ \sqrt{9-x^2} = \sqrt{9x - x^3}$,   con dominio $= [0, 3]$

d. $(5f)(x) = 5f(x) = 5\sqrt{x}$,   con dominio $= \text{Dom}(f) = [0, +\infty)$

e. $\dfrac{f}{g}(x) = \dfrac{f(x)}{g(x)} = \dfrac{\sqrt{x}}{\sqrt{9-x^2}} = \sqrt{\dfrac{x}{9-x^2}}$,   con dominio $= [0, 3] - \{3\} = [0, 3)$

COMPOSICION DE FUNCIONES.

DEFINICION. Dadas dos funciones f y g, se llama **función compuesta** de f y g a la función $f \circ g$ definida por:

$$(f \circ g)(x) = f(g(x))$$

El dominio de $f \circ g$ es

$$\textbf{Dom}(f \circ g) = \{x \in \textbf{Dom}(g)\ /\ g(x) \in \textbf{Dom}(f)\}$$

Observar que para que se pueda tener la compuesta $f \circ g$, el rango de g debe intersectar al dominio de f.

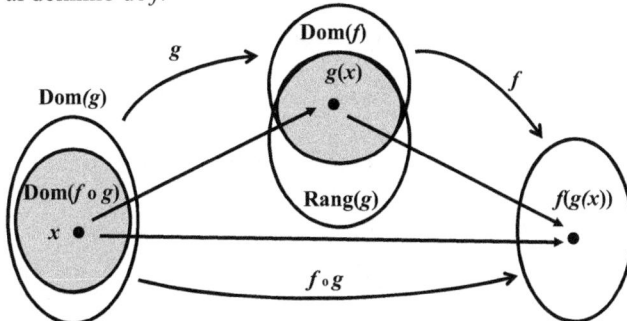

EJEMPLO 2. Dadas las funciones: $f(x) = x^2 + 3$ y $g(x) = 4x - 5$.

         a. Hallar $f \circ g$ **b.** Hallar $g \circ f$ **c.** ¿Se cumple que $g \circ f = f \circ g$?

Solución

a. $(f \circ g)(x) = f(g(x)) = f(4x - 5) = (4x - 5)^2 + 3 = 16x^2 - 40x + 28$.

b. $(g \circ f)(x) = g((f(x)) = g(x^2 + 3) = 4(x^2 + 3) - 5 = 4x^2 + 7$.

c. No se cumple que $g \circ f = f \circ g$, ya que:

$$(f \circ g)(x) = 16x^2 - 40x + 28 \neq 4x^2 + 7 = (g \circ f)(x)$$

Este ejemplo demuestra que la composición de funciones no es conmutativa.

EJEMPLO 3. Si $f(x) = \dfrac{1}{x - 3}$ y $g(x) = \sqrt{x}$ hallar, con sus respectivos dominios,

        a. $f \circ g$ **b.** $g \circ f$.   **c.** $g \circ g$ **d.** $f \circ f$

Solución

a. $(f \circ g)(x) = f(g(x)) = f\left(\sqrt{x}\right) = \dfrac{1}{\sqrt{x} - 3}$

Tenemos que
$\text{Dom}(f \circ g) = \{x / \ x \in \text{Dom}(g) \ \text{y} \ g(x) \in \text{Dom}(f) \}$

Pero, $\text{Dom}(f) = \mathbb{R} - \{3\}$, $\text{Dom}(g) = [0, \infty)$
Luego,

    $x \in \text{Dom}(f \circ g) \Leftrightarrow x \in \text{Dom}(g) \land g(x) \in \text{Dom}(f)$

                $\Leftrightarrow x \in [0, \infty) \land \ \sqrt{x} \in \mathbb{R} - \{3\} \Leftrightarrow x \geq 0 \land \ \sqrt{x} \neq 3$

                $\Leftrightarrow x \geq 0 \land x \neq 9$ $\Leftrightarrow x \in [0, \infty) - \{9\}$

En consecuencia, $\text{Dom}(f \circ g) = [0, \infty) - \{9\}$

b. $(g \circ f)(x) = g(f(x)) = g\left(\dfrac{1}{x - 3}\right) = \dfrac{1}{\sqrt{\dfrac{1}{x - 3}}} = \dfrac{1}{\dfrac{1}{\sqrt{x - 3}}} = \sqrt{x - 3}$

$x \in \text{Dom}(g \circ f) \Leftrightarrow x \in \text{Dom}(f) \land f(x) \in \text{Dom}(g)$

        $\Leftrightarrow x \in \mathbb{R} - \{3\} \land f(x) \in [0, \infty) \Leftrightarrow x \neq 3 \land \dfrac{1}{x - 3} \in [0, \infty)$

        $\Leftrightarrow x \neq 3 \land \dfrac{1}{x - 3} \geq 0 \Leftrightarrow x \neq 3 \land x - 3 > 0 \Leftrightarrow x > 3$

En consecuencia, $\text{Dom}(f \circ g) = (3, \infty)$

c. $(g \circ g)(x) = g(g(x)) = g\left(\sqrt{x}\right) = \sqrt{\sqrt{x}} = \sqrt[4]{x}$

$$x \in \text{Dom}(g \circ g) \Leftrightarrow x \in \text{Dom}(g) \wedge g(x) \in \text{Dom}(g) \Leftrightarrow x \in [0, \infty) \wedge g(x) \in [0, \infty)$$

$$\Leftrightarrow x \geq 0 \wedge \sqrt{x} \geq 0 \qquad\qquad \Leftrightarrow x \geq 0 \wedge x \geq 0 \Leftrightarrow x \geq 0$$

En consecuencia, $\text{Dom}(g \circ g) = [0, \infty)$.

d. $(f \circ f)(x) = f(f(x)) = f\left(\dfrac{1}{x-3}\right) = \dfrac{1}{\dfrac{1}{x-3} - 3} = \dfrac{1}{\dfrac{10-3x}{x-3}} = \dfrac{x-3}{10-3x}$

$$x \in \text{Dom}(f \circ f) \Leftrightarrow x \in \text{Dom}(f) \wedge f(x) \in \text{Dom}(f)$$

$$\Leftrightarrow x \in \mathbb{R}-\{3\} \wedge \dfrac{1}{x-3} \in \mathbb{R}-\{3\}$$

$$\Leftrightarrow x \in \mathbb{R}-\{3\} \wedge \dfrac{1}{x-3} \in \mathbb{R}-\{3\}$$

$$\Leftrightarrow x \neq 3 \wedge \dfrac{1}{x-3} \neq 3 \Leftrightarrow x \neq 3 \wedge x - 3 \neq \dfrac{1}{3}$$

$$\Leftrightarrow x \neq 3 \wedge x \neq \dfrac{10}{3} \qquad \Leftrightarrow x \in \mathbb{R}-\{3, 10/3\}$$

En consecuencia, $\text{Dom}(f \circ f) = \mathbb{R}-\{3, 10/3\}$

EJEMPLO 4. Si $f(x) = \dfrac{x}{1+x}$, $g(x) = x^3$ y $h(x) = x - 2$, hallar:

$\quad\quad$ **a.** $f \circ g \circ h$ $\qquad\qquad$ **b.** $f \circ h \circ g$ $\qquad\qquad$ **c.** $h \circ g \circ f$

Solución

a. $(f \circ g \circ h)(x) = (f \circ g)(h(x)) = f(g(h(x))) = f(g(x-2)) = f((x-2)^3) = \dfrac{(x-2)^3}{1+(x-2)^3}$

b. $(f \circ h \circ g)(x) = (f \circ h)(g(x)) = f(h(g(x))) = f(h(x^3)) = f(x^3 - 2) = \dfrac{x^3 - 2}{1 + x^3 - 2} = \dfrac{x^3 - 2}{x^3 - 1}$

c. $(h \circ g \circ f)(x) = (h \circ g)(f(x)) = h(g(f(x))) = h\left(g\left(x/1+x\right)\right) = h\left(\left(x/1+x\right)^3\right)$

$$= \left(\dfrac{x}{1+x}\right)^3 - 2 = \dfrac{x^3}{(1+x)^3} - 2$$

EJEMPLO 5. Si $F(x) = \dfrac{-5}{\sqrt{x^2-3}}$, hallar tres funciones f, g y h tales que

$$F = f \circ g \circ h$$

Solución

Si $f(x) = \dfrac{-5}{x}$, $g(x) = \sqrt{x}$ y $h(x) = x^2 - 3$, se tiene:

$$(f \circ g \circ h)(x) = (f \circ g)(h(x)) = f(g(h(x))) = f(g(x^2 - 3)) = f(\sqrt{x^2 - 3}) = \dfrac{-5}{\sqrt{x^2 - 3}}$$

Estas funciones no son únicas. Las siguientes funciones también satisfacen el requerimiento: $f(x) = \dfrac{-5}{\sqrt{x}}$, $g(x) = x - 3$ y $h(x) = x^2$

En efecto:

$$(f \circ g \circ h)(x) = f(g(h(x))) = f(g(x^2) = f(x^2 - 3) = \dfrac{-5}{\sqrt{x^2 - 3}}$$

FUNCION INVERSA

Sea $f : A \to B$ una función con dominio A y rango B. f asigna a cada elemento x de A un único elemento y de B. En caso de ser posible, queremos invertir a f ; es decir, a cada y de B regresarlo, sin ambigüedad, al elemento x de A de donde provino. A esta nueva función, con dominio B y rango A, se le llama función inversa de f y se denota por f^{-1} .

No todas las funciones tienen inversa. Así, de las dos funciones siguientes sólo f tiene inversa. La función g no lo tiene, debido a que el elemento 3 provieve de dos elementos de A, a y c. La función inversa de g tendría que asignar a estos dos elementos a 3, pero esto no es posible porque viola la definición de función.

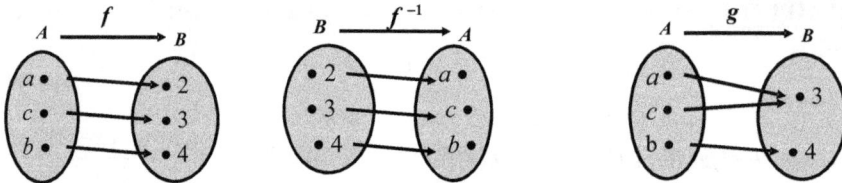

Las funciones, como f, que elementos distintos del dominio asignan valores distintos del rango, se llaman funciones inyectivas. Estas son las funciones que poseen inversa.

DEFINICION. Una función $f : A \to B$ es **inyectiva** o **función uno a uno** si

$$x_1 \neq x_2 \implies f(x_1) \neq f(x_2)$$

Es decir, si a elementos distintos del dominio, son asignados elementos distintos del rango.

Para determinar si una función real de variable real f es inyectiva contamos con el criterio de la recta horizontal, que es similar al criterio de la recta vertical usado para determinar si el gráfico de una ecuación corresponde al gráfico de una función.

CRITERIO DE LA RECTA HORIZONTAL.

Una función real de variable real f es inyectiva si y sólo si toda recta horizontal corta al gráfico de f a lo más en un punto.

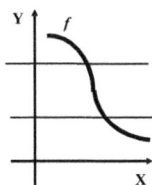

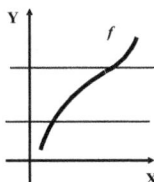

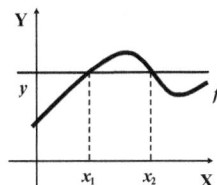

Inyectiva   **Inyectiva**   **No inyectiva**

EJEMPLO 6. Probar que la función $f(x) = x^3$ es inyectiva.

Solución

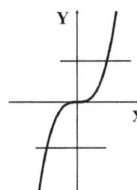

Es claro que si $x_1 \neq x_2$, entonces $x_1^3 \neq x_2^3$.

Luego, $f(x) = x^3$ es inyectiva.

Este resultado también podemos obtenerlo fácilmente mediante
el criterio de la recta horizontal: Vemos que toda recta horizontal
corta al gráfico de $f(x) = x^3$ exactamente en un punto.

EJEMPLO 7. Probar que la La función $g(x) = x^2 + 2$ no es inyectiva.

Solución

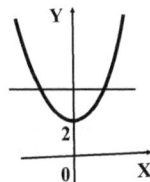

Tenemos que:

$$-1 \neq 1 \text{, sin embargo } (-1)^2 + 2 = (1)^2 + 2$$

Luego, $g(x) = x^2 + 2$ no es inyectiva.

Aplicando el criterio de la recta horizontal vemos que existen rectas verticales que
cortan al gráfico de $g(x) - x^2 + 2$ en más de un punto (en dos puntos).

A algunas funciónes no inyectiva, restringiendo su dominio, se puede conseguir
hacerlas inyectivas.

EJEMPLO 8. La función $f(x) = x^2 + 2$, con $x \geq 0$, es
inyectiva.

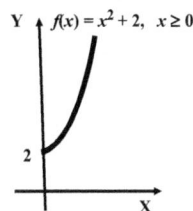

Esta función es la del ejemplo
anterior con el dominio restringido a
$[0, \infty)$.

DEFINICION. Sea $f : A \to B$ una función inyectiva de dominio A y rango B. Se llama **función inversa de** f a la función $f^{-1} : B \to A$ tal que

$$x = f^{-1}(y) \iff y = f(x) \qquad (1)$$

La expresión (1) anterior es equivalente a

$$f^{-1}(f(x)) = x, \forall\, x \in A \quad \text{y} \quad f(f^{-1}(y)) = y, \forall\, y \in B \qquad (2)$$

En efecto, si en $x = f^{-1}(y)$ reemplazamos $y = f(x)$, obtenemos $x = f^{-1}(f(x))$. Similarmente, si en $y = f(x)$, reemplazamos $x = f^{-1}(y)$, obtenemos $y = f(f^{-1}(y))$

OBSERVACION. No confundir $f^{-1}(y)$, con el cociente $\dfrac{1}{f(x)}$. Para evitar

ambigüedad al cociente $\dfrac{1}{f(x)}$ lo escribiremos asi: $\left[f(x) \right]^{-1}$

ESTRATEGIA PARA HALLAR LA INVERSA DE UNA FUNCION

Paso 1. Escribir la ecuación $y = f(x)$

Paso 2. Resolver la ecuación anterior para x en términos de y: $x = f^{-1}(y)$

Paso 3. En $x = f^{-1}(y)$, intercambiar x por y para obtener, finalmente, $y = f^{-1}(x)$

GRAFICA DE LA FUNCION INVERSA.

En vista del paso 3 donde se intercabia a x por y, el criterio de inversión nos dice que la gráfica de la función inversa se obtiene reflejando la gráfica de $y = f(x)$ en la recta diagonal $y = x$.

EJEMPLO 9. Hallar la función inversa de $f(x) = x^2 + 2$, $x \geq 0$. Graficarla.

Solución

Paso 1. $y = x^2 + 2$

Paso 2. $y = x^2 + 2 \implies x^2 = y - 2$
$$\implies x = \pm\sqrt{y - 2}$$

Como $x \geq 0$, tenemos $x = \sqrt{y - 2}$

Paso 3. En $x = \sqrt{y - 2}$ intercambiamos x por y:
$$y = \sqrt{x - 2}$$

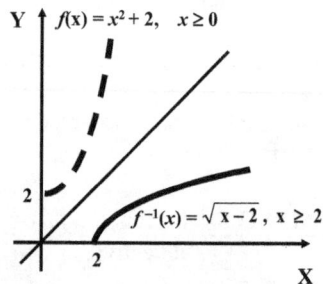

Luego, la función inversa de $f(x) = x^2 + 2$, $x \geq 0$ es $f^{-1}(x) = \sqrt{x - 2}$, $x \geq 2$

PROBLEMAS RESUELTOS 4.2

PROBLEMA 1. Si $f(x) = x^2 + 3$ y $g(x) = \sqrt{x-1}$, hallar

      1. $(g+f)(5)$ **2.** $(g-f)(5)$ **3.** $(8g)(5)$ **4.** $(gf)(5)$

      5. $\left(\dfrac{f}{g}\right)(5)$ **6.** $\left(\dfrac{g}{f}\right)(5)$ **7.** $(g \circ f)(5)$ **8.** $(f \circ g)(5)$

Solución

1. $(g+f)(5) = g(5)+f(5) = \sqrt{5-1} + 5^2 + 3 = 2 + 25 + 3 = 30$

2. $(g-f)(5) = g(5)-f(5) = \sqrt{5-1} - (5^2 + 3) = 2 - 25 - 3 = -26$

3. $(8g)(5) = 8(g(5)) = 8\sqrt{5-1} = 8(2) = 16$

4. $(gf)(5) = g(5)f(5) = \left(\sqrt{5-1}\right)\left(5^2 + 3\right) = (2)(28) = 56$

5. $\left(\dfrac{f}{g}\right)(5) = \dfrac{f(x)}{g(x)} = \dfrac{5^2+3}{\sqrt{5-1}} = \dfrac{28}{2} = 14$

6. $\left(\dfrac{g}{f}\right)(5) = \dfrac{g(x)}{f(x)} = \dfrac{\sqrt{5-1}}{5^2+3} = \dfrac{2}{28} = \dfrac{1}{14}$

7. $(g \circ f)(5) = g(f(5)) = g(5^2 + 3) = g(28) = \sqrt{28-1} = \sqrt{27} = 3\sqrt{3}$

8. $(f \circ g)(5) = f(g(5)) = f\left(\sqrt{5-1}\right) = f(2) = 2^2 + 3 = 7$

PROBLEMA 2. Sea la función $h(x) = \sqrt{4-x^2} + \dfrac{1}{4-x^2}$

      a. Hallar el dominio de h.

      b. Hallar dos funciones f y g tales que $h = g \circ f$

Solución

a. Para que $\sqrt{4-x^2}$ sea real debemos tener que $4 - x^2 \geq 0$. Además, como $4 - x^2$ aparece como un denominador, debemos exigir que $4 - x^2 \neq 0$. Uniendo las dos condiciones debemos tener que:

    $4 - x^2 > 0 \iff x^2 < 4 \iff |x| < 2 \iff -2 < x < 2.$

Luego, el dominio de h es el intervalo $(-2, 2)$.

b. Si $f(x) = 4 - x^2$ y $g(x) = \sqrt{x} + \dfrac{1}{y}$, tenemos que

    $(g \circ f)(x) = g(f(x)) = g(4 - x^2) = \sqrt{4-x^2} + \dfrac{1}{4-x^2} = h(x)$

PROBLEMA 3. Si $f(x) = \sqrt{x^2 - 4}$ y $g(x) = \sqrt{4 - x}$, hallar

$$\textbf{a.}\, f \circ g \qquad \textbf{b.}\, g \circ f \qquad \textbf{c.}\, g \circ g \qquad \textbf{d.}\, f \circ f$$

Solución

1. a. $(f \circ g)(x) = f(g(x)) = f(\sqrt{4 - x}) = \sqrt{(4 - x)^2 - 4} = \sqrt{x^2 - 4x + 12}$

b. $(g \circ f)(x) = g(f(x)) = g(\sqrt{x^2 - 4}) = \sqrt{4 - \sqrt{x^2 - 4}}$

c. $(g \circ g)(x) = g(g(x)) = g(\sqrt{4 - x}) = \sqrt{4 - \sqrt{4 - x}}$

d. $(f \circ f)(x) = f(f(x)) = f(\sqrt{x^2 - 4}) = \sqrt{\left(\sqrt{x^2 - 4}\right)^2 - 4} = \sqrt{x^2 - 8}$

PROBLEMA 4. Sea $g(x) = x - 1$ y $h(x) = x^2$.

a. Hallar una función p tal que $g \circ p = h$

b. Hallar una función f tal que $f \circ g = h$

Solución

a. $g \circ p = h \implies g(p(x)) = h(x) \implies p(x) - 1 = x^2 \implies p(x) = x^2 + 1$

b. $f \circ g = h \implies f(g(x)) = h(x) \implies f(x - 1) = x^2$

Luego,

$$f(x) = f(x + 1 - 1) = f((x + 1) - 1) = (x + 1)^2$$

PROBLEMA 5. Hallar la función lineal $f(x) = ax + b$ que cumple las condiciones:

$$\textbf{1.}\, f(x + y) = f(x) + f(y),\ \forall\, x, y \in \mathbb{R}. \qquad \textbf{2.}\, f(-2) = -6$$

Solución

Usando la condición (1) obtenemos:

$$f(x + y) = f(x) + f(y) \implies a(x + y) + b = (ax + b) + (ay + b) \implies$$

$$ax + ay + b = ax + b + ay + b \implies b = b + b \implies b = 0$$

Luego, $f(x) = ax$.

Ahora, usamos la condición (2):

$$f(-2) = -6 \implies a(-2) = -6 \implies a = 3.$$

En consecuencia, la función lineal buscada es: $f(x) = 3x$

PROBLEMAS PROPUESTOS 4.2

En los problemas del 1 al 3 hallar $f+g$, $f-g$, fg *y* $\dfrac{f}{g}$, *con sus dominios.*

1. $f(x) = \dfrac{1}{1-x}$, $g(x) = \sqrt{2-x}$

2. $f(x) = \sqrt{16 - x^2}$, $g(x) = \sqrt{x^2 - 4}$

3. $f(x) = \dfrac{1}{\sqrt{4-x^2}}$, $g(x) = \sqrt[3]{x}$

En los problemas del 4 al 6 hallar el dominio de la función dada.

4. $f(x) = \sqrt{4-x} + \sqrt{x-1}$ **5.** $f(x) = \sqrt{-x} + \dfrac{1}{\sqrt{x+2}}$ **6.** $g(x) = \dfrac{\sqrt{3-x} + \sqrt{x+2}}{x^2 - 9}$

En los problemas del 7 al 10 hallar $f \circ g$, $g \circ f$, $f \circ f$ *y* $g \circ g$, *con sus dominios.*

7. $f(x) = x^2 - 1$, $g(x) = \sqrt{x}$

8. $f(x) = x^2$, $g(x) = \sqrt{x-4}$

9. $f(x) = x^2 - x$, $g(x) = \dfrac{1}{x}$

10. $f(x) = \dfrac{1}{1-x}$, $g(x) = \sqrt[3]{x}$

11. Si $f(x) = \sqrt{x^2 - 1}$, $g(x) = \sqrt{1-x}$, *hallar* $f \circ g$, $g \circ f$, $f \circ f$ y $g \circ g$.

En los problemas 12 y 13 hallar $f \circ g \circ h$.

12. $f(x) = \sqrt{x}$, $g(x) = \dfrac{1}{x}$, $h(x) = x^2 - 1$ **13.** $f(x) = \sqrt[3]{x}$, $g(x) = \dfrac{x}{1+x}$, $h(x) = x^2 - x$

14. Si $f(x) = \dfrac{1}{1-x}$, hallar, con su respectivo dominio, $f \circ f \circ f$.

En los problemas del 15 al 18 hallar dos funciones f y g tales que $F = f \circ g$.

15. $F(x) = \dfrac{1}{1+x}$

16. $F(x) = -3 + \sqrt{x}$

17. $F(x) = \sqrt[3]{(2x-1)^2}$

18. $F(x) = \dfrac{1}{\sqrt{x^2 - x + 1}}$

En los problemas 19, 20 y 21 hallar f, g y h *tales que* $F = f \circ g \circ h$.

19. $F(x) = \dfrac{x^2}{1+x^2}$ **20.** $F(x) = \sqrt[3]{x^2 + |x| + 1}$ **21.** $F(x) = \sqrt[4]{\sqrt{x} - 1}$

22. Si $f(x) = 2x + 3$ y $h(x) = 2x^2 - 4x + 5$, hallar una función g tal que $f \circ g = h$.

23. Si $f(x) = x - 3$ y $h(x) = \dfrac{1}{x-2}$, hallar una función g tal que $g \circ f = h$.

24. Si $f(x + 1) = (x - 3)^2$, hallar $f(x - 1)$.

25. Hallar la función cuadrática $f(x) = ax^2 + bx$ tal que $f(x) - f(x - 1) = x$, $\forall\, x \in \mathbb{R}$

En los problemas del 26 al 29, hallar la función inversa y graficarla.

26. $f(x) = 2x + 1$ **27.** $g(x) = x^2 - 1$, $x \geq 0$ **28.** $h(x) = x^3 + 2$ **29.** $k(x) = \dfrac{1}{x} - 1$

SECCION 4.3
LAS FUNCIONES COMO MODELOS MATEMATICOS

Muchas relaciones que aparecen en las distintas ciencias o en la vida cotidiana se expresan (son modeladas) mediante funciones. Frecuentemente, en las secciones anteriores, hemos usado algunos conceptos de economía, como son costo total, ingreso total, etc. Estos conceptos son funciones. Hagamos un resumen de estas funciones.

1. Función Costo total. $C(x)$, *x* **es el número de objetos producidos**

$$C(x) = \text{costos variables} + \text{costos fijos}$$

2. Función Ingreso (Revenue en inglés). $R(x)$

$R(x)$ es el dinero que se recibe por la venta de *x* artículos. Si *p* es el precio por unidad de cada artículo, entonces: $R(x) = px$

3. Función Utilidad o Beneficio: $U(x)$

$$U(x) = R(x) - C(x)$$

Los dominios de las funciones anteriores no incluyen los números negativos, ya que no tiene sentido real hablar de cantidades negativas de mercancía o de precios negativos.

EJEMPLO 1. El precio *p* por unidad de una mercancía y la cantidad *x* de mercancía solicitada satisfacen la relación $p = 180 - 2x$. Si la función costo total es $C(x) = 80x + 50$, hallar:

  a. La función ingreso   **b.** El ingreso máximo.
  c. La función utilidad.   **d.** La utilidad máxima.

Solución

a. $R(\text{x}) = px = (180 - 2x)x = -2x^2 + 180x$

b. La function ingreso es una función cuadrática, cuyo gráfico es una parábola. Hallemos su vértice (h, k):

$$h = -\frac{b}{2a} = -\frac{180}{2(-2)} = 45$$

$$k = R(45) = -2(45)^2 + 180(45) = 4{,}050$$

Luego, el ingreso máximo $R(45) = 4{,}050$

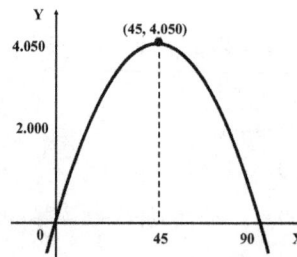

c. $U(x) = R(x) - C(x) = (180x - 2x^2) - (80x + 50) = -2x^2 + 100x - 50$

d. La función utilidad es una función cuadrática, cuyo gráfico es una parábola. Hallemos su vértice (h, k):

$$h = -\frac{b}{2a} = -\frac{100}{2(-2)} = 25 \qquad k = U(25) = -2(25)^2 + 100(25) - 50 = 1{,}200$$

Luego, utilidad máxima es $U(25) = 1{,}200$

EJEMPLO 2. Se quiere construir un potrero rectangular de 7,200 m^2 en un terreno que está a la orilla de un río. De los cuatro lados del terreno, sólo se precisa cercar tres, dejando libre el lado correspondiente al río. Expresar la longitud del cercado como función de la longitud del lado no cercado.

Solución

Sean x y y las longitudes de los lados del potrero y L la longitud de la cerca. Se tiene:

$$L = x + 2y \qquad (1)$$

Por otro lado, el área del potrero (rectángular) es xy.

Luego,

$$yx = 7{,}200 \implies y = \frac{7{,}200}{x}$$

Reemplazando esta última igualdad en (1):

$$L(x) = x + 2\frac{7{,}200}{x} = x + \frac{14{,}400}{x}$$

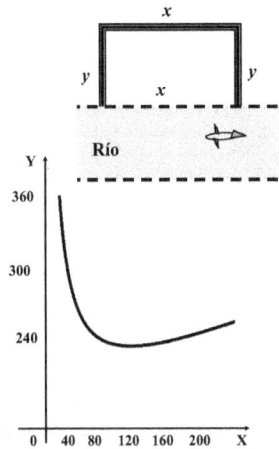

OBSERVACION. Mirando la gráfica de la función del ejemplo anterior vemos que la función $L(x) = x + 14{,}400/x$ tiene mínimo. Sin embargo, como no se trata de una parábola, no contamos con una técnica precisa para hallar este mínimo. La derivada, concepto que veremos más adelante, nos permitirá hallar el mínimo o el máximo de ésta y muchas otras funciones.

EJEMPLO 3. Una fábrica produce cierto artículo por el que obtiene una utilidad de $ 300 por unidad cuando la producción no excede las 800 unidades. La utilidad decrece $0.5 por cada unidad que sobrepasa los 800.

a. Expresar la utilidad $U(x)$ de la fábrica como función de los x artículos producidos.

b. Hallar la utilidad si se producen 1,200 unidades.

Solución

a. Si $0 \le x \le 800$, la utilidad es $U(x) = 300x$

Si $800 < x$, el exceso sobre 800 es $x - 800$ y la utilidad por unidad ha decrecido en:

$$0.5(x - 800) = 0.5x - 400$$

Por lo tanto:

Utilidad por unidad $= 300 - (0.5x - 400) = 700 - 0.5x$ y

$U(x) =$ (utilidad por las primeras 800) + (utilidad por las que exceden 800)
$$= 300(800) + (700 - 0.5x)(x - 800) = -0.5x^2 + 1{,}100x - 320{,}000$$

En resumen, la utilidad al producir x artículos es:

$$U(x) = \begin{cases} 300x, & si\ 0 \le x \le 800 \\ -0.5x^2 + 1{,}100x - 320{,}000, & si\ x > 800 \end{cases}$$

b. $U(1{,}200) = -0.5(1{,}200)^2 + 1{,}100(1{,}200) - 320{,}000$
$$= -720{,}000 + 1{,}320{,}000 - 320{,}000 = 280{,}000$$

EJEMPLO 4. Un supermercado vende carne de primera a $ 9 el kilogramo. Para aumentar las ventas se hace la siguiente oferta: Por los primeros 5 Kgs de compra no se hace ningún descuento. Por los siguientes 5 Kgs se hace un descuento de $ 0.5 por cada Kg que excede a 5. Por los restantes, descuenta $ 0.9 por cada Kg que exceda a 10. Hallar:

    a. Una función que exprese el ingreso del supermercado, por cliente, en términos de la cantidad de kilos de carne que compra.

    b. ¿Cuánto paga un cliente que compra 8 Kgs?

    c. ¿Cuánto paga un cliente que compra 16 Kgs?

Solución

a. Sea x el número de Kgs. que compra el cliente. Sea $R(x)$ el ingreso del supermercado correspondiente a este cliente. Se tiene que:

Si $0 \le x \le 5$, entonces $R(x) = 9x$

Si $5 < x \le 10$, el exceso sobre 5 es $x - 5$ y el descuento sobre estos Kgs que exceden a 5 es $0.5(x - 5)$. Luego, el ingreso es

$$R(x) = 9x - 0.50(x - 5) = 8.5x + 2.50$$

Si $x > 10$, hay dos tipos de descuento: El descuento por los 5 segundos Kgs, que es de $0.5(5) = 2.50$, y el descuento por los Kgs que exceden los 10 Kgs. Para este segundo descuento, el exceso sobre 10 es $x - 10$ y el descuento por este exceso es $0.9(x - 10)$. Luego, el ingreso es

$$R(x) = 9x - 2.50 - 0.9(x - 10) = 8.1x + 6.50$$

En resumen tenemos que:

$$R(x) = \begin{cases} 9x, & si\ 0 \le x \le 5 \\ 8.5x + 2.50, & si\ 5 < x \le 10 \\ 8.1x + 6.50, & si\ x > 10 \end{cases}$$

b. Si $x = 8$, entonces $5 < x \le 10$ y, por tanto,

$$R(8) = 8.5(8) + 2.50 = 68 + 2.50 = 70.50.$$

c. Si $x = 16$, entonces $x > 10$ y, por tanto,

$$R(16) = 8.1(16) + 6.50 = 129.6 + 6.5 = 136.1$$

EJEMPLO 5. De una lámina circular de hojalata de 5 cm. de radio se quiere obtener un rectágulo en la forma que indica la figura. Expresar el área del rectángulo en términos de su base.

Solución

Sea x la longitud de la base del rectángulo y h su altura. Se tiene:

Area del rectángulo $= xh$ **(1)**

Ahora, expresamos la altura h en términos de x, la longitud de la base. Para esto, observamos que el diámetro punteado del círculo divide al rectángulo en dos triángulos rectángulos cuya hipotenusa mide 10 cm. Usando el teorema de Pitágoras, tenemos:

$$h = \sqrt{10^2 - x^2}$$ **(2)**

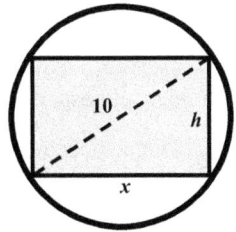

Luego, si $A(x)$ es el área del rectángulo, de (1) y (2) obtenemos:

$$A(x) = x\sqrt{100 - x^2}$$

EJEMPLO 6. Un fabricante de envases construye cajas sin tapa utilizando láminas cuadradas de 72 cm. de lado. A cada lámina se le recorta un pequeño cuadrado en cada esquina y luego se doblan las aletas para formar los lados de la caja. Si x es la longitud del lado del pequeño cuadrado recortado, expresar:

a. El volumen de la caja en términos de x.

b. El área de la caja (sin la tapa) en términos de x.

Solución

a. Tenemos que:

Volumen = (área de la base)(altura)

La base de la caja es un cuadrado de lado $72 - 2x$.

Luego, el área de la base es $(72 - 2x)^2$.

La altura de la caja es x.

En consecuencia, el volumen de la caja es:

$$V = (72 - 2x)^2(x) = x(72 - 2x)^2$$

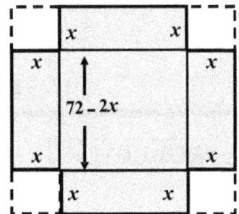

b. El área de la caja es igual al área del cuadrado inicial menos el área de los 4 cuadrados recortados. Luego, si $A(x)$ es el área de la caja, entonces

$$A(x) = \left(72\right)^2 - 4x^2 = 5{,}184 - 4x^2$$

EJEMPLO 7. Se desea construir un estanque de 16 m³ de capacidad. La base debe ser un rectángulo cuyo largo es el doble de su ancho. Las paredes laterales deben ser perpendiculares a la base. El m² de la base cuesta 3 mil dólares y el m² de las paredes laterales, 2 mil dólares. Expresar el costo del tanque como función del ancho de la base.

Solución

Sea x la medida del ancho de la base, h la altura del tanque y $C(x)$ su costo.

La base tiene una longitud de $2x$ y un área de
$$2x\,(x) = 2x^2.$$

Luego, el costo de la base es: $3(2x^2) = 6x^2.$ **(1)**

El tanque debe tener 16 m³. Luego,

$$16 = V = (\text{ largo })(\text{ ancho })(\text{ altura }) = 2x(x)h = 2x^2h$$

Despejando h: $h = \dfrac{16}{2x^2} = \dfrac{8}{x^2}$

El área de las 4 paredes laterales es:

$$2xh + 2(2x)h = 6xh = 6x\left(\frac{8}{x^2}\right) = \frac{48}{x}.$$

Luego, el costo de las paredes laterales es: $2\left(\dfrac{48}{x}\right) = \dfrac{96}{x}$ **(2)**

Sumando (1) y (2) obtenemos el costo del tanque:

$$C(x) = 6x^2 + \frac{96}{x} \text{ miles de dolares}$$

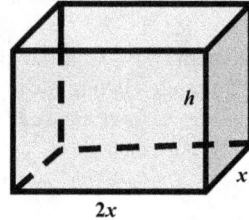

PROBLEMAS RESUELTOS 4.3

PROBLEMA 1. Un fabricante puede vender x unidades semanales de una mercancía, a un precio de $p = 2{,}150 - 0.1x^2$ dólares. El costo de producción es
$$C(x) = 50x^2 + 10x + 2{,}000 \text{ dólares}$$

y debe pagar un impuesto de 20 dólares por artículo. Determinar la función utilidad del fabricante.

Solución

El ingreso es $R(x) = xp = x(2{,}150 - 0.1x^2)$ y el impuesto, $20x$.

Se tiene que: Utilidad = Ingreso − Costo − Impuestos

Luego, la función utilidad es

$$U(x) = x(2{,}150 - 0.1x^2) - (50x^2 + 10x + 2{,}000) - 20x \implies$$

$$U(x) = -0.1x^3 - 50x^2 + 2{,}150x - 2{,}000$$

PROBLEMA 2.   Una isla se encuentra a 800 m. de una playa recta. En la playa, a 2,000 m. del punto F, que está frente a la isla, funciona una planta eléctrica. Para dotar luz a la isla se tiende un cable desde la planta hasta un punto P de la playa y, de allí, hasta la isla. El costo de tendido de cable por metro, en tierra es de \$ 30 y en agua es de \$ 50. Si x es la distancia del punto P al punto F, expresar el costo de instalación del cable como función de x.

Solución

La distancia de la planta al punto P es $2{,}000 - x$.

Luego, el costo del tendido de cable en esta porción es

$$30(2{,}000 - x)$$

La distancia del punto P a la isla, por el teorema de Pitágoras, es

$$\sqrt{x^2 + (800)^2} = \sqrt{x^2 + 640{,}000}.$$

Luego, el costo del tendido de cable en esta porción es

$$50\sqrt{x^2 + 640{,}000}$$

El costo de toda la instalación es:

$$C(x) = 30(2{,}000 - x) + 50\sqrt{x^2 + 640{,}000}$$

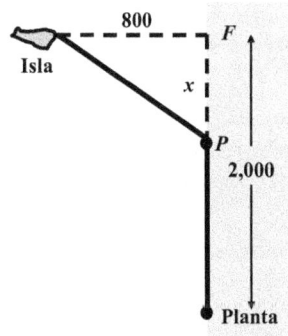

PROBLEMA 3.   Se desea construir una pista de carreras de 400 m de perímetro. La pista debe estar formada por un rectángulo con semicircunferencias localizadas en dos lados opuestos del rectángulo. Expresar el área del rectángulo como función de la longitud   de uno de los lados del rectángulo.

Solución

Sean x y y las longitudes de los lados del rectángulo. Su área es
$$A = xy \qquad \textbf{(1)}$$
Hallemos una expresión de y en términos de x.

El radio de cada semicircunferencia es $\dfrac{y}{2}$.

Las dos semicircunferencias conforman una circuferencia,

cuya longitus es $2\pi\left(\dfrac{y}{2}\right) = \pi y$.

Como el perímetro de la pista es de 400 m, tenemos:
$$2x + \pi y = 400$$
De donde, despejendo y:
$$y = \frac{400 - 2x}{\pi}$$
Reemplazando este valor de y en (1), obtenemos lo buscado:

$$A = x\frac{400 - 2x}{\pi} = \frac{1}{\pi}\left(400x - x^2\right)$$

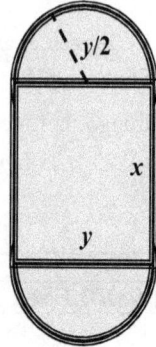

| **PROBLEMA 4.** | Una fábrica de alimentos usa potes de aluminio con tapa, que tengan la forma de un cilindro circular recto y un volumen de 250π cm^3. Expresar la cantidad (área) de aluminio que tiene cada pote como función del radio de la base. |

Solución

Sea r el radio de la base, h la altura y A el área total de las paredes del pote. El área es la suma de las áreas de las dos bases, que es $2\pi r^2$, más el área de la superficie lateral, que es $2\pi rh$. Luego,

$$A = 2\pi r^2 + 2\pi rh \qquad\qquad \textbf{(1)}$$

Por otro lado, el volumen del cilindro circular recto es $V = \pi r^2 h$. En nuestro caso, como $V = 250\pi$, tenemos que

$$\pi r^2 h = 250\pi \;\Rightarrow\; r^2 h = 250 \;\Rightarrow\; h = \frac{250}{r^2}$$

Reemplazando este valor de h en (1):

$$A(r) = 2\pi r^2 + 2\pi r\frac{250}{r^2} = 2\pi\left(r^2 + \frac{250}{r}\right)$$

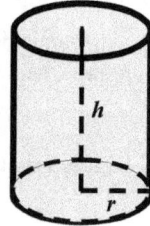

PROBLEMAS PROPUESTOS 4.3

1. **(Utilidades)** Una carpintería fabrica juegos de comedor. Los costos de los materiales y mano de obra son de \$ 1,200 por unidad. Los costos fijos son de \$ 32,000. El precio de venta es de \$ 1,600 por unidad. Hallar:
   a. La función costo total.   **b.** La función ingreso   **c.** La función utilidad

2. **(Utilidades)** Un fabricante exportador vende maletines de cuero a $ 100 cada uno. Sus costos incluyen unos gastos generales fijos de $ 9,000 más un costo de producción de $ 35 por maletín. Expresar, como función del número de maletines,
   a. El ingreso del fabricante   **b.** Los costos   **c.** La utilidad del fabricante.

3. **(Costo)** Una caja cerrada de base cuadrada tiene un volumen de 1,000 cm^3. El material para la construcción cuesta $. 0.5 el cm^2. Expresar el costo de la caja como longitud del lado de la base de la caja.

4. **(Costo)** Se plantea cercar un potrero rectangular de 90,000 m^2, con 4 hileras de alambre de púas, que cuesta $ 1.5 el m. Expresar el costo de la cerca como función de la longitud de uno de los lados del potrero.

5. **(Costo)** Si el potrero del problema anterior está a la orilla de un río y, por tanto no se necesita cercar un lado, expresar el costo de la cerca como función de la longitud de un lado perpendicular al río.

6. **(Volumen)** Se desea construir un estanque de base cuadrada y paredes perpendiculares a la base. El m^2 de la base cuesta $ 40 y el de las paredes, $ 30. Si el costo del estanque debe ser de $. 48,000, expresar el volumen del estanque como función de la longitud del lado de la base.

7. **(Utilidades)** Un hotel tiene 40 habitaciones. El gerente sabe que cuando el precio por habitación es de $ 30 todas las habitaciones son alquiladas, pero por cada $ 5 de aumento una habitación se desocupa. El costo de mantenimiento de una habitación ocupada es de $ 6 y de una desocupada, $2. Expesar la utilidad del hotel como función del número de habitaciones alquiladas.

8. **(Utilidades)** Cuando la producción diaria no sobrepasa de 1,000 unidades de cierto artículo, se tiene una utilidad de $ 40 por artículo; pero si el número de artículos producidos excede los 1,000, la utilidad, para los excedentes, disminuye en $ 0.10 por cada artículo que excede los 1,000. Expresar la utilidad diaria del productor como función del número x de artículos producidos.

9. **(Ingreso)** Un vendedor de ropa vende 400 camisas por semana a un precio de $ 15 cada una. Por experiencia sabe que por cada $ 0.50 de aumento en el precio, deja de vender 40 camisas semanales.
   a. Expresar el ingreso semanal del vendedor, por venta de camisas, como función del número de aumentos de $ 0.50 cada uno.
   b. Calcular el ingreso semanal del vendedor si cada camisa es vendida a $ 18.

10. **(Utilidades)** Una librería compra al editor cierto texto a $ 13 el ejemplar. Se sabe que la librería vende 300 ejemplares de este texto si el precio de venta es de $ 25, y que se venden 30 ejemplares adicionales por cada rebaja en el precio de $ 0.25.
    a. Expresar la utilidad de la librería como función del número de rebajas.
    b. Calcular la utilidad de la librería si se hicieron 8 rebajas de $ 0.25 cada una.
    c. Calcular la utilidad de la librería si el precio de venta del texto es de $ 15.
    d. ¿Cuaántas rebajas dan una utilidad máxima?
    e. Hallar la utilidad máxima.

11. **(Producción)** Una finca está sembrada de mangos a razón de 80 plantas por hectárea. Cada planta produce un promedio de 960 mangos. Por cada planta adicional que se siembre, el promedio de producción por planta se reduce en 10 mangos. Expresar la producción de mangos por hectárea como función del número de plantas de mango sembradas por hectárea.

12. **(Volumen)** Para enviar cierto tipo de cajas por correo la administración exige que éstas sean de base cuadrada y que la suma de sus dimensiones (largo + ancho + altura) no supere los 150 cm. Exprese el volumen de la caja, cuya suma de sus dimensiones es de150 cm, como función de la longitud del lado x de la base.

13. **(Area)** Un alambre de 8 m. de largo se corta en dos pedazos. Con uno de ellos se forma una circunferencia y con el otro un cuadrado.

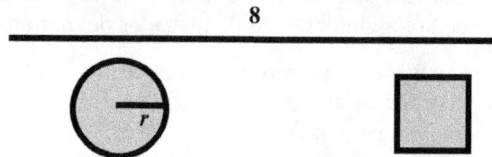

Expresar el área encerrada por estas dos figuras como función del radio r de la circunferencia.

14. **(Area)** Un triángulo isósceles tiene 36 cm. de perímetro. Expresar el área del triángulo como función de la longitud x de uno de los lados iguales.

15. **(Area)** Una ventana de 7 m. de perímetro tiene la forma de un rectángulo coronado por un semicírculo. Expresar el área de la ventana como función del ancho x.

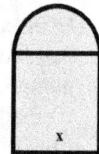

16. **(Volumen)** Un fabricante de envases construye cajas sin tapa utilizando láminas de cartón rectangulares de 80 cm. de largo por 50 cm. de ancho. Para formar la caja, de las cuatro esquinas de cada lámina se recorta un pequeño cuadrado y luego se doblan las aletas, como indica la figura. Expresar el volumen del envase como función de la longitud x del lado del cuadrado cortado.

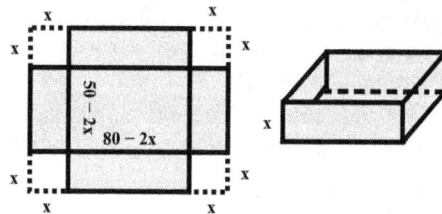

17. **(Area)** Se imprime3 un libro. Cada página tiene 3 cm. de margen superior, 3 cm. de margen inferior y 2 cm. de margen a cada lado. El texto escrito debe ocupar un área de 252 cm². Expresar el área de cada página como función del ancho x del rectángulo impreso.

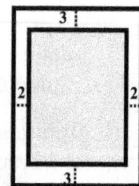

18. **(Costo)** Los puntos A y B están opuesto uno del otro en las riberas de un río de 3 Km. de ancho. El punto C está en la misma ribera que B, pero a 12 Km. abajo. Una compañía telefónica planea conectar A con C; para lo cual debe tender un cable desde A hasta un punto P y de P a C. El punto P está situado entre B y C a una distancia de x Km de B. Si el costo de tendido de cable cuesta $ 10,000 el Km en tierra y $ 15,000 el Km en agua, hallar la función costo

> **SECCION 4.4**
> # ALGUNAS APLICACIONES DE LAS FUNCIONES EN LA ECONOMIA

ANALISIS DEL PUNTO DE EQUILIBRIO DE LA EMPRESA

Sean $C(x)$ y $R(x)$ las funciones de costo total y de ingreso total de una empresa. Se llama **punto de equilibrio** de la empresa al punto donde las gráficas de $C(x)$ y $R(x)$ se intersectan. Este punto satisface:

$$(x, R(x)) = (x, C(x))$$

El valor de x para el cual $R(x) = C(x)$ es el nivel de producción para el cual la empresa no tiene ni ganancias ni pérdidas. Este valor de x también se puede obtener mediante la función de utilidad. En efecto, sabemos que la función utilidad es $U(x) = R(x) - C(x)$. Luego,

$$R(x) = C(x) \iff U(x) = 0$$

EJEMPLO 1. Una compañía fabrica franelas con logotipos universitarios y las vende a \$ 12 la unidad. El costo de mano de obra y materiales de cada franela es de \$ 4, y los costos fijos son de \$ 2,000 semanales.

  a. Hallar el número de franelas que deben producirse y venderse a la semana para que la compañía alcance su punto de equilibrio.

  b. Hallar la función utilidad y verificar que el valor x hallado en la parte **a** satisface $U(x) = 0$.

  c. Hallar el punto de equilibrio.

Solución

La función costo total es $C(x) = 4x + 2,000$

La función de ingreso es $R(x) = 12x$

a. $R(x) = C(x) \implies 12x = 4x + 2,000 \implies 8x = 2,000 \implies x = 250$
Esto es, se deben producir y vender 250 franelas semanales para que la compañía se mantenga en el punto de equilibrio.

b. $U(x) = R(x) - C(x) = 12x - (4x + 2,000) \implies U(x) = 8x - 2,000$
Para $x = 250$, tenemos: $U(250) = 8(250) - 2,000 = 2,000 - 2,000 = 0$.

c. $R(250) = 12(250) = 3,000$. Luego, el **punto de equilibrio** es **(250, 3,000)**

Observar que si la compañía produce x franelas y $x > 250$, la compañía tiene ganancias. Si producen x franelas y $x < 250$, la compañía tiene pérdidas.

$$\begin{cases} C(x) = 4x + 2{,}000 \\ R(x) = 12x \end{cases}$$

$$U(x) = 8x - 2{,}000$$

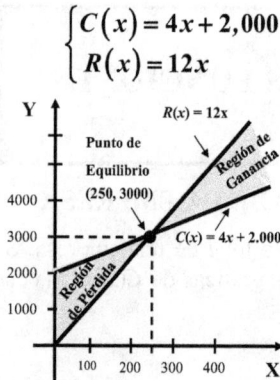

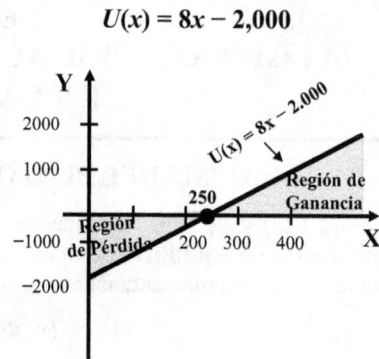

EJEMPLO 2. Una fábrica produce espejos. El costo total de producir x espejos es $C(x) = 8x + 400$ dólares diarios.

a. Si cada espejo se vende en $ 9. Hallar el punto de equilibrio de la fábrica.

b. Si se venden 250 espejos diarios, determinar el precio a que debe venderse cada espejo para garantizar que no se tenga pérdidas ni ganancias.

c. Si el precio de cada espejo se incrementa en $ 1, hallar el nuevo punto de equilibrio.

Solución

El costo total es $C(x) = 8x + 400$ y el ingreso, $R(x) = 9x$

a. $R(x) = C(x) \implies 9x = 8x + 400 \implies x = 400$

El punto de equilibrio es $(400,\ 9(400)) = (400,\ 3{,}600)$

b. Sea p el precio a que debe venderse cada espejo. El ingreso, en este caso es, $R(x) = px$. El costo de los 250 espejos es $C(250) = 8(250) + 400 = 2{,}400$. Luego,

$$R(250) = C(250) \implies 250p = 2{,}400. \implies p = 9.6$$

Para garantizar que no habrá pérdidas los 250 espejos deben venderse a $ 9.6 cada espejo.

c. La nueva función ingreso es $R(x) = 10x$. Luego,

$$R(x) = C(x) \implies 10x = 8x + 400 \implies 2x = 400 \implies x = 200$$

El nuevo punto de equilibrio es $(200, 10(200)) = (200,\ 2{,}000)$

EJEMPLO 3. Una fábrica produce zapatos que vende a $ 65 el par. Su costo total diario es $C(x) = x^2 + 5x + 500$ dólares diarios.

a. Hallar el número de pares de zapatos que deben producirse y venderse diariamente para que la fábrica alcance su punto de equilibrio.

b. Hallar la función utilidad y verificar que el valor x hallado en la parte **a** satisface $U(x) = 0$.

c. Hallar el punto de equilibrio.

Solución

La función costo total es $C(x) = x^2 + 5x + 500$
La función ingreso es $R(x) = 65x$

a. $R(x) = C(x) \Rightarrow 65x = x^2 + 5x + 500 \Rightarrow x^2 - 60x + 500 = 0$

$\Rightarrow (x - 10)(x - 50) = 0 \quad x = 10 \text{ ó } x = 50$

Luego, existen dos puntos de equilibrio que son alcanzados cuando la fábrica produce y vende 10 ó 50 pares de zapatos diarios.

b. $U(x) = R(x) - C(x) = 65x - x^2 - 5x - 500 = -x^2 + 60x - 500$

$U(10) = -(10)^2 + 60(10) - 500 = -100 + 600 - 500 = 0$

$U(50) = -(50)^2 + 60(50) - 500 = -2,500 + 3,000 - 500 = 0$

c. $R(10) = 65(10) = 650 \Rightarrow$ Uno de los punto de equilibrio es $(10, 650)$.

$R(50) = 65(50) = 3,250 \Rightarrow$ El otro punto de equilibrio es $(50, 3,250)$.

Se tiene ganancia cuando se producen x pares donde $10 \leq x \leq 50$. Producir menos de 10 pares o más de 50 pares dan pérdida.

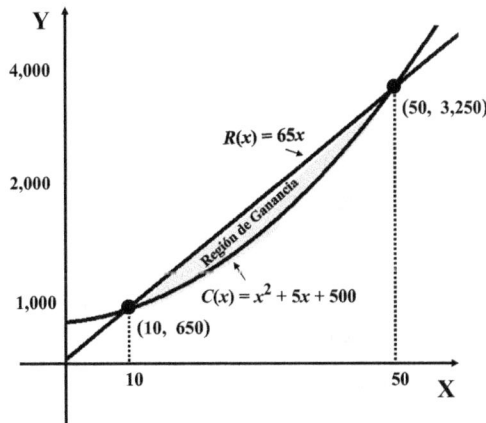

PUNTO DE EQUILIBRIO DEL MERCADO

Una *ecuación de demanda* es una ecuacion que relaciona la cantidad demandada x de una mercancía con el precio p de la misma. Puede venir en dos formas:

1. Función demanda: $x = D(p)$ ó **2. Función precio:** $p = f(x)$

Al gráfico de una ecuación de demanda se le llama *curva de demanda*. Es costumbre graficarla con el eje vertical representando el precio. Esta curva debe estar localizada enteramente en el primer cuadrante, ya que $p \geq 0$ y $x \geq 0$. Además, debe ser una curva decreciente, ya que a mayor precio habrá menor demanda. A esta curva la identificaremos con la letra D.

Una **ecuación de oferta** es una ecuacion que relaciona la cantidad ofertada x de una mercancía con el precio p de la misma. Puede venir en dos formas:

    1. Función oferta: $x = S(p)$ ó   **2. Función precio:** $p = g(x)$

       La letra S para denotar la oferta es tomada de "Supply" (proveer, ofertar))

La **curva de oferta**, que es el gráfico de la ecuación de oferta, es una curva creciente, ya que a mayor precio habrá mayor oferta. A esta curva la identificaremos con la letra S.

Se dice que ocurre equilibrio de mercado cuando la cantidad demanda a un precio es igual a la cantidad ofertada a ese mismo precio. Esta cantidad es llamada **cantidad de equilibrio** y el precio correspondiente es el **precio de equilibrio**. Ambos configuran el punto de intersección de las dos curvas, que es llamado el **punto de equilibrio**. Este punto se encuentra resolviendo el sistema de ecuaciones determinado por las ecuaciones de demanda y de oferta.

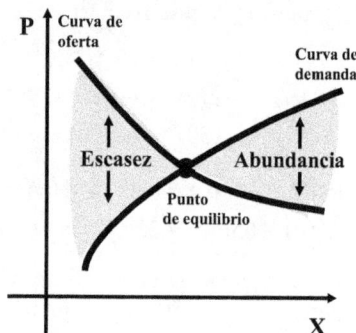

EJEMPLO 4. La ecuación de demanda y la ecuación de oferta de una mercancía son, rerspectivamente,

$$D:\ p = -\frac{1}{25}x^2 + 100 \qquad S:\quad p = \frac{9}{5}x + 10$$

Hallar:

a. La cantidad de equilibrio.   **b.** El precio de equilibrio.

c. El punto de equilibrio.

Solución

Resolvemos el sistema:
$$\begin{cases} p = -\dfrac{1}{25}x^2 + 100 \\[2mm] p = \dfrac{9}{5}x + 10 \end{cases}$$

Bien, se tiene que:

$$-\frac{1}{25}x^2 + 100 = \frac{9}{5}x + 10 \iff$$

$$\frac{1}{25}x^2 + \frac{9}{5}x - 90 = 0 \qquad \iff$$

$$x^2 + 45x - 2250 = 0 \iff (x - 30)(x + 75)$$

$$\Rightarrow x = 30 \ \text{ó} \ x = -75 \ \Rightarrow x = 30$$

Desechamos $x = -75$ por ser negativo. Luego,

a. La cantidad de equilibrio: $x = 30$

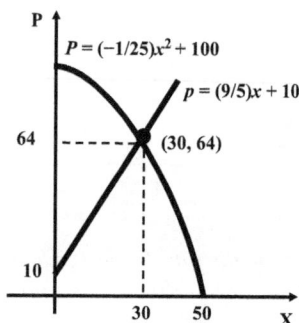

b. El precio de equilibrio: $p = \dfrac{9}{5}(30) + 10 = 64$

c. El punto de equilibrio es (30, 64).

___

IMPUESTOS, SUBSIDIOS Y PUNTO DE EQUILIBRIO DE MERCADO

Si a un producto, el gobierno lo grava con un impuesto o beneficia a los consumidores con un subsidio, el precio de oferta es afectado directamente. El impuesto será sumado y el subsidio será restado al precio de oferta. El punto de equilibrio inicial cambiará. Si las ecuaciones iniciales de demanda y de oferta son $D: p = f(x)$, $S: p = g(x)$, el impuesto es i y el subsidio es s, entonces para hallar el punto de equilibrio se resuelve el sistema:

P. de E. inicial   **P. de E. con impuesto i**   **P. E. con subsidio s**

$$\begin{cases} D: p = f(x) \\ S: P = g(x) \end{cases} \qquad \begin{cases} D: p = f(x) \\ S: P = g(x) + i \end{cases} \qquad \begin{cases} D: p = f(x) \\ S: P = g(x) - s \end{cases}$$

| **EEMPLO 5.** | La ecuación de demanda y la ecuación de oferta de una mercancía son, respectivamente,

$$D: p = -\frac{2}{5}x + 32 \qquad S: p = \frac{1}{2}x + 5$$

a. Hallar el punto de equilibrio.

b. Si el gobierno pone un impuesto de 4.5 por cada unidad, hallar el nuevo punto de equilibrio.

c. Si el gobierno otorga un subsidio de 3.6 por unidad, hallar el nuevo punto de equilibrio.

Solución

a. Resolvemos el sistema:
$$\begin{cases} p = -\dfrac{2}{5}x + 32 \\ p = \dfrac{1}{2}x + 5 \end{cases}$$

Bien, igualando los segundos miembros de las dos ecuaciones, obtenemos:

$$-\frac{2}{5}x + 32 = \frac{1}{2}x + 5 \iff -\frac{2}{5}x - \frac{1}{2}x = 5 - 32$$

$$\iff \frac{9}{10}x = 27 \iff x = 30$$

Además, $p = \dfrac{1}{2}(30) + 5 = 20$

Luego, el punto de equilibrio es (30, 20).

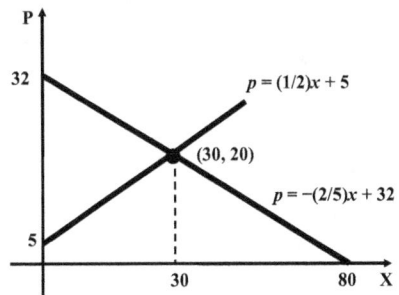

b. El impuesto debe ser agregado al precio de la oferta. Luego, la nueva ecuación de oferta, después del impuesto, es

$$p = \frac{1}{2}x + 5 + 4.5 \iff p = \frac{1}{2}x + 9.5$$

Para hallar el nuevo punto de equilibrio resolvemos el sistema:
$$\begin{cases} p = -\frac{2}{5}x + 32 \\ p = \frac{1}{2}x + 9.5 \end{cases}$$

Bien, igualando los segundos miembros de las dos ecuaciones, obtenemos:

$$-\frac{2}{5}x + 32 = \frac{1}{2}x + 9.5 \iff -\frac{2}{5}x - \frac{1}{2}x = 9.5 - 32$$

$$\iff -\frac{9}{10}x = -22.5 \iff x = 25$$

Además,

$$p = \frac{1}{2}(25) + 9.5 = 22$$

El nuevo punto de equilibrio es (25, 22)

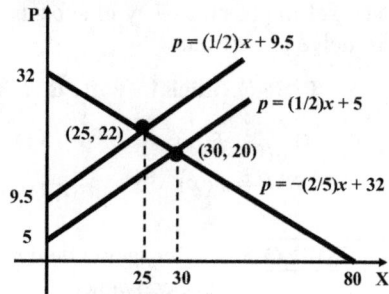

c. El subsidio debe ser restado del precio de la oferta. Luego, la nueva ecuación de oferta, después del subsidio, es

$$p = \frac{1}{2}x + 5 - 3.6 \iff p = \frac{1}{2}x + 1.4$$

Para hallar el nuevo punto de equilibrio resolvemos el sistema:
$$\begin{cases} p = -\frac{2}{5}x + 32 \\ p = \frac{1}{2}x + 1.4 \end{cases}$$

Bien, igualando los segundos miembros de las dos ecuaciones, obtenemos:

$$-\frac{2}{5}x + 32 = \frac{1}{2}x + 1.4 \iff -\frac{2}{5}x - \frac{1}{2}x = 1.4 - 32$$

$$\iff -\frac{9}{10}x = -30.6 \iff x = 34$$

Además,

$$p = \frac{1}{2}(34) + 1.4 = 18.4$$

El nuevo punto de equilibrio es (34, 18.4)

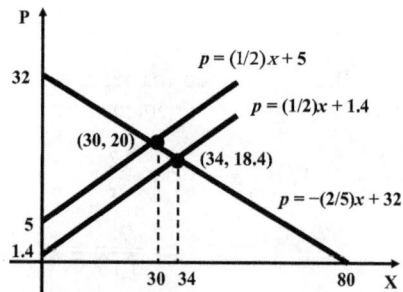

EJEMPLO 6. La ecuación de demanda y la ecuación de oferta de una mercancía son, rerspectivamente,

$$D: p = -\frac{1}{5}x + 11 \qquad S: p = \frac{1}{100}x^2 + 8$$

a. Hallar el punto de equiluibrio.

b. ¿Qué subsidio por unidad debe dar el gobierno para tener una demanda de 20 unidades?

c. ¿Qué impuesto por unidad logrará que el precio de equilibrio aumente en 0.40?

Solución

a. Resolvemos el sistema: $\begin{cases} p = -\dfrac{1}{5}x + 11 \\[2mm] p = \dfrac{1}{100}x^2 + 8 \end{cases}$

Igualando los segundos miembros de las dos ecuaciones se tiene:

$$\frac{1}{100}x^2 + 8 = -\frac{1}{5}x + 11 \iff x^2 + 20x - 300 = 0 \iff (x - 10)(x + 30) = 0 \iff$$

$$x = 10 \text{ ó } x = -30 \Rightarrow x = 10 \quad \text{(desechamos } x = -30 \text{ por ser negativo)}$$

Para $x = 10$ se tiene $p = -\dfrac{1}{5}(10) + 11 = 9$

Luego, el punto de equilibrio es $(10, 9)$

b. Sea $s > 0$ el subsidio buscado. Este subsidio debe restarse del precio de la oferta. La nueva ecuación de oferta es:

$$p = \frac{1}{100}x^2 + 8 - s$$

Tenemos el sistema: $\begin{cases} p = -\dfrac{1}{5}x + 11 \\[2mm] p = \dfrac{1}{100}x^2 + 8 - s \end{cases}$

Reemplazando $x = 20$ en ambas ecuaciónes:

$$\begin{cases} p = -\dfrac{1}{5}(20) + 11 \\[2mm] p = \dfrac{1}{100}(20)^2 + 8 - s \end{cases} \Rightarrow \begin{cases} p = 7 \\ p = 12 - s \end{cases} \Rightarrow 7 = 12 - s \Rightarrow s = 5$$

Esto es, con un subsidio de $s = 5$ se logrará subir la demanda a 20 unidades.

c. Sea i el impuesto que se debe poner para que el precio de equilibrio, que es 9, aumente en 0.40; o sea, para que aumente a 9.40.

Reemplazando $p = 9.40$ en el sistema se tiene

$$\begin{cases} p = -\dfrac{1}{5}x + 11 \\ p = \dfrac{1}{100}x^2 + 8 + i \end{cases} \Rightarrow \begin{cases} 9.40 = -\dfrac{1}{5}x + 11 \\ 9.40 = \dfrac{1}{100}x^2 + 8 + i \end{cases} \Rightarrow \begin{cases} x = 8 \\ i = 1.4 - \dfrac{1}{100}x^2 \end{cases}$$

$$\Rightarrow i = 1.4 - \frac{1}{100}8^2 = 0.76$$

Esto es, un impuesto de 0.76 logrará aumentar el precio de equilibrio en 0.40.

LEY DE PARETO DE LA DISTRIBUCION DEL INGRESO

La ley de Pareto es una función que modela la distribución del ingreso en una sociedad. Se llama así en honor del economista Wilfredo Pareto (1848–1923), quien observó que en la Italia de su tiempo, el 20 % de la gente tenía el 80 % de la riqueza y del poder político. Por este motivo, a esta ley también se la llama la Regla 80/20.

Esta ley dice:

En una población con ingreso mínimo $a > 0$ y con ingreso máximo b, el número de individuos de la población cuyo ingreso excede a x unidades monetarias es:

$$f(x) = \frac{\alpha}{x^\beta}; \quad \alpha > 0, \ \beta > 0 \ \text{ y } \ 0 < a \le x \le b$$

α y β son constantes propias de cada población.

Como todo individuo de la población tiene, un ingreso igual o mayor al ingreso mínimo a, tenemos que el tamaño de la población es $P = f(a) = \dfrac{\alpha}{a^\beta}$.

La gráfica de de la función $f(x) = \dfrac{\alpha}{x^\beta}$ es una **hipérbola equilátera generalizada**.

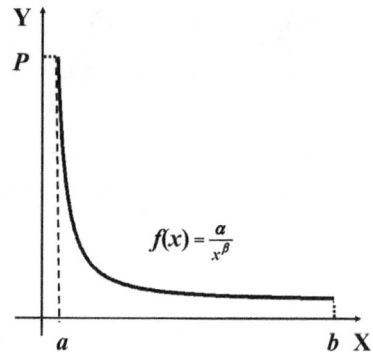

EJEMPLO 7. En una población la distribución del ingreso (en dólares) se rige por la regla:

$$f(x) = \frac{25 \times 10^9}{x^{3/2}}, \quad 100 \le x \le 1{,}000{,}000$$

a. Hallar el tamaño de la población.
b. ¿Cuántas personas tiene un ingreso superior a $ 2,500?
c. ¿Cuántas personas tiene un ingreso superior a $ 10,000?
d. ¿Cuántas personas tiene un ingreso entre $ 2,500 y $ 10,000?
e. ¿Cuántas personas son millonarias?

Solución

a. El tamaño de la población es

$$P = f(100) = f(10^2) = \frac{25 \times 10^9}{\left(10^2\right)^{3/2}} = \frac{25 \times 10^9}{10^3} = 25 \times 10^6 = 25,000,000$$

b. Tomamos $x = 2,500 = 25 \times 10^2$. Luego, el número de personas que tiene un ingreso mayor a $\$\,2,500 = 25 \times 10^2 = 5^2 \times 10^2$ es

$$f(2,500) = f(5^2 \times 10^2) = \frac{25 \times 10^9}{\left(5^2 \times 10^2\right)^{3/2}} = \frac{25 \times 10^9}{\left(5^2\right)^{3/2} 10^{2(3/2)}} = \frac{25 \times 10^9}{5^3 \times 10^3}$$

$$= \frac{250 \times 10^8}{125 \times 10^3} = 2 \times 10^5 = 200,000$$

c. Tomamos $x = 10,000 = 10^4$. Luego, el número de personas que tiene un ingreso mayor a $\$\,10,000 = 10^4$ es:

$$f(1,000) = f(10^4) = \frac{25 \times 10^9}{\left(10^4\right)^{3/2}} = \frac{25 \times 10^9}{10^6} = 25 \times 10^3 = 25,000$$

d. El número de personas que tienen un ingreso mayor a $\$\,2,500$, pero menor o igual a $\$\,10,000$ es:
$$f(2,500) - f(10,000) = 200,000 - 25,000 = 175,000$$

e. Buscamos el número de personas que tienen un ingreso superior a $1.000,000 = 10^6$.

$$f(1,000,000) = f(10^6) = \frac{25 \times 10^9}{(10^6)^{3/2}} = \frac{25 \times 10^9}{10^9} = 25$$

Esto es, sólo hay 25 millonarios.

EJEMPLO 8.   En una población la distribución del ingreso (en dólares) se rige por la

ley de Pereto: $f(x) = \dfrac{64 \times 10^{10}}{x^{4/3}}$, $1,000 \leq x \leq 1,000,000$

    a. ¿Cuál es el tamoño de la población?
    b. ¿Cuántos personas tiene un ingreso superior a $\$\,8,000$?
    c. ¿Cuántos personas tiene un ingreso menor o igual a $\$\,8,000$?
    d. ¿Cuántos personas tiene un ingreso superior a $\$\,64,000$?
    e. ¿Cuántos personas tiene un ingreso entre $\$\,8,000$ y $\$\,64,000$?
    d. ¿Cuál es el ingreso más bajo de las 10 personas que tienen los ingresos más altos?

Solución

a. El tamño de la población es

$$P = f(1,000) = f(10^3) = \frac{64 \times 10^{10}}{\left(10^3\right)^{4/3}} = \frac{64 \times 10^{10}}{10^4} = 64 \times 10^6 = 64,000,000$$

b. $f(8.000) = f(2^3 \times 10^3) = \dfrac{64 \times 10^{10}}{\left(2^3 \times 10^3\right)^{4/3}} = \dfrac{64 \times 10^{10}}{2^4 \times 10^4} = 4 \times 10^6 = 4,000,000$

c. El número de personas que tienen un ingreso menor o igual a $ 8,000 es igual a la población total menos el número de personas que tienen un ingreso superior a $ 8,000. La población total, según la parte a. es $P = 64 \times 10^6 = 64, 000,000$. Luego, Este número es: $64 \times 10^6 - 4 \times 10^6 = (64 - 4) \times 10^6 = 60 \times 10^6 = 60, 000,000$

d. $f(64,000) = f(2^6 \times 10^3) = \dfrac{64 \times 10^{10}}{\left(2^6 \times 10^3\right)^{4/3}} = \dfrac{2^6 \times 10^{10}}{2^8 \times 10^4} = \dfrac{10^6}{2^2} = 250,000$

b. El número de habitantes tienen un ingreso superior a $ 8,000, pero menores o iguales a $ 64,000 es:

$$f(8,000) - f(64,000) = 4,000,000 - 250,000 = 3,750,000$$

c. El ingreso más bajo de las 10 personas que tienen los ingresos más altos el ingreso x tal que $f(x) = 10$. Luego,

$$10 = \dfrac{64 \times 10^7}{x^{3/2}} \Rightarrow x^{3/2} = \dfrac{64 \times 10^7}{10} \Rightarrow x^{3/2} = 64 \times 10^6 \Rightarrow x = (64 \times 10^6)^{2/3} = 160,000$$

Esto es, 160,000 es el ingreso más bajo de las 10 personas más más altos ingresos.

PROBLEMAS RESUELTOS 4.4

PROBLEMA 1. Una empresa fabrica y vende un artículo a $ 10 la unidad. El costo total de producir x artículos es

$$C(x) = 150 \sqrt{x} + 1,000 \text{ dólares.}$$

a. Hallar el nivel de producción correspondiente al punto de equilibrio.

b. Hallar el punto de equilibrio de la empresa.

c. Hallar la función utilidad $U(x)$ y comprobar que el nivel de producción hallado en la parte a. satisface la ecuación $U(x) = 0$.

Solución

La función costal es $C(x) = 150 \sqrt{x} + 1,000$

La función ingreso es $R(x) = 10x$

a. $R(x) = C(x) \Rightarrow 10x = 150 \sqrt{x} + 1,000 \Rightarrow 10x - 150 \sqrt{x} - 1,000 = 0$

Hacemos el cambio de variable: $y = \sqrt{x}$, entoces $y \geq 0$, $x = y^2$ y

$$10x - 150\sqrt{x} - 1,000 = 0 \Rightarrow 10y^2 - 150y - 1,000 = 0 \Rightarrow$$

$$10(y^2 - 15y - 100) = 0 \Rightarrow y^2 - 15y - 100 = 0 \Rightarrow (y - 20)(y + 5) = 0$$

$$\Rightarrow y = 20 \text{ ó } y = -5$$

Como $y \geq 0$, desechamos la solución $y = -5$ y nos quedamos con $y = 20$. Luego, recordando el cambio de variable, $\sqrt{x} = 20 \implies x = 400$. En consecuencia, el nivel de producción correspondiente al punto de equilibrio es $x = 400$.

b. El punto de equilibrio es:

$$\left(400,\, R(400)\right) = \left(400,\, 10(400)\right)$$
$$= \mathbf{(400,\, 4.000)}$$

c. $U(x) = R(x) - C(x)$

$$= 10x - 150\sqrt{x} - 1{,}000$$

$$U(400) = 10(400) - 150\sqrt{400} - 1{,}000$$

$$= 4.000 - 150(20) - 1{,}000$$

$$= 4{,}000 - 3{,}000 - 1{,}000 = 0$$

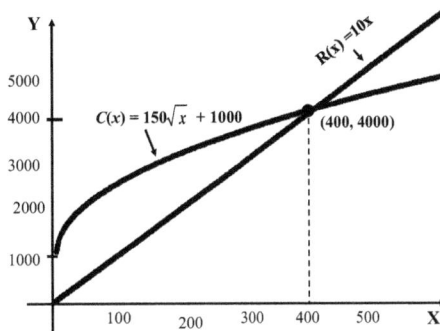

PROBLEMA 2. Una cadena de tiendas de deportes comprará 60 bicicletas de carrera semanales si el precio es de \$ 200 y 30 por semana si el precio es de \$ 350. El fabricante está dispuesto a ofrecer 25 por semana si el precio es de \$ 255 y 35 semanales si el precio es \$ 285.

  a. Hallar la función de demanda sabiendo que ésta es lineal.

  b. Hallar la función de oferta sabiendo que ésta es lineal.

  c. Hallar la cantidad, el precio y el punto de equilibrio.

  d. Hallar la cantidad, el precio de equilibrio, si se impone un impuesto de \$ 24 por unidad.

  e. ¿Qué subsidio por unidad incrementará la cantidad de equilibrio en 2 unidades?

  f. ¿Qué impuesto por unidad incrementará el precio de equilibrio en \$ 5?

Solución

a. La función demanda pasa por los puntos $(60, 200)$ y $(30, 350)$. Luego:

$$m = \frac{350 - 200}{30 - 60} = \frac{150}{-30} = -5$$

$D:\ p - 200 = -5(x - 60) \implies D:\ p = -5x + 500$

b. La función oferta pasa por los puntos $(25, 255)$ y $(35, 285)$. Luego:

$$m = \frac{285 - 255}{35 - 25} = \frac{30}{10} = 3$$

$S:\ p - 255 = 3(x - 25) \implies S:\ p = 3x + 180$

c. $\begin{cases} D: p = -5x + 500 \\ S: P = 3x + 180 \end{cases}$ $\Rightarrow$ $-5x + 500 = 3x + 180$ $\Rightarrow$ $8x = 320$ $\Rightarrow$ $x = 40$

Reemplazando $x = 40$ en la ecuación de la oferta:

$$p = 3(40) + 180 = 300$$

Luego, la cantidad, el precio y el punto de equilibrio son:

$$x = 40, \quad p = 300 \quad \text{y} \quad (40, \ 300)$$

d. Resolvemos el sistema:

$\begin{cases} D: p = -5x + 500 \\ S: p = 3x + 180 + 24 \end{cases}$ $\Rightarrow -5x + 500 = 3x + 180 + 24 \Rightarrow 8x = 296 \Rightarrow x = 37$

Luego, la cantidad de equilibrio es $x = 37$ y reemplazando esta cantidad en la ecuación de oferta, obtenemos el precio de equilibrio:

$$p = 3(37) + 180 + 24 = 315$$

e. Sea $s > 0$ el subsidio buscado. Tenemos el sistema: $\begin{cases} D: p = -5x + 500 \\ S: p = 3x + 180 - s \end{cases}$

La nueva cantidad de equilibrio es $x = 40 + 2 = 42$. Reemplazando esta cantidad en el sistema:

$\begin{cases} D: p = -5(42) + 500 \\ S: p = 3(42) + 180 - s \end{cases}$ $\Rightarrow$ $\begin{cases} D: p = 290 \\ S: p = 306 - s \end{cases}$ $\Rightarrow$ $290 = 306 - s \Rightarrow s = 16$

Luego, subsidio de \$ 16 incrementará la demanda en 2 unidades

f. Sea $i > 0$ el impuesto buscado. Tenemos el sistema:

$$\begin{cases} D: p = -5x + 500 \\ S: p = 3x + 180 + i \end{cases}$$

El nuevo precio es $p = 300 + 5 = 305$. Reemplazando esta cantidad en el sistema:

$\begin{cases} D: 305 = -5x + 500 \\ S: 305 = 3x + 180 + i \end{cases}$ $\Rightarrow$ $\begin{cases} D: x = 39 \\ S: 125 = 3x + i \end{cases}$ $\Rightarrow$ $125 = 3(39) + i \Rightarrow i = 8$

Luego, el impuesto de \$ 8 incrementará la precio de equilibrio en \$ 5.

PROBLEMAS PROPUESTOS 4.4

1. **Punto de equilibrio de la empresa.** Una compañía fabrica blusas y las vende a $ 12 la unidad. El costo de mano de obra y materiales de cada blusa es de $ 22.5, y los costos fijos son de $3,600 semanales.
   a. Hallar el número de blusas que deben producirse y venderse a la semana para que la compañía alcance su punto de equilibrio.
   b. Hallar el punto de equilibrio.

2. **Punto de equilibrio de la empresa.** Una joyería fabrica y vende collares a $ 25 la unidad. El costo de mano de obra y materiales de cada collar es de $ 15 y los costos fijos son de $1,800 diarios.
   a. Hallar el número de collares que deben producirse y venderse diariamente para que la joyería alcance su punto de equilibrio.
   b. Hallar el punto de equilibrio.
   c. Si se venden 150 diarios, determinar el precio a que debe venderse cada collar para garantizar que no se tenga pérdidas ni ganancias.
   d. Si el precio de cada collar se incrementa en $ 5, hallar el nuevo punto de equilibrio.

3. **Punto de equilibrio de la empresa.** Una relojería fabrica y vende relojes a $ 60 la unidad. El costo de mano de obra y materiales de cada reloj es de $ 48, y los costos fijos son de $18,000 mensuales.
   a. Hallar el número de relojes que deben producirse y venderse al mes para que la relojería alcance su punto de equilibrio.
   b. Hallar el punto de equilibrio.
   c. Si mensualmente se venden 1,200 relojes, determinar el precio a que debe venderse cada reloj para garantizar que no se tenga pérdidas ni ganancias.
   d. Si el precio de cada reloj se rebaja $2, hallar el nuevo punto de equilibrio.

4. **Punto de equilibrio de la empresa.** Una fábrica produce pantalones que vende $ 12 la unidad. Su costo total es $C(x) = 0.1x^2 + 4x + 120$ dólares diarios.
   a. Hallar el número de pantalones que deben producirse y venderse diariamente para que la fábrica alcance su punto de equilibrio.
   b. Hallar la función utilidad y verificar que el valor x hallado en la parte **a.** satisface $U(x) = 0$.
   c. Hallar el punto de equilibrio.

5. **Punto de equilibrio de la empresa.** Una empresa fabrica y vende un artículo a $ 12 la unidad. El costo total de producir x artículos es
$$C(x) = 300\sqrt{x} + 1.800 \text{ dólares diarios}$$
   a. Hallar el nivel de producción correspondiente al punto de equilibrio.
   b. Hallar la función utilidad $U(x)$ y comprobar que el nivel de producción hallado en la parte a. satisface la ecuación $U(x) = 0$.
   c. Hallar el punto de equilibrio de la empresa.

En los problemas del 6 al 10, hallar el punto de equilibrio del mercado.

6. Demanda: $2p + 3x = 120$.   Oferta: $p = \dfrac{1}{10}x + 4$.

7. Demanda: $5p + 3x = 18$ Oferta: $3x + 3 = 2p$

8. Demanda: $x^2 + p = 9$.   Oferta: $p = 5x + 1$

9. Demanda: $p + x = 20$.   Oferta: $p^2 = x + 10$

10. Demanda: $2x^2 + p = 200$.   Oferta: $2x - p = -20$

11. Punto de equilibrio del mercado. La ecuación de demanda y la ecuación de oferta

de una mercancía son, respectivamente, $p = -\dfrac{3}{50}x + 42$ y $p = \dfrac{1}{6}x + 8$

   a. Hallar el punto de equilibrio.
   b. Si se impone un impuesto de 3.40 por unidad, permaneciendo la misma
   demanda, hallar el nuevo punto de equilibrio.
   c. Si se subsidia con 5.44 por unidad, hallar el nuevo punto reequilibrio.

12. Punto de equilibrio del mercado. La ecuación de demanda y la ecuación de oferta
de una mercancía son, rerspectivamente,
$$3x + 100p - 1{,}350 = 0, \qquad 3x - 200p + 1{,}350 = 0$$
   a. Hallar el punto de equilibrio.
   b. ¿Qué impuesto bajará la demansa a 120?
   c. ¿Qué subsidio subirá la demansa a 175?

13. Ley de Pareto. En una población la distribución del ingreso (en dólares) se rige por

la regla: $f(x) = \dfrac{128 \times 10^8}{x^{3/2}}$, $100 \le x \le 1{,}000{,}000$

   a. ¿Cuál es el tamaño de la población?
   b. ¿Cuántas personas tiene un ingreso superior a $ 400?
   c. ¿Cuántas personas tiene un ingreso menor o igual a $ 400?
   d. ¿Cuántas personas tiene un ingreso superior a $ 1,600?
   e. ¿Cuántas personas tiene un ingreso entre $ 400 y $ 1,600?
   f. ¿Cuál es el ingreso más bajo de las 200 personas que tienen los ingresos más
   altos?

14. Ley de Pareto. En una población la distribución del ingreso (en dólares) se rige por

la regla: $f(x) = \dfrac{32 \times 10^{11}}{x^{5/3}}$, $1{,}000 \le x \le 8{,}000{,}000$

   a. ¿Cuál es el tamaño de la población?
   b. ¿Cuántas personas tiene un ingreso superior a $ 125,000?
   c. ¿Cuántas personas tiene un ingreso superior a 1 millón?
   d. ¿Cuántas personas tiene un ingreso entre $ 125,000 y 1 millón?
   e. ¿Cuál es el ingreso más bajo de las 10 personas tienen los ingresos más altos?

5

FUNCIONES EXPONENCIALES

Y

FUNCIONES LOGARITMICAS

JOHN NEPER
(1550–1617)

JOHN NEPER (o Napier) nació en Merchiston, cerca de Edimburgo, Escocia en 1550. Fue el creador de los logaritmos. En 1614 publica la primera tabla de los logaritmos de las funciones trigonométricas, la cual fue de gran ayuda para los navegantes y los astrónomos. Junto con Henry Briggs (1614–1630) desarrolló el sistema logarítmico decimal.

Algunas de las ideas de Neper se adelantaron a su tiempo. Hablaba de máquinas de guerra. Describió una arma de fuego que podía limpiar un campo de 4 millas a la redonda, eliminando cualquier criatura que excediese un pie de altura; de un vehículo que rodara escupiendo fuego en todas direcciones; y de otro vehículo que se desliza dentro del agua. Estas tres ideas se cristalizaron recién durante la Segunda Guerra Mundial con la invención de la ametralladora, el tanque de guerra y el submarino. Neper ganó fama de brujo. En un libro que alcanzó 20 ediciones, pronosticó (felizmente se equivocó) que el mundo terminaría entre los años 1688 y 1700.

ACONTECIMIENTOS PARALELOS IMPORTANTES

Durante la vida de Neper sucedieron los siguientes hechos notables: En 1567, Diego de Lozada funda Caracas. En 1579 el inca peruano Tupac Amaru se subleva contra la autoridad colonial. En 1588 los ingleses derrotan a la Armada Invencible. En 1607 se funda Jamestown, en Virginia, la primera colonia inglesa en Norteamérica. En 1608, el francés Champlain funda Quebec. En 1626 el holandés Piter Minuit compró la isla de Manhattan a los indios nativos por unas baratijas cuyo valor ascendía a 24 dólares. A la isla le dio el nombre de Nueva Amsterdam. En 1605 y en 1615 se publican la primera y segunda parte de Don Quijote.

SECCION 5.1
TIPOS DE INTERES Y EL NUMERO *e*

INTERES SIMPLE

En las operaciones de préstamo se paga un **interés** por el uso del dinero. Este interés se expresa mediante una **tasa** o tipo de interés. La forma más usual de expresar la tasa es mediante un **tanto por ciento anual.** Así, una tasa de 8 % anual significa que al final de un año $ 100 genera un interés de $ 8. Este 8 % se puede expresar así: 100(0.08). En este caso, el decimal 0.08 es el interés que gana 1 bolívar en un año.

En general, en una tasa anual de $R = 100r$ %, el número r es el **tanto por uno anual;** o sea, el interés que gana un dólar en un año.

El capital inicial de la operación se llama **principal** y lo representamos con la letra P. Se llama **monto** o **saldo** al capital final. El monto es la suma del principal más los intereses ganados. Usaremos la letra M para representar al monto.

Existen dos clases de interés**: interés simple** e **interés compuesto.**

Un capital colocado a **interés simple** permanece constante durante toda la operación. El interés ganado no genera interés. Es fácil deducir que:

Un capital P colocado durante t años a **interés simple** y a una **tasa anual** de $R = 100r$ % produce un monto de:

$$M(t) = P(1 + rt) \qquad \text{(I)}$$

EJEMPLO 1.   Un capital de $ 4,000 es invertido con interés simple a una tasa de interés anual de 6 %. Hallar el monto después de 5 años.

Solución

Se tiene que: $P = 4,000$, $r = 0.06$, $t = 5$. Luego,

$$M(5) = 4,000(1 + 0.06(5)) = 4,000(1.30) = 5,200$$

INTERES COMPUESTO

En un capital a **interés compuesto,** el interés ganado en cada periodo es agregado al capital, para ganar interés en el próximo periodo; o sea, el interés se capitaliza o se **compone** después de cada periodo. Este periodo puede ser de 1 año. 6 meses (semestral: 2 periodos al año), 3 meses (trimestral: 4 periodos al año), 1 mes (mensual: 12 periodos al año), etc. En este caso, la **lasa de interés anual $R = 100r$ %** se denomina también **tasa nominal.**

Además de la **tasa anual o tasa nominal**, se tiene la **tasa periódica**, que es el tanto por ciento por periodo de capitalización. Si el año está dividido en n periodos iguales, entonces

$$\text{Tasa periódica} = \frac{\text{Tasa anual}}{n}$$

Así, si la tasa anual o nominal es de 24 % y el periodo de capitalización es de 3 meses (4 periodos al año) entonces la tasa periódica es de $\frac{24}{4}$ % = 6 %.

Supongamos que un capital de P bolívares es colocado a interés compuesto que se capitaliza (se compone) n veces al año a una tasa de $100r$ % anual. Buscamos una fórmula que nos proporciona el monto después de t años de inversión. Bien, el interés periódico es

$$\frac{100r}{n} \% = 100\frac{r}{n} \%.$$

Esto significa que 1 dólar, al final del primer periodo, gana $\frac{r}{n}$ dólares de interés. Luego, P dólares ganan $P\frac{r}{n}$ dólares. El monto, al final de este primer periodo, es

$$M_1 = P + P\frac{r}{n} = P\left(1+\frac{r}{n}\right)$$

El principal, al iniciarse el segundo periodo, es $P\left(1+\frac{r}{n}\right)$. Este, al final de este segundo periodo, gana $P\left(1+\frac{r}{n}\right)\frac{r}{n}$ y da un monto de

$$M_2 = P\left(1+\frac{r}{n}\right) + P\left(1+\frac{r}{n}\right)\frac{r}{n} = P\left(1+\frac{r}{n}\right)\left(1+\frac{r}{n}\right) = P\left(1+\frac{r}{n}\right)^2$$

Estos resultados nos dicen que para hallar el monto al final de cada periodo se multiplica el monto del periodo anterior por el factor $\left(1+\frac{r}{n}\right)$.

Al final del primer año, el interés se ha capitalizado n veces y, por lo tanto, el monto es $P\left(1+\frac{r}{n}\right)^n$. Al final de t años, el interés se ha compuesto nt veces, por tanto, el monto es $M(t) = P\left(1+\frac{r}{n}\right)^{nt}$. En resumen, tenemos:

Un capital P que se coloca durante t **años** a una tasa de **$100r$ %** anual que se capitaliza (se compone) n **veces** al año produce un **monto** igual a:

$$M(t) = P\left(1+\frac{r}{n}\right)^{nt} \qquad (\text{ II })$$

EJEMPLO 2.   Se colocan $ 16,000 en una cuenta de ahorros que paga 8 % de interés anual que se compone trimestralmente. Hallar el monto de la cuenta después de 6 años.

Solución

Se tiene que: $P = 16,000,\quad r = 0.08,\quad n = 4$ y $t = 6$

Reemplazando estos valores en la fórmula (2):

$$M(6) = 16,000\left(1+\frac{0.08}{4}\right)^{4(6)} = 16,000\left(1.02\right)^{24} = 25,734.996$$

EJEMPLO 3.   Un capital de $ 8,000 se coloca en una cooperativa de ahorros que ofrece cierto interés anual que se compone semestralmente. Después de 2 años el monto es de $ 10,099.82. ¿Cuál es la tasa nominal de interés?

Solución

Se tiene que: $P = 8,000,\ n = 2$ y $t = 2$ y $M(2) = 10,099.82.$ Luego,

$$10,099.82 = 8,000\left(1+\frac{r}{2}\right)^{2(2)} \implies \left(1+\frac{r}{2}\right)^{4} = \frac{10,099.82}{8,000} = 1.2625$$

$$\implies 1+\frac{r}{2} = \sqrt[4]{1.2625} = 1.06$$

$$\implies \frac{r}{2} = 1.06 - 1 = 0.06 \implies r = 0.12$$

Luego, la tasa nominal es $R = 100r = 100(1.12) = 12\ \%$

EL NUMERO e

Se demuestra que los números irracionales son más abundantes que los racionales. Sin duda, este es un resultado que choca con nuestra intuición. Esto se debe a que los irracionales son poco conocidos. Existen dos números irracionales famosos: El número π y el numero e. El primero juega un papel fundamental en la Geometría y en la Trigonometría. El segundo, aparece con mucha frecuencia en el Cálculo. Veamos quien es el número e. Consideremos la función:

$$f(n) = \left(1 + \frac{1}{n}\right)^n \text{ , donde } n \text{ es un entero o un racional}$$

Hacemos crecer n ilimitadamente o sea hacemos que n tienda a $+\infty$. Esto lo expresaremos simbólicamente escribiendo $n \to +\infty$.

A modo de ilustración, tenemos la siguiente tabla.

n	10	100	1,000	10,000
$\left(1 + \dfrac{1}{n}\right)^n$	2.559377425	2.70481238	2.7169239	2.71821459

En los cursos avanzados de Cálculo se prueba que a medida que n crece, $(1 + 1/n)^n$ se aproxima a una constante. A esta constante se le llama el **número e**, el cual es un número irracional.

El número e, con una aproximación de 21 cifras decimales, es

$$e \approx \mathbf{2.71828182845904523536 \ldots}$$

Este número, de complicada definición, simplifica muchas fórmulas del cálculo. El nombre de e para este número fue dado por Leonardo Euler, probablemente por ser la primera letra de la palabra **e**xponencial.

¿SABIA UD. QUE . . .

LEONARDO EULER nació en Basilea, Suiza y murió en San Petersburgo, Rusia (1707-1783). Es el matemático más prolífico de la historia. Escribió más de 500 trabajos, entre libros y artículos. Hizo contribuciones importantes a las distintas ramas de la Matemática. Descubrió la famosa igualdad: $e^{i\pi} + 1 = 0$*, que relaciona 5 de las constantes más importantes de la matemática:* 0, 1, π, e *y la unidad imaginaria* i $= \sqrt{-1}$.

INTERES COMPUESTO CONTINUO

Ahora estudiamos el caso especial del interés compuesto cuando el número n de periodos de capitalización crece ilimitadamente; es decir, cuando $n \to +\infty$. Este tipo de interés se llama **interés compuesto continuo.** Aquí, la capitalización es instantánea y se la denomina **capitalización continua.** Hallemos la fórmula del monto. En esta sección, la deducción es intuitiva. La deducción rigurosa necesita el concepto de límite, que recién se verán en el próximo capítulo.

En primer lugar observamos que la fórmula del monto dada en el teorema anterior, también se escribe así:

$$M(t) = P\left(1 + \frac{r}{n}\right)^{nt} = P\left[\left(1 + \frac{r}{n}\right)^{\frac{n}{r}}\right]^{rt}$$

Si hacemos $x = \dfrac{n}{r}$, tenemos que $\dfrac{1}{x} = \dfrac{r}{n}$ y. Reemplazando estos valores en la fórmula anterior:

$$M(t) = P\left[\left(1 + \frac{1}{x}\right)^{x}\right]^{rt}$$

Ahora, si hacemos que $x \to +\infty$ (ó sea cuando $n \to +\infty$), la expresión entre los corchetes tiende al número e. Luego

$$M(t) = Pe^{rt}$$

En resumen, tenemos:

Un **capital P** colocado durante t años a un interés anual de **$100r$ %** que se capitaliza **continuamente**, produce un **monto** de:

$$M(t) = Pe^{rt} \qquad (\,\text{III}\,)$$

EJEMPLO 4. Se deposita un capital de $ 1,000,000 en un banco que ofrece una tasa de interés anual de 6 %. Calcular el monto después de 2 años si

    a. El interés es simple.
    b. El interés es compuesto y se capitaliza mensualmente.
    c. El interés es compuesto y se capitaliza continuamente.

Solución

a. Se tiene: $P = 1,000,000$, $r = 0.06$ y $t = 2$.

Reemplazando estos valores en la fórmula (I):

$$M(2) = 1,000,000\big(1 + 0.06(2)\big) = 1,000,000\big(1.12\big) = 1,120,000.$$

b. Se tiene: $P = 1,000,000$, $r = 0.06$, $n = 12$, $t = 2$.

Reemplazando estos valores en la fórmula (II):

$$M(2) = 1,000,000\left(1 + \frac{0.06}{12}\right)^{12(2)} = 1,000,000\,(1.005)^{24}$$

$$=1,000,000(1.12715978) = 1,127,159.78$$

c. Se tiene: $P = 1,000,000$, $r = 0.05$ y $t = 2$.

Reemplazando estos valores en la fórmula (III):

$$M(2) = 1,000,000 \, e^{0.06(2)} = 1,000,000 \, e^{0.12} = 1,127,496.85$$

TASA EFECTIVA

Dada una tasa anual de **100r %** que se compone **n veces** al año o se compone continuamente, se llama **tasa efectiva de esta tasa** a la tasa anual **100j %** que se compone **una vez** al año y que produce, al final del año, los mismos montos que la tasa de 100r % dada.

| EJEMPLO 6. | Un banco ofrece el 31 % de interés anual que se compone trimestralmente. Una caja de ahorros ofrece el 30 % de interés compuesto continuo. ¿Cuál es la mejor oferta para el ahorrista?

Solución

La mejor oferta es la que proporcione la mayor tasa efectiva. Veamos cuales son estas.

Sea 100j % la tasa efectiva. Un dólar, después de 1 año a una tasa efectiva de 100j %, nos dará un monto: $M_E = 1 + j$

a. El banco: $r = 0.31$, $n = 4$.

Un dólar, después de 1 año en el banco, nos dará un monto de:

$$M_B = \left(1 + \frac{0.31}{4}\right)^4$$

Ahora, $M_E = M_B \Rightarrow 1 + j = \left(1 + \frac{0.31}{4}\right)^4 \Rightarrow j = \left(1 + \frac{0.31}{4}\right)^4 - 1 = 0.3479$

Luego, la tasa de interés efectiva del banco es 34.79 %

b. La caja de ahorros: $r = 0.30$

Un dólar, después de 1 año en la caja de ahorros, nos dará un monto de:
$$M_C = e^{0.30} \, .$$

Ahora, $M_E = M_C \Rightarrow 1 + j = e^{0.30} \Rightarrow j = e^{0.30} - 1 = 0.3499$

Luego, la tasa de interés efectiva de la caja de ahorros es 34.99 %.

En consecuencia, la mejor oferta es la de la caja de ahorros.

VALOR PRESENTE

Las fórmulas (2) y (3) nos dan la cantidad futura (Monto) que producirá un dinero que se tiene ahora (Principal) y el cual se invertirá por cierto número de años y a cierta tasa de interés. En pocas palabras, estas fórmulas nos dan el valor futuro de una cantidad presente de dinero. Con frecuencia se desea resolver el problema recíproco; es decir, se busca determinar el valor presente o valor actual de cierta suma de dinero que se recibirá en el futuro. En términos precisos, se llama **valor presente** o **valor actual** de una cantidad M (monto), que se recibirá dentro de t años, a la cantidad P (principal) que debe invertirse ahora para obtener, dentro de t años, la cantidad M. El problema del valor presente se resuelve fácilmente despejando P en las fórmulas (II) o (III).

$$\textbf{(IV)} \quad P = M\left(1+\frac{r}{n}\right)^{-nt} \qquad \textbf{(V)} \quad P = Me^{-rt}$$

Cuando se trata del valor presente, la tasa de interés $R = 100r$ % toma el nombre de **tasa de descuento**.

EJEMPLO 7. Un padre, al nacer su hijo, desea hacer una inversión inicial que crecerá a $ 40,000 para el momento que el niño cumpla 10 años. Determinar la inversión inicial si:

a. La tasa de interés es de 9 % anual que se compone mensualmente.

b. La tasa de interés es de 9 % anual que se compone continuamente.

Solución

Buscamos P, el valor presente de $ 40,000 que se pagarán dentro de 10 años.

a. De acuerdo a la fórmula (IV) con $M = 40,000$, $r = 0.09$, $n = 12$ y $t = 10$:

$$P = 40,000\left(1+\frac{0.09}{12}\right)^{-12(10)} = 40,000(1.0075)^{-120} = 16,317.\,50$$

b. De acuerdo a la fórmula (V) con $M = 40,000$, $r = 0.09$ y $t = 10$:

$$P = 40,000e^{-0.09(10)} = 40,000e^{-0.9} = 16,262.79$$

PROBLEMAS RESUELTOS 5.1

PROBLEMA 1. Hallar la tasa de interés nominal que se compone trimestralmente y que permite que una inversión cualquiera se duplique en 6 años.

Solución

Se tiene que $n = 4$ y $t = 6$.

Sea $R = 100r$ la tasa buscada y sea P cualquier inversión.

Después de 6 años el monto es $M(6) = 2P$

Reemplazando estos valores en la fórmula (II):

$$2P = P\left(1+\frac{r}{4}\right)^{4(6)} \Rightarrow 2 = \left(1+\frac{r}{4}\right)^{24} \Rightarrow 1 + \frac{r}{4} = \sqrt[24]{2}$$

$$\Rightarrow r = = 4\left(\sqrt[24]{2} - 1\right) = 0.1172$$

Luego, $R = 100r = 11.72\ \%$

PROBLEMA 2. Un capital es invertido a una tasa nominal de $R\ \%$ que se compone semestralmente. Al final de segundo año produce un monto de \$ 46,078.57 y al final del tercer año un monto de 49,455.90. Hallar:

a. La tasa nominal   **b.** El capital invertido

Solución

Sea P el capital invertido, $R = 100r$ la tasa nominal. Se tiene que $n = 2$.

Si $t = 2$, reemplazando estos valores en la fórmula (II) se tiene:

$$P\left(1+\frac{r}{2}\right)^{4} = 46,078.57 \qquad\qquad (1)$$

Si $t = 3$, reemplazando en la fórmula (II) se tiene:

$$P\left(1+\frac{r}{2}\right)^{6} = 49,455.90 \qquad\qquad (2)$$

Dividiendo (2) entre (1):

$$\frac{P\left(1+r/2\right)^{6}}{P\left(1+r/2\right)^{4}} = \frac{49,455.90}{46,078.57} \Rightarrow \left(1+\frac{r}{2}\right)^{2} = 1.073295$$

$$\Rightarrow \frac{r}{2} = \sqrt{1.073295} - 1$$

$$\Rightarrow r = 2\left(\sqrt{1.073295} - 1\right) = 0.072$$

Luego,

a. $R = 100(0.072) = 7.2\ \%$

b.   Reemplazando $r = 0.072$ en (1):

$$P\left(1+\frac{0.072}{2}\right)^4 = 46{,}078.57 \;\Rightarrow\; P(1.036)^4 = 46{,}078.57$$

$$\Rightarrow\; P = \frac{46{,}078.57}{(1.036)^4} = 40{,}000$$

El capital invertido es $ 40,000.

PROBLEMA 3. Un coleccionista vende una pintura por $ 32.000. La obra la compró hace 20 años. Se sabe que el precio inicial ha ganado un interés anual de 6 % que se compone trimestralmente. Hallar el precio inicial de la pintura.

Solución

El precio inicial es P. El precio de venta es el monto $M = 32{,}000$. El periodo de capitalización es 3 meses y, por tanto, $n = 4$. $r = 0.06$. $t = 20$ y $nt = 80$.

Reemplazando estos valores en fórmula (II):

$$32{,}000 = P\left(1+\frac{0.06}{4}\right)^{80} = P(1.015)^{80} = P(3.29066)$$

Luego, el valor inicial de la pintura es

$$P = \frac{32{,}000}{3.29066} = 9{,}724.49 \text{ dólares}$$

PROBLEMA 4. Un banco ofrece a sus ahorristas una tasa de interés de 6 % que se compone continuamente. ¿Cuánto debe depositarse ahora para que al cabo de 3 años, después de hacer retiros de $ 3,000 al final de cada año, la cuenta quede en cero?

Solución

El monto al final del primer año es $M(1) = Pe^{0.06}$
El principal para el segundo año es $Pe^{0.06} - 3{,}000$

El monto al final del segundo año es $M(2) = \left(Pe^{0.06} - 3{,}000\right)e^{0.06}$

El principal para el tercer año es $\left(Pe^{0.06} - 3{,}000\right)e^{0.06} - 3{,}000$

El monto al final del tercer año es

$$M(3) = \left(\left(Pe^{0.06} - 3{,}000\right)e^{0.06} - 3{,}000\right) e^{0.06}$$

Este último monto debe ser igual a $ 3,000. Luego,

$$\left(\left(Pe^{0.06} - 3{,}000\right)e^{0.06} - 3{,}000\right) e^{0.06} = 3{,}000$$

Efectuamos los productos, las potencias y transponemos:

$$P\left(e^{0.06}\right)^{3} - 3,000\left(e^{0.06}\right)^{2} - 3,000\,e^{0.06} = 3,000 \implies$$

$$Pe^{0.18} - 3,000e^{0.12} - 3,000e^{0.06} = 3,000 \implies$$

$$Pe^{0.18} = 3,000 + 3,000e^{0.06} + 3,000e^{0.12} = 3,000\left(1+e^{0.06}+e^{0.12}\right) \implies$$

$$P = 3,000\,\frac{1+e^{0.06}+e^{0.12}}{e^{0.18}} = 7,991.87 \text{ dólares}$$

PROBLEMA 5.   Una deuda de $ 600,000 vence en 5 años y se va a cancelar mediante 3 pagos: $ 200,000 ahora, $ 150,000 en 2 años y un pago final a los 4 años. La tasa de interés es 12 % anual que se compone semestralmente. ¿De cuánto debe ser el pago final?

Solución

Fijamos como año de referencia el 4° año.

Sea x el pago final que se hará al finalizar el 4° año.

Sean M_1 el monto del primer pago y M_2 segundo pago al finalizar el 2° año.

Sea P el valor presente de la deuda al finalizar el 4° año.

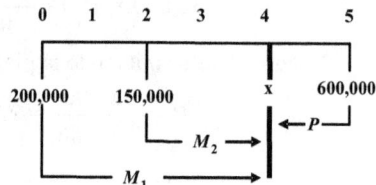

Se tiene la siguiente igualdad:

$$M_1 + M_2 + x = P \qquad \textbf{(1)}$$

Pero,

$$M_1 = 200,000\left(1+\frac{0.12}{2}\right)^{2(4)} = 200,000\left(1.06\right)^{8} = 318,769.62$$

$$M_2 = 150,000\left(1+\frac{0.12}{2}\right)^{2(2)} = 150,000\left(1.06\right)^{4} = 189,371.54$$

$$P = 600,000\left(1+\frac{0.12}{2}\right)^{-2(1)} = 600,000\left(1.06\right)^{-2} = 533,997.86$$

Reemplazando estos valores en la igualdad (1):

$$318,769.62 + 189,371.54 + x = 533,997.86 \implies x = 25,856.69$$

Luego, el pago final debe ser de $ 25,856.69

PROBLEMAS PROPUESTOS 5.1

1. **(Cálculo del monto)** Un capital de $ 75,000 se invierte por 2 años a una tasa de interés anual de 12 %. Hallar el monto si
   a. El interés es simple.
   b. El interés se compone anualmente.
   c. El interés se compone trimestralmente.
   d. El interés se compone mensualmente.
   e. El interés se compone continuamente.

2. **(Cálculo del principal)** ¿Qué capital produce un monto de $. 250,000 al final de 5 años si la tasa es de 8 % anual que se compone:
   a. Trimestralmente?   **b.** Continuamente?

3. **(Cálculo del principal)** Al final de 4 años una libreta de ahorros tiene un saldo de $ 36,000. Durante ese tiempo no se hizo depósitos ni retiros. Hallar el capital inicial si el interés nominal es 9 % que se compone:
   a. Semestralmente   **b.** Mensualmente

4. **(Cálculo del principal)** Resolver el problema anterior con el agregado de que se hace un depósito de $ 6,000 al iniciarse el cuarto año.

5. **(Cálculo del principal)** Resolver el problema 3 con el agregado de que se hace un retiro de $ 6,000 al final del segundo año.

6. **(Cálculo de la tasa)** Se invierte un capital de $ 20,000 y al final de 2 años produce un monto de $ 23,397.18. Hallar la tasa nominal si esta se compone semestralmente.

7. **(Cálculo de la tasa)** Se recibió 15,847.49 por una inversión de $ 12,000 que se hizo hace 4 años atrás a interés compuesto que se capitalizó anualmente. ¿Cuál fue la tasa nominal?

8. **(Cálculo de la tasa y del principal)** Un capital es invertido a una tasa nominal de R % que se compone semestralmente. Al final de segundo año produce un monto de $ 71,551.15 y al final del tercer, de 78,135.61. Hallar:
   a. La tasa nominal   **b.** El capital invertido

9. **(Tasa de duplicación del capital)** Hallar la tasa nominal R % que al componerse trimestralmente duplica cualquier capital en 10 años.

10. **(Tasa de triplicación del capital)** Hallar la tasa nominal R % que al componerse trimestralmente triplica cualquier capital en 10 años.

11. **(Tasa efectiva)** Determinar la mejor opción para el inversionista.
    a. Un tasa nominal de 8.1 % que se compone continuamente.
    b. Un tasa nominal de 8.2 % que se compone trimestralmente.

12. **(Tasa efectiva)** Determinar la mejor opción para el inversionista.

    a. Una tasa nominal de 9.6 % que se compone mensualmente.
    b. Una tasa nominal de 9.8 % que se compone semestralmente.

13. **(Tasa efectiva)** Hallar la tasa nominal que se compone mensualmente que equivale a una tasa efectiva de 9.4 %.

14. **(Valor actual)** Hallar el valor actual de $ 100,000 pagadero dentro de 5 años si el tipo de interés es de 16 % que se compone:
    a. Semestralmente   **b.** Continuamente

15. **(Valor actual)** Un inversionista ofreció comprar un pagaré de $ 20,000 que vence dentro de 3 años, a un precio que le produzca una tasa nominal de 6 %. ¿Cuál es el precio ofrecido si los intereses se capitalizan:
    a. Semestralmente   **b.** Continuamente

16.   **(Valor actual)** Determinar cuál de las dos ofertas conviene más al propietario de una casa, sabiendo que la tasa de interés es 12 % capitalizable cuatrimestralmente:
    a. $ 97,000 al contado **b.** $ 40,000 al contado y $ 90,000 dentro de 4 años.

17. **(Valor actual)** Se va implementar un fideicomiso para un niño que acaba de cumplir 7 años, de un solo pago, de tal modo que cuando el niño cumpla 18 años reciba $ 50,000. Hallar el pago si la tasa nominal es de 8 % que se compone semestralmente.

18. **(Valor actual)** Una deuda de $ 24,000 vence en 3 años. Otra deuda de 28,000 vence en 2 años. Ambas deudas se van a pagar ahora mediante un solo pago. La tasa nominal es de 10 % que se compone semestralmente. ¿De cuánto debe ser el pago?

19. **(Cálculo del principal)** Una pintura comprada hace 20 años es vendida actualmente en $ 85,000. Se ha determinado que la tasa nominal ha sido de 12 %, compuesta trimestralmente. ¿Cuánto se pagó por la pintura?

20. **(Cálculo del principal)** Un banco paga a sus ahorristas una tasa nominal de 12 % que recompone semestralmente. ¿Cuánto debe depositarse ahora para que al finalizar 3 años, después de hacer retiros de $ 15,000 al final de cada año, la cuenta quede en 0?

21. **(Cálculo del principal)** Resolver el problema anterior si la tasa nominal de 12 % se compone continuamente.

22. **(Cálculo del principal)** Resolver el problema 14 sabiendo que la cuenta final queda en $ 5,000.

23. **(Cálculo del principal)** Un banco paga a sus ahorristas una tasa nominal de 8 % que recompone continuamente. ¿Cuánto debe depositarse ahora para que al finalizar 3 años, después de retirar la mitad del monto al final de cada año, la cuenta quede en $ 2,000?

24. **(Valor actual)** Una compañía tiene una deuda de $ 1,200,000 que se vence en 7 años. La deuda se va cancelar mediante 4 pagos: $ 250,000 ahora, $ 150,000 en 2 años, $ 150,000 en 4 años y un pago final a los 5 años. La tasa nominal es de 8 % que se compone trimestralmente. ¿De cuánto debe ser el pago final.

25. **(Monto)** Una deuda de $ 20,000 vence en 3 años y se va a cancelar en 3 pagos: $ 8,000 ahora, $ 5,000 en 2 años y un pago final al terminar el 4° año. La tasa nominal es de 8 % que se compone semestralmente. ¿De cuánto es el pago final?

26. **(Monto)** Una compañía tiene dos deudas. Una de $ 9.000 que vence en 2 años. Otra de $ 12,000 que vence en 4 años. Ambas deudas van a cancelarse con un solo pago al final del tercer año. ¿De cuanto es este pago si la tasa nominal es de 9 % que se compone mensualmente.

27. **(Bono cero cupón)** Un bono cero cupón es un bono con un valor nominal que se cobra al cumplirse la fecha de su vencimiento. El bono se vende antes de esa fecha con su correspondiente descuento. Supongamos que un bono cero cupón se está vendiendo a $ 887,449 y tiene un valor nominal de $ 1,000,000, con vencimiento de un año. El bono gana una tasa nominal de R % que se compone mensualmente. Hallar la tasa nominal R.

28. **(Cálculo del monto)**. En el año 1626 el holandés Piter Minuit compró a los nativos la "isla" de Manhattan (Nueva York), por 24 dólares. Suponga que los nativos depositaron estos 24 dólares en un banco, ganando una tasa anual de 5 % que se compone continuamente. ¿Cuál es monto en el año 2,000?

SECCION 5.2
FUNCIONES EXPONENCIALES

LEYES DE LOS EXPONENTES

Sea a es un número real positivo. El valor de a^x donde x es un racional ya lo hemos hecho en el capítulo 0. Queremos extender este valor exponencial para el caso en el que el exponente x es un irracional. Una definición precisa para este caso está fuera de nuestro alcance en este nivel.

Recordemos el caso de a^x cuando x es un racional.

Sea a un **número real positivo** y x un **número racional**.

1. Si $x = n$, donde n es un entero positivo, entonces

$$a^x = a^n = \underbrace{a\, a \,\ldots\, a}_{n}$$

2. Si $x = 0$, $a^0 = 1$

3. Si $x = -n$, n es un entero positivo, entonces $a^{-n} = \dfrac{1}{a^n}$

4. Si $x = m/n$, donde m y n son enteros positivos, entonces

$$a^x = a^{m/n} = \sqrt[n]{a^m} = \left(\sqrt[n]{a}\right)^m$$

| EJEMPLO 1. | **a.** $4^3 = 4 \cdot 4 \cdot 4 = 64$ | **b.** $4^{-3} = \dfrac{1}{4^3} = \dfrac{1}{64}$ |

d. $4^{5/2} = \left(4^{1/2}\right)^5 = \left(\sqrt{4}\ \right)^5 = (2)^5 = 32$

El valor de a^x cuando x es irracional se obtiene aproximándolo con a^x , donde x es racional. Ilustremos el caso particular de 2^π .

El número π es uno de los números irracionales más conocido. π tiene un desarrollo decimal infinito no periódico. Sus 6 primeras cifras son:

$$\pi = 3.14159\ldots$$

Llegamos a 2^π mediante las aproximaciones: $2^{3.1}$, $2^{3.14}$, $2^{3.141}$, etc.

Algunas calculadoras nos dicen que $2^\pi = 8.824977827$

El siguiente teorema resume las propiedades de los exponentes. La demostración de estas propiedades, para el caso de exponentes irracionales, no es simple. Por esta razón omitiendo la demostración.

| TEOREMA 5.1 | **Leyes de los Exponentes**

Sean a y b números reales positivos, y sean x y y números reales cualesquiera. Se cumple que:

1. $a^0 = 1$ **2.** $a^1 = a$ **3.** $a^x a^y = a^{x+y}$

4. $\dfrac{a^x}{a^y} = a^{x-y}$ **5.** $\left(a^x\right)^y = a^{xy}$ **6.** $(ab)^x = a^x b^x$

7. $\left(\dfrac{a}{b}\right)^x = \dfrac{a^x}{b^x}$ **8.** $a^{-x} = \dfrac{1}{a^x}$

| EJEMPLO 2. | **a.** $\dfrac{3^{3/2}}{\sqrt{3}} = \dfrac{3^{3/2}}{3^{1/2}} = 3^{(3/2) - (1/2)} = 3^{2/2} = 3$

b. $\left(3^{2/3} \times 3^{1/6}\right)^6 = 3^{(2/3)6} \times 3^{(1/6)6} = 3^4 \times 3^1 = 3^{4+1} = 3^5 = 243$

LAS FUNCIONES EXPONENCIALES

DEFINICION. Sea a un número real tal que $a > 0$ y $a \neq 1$. **La función exponencial con base a** es la función

$$f: \mathbb{R} \rightarrow \mathbb{R},$$
$$f(x) = a^x$$

EJEMPLO 3. A continuación mostramos los gráficos de:

1. $y = 2^x$ **2.** $y = 5^x$ **3.** $y = \left(\dfrac{1}{2}\right)^x = 2^{-x}$ **4.** $y = \left(\dfrac{1}{5}\right)^x = 5^{-x}$

Si $a > 1$, a medida que la a aumenta, la función $f(x) = a^x$ crece más rápidamente.

En la definición de la función exponencial, se ha eliminado la base $a = 1$, ya que en este caso, $f(x) = 1^x = 1$, es la recta horizontal $y=1$, la cual tiene un comportamiento muy distinto a los casos cuando $a \neq 1$.

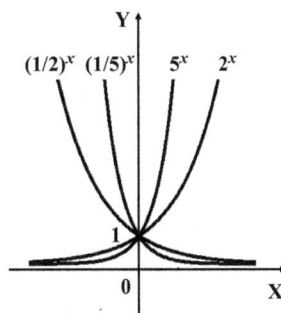

PROPIEDADES DE LA FUNCION EXPONENCIAL

La función exponencial $f(x) = a^x$ tiene las siguientes propiedades:

1. Es **creciente si $a < 1$** y es **decreciente si $0 < a < 1$**.

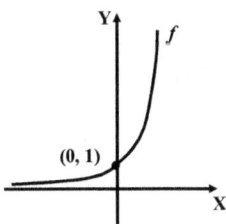

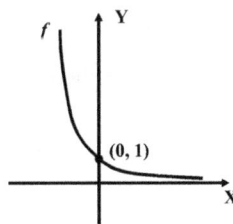

$f(x) = a^x,\ \ a > 1$ $f(x) = a^x,\ 0 < a < 1$

2. Dominio: $\mathbb{R}$,   **rango:** $\mathbb{R}^+ = (0, +\infty)$.

3. Es inyectiva.

4. La gráfica de f corta al eje Y en $(0, 1)$, ya que $a^0 = 1$.

EJEMPLO 4.   Mediante la técnica de traslación y reflexión, y teniendo en cuenta el gráfico $f(x) = 2^x$, esbozar el gráfico de:

$$\textbf{1. } g(x) = 2^x + 2 \qquad \textbf{2. } h(x) = 2^{x-2} \qquad \textbf{3. } q(x) = -2^{-x}$$

Solución

1. Vemos que $g(x) = 2^x + 2 = f(x) + 2$. Luego, el gráfico de $g(x) = 2^x + 2$ se obtiene trasladando verticalmente 2 unidades hacia arriba el gráfico de $f(x) = 2^x$.

2. Vemos que $h(x) = 2^{x-2} = f(x-2)$. Luego, el gráfico de $h(x) = 2^{x-2}$ se obtiene trasladando horizontalmente 2 unidades hacia la derecha el gráfico de $f(x) = 2^x$.

3. Vemos que $q(x) = -2^{-x} = -f(-x)$. Luego, el gráfico de $q(x)$ se obtiene en dos pasos. Se refleja la gráfica de f en el eje Y. Luego, este se refleja en el eje X.

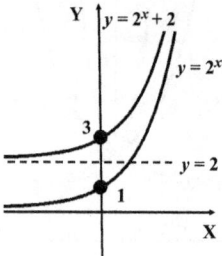

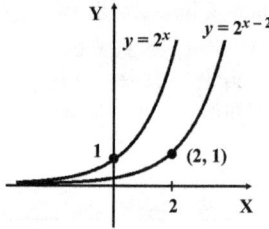

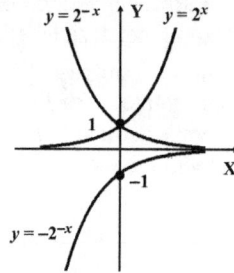

$$g(x) = 2^x + 2 \qquad\qquad h(x) = 2^{x-2} \qquad\qquad q(x) = -2^{-x}$$

LA FUNCION EXPONCIAL NATURAL

DEFINICION.   Se llama **función exponencial natural** a la función exponencial con base el número e. Esto es, a la función

$$f: \mathbb{R} \to \mathbb{R}^+$$

$$f(x) = e^x$$

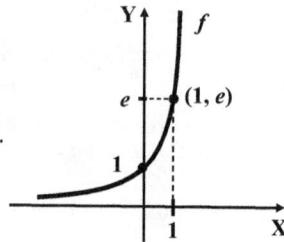

Como $e > 1$, la función exponencial natural es creciente.

PROBLEMAS RESUELTOS 5.2

PROBLEMA 1. Simplificar: **a.** $\left[\dfrac{1}{8}\left(8^{2/3}\right)\right]^{3}$ **b.** $\dfrac{\left(9^{4/5}\right)^{5/8}}{\left(8/27\right)^{2/3}}$

Solución

a. $\left[\dfrac{1}{8}\left(8^{2/3}\right)\right]^{3} = \left(\dfrac{1}{8}\right)^{3}\left(8^{2/3}\right)^{3} = \left(\dfrac{1^{3}}{8^{3}}\right)\left(8^{2}\right) = \dfrac{8^{2}}{8^{3}} = \dfrac{1}{8}$

b. $\dfrac{\left(9^{4/5}\right)^{5/8}}{\left(\dfrac{8}{27}\right)^{2/3}} = \dfrac{9^{20/40}}{\left(\dfrac{2^{3}}{3^{3}}\right)^{2/3}} = \dfrac{9^{1/2}}{\dfrac{2^{(3)(2/3)}}{3^{(3)(2/3)}}} = \dfrac{3}{\dfrac{2^{2}}{3^{2}}} = \dfrac{3(3^{2})}{2^{2}} = \dfrac{27}{4}$

PROBLEMA 2. Si $h(x) = 3^{5x}$, hallar x tal que $h(x) = 81$.

Solución

Como $81 = 3^{4}$, debemos hallar el x tal que $3^{5x} = 3^{4}$.
Igualando los exponentes tenemos:
$$5x = 4 \ \Rightarrow \ x = 4/5$$

PROBLEMA 3.   Si $f(x) = e^{kx}$ y $f(1) = 3$, hallar $f(5)$

Solución

Si $f(1) = 3$, entonces $e^{k} = 3$. Luego $f(5) = e^{k(5)} = \left(e^{k}\right)^{5} = 3^{5} = 243$

PROBLEMAS PROPUESTOS 5.2

En los ejercicios del 1 al 7 calcular el valor de las expresión dada:

1. $\left(81\right)^{1/4}$ **2.** $8^{4/3}$ **3.** $\left(25\right)^{3/2}$ **4.** $\left(25\right)^{-3/2}$

5. $\left(\dfrac{1}{8}\right)^{-2/3}$ **6.** $\left(\dfrac{27}{16}\right)^{-1/2}$ **7.** $\left(0.01\right)^{-1}$

En los ejercicios del 8 al 13 simplificar las expresiones dadas:

8. $\left(\dfrac{e^7}{e^3}\right)^{-1}$

9. $\dfrac{3^3\,3^5}{\left(3^4\right)^3}$

10. $\dfrac{5^{1/2}\left(5^{1/2}\right)^5}{5^4}$

11. $\dfrac{2^{-3}2^5}{\left(2^4\right)^{-3}}$

12. $\dfrac{\left(2^4\right)^{1/3}}{16\left(2^{7/3}\right)}$

13. $\dfrac{\left(2^{1/3}\,3^{2/3}\right)^3}{3^{5/2}\,3^{-1/2}}$

En los ejercicios del 14 al 19 resolver las ecuaciones dadas.

14. $2^{2x-1}=8$

15. $\left(\dfrac{1}{3}\right)^{x+1}=27$

16. $8\sqrt[3]{2}=4^x$

17. $\left(3^{2x}3^2\right)^4=3$

18. $e^{-6x+1}=e^3$

19. $e^{x^2-2x}=e^3$

En los ejercicios del 20 al 28 esbozar los gráficos de las funciones dadas. En todos ellos, excepto el 25 y 27, use las técnicas de traslación y reflexión.

20. $y=e^{x+2}$

21. $y=-2e^x+1$

22. $y=e^{-x}$

23. $y=e^{-x}+2$

24. $y=2-e^{-x}$

25. $y=3^x$

26. $y=3^{-x+2}$

27. $y=4^x$

28. $y=-4^{-x-1}$

29. Si $g(x)=Ae^{-kx}$, $g(0)=9$ y $g(2)=5$, hallar $g(6)$.

30. Si $h(x)=30-Pe^{-kx}$, $h(0)=10$ y $h(3)=-30$, hallar $h(12)$.

SECCION 5.3
FUNCIONES LOGARITMICAS

DEFINICION. Sea $a>0$ y $a\neq 1$. Se llama **función logaritmo de base a,** y se denota por $\log_a$, a la **función inversa** de la función exponencial $f:\mathbb{R}\to\mathbb{R}^+$, $\quad f(x)=a^x$,

Esto es, $\log_a:\mathbb{R}^+\to\mathbb{R}$, $\quad \log_a=f^{-1}$

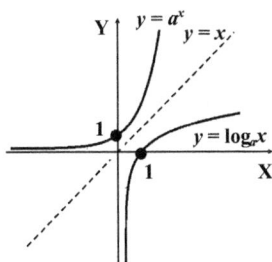
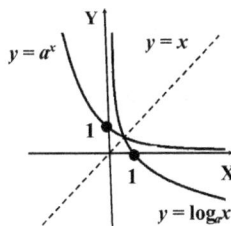

$$a > 1 \qquad\qquad\qquad\qquad 0 < a < 1$$

Por ser $y = \log_a (x)$ la función inversa de $y = a^x$ se tiene que:

$$(1) \quad a\ a^{\log_a(x)} = x \qquad y \qquad (2) \quad \log_a (a^x) = x$$

Las propiedades (1) y (2) equivalen a la siguiente proposición:

$$(3)\ \log_a(x) = y \ \Leftrightarrow \ a^y = x$$

Esta última equivalencia nos dice que $\log_a(x)$ es el exponente al cual se debe elevar la base a para obtener el número x.

Como $a^1 = a$ y $a^0 = 1$, se tiene que:

$$(4)\ \log_a(a) = 1 \qquad y \qquad (5)\ \log_a(1) = 0$$

Muchas veces, cuando no hay confusión, escribiremos $y = \log_a x$ (sin los paréntesis) en lugar de $\log_a(x)$.

EJEMPLO 1.   **a.** $\log_4 64 = \log_4(4^3) = 3$ **b.** $\log_7 \sqrt{7} = \log_7(7^{1/2}) = \dfrac{1}{2}$

           c. $\log_5\left(\dfrac{1}{5}\right) = \log_5\left(5^{-1}\right) = -1$

           d. $\log_{10} 0.001 = \log_{10} \dfrac{1}{1{,}000} = \log_{10} 10^{-3} = -3$

EJEMPLO 2.   Resolver la ecuación:

$$2\log_a(4x) = 1$$

Solución

$$2\log_a(4x) = 1 \ \Rightarrow\ \log_a(4x) = \dfrac{1}{2} \ \Rightarrow\ 4x = 9^{1/2} \Rightarrow\ 4x = 3 \ \Rightarrow\ x = \dfrac{3}{4}$$

PROPIEDADES DE LA FUNCION LOGARITMO

La función logaritmo $y = \log_a x$ tiene las siguientes propiedades:

1. **Es creciente si $a > 1$ y decreciente si $0 < a < 1$.**

2. **Dominio $= \mathbb{R}^+$, rango $= \mathbb{R}$.**

3. $y = \log_a x$ **es inyectiva.**

4. **La gráfica de $y = \log_a x$ corta al eje X en (1, 0). No corta al eje Y.**

| **TEOREMA 5.2** | **Leyes de los Logaritmos** |

Si $a > 0$, $a \neq 1$, $u > 0$, $v > 0$ y n es un real, entonces

1. $\log_a(uv) = \log_a u + \log_a v$ (**Logaritmo de un producto**)

2. $\log_a\left(\dfrac{u}{v}\right) = \log_a u - \log_a v$ (**Logaritmo de un cociente**)

3. $\log_a u^n = n \log_a u$ (**Logaritmo de una potencia**)

Demostración

1. Si $x = \log_a u$ y $y = \log_a v$, entonces

$$u = a^x, \quad v = a^y \quad \text{y} \quad uv = a^x a^y = a^{x+y}$$

Aplicando a la última igualdad y usando la propiedad (2) dada en la definición de la función logaritmo:

$$\log_a uv = \log_a a^{x+y} = x + y = \log_a u + \log_a v$$

Las pruebas de 2 y 3 son similares a la dada para 1.

| **EJEMPLO 3.** | Sean x, y, z números reales positivos. Expresar en términos de los logaritmos de x, y, z las siguientes expresiones: |

$$\textbf{i. } \log_a\left(\frac{x^4\sqrt{z}}{y^3}\right) \qquad\qquad \textbf{ii. } \log_a \sqrt[7]{\frac{x^2}{y^3 z^4}}$$

Solución

i. $\log_a\left(\dfrac{x^4\sqrt{z}}{y^3}\right) = \log_a\left(\dfrac{x^4 z^{1/2}}{y^3}\right) = \log_a\left(x^4 z^{1/2}\right) - \log_a y^3$ (por 2)

$$= \log_a x^4 + \log_a z^{1/2} - \log_a y^3 \qquad\qquad \text{(por 1)}$$

$$= 4 \log_a x + \frac{1}{2} \log_a z - 3 \log_a y \qquad \text{(por 3)}$$

ii. $\log_a \sqrt[7]{\dfrac{x^2}{y^3 z^4}} = \log_a \left(\dfrac{x^2}{y^3 z^4} \right)^{1/7} = \dfrac{1}{7} \log_a \left(\dfrac{x^2}{y^3 z^4} \right)$ \qquad (por 3)

$$= \frac{1}{7} \left[\log_a x^2 - \log_a \left(y^3 z^4 \right) \right] \qquad \text{(por 2)}$$

$$= \frac{1}{7} \left[\log_a x^2 - \left(\log_a y^3 + \log_a z^4 \right) \right] \qquad \text{(por 1)}$$

$$= \frac{2}{7} \log_a x - \frac{3}{7} \log_a y - \frac{4}{7} \log_a z \qquad \text{(por 3)}$$

LA FUNCION LOGARITMO NATURAL

La función logaritmo natural es la función logaritmo con base e. A esta función se lo denota por $y = \ln x$. O sea,

$$\ln x = \log_e x$$

La función $y = \ln x$ es la inversa de la función exponencial $y = e^x$. Por lo tanto:

(1) $e^{\ln x} = x$ \qquad y \qquad **(2)** $\ln e^x = x$

o, equivalentemente,

(3) $y = \ln x \iff e^y = x$

Como $e^1 = e$, tenemos que $\ln e = 1$

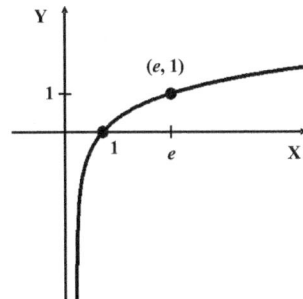

| EJEMPLO 4. | Resolver la ecuación $3^{2x+1} = 5^{3x-1}$

Solución

A ambos miembros de la ecuación aplicamos ln:

$$\ln 3^{2x+1} = \ln 5^{3x-1} \implies (2x + 1) \ln 3 = (3x - 1) \ln 5$$

$$\implies 2x \ln 3 + \ln 3 = 3x \ln 5 - \ln 5$$

$$\implies 2x \ln 3 - 3x \ln 5 = -\ln 5 - \ln 3$$

$$\implies x(2 \ln 3 - 3 \ln 5) = -(\ln 5 + \ln 3)$$

$$\implies x = -\frac{\ln 5 + \ln 3}{2 \ln 3 - 3 \ln 5} \approx 1.03$$

OBSERVACION. Los logaritmos más usuales son los naturales (base e) y los decimales (base 10). Tratándose de los logaritmos decimales, es común omitir la base y escribir, simplemente, $\log x$ en lugar de $\log_{10} x$.

CAMBIO DE BASE LOGARITMICA Y EXPONENCIAL

La siguiente igualdad nos permite expresar una función logarítmica de cualquier base en términos de la función logaritmo natural.

TEOREMA 5.3   **Cambio de Base Logarítmica.**

Si $x > 0$ entonces

$$\log_a x = \frac{\ln x}{\ln a}$$

Demostración

$$y = \log_a x \Rightarrow a^y = x \Rightarrow \ln a^y = \ln x \Rightarrow y \ln a = \ln x$$

$$\Rightarrow y = \frac{\ln x}{\ln a} \Rightarrow \log_a x = \frac{\ln x}{\ln a}.$$

COROLARIO.

$$\log_a e = \frac{1}{\ln a}$$

Demostración

En la fórmula del teorema tomar $x = e$. Considerar que $\ln e = 1$.

EJEMPLO 5.   Hallar: **a.** $\log_4 19$ **b.** $\log_5 e$

Solución

a. De acuerdo al teorema anterior:

$$\log_4 19 = \frac{\ln 19}{\ln 4} = \frac{2.94439}{1.38629} = 2.124$$

b. De acuerdo al corolario:

$$\log_5 e = \frac{1}{\ln 5} = \frac{1}{1.6094379} = 0.6213349$$

TEOREMA 5.4   **Cambio de base Exponencial.**

Si $a > 0$ y $a \neq 1$, entonces

$$a^x = e^{x \ln a}$$

Demostración

Sabemos que $a = e^{\ln a}$. Luego, $a^x = \left(e^{\ln a}\right)^x = e^{x \ln a}$

PROBLEMAS RESUELTOS 5.3

PROBLEMA 1.   Resolver las siguientes ecuaciones:

$$\textbf{a.} \quad \log_{27} 4x = 2/3 \qquad\qquad \textbf{b.} \quad 3^{2x-1} = 81$$

Solución

a. $\log_{27} 4x = 2/3 \Rightarrow 4x = 27^{2/3} \Rightarrow 4x = \left(\sqrt[3]{27}\right)^2 = 3^2 = 9 \Rightarrow x = 9/4$

b. Tomando $\log_3$ a ambos lados de la ecuación:

$$\log_3 3^{2x-1} = \log_3 81 \Rightarrow 2x-1 = \log_3 (3^4) \Rightarrow 2x-1 = 4 \Rightarrow x = 5/2$$

PROBLEMA 2.   Graficar la función $y = \ln |x|$

Solución

De la definición de $|x|$ tenemos que:

$$y = \ln|x| = \begin{cases} \ln x, & \text{si } x > 0 \\ \ln(-x), & \text{si } x < 0 \end{cases}$$

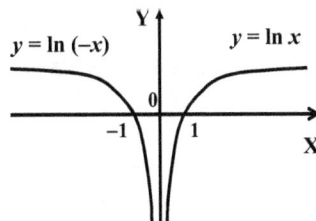

En consecuencia, el gráfico de $y = \ln|x|$ se compone de dos gráficos: El de $y = \ln x$, $x > 0$ y el de $y = \ln(-x)$, $x < 0$. Al primero lo conocemos y el segundo se obtiene del primero reflejándolo en el eje Y.

PROBLEMAS PROPUESTOS 5.3

En los ejercicios del 1 al 8 calcular el valor de la expresión, sin usar tablas ni calculadora.

1. $\log_2\left(\dfrac{1}{64}\right)$ **2.** $\log_{1/2}\left(\dfrac{1}{16}\right)$ **3.** $\log_{1/3}(81)$

4. $\log_{100}(0.1)$ **5.** $e^{\ln 3}$ **6.** $e^{2\ln 3}$

7. $e^{(\ln 3)/2}$ **8.** $e^{3\ln 2 - 2\ln 3}$

En los ejercicios del 9 al 19, resolver la ecuación dada.

9. $\log_x 25 = \dfrac{1}{2}$ **10.** $\log_4(x^2 - 6x) = 2$ **11.** $\log x + \log(2x - 8) = 1$

12. $-3\ln x = a$ **13.** $\dfrac{k}{20} - \ln x = 1$ **14.** $4\ln x = \dfrac{1}{2}\ln x + 7$

15. $3\ln(\ln x) = -12$ **16.** $3e^{-1,2x} = 14$ **17.** $3^{x-1} = e^3$

18. $3^x 2^{3x} = 64$ **19.** $\left(3^x\right)^2 = 16\sqrt{2^x}$

En los problemas del 20 al 27 usar las técnicas de graficación (traslaciones y reflexiones) para bosquejar la gráfica de las funciones indicadas.

20. $y = \ln(x - 2)$ **21.** $y = \ln(-x)$ **22.** $y = \ln(x + 3)$

23. $y = 4 - \ln x$ **24.** $y = 4 - \ln(x + 3)$ **25.** $y = 2 - \ln|x|$

26. $y = 3 + \log x$ **27.** $y = 3 + \log(x + 3)$

En los problemas del 28 al 31 escribir la expresión indicada en términos de los logaritmos de a, b y c.

28. $\log \dfrac{a^2 b}{c}$ **29.** $\log \dfrac{\sqrt{b}}{a^2 c^3}$ **30.** $\ln\left(\dfrac{1}{a}\sqrt{\dfrac{c^3}{b}}\right)$ **31.** $\ln \sqrt[5]{\dfrac{a^2}{bc^4}}$

En los problemas del 32 al 34 escribir la expresión dada como un solo logaritmo de coeficiente 1.

32. $3\ln x + \ln y - 2\ln z$ **33.** $2\log a + \log b - 3(\log z + \log x)$

34. $\dfrac{3}{4}\ln a + 3\ln b - \dfrac{3}{2}\ln c$

35. Expresar cada una de las siguientes funciones en la forma $y = Ae^{kt}$:

     a. $y = (5)3^{0.5t}$ **b.** $y = 6(1.04)^t$

SECCION 5.4
APLICACIONES DE LAS FUNCIONES
EXPONENCIALES Y LOGARITMICAS

Algunos fenómenos de las ciencias naturales, ciencias sociales y ciencias económicas son modelados mediante las funciones exponenciales o logarítmicas. Veamos algunos casos.

CRECIMIENTO ESPONENCIAL

Sea $f(t)$ una función donde la variable independiente t representa al tiempo. Se dice que $f(t)$ crece exponencialmente, si se cumple que:

$$f(t) = A\,a^{kt},$$

donde $a > 1$ y A y k son constantes positivas.

Observar que f es creciente y que $f(0) = A$.

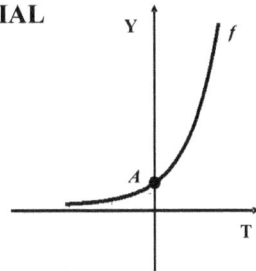

| **EJEMPLO 1.** | Se sabe que una población de bacterias se triplica cada minuto. Se inicia un cultivo con una población de 50 bacterias
a. Hallar la ecuación de crecimiento de la población
b. ¿Cuántas bacterias se tiene después de un cuarto de hora? |

Solución

a. Se t el número de minutos transcurridos desde el inicio del cultivo.
  Al inicio, cuado $t = 0$, se tiene: $f(0) = 50$
  Después de 1 minuto, se tiene: $f(1) = f(1) = 50(3)$
  Después de 2 minutos, se tiene: $f(2) = 50(3)(3) = 50(3^2)$
  Después de 3 minutos, se tiene: $f(3) = 50(3^2)(3) = 50(3^3)$
  En general, después de t minutos, se tiene:
$$f(t) = 50(3^t)$$
b. Después de un cuarto hora, o sea cuando $t = 15$, se tiene:

$$f(15) = 50(3^{15}) \approx 717{,}445{,}350 \text{ bacterias.}$$

DECAIMIENTO EXPONENCIAL

Una cantidad f(t) decae exponencialmente si se cumple que:

$$f(t) = A a^{-kt}$$

donde $a > 1$ y A y k son constantes positivas.

Se tiene que $f(0) = A$ y f **es decreciente**.

Un fenómeno muy importante que cumple esta condición es la desintegración de un material radioactivo.

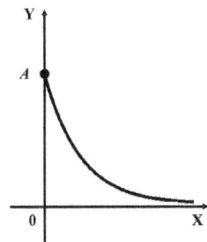

Los materiales radioactivos se caracterizan porque se desintegran (decaen) de manera espontánea para transformarse en otro elemento. Experimentalmente se ha comprobado que el decaimiento sigue un modelo exponencial. Si $N(t)$ es el número de átomos de cierto isótopo radioactivo en un instante t, entonces

$$N(t) = N_0\, e^{-kt}, \qquad (1)$$

donde $N_0 = N(0)$ es el número de átomos en el instante $t = 0$ y k es una constante positiva, que depende únicamente del elemento radioactivo. Si k es grande, el material decae rápidamente. Si k es pequeño (cercano a 0), el material decae lentamente.

EJEMPLO 2. La cantidad $Q(t)$ de un material radioactivo después de t años está dada por

$$Q(t) = A\, e^{-0.0004t}$$

Después de 2,000 años quedan 300 grs. ¿Cuántos gramos había inicialmente?

Solución

Tenemos que: $300 = Q(2{,}000) = A\, e^{-\,0.0004(2{,}000)} = A e^{-0.8} \quad \Rightarrow$

$$A = \frac{300}{e^{-0.8}} = 300 e^{0.8} \approx 667.66 \ \text{gramos.}$$

DECAIMIENDO RADIOACTIVO Y VIDA MEDIA

La **vida media** de material radioactivo es el tiempo que tarda cualquier muestra del material en desintegrarse la mitad de ella. Así, se sabe que la vida media del Polonio 210, (un isótopo del Polonio) es de 140 días. Esto significa que, dada cualquier cantidad de esta sustancia, después de 140 días sólo se tiene la mitad de la cantidad inicial.

Aquí tenemos la vida media de algunos elementos radioactivos:

Uranio (U^{238})	4,510,000,000 años
Plutonio (Pu^{230})	24,360 años
Carbono 14 (C^{14})	5,730 años
Radio (Ra^{226})	1,690 años
Polonio (Po^{210})	140 días.

Veamos cual es la relación entre la vida media y la constante k que aparece en la función de decaimiento de un material radioactivo.

Si λ la vida media del material radioactivo, transcurrido este tiempo λ debemos tener solamente la mitad de átomos iniciales, es decir, $N(\lambda) = \dfrac{1}{2} N_0$. En consecuencia:

$$N_0 e^{-k\lambda} = \frac{1}{2} N_0 \implies e^{-k\lambda} = 1/2 \implies -k\lambda = \ln(1/2) \implies -k\lambda = \ln 1 - \ln 2$$

$$\implies -k\lambda = -\ln 2 \implies k\lambda = \ln 2 \qquad \implies \lambda = (\ln 2)/k$$

Esto es,

$$(2) \quad \lambda = \frac{\ln 2}{k} \qquad \text{ó} \quad (3) \quad k = \frac{\ln 2}{\lambda}$$

Si reemplazamos (3) en (1), tenemos la igualdad:

$$N(t) = N_0 e^{-(\ln 2/\lambda)t} \qquad\qquad (4)$$

EJEMPLO 3.   Hallar la vida media del potasio ^{42}K si este se desintegra de acuerdo a la fórmula

$$Q(t) = Q_0 e^{-0.0555t} \text{, donde } t \text{ representa horas.}$$

Solución

Tenemos que $k = 0.0555$. Luego, la vida media es

$$\lambda = \frac{\ln 2}{k} = \frac{0.693147}{0.0555} \approx 12.489 \text{ horas}$$

FECHADO CON CARBONO 14

El método de fechado con carbono 14 es uno de los métodos más usados por los arqueólogos para determinar la antigüedad de restos orgánicos. Fue desarrollado por el físico-químico **Willard Frank Libby** (1908−1980) y algunos de sus colegas en la universidad de Chicago, el año 1949. Por este trabajo, al profesor Libby le otorgaron el Premio Nóbel de Química de 1960.

El carbono 14 (^{14}C) es un isótopo radioactivo e inestable del carbono 12 (^{12}C). El carbono 14 se forma en la parte superior de la atmósfera terrestre cuando los rayos cósmicos, al encontrarse con el nitrógeno, rompen a este formando ^{14}C. Este elemento de combina con el oxígeno formando dióxido de carbono (^{14}CO2), el cual es absorbido por las plantas y luego por los animales a través de la cadena alimenticia. Esto significa que la razón (el cociente) entre el ^{14}C y el ^{12}C el en una planta o en un animal que consume plantas, es igual a la del aire. Además, esta razón del aire se considera constante desde los inicios del planeta. Cuando el organismo muere, el ^{14}C se desintegra y no tiene reemplazo, dando como resultado que la razón entre el ^{14}C y el ^{12}C decae exponencialmente.

Si R_0 es la razón del ^{14}C y el ^{12}C en la atmósfera y $R(t)$ es la razón en los restos del organismo después de t años de muerto, se cumple que:

$$R(t) = R_0 e^{-kt} \qquad (5)$$

El profesor Lobby y sus seguidores calcularon que la vida media del ^{14}C es, aproximadamente, 5,730 años. Luego, de acuerdo a la igualdad (3) anterior,

$$k = \frac{\ln 2}{5,730} \approx 0.000121$$

Reemplazando esta igualdad en (5) obtenemos:

$$R(t) = R_0 e^{-0.000121t} \qquad (6)$$

Conociendo la razón $R(t)$ se puede determinar la fecha en que murió el organismo.

El método del carbono 14, debido a la corta edad media, de este carbono, sólo se puede usar para restos que no sobrepasen los 50,000 años de antigüedad. Para otros restos más antiguos se usan otros elementos radioactivos.

¿HA OIDO HABRAR D EL SANTO SUDARIO?

*Según una antigua y extendida tradición religiosa, **el Santo Sudario, Santo Manto o Sábana Santa,** es el lienzo que envolvió el cadáver de Jesús después de ser crucificado.*

Este lienzo es una fina pieza de lino rectangular. Supuestamente, el manto muestra a Jesús de Nazaret con las heridas causadas por la crucifixión. Se dice que el manto fue traído a Francia, de la Tierra Santa por los cruzados, en el siglo XIV. El sudario se encuentra en Turín, Italia, desde 1578 y es expuesto al público una vez por cada generación. Una de las últimas exhibiciones tuvo lugar en 1978, durante la cual fue visitado por 3.5 millones de peregrino.

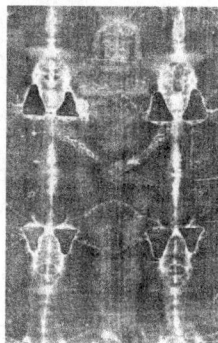

EJEMPLO 4. **Fechado del Santo Sudario por el carbono 14**

En 1988 el Vaticano autorizó al Museo Británico aplicar el método del ^{14}C para calcular la antigüedad del sudario. El reporte del museo dice que la razón del ^{14}C a ^{12}C en las fibras del manto es 92.3 % de la razón encontrada en la atmósfera. Usar esta información para calcular la edad del Santo Sudario.

Solución

Sea t la edad del Santo Sudario. Para resultados prácticos, t también es el tiempo transcurrido desde que se cosecho el lino con que se fabricó el manto.

Según el informe del museo, $R(t) = 0.923R_0$ Reemplazando esta igualdad en la en la ecuación (6), y operando:

$$0.923R_0 = R_0\,e^{-0.000121t} \implies 0.923 = e^{-0.000121t} \implies e^{-0.000121t} = 0.923$$

$$\implies -0.000121t = \ln 0.923$$

$$\implies t = -\frac{\ln 0.923}{0.000121} \approx 662 \text{ años}$$

Luego, de acuerdo a estos resultados, el sudario fue confeccionado alrededor del año $1988 - 662 = 1326$.

En consecuencia, si se acepto como cierto el método del carbono 14, el manto de Turín no es el manto con el que Jesús fue sepultado.

¿SABE UD. LA EDAD DEL UNIVERSO?

De acuerdo a una teoría cosmológica, cuando el universo nació, en el momento de la "gran explosión" ("Big Bang"), existió la misma cantidad de los isótopos de uranio ^{235}U y ^{238}U. A partir de ese entonces   la correlación entre estos elementos está cambiando, decayendo más rápidamente el ^{235}U, ya que la vida media del ^{235}U es más corta que la del ^{238}U.

EJEMPLO 5. Se ha determinado que en la actualidad existen 137.7 átomos de uranio ^{238}U por cada átomo de uranio ^{235}U. Se sabe que la vida media del ^{238}U es 4.51 millardos de años y la del ^{235}U es de 0.71 millardos de años. Calcular la edad del universo tomando en cuenta que al inicio de éste había igual cantidad de estos elementos.

Solución

Sea $N_8(t)$ y $N_5(t)$ el número de átomos de ^{238}U y de ^{235}U que existen t millardos de años después de la gran explosión. De acuerdo a (3), tenemos:

$$N_8(t) = N_0\,e^{-kt} \qquad y \qquad N_5(t) = N_0\,e^{-rt}, \quad (4)$$

donde N_0 es el número de átomos, tanto de ^{238}U cómo de ^{235}U, que hubo inicialmente. Además,

$$k = (\ln 2)/4.51 \qquad y \qquad r = (\ln 2)/0.71$$

Como actualmente hay 137.7 átomos de ^{238}U por cada átomo de ^{235}U, tenemos:

$$137.7 = \frac{N_8(t)}{N_5(t)} = \frac{N_0 e^{-kt}}{N_0 e^{-rt}} = \frac{e^{-kt}}{e^{-rt}} = e^{(r-k)t} \implies$$

$$e^{(r-k)t} = 137.7 \implies (r-k)t = \ln 137.7 \implies t = \frac{\ln 137.7}{r-k} \implies$$

$$t = \frac{\ln 137.7}{\dfrac{\ln 2}{0.71} - \dfrac{\ln 2}{4.51}} \approx 5.987 \text{ millardos de años.}$$

Luego, la edad del universo es, redondeando, 6 mil millones de años.

Cálculos más recientes de dan al universo una edad de 13 mil millones de años.

| EJEMPLO 6. | **Tiempo de duplicación de un capital**

Se invierte cierta cantidad de dinero a una tasa anual de 20 %. ¿En qué tiempo se duplicará este dinero si el interés se compone:

        a. Trimestralmente?   **b.** Continuamente?

Solución

Sea P el dinero invertido y λ el tiempo que se necesita para duplicar a P, o sea el tiempo necesario para obtener un monto de $2P$.

a. La fórmula (2) del monto del interés compuesto con $n = 4$, $r = 0.2$, $t = \lambda$ dice:

$$M(\lambda) = P\left(1 + \frac{0.2}{4}\right)^{4\lambda} = P(1.05)^{4\lambda}$$

Como este monto $M(\lambda)$ debe ser $2P$, tenemos:

$$P(1.05)^{4\lambda} = 2P \Rightarrow (1.05)^{4\lambda} = 2 \Rightarrow 4\lambda \ln(1.05) = \ln 2$$

$$\Rightarrow \lambda = \frac{\ln 2}{4 \ln(1.05)} \approx 3.552 \text{ años} \approx 3 \text{ años, } 6 \text{ meses y } 19 \text{ días}$$

b. La fórmula (3) del monto del interés compuesto con $r = 0.2$ y $t = \lambda$ dice:

$$Pe^{0.2\lambda} = 2P \Rightarrow e^{0.2\lambda} = 2 \Rightarrow 0.2\lambda = \ln 2 \Rightarrow \lambda = \frac{\ln 2}{0.2}$$

$$\Rightarrow \lambda = \frac{\ln 2}{0.2} \approx 3.466 \text{ años} \approx 3 \text{ años, } 5 \text{ meses y } 18 \text{ días.}$$

CURVA DEL APRENDIZAJE

Se llama **curva del aprendizaje** al gráfico de la función:

$$f(t) = A - Be^{-kt},$$

donde A, B y k son constantes positivas.

Esta función se usa para modelar el rendimiento del aprendizaje en distintos campos, como natación.

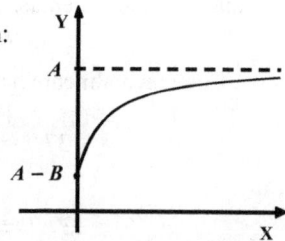

El rendimiento de un individuo depende de su entrenamiento. Al comienzo, el rendimiento crece rápidamente, pero a medida que pasa el tiempo, éste se vuelve

lento. Existe un límite que no se puede pasar, que es la recta horizontal $y = A$.
De esta recta se dice que una asíntota de la curva. El tema de las asíntotas será
estudiado con mayor atención en el siguiente capítulo.

Observar que $f(0) = A - B$.

EJEMPLO 7. Se ha determinado que una secretaria que está aprendiendo a
escribir en "Word". Después de t horas de práctica, puede
escribir

$$f(t) = 90\left(1 - e^{-0.5t}\right) \text{ palabras por minuto.}$$

a. ¿Cuántas palabras por minuto puede escribir después de 40
horas de práctica?
b. ¿Cuál es la velocidad límite a la cual la secretaria puede
aspirar a medida que sus horas de práctica crecen
ilimitadamente?

Solución

a. $f(40) = 90\left(1 - e^{-0.5(40)}\right) = 90\left(1 - e^{-2}\right) = 77.82$ palabras por minuto.

b. Cuando t crece ilimitadamente, $e^{0.5t}$ crece ilimitadamente y $e^{-0.5t} = \dfrac{1}{e^{0.5t}}$ se

acerca a 0. Por lo tanto, $f(t) = 90\left(1 - e^{-0.5t}\right)$ se acerca a $90\left(1 - 0\right) = 90$

palabras por minuto.

CURVA LOGISTICA

Se llama **curva de crecimiento logístico o curva sigmoidal** (curva en forma
de S) al gráfico de la función:

$$f(t) = \frac{A}{1 + Be^{-kt}} \text{ , donde } A, B \text{ y } k$$

son constantes positivas.

La función tiene un crecimiento gradual al
inicio. Luego viene un crecimiento rápido;
terminando en un crecimiento lento, él cual es
acotado superiormente por la recta horizontal
$y = A$. (asíntota)

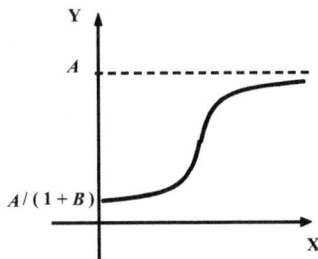

Esta función se usa para modelar el crecimiento de una población cuando hay
restricciones de espacio o alimentos, para modelar la expansión de una epidemia,
para modelar la difusión de un chiste o un chisme dentro de un grupo social.

EJEMPLO 8.   **Población de la Tierra**

El informe del Fondo de Población de las Naciones Unidas correspondiente al año 1990, dice que la población mundial en ese año fue de 5,400 millones de habitantes, que será de 10,000 millones en el año 2050 y que tenderá a estabilizarse en 11,600 millones.

a. Usando los datos anteriores construir un modelo logístico para el crecimiento de la población mundial.

b. Según este modelo ¿Cuál fue la población del mundo en el año 2010?

c. ¿Cuál será la población en el año 2020?

Solución

a. Sea t el número de años contados a partir de 1990 y $P(t)$ la población mundial en el año t. Buscamos una función de la forma:

$$P(t) = \frac{A}{1 + Be^{-kt}},$$

Debemos hallar el valor de las constantes A, B y k.

Como la población tenderá a estabilizarse en 11.600 millones, la recta $y = 11,600$ es una asíntota horizontal. Esto significa que $A = 11,600$.

En el año 1990, $t = 0$ y $P(0) = 5,400$. Luego,

$$5,400 = \frac{11,600}{1 + Be^{-k(0)}} = \frac{11,600}{1 + B} \implies 5,400(1 + B) = 11,600$$

$$\implies B = \frac{11,600}{5,400} - 1 = 1.14815$$

Por lo tanto, $P(t) = \dfrac{11,600}{1 + 1.14815e^{-kt}}$

En el año 2050, $t = 60$ y $P(60) = 10,000$. Luego,

$$10,000 = \frac{11,600}{1 + 1.14815e^{-60k}} \implies 10,000\left(1 + 1.14815e^{-60k}\right) = 11,600$$

$$\implies 1.14815e^{-60k} = \frac{11,600}{10,000} - 1 = 0.16$$

$$\implies e^{-60k} = \frac{0.16}{1.14815}$$

$$\implies -60k = \ln\frac{0.16}{1.14815}$$

$$\implies k = \frac{1}{-60} \ln\frac{0.16}{1.14815} = 0.03285$$

Luego, el modelo buscado es

$$P(t) = \frac{11,600}{1+1.14815e^{-0.03285t}}$$

b. En el año 2010, $t = 20$. Luego, en este año, la población mundial fue

$$P(20) = \frac{11,600}{1+1.14815e^{-0.03285(20)}} = 7,271.789 \text{ millones de habitantes}$$

c. En el año 2020, $t = 30$. Luego, en este año, la población mundial será

$$P(30) = \frac{11,600}{1+1.14815e^{-0.03285(30)}} = 8,120.12 \text{ millones de habitantes}$$

PROBLEMAS RESUELTOS 5.4

| PROBLEMA 1. | Duplicación del ingresa per cápita.

La población de un país está creciendo a una tasa anual de 2 %. Se planifica duplicar el ingreso per cápita en 15 años. Determinar la tasa anual a que debe crecer el producto nacional bruto para cumplir este propósito.

Demostración

Sea P_0 la población actual del país y $P(n)$ su población dentro n años. Tenemos que:

$$P(n) = P_0(1 + 0.02)^n = P_0(1.02)^n$$

Sea I_0 el producto nacional bruto actual y $I(n)$ el producto nacional bruto dentro de n años. Sea $R = 100r$ % la tasa anual que debe crecer. Tenemos que:

$$I(n) = (1 + r)^n$$

El ingreso per cápita es el cociente del ingreso entre la población. Así, el ingreso per cápita actual es $\dfrac{I_0}{P_0}$ y el de dentro de 15 años es $\dfrac{I(15)}{P(15)}$.

Buscamos $R = 100r$ % tal que:

$$\frac{I(15)}{P(15)} = 2\frac{I_0}{P_0} \implies \frac{I_0(1+r)^{15}}{P_0(1.02)^{15}} = 2\frac{I_0}{P_0} \implies \frac{(1 + r)^{15}}{(1.02)^{15}} = 2$$

$$\implies (1 + r)^{15} = 2(1.02)^{15} \implies 1 + r = (1.02)2^{1/15}$$

$$\implies r = (1.02)2^{1/15} - 1 = 0.06824$$

Luego, el producto nacional bruto debe crecer $R = 6.824$ % al año.

PROBLEMA 2. Un fabricante de televisores ha determinado que, transcurridos t años de uso, la fracción de televisores en buenas condiciones está dado por $g(t) = e^{-0.1t}$

    a. ¿Qué porcentaje de los televisores se espera que estén en buen estado transcurridos 5 años de uso?

    b. ¿Qué porcentaje de televisores se espera que se dañen durante el 5° año de uso?

Solución

a. Para $t = 5$ se tiene: $g(5) = e^{-0.1(5)} = e^{-0.5} = 0.6065$

    Luego, se espera que $100(0.6065)\% = 60.65\%$ de los televisores todavía estén trabajando transcurridos 5 años de uso.

b. La fracción de televisores que se dañan durante el 5° año es igual a la fracción de televisores que todavía trabajan después de 5 años menos la fracción de televisores que todavía trabajan después de 6 años. Esto es,

$$g(5) - g(6) = e^{-0.1(5)} - e^{-0.1(6)} = 0.6065 - 0.5488 = 0.0557$$

    Luego, se espera que $100(0.0557)\% = 5.57\%$ de televisores se dañen durante el 5° año.

PROBLEMA 3. Se sabe que dentro de t años la población de cierto país será

$$f(t) = Pe^{0.02t} \text{ millones de habitantes.}$$

¿Cuál es el porcentaje anual de crecimiento de la población?

Solución

La población actual del país es $f(0) = P$ millones de habitantes.

Si $100r\%$ es el porcentaje anual de crecimiento de la población, entonces al final del primer año el incremento poblacional es Pr y la nueva población es de

$$P + Pr = P(1 + r) \qquad (1)$$

Por otro lado, esta nueva población también podemos obtenerla a partir de la función $f(t)$, haciendo $t = 1$. Esto es,

$$f(1) = Pe^{0.02(1)} = Pe^{0.02} \qquad (2)$$

Igualando (1) y (2) obtenemos:

$$P(1 + r) = Pe^{0.02}$$

Simplificando P y despejando r:

$$r = e^{0.02} - 1 = 0.0202$$

Luego, el crecimiento anual de la población es $100r\% = 2.02\%$.

PROBLEMAS PROPUESTOS 5.4

1. (Población). La población de una ciudad, t años después del año 2000, es

$$P(t) = 60,000 \, e^{0.05t} \quad \text{habitantes}$$

  a. Calcular la población de la ciudad en el año 2015.
  b. Hallar el porcentaje anual de crecimiento de la población.

2. (Depreciación). El valor de una maquinaria, t años después de comprada, es

$$V(t) = Ae^{-0.25t}$$

La máquina fue comprada hace 9 años por $. 150,000
  a. ¿Cuál es su valor actual?
  b. ¿Cuál es el porcentaje anual de declinación de su valor?

3. (Población). Se sabe que dentro de t años la población de cierto país será de

$$P(t) = 18e^{0.02t} \quad \text{millones de habitantes.}$$

  a. ¿Cuál es la población actual del país?
  b. ¿Cuál será su población dentro de 15 años?
  c. ¿Cuál es el porcentaje anual de crecimiento de la población?

4. (Crecimiento de bacterias). Un experimento de crecimiento bacteriológico se inició con 4,000 bacterias. 10 minutos más tarde, se tenían 12,000. Si se supone que el crecimiento es exponencial: $f(t) = Ae^{kt}$. ¿Cuántas bacterias se tendrá a los 30 minutos?

5. (Utilidades). Las utilidades de una compañía crecen exponencialmente: $f(t) = Ae^{kt}$. En el año 2000 éstas fueron de 3 millones de dólares y en el 2005 fueron de 4.5 millones. ¿Cuáles son las utilidades en el 2010?

6. (Desintegración radioactiva). La cantidad que queda de una sustancia radioactiva después de t años de desintegración está dada por

$$Q(t) = Ae^{-0.00015t} \quad \text{gramos}$$

Si al final de 5,000 años quedan 3,000 gramos, ¿Cuántos gramos había inicialmente?

7. (Desintegración radioactiva). Una sustancia radioactiva se desintegra exponencialmente: $f(t) = Ae^{-kt}$. Inicialmente había 450 gramos y 60 años después había 400 gramos, ¿Cuántos gramos habrá después de 240 años?

8. (Producto Nacional Bruto). El producto nacional bruto (P.N.B.) de cierto país, t años después del año 2000, es de $f(t)$ millones de dólares, donde

$$f(t) = P(10)^{kt}, \, P \text{ y } k \text{ son constantes}$$

Si en el año 2000 el P.N.B. fue de 8,000 millones de dólares y en el 2005 fue de 16,000 millones de dólares. ¿Cuál será el P.N.B. en el año 2015?

9. **(Presión atmosférica).** Se ha determinado que, a la altura de h pies sobre el nivel del mar, la presión atmosférica es de $P(h)$ libras por pie cuadrado, donde $P(h) = Me^{-0.00003h}$, M es constante

   Si la presión atmosférica al nivel del mar es de 2,116 libras por pie cuadrado, hallar la presión atmosférica fuera de un avión que vuela a 12,000 pies de altura.

10. **(Duración de bombillos).** Un fabricante de bombillos encuentra que la fracción $f(t)$ de bombillos que no se quemen después de t meses de uso está dada por $f(t) = e^{-0.2t}$

    a. ¿Qué porcentaje de los bombillos dura por lo menos un mes?

    b. ¿Qué porcentaje dura al menos 2 meses?

    c. ¿Qué porcentaje se quema durante el segundo mes?

11. **(Venta de libros).** Una editorial, estudiando el mercado, ha descubierto que si se distribuyen x miles de ejemplares gratuitos de un texto, la venta de dicho texto será, aproximadamente,

$$V(x) = 30 - 18e^{-0.3x} \text{ miles de ejemplares}$$

    a. ¿Cuántos textos se venderán si no se han distribuido ejemplares gratuitos?

    b. ¿Cuántos se venderán si se han regalado 800 ejemplares?

12. **(Venta de un texto).** Un nuevo texto de Cálculo saldrá al mercado. Se estima que si se obsequian x miles de ejemplares a los profesores, en el primer año se venderán $f(x) = 12 - 5e^{-0.2x}$ miles de ejemplares. ¿Cuántos textos deben obsequiarse si se quiere una venta en el primer año de 9,000 ejemplares?

13. **(Depreciación).** El valor de reventa de una máquina, después de t años de uso, es $V(t) = 520e^{-0.15t} + 460$ miles de dólares

    a. Bosquejar el gráfico de la función reventa.

    b. ¿Cuál fue el valor de la máquina cuando era nueva?

    c. ¿Cuál será el valor de la máquina cuando cumpla 20 años de uso?

14. **(Desintegración del radio).** El radio se desintegra exponencialmente y su vida media es de 1.690 años. ¿Cuánto tiempo tardarán 200 gramos de este elemento para reducirse a 40 gramos?.

15. **(Nivel de alcohol en la sangre).** Poco tiempo después de consumir una considerable cantidad de ron, el nivel de alcohol en la sangre de cierto conductor es de 0.4 miligramos por mililitro (mg/ml). De aquí en adelante, el nivel de alcohol decrece de acuerdo a la función

$$f(t) = (0.4)(1/2)^t,$$

donde t es el número de horas transcurridas después de haber alcanzado el nivel antes indicado. Si el límite legal para manejar un vehículo es de 0.08 mg/ml. ¿Cuánto tiempo debe esperar la persona para manejar legalmente?

16. **(Cálculo del monto).** Se deposita un capital de 12 millones de dólares en un banco que paga 14 % anual de interés compuesto continuo ¿En cuántos años se tendrá un monto de 21 millones?

17. **(Competencia de ventas).** Dos periódicos compiten en ventas. Uno de ellos tiene una circulación de 500,000 ejemplares y crece 1.5 % mensualmente. El otro tiene una circulación de 900,000 ejemplares y decrece a razón de 0.5 % mensual. ¿Cuánto tiempo tomará para que ambos periódicos tengan igual circulación?

18. **(Edad de un fósil).** Un arqueólogo calculó que la cantidad de ^{14}C en un tronco de árbol fosilizado es la cuarta parte de la cantidad de ^{14}C que contienen los árboles actuales. ¿Qué edad tiene el tronco fosilizado?

19. **(Tiempo de duplicación de capital).** ¿Con qué rapidez se duplica un dinero si se invierte a una tasa anual de 15% que se compone:
     a. Semestralmente?   **b.** Continuamente?

20. **(Tiempo de triplicación de capital).** ¿Con qué rapidez se triplicará un dinero invertido a una tasa anual de 15 % que se compone:
     a. Semestralmente?   **b.** Continuamente?

21. **(Eficiencia).** La eficiencia de un trabajador típico de cierta fábrica esta determinada por la función $E(t) = 120 - 120e^{-0.1t}$, donde $E(t)$ es el número de unidades que produce el trabajador por día después de t meses de experiencia en el trabajo.
     a. Bosquejar el grafico de $E(t)$
     b. ¿Cuántas unidades por día puede producir un principiante (sin experiencia)?
     c. ¿Cuántas unidades por día produce un trabajador que tiene 8 meses de experiencia?
     d. ¿Cuál es la eficiencia límite cuando el tiempo de experiencia crece sin límite?

22. **(Eficiencia).** La producción diaria de un trabajador con t semanas de experiencia en el trabajo es dada por $E(t) = 80 - Ae^{-0.27t}$ unidades.
     Al iniciarse, el trabajador produce 30 unidades por día. ¿Cuántas unidades diarias produce después de cumplir 5 semanas?

23. **(Propagación de una epidemia).** Se ha determinado que después de t semanas que brotó una epidemia $f(t)$ miles de personas se han infectado, donde $f(t) = \dfrac{5}{1+19e^{-0.8t}}$
     a. Bosquejar el gráfico de la función f.
     b. ¿Cuántas personas estaban infectadas cuando brotó la epidemia?
     c. Si la epidemia continúa ilimitadamente ¿Cuántas personas contraerán la enfermedad?

24. (Propagación de un chiste). En un núcleo universitario de 600 estudiantes uno de ellos contó un chiste nuevo a sus amigos, quienes lo contaron a su vez a otros, y así sucesivamente. Después de t horas, el número de estudiantes que han escuchado el chiste es $f(t) = \dfrac{600}{1 + 599e^{-1.6t}}$

¿Cuántas personas han escuchado el chiste

    a. Después de una hora?   **b.** Después de 5 horas?

    c. Después de un ilimitado número de horas?.

25. (Población). Se sabe que dentro de t años la población de cierto país será

$$P(t) = \frac{342}{3 + 15e^{-0.05t}} \text{ millones}$$

a. ¿Cuál es la población actual?

b. ¿Cuál será la población dentro de 20 años?

c. ¿Cuál será la población a la larga?

6

LIMITES

Y

CONTINUIDAD

ADAM SMITH
(1723–1790)

ADAM SMITH

(1723−1790)

ADAM SMITH, *economista y filósofo británico, es considerado el padre de Economía y el primer economista clásico. Nació en Kircarldy, Escocia, el año 1723. Estudió en la Universidad de Glasgow y en la Universidad de Oxford. Fue nombrado profesor de la Universidad de Glasgow en la cátedra de Lógica en 1.751 y en la de Filosofía Moral en 1752. En 1763 viajó a Suiza y Francia, donde permaneció por año y medio. Aquí tuvo contacto con los ideólogos de la Revolución Francesa, como Voltaire (1694−1778), y con los* **fisiócratas,** *como F. Quesnay y R. J. Turgot. La Fisiocracia fue una doctrina económica surgida en Francia en la segunda mitad del siglo XVIII y que se caracterizó por aplicar el método científico a la Economía. Defendía la política del* **laissez-faire** *(dejar hacer). Estas ideas fueron de fundamental importancia en la formación de A. Smith. En 1778, fue nombrado Director de Aduana en Edimburgo, donde permaneció hasta su muerte, en 1790*

La obra más importante de Adam Smith fue **Investigación sobre la Naturaleza y Causa de la Riqueza de las Naciones** *o, simplemente,* **La Riqueza de las Naciones,** *publicada en 1776. Aquí se sostiene que la competencia privada, libre de regulaciones, distribuye mejor la riqueza que los mercados controlados. El empresario privado, buscando su propio interés, organiza la economía de manera más eficaz,* **"como por una mano invisible".** *Las ideas de Adam Smith favorecieron el inicio de la Revolución Industrial. Estas ideas fueron ampliadas por Thomas Malthus (1766−1834), David Ricardo (1772−1823), John Stuat Mill (1806−1873). Ellos cuatro conforman la Escuela Clásica de Economía.*

ACONTECIMIENTOS PARALELOS IMPORTANTES

Durante la vida de Adam Smith sucedieron los siguientes acontecimientos importantes: En Francia, se vive la efervescencia de la Revolución Francesa. El 14 de julio de 1789 se toma La Bastilla. El 4 de julio de 1776, Estados Unido declara su independencia. En Rusia, mueren el zar Pedro el Grande (1725) y su esposa Catalina I (1727). En Venezuela, en 1750 nace en Caracas, el prócer Francisco de Miranda.

SECCION 6.1
LIMITE DE UNA FUNCION

Sobre el concepto de límite descansan los fundamentos del Cálculo. Sin duda que éste es uno de los conceptos más importantes y más delicados de la matemática. Hizo su aparición hace muchos años atrás, en la Grecia antigua. Sin embargo, su formulación rigurosa recién se logró el siglo XIX.

La palabra límite aparece por primera vez en los trabajos del matemático francés **Jean le Rond D'Alembert** (1717–1783), fue él quien dio la idea intuitiva de límite análogo a la que presentamos a continuación. **Augistín Louis Cauchy** (1789–1857), otro matemático francés, en su obra **Cours d'analyse,** publicada en 1821, presentó, en esencia, la idea rigurosa de límite. Esta idea fue perfeccionada, hasta alcanzar su formulación actual, por el matemático alemán **Kart Weierstrass** (1815–1897), en 1850.

¿SABIA UD QUE . . .

JEAN LE ROND D'ALAMBERT. (1717–1783). *Nació en París. Al nacer, su madre lo abandonó en la puerta de la iglesia St. Jean Le Rond. Al niño le dieron el nombre de la iglesia, Jean Le Rond. Años más tarde apareció su padre, un oficial de artillería, quien lo recogió y se encargó de él. Se educó en el Collége de Quatre Nation. Estudió, Teología, Abogacía y Medicina. Ninguna carrera le llamó tanto la atención como la Matemática, la que estudiaba por su cuenta.*

En 1741 fue admitido en la Academia de Ciencias de París. En 1774, se unió a Diderot para editar la famosa **Enciclopedia.** *D'Alambert tuvo a su cargo los temas sobre Matemáticas, Física y Astronomía*

Veamos la idea intuitiva de límite.

Consideremos la siguiente función

$$f(x) = \frac{(x+2)(x-3)}{x-3}, \quad x \neq 3.$$

Esta función esta definida para todo real x, excepto para $x = 3$. Además, para $x \neq 3$, podemos simplificar (dividir entre $x - 3$), para obtener:

$$f(x) = x + 2, \quad x \neq 3$$

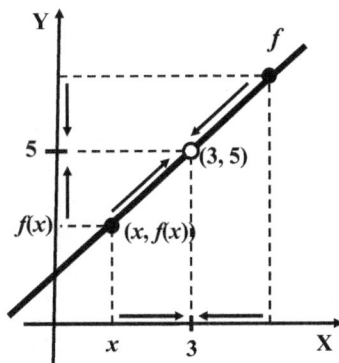

Aunque la función f no está definida en 3 nos interesamos por los valores que toma $f(x)$ cuando x se aproxima a 3, sin llegar a ser 3. En primer lugar acerquémonos a 3 por la izquierda tomando, por ejemplo, los siguientes valores para x: 2.5, 2.8, 2.9, 2.99, 2.999. Los valores correspondientes para $f(x)$ los tenemos en la siguiente tabla.

$x < 3$	2.5	2.8	2.9	2.99	2.999
$f(x) = x + 2$	4.5	4.8	4.9	4.99	4.999

Ahora acerquémonos a 3 por la derecha, tomando los siguientes valores para x: 3.5, 3.2, 3.1, 3.0, 3.001.

$x > 3$	3.5	3.2	3.1	3.01	3.001
$f(x) = x + 2$	5.5	5.2	5.1	5.01	5.001

Mirando las dos tablas o mirando el gráfico de la función observamos que cuando x se aproxima a 3 por la izquierda y por la derecha, pero sin llegar a ser 3, el valor $f(x)$ de la función se aproxima a 5. Este resultado se expresa diciendo que:

"El límite de $f(x)$ cuando x tiende a 3 es 5", lo cual se abrevia así:

$$\lim_{x \to 3} f(x) = 5$$

y recordando quien es $f(x)$, tenemos: $\displaystyle \lim_{x \to 3} \frac{(x+2)(x-3)}{x-3} = 5$

Durante toda la discusión anterior hemos puesto énfasis en que al aproximarse x a 3 no dejamos que x tome el valor de 3, por tanto el valor del límite de $f(x)$ cuando x tiende a 3 depende únicamente de los valores que toma $f(x)$ en los puntos x que están cercanos a 3 . Ilustremos esta situación con un ejemplo. Consideremos otra función

$$g(x) = x + 2,$$

la cual está definida en todo x, incluyendo $x = 3$.

Las dos funciones

1. $f(x) = \dfrac{(x+2)(x-3)}{x-3} = x + 2, \quad x \neq 3$ **2.** $g(x) = x + 2$

son iguales en todo x, excepto en $x = 3$, ya que f no está definida en este punto.

Las dos tablas que hemos construido para $f(x)$ también sirven para $g(x)$, ya que en ellas no hemos considerado el valor $x = 3$, por tanto, también concluimos que

$$\lim_{x \to 3} g(x) \;=\; \lim_{x \to 3} (x + 2) = 5$$

Luego ambas funciones tienen el mismo límite cuando x tiende a 3. Es decir, el límite es independiente del valor que la función tome o no tome en $x = 3$.

Guiados para esta discusión presentamos, sin pretensiones de rigor, la definición de límite. Para el lector curioso al final de la sección daremos la definición rigurosa.

| DEFINICION. | **No rigurosa de Límite.**

Sea f una función que está definida en un intervalo abierto que contiene al punto a excepto, posiblemente en el mismo punto a. Diremos que **el límite de $f(x)$ cuando x tiende** a a es el número L, y escribiremos:

$$\underset{x \to a}{\text{Lim }} f(x) = L,$$

si podemos poner las imágenes $f(x)$ tan cerca de L como queramos, eligiendo valores de x lo suficientemente cerca de a, sin llegar a ser a

| TEOREMA 6. 1 | **Límite de una función constante.**

Sea a cualquier número real y sea la función constante

$$f(x) = k, \quad \forall x \in \mathbb{R}$$

El límite de $f(x)$ cuando x tiende a a es igual a k. Es decir

$$\underset{x \to a}{\text{Lim }} f(x) = \underset{x \to a}{\text{Lim }} k = k$$

Demostración

Como $f(x) = k$, $\forall x \in \mathbb{R}$, en particular, para los x próximos a a también tendremos que $f(x) = k$. Luego,

$$\underset{x \to a}{\text{Lim }} f\left(x\right) = \underset{x \to a}{\text{Lim }} k = k$$

| TEOREMA 6.2 | **Límite de la función identidad.**

Sea a cualquier número real y sea la función identidad:

$$f(x) = x, \forall x \in \mathbb{R},$$

El límite de $f(x)$ cuando x tiende a a es igual a a. Es decir

$$\underset{x \to a}{\text{Lim }} f\left(x\right) = \underset{x \to a}{\text{Lim }} x = a$$

Demostración

Si x se aproxima a a, obviamente $f(x) = x$ también se aproxima a a. Luego,

$$\underset{x \to a}{\text{Lim }} f(x) = \underset{x \to a}{\text{Lim }} x = a$$

LEYES DE LOS LIMITES

Un resultado fundamental en la teoría de los límites nos dice que el límite respeta las operaciones elementales del álgebra. Es decir, el límite de una suma, diferencia, producto, cociente, etc. de funciones es igual a la suma, diferencia, producto, cociente de los límites. Este resultado, por ser de gran importancia, lo enunciamos en forma precisa en el siguiente teorema, cuya demostración la omitimos, por no estar a nuestro alcance.

$\boxed{\text{TEOREMA } 6.3}$ Si $\displaystyle\lim_{x \to a} f(x) = L$ y $\displaystyle\lim_{x \to a} g(x) = G$, entonces

1. $\displaystyle\lim_{x \to a} [\, f(x) \pm g(x)\,] = \lim_{x \to a} f(x) \pm \lim_{x \to a} g(x) = L \pm G$

2. $\displaystyle\lim_{x \to a} [\, f(x)\, g(x)\,] = \lim_{x \to a} f(x) \cdot \lim_{x \to a} g(x) = LG$

3. $\displaystyle\lim_{x \to a} \frac{f(x)}{g(x)} = \frac{\displaystyle\lim_{x \to a} f(x)}{\displaystyle\lim_{x \to a} g(x)} = \frac{L}{G}, \quad G \neq 0$

4. $\displaystyle\lim_{x \to a} [\, f(x)\,]^n = \left[\lim_{x \to a} f(x) \right]^n = L^n, \quad n$ es natural.

5. $\displaystyle\lim_{x \to a} \sqrt[n]{f(x)} = \sqrt[n]{\lim_{x \to a} f(x)} = \sqrt[n]{L}$, donde $f(x) > 0$ y $L > 0$ si n es par.

Los ejemplos siguientes nos ilustran la fuerza de este teorema.

$\boxed{\text{EJEMPLO 1.}}$ Sea n un natural y b una constante real. Probar que

1. $\displaystyle\lim_{x \to a} x^n = a^n$ 2. $\displaystyle\lim_{x \to a} \left(bx^n \right) = ba^n$

Solución

1. Por la parte 4 del teorema anterior y por el teorema 6.2 tenemos:

$$\lim_{x \to a} x^n = \left[\lim_{x \to a} x \right]^n = a^n$$

2. Por la parte 2 del teorema anterior, por el teorema 6.1 y por la parte 1 de este ejemplo, tenemos:

$$\lim_{x \to a} \left[bx^n \right] = \left[\lim_{x \to a} b \right]\left[\lim_{x \to a} x^n \right] = [b][\, a^n\,] = ba^n$$

EJEMPLO 2. Calcular $\displaystyle\lim_{x \to 2} \sqrt{5x^3}$

Solución

Aplicando la parte 4 del teorema 6.3 y la parte 2 del ejemplo anterior, tenemos:

$$\lim_{x \to 2} \sqrt{5x^3} = \sqrt{\lim_{x \to 2} 5x^3} = \sqrt{5(2)^3} = \sqrt{40} = \sqrt{4 \times 10} = 2\sqrt{10}$$

El siguiente teorema nos da la manera de calcular el límite de un polinomio.

TEOREMA 6.4   **Límite de un polinomio.**

Si $p(x)$ es un polinomio, entonces

$$\lim_{x \to a} p(x) = p(a)$$

Es decir, si $p(x) = b_n x^n + \ldots + b_1 x + b_0$, entonces

$$\lim_{x \to a} \left(b_n x^n + \ldots + b_1 x + b_0 \right) = b_n a^n + \ldots + b_1 a + b_0$$

Demostración

Aplicando la parte 1 del teorema anterior y la parte 2 del ejemplo 1, tenemos

$$\lim_{x \to a} \left(b_n x^n + \ldots + b_1 x + b_0 \right) = \lim_{x \to a} b_n x^n + \ldots + \lim_{x \to a} b_1 x + \lim_{x \to a} b_0$$

$$= b_n a^n + \ldots + b_1 a + b_0$$

EJEMPLO 3.   Calcular $\displaystyle\lim_{x \to 2} (4x^3 - 7x^2 + 5x - 1)$

Solución

Aplicando el teorema anterior tenemos:

$$\lim_{x \to 2} (4x^3 - 7x^2 + 5x - 1) = 4(2)^3 - 7(2)^2 + 5(2) - 1 = 32 - 28 + 10 - 1 = 13$$

EJEMPLO 4. Calcular $\displaystyle\lim_{x \to -1} \frac{8x^2 - 4x + 2}{x^3 + 5}$

Solución

Aplicando la parte 3 del teorema 6.3 y el teorema 6.4, tenemos:

$$\text{Lim}_{x \to -1} \frac{8x^2 - 4x + 2}{x^3 + 5} = \frac{\text{Lim}_{x \to -1} (8x^2 - 4x + 2)}{\text{Lim}_{x \to -1} (x^3 + 5)} = \frac{8(-1)^2 - 4(-1) + 2}{(-1)^3 + 5} = \frac{14}{4} = \frac{7}{2}$$

Este ejemplo puede ser generalizado para encontrar el límite de una función racional.

EJEMPLO 5. Sea $f(x) = \dfrac{p(x)}{q(x)}$ una función racional. Si $q(a) \neq 0$, probar que

$$\text{Lim}_{x \to a} \frac{p(x)}{q(x)} = \frac{p(a)}{q(a)} = f(a)$$

Solución

Aplicando la parte 3 del teorema 6.2 y el teorema 6.4, tenemos:

$$\text{Lim}_{x \to a} f(x) = \text{Lim}_{x \to a} \frac{p(x)}{q(x)} = \frac{\text{Lim}_{x \to a} p(x)}{\text{Lim}_{x \to a} q(x)} = \frac{p(a)}{q(a)} = f(a)$$

FORMA INDETERMINADA $\dfrac{0}{0}$

Supongamos $\text{Lím}_{x \to a} f(x) = 0$ y $\text{Lím}_{x \to a} g(x) = 0$, y buscamos $\text{Lím}_{x \to a} \dfrac{f(x)}{g(x)}$

Aquí, la ley del cociente (parte 3 del teorema 6.3) no es aplicable. La sustitución directa nos lleva a la expresión 0/0, la cual no nos da la información sobre la existencia o no del límite y de la manera de encontrarlo. Por tal razón se dice que este límite es un límite indeterminado de la forma 0/0 o que el límite es de la forma indeterminada 0/0. La indeterminación se salva recurriendo a métodos geométricos o algebraicos como simplificación, racionalización.

EJEMPLO 6. Hallar $\text{Lim}_{x \to 4} \dfrac{x^2 - 16}{x - 4}$

Solución

Observemos que el límite del denominador y también del numerador es 0. Es decir, es un caso $\dfrac{0}{0}$. Siendo así, la parte 3 del teorema 6.1 no nos ayuda en nada. Debemos buscar otra manera de proceder. Para esto observemos que al numerador lo podemos factorizar, lo que nos permitirá simplificar el cociente. En efecto:

$$\frac{x^2-16}{x-4} = \frac{(x+4)(x-4)}{x-4} = x+4, \text{ para } x \neq 4$$

Luego,

$$\underset{x\to 4}{\text{Lim}} \frac{x^2-16}{x-4} = \underset{x\to 4}{\text{Lim}} (x+4) = 4+4 = 8$$

| **EJEMPLO 7.** | Hallar $\underset{x\to 0}{\text{Lim}} \dfrac{\sqrt{x+1}-1}{x}$

Solución

Aquí también tenemos un caso 0/0. Cuando se presenta esta situación con funciones en las que aparecen radicales, se busca transformar la función utilizando la conjugada. En el caso presente, multiplicamos numerador y denominador por $\sqrt{x+1}+1$, que es la conjugada de $\sqrt{x+1}-1$:

$$\frac{\sqrt{x+1}-1}{x} = \frac{\sqrt{x+1}-1}{x} \cdot \frac{\sqrt{x+1}+1}{\sqrt{x+1}+1} = \frac{\left(\sqrt{x+1}-1\right)\left(\sqrt{x+1}+1\right)}{x\left(\sqrt{x+1}+1\right)}$$

$$= \frac{(x+1)-1^2}{x\left(\sqrt{x+1}+1\right)} = \frac{x}{x\left(\sqrt{x+1}+1\right)} = \frac{1}{\sqrt{x+1}+1}$$

Luego,

$$\underset{x\to 0}{\text{Lim}} \frac{\sqrt{x+1}-1}{x} = \underset{x\to 0}{\text{Lim}} \frac{1}{\sqrt{x+1}+1} = \frac{1}{\sqrt{0+1}+1} = \frac{1}{2}$$

Finalmente, terminamos esta sección cumpliendo con nuestra promesa de presentar la definición rigurosa de límite.

| **DEFINICION.** | **Rigurosa de límite.**

Sea f una función definida en un intervalo abierto que contiene a a, excepto posiblemente en el mismo punto a. Diremos que el límite de $f(x)$ **cuando x tiende a a** es el numero L, si para **cualquier $\varepsilon > 0$, existe un $\delta > 0$** tal que

Si $0 < |x-a| < \delta$, entonces $|f(x)-L| < \varepsilon$

Los símbolos ε y δ corresponden a las letras **épsilon** y **delta** del alfabeto griego.

PROBLEMAS RESUELTOS 6.1

PROBLEMA 1. Hallar $\displaystyle\lim_{x \to 5} \frac{x^2 - 2x - 15}{x - 5}$

Solución

Este es un caso $\dfrac{0}{0}$. Salvamos la dificultad factorizando. Para $x \neq 5$ tenemos:

$$\lim_{x \to 5} \frac{x^2 - 2x - 15}{x - 5} = \lim_{x \to 5} \frac{(x - 5)(x + 3)}{x - 5} = \lim_{x \to 5} (x + 3) = 5 + 3 = 8$$

PROBLEMA 2. Hallar $\displaystyle\lim_{x \to -2} \frac{x^3 + 8}{x + 2}$

Solución

Este es un caso $\dfrac{0}{0}$. Pero, para $x \neq -2$ tenemos:

$$\lim_{x \to -2} \frac{x^3 + 8}{x + 2} = \lim_{x \to -2} \frac{x^3 + 2^3}{x + 2} = \lim_{x \to -2} \frac{(x + 2)(x^2 - 2x + 4)}{x + 2}$$

$$= \lim_{x \to -2} (x^2 - 2x + 4) = (-2)^2 - 2(-2) + 4 = 12$$

PROBLEMA 3. Hallar $\displaystyle\lim_{x \to 0} \frac{\sqrt{x + 1} - 1}{\sqrt{x + 4} - 2}$

Solución

Este es un caso $\dfrac{0}{0}$. Como tenemos radicales tanto en el numerador como en el denominador, multiplicamos y dividimos por las conjugadas del numerador y del denominador:

$$\lim_{x \to 0} \frac{\sqrt{x + 1} - 1}{\sqrt{x + 4} - 2} = \lim_{x \to 0} \frac{\left(\sqrt{x + 1} - 1\right)\left(\sqrt{x + 1} + 1\right)\left(\sqrt{x + 4} + 2\right)}{\left(\sqrt{x + 4} - 2\right)\left(\sqrt{x + 4} + 2\right)\left(\sqrt{x + 1} + 1\right)}$$

$$= \lim_{x \to 0} \frac{(x + 1 - 1)\left(\sqrt{x + 4} + 2\right)}{(x + 4 - 4)\left(\sqrt{x + 1} + 1\right)} = \lim_{x \to 0} \frac{x\left(\sqrt{x + 4} + 2\right)}{x\left(\sqrt{x + 1} + 1\right)}$$

$$= \lim_{x \to 0} \frac{\sqrt{x + 4} + 2}{\sqrt{x + 1} + 1} = \frac{\sqrt{0 + 4} + 2}{\sqrt{0 + 1} + 1} = \frac{2 + 2}{1 + 1} = \frac{4}{2} = 2$$

PROBLEMA 4. Hallar $\displaystyle\lim_{x \to 4} \frac{\sqrt{x}-2}{x^3-64}$

Solución

Este es un caso $0/0$. Multiplicamos y dividimos por la conjugada del numerador y factorizamos el denominador:

$$\lim_{x \to 4} \frac{\sqrt{x}-2}{x^3-64} = \lim_{x \to 4} \frac{\left(\sqrt{x}-2\right)\left(\sqrt{x}+2\right)}{\left(\sqrt{x}+2\right)(x-4)\left(x^2+4x+16\right)}$$

$$= \lim_{x \to 4} \frac{x-4}{\left(\sqrt{x}+2\right)(x-4)\left(x^2+4x+16\right)}$$

$$= \lim_{x \to 4} \frac{1}{\left(\sqrt{x}+2\right)\left(x^2+4x+16\right)}$$

$$= \frac{1}{\left(\sqrt{4}+2\right)\left(4^2+4(4)+16\right)} = \frac{1}{192}$$

PROBLEMA 5. Si $f(x) = x^3$, probar que

$$\lim_{h \to 0} \frac{f(x+h)-f(x)}{h} = 3x^2 \quad \text{ó sea} \quad \lim_{h \to 0} \frac{(x+h)^3-x^3}{h} = 3x^2$$

Solución

Para $h \neq 0$

$$\lim_{h \to 0} \frac{(x+h)^3-x^3}{h} = \lim_{h \to 0} \frac{x^3+3x^2h+3xh^2+h^3-x^3}{h}$$

$$= \lim_{h \to 0} \frac{3x^2h+3xh^2+h^3}{h} = \lim_{h \to 0} \frac{h(3x^2+3xh+h^2)}{h}$$

$$= \lim_{h \to 0} (3x^2+3xh+h^2) = 3x^2+3x(0)+(0)^2 = 3x^2$$

Generalicemos el problema anterior tomando, en lugar del exponente 3, un número natural cualquiera.

PROBLEMA 6. Si n es un número natural, probar que

$$\lim_{h \to 0} \frac{(x+h)^n-x^n}{h} = nx^{n-1}$$

Solución

Sabemos por el binomio de Newton que

$$(x+h)^n = x^n + \frac{n}{1!}x^{n-1}h + \frac{n(n-1)}{2!}x^{n-2}h^2 + \ldots + nxh^{n-1} + h^n$$

Luego para $h \neq 0$

$$\underset{h \to 0}{\text{Lim}} \frac{(x+h)^n - x^n}{h} = \underset{h \to 0}{\text{Lim}} \frac{x^n + nx^{n-1}h + \dfrac{n(n-1)}{2!}x^{n-2}h^2 + \ldots + nxh^{n-1} + h^n - x^n}{h}$$

$$= \underset{h \to 0}{\text{Lim}} \frac{nx^{n-1}h + \dfrac{n(n-2)}{2!}x^{n-2}h^2 + \ldots + nxh^{n-1} + h^n}{h}$$

$$= \underset{h \to 0}{\text{Lim}} \frac{h\left(nx^{n-1} + \dfrac{n(n-1)}{2!}x^{n-2}h + \ldots + nxh^{n-2} + h^{n-1} \right)}{h}$$

$$= \underset{h \to 0}{\text{Lim}} \left(nx^{n-1} + \frac{n(n-1)}{2!}x^{n-2}h + \ldots + nxh^{n-2} + h^{n-1} \right)$$

$$= nx^{n-1} + 0 + \ldots + 0 = nx^{n-1}$$

PROBLEMAS PROPUESTOS 6.1

Hallar los siguientes límites:

1. $\underset{x \to 2}{\text{Lim}} \dfrac{x^2 + 6}{x^2 - 3}$

2. $\underset{y \to 0}{\text{Lim}} \left(\dfrac{y^2 - 2y + 2}{y - 4} + 1 \right)$

3. $\underset{x \to \sqrt{2}}{\text{Lim}} \dfrac{x^2 - 2}{x^4 + x + 1}$

4. $\underset{x \to 1}{\text{Lim}} \sqrt{\dfrac{2x^2 + 2}{8x^2 + 1}}$

5. $\underset{x \to 3}{\text{Lim}} \dfrac{x^2 - 9}{x - 3}$

6. $\underset{y \to -5}{\text{Lim}} \dfrac{y^2 - 25}{y + 5}$

7. $\underset{h \to 2}{\text{Lim}} \dfrac{h - 2}{h^2 - 4}$

8. $\underset{x \to 2}{\text{Lim}} \dfrac{x^3 - 8}{x - 2}$

9. $\underset{y \to -3}{\text{Lim}} \dfrac{y^3 + 27}{y + 3}$

10. $\underset{x \to 4}{\text{Lim}} \dfrac{x^2 + 4x - 32}{x - 4}$

11. $\underset{x \to -1}{\text{Lim}} \dfrac{\dfrac{1}{2}x^2 - \dfrac{5}{2}x - 3}{x + 1}$

12. $\underset{x \to -2}{\text{Lim}} \dfrac{\dfrac{1}{x+1} + 1}{x + 2}$

13. $\underset{x \to 0}{\text{Lim}} \dfrac{x}{\sqrt{x+2} - \sqrt{2}}$

14. $\underset{y \to 0}{\text{Lim}} \dfrac{\sqrt{y+3} - \sqrt{3}}{y}$

15. $\underset{x \to 1}{\text{Lim}} \dfrac{\sqrt{x+3} - 2}{x - 1}$

16. $\underset{y \to 5}{\text{Lim}} \dfrac{\sqrt{y-1} - 2}{y - 5}$

17. $\underset{h \to 0}{\text{Lim}} \dfrac{\sqrt{1 + h^2} - 1}{h}$

18. $\underset{x \to 7}{\text{Lim}} \dfrac{2 - \sqrt{x-3}}{x^2 - 49}$

19. $\underset{x \to 4}{\text{Lim}} \dfrac{\sqrt{x} - 2}{x^2 - 16}$

20. $\underset{x \to 1}{\text{Lim}} \dfrac{\sqrt{x} - 1}{x^3 - 1}$

21. $\underset{x \to 9}{\text{Lim}} \dfrac{x^3 - 729}{\sqrt{x} - 3}$

22. $\displaystyle\lim_{x\to 1}\frac{\sqrt{x+3}-2}{\sqrt{2-x}-1}$ **23.** $\displaystyle\lim_{x\to -1}\frac{3x^2+x-2}{x^3+3x^2+5x+3}$ **24.** $\displaystyle\lim_{x\to -1}\frac{-3x^3+5x+2}{x^2-1}$

25. $\displaystyle\lim_{x\to 1}\frac{x^3+x^2-5x+3}{x^3-3x+2}$ **26.** $\displaystyle\lim_{x\to -8}\frac{x+8}{\sqrt[3]{x}+2}$ **27.** $\displaystyle\lim_{x\to 0}\frac{\sqrt[3]{x+1}-1}{x}$

28. $\displaystyle\lim_{x\to 4}\frac{\dfrac{1}{\sqrt{x}}-\dfrac{1}{2}}{x-4}$ **29.** $\displaystyle\lim_{y\to 1}\sqrt{\frac{y^2-1}{y^3-y}}$ **30.** $\displaystyle\lim_{x\to 0}\frac{(x+3)^{1/2}-3^{1/2}}{x}$

31. Si $f(x)=mx+b$, probar que $\displaystyle\lim_{h\to 0}\frac{f(x+h)-f(x)}{h}=m$

32. Si $g(x)=ax^2+bx+c$, probar que $\displaystyle\lim_{h\to 0}\frac{g(x+h)-g(x)}{h}=2ax+b$

33. Si $f(x)=\dfrac{1}{x}$, $x\neq 0$, probar que $\displaystyle\lim_{h\to 0}\frac{f(x+h)-f(x)}{h}=-\dfrac{1}{x^2}$

34. Si $f(x)=\sqrt{x}$, $x>0$, probar que $\displaystyle\lim_{h\to 0}\frac{f(x+h)-f(x)}{h}=\dfrac{1}{2\sqrt{x}}$

SECCION 6.2
LIMITES UNILATERALES

En la sección anterior, para hallar el límite de una función en un punto a, nos aproximamos a **a** por ambos lados, por la izquierda y por la derecha. Ahora vamos a aproximarnos a **a** sólo por un lado, ya sea sólo por la izquierda o ya sea sólo por la derecha. Obtenemos, de este modo, dos tipos de límites: **Límite por la izquierda** y **límite por la derecha**. A estos dos límites los llamaremos **límites unilaterales**.

DEFINICION. Sea f una función que está definida en un intervalo abierto de la forma (b, a). Diremos que el límite de $f(x)$ cuando x tiende a **a** **por la izquierda** es el número L si $f(x)$ se aproxima a L cuando x se aproxima a a, siendo $x < a$. En este caso escribiremos

$$\lim_{x\to a^-} f(x) = L$$

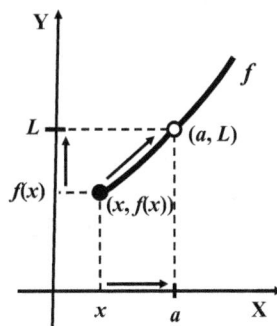

DEFINICION. Sea f una función que está definida en un intervalo abierto de la forma (a, c). Diremos que el límite de $f(x)$ cuando x tiende a a **por la derecha** es el número L si $f(x)$ se aproxima a L cuando x se aproxima a a, siendo $x > a$. En este caso escribiremos

$$\text{Lim}_{x \to a^+} f(x) = L$$

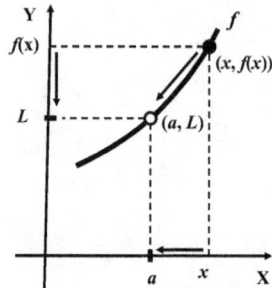

Observar que en ambos límites unilaterales no estamos asumiendo que la función f ésta definida en el punto a. La función puede o no estar definida en a, sin que esto afecte al límite.

Los teoremas 6.1 y 6.2 también se cumplen para los límites unilaterales.

EJEMPLO 1. Sea la función $f(x) = \begin{cases} -1, & \text{si } x < 0 \\ 0, & \text{si } x = 0 \\ 1, & \text{si } x > 0 \end{cases}$

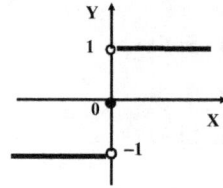

Hallar:

a. $\text{Lim}_{x \to 0^-} f(x)$ **b.** $\text{Lim}_{x \to 0^+} f(x)$

Solución

a. Para hallar el límite por la izquierda, $\text{Lim}_{x \to 0^-} f(x)$, debemos aproximar x a 0 por la izquierda, es decir con $x < 0$. Pero para $x < 0$, tenemos que $f(x) = -1$. Luego

$$\text{Lim}_{x \to 0^-} f(x) = \text{Lim}_{x \to 0^-} (-1) = -1$$

b. Para hallar el límite por la derecha, $\text{Lim}_{x \to 0^+} f(x)$, debemos aproximar x a 0 por la derecha, es decir $x > 0$. Pero para $x > 0$, tenemos que $f(x) = 1$. Luego

$$\text{Lim}_{x \to 0^+} f(x) = \text{Lim}_{x \to 0^+} (1) = 1$$

Es evidente que si el límite de una función es el número L, entonces, ambos límites unilaterales también serán iguales a L. Recíprocamente, si ambos límites son iguales a un mismo número L, entonces el límite de la función también es L. Este resultado es muy importante y lo asumimos en la siguiente proposición.

TEOREMA 6.5 $\underset{x \to a}{\text{Lim}} f(x)$ existe y es L si y sólo si existen $\underset{x \to a^-}{\text{Lim}} f(x)$ y

$\underset{x \to a^+}{\text{Lim}} f(x)$ y ambos son iguales a L.

EJEMPLO 2. Sea la función $f(x) = \begin{cases} -1, & \text{si } x < 0 \\ 0, & \text{si } x = 0 \\ 1, & \text{si } x > 0 \end{cases}$

Probar que esta función no tiene límite en 0. Es decir, no existe $\underset{x \to 0}{\text{Lim}} f(x)$

Solución

En el ejemplo anterior encontramos que $\underset{x \to 0^-}{\text{Lim}} f(x) = -1$ y $\underset{x \to 0^+}{\text{Lim}} f(x) = 1$.
Como estos límites unilaterales son distintos, concluimos, aplicando la proposición anterior, que no existe $\underset{x \to 0}{\text{Lim}} f(x)$.

EJEMPLO 3. Sea la función $g(x) = \begin{cases} x^2 - 2x + 2, & \text{si } x < 3 \\ 4, & \text{si } x = 3 \\ -x + 8, & \text{si } x > 3 \end{cases}$

Determinar si existe o no $\underset{x \to 3}{\text{Lim}} g(x)$.

Solución

Hallemos los límites unilaterales:

1. $\underset{x \to 3^-}{\text{Lim}} g(x) = \underset{x \to 3^-}{\text{Lim}} (x^2 - 2x + 2)$

$= 3^2 - 2(3) + 2 = 5$

2. $\underset{x \to 3^+}{\text{Lim}} g(x) = \underset{x \to 3^+}{\text{Lim}} (-x + 8)$

$= -(3) + 8 = 5$

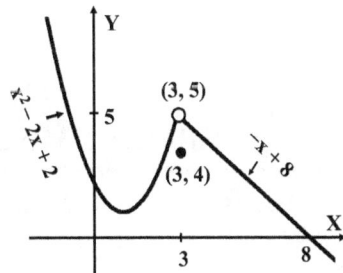

Como los límites unilaterales son ambos iguales a 5, concluimos que existe $\underset{x \to 3}{\text{Lim}} g(x)$ y que $\underset{x \to 3}{\text{Lim}} g(x) = 5$.

EJEMPLO 4. Sea la función $f(x) = \begin{cases} -4, & \text{si } x < -2 \\ \dfrac{x^3}{2}, & \text{si } -2 \le x < 2 \\ x-1, & \text{si } x \ge 2 \end{cases}$

Determinar si existe:

a. $\underset{x \to -2}{\text{Lim}} f(x)$ **b.** $\underset{x \to 2}{\text{Lim}} f(x)$

Solución

a. Calculemos los límites unilaterales en –2:

$$\underset{x \to -2^-}{\text{Lim}} f(x) = \underset{x \to -2^-}{\text{Lim}} (-4) = -4$$

$$\underset{x \to -2^+}{\text{Lim}} f(x) = \underset{x \to -2^+}{\text{Lim}} \frac{x^3}{2} = \frac{(-2)^3}{2} = -4$$

En vista de que ambos límites unilaterales son iguales a – 4, concluimos que existe $\underset{x \to -2}{\text{Lim}} f(x)$ y que es igual a – 4.

b. Calculemos los límites unilaterales en 2:

$$\underset{x \to 2^-}{\text{Lim}} f(x) = \underset{x \to 2^-}{\text{Lim}} \frac{x^3}{2} = \frac{2^3}{2} = 4 \qquad \underset{x \to 2^+}{\text{Lim}} f(x) = \underset{x \to 2^+}{\text{Lim}} (x-1) = 2-1 = 1$$

Como los límites son distintos, concluimos que no existe $\underset{x \to 2}{\text{Lim}} f(x)$.

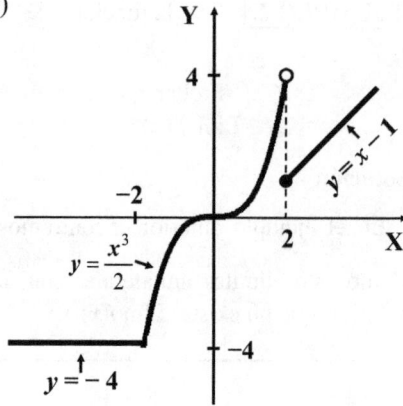

PROBLEMAS PROPUESTOS 6.2

En los problemas del 1 al 4, trazar el gráfico de la función y hallar los límites indicado.

1. $f(x) = \begin{cases} -2, & \text{si } x < 1 \\ -1, & \text{si } x = 1 \\ 3, & \text{si } x > 1 \end{cases}$ **a.** $\underset{x \to 1^-}{\text{Lim}} f(x)$ **b.** $\underset{x \to 1^+}{\text{Lim}} f(x)$ **c.** $\underset{x \to 1}{\text{Lim}} f(x)$

2. $g(x) = \begin{cases} x+2, & \text{si } x < 0 \\ x-2, & \text{si } x > 0 \end{cases}$ **a.** $\underset{x \to 0^-}{\text{Lim}} g(x)$ **b.** $\underset{x \to 0^+}{\text{Lim}} g(x)$ **c.** $\underset{x \to 0}{\text{Lim}} g(x)$

3. $h(x) = \begin{cases} 2x+1, & \text{si } x \le 2 \\ x^2+1, & \text{si } x > 2 \end{cases}$ **a.** $\underset{x \to 2^-}{\text{Lim }} h(x)$ **b.** $\underset{x \to 2^+}{\text{Lim }} h(x)$ **c.** $\underset{x \to 2}{\text{Lim }} h(x)$

4. $f(x) = \begin{cases} x^3, & \text{si } x \le 2 \\ x^2+4, & \text{si } x > 2 \end{cases}$ **a.** $\underset{x \to 2^-}{\text{Lim }} f(x)$ **b.** $\underset{x \to 2^+}{\text{Lim }} f(x)$ **c.** $\underset{x \to 2}{\text{Lim }} f(x)$

5. Sea $f(x) = \begin{cases} 2x+1, & \text{si } x < 3 \\ -x+k, & \text{si } x \ge 3 \end{cases}$. Hallar el valor de k para que exista $\underset{x \to 3}{\text{Lim }} f(x)$

6. Sea $f(x) = \begin{cases} x^2+k, & \text{si } x \ge -2 \\ kx-5, & \text{si } x \ge -2 \end{cases}$. Hallar el valor de k para que exista $\underset{x \to -2}{\text{Lim }} f(x)$

7. Sea $f(x) = \begin{cases} x^2, & \text{si } x < 1 \\ ax+b, & \text{si } 1 \le x \le 4 \\ x-9, & \text{si } x > 4 \end{cases}$. Hallar los valores de a y de b sabiendo que

     existen $\underset{x \to 1}{\text{Lim }} f(x)$ y $\underset{x \to 4}{\text{Lim }} f(x)$.

8. Sea $g(x) = \dfrac{|x|}{x}$. Hallar   **a.** $\underset{x \to 0^-}{\text{Lim }} g(x)$ **b.** $\underset{x \to 0^+}{\text{Lim }} g(x)$ **c.** $\underset{x \to 0}{\text{Lim }} g(x)$

9. *Sea* $f(x) = [x]$. Si n es un entero, hallar

    a. $\underset{x \to n^-}{\text{Lim }} f(x)$ **b.** $\underset{x \to n^+}{\text{Lim }} f(x)$ **c.** $\underset{x \to n}{\text{Lim }} f(x)$

SECCION 6.3
CONTINUIDAD

Esta sección se la dedicamos a estudiar el concepto de función continua. Geométricamente este concepto es fácil de explicar. Una función es continua si su grafico puede ser trazado sin levantar el lápiz del papel. Comenzamos definiendo continuidad en un punto.

DEFINICION. Una función f es **continua en el punto** a si se cumplen las tres condiciones siguientes:

    1. f está definida en a.   **2.** Existe $\underset{x \to a}{\text{Lim }} f(x)$

    3. $\underset{x \to a}{\text{Lim }} f(x) = f(a)$

Una función f es **discontinua en el punto** a si alguna de estas tres condiciones anteriores no se cumple. Esto es, si

1. f **no está definida en a**   2. **No existe límite en** a 3. $\mathbf{Lim}_{x \to a} f(x) \neq f(a)$

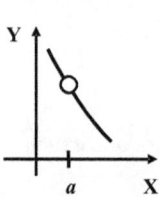

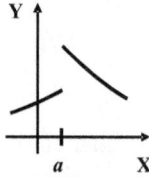

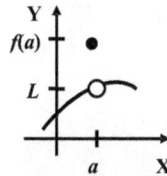

Si existe $\underset{x \to a}{\text{Lim}} f(x)$ y f es discontinua en a diremos que la **discontinuidad es**

removible. La llamamos así debido a que se puede redefinir a f en a de modo que la discontinuidad es eliminada. La redefinición es la siguiente

$$f(a) = \underset{x \to a}{\text{Lim}} f(x)$$

Si no existe $\underset{x \to a}{\text{Lim}} f(x)$ la **discontinuidad es esencial,** ya que en este caso no hay modo de eliminar la discontinuidad.

EJEMPLO 1. Probar que un polinomio $p(x)$ es continuo en cualquier punto $\boldsymbol{a} \in \mathbb{R}$

Solución

$p(x)$ está definido en cualquier punto $\boldsymbol{a} \in \mathbb{R}$. Además, por el teorema 6.4, sabemos que existe $\underset{x \to a}{\text{Lim}} \, p(x)$ y que $\underset{x \to a}{\text{Lim}} \, p(x) = p(a)$.

Habiéndose satisfecho las tres condiciones de la definición, concluimos que todo polinomio $p(x)$ es continuo en cualquier punto $\boldsymbol{a}$.

EJEMPLO 2. Probar que toda función racional $f(x) = \dfrac{p(x)}{q(x)}$ es continua en

cualquier punto $\boldsymbol{a} \in \mathbb{R}$ tal que $q(a) \neq 0$.

Solución

En cualquier punto $\boldsymbol{a}$ donde $q(a) \neq 0$, tenemos que $f(a) = \dfrac{p(a)}{q(a)}$; o sea que f está

definida en $\boldsymbol{a}$. Además, por el ejemplo 5 de la sección 6.1, sabemos que existe

$$\underset{x \to a}{\text{Lim}} f(x) \quad \text{y que} \quad \underset{x \to a}{\text{Lim}} f(x) = \underset{x \to a}{\text{Lim}} \frac{p(x)}{q(x)} = \frac{p(a)}{q(a)} = f(a)$$

Habiéndose satisfecho las tres condiciones de la definición, concluimos que toda

función racional $f(x) = \dfrac{p(x)}{q(x)}$ es continua en cualquier punto $\boldsymbol{a}$ tal que $q(a) \neq 0$.

EJEMPLO 3. Probar que la función $g(x) = \begin{cases} \dfrac{x^2-9}{x-3}, & \text{si } x \neq 3 \\ 6, & \text{si } x = 3 \end{cases}$

es continua en el punto 3.

Solución

1. g está definida en 3, ya que $g\,(3) = 6$

2. Existe $\underset{x \to 3}{\text{Lim}}\, g\,(x)$. En efecto:

$$\underset{x \to 3}{\text{Lim}}\, g(x) = \underset{x \to 3}{\text{Lim}}\, \frac{x^2-9}{x-3} = \underset{x \to 3}{\text{Lim}}\, \frac{(x+3)(x-3)}{x-3} = \underset{x \to 3}{\text{Lim}}\, (x+3) = 6$$

3. $\underset{x \to 3}{\text{Lim}}\, g(x) = 6 = g(3)$

Habiéndose cumplido las tres condiciones de la definición, concluimos que g es continua en 3.

EJEMPLO 4. Sea $f(x) = \begin{cases} \dfrac{x^2-16}{x-4}, & \text{si } x \neq 4 \\ 6, & \text{si } x = 4 \end{cases}$

a. Mostrar que esta función tiene una discontinuidad removible en el punto $a = 4$.

b. Redefinir $f(6)$ para que f sea continua en $x = 6$. Esto es, remover la discontinuidad.

Solución

a. Para $x \neq 4$, la gráfica de f es la recta $y = x + 4$. En efecto:

$$f(x) = \frac{x^2-16}{x-4} = \frac{(x-4)(x+4)}{x-4} = x+4$$

Mirando el gráfico de la función podemos afirmar que ésta es discontinua en $a = 4$, ya que el gráfico de la función se interrumpe en el punto $(4, 8)$.

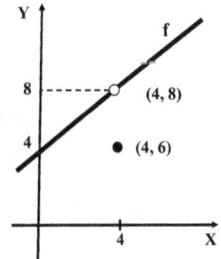

Comprobemos esta afirmación descubriendo cual de las tres condiciones de la definición deja de cumplirse.

La función está definida en $a = 4$, ya que $f(4) = 6$. Luego, la primera condición se cumple.

Por el ejemplo 6 de la sección 6.1, sabemos que existe el límite en $x = 4$ y que

$$\underset{x \to 4}{\text{Lim}}\, f(x) = \underset{x \to 4}{\text{Lim}}\, \frac{x^2-16}{x-4} = 8$$

Luego, la segunda condición también se cumple.

Pero, $\lim\limits_{x \to 4} f(x) = 8 \neq f(4) = 6$. O sea $\lim\limits_{x \to 4} f(x) \neq f(4)$. Luego, la tercera condición no se cumple. En consecuencia f no es continua en $a = 4$ y esta es una discontinuidad removible.

b. Establecemos que $f(4) = 6$.

EJEMPLO 5. Probar que la siguiente función es tiene una discontinuidad esencial en 0.

$$f(x) = \begin{cases} -1, & \text{si } x < 0 \\ 0, & \text{si } x = 0 \\ 1, & \text{si } x > 0 \end{cases}$$

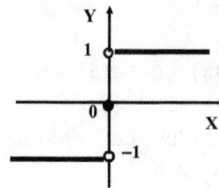

Solución

Por el ejemplo 2 de la sección anterior sabemos que esta función no tiene límite en $x = 0$. Luego, f tiene una discontinuidad esencial en 0.

DEFINICION. Una función f es continua si f es continua en todos los puntos de su dominio

EJEMPLO 6. Son funciones continuas: **a.** Los polinomios **b.** Las funciones racionales.

Estos resultados vienen de los ejemplos 1 y 2.

El siguiente teorema, cuya demostración omitimos, nos dice el límite de una función continua puede introducirse dentro de la función.

TEOREMA 6.6 **Teorema de sustitución.**

Si $\lim\limits_{t \to b} g(t) = L$ y f es continua en L, entonces

$$\lim\limits_{t \to b} f(g(t)) = f(L) = f\left(\lim\limits_{t \to b} g(t)\right)$$

PROBLEMAS PROPUESTOS 6.3

1. Sea la función $f(x) = \begin{cases} \dfrac{x^2-4}{x-2}, & \text{si } x \neq 2 \\ 4, & \text{si } x = 2 \end{cases}$

    a. Probar que f es continua en el punto 2.
    b. Probar que f es continua en todo su dominio.

2. Sea la función $g(x) = \begin{cases} \dfrac{\sqrt{x+1}-1}{x}, & \text{si } x \neq 0 \\ 0, & \text{si } x = 0 \end{cases}$

    a. Probar que g tiene una discontinuidad removible en $x = 0$.
    b. Redefinir $g(0)$ para remover la discontinuidad.

3. Sea la función $g(x) = \begin{cases} x^2 - 2x + 2, & \text{si } x < 3 \\ 4, & \text{si } x = 3 \\ -x + 8, & \text{si } x > 3 \end{cases}$

    a. Probar que g tiene una discontinuidad removible en $x = 3$.
    b. Probar que 3 es el único punto de discontinuidad de g.
    c. Redefinir $g(3)$ para remover la discontinuidad.

    En los problemas del 4 al 11, hallar los puntos de discontinuidad de las siguientes funciones:

4. $f(x) = \dfrac{1}{x}$ **5.** $g(x) = \dfrac{1}{x+2}$ **6.** $h(x) = \dfrac{1}{x^2-4}$

7. $f(x) = \dfrac{x-1}{x-5}$ **8.** $g(x) = \dfrac{x+2}{x^2 + 5x - 24}$ **9.** $h(x) = \dfrac{x+3}{\sqrt{x-2}}$

10. $f(x) = \dfrac{x^2-9}{|x-3|}$ **11.** $g(x) = \dfrac{|x-1|}{(x-1)^3}$

    En los problemas del 12 al 15, graficar las siguientes funciones y localizar, mirando el gráfico, los puntos de discontinuidad de cada una.

12. $f(x) = \begin{cases} -2, & \text{si } x < 3 \\ 1, & \text{si } 3 \leq x < 5 \\ 4, & \text{si } x \geq 5 \end{cases}$ **13.** $g(x) = \begin{cases} 3x+1, & \text{si } x < -2 \\ 2x-1, & \text{si } -2 \leq x < 4 \\ -\dfrac{x}{2}+2, & \text{si } x \geq 4 \end{cases}$

14. $f(x) = \begin{cases} -\dfrac{x^2}{2}+1, & \text{si } x < 2 \\ 2x - 3, & \text{si } x \geq 2 \end{cases}$

15. $f(x) = \begin{cases} -1, & \text{si } x \leq -2 \\ \dfrac{1}{x+1}, & \text{si } -2 < x < 2 \\ 2x, & \text{si } x \geq 2 \end{cases}$

16. Hallar los valores a y b para la siguiente función sea continua en todo su dominio

$$g(x) = \begin{cases} -2, & \text{si } x < -1 \\ ax + b, & \text{si } -1 < x < 3 \\ 2, & \text{si } x > 3 \end{cases}$$

17. Hallar los puntos de discontinuidad de la función parte entera: $f(x) = [x]$.

SECCION 6.4

LIMITES INFINITOS, LIMITES EN EL INFINITO Y ASINTOTAS

LIMITES INFINITOS

Consideremos la función $f(x) = \dfrac{1}{(x-1)^2}$, cuyo gráfico es el adjunto. Queremos analizar el comportamiento de esta función cuando x se aproxima a 1, por la izquierda y por la derecha.

La siguiente tabla nos da los valores de $f(x)$ para algunos valores de x cercanos a 1, tanto por la izquierda como por la derecha.

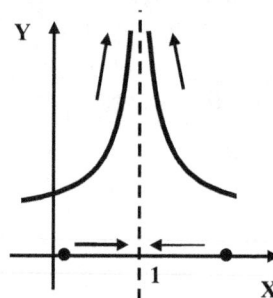

x	0.8	0.9	0.99	0.999	→ 1 ←	1.001	1.01	1.1	1.2
$f(x) = \dfrac{1}{(x-1)^2}$	25	100	10,000	1,000,000	→ +∞ ←	1,000,000	10,000	100	25

Observamos que a medida que se aproxima a 1 por ambos lados, el valor de $f(x)$ crece ilimitadamente. Este hecho lo expresamos diciendo que el límite de la función $f(x) = \dfrac{1}{(x-1)^2}$ cuando x tiende a 1 es +∞, y se escribe: $\displaystyle\lim_{x \to 1} \dfrac{1}{(x-1)^2} = +\infty$

Ahora, consideremos esta otra función, $f(x) = \dfrac{-1}{(x-1)^2}$

La tabla correspondiente aparece a continuación.

x	0.8	0.9	0.99	$\to 1 \leftarrow$	1.001	1.01	1.1	1.2
$f(x) = \dfrac{-1}{(x-1)^2}$	−25	−100	−10,000	$\to -\infty \leftarrow$	−1,000,000	−10,000	−100	−25

Ahora observemos que a medida que x se aproxima a 1 por ambos lados, el valor de $f(x)$ decrece ilimitadamente. Esto es, $f(x) < 0$ y $|f(x)|$ crece ilimitadamente.

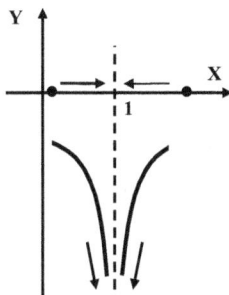

Este hecho lo expresamos diciendo que el límite de $f(x) = \dfrac{-1}{(x-1)^2}$ cuando x tiende a 1 es $-\infty$, y se escribe $\displaystyle\lim_{x \to 1} \dfrac{-1}{(x-1)^2} = -\infty$

En resumen, tenemos las siguientes definiciones informales. Se supone que la función f está definida en un intervalo abierto que contiene al punto a, excepto posiblemente en el mismo a.

1. $\displaystyle\lim_{x \to a} f(x) = +\infty \Leftrightarrow$ **Los valores de $f(x)$ pueden hacerse arbitrariamente**

   grandes, tomando a x suficientemente cerca de a.

2. $\displaystyle\lim_{x \to a} f(x) = -\infty \Leftrightarrow$ **Los valores de $f(x)$ pueden hacerse arbitrariamente grandes**

   negativamente ($|f(x)|$ es grande y $f(x) < 0$), tomando a x

   suficientemente cerca de a.

Similarmente se definen los límites siguientes límites unilaterales:

3. $\displaystyle\lim_{x \to a^+} f(x) = +\infty$ 4. $\displaystyle\lim_{x \to a^-} f(x) = +\infty$ 5. $\displaystyle\lim_{x \to a^+} f(x) = -\infty$ 6. $\displaystyle\lim_{x \to a^-} f(x) = -\infty$

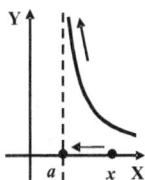 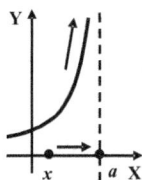 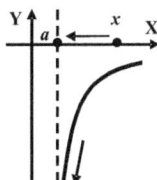 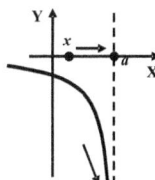

Es evidente que

7. $\underset{x \to a}{\text{Lím }} f(x) = \pm \infty \iff \underset{x \to a^+}{\text{Lím }} f(x) = \pm \infty$ y $\underset{x \to a^-}{\text{Lím }} f(x) = \pm \infty$

EJEMPLO 1. Hallar los límites unilaterales de la siguiente función en los puntos de discontinuidad. $f(x) = \dfrac{x^2 + 2x - 3}{x - 2}$

Solución

Esta función racional tiene un único punto de discontinuidad, que es 2. Luego, nos piden hallar:

$$\underset{x \to 2^+}{\text{Lím }} f(x) \quad \text{y} \quad \underset{x \to 2^-}{\text{Lím }} f(x)$$

Analicemos los signos del numerador y del denominador para puntos x cercanos a 2.

En cuanto al numerador tenemos que

$$\underset{x \to 2}{\text{Lím }} (x^2 + 2x - 3) = 2^2 + 2(2) - 3 = 5$$

Como este límite es 5, para los puntos x cercanos a 2, ya sea por la derecha o por la izquierda, el valor del numerador se mantiene cerca de 5 y por lo tanto, éste tiene signo positivo.

Ahora, si x tiende a 2 por la derecha, $x - 2$ es positivo y, como el numerador es positivo, el signo del cociente $\dfrac{x^2 + 2x - 3}{x - 2}$ es positivo. Además, como $x - 2$ tiende a 0 cuando x tiende a 2 por la derecha, concluimos que

$$\underset{x \to 2^+}{\text{Lím }} \dfrac{x^2 + 2x - 3}{x - 2} = +\infty$$

Por otro lado, si x tiende a 2 por la izquierda, $x - 2$ es negativo y, como el numerador es positivo, el cociente $\dfrac{x^2 + 2x - 3}{x - 2}$ es negativo. Además, como $x - 2$ tiende a 0 cuando x tiende a 2 por la izquierda, concluimos que

$$\underset{x \to 2^-}{\text{Lím }} \dfrac{x^2 + 2x - 3}{x - 2} = -\infty$$

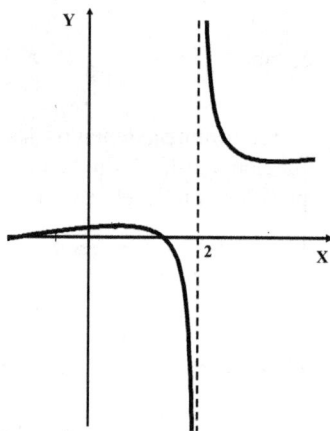

ASINTOTAS VERTICALES

En el ejemplo anterior, la recta vertical $x = 2$, comparada con el gráfico de la función, tiene una característica muy especial: La distancia de un punto $P = (x, f(x))$ del gráfico a la recta $x = 2$ tiende a 0, a medida que x tiende a 2. Por esta razón se dice que la recta $x = 2$ es una asíntota (vertical) de la gráfica de la función f. En general, tenemos la siguiente definición.

DEFINICION. Diremos que **la recta $x = a$** es una **asíntota vertical** del gráfico de la función f, si se cumple al menos una de los cuatro límites siguientes:

1. $\underset{x \to a^+}{\text{Lím}} f(x) = +\infty,$ **2.** $\underset{x \to a^-}{\text{Lím}} f(x) = +\infty,$ **3.** $\underset{x \to a^+}{\text{Lím}} f(x) = -\infty,$ **4.** $\underset{x \to a^-}{\text{Lím}} f(x) = -\infty$

EJEMPLO 2. La recta $x = 2$ es una asíntota vertical del gráfico de la función

$$f(x) = \frac{x^2 + 2x - 3}{x - 2}$$

En efecto, ya vimos que:

$$\underset{x \to 2^+}{\text{Lim}} \frac{x^2 + 2x - 3}{x - 2} = +\infty \quad y \quad \underset{x \to 2^-}{\text{Lim}} \frac{x^2 + 2x - 3}{x - 2} = -\infty$$

El siguiente teorema nos proporciona resultados rápidos en el cálculo de límites infinitos. Las expresiones colocadas entre los paréntesis son, reglas nemotécnicas.

La notación $g(x) \to 0^+$ significa que $\underset{x \to a}{\text{Lim}}\, g(x) = 0$ y $g(x) > 0$

Similarmente, $g(x) \to 0^-$ significa que $\underset{x \to a}{\text{Lim}}\, g(x) = 0$ y $g(x) < 0$

TEOREMA 6.7 Supongamos que $\underset{x \to a}{\text{Lím}}\, f(x) = L$ y $\underset{x \to a}{\text{Lím}}\, g(x) = 0$

1. $L > 0$ y $g(x) \to 0^+ \implies \underset{x \to a}{\text{Lim}} \frac{f(x)}{g(x)} = +\infty$, $\left(\dfrac{+}{0^+} = +\infty \right)$

2. $L > 0$ y $g(x) \to 0^- \implies \underset{x \to a}{\text{Lim}} \frac{f(x)}{g(x)} = -\infty$, $\left(\dfrac{+}{0^-} = -\infty \right)$

3. $L < 0$ y $g(x) \to 0^+ \implies \underset{x \to a}{\text{Lim}} \frac{f(x)}{g(x)} = -\infty$, $\left(\dfrac{-}{0^+} = -\infty \right)$

4. $L < 0$ y $g(x) \to 0^- \implies \underset{x \to a}{\text{Lim}} \frac{f(x)}{g(x)} = +\infty$, $\left(\dfrac{-}{0^-} = +\infty \right)$

El teorema también es válido si se cambia $x \to a$ por $x \to a^+$ ó $x \to a^-$.

Demostración

Haremos una "demostración" informal, siguiendo el esquema del ejemplo 1. Sólo probaremos 1, ya que la prueba de los otros casos es análoga y se deja como ejercicio al lector.

1. Como $\lim\limits_{x \to a} f(x) = L$ y $L > 0$, para los x próximos a a tenemos que $f(x) > 0$.

Por otro lado, como $g(x) \to 0$ positivamente, para los x próximos a a tenemos que $g(x) > 0$ y $g(x)$ es cercano a 0. Luego, cuando x tiende a a, el cociente es

positivo y crece ilimitadamente. Esto es, $\lim\limits_{x \to a} \dfrac{f(x)}{g(x)} = +\infty$

TEOREMA 6.8 Si n es entero positivo, entonces

$$1. \quad \lim_{x \to a^+} \frac{1}{(x-a)^n} = +\infty \qquad 2. \quad \lim_{x \to a^-} \frac{1}{(x-a)^n} = \begin{cases} +\infty, & \text{si } n \text{ es par} \\ -\infty, & \text{si } n \text{ es impar} \end{cases}$$

Los resultados establecidos en el siguiente teorema son intuitivamente evidentes. Nuevamente mencionamos que las expresiones entre paréntesis son sólo reglas nemotécnicas.

TEOREMA 6.9 Si $\lim\limits_{x \to a} f(x) = \pm\infty$ y $\lim\limits_{x \to a} g(x) = L$, entonces

1. $\lim\limits_{x \to a} \left[f(x) \pm g(x) \right] = \pm\infty$ $\qquad\qquad \left(\pm\infty \pm L = \pm\infty \right)$

2. $L > 0 \Rightarrow \lim\limits_{x \to a} \left[f(x)\, g(x) \right] = \pm\infty$ $\qquad \left((\pm\infty)(+) = \pm\infty \right)$

   $L < 0 \Rightarrow \lim\limits_{x \to a} \left[f(x)\, g(x) \right] = \mp\infty$ $\qquad \left((\pm\infty)(-) = \mp\infty \right)$

3. $L > 0 \Rightarrow \lim\limits_{x \to a} \left[\dfrac{f(x)}{g(x)} \right] = \pm\infty$ $\qquad \left(\dfrac{\pm\infty}{+} = \pm\infty \right)$

   $L < 0 \Rightarrow \lim\limits_{x \to a} \left[\dfrac{f(x)}{g(x)} \right] = \mp\infty$ $\qquad \left(\dfrac{\pm\infty}{-} = \mp\infty \right)$

4. $L \neq 0 \Rightarrow \lim\limits_{x \to a} \left[\dfrac{g(x)}{f(x)} \right] = 0$ $\qquad\qquad \left(\dfrac{L}{\pm\infty} = 0 \right)$

LIMITES EN EL INFINITO

Veamos el comportamiento de las funciones cuando la variable x se aleja del origen (de 0) ilimitadamente hacia la derecha o hacia la izquierda. En el primer caso diremos que x tiende a $+\infty$, y en el segundo, que x tiende a $-\infty$.

Consideremos la función $f(x) = \dfrac{x}{|x|+1} = \begin{cases} \dfrac{x}{x+1}, & \text{si } x \geq 0 \\[2mm] \dfrac{x}{-x+1}, & \text{si } x < 0 \end{cases}$

Confeccionemos dos tablas, una para valores crecientes de x y otra para decrecientes (negativas).

$x \geq 0$	100	1,000	10,000 $\to +\infty$
$f(x) = \dfrac{1}{x+1}$	0.9901	0.9990	0.9999 $\to 1$

$x < 0$	-100	$-1,000$	$-10,000 \to -\infty$
$f(x) = \dfrac{1}{-x+1}$	-0.9901	-0.9990	$-0.9999 \to -1$

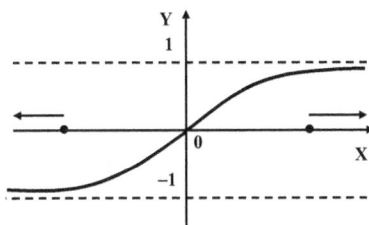

En la primera tabla observamos que $f(x)$ se aproxima a 1 cuando x crece ilimitadamente. En este caso diremos que el límite de $f(x) = \dfrac{x}{|x|+1}$ cuando x tiende a $+\infty$ es 1, y escribiremos $\displaystyle\lim_{x \to +\infty} \dfrac{x}{|x|+1} = 1$

En la segunda tabla observamos que $f(x)$ se aproxima a -1 cuando x decrece ilimitadamente. En este caso diremos que el límite de $f(x) = \dfrac{x}{|x|+1}$ cuando x tiende a $-\infty$ es -1, y escribiremos así: $\displaystyle\lim_{x \to -\infty} \dfrac{x}{|x|+1} = -1$

En general, tenemos las siguientes definiciones informales:

1. Sea f una función definida en un intervalo de la forma $(a, +\infty)$.

$\displaystyle\lim_{x \to +\infty} f(x) = L$ $\Leftrightarrow$ **Los valores de $f(x)$ pueden acercarse arbitrariamente a L,**

tomando a x suficientemente grande.

2. Sea f una función definida en un intervalo de la forma $(-\infty, a)$.

$\displaystyle\lim_{x \to -\infty} f(x) = L$ $\Leftrightarrow$ **Los valores de $f(x)$ pueden acercarse arbitrariamente a L,**

tomando a x suficientemente grande negativamente.

OBSERVACION. Los límites en el infinito, $x \to -\infty$ ó $x \to +\infty$, cumplen las leyes de los límites, establecidas en el teorema 6.3.

TEOREMA 6.10 Si n es un número entero positivo, entonces

1. $\lim\limits_{x \to +\infty} x^n = +\infty$

2. $\lim\limits_{x \to -\infty} x^n = \begin{cases} +\infty, & \text{si } n \text{ es par} \\ -\infty, & \text{si } n \text{ es impar} \end{cases}$

3. $\lim\limits_{x \to +\infty} \dfrac{1}{x^n} = 0$

4. $\lim\limits_{x \to -\infty} \dfrac{1}{x^n} = 0$

De este teorema deducimos fácilmente los límites en $\pm\infty$ de un polinomio.

COROLARIO. Sea $n > 0$. Se tiene:

1. $\lim\limits_{x \to +\infty} \left(a_n x^n + a_{n-1} x^{n-1} + \ldots + a_1 x + a_0 \right) = \begin{cases} +\infty, & \text{si } a_n > 0 \\ -\infty, & \text{si } a_n < 0 \end{cases}$

2. Si n es par, entonces

$\lim\limits_{x \to -\infty} \left(a_n x^n + a_{n-1} x^{n-1} + \ldots + a_1 x + a_0 \right) = \begin{cases} +\infty, & a_n > 0 \\ -\infty, & a_n < 0 \end{cases}$

3. Si n es impar, entonces

$\lim\limits_{x \to -\infty} \left(a_n x^n + a_{n-1} x^{n-1} + \ldots + a_1 x + a_0 \right) = \begin{cases} -\infty, & a_n > 0 \\ +\infty, & a_n < 0 \end{cases}$

Demostración.

Sólo probamos la parte a, ya que para los otros casos se procede similarmente.

a. $\lim\limits_{x \to +\infty} \left(a_n x^n + a_{n-1} x^{n-1} + \ldots + a_1 x + a_0 \right)$

$= \lim\limits_{x \to +\infty} \left(x^n \right) \left(a_n + \dfrac{a_{n-1}}{x} + \ldots + \dfrac{a_1}{x^{n-1}} + \dfrac{a_0}{x^n} \right)$

$= \left(+\infty \right) \left(a_n + 0 + \ldots + 0 + 0 \right)$

$= \left(+\infty \right) \left(a_n \right) = \begin{cases} +\infty, & \text{si } a_n > 0 \\ -\infty, & \text{si } a_n < 0 \end{cases}$

EJEMPLO 3. Dado el polinomio $p(x) = -4x^3 + 8x^2 - 12x - 4$, hallar

a. $\lim\limits_{x \to +\infty} p(x)$

b. $\lim\limits_{x \to -\infty} p(x)$

Solución

a. Por la parte 1 del corolario anterior:

$$\underset{x\to+\infty}{\text{Lím}} \left(-4x^3 + 8x^2 - 12x - 4 \right) = -\infty$$

b. Por la parte 3 del corolario anterior:

$$\underset{x\to-\infty}{\text{Lím}} \left(-4x^3 + 8x^2 - 12x - 4 \right) = +\infty$$

FORMA INDETERMINADA $\dfrac{\infty}{\infty}$

El límite de un cociente tiene la forma indeterminada $\dfrac{\infty}{\infty}$ si el límite (o un límite lateral) del numerador y del denominador es $\pm\infty$. Para resolver la indeterminación se recurre a otros métodos, como los algebraicos.

EJEMPLO 4. Calcular **a.** $\underset{x\to+\infty}{\text{Lím}} \dfrac{3x^2}{x^2+1}$ **b.** $\underset{x\to-\infty}{\text{Lím}} \dfrac{3x^2}{x^2+1}$

Solución

Ambos límites son indeterminados de la forma $\dfrac{\infty}{\infty}$. Resolvemos la indeterminación dividiendo el numerador y el denominador por la mayor potencia de x que, en este caso, es x^2.

a. $\underset{x\to+\infty}{\text{Lím}} \dfrac{3x^2}{x^2+1} = \underset{x\to+\infty}{\text{Lím}} \dfrac{3x^2/x^2}{(x^2+1)/x^2} = \underset{x\to+\infty}{\text{Lím}} \dfrac{3}{1+1/x^2}$

$$= \frac{\underset{x\to+\infty}{\text{Lím}}\,3}{\underset{x\to+\infty}{\text{Lím}}\left(1+1/x^2\right)} = \frac{3}{1+\underset{x\to+\infty}{\text{Lím}}\left(1/x^2\right)} = \frac{3}{1+0} = 3$$

b. $\underset{x\to-\infty}{\text{Lím}} \dfrac{3x^2}{x^2+1} = \underset{x\to-\infty}{\text{Lím}} \dfrac{3x^2/x^2}{(x^2+1)/x^2} = \dfrac{3}{1+\underset{x\to-\infty}{\text{Lím}}\left(1/x^2\right)} = \dfrac{3}{1+0} = 3$

EJEMPLO 5. Calcular: **a.** $\underset{x\to+\infty}{\text{Lím}} \dfrac{x}{\sqrt{x^2+1}}$ **b.** $\underset{x\to-\infty}{\text{Lím}} \dfrac{x}{\sqrt{x^2+1}}$

Solución

Ambos límites son indeterminados de la forma $\dfrac{\infty}{\infty}$. Resolvemos la indeterminación dividiendo el numerador y el denominador entre x.

a. Si $x > 0$, entonces $x = \sqrt{x^2}$. Luego,

$$\underset{x \to +\infty}{\text{Lím}} \ \frac{x}{\sqrt{x^2 + 1}} = \underset{x \to +\infty}{\text{Lím}} \ \frac{\sqrt{x^2}}{\sqrt{x^2 + 3}} = \underset{x \to +\infty}{\text{Lím}} \ \sqrt{\frac{x^2}{x^2 + 3}}$$

$$= \underset{x \to +\infty}{\text{Lím}} \ \sqrt{\frac{1}{1 + 3/x^2}} = \sqrt{\frac{1}{1 + \underset{x \to +\infty}{\text{Lím}} \left(3/x^2 \right)}} = \sqrt{\frac{1}{1 + 0}} = 1$$

b. Si $x < 0$, entonces $x = -\sqrt{x^2}$. Luego,

$$\underset{x \to -\infty}{\text{Lím}} \ \frac{x}{\sqrt{x^2 + 1}} = \underset{x \to -\infty}{\text{Lím}} \ \frac{-\sqrt{x^2}}{\sqrt{x^2 + 3}} = -\underset{x \to -\infty}{\text{Lím}} \ \sqrt{\frac{x^2}{x^2 + 3}}$$

$$= -\underset{x \to -\infty}{\text{Lím}} \ \sqrt{\frac{1}{1 + 3/x^2}} = -\sqrt{\frac{1}{1 + 0}} = -1$$

FORMA INDETERMINADA $\infty - \infty$

Esta forma indeterminada se presenta cuando el límite de una suma o diferencia, al aplicar la ley de la suma, se obtiene la expresión $\infty - \infty$ o la expresión $-\infty + \infty$. En este caso, la indeterminación se salva transformando la suma o diferencia en un cociente.

EJEMPLO 6. Hallar: **a.** $\underset{x \to 2^+}{\text{Lím}} \left(\dfrac{x}{x-2} - \dfrac{4}{x(x-2)} \right)$ **b.** $\underset{x \to 2^-}{\text{Lím}} \left(\dfrac{x}{x-2} - \dfrac{4}{x(x-2)} \right)$

c. $\underset{x \to 2}{\text{Lím}} \left(\dfrac{x}{x-2} - \dfrac{4}{x(x-2)} \right)$

Solución

a. $\underset{x \to 2^+}{\text{Lím}} \left(\dfrac{x}{x-2} - \dfrac{4}{x(x-2)} \right) = \underset{x \to 2^+}{\text{Lím}} \ \dfrac{x}{x-2} - \underset{x \to 2^+}{\text{Lím}} \ \dfrac{x}{x(x-2)} = \infty - \infty$

Salvamos la indeterminación efectuando las operaciones algebraicas indicadas antes de tomar el límite:

$$\underset{x \to 2^+}{\text{Lím}} \left(\frac{x}{x-2} - \frac{4}{x(x-2)} \right) = \underset{x \to 2^+}{\text{Lím}} \left(\frac{x^2 - 4}{x(x-2)} \right) = \underset{x \to 2^+}{\text{Lím}} \left(\frac{(x+2)(x-2)}{x(x-2)} \right)$$

$$= \text{Lím}_{x \to 2^+} \left(\frac{x+2}{x} \right) = \frac{2+2}{2} = 4$$

b. $\text{Lím}_{x \to 2^-} \left(\frac{x}{x-2} - \frac{4}{x(x-2)} \right) = \text{Lím}_{x \to 2^-} \frac{x}{x-2} - \text{Lím}_{x \to 2^-} \frac{x}{x(x-2)} = -\infty + \infty$

Procedemos como en la parte a:

$$\text{Lím}_{x \to 2^-} \left(\frac{x}{x-2} - \frac{4}{x(x-2)} \right) = \text{Lím}_{x \to 2^-} \left(\frac{(x+2)(x-2)}{x(x-2)} \right) = \text{Lím}_{x \to 2^-} \left(\frac{x+2}{x} \right) = \frac{2+2}{2} = 4$$

c. Como ambos límites laterales son iguales, concluimos que

$$\text{Lím}_{x \to 2} \left(\frac{x}{x-2} - \frac{4}{x(x-2)} \right) = 4$$

Este último límite se puede obtener directamente haciendo las mismas operaciones algebraicas hechas en las parte a y b.

EJEMPLO 7.   Hallar $\text{Lím}_{x \to 0^+} \left(\frac{1}{x^3} - \frac{1}{x^2} \right)$

Solución

Tenemos que: $\text{Lím}_{x \to 0^+} \frac{1}{x^3} - \text{Lím}_{x \to 0^+} \frac{1}{x^2} = \infty - \infty$

Bien, efectuando la sustracción y tomando límite:

$$\text{Lím}_{x \to 0^+} \left(\frac{1}{x^3} - \frac{1}{x^2} \right) = \text{Lím}_{x \to 0^+} \left(\frac{1-x}{x^3} \right) = \left(\frac{1}{0^+} \right) = +\infty$$

ASINTOTAS HORIZONTALES

DEFINICION. Diremos que **la recta** $y = b$ es una **asíntota horizontal** del gráfico de la función f si se cumple al menos una de las dos condiciones siguientes:

1. $\text{Lím}_{x \to +\infty} f(x) = b$ **2.** $\text{Lím}_{x \to +\infty} f(x) = b$

EJEMPLO 8.   La recta $y = 3$ es una asíntota horizontal del gráfico la función:

$$y = \frac{3x^2}{x^2 + 1}$$

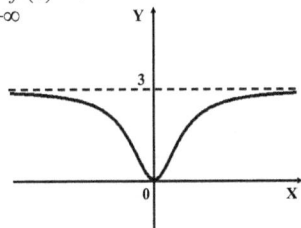

En efecto, en el ejemplo 4 vimos que:

$$\underset{x\to+\infty}{\text{Lím}} \frac{3x^2}{x^2+1} = 3 = \underset{x\to-\infty}{\text{Lím}} \frac{3x^2}{x^2+1}$$

EJEMPLO 9. Las rectas $y = 1$, $y = -1$ son dos asíntotas horizontales del gráfico

de la función $f(x) = \dfrac{x}{|x|+1}$

En efecto, sabemos

$$\underset{x\to+\infty}{\text{Lím}} \frac{x}{|x|+1} = 1$$

y que

$$\underset{x\to-\infty}{\text{Lím}} \frac{x}{|x|+1} = -1$$

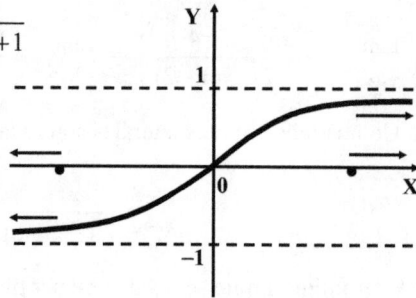

PROBLEMAS RESUELTOS 6.4

PROBLEMA 1. Calcular **a.** $\underset{x\to-1^+}{\text{Lím}} \dfrac{3x-x^2}{x+1}$ **b.** $\underset{x\to-1^-}{\text{Lím}} \dfrac{3x-x^2}{x+1}$

Solución

Para el numerador tenemos que

$$\underset{x\to-1}{\text{Lím}} (3x - x^2) = 3(-1) - (-1)^2 = -4$$

Luego, para valores de x cercanos a -1 los valores del numerador permanecerán próximos a -4 y por tanto, serán negativos.

a. Se tiene que $\underset{x\to-1^+}{\text{Lím}} (x+1) = 0^+$. Luego, por la parte 3 del teorema 6.7,

$$\underset{x\to-1^+}{\text{Lím}} \frac{3x-x^2}{x+1} = -\infty$$

b. Se tiene que $\underset{x\to-1^-}{\text{Lím}} (x+1) = 0^-$. Luego, por la parte 4 del teorema 6.6

$$\underset{x\to-1^-}{\text{Lím}} \frac{3x-x^2}{x+1} = +\infty$$

PROBLEMA 2. Sea la función $g(x) = \dfrac{2x^2 - 8x}{x^2 - 9}$. Hallar:

      1. $\underset{x \to 3^+}{\text{Lim}}\ g(x)$ **2.** $\underset{x \to 3^-}{\text{Lim}}\ g(x)$ **3.** $\underset{x \to -3^+}{\text{Lim}}\ g(x)$ **4.** $\underset{x \to -3^-}{\text{Lim}}\ g(x)$

Solución

1. Tenemos que $\underset{x \to 3}{\text{Lim}}\ (2x^2 - 8x) = 2(3)^2 - 8(3) = -6$

    Pero, si x tiende a 3 por la derecha, se tiene que $x^2 - 9 > 0$ y $\underset{x \to 3^+}{\text{Lim}}\ (x^2 - 9) = 0^+$

    Luego, por la parte 3 del teorema 6.7, $\underset{x \to 3^+}{\text{Lim}}\ \dfrac{2x^2 - 8x}{x^2 - 9} = -\infty$

2. Si x tiende a 3 por la izquierda, se tiene que $x^2 - 9 < 0$ y $\underset{x \to 3^-}{\text{Lim}}\ (x^2 - 9) = 0^-$.

    Luego, por la parte 4 del teorema 6.7, $\underset{x \to 3^-}{\text{Lim}}\ \dfrac{2x^2 - 8x}{x^2 - 9} = +\infty$

3. Tenemos que: $\underset{x \to -3}{\text{Lim}}\ (2x^2 - 8x) = 2(-3)^2 - 8(-3) = 42$

    Pero, si x tiende a -3 por la derecha, $x^2 - 9 < 0$ y $\underset{x \to -3^-}{\text{Lim}}\ (x^2 - 9) = 0^-$.

    Luego, por la parte 4 del teorema 6.7, $\underset{x \to -3^+}{\text{Lim}}\ \dfrac{2x^2 - 8x}{x^2 - 9} = -\infty$

4. Si x tiende a -3 por la izquierda, $x^2 - 9 > 0$ y $\underset{x \to -3^-}{\text{Lim}}\ (x^2 - 9) = 0^+$.

    Luego, por la parte 3 del teorema 6.7, $\underset{x \to -3^-}{\text{Lim}}\ \dfrac{2x^2 - 8x}{x^2 - 9} = +\infty$

PROBLEMA 3. Dada la función del problema anterior $g(x) = \dfrac{2x^2 - 8x}{x^2 - 9}$, calcular:

      1. $\underset{x \to +\infty}{\text{Lim}}\ \dfrac{2x^2 - 8x}{x^2 - 9}$ **2.** $\underset{x \to -\infty}{\text{Lim}}\ \dfrac{2x^2 - 8x}{x^2 - 9}$

Solución

    Dividiendo el numerador y el denominador entre x^2, tenemos

1. $\underset{x \to +\infty}{\text{Lim}}\ \dfrac{2x^2 - 8x}{x^2 - 9} = \underset{x \to +\infty}{\text{Lim}}\ \dfrac{\dfrac{2x^2 - 8x}{x^2}}{\dfrac{x^2 - 9}{x^2}} = \underset{x \to +\infty}{\text{Lim}}\ \dfrac{2 - \dfrac{8}{x}}{1 - \dfrac{9}{x^2}} = \dfrac{2 - 0}{1 - 0} = 2$

2. Procediendo en forma similar obtenemos $\underset{x \to -\infty}{\text{Lim}}\ \dfrac{2x^2 - 8x}{x^2 - 9} = 2$

PROBLEMA 4. Dada la función del problema anterior, $g(x) = \dfrac{2x^2 - 8x}{x^2 - 9}$. Hallar

1. Las asíntotas verticales.

2. Las asíntotas horizontales. Bosquejar la gráfica de g.

Solución

1. Una asíntota vertical es la recta $x = 3$. En efecto, de acuerdo al problema 2, se cumple que:

$$\underset{x \to 3^+}{\text{Lim}} \frac{2x^2 - 8x}{x^2 - 9} = -\infty \qquad \text{y} \qquad \underset{x \to 3^-}{\text{Lim}} \frac{2x^2 - 8x}{x^2 - 9} = +\infty$$

La otra asíntota vertical es la recta $x = -3$. En efecto, de acuerdo al problema 2, se cumple que:

$$\underset{x \to -3^+}{\text{Lim}} \frac{2x^2 - 8x}{x^2 - 9} = -\infty \text{ y } \underset{x \to -3^-}{\text{Lim}} \frac{2x^2 - 8x}{x^2 - 9} = +\infty$$

2. La recta $y = 2$ es una asíntota horizontal, ya que, de acuerdo con el problema 3,

$$\underset{x \to +\infty}{\text{Lim}} \frac{2x^2 - 8x}{x^2 - 9} = 2 = \underset{x \to -\infty}{\text{Lim}} \frac{2x^2 - 8x}{x^2 - 9}$$

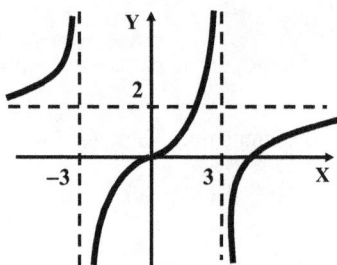

PROBLEMAS PROPUESTOS   6.4

En los problemas del 1 al 12, hallar los límites unilaterales en cada punto de discontinuidad de las funciones indicadas.

1. $f(x) = \dfrac{1}{x - 2}$

2. $g(x) = \dfrac{1}{\vert x - 2 \vert}$

3. $h(x) = \dfrac{1}{(x + 1)^2}$

4. $f(x) = \dfrac{1}{x - 4}$

5. $g(x) = \dfrac{x + 1}{x - 5}$

6. $h(x) = \dfrac{1}{x(x + 2)}$

7. $f(x) = \dfrac{x}{x^2 - 2x + 3}$

8. $g(x) = \dfrac{x^2 + 4}{x^2 - 4}$

9. $h(x) = x - \dfrac{1}{x}$

10. $f(x) = \dfrac{\sqrt{1 + x^2}}{x}$

11. $g(x) = \dfrac{x}{4x^2 - 2}$

12. $h(x) = \dfrac{1}{x} - \dfrac{1}{x^2}$

En los problemas del 13 al 21, hallar: **a.** $\displaystyle\lim_{x\to-\infty} f(x)$ y   **b.** $\displaystyle\lim_{x\to+\infty} f(x)$

13. $f(x) = \dfrac{1}{x^2}$ **14.** $f(x) = \dfrac{-1}{x^2}$ **15.** $f(x) = \dfrac{x+2}{x-3}$

16. $f(x) = \dfrac{x^2}{x+2}$ **17.** $f(x) = \dfrac{x^2-8}{2x^3-3x^2+1}$ **18.** $f(x) = x^5 - 4x^4$

19. $f(x) = -2x^6 + 5x^5$ **20.** $f(x) = \dfrac{x+1}{x}$ **21.** $f(x) = x^2 - \dfrac{1}{x}$

En los problemas del 22 al 27, hallar los límites indicados.

22. $\displaystyle\lim_{x\to 0^+} \left(\dfrac{1}{x} - \dfrac{1}{x^2}\right)$ **23.** $\displaystyle\lim_{x\to 1^-} \left(\dfrac{1}{x^2-x} - \dfrac{1}{x-1}\right)$ **24.** $\displaystyle\lim_{y\to 1} \left(\dfrac{1}{y-1} - \dfrac{1}{y^3-1}\right)$

25. $\displaystyle\lim_{x\to-\infty} \dfrac{2x}{\sqrt{x^2+1}}$ **26.** $\displaystyle\lim_{x\to+\infty} \dfrac{2x}{\sqrt{x^2+1}}$ **27.** $\displaystyle\lim_{x\to-\infty} \left(\sqrt{x+1} - \sqrt{x}\right)$

En los problemas del 28 al 33, hallar las asíntotas verticales y horizontales de los gráficos de las siguientes funciones dadas.

28. $f(x) = \dfrac{1}{x-1}$ **29.** $g(x) = \dfrac{1}{x(x+2)}$ **30.** $g(x) = \dfrac{x}{4x^2-1}$

31. $f(x) = \dfrac{2x}{\sqrt{x^2+1}}$ **32.** $g(x) = \dfrac{x}{\sqrt{x^2-1}}$ **33.** $h(x) = \dfrac{x^2}{\sqrt{x^2-1}}$

34. Sea la función racional $f(x) = \dfrac{a_n x^n + \ldots + a_1 x + a_0}{b_m x^m + \ldots + b_1 x + b_0}$, $a_n \neq 0$ y $b_n \neq 0$

     a. Si $n = m$, probar que $\displaystyle\lim_{x\to+\infty} f(x) - \dfrac{a_n}{b_m}$ y $\displaystyle\lim_{x\to-\infty} f(x) - \dfrac{a_n}{b_m}$

     b. Si $n < m$, probar que $\displaystyle\lim_{x\to+\infty} f(x) = 0$ y $\displaystyle\lim_{x\to-\infty} f(x) = 0$

SECCION 6.5

LOS LIMITES Y EL NUMERO e

Ya estamos en condiciones de definir al número e.

DEFINICION. El **número** e se define como el siguiente límite:

$$e = \lim_{x\to 0} \left(1 + x\right)^{\frac{1}{x}} \qquad (1)$$

Esta definición del número e debe justificarse, probando que tal límite existe. Esto se hace en los cursos avanzados de Cálculo. Además, se prueba que este límite es un número irracional. A modo de ilustración, tenemos la siguiente tabla.

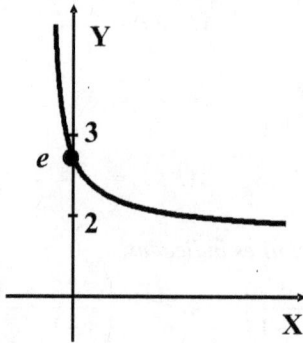

$$y = \left(1 + x\right)^{1/x}$$

x	$\left(1 + x\right)^{1/x}$
0.000001	2.718281693
0.0000001	2.718281693
$\downarrow$ **0** $\uparrow$	$\downarrow$ e $\uparrow$
−0.0000001	2.718281964
−0.000001	2.718283188

Esta tabla nos da una aproximación de e con 6 cifras decimales:

$$e \approx 2.718281$$

Si en límite (1) hacemos el cambio de variable $z = \dfrac{1}{x}$ tenemos que:

$$x \to 0 \iff x \to 0^+ \quad \text{y} \quad x \to 0^- \iff z \to +\infty \quad \text{y} \quad z \to -\infty$$

En consecuencia, el límite (1) es equivalente a decir que los dos límites siguientes se cumplen simultáneamente:

$$(2) \quad e = \mathop{\text{Lím}}_{z \to +\infty} \left(1 + \frac{1}{z}\right)^z \qquad \text{y} \qquad (3) \quad e = \mathop{\text{Lím}}_{z \to -\infty} \left(1 + \frac{1}{z}\right)^z$$

Ahora mostramos otros límites importantes:

TEOREMA 6.11

1. $\mathop{\text{Lím}}\limits_{x \to 0} \left(1 + ax\right)^{\frac{1}{x}} = e^a$

2. $\mathop{\text{Lím}}\limits_{x \to 0} \dfrac{\ln(1 + x)}{x} = 1$

3. $\mathop{\text{Lím}}\limits_{x \to 0} \dfrac{e^{bx} - 1}{x} = b$

4. $\mathop{\text{Lím}}\limits_{x \to 0} \dfrac{a^x - 1}{x} = \ln a$

Demostración

Ver el problema resuelto 1.

EJEMPLO 1. Hallar $\mathop{\text{Lím}}\limits_{x \to 0} \dfrac{a^x - b^x}{x}$

Solución

$$\underset{x \to 0}{\text{Lím}} \frac{a^x - b^x}{x} = \underset{x \to 0}{\text{Lím}} \frac{(a^x - 1) - (b^x - 1)}{x}$$

$$= \underset{x \to 0}{\text{Lím}} \frac{(a^x - 1)}{x} - \underset{x \to 0}{\text{Lím}} \frac{(b^x - 1)}{x} = \ln a - \ln b = \ln \frac{a}{b}$$

LIMITES EN EL INFINITO DE LAS FUNCIONES EXPONENCIALES
Y LOGARITMICAS

TEOREMA 6.12   **1.** $\underset{x \to -\infty}{\text{Lím}} \; e^x = 0$ **2.** $\underset{x \to +\infty}{\text{Lím}} \; e^x = +\infty$

3. $\underset{x \to 0^+}{\text{Lím}} \; \ln x = -\infty$ **4.** $\underset{x \to +\infty}{\text{Lím}} \; \ln x = +\infty$

Demostración

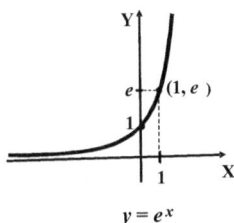

$y = e^x$

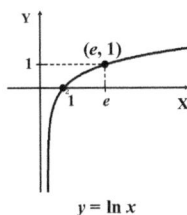

$y = \ln x$

Observando el gráfico de la función exponencial $y = e^x$ se puede intuir los resultados 1 y 2. La demostración formal la omitimos.

Observar que el límite 3 nos dice que el eje Y es una asíntota vertical de la función logaritmo natural.

EJEMPLO 2.   Calcular los siguientes límites:

a. $\underset{x \to -\infty}{\text{Lim}} \frac{e^x - e^{-x}}{e^x + e^{-x}}$ **b.** $\underset{x \to +\infty}{\text{Lim}} \frac{e^x - e^{-x}}{e^x + e^{-x}}$ **c.** $\underset{x \to 0^+}{\text{Lim}} \frac{1 - 2\ln x}{1 + 3\ln x}$

Solución

a. $\underset{x \to -\infty}{\text{Lim}} \frac{e^x - e^{-x}}{e^x + e^{-x}} = \underset{x \to -\infty}{\text{Lim}} \frac{e^{-x}(e^{2x} - 1)}{e^{-x}(e^{2x} + 1)} = \underset{x \to -\infty}{\text{Lim}} \frac{e^{2x} - 1}{e^{2x} + 1}$

$$= \frac{\underset{x \to -\infty}{\text{Lim}} \; (e^{2x}) - 1}{\underset{x \to -\infty}{\text{Lim}} \; (e^{2x}) + 1} = \frac{0 - 1}{0 + 1} = -1$$

b. $\displaystyle\lim_{x\to +\infty} \frac{e^x - e^{-x}}{e^x + e^{-x}} = \lim_{x\to +\infty} \frac{e^x/e^x - e^{-x}/e^x}{e^x/e^x + e^{-x}/e^x} = \lim_{x\to +\infty} \frac{1-1/e^{2x}}{1+1/e^{2x}}$

$$= \frac{1- \displaystyle\lim_{x\to +\infty}\left(1/e^{2x}\right)}{1+\displaystyle\lim_{x\to +\infty}\left(1/e^{2x}\right)} = \frac{1-0}{1+0} = 1$$

c. $\displaystyle\lim_{x\to 0^+} \frac{1-2\ln x}{1+3\ln x} = \lim_{x\to 0^+} \frac{1/\ln x - 2}{1/\ln x + 3} = \frac{\displaystyle\lim_{x\to 0^+}\left(1/\ln x\right)-2}{\displaystyle\lim_{x\to 0^+}\left(1/\ln x\right)+3} = \frac{0-2}{0+3} = -\frac{2}{3}$

EJEMPLO 3. **Asíntota a la curva logística**

Probar que la recta $y = A$ es una **asíntota horizontal** de la **curva logística**:

$$f(x) = \frac{A}{1+Be^{-kx}} \ , A, B \text{ y } k \ \text{ son constantes positivas.}$$

Solución

Tenemos que:

$\displaystyle\lim_{x\to +\infty} \frac{A}{1+Be^{-kx}} = \dfrac{A}{1+ B \displaystyle\lim_{x\to +\infty}\left(\dfrac{1}{e^{kx}}\right)}$

$$= \frac{A}{1+B(0)} = \frac{A}{1+0} = A$$

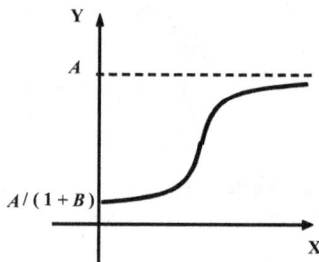

PROBLEMAS RESUELTOS 6.5

PROBLEMA 1. Probar el teorema 6.11

1. $\displaystyle\lim_{x\to 0} \left(1+ax\right)^{\frac{1}{x}} = e^a$
2. $\displaystyle\lim_{x\to 0} \frac{\ln(1+x)}{x} = 1$

3. $\displaystyle\lim_{x\to 0} \frac{e^{bx}-1}{x} = b$
4. $\displaystyle\lim_{x\to 0} \frac{a^x-1}{x} = \ln a$

Solución

1. Si $a = 0$, el resultado es obvio. Veamos el caso $a \neq 0$.

Sea $y = ax$. Se tiene que $x = \dfrac{y}{a}$, $\dfrac{1}{x} = \dfrac{a}{y}$. Además, $x\to 0 \Leftrightarrow y\to 0$

Luego,

$$\underset{x\to 0}{\text{Lím}} \left(1+ax\right)^{\frac{1}{x}} = \underset{y\to 0}{\text{Lím}} \left(1+y\right)^{\frac{a}{y}} = \left[\underset{y\to 0}{\text{Lím}} \left(1+y\right)^{\frac{1}{y}}\right]^{a} = e^{a}$$

2. $\underset{x\to 0}{\text{Lím}} \dfrac{\ln(1+x)}{x} = \underset{x\to 0}{\text{Lím}} \ln\left(1+x\right)^{\frac{1}{x}} = \ln\left(\underset{x\to 0}{\text{Lím}}\left(1+x\right)^{\frac{1}{x}}\right) = \ln e = 1$

3. Sea $y = e^{bx} - 1$. Se tiene que:

$$e^{bx} = 1+y, \quad x = \frac{1}{b}\ln\left(1+y\right) \quad y \quad x\to 0 \Leftrightarrow y\to 0. \text{ Luego,}$$

$$\underset{x\to 0}{\text{Lím}} \frac{e^{bx}-1}{x} = \underset{y\to 0}{\text{Lím}} \frac{1+y-1}{\frac{1}{b}\ln(1+y)} = b\underset{y\to 0}{\text{Lím}} \frac{y}{\ln(1+y)}$$

$$= b\frac{1}{\underset{y\to 0}{\text{Lím}} \dfrac{\ln(1+y)}{y}} = b\left(\frac{1}{1}\right) = b$$

4. Teniendo en cuenta que $a^{x} = e^{x\ln a}$ y la parte 3 anterior con $b = \ln a$, tenemos:

$$\underset{x\to 0}{\text{Lím}} \frac{a^{x}-1}{x} = \underset{x\to 0}{\text{Lím}} \frac{e^{x\ln a}-1}{x} = \ln a$$

PROBLEMAS PEOPUESTOS 6. 5

Hallar los siguientes límites

1. $\underset{x\to 0}{\text{Lím}} \dfrac{\ln(1+ax)}{x}$

2. $\underset{x\to 0}{\text{Lím}} \dfrac{\ln(a+x)-\ln a}{x}$

3. $\underset{x\to e}{\text{Lím}} \dfrac{\ln x-1}{x-e}$

4. $\underset{x\to 1}{\text{Lím}} \dfrac{e^{x}-e}{x-1}$

5. $\underset{x\to 0}{\text{Lím}} \dfrac{e^{ax}-e^{bx}}{x}$

6. $\underset{x\to +\infty}{\text{Lím}} x\left(e^{1/x}-1\right)$

En los ejercicios del 7 al 21 encontrar el límite indicado.

7. $\underset{x\to 0^{-}}{\text{Lim}} 2^{1/x}$

8. $\underset{x\to +\infty}{\text{Lim}} 3^{1/x}$

9. $\underset{x\to +\infty}{\text{Lim}} -4^{-x}+1$

10. $\displaystyle \lim_{x \to +\infty} \frac{850}{1 + e^{-0,2x}}$

11. $\displaystyle \lim_{t \to +\infty} 90\left(1 - e^{-0,005t}\right)$

12. $\displaystyle \lim_{x \to 0^+} \frac{2}{1 + e^{1/x}}$

13. $\displaystyle \lim_{x \to 1^-} e^{2/(x-1)}$

14. $\displaystyle \lim_{x \to -1^-} e^{-1/(x+1)}$

15. $\displaystyle \lim_{x \to +\infty} \frac{e^{2x}}{e^{2x} + 1}$

16. $\displaystyle \lim_{x \to 0} \frac{e^{2x} - 1}{e^x - 1}$

17. $\displaystyle \lim_{x \to -\infty} \frac{e^{3x} - e^{-3x}}{e^{3x} + e^{-3x}}$

18. $\displaystyle \lim_{x \to 2^-} 4^{x/(2-x)}$

19. $\displaystyle \lim_{x \to 2^+} 4^{x/(2-x)}$

20. $\displaystyle \lim_{x \to +\infty} \frac{10^x}{10^x + 1}$

21. $\displaystyle \lim_{x \to +\infty} \left(2^{-0,6x} + \frac{1}{x}\right)$

En los problemas del 22 al 28 calcular el límite indicado

22. $\displaystyle \lim_{x \to 5^+} \ln(x - 5)$

23. $\displaystyle \lim_{x \to 0^+} \log(4x)$

24. $\displaystyle \lim_{x \to +\infty} \log_2\left(x^2 - x\right)$

25. $\displaystyle \lim_{x \to +\infty} \frac{\ln x}{1 + \ln x}$

26. $\displaystyle \lim_{x \to +\infty} \ln\left(1 + e^{-x^2}\right)$

27. $\displaystyle \lim_{x \to 2^-} \ln\left(4 - x^2\right)$

28. $\displaystyle \lim_{x \to +\infty} \left[\ln(2 + x) - \ln(1 + x)\right]$

7

DIFERENCIACION

Isaac Newton
(1642 – 1727)

ISAAC NEWTON nació en Woolsthorpe, Inglaterra, el día de navidad de 1642. Su obra cambió el pensamiento científico de su época y, aún en la ciencia actual, sus ideas están presentes.

*En 1661, a la edad de 18 años, ingresó al Trinity College de Cambrige, donde conoció a otro ilustre matemático, Isaac Barrow (1630–1677). Se graduó en 1665. En el otoño de ese año, una epidemia azotó el área de Londres y la universidad tuvo que cerrar sus puertas por año y medio. Newton regresó a la granja de su familia en su pueblo natal. Esta etapa fue muy fructífera en la vida del insigne científico. Se dice que fue allí donde ocurrió el incidente de la manzana: Newton, al ver caer una manzana de un árbol, relacionó la caída de ésta con la atracción gravitacional que ejerce la tierra sobre la luna, naciendo así la famosa ley de la gravitación universal. También fue en esta época cuando desarrolló, lo que él llamó, el método de las fluxiones, que fueron el fundamento del **Cálculo Diferencial**. Estas ideas también fueron desarrolladas simultáneamente e independientemente por el matemático y filósofo alemán G. Leibniz (1646-1716). A ambos científicos se les concede la paternidad del **Cálculo**.*

En 1667 regresa a Cambrige y en 1669 Barrow renuncia a su cargo de profesor de matemáticas en el Trinity College a favor de Newton.

Sus investigaciones en óptica las aplicó para construir el primer telescopio de reflexión. Gracias a este invento ingresó a la Sociedad Real, la institución científica inglesa de gran renombre y de la cual llegó a ser su presidente.

*En 1687 se publicó su obra capital: **Philosophiae Naturalis Principia Mathematica** (Principios Matemáticos de la Filosofía Natural), en la que presenta las leyes de la mecánica clásica y su famosa teoría de la **gravitación universal**. Con esta obra ganó gran renombre y fue razón principal para que en 1.705 lo nombraran caballero del Imperio.*

ACONTECIMIENTOS PARALELOS IMPORTANTES

Durante la vida de Isaac Newton, en América y en el mundo hispano, sucedieron los siguientes hechos notables: En 1706 nace en Boston Benjamín Franklin, científico y estadista norteamericano. El 22 de diciembre de 1721 Felipe V convierte el Colegio de Santa Rosa de Caracas en la universidad de Caracas (U. Central), que es inaugurada en 1725.

SECCION 7.1
LA DERIVADA

La noción de derivada tuvo su origen en la búsqueda de soluciones a dos problemas, uno de la Geometría y otro de la Física, que son: Encontrar rectas tangentes a una curva y hallar la velocidad instantánea de un objeto en movimiento. El planteamiento del problema de las tangentes se remonta hasta la Grecia Antigua; sin embargo, para encontrar su solución debieron pasar muchos siglos. En el año 1629, Pierre Fermat encontró un interesante método para construir las tangentes a una parábola. Su idea fue la de considerar a la recta tangente como la posición límite de rectas secantes. Este método, como veremos a continuación, contiene implícitamente el concepto de derivada. A partir de aquí, no pasó mucho tiempo para que Newton (1624–1727) y Leibniz (1646–1716), dos gigantes de la matemática, iniciaran el estudio sistemático de la derivada, con lo que dieron origen al Cálculo Diferencial.

RECTA TANGENTE

Sea $y = f(x)$ una función real de variable real y sea $A = (a, f(a))$ un punto fijo de su gráfico. Buscamos la recta tangente al gráfico de la función en el punto A. Para no tener dificultades, vamos a asumir que nuestra función es continua y su gráfico se desarrolla suavemente (sin vértices).

Tenemos otro punto $P = (x, f(x))$ del gráfico, cercano al punto de tangencia $A = (a, f(a))$. Tracemos la recta secante que pasa por A y P.

Si movemos a P sobre el gráfico en tal forma que se aproxime a A, la recta secante se aproximará a la recta tangente. En el límite, cuando P tiende a A, la secante coincidirá con la tangente. Esto es, la recta tangente es la posición límite de la recta secante cuando P tiende a A.

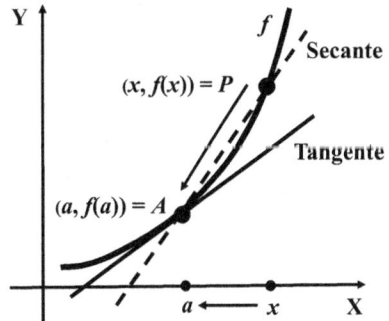

Veamos el argumento anterior en forma analítica. Como la recta tangente pasa por el punto de tangencia $A = (a, f(a))$ para tener su ecuación bastará encontrar su pendiente m.

La pendiente de la recta secante que pasa por $P = (x, f(x))$ y $A = (a, f(a))$ es

$$m_{PA} = \frac{f(x) - f(a)}{x - a}$$

Ahora, cuando el punto $P = (x, f(x))$ se aproxima a $A = (a, f(a))$, la secante se aproxima a la tangente y la pendiente de la secante se aproximará a la pendiente de la tangente. Esto es, si m es la pendiente de la tangente, entonces

$$m = \lim_{x \to a} \frac{f(x) - f(a)}{x - a} \quad \textbf{(i)}$$

EJEMPLO 1. Hallar la recta tangente al gráfico de la función $f(x) = (x-1)^2$ en el punto $(3, 4)$.

Solución

Aplicando la fórmula anterior, la pendiente m de la tangente en el punto (3, 4) es:

$$m = \lim_{x \to 3} \frac{f(x) - f(3)}{x - 3} = \lim_{x \to 3} \frac{(x-1)^2 - (3-1)^2}{x - 3}$$

$$= \lim_{x \to 3} \frac{x^2 - 2x - 3}{x - 3} = \lim_{x \to 3} \frac{(x-3)(x+1)}{x - 3}$$

$$= \lim_{x \to 3} (x+1) = 3 + 1 = 4$$

Luego, la ecuación de la recta tangente es:

$y - 4 = 4(x - 3)$ o bien, operando,

$y - 4x + 8 = 0$

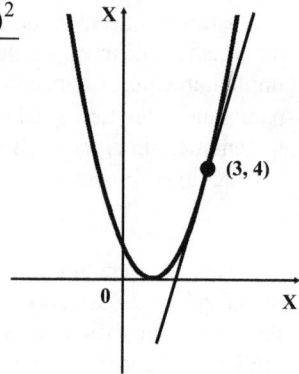

VELOCIDAD INSTANTANEA

Supongamos que un automóvil cruza por dos ciudades distantes entre sí 180 Km. y que estos 180 Km. los recorre en 3 horas. El automóvil, en este recorrido, viajó a una velocidad promedio de $\frac{180}{3} = 60$ Km/h.

En general tenemos que:

$$\text{Velocidad promedio} = \frac{\text{distancia recorrida}}{\text{tiempo transcurrido}}$$

Regresemos al caso del automóvil. La aguja del velocímetro no se ha mantenido estática marcando 60 Km./h, que es la velocidad promedio, sino que ésta ha estado variando, algunas veces marcando 0 (en los semáforos) y otras marcando números mayores que 60. Esto se debe a que la aguja marca la **velocidad instantánea** y no la velocidad promedio. ¿Cómo se relacionan estas dos velocidades? A continuación contestamos esta inquietud tratando el problema en forma más general.

Supongamos que un objeto se mueve a lo largo de una recta de acuerdo a la ecuación $s = f(t)$. Aquí la variable t mide el tiempo y la variable s mide el desplazamiento del objeto contabilizado a partir del origen de coordenadas. A esta función $s = f(t)$ la llamaremos **función de posición**.

Buscamos una expresión para la velocidad instantánea en un instante fijo **a**. A esta velocidad la denotaremos por **v(a)**. Sea t un instante cualquiera cercano al instante **a**. En el intervalo de tiempo entre **a** y **t** el cambio de posición del objeto es $f(t) - f(a)$.

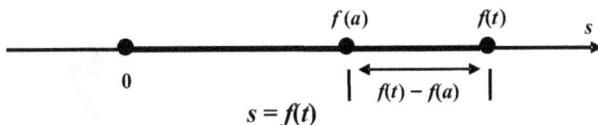

$$s = f(t)$$

La velocidad promedio en este intervalo de tiempo de **a** a **t** es

$$\text{Velocidad promedio} = \frac{s(t) - s(a)}{t - a}$$

Esta velocidad promedio es una aproximación a la **velocidad instantánea v(a)**. Esta aproximación será mejor a medida que **t** se acerque más al instante **a**. Por tanto, es natural establecer que:

$$v(a) = \lim_{t \to a} \frac{s(t) - s(a)}{t - a} \qquad \text{(ii)}$$

EJEMPLO 2. Sabemos por nuestros estudios de Física que una bola de acero soltada desde una torre, después de t segundos ha caído una distancia

$$s(t) = 16t^2 \text{ pies}$$

a. Hallar la velocidad promec la bola del segundo $t =$ segundo $t = 3$.

b. Hallar la velocidad instar cuando $t = 2$ seg.

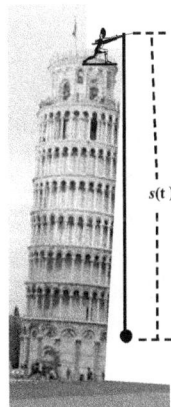

Torre de Pisa

Solución

a. Velocidad promedio $= \dfrac{s(3) - s(2)}{3 - 2} = \dfrac{16(3)^2 - 1}{1}$

$$= 144 - 64 = 80 \frac{\text{pies}}{\text{seg}}$$

b. $v(2) = \lim_{t \to 2} \dfrac{s(t) - s(2)}{t - 2} = \lim_{t \to 2} \dfrac{16t^2 - 16(2)^2}{t - 2}$

$$= \lim_{t \to 2} \frac{16\left(t^2 - 2^2\right)}{t - 2} = 16 \lim_{t \to 2} \frac{t^2 - 2^2}{t - 2} = 16 \lim_{t \to 2} \frac{(t - 2)(t + 2)}{t - 2}$$

$$= 16 \lim_{t \to 2} (t + 2) = 16(2 + 2) = 64 \frac{\text{pies}}{\text{seg}}$$

GALILEO GALILEI *(1564−1642), uno de los matemáticos, físicos, astrónomos y filósofos más destacados del Renacimiento, nació en Pisa, Italia. Se distinguió por el uso de la matemática para la explicación de las leyes físicas. Es considerado como el "padre de la ciencia moderna" Descubrió, entre muchos resultados, la ley de caída libre de los cuerpos en el vacío. Se cuenta que para lograr esta ley, llevó a cabo experimentos dejando caer objetos desde la torre de Pisa.*

Tanto en el problema de la recta tangente como en él de la velocidad instantánea, hemos llegado a un mismo tipo de límite: (i) y (ii). En este límite radica la esencia del Cálculo Diferencial. Su importancia rebasa a los problemas geométricos y físicos que le dieron origen, y merece ser tratado independientemente. Este límite es la derivada.

DEFINICION. **La derivada de f en a,** denotada por $f'(a)$, es el siguiente límite:

$$f'(a) = \lim_{x \to a} \frac{f(x)-f(a)}{x-a} \qquad (1)$$

La derivada $f'(a)$, por ser un límite, puede o no existir. En el caso de que exista diremos que la función f **es diferenciable en el punto a**. Aún más, diremos que la función f **es diferenciable en un intervalo abierto (a, b)** si f es diferenciable en cada punto del intervalo.

EJEMPLO 3.   Sea la función $f(x) = x^2$. Hallar la derivada de f en un punto cualquiera a. Esto es, hallar $f'(a)$.

Solución

$$f'(a) = \lim_{x \to a} \frac{f(x)-f(x)}{x-a} = \lim_{x \to a} \frac{x^2 - a^2}{x-a}$$

$$= \lim_{x \to a} \frac{(x-a)(x+a)}{x-a} = \lim_{x \to a} (x+a) = a+a = 2a$$

Esto es,

$$f'(a) = 2a.$$

Como a es un punto arbitrario del dominio de f, el resultado anterior también podemos escribirlo como

$$f'(x) = 2x$$

Por razones de conveniencia, al límite que define la derivada lo expresamos en una forma ligeramente diferente.

Si a la diferencia $x - a$ la denotamos por Δx (delta x); esto es, si

$$\Delta x = x - a \qquad (2)$$

Entonces tenemos que

$$(3) \quad x = a + \Delta x \quad y \qquad\qquad (4) \quad x \to a \Leftrightarrow \Delta x \to 0$$

Ahora, remplazando (2), (3) y (4) en (1) obtenemos una nueva expresión para la derivada:

$$f'(a) = \lim_{\Delta x \to 0} \frac{f(a + \Delta x) - f(a)}{\Delta x} \qquad (5)$$

En lugar de Δx podemos usar cualquier otra variable. Así, si $h = \Delta x$, entonces

$$f'(a) = \lim_{h \to 0} \frac{f(a + h) - f(a)}{h} \qquad (6)$$

Si $\Delta f = f(a + \Delta x) - f(a)$, entonces (5) se escribe así:

$$f'(a) = \lim_{\Delta x \to 0} \frac{\Delta f}{\Delta x} \qquad (7)$$

Aún más, si se usa la notación $y = f(x)$ para expresar la función f, al incremento Δf también se le denota por Δy, y entonces

$$f'(a) = \lim_{\Delta x \to 0} \frac{\Delta y}{\Delta x} \qquad (8)$$

EJEMPLO 4. Dada la función $g(x) = \dfrac{1}{x}$, $x \neq 0$

a. Hallar la derivada de g en el punto 2. Esto es, hallar $g'(2)$.

b. Hallar $g'(x)$, la derivada de g en un punto x cualquiera.

Solución

a. $g'(2) = \underset{\Delta x \to 0}{\text{Lim}} \dfrac{g(2+\Delta x)-g(2)}{\Delta x} = \underset{\Delta x \to 0}{\text{Lim}} \dfrac{\dfrac{1}{2+\Delta x}-\dfrac{1}{2}}{\Delta x} = \underset{\Delta x \to 0}{\text{Lim}} \dfrac{2-(2+\Delta x)}{2\Delta x(2+\Delta x)}$

$\qquad = \underset{\Delta x \to 0}{\text{Lim}} \dfrac{-\Delta x}{2\Delta x(2+\Delta x)} = \underset{\Delta x \to 0}{\text{Lim}} \dfrac{-1}{2(2+\Delta x)} = \dfrac{-1}{2(2+0)} = -\dfrac{1}{4}$

b. $g'(x) = \underset{\Delta x \to 0}{\text{Lim}} \dfrac{g(x+\Delta x)-g(x)}{\Delta x} = \underset{\Delta x \to 0}{\text{Lim}} \dfrac{\dfrac{1}{x+\Delta x}-\dfrac{1}{x}}{\Delta x} = \underset{\Delta x \to 0}{\text{Lim}} \dfrac{x-(x+\Delta x)}{x.\Delta x(x+\Delta x)}$

$\qquad = \underset{\Delta x \to 0}{\text{Lim}} \dfrac{-\Delta x}{x.\Delta x(x+\Delta x)} = \underset{\Delta x \to 0}{\text{Lim}} \dfrac{-1}{x(x+\Delta x)} = \dfrac{-1}{x(x+0)} = -\dfrac{1}{x^2}$

Esto es, $g'(x) = -\dfrac{1}{x^2}$, $x \neq 0$

LA DERIVADA COMO RAZON DE CAMBIO

Razón de cambio es otro nombre que se da a la derivada cuando ésta es vista como el límite de un cociente (razón) incremental. Por definición, si x es un punto del dominio de la función $y = f(x)$, entonces

$$f'(x_0) = \underset{x \to x_0}{\text{Lim}} \dfrac{f(x)-f(x_0)}{x-x_0} = \underset{\Delta x \to 0}{\text{Lim}} \dfrac{f(x_0+\Delta x)-f(x_0)}{\Delta x} = \underset{\Delta x \to 0}{\text{Lim}} \dfrac{\Delta y}{\Delta x},$$

donde $\Delta y = f(x_0 + \Delta x) - f(x_0)$ y $\Delta x = x - x_0$

El incremento $\Delta y = f(x_0 + \Delta x) - f(x_0)$ mide el cambio experimentado por $y = f(x)$ cuando x cambia de x_0 a $x_0 + \Delta x$. El cociente

$$\dfrac{\Delta y}{\Delta x} = \dfrac{f(x_0+\Delta x)-f(x_0)}{\Delta x} \qquad\qquad \textbf{(1)}$$

es **la razón de cambio promedio** de y respecto a x, cuando x cambia de x_0 a $x_0 + \Delta x$. El límite de este cambio promedio cuando $\Delta x \to 0$ es **la razón de cambio instantánea** o, simplemente, **la razón de cambio** de y respecto a x en x_0. Pero este límite es la derivada $f'(x_0)$. La razón de cambio también es llamada **tasa de cambio.**

En Resumen

Sea $y = f(x)$. La razón de cambio (instantánea) de y respecto a x es $f'(x)$

Esta nueva interpretación de la derivada como una razón de cambio amplia el panorama de sus aplicaciones. El mundo en el que vivimos es un mundo dinámico y cambiante. La población aumenta, los recursos naturales disminuyen, la inflación sube, la producción industrial baja o sube, etc. La velocidad con que estas cantidades cambian (crecen o decrecen) es, precisamente, la razón o tasa de cambio de las variables asociadas.

De acuerdo a este punto de vista, la velocidad es la razón de cambio del desplazamiento respecto al tiempo.

| **EJEMPLO 5.** | Se ha determinado que la utilidad anual de una corporación está dada por

$$U(t) = 0.5t^2 + 2t + 14,$$

donde $U(t)$ es dada en millones de dólares y t en años, contados a partir de ahora. Hallar la tasa a la cual estará creciendo la utilidad dentro de 2 años.

Solución

Nos piden la razón de cambio de $U(t)$ respecto a t, cuando $t = 2$. Esto es, nos piden $U'(2)$. Bien,

$$\Delta U = U(2 + \Delta t) - U(2)$$

$$= \left[\ 0.5(2+\Delta t)^2 + 2(2+\Delta t) + 14 \ \right] - \left[\ 0.5(2)^2 + 2(2) + 14 \ \right]$$

$$= \left[0.5\left(2^2 + 4\Delta t + (\Delta t)^2 \right) + 2(2) + 2(\Delta t) + 14 \right] - \left[\ 0.5\,(2)^2 + 2(2) + 14 \ \right]$$

$$= 4\Delta t + 0.5(\Delta t)^2$$

En consecuencia,

$$U'(2) = \lim_{t \to 2} \frac{\Delta U}{\Delta t} = \lim_{t \to 2} \frac{4\Delta t + 0.5(\Delta t)^2}{\Delta t} = \lim_{t \to 2} \left(4 + 0.5\,\Delta t \right) = 4$$

Luego, 2 años después, la utilidad estará creciendo a la tasa de 4 millones de dólares por año.

RAZON DE CAMBIO RELATIVA Y PORCENTUAL

Una tasa de crecimiento de las utilidades de 4 millones por año para una corporación que tiene una utilidad anual de 20 millones sería, sin duda, una excelente noticia. Pero esta misma tasa de crecimiento sería una triste noticia para otra corporación cuya utilidad anual es de 600 millones. Es pues necesario tener una medida que compare la razón de cambio de una cantidad con la misma cantidad. Tenemos dos medidas que satisfacen esta condición: la razón de cambio relativa y la razón de cambio porcentual.

Si $y = f(x)$, la razón (tasa) de cambio relativa de y respecto a x en x_0 es

$$\frac{f'(x_0)}{f(x_0)}.$$

La razón (tasa) de cambio porcentual de y respecto a x en x_0 es

$$100\ \frac{f'(x_0)}{f(x_0)}$$

EJEMPLO 6.   Dada la función de utilidad del ejemplo 1 anterior, hallar:
a. La tasa de crecimiento relativo de la utilidad 2 años después.
b. tasa de crecimiento porcentual de la utilidad 2 años después.

Solución

a. Nos piden $\dfrac{U'(2)}{U(2)}$. Bien:

$$U'(2) = 4 \quad y \quad U(2) = 0.5\,(2)^2 + 2(2) + 14 = 20$$

Luego, la tasa de cambio relativa de la utilidad dos años después es

$$\frac{U'(2)}{U(2)} = \frac{4}{20} = 0.2$$

b. La tasa de cambio porcentual es

$$100\ \frac{U'(2)}{U(2)} = 100\,(0.2) = 20\ \%$$

RECTA TANGENTE Y RECTA NORMAL

Formalicemos las ideas expuestas en el problema geométrico de la recta tangente, que nos sirvió de motivación para introducir la derivada.

DEFINICION.   Sea f una función diferenciable en el punto a.

a. La recta tangente al gráfico de f en el punto $A = (a, f(a))$ es la recta que pasa por A y tiene por pendiente $m = f'(a)$. O sea, es la recta

$$T:\ y - f(a) = f'(a)(x - a)$$

b. La recta normal al gráfico de f en el punto $A = (a, f(a))$ es la recta que pasa por A y perpendicular a la recta tangente al gráfico en el punto A. O sea, es la recta

$$N:\ y - f(a) = -\frac{1}{f'(a)}\,(x - a)$$

| EJEMPLO 7. | Hallar la recta tangente al gráfico de $g(x) = \dfrac{1}{x}$ en el punto $(-1/2, 2)$

Solución

a. Hallemos $g'(-1/2)$.

Por la parte b. del ejemplo 4 sabemos que

$$g'(x) = -\frac{1}{x^2}, \quad x \neq 0$$

Luego,

$$g'(-1/2) = -\frac{1}{(-1/2)^2} = -4$$

a. Recta tangente:

$$T: \quad y - g(-1/2) = g'(-1/2)\,(x - (-1/2))$$

Esto es,

$$y - (-2) = -4(x + 1/2) \implies 4x + y + 4 = 0$$

b. Recta Normal:

$$N: \quad y - g(-1/2) = -\frac{1}{g'(-1/2)}\,(x - (-1/2))$$

Esto es,

$$y - (-2) = -\frac{1}{-4}\,(x - (-1/2)) \implies 2x - 8y - 17 = 0$$

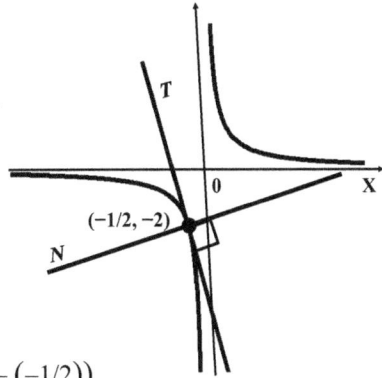

DIFERENCIABILIDAD Y CONTINUIDAD

Un resultado importante que relaciona la diferenciabilidad con la continuidad es el siguiente teorema.

| TEOREMA 7.1 | Si f es una función diferenciable en el punto a, entonces f es continua en a.

Demostración

Ver el problema resuelto 6.

Como consecuencia inmediata de este teorema se concluye que una función no es diferenciable en sus puntos de discontinuidad.

El recíproco del teorema anterior no se cumple. Una función puede ser continua en un punto y no ser diferenciable en el mismo punto. La función valor absoluto nos ilustra el caso. Esta función es obviamente continua en el punto 0. Sin embargo, como se muestra en el siguiente ejemplo, esta función no es diferenciable en 0.

EJEMPLO 8.　Probar que la función valor absoluto $f(x) = |x|$ no es diferenciable

en el punto 0. Esto es, no existe $f'(0)$.

Solución

Debemos probar que no existe la derivada:

$$f'(0) = \lim_{x \to 0} \frac{f(x) - f(0)}{x - 0}$$

Para esto, mostraremos que los límites unilaterales son diferentes.

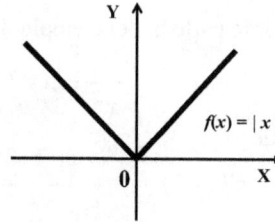

$f(x) = |x|$

$$\lim_{x \to 0^-} \frac{f(x) - f(0)}{x - 0} \quad y \quad \lim_{x \to 0^+} \frac{f(x) - f(0)}{x - 0}$$

A propósito, a estos límites unilaterales se les llama **derivada por la izquierda** y **derivada por la derecha** de f en 0, respectivamente.

$$\lim_{x \to 0^-} \frac{f(x) - f(0)}{x - 0} = \lim_{x \to 0^-} \frac{|x| - |0|}{x - 0} = \lim_{x \to 0^-} \frac{|x|}{x} = \lim_{x \to 0^-} \frac{-x}{x} = -1$$

$$\lim_{x \to 0^+} \frac{f(x) - f(0)}{x - 0} = \lim_{x \to 0^+} \frac{|x| - |0|}{x - 0} = \lim_{x \to 0^+} \frac{|x|}{x} = \lim_{x \to 0^-} \frac{x}{x} = 1$$

Como los límites unilaterales no son iguales, concluimos que no existe $\lim_{x \to 0} \frac{f(x) - f(0)}{x - 0}$. Por lo tanto, $f(x) = |x|$, no es diferenciable en el punto 0.

El resultado anterior puede interpretarse geométricamente. En efecto, el gráfico de $f(x) = |x|$, tiene un vértice en el punto $(0, 0)$. La presencia de este vértice no permite asignarle una recta tangente al gráfico en este punto, ya que al pasar de los puntos a la izquierda de $(0, 0)$ a los de la derecha hay un cambio brusco de pendientes (de -1 a 1).

LA FUNCION DERIVADA

DEFINICION.　Se llama **función derivada de la función** f, o simplemente **derivada de** f, a la función f' tal que a cada número x del dominio de f le hace corresponder $f'(x)$, la derivada de f en x:

$$f'(x) = \lim_{\Delta x \to 0} \frac{f(x + \Delta x) - f(x)}{\Delta x}$$

El dominio de f' es el conjunto de los puntos x del dominio de f para los cuales existe $f'(x)$.

Otro símbolo para f' es **Df**. Esto es, $Df = f'$ y en caso de que se quiera especificar la variable independiente, se escribe $D_x f$, que es la derivada de f respecto a x. Se tiene, entonces, $D_x f(x) = f'(x)$

$\boxed{\textbf{EJEMPLO 9.}}$ **a.** La función derivada de $f(x) = x^2$, de acuerdo al ejemplo 3, es la función

$$f'(x) = 2x, \text{ o bien } D_x f(x) = 2x,$$

que tiene por dominio todo $\mathbb{R}$.

Si la función anterior se expresa así: $y = x^2$, su derivada se expresa así: $y' = 2x$, o bien $D_x y = 2x$.

b. La derivada de la función $g(x) = \dfrac{1}{x}$, de acuerdo a la parte b. del ejemplo 4, es la función

$$g'(x) = -\frac{1}{x^2}, \text{ o bien } D_x g(x) = -\frac{1}{x^2},$$

que tiene por dominio $\mathbb{R} - \{0\}$

Si a la función anterior la expresamos mediante $y = \dfrac{1}{x}$, su derivada se expresa así:

$$y' = -\frac{1}{x^2} \quad \text{o así} \quad D_x y = -\frac{1}{x^2}$$

LA NOTACION DE LEIBNIZ

Además de la notación que hemos introducido para asignar a la función derivada, existen otras. Entre éstas está la notación clásica que fue introducida por Leibniz durante la época del nacimiento del Cálculo. Esta notación, para asignar la derivada de una función $y = f(x)$, usa cualquiera de las cuatro expresiones siguientes:

1. $\dfrac{dy}{dx}$ **2.** $\dfrac{df}{dx}$ **3.** $\dfrac{df(x)}{dx}$ **4.** $\dfrac{d}{dx}(f(x))$

En el ejemplo 1 encontramos que la derivada de la función $f(x) = x^2$ es $f'(x) = 2x$. Con la notación de Leibniz este resultado se escribe así:

$$\frac{df(x)}{dx} = 2x \quad \text{o bien,} \quad \frac{d(x^2)}{dx} = \frac{d}{dx}(x^2) = 2x$$

y si en lugar de $f(x) = x^2$ escribimos $y = x^2$, entonces su derivada se expresaría así:

$$\frac{dy}{dx} = 2x$$

Si x_0 es un punto fijo del dominio de una función f, la derivada $f'(x_0)$ de f en el punto x_0 se escribe con la notación de Leibniz, del modo siguiente:

$$\frac{df(x)}{dx}\bigg|_{x = x_0} \qquad \text{ó sea} \qquad \frac{df(x)}{dx}\bigg|_{x = x_0} = f'(x_0)$$

EJEMPLO 10.   Si $f(x) = 4x^2 - 1$,   hallar $\dfrac{df(x)}{dx}\bigg|_{x = 3}$

Solución

$$\frac{df(x)}{dx}\bigg|_{x=3} = f'(3) = \lim_{\Delta x \to 0} \frac{f(3+\Delta x) - f(3)}{\Delta x} = \lim_{\Delta x \to 0} \frac{\left[4(3+\Delta x)^2 - 1\right] - \left[4(3)^2 - 1\right]}{\Delta x}$$

$$= \lim_{\Delta x \to 0} \frac{\left[36 + 24\Delta x + 4(\Delta x)^2 - 1\right] - [36 - 1]}{\Delta x} = \lim_{\Delta x \to 0} \frac{24\Delta x + 4(\Delta x)^2}{\Delta x}$$

$$= \lim_{\Delta x \to 0} \frac{\Delta x(24 + 4\Delta x)}{\Delta x} = \lim_{\Delta x \to 0} (24 + 4\Delta x) = 24 + 0 = 24$$

Es de suponer que si una función se expresa mediante otras variables, que no sean x ó y, la notación de la derivada cambiará de acuerdo a las nuevas variables. Así la derivada de la función: $u = t^2$ se expresa en las formas siguientes:

1. $u' = 2t$ **2.** $\dfrac{du}{dt} = 2t$ **3.** $\dfrac{d(t^2)}{dt} = 2t$ **4.** $D_t u = 2t$ **5.** $D_t\left(t^2\right) = 2t$

PROBLEMAS RESUELTOS 7.1

PROBLEMA 1.   Hallar la derivada de la función $f(x) = x^3$

Solución

Sea x un punto cualquiera del dominio f

$$f'(x) = \lim_{\Delta x \to 0} \frac{f(x+\Delta x) - f(x)}{\Delta x} = \lim_{\Delta x \to 0} \frac{(x+\Delta x)^3 - x^3}{\Delta x}$$

$$= \lim_{\Delta x \to 0} \frac{x^3 + 3x^2\Delta x + 3x(\Delta x)^2 + (\Delta x)^3 - x^3}{\Delta x} = \lim_{\Delta x \to 0} \frac{3x^2\Delta x + 3x(\Delta x)^2 + (\Delta x)^3}{\Delta x}$$

$$= \text{Lim}_{\Delta x \to 0} \frac{\Delta x \left[3x^2 + 3x\Delta x + (\Delta x)^2 \right]}{\Delta x} = \text{Lim}_{\Delta x \to 0} \left[3x^2 + 3x\Delta x + (\Delta x)^2 \right] = 3x^2$$

Luego,

$$f'(x) = 3x^2 , \quad \text{ó bien} \quad D_x\left(x^3 \right) = 3x^2 \quad \text{ó} \quad \frac{d(x^3)}{dx} = 3x^2 , \text{con dominio } \mathbb{R}.$$

PROBLEMA 2. Probar que $D_x\sqrt{x} = \dfrac{1}{2\sqrt{x}}$

Solución

Tenemos un punto cualquiera $x > 0$:

$$D_x\sqrt{x} = \text{Lim}_{\Delta x \to 0} \frac{\sqrt{x+\Delta x} - \sqrt{x}}{\Delta x} = \text{Lim}_{\Delta x \to 0} \frac{\sqrt{x+\Delta x} - \sqrt{x}}{\Delta x} \frac{\sqrt{x+\Delta x} + \sqrt{x}}{\sqrt{x+\Delta x} + \sqrt{x}}$$

$$= \text{Lim}_{\Delta x \to 0} \frac{(x+\Delta x) - x}{\Delta x \left(\sqrt{x+\Delta x} + \sqrt{x} \right)} = \text{Lim}_{\Delta x \to 0} \frac{1}{\sqrt{x+\Delta x} + \sqrt{x}} = \frac{1}{2\sqrt{x}}$$

Esto es, $D_x\sqrt{x} = \dfrac{1}{2\sqrt{x}}$, con dominio $(0, +\infty)$.

PROBLEMA 3. Dada la función $f(x) = \sqrt{x}$

a. Hallar la recta tangente a su gráfico en el punto $(2, \sqrt{2})$.

b. Hallar la recta normal a su gráfico en el punto $(2, \sqrt{2})$.

Solución

a. La recta tangente en $(2, \sqrt{2})$ es

$$y - \sqrt{2} = f'(2)(x - 2)$$

Por el problema anterior, $f'(2) = \dfrac{1}{2\sqrt{2}}$

Luego, la recta tangente buscada es

$$y - \sqrt{2} = \frac{1}{2\sqrt{2}}(x - 2) \implies x - 2\sqrt{2}\,y + 2 = 0$$

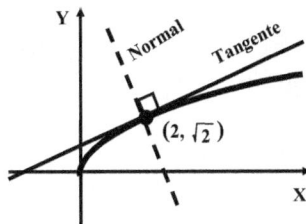

b. La recta normal en el punto $(2, \sqrt{2})$, es perpendicular a la recta tangente. Luego, su pendiente es $-\dfrac{1}{f'(2)} = -\dfrac{1}{1/2\sqrt{2}} = -2\sqrt{2}$. Por tanto, una ecuación para la recta normal es, $\quad y - \sqrt{2} = -2\sqrt{2}(x - 2) \implies 2\sqrt{2}\,x + y - 5\sqrt{2} = 0$

PROBLEMA 4. La tangente a la parábola $y = x^2$ en cierto punto P es paralela a la recta $y + 4x + 12 = 0$. Hallar este punto P y hallar la tangente.

Solución

Sea $P = (x_0, x_0^2)$ el punto buscado.

La pendiente de la recta tangente a la parábola $y = x^2$ en este punto es $m = 2x_0$

Por otro lado, la pendiente de la recta

$y + 4x + 12 = 0$ es -4

Como la tangente y la recta dadas son paralelas, ambas deben tener igual pendiente.

Luego, $2x_0 = -4 \Rightarrow x_0 = -2$

Por tanto, el punto P buscado es $P = \left(-2, (-2)^2\right) = (-2, 4)$ y la recta tangente a la parábola en $P = (-2, 4)$ es

$$y - 4 = -4(x - (-2)), \quad \text{o} \quad \text{sea} \quad y + 4x + 4 = 0$$

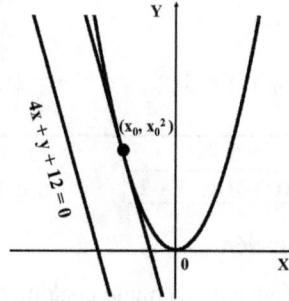

PROBLEMA 5. La población de cierto país está creciendo según la función

$$P(t) = 0{,}06t^2 + 0{.}01t + 26,$$

donde $P(t)$ está dado en millones y t en años contados a partir del inicio del año 2.015. Calcular:

a. La tasa de crecimiento de la población al inicio del año 2020.

b. La tasa de crecimiento relativo de la población al inicio del año 2020.

c. La tasa de crecimiento porcentual de la población al inicio del año 2020.

Solución

a. Nos piden hallar $P'(5)$. Bien,

$\Delta P = P(5 + \Delta t) - P(5)$

$= \left[0.06(5 + \Delta t)^2 + 0{,}01(5 + \Delta t) + 20 \right] - \left[0.06(5)^2 + 0.01(5) + 26 \right]$

$= \left[0.06(5)^2 + 0.06(10\Delta t) + 0.06(\Delta t)^2 + 0.01(5) + 0.01(\Delta t) + 26 \right]$

$\quad - \left[0.06(5)^2 + 0.01(5) + 26 \right]$

$= 0.61\Delta t + 0{,}06(\Delta t)^2$

Luego,

$$P'(5) = \lim_{\Delta t \to 0} \frac{P(5+\Delta t) - P(5)}{\Delta t} = \lim_{\Delta t \to 0} \frac{0.61\Delta t - 0.06(\Delta t)^2}{\Delta t}$$

$$= \lim_{\Delta t \to 0} (0.61 + 0.06\Delta t) = 0.61$$

Esto es, al inicio del 2.020, la población del país está creciendo a una tasa de 0.61 millones por año; o sea, 610.000 habitantes por año.

b. Nos piden $\dfrac{P'(5)}{P(5)}$. Bien,

$$P'(5) = 0.61 \quad \text{y} \quad P(5) = 0.06(5)^2 + 0.01(5) + 26 = 27.55$$

Luego, la tasa de cambio relativa al inicio del 2020 será

$$\frac{P'(5)}{P(5)} = \frac{0.61}{27.55} = 0.02214156 \approx 0.022$$

c. La tasa de cambio porcentual es

$$100 \frac{P'(5)}{P(5)} \approx 100 \,(0.022) = 2.2 \,\%$$

| **PROBLEMA 6.** | Probar el Teorema 7.1. Si f es una función diferenciable en x_0, probar que f es continua en x_0 |

Solución

Consideremos la siguiente identidad:

$$f(x) - f(x_0) = (x - x_0)\frac{f(x) - f(x_0)}{x - x_0}$$

Tomemos límites a ambos lados cuando $x \to x_0$:

$$\lim_{x \to x_0} \left[f(x) - f(x_0) \right] = \lim_{x \to x_0} \left[(x - x_0)\frac{f(x) - f(x_0)}{x - x_0} \right]$$

$$= \left[\lim_{x \to x_0} (x - x_0) \right] \left[\lim_{x \to x_0} \frac{f(x) - f(x_0)}{x - x_0} \right]$$

$$= (x_0 - x_0)f'(x_0) = (0)f'(x_0) = 0$$

Esto es, $\displaystyle\lim_{x \to x_0} \left[f(x) - f(x_0) \right] = 0$. Luego, $\displaystyle\lim_{\Delta x \to x_0} f(x) = f(x_0)$.

Esta última igualdad nos dice que f es continua en x_0.

PROBLEMAS PROPUESTOS 7.1

En los problemas del 1 al 9, hallar la derivada de la función en el punto x_0 indicado.

1. $f(x) = 2$ en $x_0 = 1$ **2.** $g(x) = x$ en $x_0 = 3$

3. $h(x) = 3x$ en $x_0 = 2$ **4.** $f(x) = 4x - 1$ en $x_0 = 2$

5. $g(x) = 2x^2$ en $x_0 = 1$ **6.** $h(x) = \dfrac{3}{x}$ en $x_0 = -2$

7. $f(x) = 3x^2 - 5$ en $x_0 = -1$ **8.** $g(x) = x + \dfrac{1}{x}$ en $x_0 = 2$

9. $h(x) = x^3 + 2$ en $x_0 = -1$

En los problemas del 10 al 21, hallar la derivada (la función derivada)
respecto a la variable independiente correspondiente.

10. $f(x) = 2$ **11.** $g(x) = x$ **12.** $h(x) = 3x$

13. $f(x) = 4x - 1$ **14.** $g(x) = 2x^2$ **15.** $h(x) = \dfrac{3}{x}$

16. $f(x) = 3x^2 - 5$ **17.** $g(x) = x + \dfrac{1}{x}$ **18.** $h(x) = x^3 + 2$

19. $y = \dfrac{1}{x+1}$ **20.** $y = \dfrac{t}{t+1}$ **21.** $u = 4 + 3\sqrt{x}$

22. Un objeto se mueve a lo largo de una recta. Su posición (en metros) a partir de
un punto fijo en el tiempo t (en segundos) es
$$s(t) = t^2 + 3t + 1$$
  a. Hallar la velocidad promedio en el intervalo de tiempo entre $t = 2$ y $t = 4$.
  b. Hallar la velocidad instantánea cuando $t = 2$.

23. Una piedra es soltada desde una altura de 400 pies.
  a. ¿En cuánto tiempo llega la piedra al suelo?
  b. ¿Con qué velocidad llega la piedra al suelo?

24. Dada la función $f(x) = x^3 + x^2$
  a. Hallar la pendiente de la recta tangente al gráfico de esta función en el punto
    donde $x = 1$.
  b. Hallar la recta tangente al gráfico de esta función en el punto $x = 1$.
  c. Hallar la recta normal al gráfico de esta función en el punto donde $x = 1$.

25. Dada la función $g(x) = \sqrt{x - 3}$
  a. Hallar la pendiente de la recta tangente al gráfico de esta función en el punto
    donde $x = 12$.
  b. Hallar la recta tangente al gráfico de esta función en el punto donde $x = 12$.
  c. Hallar la recta normal al gráfico de esta función en el punto donde $x = 12$.

26. Dada la función $h(x) = \dfrac{1}{2}x^2 - x + 7$

  a. Hallar la función derivada.
  b. Hallar punto del gráfico de h donde la tangente es paralela a $y - 3x + 6 = 0$.
  c. Hallar la recta tangente al gráfico de h en el punto encontrado en b.

27. Dada la función $f(x) = \sqrt{2x+1}$
   a. Hallar la función derivada.
   b. Una tangente al gráfico de f tiene por pendiente 1/2. Hallar una ecuación de esta tangente.

28. (Crecimiento de ventas) El volumen de ventas de un tipo de teléfono celular es
$$V(t) = 8{,}000 + 3{,}000t - 100t^2,$$
donde t se mide en meses y V es el número de celulares vendidos por mes.
Hallar la tasa de cambio de V cuando
   a. $t = 0$,   **b.** $t = 2$ **c.** $t = 5$

29. (Crecimiento de las utilidades) Se ha determinado que las utilidades anual de una corporación está dada por
$$U(t) = \frac{1}{4}t^2 + 2t + 20,$$
donde $U(t)$ es dada en millones de dólares y t en años, contados a partir del inicio del 2015.
   a. Hallar la tasa a la cual estuvo creciendo las utilidades 2 años después.
   b. Hallar la tasa relativa de crecimiento de las utilidades 2 años después.
   c. Hallar la tasa porcentual de crecimiento de la utilidades 2 años después.

30. (Crecimiento del consumo) Se sabe que el consumo anual de cerveza de cierto país es $C(t) = 52 + 0.2t + 0.12t^2$, donde $C(t)$ es dado en millones de litros y t es dado en años computados al iniciarse el año 2015.
   a. Hallar la tasa de consumo anual de cerveza de este país para cualquier año t.
   b. Hallar la tasa de consumo anual de cerveza de este país al iniciarse el año 2020.
   c. Hallar la tasa relativa de consumo anual al iniciarse el año 2020.
   d. Hallar la tasa porcentual de consumo anual al iniciarse el año 2020.

31. Probar que la función valor absurdo $f(x) = |x|$ es diferenciable en cualquier punto $x \neq 0$. Hallar su función derivada.

32. Hallar el valor de x donde la función $f(x) = |x| - 1$ no es diferenciable.

33. Hallar el valor de x donde la función $f(x) = |x-1|$ no es diferenciable.

SECCION 7.2
TECNICAS DE DERIVACION

Llamaremos derivación o diferenciación al proceso de hallar la derivada de una función. En la sección anterior, este proceso fue llevado a cabo aplicando directamente la definición, lo cual dependía del laborioso trabajo de calcular ciertos

límites. En esta sección presentaremos algunos teoremas que nos permitirán
encontrar la derivada de un gran número de funciones en forma rápida y mecánica,
sin tener que recurrir a la definición de límite.

DERIVADA DE UNA CONSTANTE

TEOREMA 7.2   **Regla de la constante.**

Si c es una constante y f es la función constante $f(x) = c$,
entonces

$$f'(x) = 0, \text{ó bien}\quad D_x c = 0 \quad \text{ó} \quad \frac{dc}{dx} = 0$$

Demostración

$$f'(x) = \lim_{\Delta x \to 0} \frac{f(x + \Delta x) - f(x)}{\Delta x} = \lim_{\Delta x \to 0} \frac{c - c}{\Delta x} = \lim_{\Delta x \to 0} \frac{0}{\Delta x} = 0$$

EJEMPLO 1.   **a.** $\dfrac{d(2)}{dx} = 0$ **b.** $\dfrac{d(-8)}{dx} = 0$ **c.** $\dfrac{d(\sqrt{3})}{dx} = 0$ **d.** $D_x \pi = 0$

DERIVADA DE UNA POTENCIA

TEOREMA 7.3   **Regla de la potencia.**

Si n es un número real y f es la función $f(x) = x^n$, entonces

$$f'(x) = nx^{n-1} \quad \text{o bien}$$

$$\frac{d}{dx}\left(x^n\right) = nx^{n-1} \quad \text{ó} \quad D_x\left(x^n\right) = nx^{n-1}$$

Demostración

Aquí sólo probaremos el teorema para el caso en que n es un número natural. La
prueba para los otros casos, donde n es un entero negativo, un racional o un
irracional, la omitimos.

Si n es un número natural, tomando en cuenta el problema resuelto 6 de la sección
6.1 tenemos:

$$f'(x) = \lim_{\Delta x \to 0} \frac{(x + \Delta x)^n - x^n}{\Delta x} = nx^{n-1}$$

EJEMPLO 2.   **a.** $\dfrac{d}{dx}\left(x^2\right) = 2x$ **b.** $\dfrac{d}{dx}\left(x^3\right) = 3x^2$ **c.** $\dfrac{d}{dx}\left(x^4\right) = 4x^3$

EJEMPLO 3.   Un caso particular de este teorema sucede cuando $n = 1$. En este
caso estamos derivando la función identidad:

$$\frac{dx}{dx} \;=\; \frac{d}{dx}(x) = \frac{d}{dx}\left(x^1\right) = 1x^0 = 1(1) = 1$$

EJEMPLO 4. **a.** $\dfrac{d}{dx}\left(\dfrac{1}{x^2}\right) = \dfrac{d}{dx}\left(x^{-2}\right) = -2x^{-2-1} = -2x^{-3} = -\dfrac{2}{x^3}$

b. $\dfrac{d}{dx}\left(\sqrt{x}\right) = \dfrac{d}{dx}\left(x^{1/2}\right) = \dfrac{1}{2}x^{(1/2)-1} = \dfrac{1}{2}x^{-1/2} = \dfrac{1}{2x^{1/2}} = \dfrac{1}{2\sqrt{x}}$

c. $\dfrac{d}{dx}\left(\sqrt[3]{x^2}\right) = \dfrac{d}{dx}\left(x^{2/3}\right) = \dfrac{2}{3}x^{(2/3)-1} = \dfrac{2}{3}x^{-(1/3)} = \dfrac{2}{3x^{1/3}} = \dfrac{2}{3\sqrt[3]{x}}$

DERIVADA DE UNA SUMA Y DE UNA DIFERENCIA

TEOREMA 7.4 **Regla de la suma y de la diferencia.**

Si f y g son funciones diferenciables, entonces

$$(f(x) \pm g(x))' = f'(x) \pm g'(x) \quad \text{o bien}$$

$$D_x\left(f(x) \pm g(x)\right) = D_x f(x) \pm D_x g(x) \quad \text{ó}$$

$$\frac{d}{dx}\left(f(x) \pm g(x)\right) = \frac{df(x)}{dx} \pm \frac{dg(x)}{dx}$$

Es decir, la derivada de una suma o diferencia es la suma o diferencia de las derivadas.

Demostración

$$(f(x) + g(x))' = \lim_{\Delta x \to 0} \frac{\left[f(x+\Delta x) + g(x+\Delta x)\right] - \left[f(x) + g(x)\right]}{\Delta x}$$

$$= \lim_{\Delta x \to 0} \frac{\left[f(x+\Delta x) - f(x)\right] + \left[g(x+\Delta x) - g(x)\right]}{\Delta x}$$

$$= \lim_{\Delta x \to 0} \frac{\left[f(x+\Delta x) - f(x)\right]}{\Delta x} + \lim_{\Delta x \to 0} \frac{\left[g(x+\Delta x) - g(x)\right]}{\Delta x}$$

$$= f'(x) + g'(x)$$

Similarmente, $(f(x) - g(x))' = f'(x) - g'(x)$

OBSERVACION. El resultado del teorema anterior se extiende fácilmente al caso de más de dos sumandos. Esto es,

$$(f_1(x) \pm f_2(x) \pm \ldots \pm f_n(x))' = f_1'(x) \pm f_2'(x) \pm \ldots \pm f_n'(x)$$

EJEMPLO 5. $\dfrac{d}{dx}\left(x^4 - x^2 + 5\right) = \dfrac{d}{dx}\left(x^4\right) - \dfrac{d}{dx}\left(x^2\right) + \dfrac{d}{dx}(5)$

$$= 4x^3 - 2x + 0 = \ 4x^3 - 2x$$

DERIVADA DE UN PRODUCTO

TEOREMA 7.5   **Regla del Producto.**

Si f y g son funciones diferenciables, entonces

$$(f(x) \cdot g(x))' = f(x) \cdot g'(x) + f'(x) \cdot g(x) \qquad \text{o bien}$$

$$D_x\big(f(x) \cdot g(x)\big) = f(x)\, D_x\, g(x) \ + \ g(x)\, D_x f(x) \qquad \text{ó}$$

$$\frac{d}{dx}\big(f(x) \cdot g(x)\big) = f(x)\frac{d}{dx}\big(g(x)\big) + g(x)\frac{d}{dx}\big(f(x)\big)$$

Demostración

Ver el problema resuelto 11.

EJEMPLO 6. $\dfrac{d}{dx}\left[\left(x^3 + 1\right)\left(x^2 - 8\right)\right] = \left(x^3 + 1\right)\dfrac{d}{dx}\left(x^2 - 8\right) + \left(x^2 - 8\right)\dfrac{d}{dx}\left(x^3 + 1\right)$

$$= \left(x^3 + 1\right)\left(2x - 0\right) \ + \left(x^2 - 8\right)\left(3x^2 + \ 0\right)$$

$$= 5x^4 - 24x^2 + 2x$$

Un caso particular importante del teorema anterior sucede cuando una de las funciones del producto es una función constante. En este caso tenemos:

COROLARIO. Si c es una constante y f es una función diferenciable, entonces

$$(cf(x))' = cf'(x) \quad \text{o bien}$$

$$D_x\big(cf(x)\big) = cD_x f(x) \ \text{ó} \ \frac{d}{dx}\big(cf(x)\big) = c\frac{d}{dx}\big(f(x)\big)$$

Demostración

Aplicando la regla del producto y la regla de la constante tenemos que

$$(cf(x))' = cf'(x) \ + f(x)(c)' \ = cf'(x) \ + \ 0 \ = \ cf'(x)$$

EJEMPLO 8. $\dfrac{d}{dx}\left(5x^3\right) = 5\dfrac{d}{dx}\left(x^3\right) = 15x^2$

DERIVADA DE UN COCIENTE

TEOREMA 7.6 **Regla del cociente.**

Si f y g son funciones diferenciables, entonces

$$\left(\frac{f(x)}{g(x)}\right)' = \frac{g(x)\cdot f'(x) - f(x)\cdot g'(x)}{\left[g(x)\right]^2} \qquad \text{o bien}$$

$$D_x\left[\frac{f(x)}{g(x)}\right] = \frac{g(x)D_x f(x) - f(x)D_x g(x)}{\left[g(x)\right]^2} \qquad \text{ó}$$

$$\frac{d}{dx}\left[\frac{f(x)}{g(x)}\right] = \frac{g(x)\cdot\dfrac{df(x)}{dx} - f(x)\cdot\dfrac{dg(x)}{dx}}{\left[g(x)\right]^2}, \qquad g(x) \neq 0$$

Demostración

Ver el problema resuelto 13.

EJEMPLO 9. $\dfrac{d}{dx}\left[\dfrac{2x^3 - 1}{x^2 + 3}\right] = \dfrac{(x^2+3)\dfrac{d}{dx}(2x^3 - 1) - (2x^3 - 1)\dfrac{d}{dx}(x^2 + 3)}{(x^2 + 3)^2}$

$$= \frac{(x^2 + 3)(6x^2) - (2x^3 - 1)(2x)}{(x^2 + 3)^2}$$

$$= \frac{6x^4 + 18x^2 - 4x^4 + 2x}{(x^2 + 3)^2} = \frac{2x^4 + 18x^2 + 2x}{(x^2 + 3)^2}$$

Hagamos un resumen de todas las reglas de derivación que hemos encontrado hasta ahora. Recordemos al lector grabarlas en su memoria. En la parte de problemas resueltos las usaremos insistentemente y sin hacer mención de ellas.

RESUMEN DE LAS REGLAS   DE   DERIVACION

1. $D_x(c) = 0$, c es constante

2. $D_x(x^n) = nx^{n-1}$, n es un número real

3. $D_x(x) = 1$

4. $D_x\left(\sqrt{x}\right) = \dfrac{1}{2\sqrt{x}}$

5. $D_x\left[\,f(x)\pm g(x)\right]=D_x f(x)\ \pm\ D_x g(x)$

6. $D_x\left[\,f(x)g(x)\,\right]=f(x)\,D_x g(x)+g(x)D_x f(x)$

7. $D_x\,(c\,f(x))=c\,D_x f(x)$ **8.** $D_x\left[\dfrac{f(x)}{g(x)}\right]=\dfrac{g(x)D_x f(x)\ -\ f(x)D_x g(x)}{\left[g(x)\right]^2}$

PROBLEMAS RESUELTOS 7.2

PROBLEMA 1.   Hallar la derivada de la función $y=2x^3-5x\ -\dfrac{2}{x^4}$

Solución

$$\frac{dy}{dx}=\frac{d}{dx}\left(2x^3-5x-\frac{2}{x^4}\right)$$

$$=2\frac{d}{dx}(x^3)-5\frac{d}{dx}(x)+\frac{d}{dx}(2x^{-4})=2(3x^2)-5(1)+2\frac{d}{dx}(x^{-4})$$

$$=6x^2-5-2(-4x^{-5})=6x^2-5+8x^{-5}=6x^2-5+\frac{8}{x^5}$$

PROBLEMA 2.   Hallar la derivada de la función $y=x\sqrt{x}$

Solución

Podemos proceder de dos formas:

a. Mediante la regla del producto:

$$\frac{dy}{dx}=\frac{d}{dx}\left(x\sqrt{x}\,\right)=x\frac{d}{dx}\sqrt{x}\ +\sqrt{x}\,\frac{dx}{dx}=\ x\frac{1}{2\sqrt{x}}+\sqrt{x}\ (1)$$

$$=\frac{\sqrt{x}}{2}+\sqrt{x}=\frac{3}{2}\sqrt{x}$$

b. Mediante la regla de la potencia:

$$\frac{dy}{dx}=\frac{d}{dx}\left(x\sqrt{x}\,\right)=\frac{d}{dx}\left(xx^{1/2}\right)=\frac{d}{dx}\left(\,x^{3/2}\right)=\frac{3}{2}x^{1/2}=\frac{3}{2}\sqrt{x}$$

PROBLEMA 3. Hallar la derivada de la función

$$u = \frac{1}{\sqrt{v}} - \frac{3}{\sqrt[3]{v^2}}$$

Solución

$$\frac{du}{dv} = \frac{d}{dv}\left(\frac{1}{\sqrt{v}} - \frac{3}{\sqrt[3]{v^2}} \right) = \frac{d}{dv}\left(\frac{1}{\sqrt{v}} \right) - \frac{d}{dv}\left(\frac{3}{\sqrt[3]{v^2}} \right)$$

$$= \frac{d}{dv}\left(v^{-1/2} \right) - \frac{d}{dv}\left(3v^{-2/3} \right) = -\frac{1}{2}v^{(-1/2)-1} - 3\frac{d}{dv}\left(v^{-2/3} \right)$$

$$= -\frac{1}{2}v^{-3/2} - 3\left(-\frac{2}{3}v^{(-2/3)-1} \right) = -\frac{1}{2}v^{-3/2} + 2v^{-5/3}$$

$$= -\frac{1}{2v^{3/2}} + \frac{2}{v^{5/3}} = -\frac{1}{2\sqrt{v^3}} + \frac{2}{\sqrt[3]{v^5}}$$

PROBLEMA 4. Hallar la derivada de la función $\quad y = \left(1 + \sqrt{x} \right)\left(x - \sqrt{2} \right)$

Solución

$$\frac{dy}{dx} = \left(1 + \sqrt{x} \right)\frac{d}{dx}\left(x - \sqrt{2} \right) + \left(x - \sqrt{2} \right)\frac{d}{dx}\left(1 + \sqrt{x} \right)$$

$$= \left(1 + \sqrt{x} \right)\left(\frac{dx}{dx} - \frac{d}{dx}\left(\sqrt{2} \right) \right) + \left(x - \sqrt{2} \right)\left(\frac{d}{dx}(1) + \frac{d}{dx}\sqrt{x} \right)$$

$$= \left(1 + \sqrt{x} \right)(1 - 0) + \left(x - \sqrt{2} \right)\left(0 + \frac{1}{2\sqrt{x}} \right) = \left(1 + \sqrt{x} \right) + \frac{x - \sqrt{2}}{2\sqrt{x}}$$

$$= \frac{2\sqrt{x}\left(1 + \sqrt{x} \right) + x - \sqrt{2}}{2\sqrt{x}} = \frac{2\sqrt{x} + 2x + x - \sqrt{2}}{2\sqrt{x}} = \frac{2\sqrt{x} + 3x - \sqrt{2}}{2\sqrt{x}}$$

PROBLEMA 5. *Si f, g y h son tres funciones diferenciables, probar que*
$$(f g h)' = f g h' + f h g' + g h f'$$

Solución

Escribimos $f g h = [f g] h$ y aplicamos la regla del producto

$$(f g h)' = ([f g] h)' = [f g] h' + h [f g]'$$

$$= f g h' + h (f g' + g f') = f g h' + f h g' + g h f'$$

PROBLEMA 6. Hallar la derivada de la función $y = (x-a)(x-b)(x-c)$

Solución

Aplicando el problema anterior obtenemos:

$$D_x y = D_x \left[x-a)(x-b)(x-c) \right]$$
$$= (x-a)(x-b)D_x(x-c) + (x-a)(x-c)D_x(x-b) + (x-b)(x-c)D_x(x-a)$$
$$= (x-a)(x-b) + (x-a)(x-c) + (x-b)(x-c)$$
$$= x^2 - (a+b)x + ab + x^2 - (a+c)x + ac + x^2 - (b+c)x + bc$$
$$= 3x^2 - 2(a+b+c)x + ab + ac + bc$$

PROBLEMA 7. Hallar la derivada de la función $y = \dfrac{x-a}{x+a}$

Solución

Aplicamos la regla del cociente:

$$\frac{dy}{dx} = \frac{(x+a)\dfrac{d}{dx}(x-a) - (x-a)\dfrac{d}{dx}(x+a)}{(x+a)^2} = \frac{(x+a)(1) - (x-a)(1)}{(x+a)^2}$$

$$= \frac{(x+a) - (x-a)}{(x+a)^2} = \frac{2a}{(x+a)^2}$$

PROBLEMA 8. Hallar la derivada de la función $y = \dfrac{a^2 + x^2}{a^2 - x^2}$

Solución

Aplicamos la regla del cociente

$$\frac{dy}{dx} = \frac{(a^2-x^2)\dfrac{d}{dx}(a^2+x^2) - (a^2+x^2)\dfrac{d}{dx}(a^2-x^2)}{(a^2-x^2)^2}$$

$$= \frac{2a^2 x - 2x^3 + 2a^2 x + 2x^3}{(a^2-x^2)^2} = \frac{4a^2 x}{(a^2-x^2)^2}$$

PROBLEMA 9. Hallar la parábola $y = x^2 + bx + c$ que tiene por tangente a la recta $y = x$ en el punto $(2, 2)$

Solución

Nos piden hallar las constantes b y c.

Por un lado, la pendiente de la recta $y = x$ es m = 1. Por otro lado, por ser esta recta tangente a la parábola en el punto (2, 2), su pendiente también es $\left.\dfrac{dy}{dx}\right|_{x\,=2}$.

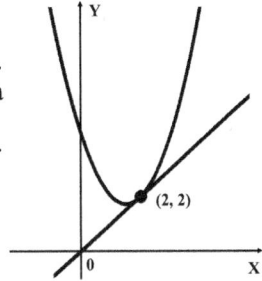

Por tanto, debe cumplirse:

$$\left.\frac{dy}{dx}\right|_{x\,=2} = 1 \qquad\qquad \textbf{(1)}$$

Pero, $\dfrac{dy}{dx} = \dfrac{d}{dx}\left(x^2 + bx + c\right) = 2x + b$ y $\left.\dfrac{dy}{dx}\right|_{x\,=2} = 2(2) + b = 4 + b$

Luego, tomando en cuenta (1): $4 + b = 1 \;\Rightarrow\; b = -3$

Reemplazando el valor $b = -3$ en la parábola tenemos, por lo pronto, que

$$y = x^2 - 3x + c$$

Ahora, hallamos el valor de c. Para esto usamos el hecho de que el punto (2, 2) está en la parábola y, por tanto, debe satisfacer su ecuación. Esto es:

$$2 = (2)^2 - 3(2) + c,$$

de donde se obtiene que $c = 4$.

En consecuencia, la parábola buscada es $y = x^2 - 3x + 4$

PROBLEMA 10. Hallar la recta tangente a la "bruja de Agnesi" $y = \dfrac{8a^3}{x^2 + 4a^2}$, en el punto donde $x = 2a$.

Solución

Encontramos la pendiente de la recta tangente en el punto donde $x = 2a$.

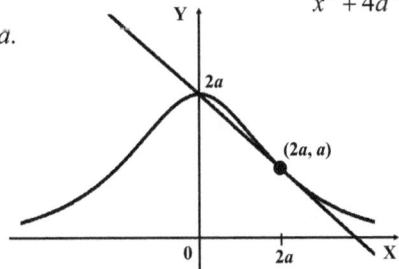

$$m = \left.\frac{dy}{dx}\right|_{x\,=2a}$$

Pero,

$$\frac{dy}{dx} = \frac{d}{dx}\left(\frac{8a^3}{x^2 + 4a^2}\right) = \frac{\left(x^2 + 4a^2\right)\dfrac{d}{dx}\left(8a^3\right) - 8a^3\dfrac{d}{dx}\left(x^2 + 4a^2\right)}{\left(x^2 + 4a^2\right)^2}$$

$$= \frac{\left(x^2 + 4a^2\right)(0) - 8a^3(2x)}{\left(x^2 + 4a^2\right)^2} = \frac{-16a^3 x}{\left(x^2 + 4a^2\right)^2}$$

Ahora, $m = \dfrac{dy}{dx}\Big|_{x=2a} = \dfrac{-16a^3(2a)}{((2a)^2+4a^2)^2} = \dfrac{-32a^4}{64a^4} = -\dfrac{1}{2}$

Encontramos el punto de tangencia. Reemplazando $x = 2a$ en la expresión que define la función tenemos:

$$y = \frac{8a^3}{(2a)^2+4a^2} = \frac{8a^3}{8a^2} = a$$

Luego, el punto de tangencia es $(2a, a)$.

Ahora, ya podemos hallar una ecuación de la recta tangente buscada:

$$y - a = -\frac{1}{2}(x-2a), \quad \text{o sea} \quad x + 2y - 4a = 0$$

PROBLEMA 11. (**Regla del producto**). Si f y g son funciones diferenciables, probar que

$$(f(x)g(x))' = f(x)g'(x) + g(x)f'(x)$$

Solución

$$(f(x)g(x))' = \lim_{\Delta x \to 0} \frac{f(x+\Delta x)\,g(x+\Delta x) - f(x)\,g(x)}{\Delta x}$$

Restando y sumando $f(x+\Delta x)g(x)$ al numerador tenemos:

$(f(x)g(x))'$

$= \displaystyle\lim_{\Delta x \to 0} \frac{\left[f(x+\Delta x)g(x+\Delta x) - f(x+\Delta x)g(x)\right] + \left[f(x+\Delta x)g(x) - f(x)g(x)\right]}{\Delta x}$

$= \displaystyle\lim_{\Delta x \to 0} \frac{\left[f(x+\Delta x)g(x+\Delta x) - f(x+\Delta x)g(x)\right]}{\Delta x} + \lim_{\Delta x \to 0} \frac{\left[f(x+\Delta x)g(x) - f(x)g(x)\right]}{\Delta x}$

$= \displaystyle\lim_{\Delta x \to 0} \left[f(x+\Delta x)\frac{g(x+\Delta x) - g(x)}{\Delta x}\right] + \lim_{\Delta x \to 0} \left[g(x)\frac{f(x+\Delta x) - f(x)}{\Delta x}\right]$

$= \displaystyle\left[\lim_{\Delta x \to 0} f(x+\Delta x)\right]\left[\lim_{\Delta x \to 0} \frac{g(x+\Delta x) - g(x)}{\Delta x}\right] + \left[\lim_{\Delta x \to 0} g(x)\right]\left[\lim_{\Delta x \to 0} \frac{f(x+\Delta x) - f(x)}{\Delta x}\right]$

$= f(x)g'(x) + g(x)f'(x)$

PROBLEMA 12. Si g es una función diferenciable y $g(x) \neq 0$, probar que

$$D_x\left[\frac{1}{g(x)}\right] = -\frac{D_x g(x)}{(g(x))^2}$$

Solución

$$D_x\left[\frac{1}{g(x)}\right] = \lim_{\Delta x \to 0} \frac{\dfrac{1}{g(x+\Delta x)} - \dfrac{1}{g(x)}}{\Delta x} = \lim_{\Delta x \to 0} \frac{\dfrac{g(x)-g(x+\Delta x)}{g(x+\Delta x)g(x)}}{\Delta x}$$

$$= \lim_{\Delta x \to 0} \frac{g(x)-g(x+\Delta x)}{g(x+\Delta x)g(x).\Delta x} = \lim_{\Delta x \to 0}\left[\frac{1}{g(x+\Delta x)g(x)} \cdot \frac{g(x)-g(x+\Delta x)}{\Delta x}\right]$$

$$= \left[\lim_{\Delta x \to 0} \frac{1}{g(x+\Delta x)g(x)}\right]\left[-\lim_{\Delta x \to 0} \frac{g(x+\Delta x)-g(x)}{\Delta x}\right]$$

$$= \frac{1}{g(x)g(x)}[-D_x g(x)] = -\frac{D_x g(x)}{\left(g(x)\right)^2}$$

$\boxed{\textbf{PROBLEMA 13.}}$ **(Regla del cociente).** Si f y g son funciones diferenciables y $g(x) \neq 0$, probar que

$$D_x\left(\frac{f(x)}{g(x)}\right) = \frac{g(x)D_x f(x) - f(x)D_x g(x)}{\left(g(x)\right)^2}$$

Solución

Tenemos que $\dfrac{f(x)}{g(x)} = f(x)\dfrac{1}{g(x)}$

Ahora aplicando la regla del producto y el problema anterior:

$$D_x\left(\frac{f(x)}{g(x)}\right) = D_x\left(f(x)\frac{1}{g(x)}\right) = f(x)D_x\left(\frac{1}{g(x)}\right) + \frac{1}{g(x)}D_x f(x)$$

$$= f(x)\left(-\frac{D_x g(x)}{\left(g(x)\right)^2}\right) + \frac{D_x f(x)}{g(x)} = \frac{-f(x)D_x g(x)}{\left(g(x)\right)^2} + \frac{D_x f(x)}{g(x)}$$

$$= \frac{g(x)D_x f(x) - f(x)D_x g(x)}{\left(g(x)\right)^2}$$

PROBLEMAS PROPUESTOS 7.2

En los problemas del 1 al 34, hallar la derivada de las funciones dadas. Las letras a, b, c, y d son constantes.

1. $y = 4x^2 - 6x + 1$

2. $y = 1 - \dfrac{x}{3} + \dfrac{x^6}{6}$

3. $y = 0.5x^4 - 0.3x^2 + 2.5x$

4. $u = v^{10} - \dfrac{3v^8}{4} + 0.4v^3 + 0.1$

5. $u = 2t^{-5} + \dfrac{t^3}{3} - 0.3t^{-2}$

6. $z = \dfrac{1}{3y} - \dfrac{3}{y^2} + 2$

7. $f(x) = 3x^{5/6} - 4x^{-2/3} - 10$

8. $g(x) = ax^5 - bx^{-4} + cx^{3/2} + d$

9. $y = -\dfrac{2x^6}{3a}$

10. $z = \dfrac{x^3}{a+b} + \dfrac{x^5}{a-b} - x$

11. $z = \dfrac{t^3 - bt^2 - 3}{6}$

12. $y = 4\sqrt{x} - \dfrac{3}{2x^2} + \sqrt{3}$

13. $z = \sqrt[3]{t} - \dfrac{1}{\sqrt[3]{t}}$

14. $u = \dfrac{\sqrt{3}}{2\sqrt{x}} - \dfrac{5}{3\sqrt[3]{x^2}} + \sqrt[3]{3}$

15. $y = (5x^4 - 4x^5)(3x^2 + 2x^3)$

16. $y = (x-1)(x-2)(x-3)$

17. $y = \dfrac{1}{3}(2x^3 - 1)(3x^2 - 2)(6x - 5)$

18. $z = \sqrt{t}\,(t^4 - 1)(t^6 - 2)$

19. $y = \left(\sqrt{x} - 1\right)\left(\sqrt{x} + 1\right)$

20. $u = 2\sqrt{x}\,(x^2 - \sqrt{x} + \sqrt{5})$

21. $y = \left(\sqrt{x} - 3\right)\left(\dfrac{2}{x} - 1\right)$

22. $y = \dfrac{3}{x-9}$

23. $z = \dfrac{x}{x-8}$

24. $y = \dfrac{x+3}{x-3}$

25. $z = \dfrac{t}{t^2 + 1}$

26. $u = \dfrac{2t^3 + 1}{t - 1}$

27. $y = \dfrac{x^3 - 2x}{x^2 + x + 1}$

28. $y = \dfrac{ax^2 + bx + c}{x}$

29. $y = \dfrac{ax^2 + bx + c}{\sqrt{x}}$

30. $y = \dfrac{ax^2 + b}{\sqrt{a^2 + b^2}}$

31. $y = \dfrac{x^2 + 1}{x^2 - 1} - (x-1)(x^2 - 1)$

32. $y = \dfrac{1}{(x-1)(x-3)}$

33. $y = \dfrac{1 - \sqrt{x}}{1 + 2\sqrt{x}}$

34. $y = \dfrac{1 - \sqrt[3]{x}}{1 + 3\sqrt[3]{x}}$

En los problemas del 35 al 38, hallar la recta tangente al gráfico de la función en el punto especificado.

35. $y = x^4 - 3x^2 + x - 2,\quad (1, -3)$ **36.** $y = x^2(x - 5),\quad (2, -12)$

37. $f(x) = \dfrac{x^2 - 2}{x^2 - 3},\quad (-1,\ 1/2)$ **38.** $g(x) = \dfrac{x^3}{2a - x},\quad (a, a^2)$

39. Hallar el punto sobre la parábola $y = 3x^2 - 2x - 1$ en el cual la recta tangente es horizontal (paralela al eje X).

40. Hallar los puntos del gráfico de la función $f(x) = \dfrac{1}{3}x^3 + \dfrac{x^2}{2} - 6x - \dfrac{7}{2}$ en los cuales la recta tangente es horizontal (paralela al eje X).

41. Hallar la recta tangente al gráfico de la función $f(x) = x^3 - 3x^2 - 5$ que es paralela a la recta $3x + y - 1 = 0$.

42. Hallar la recta tangente al gráfico de $g(x) = \sqrt{x} + 2$ que es perpendicular a la recta $2x + y + 8 = 0$.

43. Hallar la parábola $y = ax^2 + bx$ que tenga a $(2, -12)$ como punto más bajo.

44. Hallar la parábola $y = ax^2 + bx$ que tenga a $(4, 16)$ como punto más alto.

45. Hallar la parábola $y = x^2 + bx + c$ que es tangente a la recta $2x + y + 7 = 0$ en el punto $(-2, -3)$.

46. (Crecimiento de ventas) Las ventas de una compañía son
$$V(t) = 0.02t^3 + 0.5t^2 + 3t + 4,$$
donde t se mide en meses a partir de ahora y $V(t)$ es la cantidad de miles de dólares por las ventas durante el mes t. Hallar la tasa de crecimiento de las ventas cuando: **a.** $t = 0$ **b.** $t = 2$ **c.** $t = 5$

47. (Velocidad) Si se lanza hacia arriba una pelota desde una torre de 100 pies de altura y con una velocidad inicial de 64 pies/seg, su altura a nivel del suelo después de t segundos es $s(t) = 100 + 64t - 16t^2$
a. Hallar la velocidad de la pelota t segundos después de lanzada.
b. Hallar el instante en el que la pelota alcanza su altura máxima.
    Sugerencia: la altura es máxima cuando la velocidad es cero: $v(t) = 0$.
c. Hallar la altura máxima.

48. (Precios y ventas) Al precio de p dólares la unidad de cierto producto, se venden $f(p)$ miles de unidades semanales, donde
$$f(p) = \frac{32}{(5p + 2)^{2/5}}$$
a. Hallar la razón de cambio del volumen de ventas respecto al precio cuando el precio es $p = \$\,6$
b. Interpretar el resultado en la parte a.

SECCION 7.3
ANALISIS MARGINAL

En economía, el **Análisis Marginal** estudia el efecto producido en el costo, en la utilidad, en el ingreso, etc. cuando el nivel de producción se incrementa en una unidad.

Tomemos la función costo total. Si el costo de producir x_0 unidades es C(x_0), entonces el costo de la unidad $x_0 + 1$ es $C(x_0 + 1) - C(x_0)$. Este costo puede ser aproximado mediante la derivada $C'(x_0)$. En efecto, tenemos:

$$\underset{h \to 0}{\text{Lim}} \frac{C(x_0 + h) - C(x_0)}{h} = C'(x_0)$$

Luego, para un h pequeño se tiene:

$$\frac{C(x_0 + h) - C(x_0)}{h} \approx C'(x_0)$$

En consecuencia, para h pequeño: $C(x_0 + 1) - C(x_0) \approx C'(x_0)h$ **(1)**

En particular, para $h = 1$ se obtiene:

$$C(x_0 + 1) - C(x_0) \approx C'(x_0)$$

Esto es, el costo de la unidad $x_0 + 1$ es $\approx C'(x_0)$ **(2)**

Por otra parte, en el campo de la economía, al nombre de las funciones típicas de esta ciencia se agrega el término **marginal** para designar la derivada de la correspondiente función. Así:

a. $C'(x)$, la derivada del costo total $C(x)$, es el **costo marginal.**

b. $R'(x)$, la derivada del ingreso total $R(x)$, es el **ingreso marginal.**

c. $U'(x)$, la derivada de la función utilidad $U(x)$, es la **utilidad marginal.**

EJEMPLO 1.   **Costo marginal**

Una compañía fabrica licuadoras. El costo total semanal de producir x licuadoras es

$$C(x) = 15,000 + 90x - 0.05x^2 \text{ dólares}$$

a. Hallar la función costo marginal.
b. Aproximar el costo de la lavadora 301.
c. Hallar el valor exacto de la lavadora 301.

Solución

a. $C'(x) = 90 - 0.1x$

b. De acuerdo a la fórmula (2):

$$\text{Costo de la unidad } 301 = \text{Costo de la unidad } 300 + 1$$
$$\approx C'(300) = 90 - 0.1(300)$$
$$= 60 \text{ dólares}$$

c. Tenemos que:
$$C(301) = 15{,}000 + 90(301) - 0.05(301)^2 = 37{,}559.95$$
$$C(300) = 15{,}000 + 90(300) - 0.05(300)^2 = 37{,}500$$

Luego,

$$\text{Costo de la unidad } 301 = C(301) - C(300)$$

$$= 37{,}559.95 - 37{,}500 = 59.95 \text{ dólares}$$

EJEMPLO 2. **Ingreso marginal**

La ecuación de demanda de un producto en un mercado monopolista es $p = 40 - 0.04x$, donde p es precio unitario y x es el número de unidades vendidas semanalmente.
a. Hallar la función ingreso.
b. Hallar la función ingreso marginal.
c. Aproximar el ingreso por la venta del artículo 51.
d. Hallar el ingreso exacto por la venta del artículo 51.

Solución

a. $R(x) = px = (40 - 0.04x)x = 40x - 0.04x^2$

b. $R'(x) = 40 - 0.08x$

c. Ingreso por la venta del artículo 51 $\approx R'(50) = 40 - 0.08(50) = 40 - 4 = 36$

d. Tenemos:
$$R(50) = 40(50) - 0.04(50)^2 = 1{,}900$$

$$R(51) = 40(51) - 0.04(51)^2 = 1{,}935.96$$

Luego,
Ingreso por la venta del artículo 51 $= R(51) - R(50) = 1{,}935.96 - 1{,}900 = 35.99$

EJEMPLO 3. **Utilidad marginal**

Los costos mensuales de una empresa son
$$C(x) = 50{,}000 + 90x + x^2,$$
donde x es el número de unidades producidas y vendidas mensualmente. El precio de venta de cada unidad es 4,500
a. Hallar la función utilidad.
b. Hallar la función utilidad marginal.
c. Aproximar la utilidad que deja la venta del artículo 41.
d. Hallar el valor exacto de la utilidad que deja la venta del artículo 41.

Solución

a. $U(x) = R(x) - C(x) = 4,500x - (50,000 + 90x + x^2) = -50,000 + 4,410x - x^2$

b. $U'(x) = 4,410 - 2x$

c. Utilidad que deja la venta del artículo $41 \approx U'(500) = 4,410 - 2(500) = 3,410$

d. Tenemos:

$U(500) = -50,000 + 4,410(500) - (500)^2 = 1,905,000$

$U(501) = -50,000 + 4,410(501) - (501)^2 = 1,908,409$

Luego,

Utilidad que deja la venta del artículo $41 = U(501) - U(500)$
$$= 1,908,409 - 1,908,409$$
$$= 3,409$$

COSTO PROMEDIO

Si $C(x)$ ese el costo total, se llama **costo promedio** al cociente del costo total entre x, el número de artículos producidos. Esto es, el costo promedio es

$$\overline{C}(x) = \frac{C(x)}{x}$$

EJEMPLO 4. **Costo promedio marginal**

La función costo total es $C(x) = \dfrac{x^2}{5} + 2x + 20$

a. Hallar el costo marginal.
b. Hallar la función costo promedio.
c. Hallar el costo promedio marginal.

Solución

a. $C'(x) = \dfrac{2}{5}x + 2$

b. $\overline{C}(x) = \dfrac{C(x)}{x} = \dfrac{\dfrac{x^2}{5} + 2x + 20}{x} = \dfrac{x}{5} + 2 + \dfrac{20}{x}$

c. $\overline{C}'(x) = \dfrac{1}{5} - \dfrac{20}{x^2}$

PRODUCTIVIDAD MARGINAL

La productividad de una empresa (el número de unidades producidas en una semana, un mes o un año) depende de varios factores, como son la mano de obra, el capital, la maquinaria disponible. La mano de obra puede medirse por el número de número de trabajadores o, más precisamente, por el número de horas–hombre al día o la semana. Supongamos que todos los factores de producción se mantienen constantes, excepto la mano de obra. En este caso, si n el número de horas–hombre, a la productividad de la empresa la podemos expresar como una función de n. Esto es, $x = f(n)$). **Se llama productividad marginal de mano de obra** a la derivada

$$\frac{dx}{dn} = f'(n).$$

La productividad marginal de mano de obra mide el incremento de la producción cuando se incrementa en una unidad la mano de obra.

EJEMPLO 5. La producción diaria de una fábrica es

$$f(n) = 45,000 \sqrt[3]{n} \text{ unidades},$$

donde n denota el número de horas–trabajador por día.

    a. Hallar la función de productividad marginal de mano de obra.
    b. Hallar la función de productividad marginal de mano de obra, cuando $n = 1,000$.
    c. Interpretar el resultado en b.

Solución

a. Tenemos: $f(n) = 45,000 \sqrt[3]{n} = 45,000n^{1/3}$. Luego,

$$f'(n) = \frac{1}{3}(45,000)n^{1/3-1} \Rightarrow f'(n) = \frac{15,000}{n^{2/3}}$$

b. $f'(1,000) = \dfrac{15,000}{1,000^{2/3}} = \dfrac{15,000}{100} = 150$

c. Si se aumenta de 1,000 a 1,001 el número de horas-trabajador la productividad se incrementará aproximadamente en 150 unidades.

TENDENCIAS MARGINALES A CONSUMIR Y A AHORRAR

Sea I el ingreso total de una nación; esto es, el producto nacional bruto. Parte de este dinero se consume y otra parte se ahorra. Sea C la parte que se consume y sea S la parte que se ahorra. Se cumple que:

$$C + S = I \qquad (1)$$

Por razones prácticas, las tres cantidades, I, C y S se expresan en millardos, es decir en miles de millones.

Tanto C como S son funciones del ingreso I. Si $C = f(I)$, de la ecuación (1) obtenemos que:

$$S = I - f(I). \qquad (2)$$

DEFINICION.   **a.** Se llama **tendencia o propensión marginal al consumo** a la derivada de C respecto a I. Esto es,

$$\text{Tendencia marginal al consumo} = \frac{dC}{dI}$$

    b. Se llama **tendencia o propensión marginal al ahorro** a la derivada de S respecto a I. Esto es,

$$\text{Tendencia marginal al ahorro} = \frac{dS}{dI}$$

Si derivamos la igualdad (1) respecto I, obtenemos:

$$\frac{dC}{dI} + \frac{dS}{dI} = 1 \qquad (3)$$

EJEMPLO 6.   La función consumo de cierto país es

$$C = 5 + 0.6I + 0.88 \sqrt[4]{I^3}$$

a. Hallar la tendencia marginal a consumir cuando $I = 81$ millardos

b. Hallar la tendencia marginal a ahorrar cuando $I = 81$ millardos

c. Interpretar los resultados en a y b.

Solución

a. $C = 5 + 0.6I + 0.88 \sqrt[4]{I^3} \;\Rightarrow\; C = 5 + 0.6\,I + 0.8\,I^{3/4} \Rightarrow$

$$\Rightarrow \frac{dC}{dI} = 0.6 + \frac{3}{4}(0.8)I^{-1/4} = 0.6 + \frac{0.6}{\sqrt[4]{I}}$$

Cuando $I = 81$ millardos:

$$\left.\frac{dC}{dx}\right|_{x\,=\,81} = 0.6 + \frac{0.6}{\sqrt[4]{81}} = 0.6 + \frac{0.6}{3} = 0.6 + 0.2 = 0.8$$

b. $\left.\dfrac{dS}{dx}\right|_{x\,=\,81} = 1 - \left.\dfrac{dC}{dx}\right|_{x\,=\,81} = 1 - 0.8 = 0.2$

c. Las partes y a y b nos dicen que cuando el país tiene un ingreso de 81 millardos, la tendencia marginal al consumo es 0.8 y al ahorro es 0.2. Esto significa que si el ingreso de la nación se incrementa en 1 millardo, de este millardo, el país consume 0.8 (o sea 800 millones) y ahorra 0.2 (o sea 200 millones).

¿SABIA UD. QUE . . .

El nivel de **consumo** *de un país está íntimamente ligado a sus niveles de desempleo e inflación. Planteamientos revolucionarios sobre estas relaciones fueron presentadas por el economista inglés* **John Maynard Keynes** *(1883−1946) en su famosa obra* **Teoría general de la ocupación, el interés y el dinero,** *publicada en 1936. Estados Unidos, y el resto del mundo, sufrían, en aquella época, las consecuencias de la* **Gran Depresión.** *Esta crisis se inició el jueves 24 de octubre de 1929 (el Jueves Negro), con el "crac" de la Bolsa de Nueva York. Las ideas de Keynes influyeron sobre el presidente* **Franklin Delano Roosevelt** *y fueron esenciales para salir de esta crisis.*

PROBLEMAS RESUELTOS 7.3

PROBLEMA 1. La ecuación de demanda de cierto artículo es
$$x^{3/2} + 20p = 720$$
  a. Hallar la función ingreso.
  b. Hallar la función ingreso marginal.
  c. Hallar el ingreso marginal cuando $p = 25$.

Solución

a. $x^{3/2} + 20p = 720 \implies p = 36 - \dfrac{1}{20}x^{3/2}$

Luego,

$$R(x) = px = \left(36 - \frac{1}{20}x^{3/2}\right)x \implies R(x) = 36x - \frac{1}{20}x^{5/2}$$

b. $R'(x) = 36 - \dfrac{5}{2}\dfrac{1}{20}x^{3/2} \implies R'(x) = 36 - \dfrac{1}{8}x^{3/2}$

c. $p = 25$ y $x^{3/2} + 20p = 720 \implies x^{3/2} + 20(25) = 720$
$$\implies x^{3/2} = 220$$
$$\implies x = (220)^{2/3}$$

Nos piden

$$R'((220)^{2/3}) = 36 - \frac{1}{8}\left((220)^{2/3}\right)^{3/2} = 36 - \frac{1}{8}(220) = 36 - 27.5 = 8.5$$

PROBLEMA 2. Si $C(x)$ es el costo total y $\overline{C}(x)$ es el costo promedio, probar:
$$\overline{C}'(x) = 0 \iff C'(x) = \overline{C}(x)$$
Esto es, los niveles de producción que anulan el costo promedio marginal son los mismos hacen el costo marginal es igual al costo promedio.

Solución

Aplicando la regla del cociente tenemos que:

$$\overline{C}(x) = \frac{C(x)}{x} \implies \overline{C}'(x) = \frac{xD_xC(x) - C(x)D_x(x)}{x^2} = \frac{xC'(x) - C(x)}{x^2}$$

Luego,

$$\overline{C}'(x) = 0 \iff xC'(x) - C(x) = 0 \iff C'(x) = \frac{C(x)}{x} \iff C'(x) = \overline{C}(x)$$

PROBLEMA 3. La gerencia de una editorial sabe que vende 14,000 ejemplares de una novela si el precio es de $ 10, y que vende 10,000 ejemplares si el precio es de $ 12. El costo de producir cada ejemplar es de $ 9 y tiene costos fijos de $ 5,000. Sabiendo que la ecuación de demanda es lineal, hallar:

      a. La función de utilidad.
      b. La función utilidad marginal.
      c. El precio que hace la utilidad marginal igual a cero.
      d. La utilidad cuando el precio es el hallado en c.
      e. La utilidad cuando el precio $ 11.
      f. La utilidad cuando el precio $ 14.

Solución

a. Hallamos la ecuación de demanda.

La ecuación es lineal que y pasa por los puntos (14,000, 10) y (10,000, 12). La pendiente es:

$$m = \frac{12-10}{10,000-14,000} = \frac{2}{-4,000} = -\frac{1}{2,000}$$

La ecuación de demanda es:

$$p - 10 = -\frac{1}{2,000}(x - 14,000) \quad \Rightarrow \quad p = -\frac{x}{2,000} + 17 \quad \textbf{(1)}$$

La función costo total es $C(x) = 9x + 5,000$

Luego, la función utilidad es

$$U(x) = R(x) - C(x) = px - C(x) = \left(-\frac{x}{2,000} + 17\right)x - (9x + 5,000) \Rightarrow$$

$$U(x) = -\frac{x^2}{2,000} + 8x - 5,000 \quad \textbf{(2)}$$

b. $U'(x) = -\dfrac{x}{1,000} + 8$

c. $U'(x) = 0 \iff -\dfrac{x}{1,000} + 8 = 0 \iff x = 8,000$

Ahora, teniendo en cuenta la ecuación (1):

$$x = 8,000 \iff p = -\frac{8,000}{2,000} + 17 = -4 + 17 \iff p = 13$$

Esto es, $U'(x) = 0$ cuando $p = $ $ 13

d. Por la parte c, $p = $ $ 13 \iff x = 8,000$.
    Luego, de acuerdo a la ecuación (2), la utilidad cuando $p = $ $ 13 es

$$U(8,000) = -\frac{(8,000)^2}{2,000} + 8(8,000) - 5,000 = \$ 27,000$$

e. Teniendo en cuenta la ecuación (1):

$$p = 11 \iff 11 = -\frac{x}{2,000} + 17 \iff x = 12,000$$

Luego, cuando $p = $ $ 11, la utilidad es:

$$U(12,000) = -\frac{(12,000)^2}{2,000} + 8(12,000) - 5,000 = \$\ 19,000.$$

f. Teniendo en cuenta la ecuación (1):

$$p = 14 \iff 14 = -\frac{x}{2,000} + 17 \iff x = 6,000$$

Luego, cuando $p = \$14$, la utilidad es:

$$U(6,000) = -\frac{(6,000)^2}{2,000} + 8(6,000) - 5,000 = \$\ 25,000$$

PROBLEMAS PROPUESTOS 7.3

1. (Costo marginal) El costo de producción de una mercancía es
$$C(x) = 2x^3 - 6x + 1.$$
Hallar el costo marginal.

2. (Ingreso marginal) La función de ingreso de una compañía es
$$R(x) = 2x + 4\sqrt{x}\ .$$
Hallar el ingreso marginal.

3. (Utilidad marginal) El precio p por unidad de una mercancía y la cantidad x de mercancía solicitada satisface la relación $p = 180 - 2x$. Si la función costo es $C(x) = 80x + 50$, hallar:
a. El costo marginal   **b.** El ingreso marginal   **c.** La utilidad marginal

4. (Utilidad marginal) Un industrial determina que su costo de producción es $C(x) = 35x + 2,500$, y que su ecuación de demanda es $x + 60p = 2,400$. Hallar:
a. El costo marginal   **b.** El ingreso marginal   **c.** La utilidad marginal

5. (Costo marginal) El costo total (en dólares) de producir x tostadoras es
$$C(x) = 5,000 + 60x - 0.4x^2$$
a. Hallar la función costo marginal.
b. Aproximar el costo de producir la tostadora 26.
c. Hallar el costo exacto de producir la tostadora 26.

6. (Costo marginal) El costo total (en dólares) de x unidades de un producto es
$$C(x) = 0.001x^3 - 0.05x^2 + 30x + 2,500$$
a. Hallar la función costo marginal.
b. Aproximar el costo de producir el artículo 41.
c. Hallar el costo exacto de producir el artículo 41.

7. (Ingreso marginal) La ecuación de demanda de cierto artículo es
$$p = 300 - \sqrt{x}$$
a. Hallar la función ingreso.
b. Hallar la función ingreso marginal.

   c. Aproximar el ingreso al vender el artículo 17.

   c. Hallar el costo exacto al vender el artículo 17.

8. (Ingreso marginal) La ecuación de demanda de cierto artículo es

$$x^{3/2} + 40p = 1,600$$

   a. Hallar la función ingreso.

   b. Hallar la función ingreso marginal.

   c. Hallar el ingreso marginal cuando $p = 36$.

9. (Ingreso marginal) La ecuación de demanda de cierto artículo es

$$2p + 0.02x^2 + 0.4x = 36$$

   a. Hallar la función ingreso.

   b. Hallar la función ingreso marginal.

   c. Hallar el ingreso marginal cuando $p = 10$.

10. (Utilidad marginal) Si en el problema 7, el costo total es $C(x) = 50 + 2x$, hallar

   a. Hallar la función utilidad

   b. Hallar la función utilidad marginal.

   c. Aproximar la utilidad que deja la venta del artículo 401.

   d. Hallar el valor exacto de la utilidad que deja la venta del artículo 401.

11. (Utilidad marginal) Si en el problema 8, el costo total es $C(x) = 70 + 2x$, hallar

   a. Hallar la función utilidad

   b. Hallar la función utilidad marginal.

   c. Aproximar la utilidad que deja la venta del artículo 65.

   d. Hallar el valor exacto de la utilidad que deja la venta del artículo 65

12. (Utilidad marginal) Si en el problema 8, el costo total es $C(x) = 80 + x^{3/2}$, hallar

   a. Hallar la función utilidad.

   b. Hallar la función utilidad marginal.

   c. Hallar la utilidad marginal cuando $x = 16$

   d. Hallar utilidad marginal cuando $p = 36$

13. (Utilidad marginal) En el problema 9, el costo total es $C(x) = 0.1x^2 + 60$, hallar

   a. Hallar la función utilidad.

   b. Hallar la función utilidad marginal.

   c. Hallar la función utilidad marginal cuando $x = 10$.

   d. Hallar la función utilidad marginal cuando $p = 10$.

14. (Utilidad marginal) La gerencia de una editorial sabe que vende 3.000 ejemplares de un texto de Cálculo si el precio es de $ 15; y vende 3.900 ejemplares si el precio es de $ 18. El costo de producir cada ejemplar es de $ 10 y tiene costos fijos de $ 4,000. Si la ecuación de demanda es lineal, hallar:

   a. La función de utilidad.

   b. La función utilidad marginal.

   c. El precio que hace la utilidad marginal igual a cero.

   d. La utilidad cuando el precio es el hallado en c.

   e. La utilidad cuando el precio $ 16.

   f.   La utilidad cuando el precio $ 20.

15. (Tendencia marginal al consumo y al ahorro) La función consumo de cierto

país es $C = 0.35I + 0.8\sqrt{I} + 6$

a. Hallar la tendencia marginal a consumir cuando $I = 64$ millardos.

b. Hallar la tendencia marginal a ahorrar cuando $I = 64$ millardos.

16. (Tendencia marginal al consumo y al ahorro) La función consumo de cierto

país es $C = \dfrac{9\sqrt{I^3} + 72}{I + 36}$, donde I y C están dados en millardos.

a. Hallar la tendencia marginal a consumir cuando $I = 64$ millardos

b. Hallar la tendencia marginal a ahorrar cuando $I = 64$ millardos

17. (Productividad Marginal) La producción diaria de una fábrica es

$$f(n) = 20{,}000 \sqrt[4]{n}$$

donde n denota la el número de horas–trabajador por día.

a. Hallar la función de productividad marginal de mano de obra.

b. Hallar la función de productividad marginal de mano de obra cuando $n = 625$.

c. Interpretar el resultado en b.

SECCION 7.4
REGLA DE LA CADENA

Esta sección la dedicaremos a estudiar la diferenciación de funciones compuestas. El resultado que expresa la derivada de una función compuesta en términos de sus funciones componentes se le conoce con el nombre de regla de la cadena.

En una composición de la forma $y = (g \circ f)(x) = g(f(x))$, a g la llamaremos función *externa* y a f, función ***interna.***

TEOREMA 7. 7   **Regla de la cadena.**

Si las funciones $u = f(x)$ y $y = g(u)$ son diferenciables, entonces la función compuesta $y = g(f(x)) = (g \circ f)(x)$ es diferenciable y se cumple:

$$(g \circ f)'(x) = g'(f(x))f'(x) \text{ o bien, } \frac{dy}{dx} = \frac{dy}{du}\frac{du}{dx}$$

En palabras, las expresiones anteriores nos dicen que la derivada de una función compuesta es igual al producto de la derivada de la función externa (derivada externa) por la derivada de la función interna (derivada interna).

Demostración

Ver el problema resuelto 8.

EJEMPLO 1.   Si $y = \sqrt{x^2 + 3x}$, hallar $\dfrac{dy}{dx}$

Solución

Si hacemos $u = x^2 + 3x$, entonces $y = \sqrt{u}$. Además,

$$\frac{dy}{du} = \frac{1}{2\sqrt{u}} \quad \text{y} \quad \frac{du}{dx} = 2x + 3$$

Luego, por la regla de la cadena,

$$\frac{dy}{dx} = \frac{dy}{du} \frac{du}{dx} = \frac{1}{2\sqrt{u}}(2x+3) = \frac{2x+3}{2\sqrt{x^2+3x}}$$

Un caso particular importante de la regla de la cadena es el siguiente corolario:

COROLARIO.   Si f es una función diferenciable, entonces

$$D_x\left[\left(f(x)\right)^n\right] = n\left(f(x)\right)^{n-1} D_x f(x)$$

Demostración

Si consideramos la función $g(u) = u^n$, cuya derivada es $g'(u) = nu^{n-1}$, tenemos

$$\left(f(x)\right)^n = g(f(x)) = (g \circ f)(x)$$

Luego aplicando la regla de la cadena,

$$D_x\left[\left(f(x)\right)^n\right] = (g \circ f)'(x) = g'(f(x))f'(x) = n\left(f(x)\right)^{n-1}f'(x) = n\left(f(x)\right)^{n-1}D_x f(x)$$

EJEMPLO 2.   Hallar la derivada de la función

$$y = \left(x^2 + 5x - 6\right)^3$$

Solución

$$\frac{dy}{dx} = 3\left(x^2 + 5x - 6\right)^2 \frac{d}{dx}\left(x^2 + 5x - 6\right) = 3\left(x^2 + 5x - 6\right)^2 (2x + 5)$$

RAZONES DE CAMBIO RELACIONADAS

Si se tiene que $y = f(x)$ y $x = g(t)$, la regla de la cadena nos dice que

$$\frac{dy}{dt} = \frac{dy}{dx} \frac{dx}{dt}$$

Esta igualdad, interpretada en términos de razón de cambio, nos dice que la razón de cambio de y respecto a t es igual a la razón de cambio de y respecto a x multiplicada por la razón de cambio de x respecto a t. Cuando se tiene esta situación se dice que las tres razones de cambio están relacionas.

EJEMPLO 3.   El costo para producir x artículos de una mercancía es

$$C(x) = 0.5x^2 + 2x + 200 \quad \text{miles de dólares.}$$

Se sabe que t horas después de iniciada la producción, el número x de artículos producidos es $x = t^2 + 20t$

  a. Hallar la razón de cambio del costo respecto al tiempo
  b. Hallar la razón de cambio del costo respecto al tiempo, 2 horas después de iniciada la producción.

Solución

a. Nos piden hallar $\dfrac{dC}{dt}$. Bien,

$$\frac{dC}{dt} = \frac{dC}{dx}\frac{dx}{dt} = [2(0.5)x + 2](2t + 20) = [x + 2]\,(2t + 20)$$

$$= [(\,t^2 + 20t) + 2\,](2t + 20) = 2t^3 + 60t^2 + 404t + 40$$

b. Nos piden hallar $\left.\dfrac{dC}{dt}\right|_{t\,=\,2} = 2(2)^3 + 60(2)^2 + 404(2) + 40 = 1{,}104$

Luego, la razón de cambio del costo respecto al tiempo, 2 horas después de iniciada, es de 1,104 miles de dólares por hora, o sea $ 1,104,000 por hora.

PROBLEMAS RESUELTOS 7. 4

PROBLEMA 1. Hallar la derivada de $y = \sqrt[3]{x^6 - 3x}$

Solución

$$y = \sqrt[3]{x^6 - 3x} = \left(x^6 - 3x\right)^{\frac{1}{3}}. \quad \text{Luego,}$$

$$\frac{dy}{dx} = \frac{d}{dx}\left(x^6 - 3x\right)^{\frac{1}{3}} \frac{d}{dx}(x^6 - 3x) = \frac{1}{3}\left(x^6 - 3x\right)^{\frac{1}{3} - 1}\left(6x^5 - 3\right)$$

$$= \frac{1}{3}\left(x^6 - 3x\right)^{-\frac{2}{3}}\left(6x^5 - 3\right) = \frac{6x^5 - 3}{3\left(x^6 - 3x\right)^{\frac{2}{3}}} = \frac{2x^5 - 1}{\left(x^6 - 3x\right)^{\frac{2}{3}}}$$

PROBLEMA 2. Hallar la derivada de $y = x^3\left(4x - 1\right)^2$

Solución

Aplicamos la regla del producto:

$$\frac{dy}{dx} = \frac{d}{dx}\left[x^3(4x-1)^2\right] = x^3\frac{d}{dx}(4x-1)^2 + (4x-1)^2\frac{d}{dx}\left(x^3\right)$$

$$= x^3\left[2(4x-1)(4)\right] + (4x-1)^2(3x^2)$$

$$= 32x^4 - 8x^3 + 48x^4 - 24x^3 + 3x^2 = 80x^4 - 32x^3 + 3x^2$$

PROBLEMA 3.   Hallar la derivada de la función $y = \dfrac{(3x^2+1)^3}{(2x^2-1)^4}$

Solución

Aplicando la regla del cociente:

$$\frac{dy}{dx} = \frac{(2x^2-1)^4\frac{d}{dx}\left(3x^2+1\right)^3 - (3x^2+1)^3\frac{d}{dx}\left(2x^2-1\right)^4}{\left[(2x^2-1)^4\right]^2}$$

$$= \frac{(2x^2-1)^4\left[3(3x^2+1)^2\frac{d}{dx}(3x^2+1)\right] - (3x^2+1)^3\left[4(2x^2-1)^3\frac{d}{dx}(2x^2-1)\right]}{(2x^2-1)^8}$$

$$= \frac{(2x^2-1)^4\left[3(3x^2+1)^2(6x)\right] - (3x^2+1)^3\left[4(2x^2-1)^3(4x)\right]}{(2x^2-1)^8}$$

$$= \frac{18x(2x^2-1)^4(3x^2+1)^2 - 16x(3x^2+1)^3(2x^2-1)^3}{(2x^2-1)^8}$$

$$= \frac{2x(2x^2-1)^3(3x^2+1)^2\left[9(2x^2-1) - 8(3x^2+1)\right]}{(2x^2-1)^8}$$

$$= \frac{2x(2x^2-1)^3(3x^2+1)^2\left[18x^2-9-24x^2-8\right]}{(2x^2-1)^8}$$

$$= \frac{2x(2x^2-1)^3(3x^2+1)^2\left[-6x^2-17\right]}{(2x^2-1)^8} = -\frac{2x(3x^2+1)^2(6x^2+17)}{(2x^2-1)^5}$$

PROBLEMA 4.   Hallar la derivada de la función $y = \dfrac{x}{\sqrt{a^2-x^2}}$

Solución

$$\frac{dy}{dx} = \frac{d}{dx}\left[\frac{x}{\left(a^2 - x^2\right)^{1/2}}\right] = \frac{\left(a^2 - x^2\right)^{1/2}\frac{d}{dx}(x) - x\frac{d}{dx}\left(a^2 - x^2\right)^{1/2}}{\left[\left(a^2 - x^2\right)^{1/2}\right]^2}$$

$$= \frac{\left(a^2 - x^2\right)^{1/2} - x\left[\frac{1}{2}\left(a^2 - x^2\right)^{1/2 - 1}\frac{d}{dx}(a^2 - x^2)\right]}{a^2 - x^2}$$

$$= \frac{\left(a^2 - x^2\right)^{1/2} - x\left[\frac{1}{2}\left(a^2 - x^2\right)^{-1/2}(-2x)\right]}{a^2 - x^2}$$

$$= \frac{\left(a^2 - x^2\right)^{1/2} + x^2\left(a^2 - x^2\right)^{-1/2}}{a^2 - x^2} = \frac{\left(a^2 - x^2\right)^{1/2} + \dfrac{x^2}{\left(a^2 - x^2\right)^{1/2}}}{a^2 - x^2}$$

$$= \frac{\dfrac{(a^2 - x^2) + x^2}{\left(a^2 - x^2\right)^{1/2}}}{a^2 - x^2} = \frac{a^2}{\left(a^2 - x^2\right)^{3/2}}$$

PROBLEMA 5. Derivar la función $u = \sqrt{t + \sqrt{t + 1}}$

Solución

Aplicando la fórmula 4 del resumen:

$$\frac{du}{dx} = \frac{d}{dt}\left(\sqrt{t + \sqrt{t + 1}}\right) = \frac{1}{2\sqrt{t + \sqrt{t + 1}}}\frac{d}{dt}\left(t + \sqrt{t + 1}\right)$$

$$= \frac{1}{2\sqrt{t + \sqrt{t + 1}}}\left(1 + \frac{d}{dt}\sqrt{t + 1}\right) = \frac{1}{2\sqrt{t + \sqrt{t + 1}}}\left(1 + \frac{1}{2\sqrt{t + 1}}\right)$$

$$= \frac{1}{2\sqrt{t + \sqrt{t + 1}}} + \frac{1}{4\sqrt{t + 1}\sqrt{t + \sqrt{t + 1}}}$$

PROBLEMA 6. Hallar la recta tangente al gráfico de la función

$$f(x) = \frac{1}{\sqrt[3]{(4 + x)^2}}$$

en el punto que tiene por abscisa $x = 4$

Solución

La recta tangente en el punto de abscisa $x = 4$ es

$$y - f(4) = f'(4)\,(x - 4) \qquad \textbf{(1)}$$

Por lo tanto, debemos hallar $f(4)$ y $f'(4)$:

$$f(4) = \frac{1}{\sqrt[3]{(4+4)^2}} = \frac{1}{\sqrt[3]{8^2}} = \frac{1}{4} \qquad \textbf{(2)}$$

Por otro lado,

$$f'(x) = \frac{d}{dx}\left[\frac{1}{\sqrt[3]{(4+x)^2}}\right] = \frac{d}{dx}\left[(4+x)^{-2/3}\right] = \frac{-2}{3}\left(4+x\right)^{-5/3}\frac{d}{dx}(4+x)$$

$$= \frac{-2}{3}\left(4+x\right)^{-5/3}(1) = \frac{-2}{3(4+x)^{5/3}}$$

Luego, $f'(4) = \dfrac{-2}{3(4+4)^{5/3}} = -\dfrac{2}{3(32)} = -\dfrac{1}{48} \qquad \textbf{(3)}$

Remplazando (2) y (3) en (1):

$$y - \frac{1}{4} = -\frac{1}{48}(x-4), \quad \text{o bien} \quad x + 48y - 16 = 0$$

PROBLEMA 7. **Razón de cambio de la demanda.**

Cuando el precio de un radio es de p dólares, la demanda de este producto es $x = \dfrac{9,000}{\sqrt{p+5}}$ radios por mes

Dentro de t meses, el precio de cada radio será $p = \dfrac{2}{27}t^{3/2} + 18$.

Hallar la razón de cambio de la demanda respecto al tiempo, 9 meses después.

Solución

Nos piden $\left.\dfrac{dx}{dt}\right|_{t=9}$.   Hallemos el valor de p cuando $t = 9$:

$$p = \frac{2}{27}(9)^{3/2} + 18 = \frac{2}{27}\left(\sqrt{9}\right)^3 + 18 = \frac{2}{27}\left(3\right)^3 + 18 = \frac{2}{27}(27) + 18 = 2 + 18 = 20$$

La regla de la cadena nos dice que

$$\left.\frac{dx}{dt}\right|_{t=9} = \left.\frac{dx}{dp}\right|_{p=20}\left.\frac{dp}{dt}\right|_{t=9} \qquad \textbf{(1)}$$

Pero,

$$\frac{dx}{dp} = \frac{d}{dx}\left(\frac{9.000}{\sqrt{p+5}}\right) = \frac{d}{dx}\left(9,000(p+5)^{-1/2}\right) = -\frac{1}{2}(9,000)(p+5)^{-1/2-1}$$

$$= -\frac{4,500}{(p+5)^{3/2}} \quad y$$

$$\left.\frac{dx}{dp}\right|_{p=20} = -\frac{4,500}{(20+5)^{3/2}} = -\frac{4,500}{\left(\sqrt{25}\right)^3} = -\frac{4,500}{125} = -36 \quad (2)$$

Por otro lado,

$$\frac{dp}{dt} = \frac{d}{dt}\left(\frac{2}{27}t^{3/2}+18\right) = \frac{3}{2}\left(\frac{2}{27}t^{1/2}\right) = \frac{\sqrt{t}}{9} \quad y$$

$$\left.\frac{dp}{dt}\right|_{t=9} = \frac{\sqrt{9}}{9} = \frac{1}{3} \quad\quad\quad (3)$$

Reemplazando (2) y (3) en (1)

$$\left.\frac{dx}{dt}\right|_{t=9} = \left.\frac{dx}{dp}\right|_{p=20}\left.\frac{dp}{dt}\right|_{t=9} = \left[-36\right]\left[\frac{1}{3}\right] = -12$$

Este resultado significa que la demanda en el mes 9 se reduce en 12 radios por mes.

| **PROBLEMA 8.** | **Regla de la Cadena.** Si $u = f(x)$ y $y = g(u)$ son diferenciables, probar que |

$$(g \circ f)'(x) = g'(f(x))f'(x)$$

Solución

$$(g \circ f)'(x) = \lim_{\Delta x \to 0} \frac{(g \circ f)(x+\Delta x) - (g \circ f)(x)}{\Delta x} = \lim_{\Delta x \to 0} \frac{g(f(x+\Delta x)) - g(f(x))}{\Delta x}$$

Multiplicando el numerador y el denominador por $\Delta f = f(x + \Delta x) - f(x)$

$$(g \circ f)'(x) = \lim_{\Delta x \to 0} \frac{\left[g(f(x+\Delta x)) - g(f(x))\right]\left[f(x+\Delta x) - f(x)\right]}{\Delta x\left[f(x+\Delta x) - f(x)\right]}$$

$$= \lim_{\Delta x \to 0} \frac{g(f(x+\Delta x)) - g(f(x))}{f(x+\Delta x) - f(x)} \; \frac{f(x+\Delta x) - f(x)}{\Delta x}$$

$$= \lim_{\Delta x \to 0} \frac{g(f(x+\Delta x)) - g(f(x))}{f(x+\Delta x) - f(x)} \; \lim_{\Delta x \to 0} \frac{f(x+\Delta x) - f(x)}{\Delta x}$$

$$= \underset{\Delta x \to 0}{\text{Lim}} \frac{g(f(x)+\Delta f)) - g(f(x))}{\Delta f} \quad \underset{\Delta x \to 0}{\text{Lim}} \frac{f(x+\Delta x) - f(x)}{\Delta x}$$

El segundo límite de la expresión anterior es $f'(x)$.

En cuanto al primer límite: cuando Δx tiene a 0, por ser f continua (teorema 7.1), la expresión $\Delta f = f(x + \Delta x) - f(x)$ también tiende a 0 y, por tanto, este primer límite es $g'(f(x))$. En consecuencia, obtenemos lo buscado:

$$(g \circ f)'(x) = g'(f(x))f'(x)$$

NOTA. En la demostración anterior, al dividir entre $\Delta f = (x + \Delta x) - f(x)$ hemos supuesto implícitamente que $\Delta f \neq 0$. Para en el caso en el que $\Delta f = 0$, se debe dar una demostración aparte, la cual nosotros no la hacemos.

PROBLEMAS PROPUESTOS 7.4

Derivar las siguientes funciones. Las letras a, b y c denotan constantes

1. $y = \left(x^2 - 3x + 5\right)^3$

2. $f(x) = (15 - 8x)^4$

3. $g(t) = \dfrac{1}{(2t^3 - 1)^3} = \left(2t^3 - 1\right)^{-3}$

4. $z = \dfrac{1}{(5x^5 - x^4)^8}$

5. $y = \left(3x^2 - 8\right)^3 \left(-4x^2 + 1\right)^4$

6. $f(u) = \dfrac{\left(2u^3 + 1\right)^2}{u^2 - 1}$

7. $y = \left(\dfrac{x-1}{x+3}\right)^2$

8. $g(t) = \left(\dfrac{3t^2 + 2}{2t^3 - 1}\right)^2$

9. $y = \sqrt{1 - 2x}$

10. $u = \sqrt{1 + t - 2t^2 - 8t^3}$

11. $h(x) = x^2 \sqrt{x^4 - 1}$

12. $g(x) = \dfrac{x}{\sqrt{x^2 + 1}}$

13. $y = \sqrt{3x^2 - 1} \ \sqrt[3]{2x + 1}$

14. $z = (1 - 3x^2)^2 \left(\sqrt{x} + 1\right)^{-2}$

15. $h(t) = \dfrac{1 + t}{\sqrt{1 - t}}$

16. $z = \sqrt[3]{\dfrac{1}{1 + t^2}}$

17. $z = \sqrt[3]{b + ax^3}$

18. $f(x) = \dfrac{x}{b^2 \sqrt{b^2 + x^2}}$

19. $y = \dfrac{1 - \sqrt{1 + x}}{1 + \sqrt{1 + x}}$

20. $f(x) = \sqrt{(x - a)(x - b)(x - c)}$

21. Dadas las funciones $g(u) = \dfrac{1}{4}u^2 - 3u + 5$ y $f(x) = \dfrac{x-1}{x+1}$, hallar la derivada

de $g \circ f$ de dos manera:

a. Encontrando $(g \circ f)(x)$ y derivando este resultado.
b. Aplicando la regla de la cadena.

En los ejercicios del 22 al 26, hallar $h'(x)$ si $h(x) = (g \circ f)(x) = g(f(x))$

22. $g(u) = u^3 - 2u^2 - 5$, $f(x) = 2x - 1$ **23.** $g(v) = \sqrt{v}$, $f(x) = 2x^3 - 4$

24. $g(t) = t^5$, $f(x) = 1 - 2\sqrt{x}$ **25.** $g(u) = \dfrac{b-u}{b+u}$, $f(x) = cx$

26. $g(v) = \dfrac{1}{v}$, $f(x) = a\sqrt{a^2 - x^2}$

En los ejercicios del 27 al 30, hallar $\dfrac{dy}{dx}$

27. $y = 3u^3 - 4u^4 - 1$, $u = x^2 - 1$ **28.** $y = v^5$, $v = 3a + 2bx$

29. $y = t^4$, $t = \dfrac{ax+b}{c}$ **30.** $y = \dfrac{1}{\sqrt{v}}$, $v = 3x^2 - 1$

En los ejercicios del 31 al 35, Hallar las rectas tangente y normal al gráfico al gráfico de función en el punto $(x_0, f(x_0)$, para el valor especificado de x_0.

31. $f(x) = (2x^2 - 1)^3$, $x_0 = -1$ **32.** $f(x) = \dfrac{3}{(2-x^2)^2}$, $x_0 = 0$

33. $f(x) = \dfrac{x-2}{\sqrt{3x+6}}$, $x_0 = 1$ **34.** $f(x) = \sqrt[3]{x-1}$, $x_0 = -7$

35. $f(x) = \dfrac{(x-1)^2}{(3x-2)^2}$, $x_0 = \dfrac{1}{2}$

36. Sean g y f dos funciones diferenciables tales que $g'(u) = \dfrac{1}{u}$ y $g(f(x)) = x$.

Probar que $f'(x) = f(x)$.

37. (Costo marginal) La función costo total de una empresa es

$$C(x) = \frac{8x^2}{\sqrt{x^2 + 11}} + 4,000$$

a. Hallar la función costo marginal.
b. Hallar el costo marginal cuando $x = 5$.

38. La función de utilidad, en miles de dólares, de una empresa es

$$U(x) = 640 \sqrt{\frac{x^2 + 9}{3x + 4}} - 960$$

   a. Halla la función utilidad marginal.

   b. Halla la función utilidad marginal cuando $x = 4$.

39. (Tasa de cambio del ingreso) La función de ingreso de un fabricante, en miles

de dólares, es $R(x) = \dfrac{14}{(2x+1)} + 20x - 14$

El nivel de producción actual es $x = 40$ y esta está creciendo a razón de 3 al mes. Calcular la tasa con que los ingresos están creciendo actualmente.

Sugerencia: $\dfrac{dx}{dt} = 3$

40. (Razón de cambio de la demanda) Un fabricante de queso sabe que cuando el Kg. es p dólares, la demanda de su producto es

$$x = D(p) = \frac{54{,}000}{p^2} \quad \text{Kg. por semana}$$

Dentro de t semanas, el precio de un Kg. de queso será $p = 0.01t^2 + 0.2t + 3$ dólares. Hallar la razón de cambio de la demanda respecto al tiempo, dentro de 10 semanas.

41. Tasa de cambio del ingreso) La producción es de

$$x = 0.4t^2 + 0.8t + 86 \text{ unidades durante la semana } t$$

La ecuación de demanda es $p + 0.4x = 260$.

Calcular la tasa de cambio del ingreso en la semana $t = 5$.

42. (Tendencia marginal al consumo y al ahorro) La función consumo de cierto

país es $C = 0.4I + 2\sqrt{2I + 5} + 8$

   a. Hallar la tendencia marginal a consumir cuando $I = 47.5$ millardos

   b. Hallar la tendencia marginal a ahorrar cuando $I = 47.5$ millardos

---

SECCION 7.5
DERIVACION IMPLICITA

Consideremos la ecuación $xy - 1 = 0$. En esta ecuación, fácilmente podemos despejar la variable y:

$$y = \frac{1}{x}.$$

Esta nueva ecuación define a y como función de x.

Casos como el ejemplo anterior suceden con frecuencia. Es decir, una ecuación de la forma

$$F(x, y) = 0$$

puede dar lugar a una función $y = f(x)$. Si esta situación ocurre, diremos que la ecuación $F(x, y) = 0$ define **implícitamente** a y como función de x.

No toda ecuación $F(x, y) = 0$ determina implícitamente una función (real de variable real). Tal es el caso de la ecuación

$$x^2 + y^2 + 1 = 0$$

la cual no tiene soluciones reales. Puede suceder también que una misma ecuación dé lugar a más de una función. Así, la ecuación (circunferencia)

$$x^2 + y^2 - 1 = 0$$

determina dos funciones :

    1. $f_1(x) = \sqrt{1 - x^2}$ **2.** $f_2(x) = -\sqrt{1 - x^2}$

Sucede con frecuencia que en funciones definidas implícitamente no se puede despejar con facilidad la dependiente. Tal es el caso de

$$x^3 y - y^7 x = 5$$

Para este tipo de ecuaciones, sería muy conveniente contar con una técnica que nos permita encontrar la derivada de una función definida implícitamente, sin necesidad de contar con la expresión explícita de la función. Esta técnica se llama **diferenciación o derivación implícita** y se resume en la siguiente regla:

Derivar la ecuación término a término, considerando a la variable dependiente como una función de la independiente. Luego, despejar la derivada.

$\boxed{\textbf{EJEMPLO 1.}}$ Si $x^3 y - y^7 x = 5$, hallar $\dfrac{dy}{dx}$.

Solución

Derivamos término a término:

$$\frac{d}{dx}\left(x^3 y\right) - \frac{d}{dx}\left(y^7 x\right) = \frac{d}{dx}(5) \implies \left[x^3 \frac{dy}{dx} + y \frac{d}{dx}\left(x^3\right)\right] - \left[y^7 \frac{dx}{dx} + x \frac{d}{dx}\left(y^7\right)\right] = 0 \implies$$

$$x^3 \frac{dy}{dx} + 3yx^2 - y^7 - 7xy^6 \frac{dy}{dx} = 0 \implies x^3 \frac{dy}{dx} - 7xy^6 \frac{dy}{dx} = y^7 - 3yx^2 \implies$$

$$\left(x^3 - 7xy^6\right)\frac{dy}{dx} = y^7 - 3yx^2 \implies \frac{dy}{dx} = \frac{y^7 - 3yx^2}{x^3 - 7xy^6}$$

EJEMPLO 2.   Si $\sqrt[3]{x^2} + \sqrt[3]{y^2} = \sqrt[3]{a^2}$, hallar $\dfrac{dy}{dx}$

Solución

$$\frac{d}{dx}\left(\sqrt[3]{x^2}\right) + \frac{d}{dx}\left(\sqrt[3]{y^2}\right) = \frac{d}{dx}\left(\sqrt[3]{a^2}\right) \Rightarrow \frac{d}{dx}\left(x^{2/3}\right) + \frac{d}{dx}\left(y^{2/3}\right) = 0$$

$$\Rightarrow \frac{2}{3}x^{-1/3} + \frac{2}{3}y^{-1/3}\frac{dy}{dx} = 0$$

$$\Rightarrow \frac{dy}{dx} = -\frac{\dfrac{2}{3}x^{-1/3}}{\dfrac{2}{3}y^{-1/3}} = -\frac{y^{1/3}}{x^{1/3}} = -\sqrt[3]{\frac{y}{x}}$$

EJEMPLO 3.   Hallar la recta tangente a la curva $x^3 + y^3 = 4xy^2 + 1$ en el punto $(2, 1)$.

Solución

Hallamos $\dfrac{dy}{dx}$:

$$\frac{d}{dx}\left(x^3\right) + \frac{d}{dx}\left(y^3\right) = \frac{d}{dx}(4xy^2) + \frac{d}{dx}(1) \Rightarrow 3x^2 + 3y^2\frac{dy}{dx} = 4x\left(2y\frac{dy}{dx}\right) + 4y^2 + 0$$

$$\Rightarrow 3y^2\frac{dy}{dx} - 8xy\frac{dy}{dx} = 4y^2 - 3x^2 \Rightarrow \left(3y^2 - 8xy\right)\frac{dy}{dx} = 4y^2 - 3x^2$$

$$\Rightarrow \frac{dy}{dx} = \frac{4y^2 - 3x^2}{3y^2 - 8xy}$$

Ahora hallemos la pendiente de la curva en el punto $(2, 1)$. Para esto, sustituimos los valores $x = 2$ y $y = 1$ en la derivada antes encontrada:

Pendiente en $(2, 1)$ $= \dfrac{4(1)^2 - 3(2)^2}{3(1)^2 - 8(2)\ (1)} = \dfrac{-8}{-13} = \dfrac{8}{13}$

Finalmente, la recta tangente buscada es

$$y - 1 = \frac{8}{13}(x - 2) \quad \text{o sea} \quad 8x - 13y - 3 = 0$$

EJEMPLO 4.   Hallar las rectas tangentes a la siguiente curva (circunferencia) en los puntos que tienen abscisa $x = 4$:

$$(x - 1)^2 + (y + 1)^2 = 25$$

Solución

Hallamos los puntos en la curva que tienen abscisa $x = 4$. Para esto, sustituimos el valor $x = 4$ en la ecuación de la curva:

$$(4-1)^2 + (y+1)^2 = 25 \Leftrightarrow (y+1)^2 = 16$$

$$\Leftrightarrow y = 3 \text{ ó } y = -5$$

Luego, hay dos puntos en la curva con abscisa $x = 4$. Estos son:

$$P_1 = (4, 3) \text{ y } P_2 = (4, -5)$$

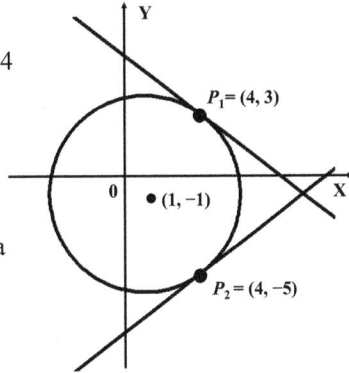

Hallemos la derivada $\dfrac{dy}{dx}$:

$$\frac{dy}{dx}(x-1)^2 + \frac{d}{dx}(y+1)^2 = \frac{d}{dx}(25) \Rightarrow 2(x-1) + 2(y+1)\frac{dy}{dx} = 0$$

$$\Rightarrow \frac{dy}{dx} = -\frac{x-1}{y+1}$$

Ahora,

Pendiente en el punto $P_1 = (4, 3)$ $= -\dfrac{4-1}{3+1} = -\dfrac{3}{4}$

Tangente en el punto $P_1 = (4, 3)$:

$$y - 3 = -\frac{3}{4}(x-4) \text{ o sea } 3x + 4y - 24 = 0$$

Pendiente en el punto $P_2 = (4, -5) = -\dfrac{4-1}{-5+1} = \dfrac{3}{4}$

Tangente en el punto $P_2 = (4, -5)$:

$$y + 5 = \frac{3}{4}(x - 4) \text{ o sea } 3x - 4y - 32 = 0$$

EJEMPLO 5. **Razones de cambio relacionadas.**

Cuando el precio de un artículo es p dólares la unidad, el fabricante está dispuesto a ofrecer x miles de unidades mensuales, donde

$$x^2 - 4x\sqrt{p} + p^2 = 36$$

Calcular la rapidez (tasa de cambio respecto al tiempo) con que crece la oferta cuando el precio es $p = \$ 4$. Se sabe que cuando $p = 4$, el precio está creciendo a razón de $\$ 0.9$ por mes.

Solución

Nos dicen que $\dfrac{dp}{dt} = 0.9$ cuando $p = 4$. Nos piden hallar, para ese momento, $\dfrac{dx}{dt}$

En primer lugar, hallamos el valor de x cuando $p = 4$. Reemplazamos $p = 4$ en la ecuación de oferta:

$$x^2 - 4x\sqrt{p} + p^2 = 36 \implies x^2 - 4x\sqrt{4} - 4^2 = 36 \implies x^2 - 8x - 20 = 0$$

$$\implies (x - 10)(x + 2) = 0 \implies x = 10 \ \text{ó} \ x = -2$$

Nos quedamos con $x = 10$ y desechamos $x = -2$, por ser negativo.

Ahora derivamos implícitamente la ecuación de oferta respecto al tiempo. Se debe considerar que, tanto x como p, dependen del tiempo:

$$2x\frac{dx}{dt} - 4\left[x\frac{d}{dt}\left(\sqrt{p}\right) + \sqrt{p}\frac{dx}{dt}\right] + 2p\frac{dp}{dt} = 0 \implies$$

$$2x\frac{dx}{dt} - 4\left[x\frac{1}{2\sqrt{p}}\frac{dp}{dt} + \sqrt{p}\frac{dx}{dt}\right] + 2p\frac{dp}{dt} = 0 \implies$$

$$2x\frac{dx}{dt} - 2\frac{x}{\sqrt{p}}\frac{dp}{dt} - 4\sqrt{p}\frac{dx}{dt} + 2p\frac{dp}{dt} = 0 \implies$$

$$2x\frac{dx}{dt} - 4\sqrt{p}\frac{dx}{dt} = 2\frac{x}{\sqrt{p}}\frac{dp}{dt} - 2p\frac{dp}{dt} \implies$$

$$\left(x - 2\sqrt{p}\right)\frac{dx}{dt} = \left(\frac{x}{\sqrt{p}} - p\right)\frac{dp}{dt}$$

Sustituimos $p = 4$, $x = 10$ y $\dfrac{dp}{dt} = 0.9$ en la ecuación anterior:

$$\left(10 - 2\sqrt{4}\right)\frac{dx}{dt} = \left(\frac{10}{\sqrt{4}} - 4\right)\frac{dp}{dt} \implies 6\frac{dx}{dt} = (1)(0.9) \implies \frac{dx}{dt} = 0.15$$

En consecuencia, considerando que x está expresada en miles de unidades, la oferta aumenta a una tasa de $0.15(1,000) = 150$ unidades mensuales.

EJEMPLO 6.   **Razones de cambio relacionadas.**

Los extremos de una escalera de 5 m. de longitud están apoyados sobre una pared vertical y un piso horizontal. Al empujarla por la base se logra que ésta se aleje de la pared a razón de 20 m/seg. ¿Con qué rapidez baja el extremo superior cuando la base está a 3m. de la pared?

Solución

Sea x la distancia de la base de la escalera a la pared. Sea y la distancia del extremo superior de la escalera al piso.

Tenemos que

$$y^2 + x^2 = 5^2$$

Derivamos con respecto al tiempo t:

$$2y\frac{dy}{dt} + 2x\frac{dx}{dt} = 0 \implies \frac{dy}{dt} = -\frac{x}{y}\frac{dx}{dt}$$

Pero, $\dfrac{dx}{dt} = 20$ m/seg. y, cuando $x = 3$,

$$y = \sqrt{5^5 - 3^2} = 4.$$

Luego, la velocidad con que baja el extremo superior cuando la base está a 3 m. es

$$\left.\frac{dy}{dt}\right|_{y=4} = -\frac{3}{4}(20 \text{ m./seg.}) = -15 \text{ m./seg.}$$

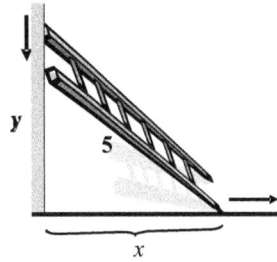

EJEMPLO 7. **Razones de cambio relacionadas.**

Un barco navega con dirección Norte a razón de 12 Km/h. Otro barco navega con dirección Este a 16 Km/h. El primero pasa por la intersección de las trayectorias a las 3.30 PM, y el segundo a las 4 PM. ¿Cómo está cambiando la distancia entre los barcos

a. A las 3.30 PM?   **b.** A las 5 PM?

Solución

Comencemos a computar el tiempo desde el instante en que el segundo barco para por la intersección de las trayectorias. Esto es, $t = 0$ a las 4 PM. En este instante el primer barco se encuentra a $12(1/2) = 6$ Km. al Norte de la intersección.

Después de transcurrir t horas el primer barco se encuentra a $6 + 12t$ Km. de la intersección 0, y el segundo a $16t$ Km. En consecuencia, la distancia entre los barcos esta dada por

$$(d(t))^2 = (6 + 12t)^2 + (16t)^2 = 400t^2 + 144t + 36$$

Derivando con respecto al tiempo t tenemos

$$2d(t)d'(t) = 800t + 144 \implies d'(t) = \frac{400t + 72}{\sqrt{400t^2 + 144t + 36}}$$

a. A las 3.30 PM, $t = -1/2$. Luego

$$d'(-1/2) = \frac{400(-1/2) + 72}{\sqrt{400(-1/2)^2 + 144(-1/2) + 36}} = -16 \text{ Km/h}$$

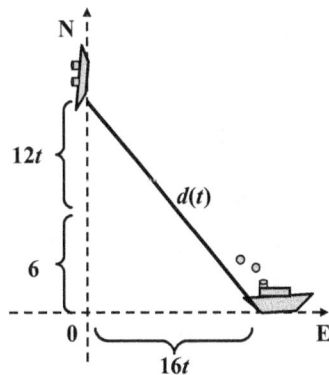

Esto es, a las 3.30 PM, la distancia entre los barcos está cambiando a razón de -16Km/h. El signo negativo significa que en el instante dado la distancia está decreciendo.

b. A las 5 PM, $t = 1$. Luego,

$$d'(1) = \frac{400(1) + 72}{\sqrt{400(1)^2 + 144(1) + 36}} = 19.60 \text{ Km/h}$$

PROBLEMAS PROPUESTOS 7. 5

Derivando implícitamente hallar $\dfrac{dy}{dx}$ *. Las letras a, b, p y r denotan constantes*

1. $3x^2 - 4y = 1$ 　　　　　　　　　　　**2.** $xy - x^2 = 5$

3. $y^2 = 4px$ 　　　　　　　　　　　　**4.** $3xy^2 - x^2y - y^2 = x + 1$

5. $\dfrac{1}{x} + y^2 = 2x$ 　　　　　　　　　**6.** $x^3 + \dfrac{1}{y} = xy$

7. $(y^2 - 2xy)^2 = 4y - 3$ 　　　　　　**8.** $\dfrac{y}{x - y} - x^3 - 1 = 0$

9. $x^2 + y^2 = r^2$ 　　　　　　　　　**10.** $\dfrac{x^2}{a^2} + \dfrac{y^2}{b^2} = 1$

11. $x + 2\sqrt{xy} + y = b$ 　　　　　　**12.** $x^3 - 3axy + y^3 = 0$

13. $\sqrt{x} + \sqrt{y} = \sqrt{a}$ 　　　　　　　**14.** $\sqrt{y} + \sqrt[3]{y} = x$

En los ejercicios del 15 al 20, hallar la recta tangente al gráfico de la ecuación dada, en el punto indicado.

15. $y^2 - 4x - 16 = 0$; $(-3, 2)$ 　　　**16.** $\dfrac{x^2}{9} - \dfrac{y^2}{4} = 1$; $(-5, -8/3)$

17. $x^3 - 3xy + y^3 = 0$; $(3/2, 3/2)$ 　　**18.** $x^3 - 3axy + y^3 = 0$; $(3a/2, 3a/2)$

19. $x^2 - x\sqrt{xy} - 2y^2 = 0$; $(-1, -1)$ 　　**20.** $y^4 + 6xy = 4x^4$; $(-1, 2)$

21. Hallar las rectas tangentes a la curva $\dfrac{x^2}{25} + \dfrac{y^2}{3} = 1$, en los puntos donde $x = 3$

22. (Razones de cambio relacionadas) Cuando el precio de un artículo es p dólares la unidad, el fabricante está dispuesto a ofrecer x miles de unidades mensuales, donde $2p^2 - x^2 = 36$.

Calcular la rapidez (tasa de cambio respecto al tiempo) con que crece la oferta cuando el precio es p = \$ 5. Se sabe cuando p = 5, el precio está creciendo a razón de \$ 0.3 por mes.

23. (Razones de cambio relacionadas) Cuando el precio de un artículo es p dólares la unidad, demandan x miles de unidades mensuales, donde

$$2x^2 + px + p^2 = 198$$

Calcular la rapidez con que crece la demanda cuando el precio es p = \$ 3. Se sabe que cuando p = 3, el precio está creciendo a razón de \$ 0.26 por mes.

24. (Razones de cambio relacionadas) Los extremos de una escalera de 20m. están apoyados sobre una pared vertical y un piso horizontal. Si el extremo inferior de la escalera se aleja de la pared a una velocidad de 6 m/min. ¿A qué velocidad se mueve el extremo superior cuando la parte inferior está a 12 m. de la pared?

25. (Razones de cambio relacionadas) Un barco navega con dirección Norte a razón de 6 Km./h. Otro barco navega con dirección Este a 8 Km./h. A las 11 A. M. el segundo barco cruzó la ruta del primero en un punto en el cual éste pasó 2 horas antes. ¿Cómo está cambiando la distancia de los barcos a las 10 A. M.?

SECCION 7.6
DERIVADAS DE ORDEN SUPERIOR

Al derivar una función cualquiera f obtenemos la función derivada $f\,'$, cuyo dominio está contenido en el domino de f. A la derivada $f\,'$ podemos volver a derivarla obteniendo otra nueva función $(f\,')'$, cuyo dominio es el conjunto de todos los puntos x del dominio de $f\,'$ para los cuales $f\,'$ es derivable en x; o sea todos los puntos x del dominio de $f\,'$ para los cuales existe el siguiente límite:

$$(f\,')'(x) = \lim_{\Delta x \to 0} \frac{f\,'(x + \Delta x) - f\,'(x)}{\Delta x}$$

La función $(f\,')'$ se llama **segunda deriva** de f y es denotada por f''. Si $f''(a)$ existe, diremos que f **es dos veces diferenciable en** a y que $f\,''(a)$ es la **segunda derivada de** f **en** a.

Con la notación de Leibniz, la segunda derivada de una función $y = f(x)$ se escribe así:

$$\frac{d^2 y}{dx^2} \; , \; \text{o bien} \; \frac{d^2 f(x)}{dx^2}$$

En vista de que a f'' la llamamos la segunda derivada de f, a $f\,'$ la llamaremos primera de f.

EJEMPLO 1.   Hallar la primera y segunda derivada de la función $f(x) = x^2$.

Solución

Primera derivada: $f'(x) = 2x$ Segunda derivada: $f''(x) = 2$

EJEMPLO 2.   Hallar la primera y segunda derivada de $y = x^3 - 7x^2 - 2x + 1$.

Solución

Primera derivada: $\dfrac{dy}{dx} = 3x^2 - 14x - 2$.   Segunda derivada: $\dfrac{d^2 y}{dx^2} = 6x - 14$

EJEMPLO 3.   Hallar la primera y segunda derivada de $u = \dfrac{1}{t}$

Solución

Primera derivada: $\dfrac{du}{dt} = -\dfrac{1}{t^2}$.

Segunda derivada: $\dfrac{d^2 u}{dt^2} = \dfrac{d}{dt}\left(-t^{-2}\right) = -(-2)-(-2)t^{-3} = \dfrac{2}{t^3}$

El proceso de derivación de una función f podemos continuarla más allá de la segunda derivada. Así, si derivamos f'' obtenemos la **tercera derivada** de f, que se denota por f'''. Esto es,

$$f''' = (f'')'$$

Nuevamente, si a f''' la volvemos a derivar, obtenemos la **cuarta derivada** de f, que se denota por f''''; y así sucesivamente.

A las derivadas de una función, a partir de la derivada segunda, se les llama derivadas de **orden superior.**

La notación anterior, cuando el orden de derivación va más allá de 4, es incómoda. Para mayor facilidad, el orden de la derivada se abrevia mediante un superíndice encerrado entre paréntesis, del modo siguiente:

$$f^{(1)} = f', \quad f^{(2)} = f'', \quad f^{(3)} = f''', \quad f^{(4)} = f'''', \quad \text{etc.}$$

Estas derivadas, con la notación de Leibniz, se escriben así:

$$f' = \frac{df}{dx} \;, \quad f'' = \frac{d^2 f}{dx^2}, \quad f''' = \frac{d^3 f}{dx^3}, \quad f'''' = \frac{d^4 f}{dx^4}$$

EJEMPLO 4. Hallar todas las derivadas de la función $f(x) = x^3$

Solución

$f^{(1)}(x) = 3x^2$, $f^{(2)}(x) = 6x$, $f^{(3)}(x) = 6$, $f^{(4)}(x) = 0$, $f^{(n)}(x) = 0$, para $n \geq 4$

EJEMPLO 5. Hallar las derivadas hasta de orden 4 de $y = \dfrac{1}{x}$

Solución

1. $\dfrac{dy}{dx} = -\dfrac{1}{x^2}$

2. $\dfrac{d^2 y}{dx^2} = \dfrac{d}{dx}\left(-\dfrac{1}{x^2}\right) = \dfrac{d}{dx}\left(-x^{-2}\right) = -(-2)x^{-3} = \dfrac{2}{x^3}$

3. $\dfrac{d^3 y}{dx^3} = \dfrac{d}{dx}\left(\dfrac{2}{x^3}\right) = \dfrac{d}{dx}\left(2x^{-3}\right) = 2(-3)x^{-4} = -\dfrac{6}{x^4}$

4. $\dfrac{d^4 y}{dx^4} = \dfrac{d}{dx}\left(-\dfrac{6}{x^4}\right) = \dfrac{d}{dx}\left(-6x^{-4}\right) = -6(-4)x^{-5} = -\dfrac{24}{x^5}$

ACELERACION

Derivando la función posición de un objeto en movimiento rectilíneo obtuvimos la velocidad. Ahora, tomando la función velocidad podemos calcular la aceleración promedio y la aceleración instantánea.

DEFINICION. Sea $s = f(t)$ la función posición de un objeto que se mueve a lo largo de una recta. **La aceleración** (instantánea) en el **instante** t es

$$a(t) = \frac{dv}{dt} = \frac{d^2 s}{dt^2} = f''(t)$$

EJEMPLO 6. Un objeto se mueve sobre una recta según la función posición

$$s = t^3 - 3t + 1,$$

donde s se mide en metros y t en segundos.

a. ¿En qué instante la velocidad es 0?
b. ¿En qué instante la aceleración es 0?
c. Hallar la aceleración en el instante en que la velocidad es 0.

Solución

Tenemos que:

$$v(t) = \frac{ds}{dt} = 3t^2 - 3 \qquad \text{y} \qquad a(t) = \frac{dv}{dt} = 6t$$

Luego,

a. $v(t) = 0 \Leftrightarrow 3t^2 - 3 = 0 \Leftrightarrow 3(t+1)(t-1) = 0 \Leftrightarrow t = -1 \quad \text{ó} \quad t = 1$.

a. $a(t) = 0 \Leftrightarrow 6t = 0 \Leftrightarrow t = 0$. Esto es, la aceleración es 0 sólo en el instante $t = 0$

c. $a(-1) = 6(-1) = -6 \text{ m/seg}^2. \quad a(1) = 6(1) = 6 \text{ m/seg}^2.$

PROBLEMAS RESUELTOS 7. 6

PROBLEMA 1. Hallar las tres primeras derivadas de la función $y = \dfrac{1}{ax+b}$, donde a y b son constantes.

Solución

$$\frac{dy}{dx} = \frac{d}{dx}\left(\frac{1}{ax+b}\right) = \frac{d}{dx}(ax+b)^{-1} = -1(ax+b)^{-2}\frac{d}{dx}(ax+b)$$

$$= -1(ax+b)^{-2}(a) = -\frac{a}{(ax+b)^2}$$

$$\frac{d^2y}{dx} = \frac{d}{dx}\left(\frac{dy}{dx}\right) = \frac{d}{dx}\left(-\frac{a}{(ax+b)^2}\right) = \frac{d}{dx}\left(-a(ax+b)^{-2}\right)$$

$$= (-2)(-a)(ax+b)^{-3}\frac{d}{dx}(ax+b) = 2a(ax+b)^{-3}(a) = \frac{2a^2}{(ax+b)^3}$$

$$\frac{d^3y}{dx} = \frac{d}{dx}\left(\frac{d^2y}{dx}\right) = \frac{d}{dx}\left(\frac{2a^2}{(ax+b)^3}\right) = \frac{d}{dx}\left(2a^2(ax+b)^{-3}\right)$$

$$= -3(2a^2)(ax+b)^{-4}\frac{d}{dx}(ax+b) = -6a^2(ax+b)^{-4} = -\frac{6a^3}{(ax+b)^4}$$

PROBLEMA 2. Probar que la función $y = (x^2 - 1)^2$ satisface a la ecuación

$$\left(x^2 - 1\right)y^{(4)} + 2xy^{(3)} - 6y^{(2)} = 0$$

Solución

En primer lugar calculamos $y^{(2)}$, $y^{(3)}$ y $y^{(4)}$

$$y' = 2(x^2 - 1)(2x) = 4x^3 - 4x, \qquad\qquad y^{(2)} = 12x^2 - 4,$$

$$y^{(3)} = 24x, \qquad\qquad\qquad\qquad y^{(4)} = 24$$

Ahora

$$\left(x^2 - 1\right)y^{(4)} + 2xy^{(3)} - 6y^{(2)} = (x^2 - 1)(24) + 2x(24x) - 6(12x^2 - 4)$$

$$= 24x^2 - 24 + 48x^2 - 72x^2 + 24 = 0$$

PROBLEMA 3. Hallar y' y y'' si $x^2 + y^2 = 5$.

Solución

Derivando implícitamente tenemos:

$$2x + 2yy' = 0 \tag{1}$$

De donde, $\qquad y' = -\dfrac{x}{y}$ $\qquad\qquad\qquad\qquad\qquad$ (2)

Para hallar y'' podemos derivar (1) ó (2). Derivamos (1):

$$2 + 2y'y' + 2yy'' = 0$$

Despejamos y'':

$$y'' = \frac{-2 - 2(y')^2}{2y} = \frac{-1 - y'^2}{y} = -\frac{1 + y'^2}{y} \tag{3}$$

Remplazando (2) en (3) tenemos:

$$y'' = -\frac{1 + \left(-\dfrac{x}{y}\right)^2}{y} = -\frac{1 + \dfrac{x^2}{y^2}}{y} = -\frac{y^2 + x^2}{y^3}$$

Veamos que obtenemos el mismo resultado derivando (2):

$$y'' = \frac{d}{dx}\left(-\frac{x}{y}\right) = -\frac{y(1) - xy'}{y^2} = \frac{y - xy'}{y^2}$$

Reemplazando (2) en esta última expresión:

$$y'' = -\frac{y - x\left(-\dfrac{x}{y}\right)}{y^2} = -\frac{y + \dfrac{x^2}{y}}{y^2} = -\frac{y^2 + x^2}{y^3}$$

PROBLEMAS PROPUESTOS 7.6

En los problemas del 1 al 6 hallar las derivadas de segundo y tercer orden de las funciones dadas

1. $y = x^5 - 4x^3 - 2x + 2$

2. $z = \dfrac{1}{4}x^8 - \dfrac{1}{3}x^6 - \dfrac{1}{2}x^2$

3. $f(x) = (x-1)^4$

4. $g(x) = (x^2 + 1)^3$

5. $y = \sqrt{x}$

6. $h(x) = \dfrac{x}{2+x}$

En los problemas del 7 al 12 hallar y"

7. $xy = 1$

8. $y^2 = 4ax$, donde a es constante.

9. $x^3 + y^3 = 1$

10. $x^2 = y^3$

11. $\dfrac{1}{x} + \dfrac{1}{y} = 1$

12. $b^2x^2 + a^2y^2 = a^2b^2$, a y b son constantes.

13. Probar que la función $y = x^4 + x^3$ satisface la ecuación $2xy' - x^2y'' = -4x^4$

14. Probar que la función $y = \dfrac{1}{2}\left(x^2 + 2x + 2\right)$ satisface la ecuación $2yy'' - 2y' = x^2$

15. Probar que la función $y = \dfrac{x^4}{4} - \dfrac{a}{x} + b$, donde a y b son constantes , satisface

la ecuación $\dfrac{1}{6}x^4 y''' - x^3 y'' + 2x^2 y' = 5a$

En los problemas del 16 al 22 hallar $y^{(n)}$, la derivada de orden n.

16. $y = x^n$

17. $y = x^{n-1}$

18. $y = x^{n+1}$

19. $y = ax^n$, donde a es constante.

20. $y = a_n x^n + a_{n-1}x^{n-1} + \ldots + a_1 x + a_0$, $a_0, a_1 \ldots a_n$ son constantes.

21. $y = \dfrac{1}{x}$

22. $y = \dfrac{1}{x-a}$, donde a es constantes

En los problemas del 23 al 26 hallar y" para los valores indicados de las variables.

23. $y = \left(2 - x^2\right)^4$, $x = 1$

24. $y = x\sqrt{x^2 + 3}$, $x = -1$

25. $y = \sqrt{x} + \dfrac{1}{\sqrt{x}}$, $x = 1$

26. $x^2 + 2y^2 - 6$, $x = 2$, $y = 1$

27. (Velocidad y aceleración) Un objeto se mueve en línea recta de acuerdo a la función $s(t) = t^3 - 3t^2 - 24t + 8$.
Hallar su velocidad en los instantes donde la aceleración es nula.

28. (Velocidad y aceleración) Un objeto se mueve en línea recta de acuerdo a la

función $s(t) = t^2 + \dfrac{54}{t}$

a. ¿En qué instantes la velocidad es 0?   **b.** ¿En qué instantes la aceleración es 0?

29. (Velocidad y aceleración) Un objeto se mueve en línea recta de acuerdo a la

función $s(t) = \sqrt{2t} + \dfrac{1}{\sqrt{2t}}$

a. Hallar la función velocidad y la función aceleración
b. Hallar la aceleración en los puntos donde la velocidad es nula.

SECCION 7.7
DERIVADAS DE LAS FUNCIONES EXPONENCIALES Y LOGARITMICAS

DERIVADA DE LAS FUNCIONES EXPONENCIALES

| **TEOREMA 7.8** | Si $a > 0$, $a \neq 1$ y $u = u(x)$ es diferenciable, entonces

$$\textbf{1.}\quad D_x e^x = e^x \qquad\qquad \textbf{2.}\quad D_x e^u = e^u D_x u$$

$$\textbf{3.}\quad D_x a^u = a^u \ln a\, D_x u$$

Demostración

1. Sea $f(x) = e^x$. Se tiene:

$$D_x e^x = \lim_{h \to 0} \frac{f(x+h) - f(x)}{h} = \lim_{h \to 0} \frac{e^{x+h} - e^x}{h} = \lim_{h \to 0} \frac{e^x e^h - e^x}{h}$$

$$= \lim_{h \to 0} \frac{e^x(e^h - 1)}{h} = e^x \lim_{h \to 0} \frac{e^h - 1}{h}$$

$$= e^x (1) = e^x \qquad\qquad\qquad \text{(Teorema 6.11 parte 3)}$$

2. Se obtiene inmediatamente de la fórmula 1 aplicando la regla de la cadena.

3. Cambiando la base a por la base e (teorema 5.4) tenemos que
$$a^x = e^{x \ln a}$$

Luego,
$$D_x a^u = D_x e^{u \ln a} = e^{u \ln a}\, D_x\left(u \ln a\right) = a^u \ln a\, D_x u$$

EJEMPLO 1. Hallar la derivada de

$$\textbf{a. } y = x^4 e^x \qquad \textbf{b. } y = 2e^{2x^2 + 1} \qquad \textbf{c. } y = 5^{x^3 + 2x}$$

Solución

a. Aplicando la regla del producto y la fórmula 1:

$$y' = D_x\left(x^4 e^x\right) = x^4 D_x\left(e^x\right) + D_x\left(x^4\right) \cdot e^x = x^4 e^x + 4x^3 e^x = e^x(x^4 + 4x^3)$$

b. Aplicando la fórmula 2:

$$y' = D_x\left(2e^{2x^2 + 1}\right) = 2D_x\left(e^{2x^2 + 1}\right) = 2e^{2x^2 + 1}D_x\left(2x^2 + 1\right)$$

$$= 2e^{2x^2 + 1}\left(4x\right) = 8xe^{2x^2 + 1}$$

c. Aplicando la fórmula 3:

$$y' = 5^{x^3 + 2x}\ln 5\, D_x\left(x^3 + 2x\right) = 5^{x^3 + 2x}\ln 5\left(3x^2 + 2\right)$$

DERIVADA DE LAS FUNCIONES LOGARITMICAS

TEOREMA 7.9   Si $a > 0$, $a \neq 1$ y $u = u(x)$ es diferenciable, entonces

$$1.\, D_x \ln x = \frac{1}{x}\, , x > 0$$

$$2.\ D_x \ln u = \frac{1}{u}D_x u\, , u > 0$$

$$3.\ D_x \ln\lvert u \rvert = \frac{1}{u}D_x u\, , u \neq 0$$

$$4.\ D_x \log_a u = \frac{\log_a e}{u}D_x u\, ,\ u > 0$$

Demostración

$$\textbf{1.}\ \ D_x \ln x = \lim_{h \to 0}\frac{\ln(x+h) - \ln x}{h} = \lim_{h \to 0}\frac{1}{h}\left(\ln(x+h) - \ln x\right)$$

$$= \lim_{h \to 0}\frac{1}{h}\ln\left(\frac{x+h}{x}\right) \qquad \text{(Logaritmo de un cociente)}$$

$$= \lim_{h \to 0}\ln\left(1+\frac{h}{x}\right)^{\frac{1}{h}} \qquad \text{(Logaritmo de una potencia)}$$

$$= \ln \left(\operatorname*{Lim}_{h \to 0} \left(1 + \left(\frac{1}{x} \right) h \right)^{\frac{1}{h}} \right) \qquad (y = \ln x \text{ es continua y teorema 6.6})$$

$$= \ln \left(e^{1/x} \right) = \frac{1}{x} \qquad \text{(Teorema 6.11, parte 1)}$$

2. Se obtiene inmediatamente de la fórmula 1 aplicando la regla de la cadena.

3. Caso 1. $u > 0$.

Si $u > 0$, entonces $\left| u \right| = u$. Por lo tanto

$$D_x \ln \left| u \right| = D_x \ln u = \frac{1}{u} D_x u$$

Caso 2. $u < 0$.

Si $u < 0$, entonces $\left| u \right| = -u$. Por lo tanto

$$D_x \ln \left| u \right| = D_x \ln(-u) = \frac{1}{-u} D_x(-u) = -\frac{1}{-u} D_x(u) = \frac{1}{u} D_x u$$

4. De acuerdo al teorema 5.3 (T. de cambio de base) y su corolario, tenemos que

$$\log_a u = \frac{1}{\ln a} \ln u = \log_a e \ln u$$

Luego,

$$D_x \log_a u = D_x (\log_a e \ln u) = \log_a e \, D_x \ln u$$

$$= \log_a e \cdot \frac{1}{u} D_x u = \frac{\log_a e}{u} D_x u$$

EJEMPLO 2. Hallar la derivada de:

$$\textbf{a. } y = \ln^3 x \qquad \textbf{b. } f(x) = \ln(3x^2 - 1)$$

Solución

a. Aplicando la regla de la potencia y la fórmula 1:

$$y' = D_x \left(\ln^3 x \right) = 3 \ln^2 x \, D_x \ln x = 3 \ln^2 x \, \frac{1}{x} = \frac{3 \ln^2 x}{x}$$

b. $f'(x) = D_x \left[\ln \left(3x^2 - 1 \right) \right] = \frac{1}{3x^2 - 1} D_x (3x^2 - 1) = \frac{6x}{3x^2 - 1}$

EJEMPLO 3. Hallar la derivada de:

$$\textbf{a.} \quad y = \ln \sqrt{x^3 - 2} \qquad \textbf{b.} \quad y = \log_5 \sqrt[4]{x^2 + 1} .$$

Solución

a. $y = \ln \sqrt{x^3 - 2} = \ln \left(x^3 - 2\right)^{1/2} = \dfrac{1}{2} \ln \left(x^3 - 2\right)$

Luego, aplicando la fórmula 3:

$$y' = D_x \ln \sqrt{x^3 - 2} = D_x \dfrac{1}{2} \ln \left(x^3 - 2\right) = \dfrac{1}{2} D_x \ln(x^3 - 2)$$

$$= \dfrac{1}{2} \dfrac{1}{x^3 - 2} D_x(x^3 - 2) = \dfrac{1}{2} \dfrac{1}{x^3 - 2} \left(3x^2\right) = \dfrac{3x^2}{2(x^3 - 2)}$$

b. $y = \log_5 \sqrt[4]{x^2 + 1} = \log_5 \left(x^2 + 1\right)^{\frac{1}{4}} = \dfrac{1}{4} \log_5 \left(x^2 + 1\right)$

Luego, aplicando la fórmula 4:

$$y' = \dfrac{1}{4} \dfrac{\log_5 e}{x^2 + 1} D_x \left(x^2 + 1\right) = \dfrac{\log_5 e}{2} \dfrac{x}{x^2 + 1}$$

DERIVACION LOGARITMICA

Cuando una función tiene un aspecto complicado y está conformada por productos, cocientes, potencias o radicales, el cálculo de su derivada se simplifica si se utiliza el procedimiento llamado **derivación logarítmica**. Para esto, se siguen los siguientes pasos:

1. Tomamos logaritmos naturales en ambos miembros.

2. Usamos las propiedades logarítmicas para transformar los productos, cocientes y exponentes.

3. Derivamos implícitamente.

4. Despejamos la derivada y simplificamos.

EJEMPLO 4. Mediante la derivación logarítmica, hallar la derivada

$$y = \dfrac{\left(x^2 - 1\right)\left(x^3 + 2\right)}{\sqrt[3]{x + 1}}$$

Solución

Pasos 1 y 2:

$$\ln y = \ln \dfrac{\left(x^2 - 1\right)\left(x^3 + 2\right)}{\sqrt[3]{x + 1}} = \ln\left[\left(x^2 - 1\right)\left(x^3 + 2\right)\right] - \ln \sqrt[3]{x + 1}$$

$$= \ln\left(x^2 - 1\right) + \ln\left(x^3 + 2\right) - \frac{1}{3} \ln (x + 1)$$

Esto es,

$$\ln y = \ln\left(x^2 - 1\right) + \ln\left(x^3 + 2\right) - \frac{1}{3} \ln (x + 1)$$

Paso 3.

$$D_x \ln y = D_x \ln\left(x^2 - 1\right) + D_x \ln\left(x^3 + 2\right) - D_x \frac{1}{3} \ln (x + 1)$$

$$= \frac{1}{x^2 - 1} D_x\left(x^2 - 1\right) + \frac{1}{x^3 + 2} D_x\left(x^3 + 2\right) - \frac{1}{3} \frac{1}{x + 1} D_x (x + 1) \Rightarrow$$

$$\frac{1}{y} D_x y = \frac{2x}{x^2 - 1} + \frac{3x^2}{x^3 + 2} - \frac{1}{3(x + 1)}$$

Paso 4.

$$D_x y = y\left(\frac{2x}{x^2 - 1} + \frac{3x^2}{x^3 + 2} - \frac{1}{3(x + 1)}\right) \Rightarrow$$

$$D_x y = \frac{\left(x^2 - 1\right)\left(x^3 + 2\right)}{\sqrt[3]{x + 1}}\left(\frac{2x}{x^2 - 1} + \frac{3x^2}{x^3 + 2} - \frac{1}{3(x + 1)}\right)$$

En la práctica, los 4 pasos dados se dan implícitamente, sin necesidad de especificarlos.

EJEMPLO 5. Hallar la derivada de $\quad y = \left(\dfrac{t}{1 + t}\right)^t$

Solución

$$\ln y = \ln\left(\frac{t}{1 + t}\right)^t = t \ln\left(\frac{t}{1 + t}\right) = t \ln t - t \ln (1 + t)$$

Esto es,

$$\ln y = t \ln t - t \ln (1 + t)$$

Derivando respecto a t:

$$\frac{y'}{y} = t\frac{1}{t} + \ln t - \left[t\frac{1}{1 + t} + \ln (1 + t)\right]$$

$$= 1 + \ln t - \frac{t}{1 + t} - \ln (1 + t) \Rightarrow$$

$$y' = y\left(1 - \frac{1}{1 + t} + \ln\frac{t}{1 + t}\right) = \left(\frac{t}{1 + t}\right)^t\left(\frac{t}{1 + t} + \ln\frac{t}{1 + t}\right)$$

PROBLEMAS RESUELTOS 7.7

PROBLEMA 1. Derivar $f(t) = \ln \dfrac{t(t^2+1)^2}{\sqrt{2t^3 - 1}}$

Solución

Tenemos que:

$$f(t) = \ln \frac{t(t^2+1)^2}{\sqrt{2t^3 - 1}} = \ln t + 2\ln(t^2+1) - \frac{1}{2}\ln(2t^3 - 1)$$

Luego,

$$f'(t) = \frac{1}{t} + 2\left(\frac{2t}{t^2+1}\right) - \frac{1}{2}\left(\frac{6t^2}{2t^3-1}\right) = \frac{1}{t} + \frac{4t}{t^2+1} - \frac{3t^2}{2t^3-1}$$

PROBLEMA 2. Derivar $\quad y = \ln(e^{-x} + xe^{-x})$

Solución

Tenemos que:

$$y = \ln(e^{-x} + xe^{-x}) = \ln\left(e^{-x}(1+x)\right)$$

$$= \ln e^{-x} + \ln(1+x) = -x + \ln(1+x)$$

Luego,

$$y' = -1 + \frac{1}{1+x} = \frac{-x}{1+x} = -\frac{x}{1+x}$$

PROBLEMA 3. Hallar la recta tangente a la siguiente curva

$$\ln xy + 5x = 6,$$

en el punto donde $x = 1$.

Solución

Hallamos $\dfrac{dy}{dx}$:

$$\frac{d}{dx}(\ln xy) + \frac{d}{dx}(5x) = \frac{d}{dx}(6) \implies$$

$$\frac{1}{xy}\frac{d}{dx}(xy) + 5\frac{d}{dx}(x) = 0 \implies$$

$$\frac{1}{xy}\left(x\frac{dy}{dx} + y\right) + 5 = 0 \implies$$

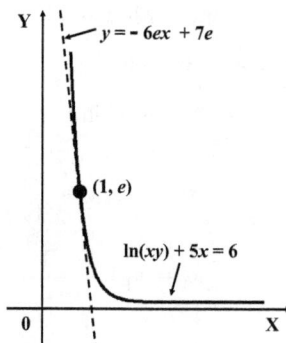

$$\frac{1}{y}\frac{dy}{dx} + \frac{1}{x} = -5 \implies \frac{1}{y}\frac{dy}{dx} = -5 - \frac{1}{x} \implies \frac{dy}{dx} = y\left(-5 - \frac{1}{x}\right)$$

Ahora hallamos la recta tangente:

Reemplazando $x = 1$ en la ecuación de la curva

$$\ln(1y) + 5(1) = 6 \implies \ln y = 1 \implies y = e$$

Luego, el punto de tangencia es $(1, e)$.

La pendiente m de la tangente en el punto $(1, e)$ es la derivada de la curva en este punto. Esto es,

$$m = e\left(-5 - \frac{1}{1}\right) = -6e$$

En consecuencia, la recta tangente a la curva en el punto donde $x = 1$ es:

$$y - e = -6e(x - 1), \quad \text{ó bien,} \quad y = -6ex + 7e$$

PROBLEMA 4. Hallar la recta tangente a la siguiente curva
$$y\,e^{xy} = 5 + x^2$$

en el punto donde $x = 0$.

Solución

Hallamos la derivada y':

Derivando ambos miembros de la ecuación se tiene que:

$$\left(y e^{xy}\right)' = \left(5 + x^2\right)' \implies y' e^{xy} + y\left(e^{xy}\right)' = 2x \implies$$

$$y' e^{xy} + y\left(e^{xy}(y + xy')\right) = 2x \implies y' e^{xy} + y^2 e^{xy} + xyy' e^{xy} = 2x \implies$$

$$y'\left(e^{xy} + xye^{xy}\right) = 2x - y^2 e^{xy} \implies y' = \frac{2x - y^2 e^{xy}}{e^{xy} + xye^{xy}}$$

Ahora hallamos la recta tangente:

Reemplazando $x = 0$ en la ecuación de la curva

$$y e^{(0)y} = 5 + 0^2 \implies y = 5$$

Luego, el punto de tangencia es $(0, 5)$.

La pendiente m de la tangente en el punto $(0, 5)$ es la derivada y' en $(0, 5)$. Esto es,

$$m = \frac{2(0) - 5^2 e^{(0)5}}{e^{(0)5} + (0)5e^{(0)5}} = \frac{-25}{1 + 0} = -25$$

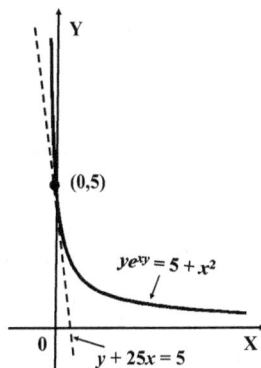

En consecuencia, la recta tangente a la curva en el punto donde $x = 0$ es

$$y - 5 = -25(x - 0), \quad ó \quad y + 25x - 5 = 0$$

PROBLEMA 5. Mediante derivación logarítmica hallar la derivada de

$$y = \frac{(x+1)^2}{\sqrt{x^2 - 2}}$$

Solución

$$\ln y = \ln \frac{(x+1)^2}{\sqrt{x^2 - 2}} = 2\ln(x+1) - \frac{1}{2}\ln\left(x^2 + 2\right)$$

Luego,

$$\frac{y'}{y} = 2\left(\frac{1}{x+1}\right) - \frac{1}{2}\left(\frac{2x}{x^2 + 2}\right) = \frac{2}{x+1} - \frac{x}{x^2 - 2} \quad \Rightarrow$$

$$y' = y\left[\frac{2}{x+1} - \frac{x}{x^2 - 2}\right] = y\left[\frac{x^2 - x - 4}{(x+1)(x^2 - 2)}\right] \quad \Rightarrow$$

$$y' = \frac{(x+1)^2}{\sqrt{x^2 - 2}}\left[\frac{x^2 - x - 4}{(x+1)(x^2 - 2)}\right] = \frac{(x+1)\left(x^2 - x - 4\right)}{\left(x^2 - 2\right)^{3/2}}$$

PROBLEMA 6. Mediante derivación logarítmica hallar la derivada de

$$\textbf{a. } z = x^x, x > 0 \qquad\qquad \textbf{b. } y = (x)^{x^x} = x^{x^x}, x > 0$$

Solución

a. $z = x^x \quad \Rightarrow \quad \ln z = \ln x^x = x \ln x \Rightarrow \ln z = x \ln x$

Derivamos respecto a x:

$$\frac{z'}{z} = (x \ln x)' = x(\ln x)' + (x)'\ln x = x\frac{1}{x} + \ln x = 1 + \ln x \quad \Rightarrow$$

$$z' = z(1 + \ln x) \quad \Rightarrow \quad z' = x^x(1 + \ln x)$$

b. $y = x^{x^x} \quad \Rightarrow \quad \ln y = \ln x^{x^x} = x^x \ln x. \quad \Rightarrow \quad \ln y = x^x \ln x$

Derivamos respecto a x:

$$\frac{y'}{y} = \left(x^x\right)' \ln x + x^x (\ln x)'$$

$$= \left[x^x(1 + \ln x)\right]\ln x + x^x \frac{1}{x} \qquad\qquad (\text{ por la parte a. })$$

$$= x^x \left[(1 + \ln x) \ln x + \frac{1}{x} \right] = x^x \left[\frac{1}{x} + \ln x + \ln^2 x \right] \quad \Rightarrow$$

$$y' = y x^x \left[\frac{1}{x} + \ln x + \ln^2 x \right] = x^{x^x} \left(x^x \left[\frac{1}{x} + \ln x + \ln^2 x \right] \right)$$

Por lo tanto,

$$y' = x^x x^{x^x} \left[\frac{1}{x} + \ln x + \ln^2 x \right]$$

PROBLEMA 7 Se piensa vender una casa. Se sabe que su precio en el mercado, dentro de t años, será de

$$P(t) = 5e^{0.96\sqrt{t}} \text{ millones.}$$

Los bancos, a sus ahorristas, ofrecen un interés de 24 % anual, que se compone continuamente. Suponiendo que esta tasa se mantiene constante, ¿Cuándo será el momentoeconómicamente más conveniente de vender la casa para invertir ese dinero en el banco?

Solución

La razón de cambio (velocidad) porcentual de crecimiento del valor de la casa está dada por $100 \dfrac{P'(t)}{P(t)}$. Si esta expresión es mayor que 24%, es conveniente conservar la casa. En cambio. Si es menor, conviene tener el valor de la casa depositado en el banco. El momento más apropiado para venderla es cuando:

$$100 \frac{P'(t)}{P(t)} = 24, \text{ o sea, cuando } \frac{P'(t)}{P(t)} = 0.24$$

Pero,

$$P'(t) = 5e^{0.96\sqrt{t}} D_x \left(0.96\sqrt{t} \right) = 5e^{0.96\sqrt{t}} \left(\frac{0.96}{2\sqrt{t}} \right) \quad \text{y} \quad \frac{P'(t)}{P(t)} = \frac{0.48}{\sqrt{t}}$$

Por lo tanto.

$$\frac{P'(t)}{P(t)} = 0.24 \iff \frac{0.48}{\sqrt{t}} = 0.24 \iff t = 4,$$

$$\frac{P'(t)}{P(t)} > 0.24 \iff \frac{0.48}{\sqrt{t}} > 0.24 \implies 0 < t < 4 \quad \text{y}$$

$$\frac{P'(t)}{P(t)} < 0.24 \iff \frac{0.48}{\sqrt{t}} < 0.24 \implies t > 4$$

En consecuencia, la casa se debe vender dentro 4 años.

PROBLEMAS PROPUESTOS 7.7

En los ejercicios del 1 al 24 hallar la derivada $y' = \dfrac{dy}{dx}$.

1. $y = \ln x^3$ 　　　　　　**2.** $y = \ln\left(x^2 + 1\right)^4$ 　　　　**3.** $y = \ln\sqrt{1+x^2}$

4. $y = x^3 \ln x$ 　　　　　　**5.** $y = \dfrac{\ln x}{x}$ 　　　　　　**6.** $y = \ln(\ln x)$

7. $y = \ln^2 x$ 　　　　　　**8.** $y = x \log x$ 　　　　　　**9.** $y = \sqrt{\log_5 x}$

10. $y = \dfrac{1+\ln x}{1-\ln x}$ 　　　　**11.** $y = e^{-3x^2+1}$ 　　　　　**12.** $y = 2^{\sqrt{x}}$

13. $y = x10^x$ 　　　　　　**14.** $y = \dfrac{\ln t}{e^{2t}}$ 　　　　　**15.** $y = \ln\left(\dfrac{x}{e^x}\right)$

16. $y = \dfrac{e^x - e^{-x}}{e^x + e^{-x}}$ 　　　　**17.** $y = \ln\dfrac{e^{4x}-1}{e^{4x}+1}$ 　　　**18.** $y = \dfrac{1-10^x}{1+10^x}$

19. $y = e^{x\ln x}$ 　　　　　**20.** $y = \ln\left|\,x^2-1\right|$ 　　　**21.** $y = \ln\left(\dfrac{x+1}{\sqrt{x-2}}\right)$

22. $y = \dfrac{\ln x}{e^x}$ 　　　　**23.** $y = \ln\left(\dfrac{x+1}{x-1}\right)^{3/5}$ 　　**24.** $y = x^n a^{-x^2}$

En los ejercicios del 25 al 27, hallar la derivada y'. Sugerencia: usar el teorema de cambio de base logarítmica (Teorema 5.3)

25. $y = \log_x\left(x^2\right)$ 　　　　　**26.** $y = \log_x\left(x^x\right)$ 　　　　　**27.** $y = \left(\log_5 x\right)\left(\log_x 3\right)$

En los ejercicios del 28 al 30 hallar la derivada y', derivando implícitamente.

28. $x^2 - 3\ln y + y^2 = 10$ 　　　**29.** $\ln x + e^{-y/x} = 8$ 　　　**30.** $2^x + 2^y = 2^{x+y}$

En los ejercicios del 31 al 34, hallar la ecuación de la recta tangente a la curva en el punto dado.

31. $y = \ln(\ln x)$, $(e, 0)$ 　　　　　**32.** $f(x) = 3x^2 - \ln x$, $(1, 3)$

33. $y = \ln\left(1+e^x\right)$, $(0, \ln 2)$ 　　　**34.** $x^2 + \ln(x+1) + y^2 = 4$, $(0, 2)$

En los ejercicios del 35 al 45, derivar las funciones dadas, utilizando la técnica de la derivación logarítmica.

35. $y = x^{x^3}$

36. $y = x^{\sqrt{x}}$, $x > 0$

37. $y = x^{\ln x}$, $x > 0$

38. $y = \left(\ln x\right)^{\ln x}$

39. $y = 2^{3^x}$

40. $y = a^x x^a$

41. $y = \sqrt[x]{x}$

42. $y = \left(1 + \dfrac{1}{x}\right)^x$

43. $y = \dfrac{x\left(x^2 - 1\right)}{\sqrt{x^2 + 1}}$

44. $y = \sqrt[3]{\dfrac{x(x^2 - 1)}{(x+1)^2}}$

45. $y = \sqrt[3]{\dfrac{2(x^3 + 1)^2}{x^6 e^{-3x}}}$

En los problemas del 46 al 49, hallar la derivada superior indicada.

46. $y = e^{x^2 - 1}$, y''

47. $y = x \ln x$, y'''

48. $y = \dfrac{1 + x^2}{e^x}$, y'''

49. $e^y = ye^x$, y''

50. (Costo marginal) El costo total de producir x unidades de cierto producto es
$$C(x) = 10xe^{x/200} + 5{,}000$$
Hallar el costo marginal cuando se producen 200 unidades.

51. (Ingreso marginal). Hallar el ingreso marginal si la función demanda es
$$p = 8 - e^{0.3x}$$, donde x es el número de artículos vendidos al precio p.

52. (Ingreso marginal). La ecuación de demanda para x miles de unidades de cierto artículo es
$$p = 200 + \frac{100}{\ln x} \text{ dólares}$$
a. Hallar la función ingreso marginal
b. Hallar la función ingreso marginal cuando se producen 4,000 artículos ($x = 4$)
c. Hallar el ingreso aproximado que darían la producción de 1,000 artículos más sobre los 4,000.

53. (Ingreso y utilidad marginal). La ecuación de demanda de cierto artículo es
$$p = 400e^{-x/40},$$
donde x unidades son vendidas al precio \$ p la unidad. Los costos fijos de la empresa es \$ 8,000 y un costo variable de \$ 15 por unidad.
a. Hallar la función ingreso marginal.
b. Hallar la función utilidad marginal.

54. (Crecimiento de población). La población de un país, dentro de t años será
$$P(t) = 20\, e^{0.02t} \text{ millones}$$
a. ¿A que razón (velocidad) estará creciendo la población dentro de 5 años?
b. ¿A que razón porcentual estará creciendo en cualquier año t?

55. (Crecimiento exponencial). Probar que si una cantidad crece (o decrece) exponencialmente entonces:

a. La razón de crecimiento es proporcional a su tamaño.

b. La razón porcentual de crecimiento es constante.

56. (Propagación de una epidemia). En una comunidad, después de t semanas de haber brotado una epidemia, el número de personas infectadas es de

$$f(t) = \frac{5}{1+19e^{-0.8t}} \text{ miles}$$

a. ¿Con qué velocidad se está propagando la epidemia al término de la semana t?

b. ¿Con qué velocidad se está propagando la epidemia al término de la décima semana?

c. ¿Con qué velocidad porcentual se está propagando la epidemia al terminar la décima semana?

57. (Propagación de una epidemia). Un virus se propaga en una comunidad que tiene A personas susceptibles al virus. Después de t semanas de haber brotado la epidemia, el número de personas infectadas es $f(t) = \dfrac{A}{1+Be^{-kt}}$. Hallar la velocidad a que se propaga el virus después de la semana t.

58. (Tiempo óptimo de posesión). El precio de una pintura dentro de t años será:

$$P(t) = 150e^{1.6\sqrt{t}} \text{ miles de dólares}$$

Hallar el momento más ventajoso para vender la pintura si los bancos pagan un interés de 20 % anual compuesto continuamente.

59. (Tiempo óptimo de posesión). El precio de una valiosa joya dentro de t años será de

$$P(t) = 12(1.8)^{\sqrt{t}} \text{ miles de dólares}$$

Hallar el momento más ventajoso para vender la joya si los bancos pagan un interés de 8 % anual compuesto continuamente.

8

APLICACIONES DE LA DERIVADA

GOTTFRIED WILHELM LEIBNIZ
(1646 a 1716)

8.1 MONOTONIA Y TEOREMA DEL VALOR MEDIO

8.2 MAXIMOS Y MINIMOS RELATIVOS

8.3 CONCAVIDAD Y CRITERIO DE LA SEGUNDA DERIVADA

8.4 TRAZADO CUIDADOSO DEL GRAFICO DE UNA FUNCION

8.5 MAXIMOS Y MINIMOS ABSOLUTOS

8.6 PROBLEMAS DE OPTIMIZACION

8.7 ELASTICIDAD DE LA DEMANDA

Gottfried Wilhelm Leibniz
(1646–1716)

GOTTFRIED WILHELM LEIBNIZ nació en Leipzig, Alemania. Se graduó y fue profesor en la universidad de Altdort. Fue un genio polifacético. Se desenvolvió con excelencia en varios campos: Matemáticas, Filosofía, Lógica, Mecánica, Geología, Jurisprudencia, Diplomacia, etc.

*En 1684 se publicaron sus investigaciones sobre lo que sería el **Cálculo Diferencial e Integral**. El, junto con Newton, son considerados como creadores del Cálculo. Sus ideas sobre este tema fueron más claras que las de Newton. La notación que usó para designar la derivada todavía se usa hasta ahora (notación de Leibniz).*

*Inventó una máquina de multiplicar. A temprana edad se graduó con la tesis De Arte Combinatoria, que trata sobre un método de razonamiento. En este trabajo están, en germen, las ideas iniciales de la **Lógica Simbólica**.*

Durante algún tiempo del reinado de Luís XIV fue embajador de su patria en París. Allí conoció a científicos, como Huygens, quienes reforzaron su interés por la Matemática.

En 1712 surgió una larga e infortunada querella entre Newton y sus seguidores, por un lado, y Leibniz y sus seguidores, en otro lado, sobre quien de los dos matemáticos realmente inventó el Cálculo. Se lanzaron acusaciones mutuas de plagio y deshonestidad. Los historiadores zanjaron la disputa dando mérito a cada uno. Dicen que cada cual, Newton y Leinibz, lograron sus resultados independientemente.

ACONTECIMIENTOS PARALELOS IMPORTANTES

Durante la vida de Leibniz, en América y en el mundo hispano sucedieron los siguientes hechos notables: La poetisa mejicana Sor Inés de la Cruz (1651-1695) publica sus obras poéticas, obras que fueron fuertemente influenciadas por el Gongorismo. En 1664, los ingleses, bajo el mando del duque de York, toman Nueva Amsterdam y le cambian el nombre a Nueva York. En 1671 el pirata inglés Henry Morgan saquea e incendia la ciudad de Panamá. En 1682 el cuáquero Willian Penn funda Pensilvania. Ese mismo año, el francés Robert Cavalier de la Salle llega a la desembocadura del río Misisipi, toma posesión de la región y la nombra, en honor a su rey, Luisiana.

SECCION 8.1
MONOTONIA Y EL TEOREMA DEL VALOR MEDIO

En condiciones normales, la cantidad de una mercancía que la gente demanda está en relación inversa con el precio de la mercancía. Si el precio sube, la cantidad demandada baja. Matemáticamente, este hecho se expresa diciendo que la función demandada es una función decreciente. La función oferta en cambio se comporta de una manera distinta: Si el precio sube los productores tenderán a incrementar su producción y, entonces, la oferta aumenta. Es decir; si el precio sube la oferta también sube. Este resultado nos dice que la función oferta es una función creciente.

DEFINICION.   Sea f una función definida en un intervalo I.

> **1.** f **es creciente** en el intervalo I si para cualquier par de puntos x_1 , x_2 de I se cumple que
>
> $$x_1 < x_2 \implies f(x_1) < f(x_2)$$
>
> **2.** f **es decreciente** en el intervalo I si para cualquier par de puntos x_1 , x_2 de I se cumple que
>
> $$x_1 < x_2 \implies f(x_1) > f(x_2)$$
>
> **3.** f **es monótona en I** si f es creciente o bien f es decreciente en I

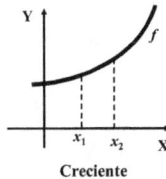

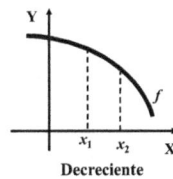

Creciente   Decreciente

Para indicar que una función es creciente usaremos el símbolo. ↗ . Para indicar que es decreciente usaremos: ↘ .

El siguiente teorema, nos proporciona un método simple para determinar la monotonía de una función por medio de su derivada.

TEOREMA 8.1   **Criterio de Monotonía.**

> Sea f una función continua en el intervalo cerrado $[a, b]$ y diferenciable en el intervalo abierto (a, b).

1. Si $f'(x) > 0$ en todo punto x de (a, b), entonces f **es creciente** en $[a, b]$.

2. Si $f'(x) < 0$ en todo punto de (a, b), entonces f **es decreciente** en $[a, b]$.

Demostración

Ver el problema resuelto 4.

$\boxed{\textbf{EJEMPLO 1}}$ Probar que la función $f(x) = \sqrt{x}$ es creciente en $I = [0, +\infty)$.

Solución

El dominio de f es el intervalo $[0, +\infty)$, en el cual f es continua. Además f es diferenciable en el intervalo $(0, +\infty)$, y se cumple que:

$$f'(x) = \frac{1}{2\sqrt{x}} > 0 \, , \, \forall \, x \in (0, +\infty)$$

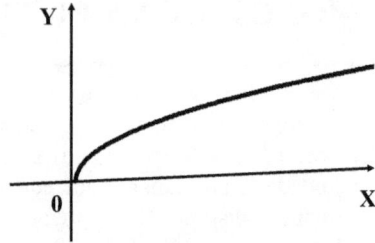

Luego por la parte 1 del teorema anterior, concluimos que $f(x) = \sqrt{x}$ es creciente en todo su dominio $[0, +\infty)$.

La mayor parte de funciones con las que trabajamos son crecientes en algunos intervalos y decrecientes en otros. A estos intervalos los llamaremos intervalos de crecimiento y decrecimiento y, de acuerdo con el teorema anterior, estos están comprendidos entre los puntos donde la derivada se anula o no existe.

$\boxed{\textbf{EJEMPLO 2.}}$ Hallar los intervalos de crecimiento de la función
$$f(x) = 2x^3 - 3x^2 - 12x + 5$$

Solución

Hallamos los puntos donde la derivada se anula o no se existe:

$$f'(x) = 6x^2 - 6x - 12 \Leftrightarrow f'(x) = 6(x^2 - x - 2) \Leftrightarrow f'(x) = 6(x + 1)(x - 2)$$

La función es derivable en todos los puntos. Veamos donde se anula:

$$f'(x) = 0 \Leftrightarrow 6(x + 1)(x - 2) = 0 \Leftrightarrow x = -1 \text{ ó } x = 2$$

Ahora analizamos el signo de la derivada $f'(x) = 6(x + 1)(x - 2)$ en cada uno de los intervalos $(-\infty, -1)$, $(-1, 2)$ y $(2, +\infty)$. Los resultados los sintetizamos en la siguiente tabla. Los signos de la derivada en cada intervalo lo obtenemos calculando el valor de la derivada en un elemento apropiado de dicho intervalo. A este elemento lo llamamos **valor de prueba** y lo **abreviamos Val. de Prueba o Val. de P.**

$$f'(x) = 6(x + 1)(x - 2)$$

| $-\infty$ | -1 | 2 | $+\infty$ |

Val. de prueba: $x = -2$	Val. de prueba: $x = 0$	Val. de prueba: $x = 3$
$f'(-2) =$	$f'(0) =$	$f'(3) =$
$6\,(-2+1)\,(-2-1) = +18$	$6(0+1)(0-2) = -12$	$6\,(3+1)\,(3-2) = +24$
↗	↘	↗

Luego, el gráfico de f es:

Creciente en los intervalos $(-\infty,-1]$ y $[2, \infty)$

Decrecientes en el intervalo $[-1, 2]$.

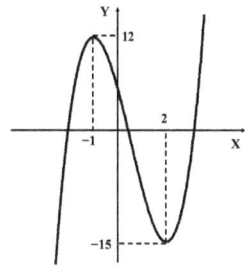

EJEMPLO 3 ¿En qué intervalo la función $f(x) = -\dfrac{1}{4}x^2 - \dfrac{1}{2}x + 12$ representa una función de demanda?

Solución

Una función de demanda debe ser decreciente. Luego, comenzamos buscando los intervalos en los cuales f cumple con esta condición:

$$f'(x) = -\frac{1}{2}x - \frac{1}{2} = -\frac{1}{2}(x+1). \qquad f'(x) = 0 \Leftrightarrow -\frac{1}{2}(x+1) = 0 \Leftrightarrow x = -1$$

$$f'(x) = -\frac{1}{2}(x+1)$$

$-\infty$ -1 $+\infty$

Val de prueba: $x = -3$	Val de prueba: $x = 3$
$f'(-3) = -\dfrac{1}{2}(-3-1) = +2$	$f'(3) = -\dfrac{1}{2}(3-1) = -1$
↗	↘

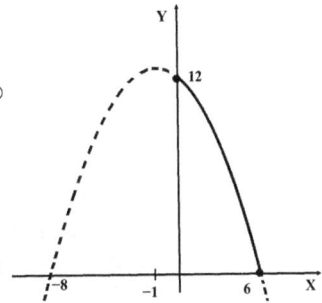

La función f es decreciente en el intervalo $[-1, +\infty)$. Además el gráfico de f corta al eje X en $x = -8$ y $x = 6$, y al eje Y en $y = 12$.

Como los precios y cantidades de artículos producidos son números no negativos, el gráfico de una función de demanda debe estar en el primer cuadrante. Luego, del intervalo $[-1, +\infty)$ debemos tomar sólo la parte que cumple con esta última condición. Esta parte es el intervalo $[0, 6]$. Concluimos, entonces, que la función $f(x) = \dfrac{1}{4}x^2 - \dfrac{1}{2}x + 12$ restringida al intervalo $[0, 6]$ puede servir como función de demanda.

La prueba del criterio de la monotonía se basa en el teorema del valor medio. Este teorema tiene gran relevancia en el Cálculo. Su demostración se apoya en otro teorema famoso, descubierto por Michael Rolle.

| TEOREMA 8.2 | **Teorema de Rolle.**

Sea f una función tal que:

1. f es **continua** en el intervalo cerrado $[a,b]$.

2. f es diferenciable en el intervalo abierto (a, b).

3. $f(a) = f(b) = 0$.

Entonces **existe** $c \in (a, b)$ tal que $f'(c) = 0$.

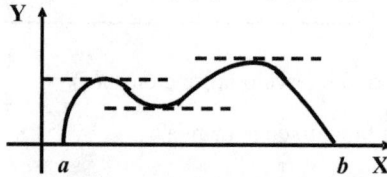

Geométricamente, este teorema dice que, si el gráfico de una función continua cruza al eje X en dos puntos y tiene una tangente en todo punto entre estos dos, entonces debe tener al menos una tangente horizontal en un punto intermedio.

Demostración

Ver el problema resuelto 7 de la siguiente sección.

| TEOREMA 8.3 | **Teorema del valor medio (o de Lagrange)**

Sea f una función tal que:

1. f es **continua** en el intervalo cerrado $[a,b]$.

2. f es **diferenciable** en el intervalo abierto (a, b).

Entonces **existe** $c \in (a, b)$ tal que

$$f(b) - f(a) = f'(c)(b - a)$$

Demostración

Ver el problema resuelto 3.

Interpretemos geométricamente este teorema:

La conclusión del teorema del valor medio también puede escribirse a así:

$$\frac{f(b)-f(a)}{b-a} = f'(c)$$

Pero $\dfrac{f(b)-f(a)}{b-a}$ es la pendiente de la recta que pasa por los puntos $P_1 = (a,$

$f(a))$ y $P_2 = (b, f(b))$ y $f'(c)$ es la pendiente de la tangente en el punto $(c, f(c))$.

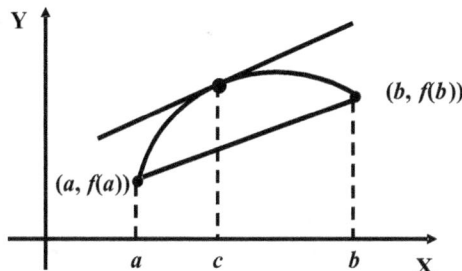

Luego, el teorema del valor medio nos dice que, si el gráfico de una función continua tiene una tangente en cada punto entre a y b, entonces la tangente en algún punto entre a y b es paralela a la recta que pasa por y $P_1 = (a, f(a))$ y $P_2 = (b, f(b))$.

¿SABIA UD. QUE . . .

JOSEPH LOUIS LAGRANGE (1736–1813) Nació en Turín (Italia), pero de ascendencia francesa. Es uno de los dos matemáticos más notables del siglo XVIII. El otro es Leonardo Euler. A los 19 años creo el **Cálculo de Variaciones**. *Sucedió a Euler en la dirección de la Academia de Ciencias de Berlín. En París fue nombrado profesor de las recién fundadas instituciones:* **La Escuela Normal** *y de la* **Escuela Politécnica**. *Fue miembro de la comisión que creó el* **Sistema Métrico Decimal.** *En 1778 publicó una de las más importantes de sus obras:* **Mecánica Analítica**.

| TEOREMA 8.4 | **Teorema de la Constante.**

Sea f una función continua en un intervalo I.

$f'(x) = 0, \ \forall\, x \in I \iff f(x) = C, \ \forall\, x \in I,$

donde C es una constante.

Demostración

Ver el problema resuelto 5

| TEOREMA 8.5 | **Teorema de la diferencia constante.**

Sean f y g dos funciones diferenciables en un intervalo I.

$$f'(x) = g'(x), \ \forall \, x \in \mathbf{I}, \ \Rightarrow \ f(x) = g(x) + C, \ \forall \, x \in \mathbf{I},$$

donde C es una constante.

Demostración

Sea $h(x) = f(x) - g(x)$. La función h es diferenciable en I, ya que f y g lo son. Además,

$$h'(x) = f'(x) - g'(x) = 0, \ \forall \, x \in \mathbf{I}.$$

Luego, por el teorema anterior, existe una constante C tal que

$$h(x) = C, \ \forall \, x \in \mathbf{I} \ \Rightarrow \ f(x) - g(x) = C, \ \forall \, x \in \mathbf{I} \ \Rightarrow \ f(x) = g(x) + C, \ \forall \, x \in \mathbf{I}.$$

PROBLEMAS RESUETLOS 8.1

| PROBLEMA 1. | Hallar los intervalos de crecimiento y decrecimiento de la función $g(x) = (x-2)^{2/3} + 1$

Solución

Se tiene: $g'(x) = \dfrac{2}{3(x-2)^{1/3}}$

La derivada no se anula en ningún punto y no ésta definida en $x = 2$. Luego, debemos analizar el signo de $g'(x)$ en cada uno de los intervalos $(-\infty, 2)$ y $(2, +\infty)$.

$$g'(x) = \frac{2}{3(x-2)^{1/3}}$$

$-\infty$ \qquad\qquad\qquad\qquad 2 \qquad\qquad\qquad\qquad $+\infty$

Val. de prueba: $x = -6$	Val. de prueba: $x = 3$
$g'(-6) = \dfrac{2}{3(-6-2)^{1/3}} = -\dfrac{1}{3}$	$g'(3) = \dfrac{2}{3(3-2)^{1/3}} = +\dfrac{2}{3}$
↘	↗

Luego, el gráfico de g es:

Decreciente en el intervalo $(-\infty, 2]$

Creciente en el intervalo $[2, \infty)$

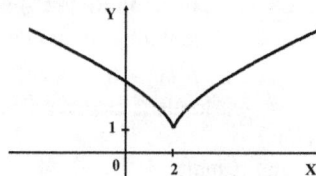

PROBLEMA 2. Hallar los intervalos de crecimiento y decrecimiento de la función

$$f(x) = \frac{x}{3} - \sqrt[3]{x}$$

Solución

$$f'(x) = \frac{1}{3} - \frac{1}{3}x^{-2/3} = \frac{1}{3}\left(\frac{x^{2/3} - 1}{x^{2/3}}\right) = \frac{1}{3}\frac{(x^{1/3}+1)(x^{1/3}-1)}{x^{2/3}}$$

Los puntos donde $f'(x)$ se anula o no existe son: -1, 0, y 1. Entonces analizamos el signo $f'(x)$ en los intervalos $(-\infty, -1)$, $(0, 1)$ y $(1, +\infty)$.

$$f'(x) = \frac{1}{3}\frac{\left(x^{1/3}+1\right)\left(x^{1/3}-1\right)}{x^{2/3}}$$

$-\infty$	-1	0	1	$+\infty$

Val. de P.: $x = -8$ $f'(-8) = +\dfrac{1}{4}$ ↗	Val. de P.: $x = -1/8$ $f'(-1/8) = -1$ ↘	Val. de P.: $x = 1/8$ $f'(1/8) = +1$ ↘	Val. de P.: $x = 8$ $f'(8) = +\dfrac{1}{4}$ ↗

La función f es

Creciente en $(-\infty, -1]$ y $[1, \infty)$

Decreciente en $[-1, 0]$ y $[0, 1]$

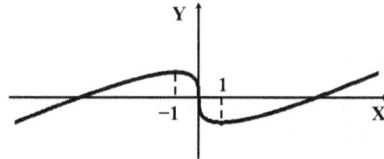

PROBLEMA 3. **Probar el teorema del valor medio.**

Si f es continua en $[a, b]$ y diferenciable en (a, b), entonces existe un $c \in (a, b)$ tal que

$$f(b) - f(a) = f'(c)(b - a)$$

Solución

Introducimos la nueva función auxiliar:

$$g(x) = f(x) - f(a) + \frac{f(b) - f(a)}{b - a}(x - a)$$

Veamos que g satisface las hipótesis del teorema de Rolle:

La función g es continua en $[a, b]$, ya que g es la suma de f y de un polinomio, los cuales son funciones continuas en $[a, b]$.

La función g es diferenciable en (a, b) ya que f y el polinomio también lo son. Además:

$$g'(x) = f'(x) - \frac{f(b) - f(a)}{b - a} \qquad (1)$$

Por otro lado, tenemos que $g(a) = 0 = g(b)$.

Habiéndose cumplido las hipótesis del teorema de Rolle, concluimos que existe $c \in (a, b)$ tal que

$$g'(c) = 0 \qquad (2)$$

Si en (1) tomamos $x = c$, obtenemos

$$g'(c) = f'(c) - \frac{f(b) - f(a)}{b - a} \qquad (3)$$

De (2) y (3) se tiene $\quad f'(c) - \dfrac{f(b) - f(a)}{b - a} = 0,$

que es equivalente a $\quad f(b) - f(a) = f'(c)\,(b - a)$

PROBLEMA 4. Probar el **Criterio de Monotonía.**

Sea f una función continua en un intervalo cerrado $[a, b]$ y diferenciable en el intervalo abierto (a, b).

1. Si $f'(x) > 0$ en todo punto x de (a, b), entonces f es **creciente** en $[a, b]$.

2. Si $f'(x) < 0$ en todo punto x de (a, b), entonces f es **decreciente** en $[a, b]$.

Demostración

1. Sean x_1 y x_2 dos puntos del intervalo $[a, b]$ tales que $x_1 < x_2$.

Por el teorema del valor medio, existe $c \in (x_1, x_2)$ tal que

$$f(x_2) - f(x_1) = f'(c)(x_2 - x_1),$$

Pero, $f'(c) > 0$ y $x_2 - x_1 > 0 \Rightarrow f(x_2) - f(x_1) > 0 \Rightarrow f(x_1) < f(x_2)$.

Luego, f es creciente en el intervalo $[a, b]$.

2. Se procede como en (1)

PROBLEMA 5. Probar el teorema de la **función constante.**

Sea f una función continua en un intervalo I.

$$f'(x) = 0,\ \forall\ x \in \mathbf{I} \iff f(x) = C,\ \forall\ x \in \mathbf{I},$$

donde C es una constante

Solución

Una parte del teorema ya no es novedad. En efecto, ya sabemos que si f es una función constante, entonces su derivada f' es la función constante 0. Por tanto, aboquémonos a probar la parte recíproca.

Sean x_1 y x_2 dos puntos cualesquiera del intervalo I tales que $x_1 < x_2$.

Por hipótesis $f'(x) = 0$ para todo $x \in I$. En particular, $f'(x) = 0$ para todo x en $[x_1, x_2]$. Luego, f es diferenciable en $[x_1, x_2]$ y por el teorema 7.1, f también es continua en $[x_1, x_2]$. Se han satisfecho las hipótesis del teorema del valor medio, luego existe $c \in (x_1, x_2)$ tal que

$$f(x_2) - f(x_1) = f'(c)(x_2 - x_1)$$

Pero, $f'(c) = 0$. Luego, $f(x_2) - f(x_1) = 0 \implies f(x_2) = f(x_1)$

Como x_1 y x_2 son dos puntos cualesquiera de I, entonces f es constante en I.

PROBLEMAS PROPUESTOS 8.1

1. Probar que las siguientes funciones son crecientes (en todo su dominio)

   a. $f(x) = 2x - 5$ **b.** $g(x) = x^3$ **c.** $h(x) = \sqrt[3]{x}$

2. Probar que las siguientes funciones son decrecientes (en todo su dominio)

   a. $f(x) = -3x + 1$ **b.** $g(x) = -x^3 + 1$ **c.** $h(x) = \sqrt[3]{x-1}$

En los problemas del 3 al 14, hallar los intervalos de crecimiento y decrecimiento de las funciones dadas. Bosquejar el gráfico de las funciones del 3 al 9.

3. $f(x) = x^2$ **4.** $f(x) = -2x^2 - 8x + 3$ **5.** $y = (x-1)^2$

6. $y = (x+2)^3$ **7.** $f(x) = x^3 - 3x + 1$ **8.** $f(x) = x^3 - 3x^2 - 9x + 12$

9. $g(x) = x^4 - 2x^2 + 4$ **10.** $h(x) = x^4 + 2x^3 - 3x^2 - 4x + 1$

11. $f(x) = \dfrac{1}{x^2}$ **12.** $g(x) = \dfrac{x}{x-2}$ **13.** $h(x) = \dfrac{x-2}{x+1}$

14. $f(x) = (x-6)\sqrt{x}$ **15.** $g(x) = xe^{-x}$ **16.** $h(x) = -x^2 e^x$

17. $f(x) = x - \ln x$ **18.** $g(x) = x \ln x$

En los problemas del 19 al 23, determinar cuales de las siguientes funciones, y en que intervalo, representan funciones de demanda y cuáles representan funciones de oferta.

19.. $y = -\dfrac{1}{2}x + 10$ **20.** $y = \dfrac{1}{4}x + 5$ **21.** $y = \dfrac{1}{x}$

22. $f(x) = 24 - x - \dfrac{x^2}{4}$ **23.** $f(x) = 1 + \dfrac{x}{4} + \dfrac{x^2}{8}$

SECCION 8.2
MAXIMOS Y MINIMOS RELATIVOS

DEFINICION.   **1.** Una función f tiene un **máximo relativo** o un **máximo local** en un punto c si existe un intervalo abierto I que contiene a c y contenido en el dominio de f tal que

$$f(c) \geq f(x), \ \forall \ x \in I$$

2. Una función f tiene un **mínimo relativo** o un **mínimo local** en un punto c si existe un intervalo abierto I que contiene a c y contenido en el dominio de f tal que

$$f(x) \leq f(x), \ \forall \ x \in I$$

3. A los máximos y mínimos relativos les daremos·el nombre común de **extremos relativos o extremos locales**.

La siguiente figura nos muestra los extremos relativos de una función continua en un intervalo $[a, b]$.

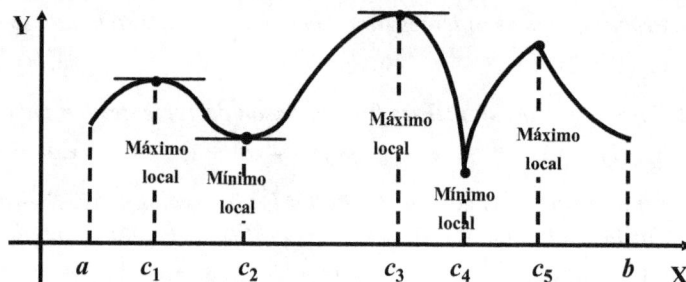

La función f tiene máximos relativos en los puntos c_1, c_3, c_5. Tiene mínimos relativos en c_2, c_4. Los extremos relativos son $f(c_1)$, $f(c_2)$, $f(c_3)$, $f(c_4), f(c_5)$.

Observar que $f(c_3)$ no sólo es un máximo relativo, sino que $f(c_3)$ es el máximo valor que toma la función en todo el intervalo $[a, b]$. En este caso se dice que $f(c_3)$ es **máximo absoluto**. En forma análoga, $f(c_4)$ es un mínimo valor en todo el intervalo [a, b]. Luego, $f(c_4)$ es el **mínimo absoluto.** De los máximos y mínimos absolutos no ocuparemos más adelante.

En la gráfica vemos que si f tiene un máximo o un mínimo relativo en c, ocurren dos posibilidades:

a. La recta tangente al gráfico de f en el punto $(c, f(c))$ es horizontal. Esto equivale a decir que su pendiente es 0. O sea, $f'(c) = 0$.

b. El punto $(c, f(c))$ es un vértice del gráfico. Esto es, f no es derivable en c.

Este resultado amerita una definición:

DEFINICION. Se llama **número crítico de una función f** a un número c del dominio de f tal que, $f'(c) = 0$ ó $f'(c)$ no existe (NE). Si c es un número crítico, entonces $(c, f(c))$ **es un punto crítico.**

EJEMPLO 1. Hallar los números y puntos críticos de la función

$$f(x) = 3\sqrt[3]{x^2 - 2x}$$

Solución

Hallamos la derivada de f:

$$f(x) = 3\sqrt[3]{x^2 - 2x} \implies f(x) = 3(x^2 - 2x)^{1/3} \implies$$

$$f'(x) = 3\left(\frac{1}{3}\right)\left(x^2 - 2x\right)^{-2/3}(2x - 2) = \frac{2(x-1)}{\left(x(x-2)\right)^{2/3}}$$

Ahora,

$$f'(x) = 0 \iff 2(x - 1) = 0 \iff x = 1$$

Además, vemos que $f'(x)$ no está definida en

$$x = 0 \text{ y } x = 2.$$

Luego, los números críticos de f son 1, 0 y 2.

Los puntos críticos son $(0, f(0)) = (0, 0)$,

$(1, f(1)) = (1, -3)$, $(2, f(2)) = (2, 0)$

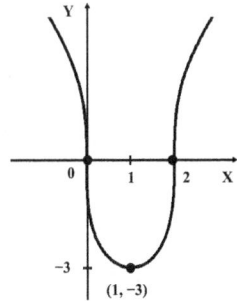

TEOREMA 8.6 **Teorema de Fermat**

Si f tiene un extremo relativo en c, entonces c es un número crítico de f.

Demostración

Si $f'(c)$ no existe, el teorema se cumple. Supongamos que existe $f'(c)$. Debemos probar que $f'(c) = 0$.

Caso 1. $f(x)$ es un máximo local.

Tenemos que

$$f'(c) = \operatorname*{Lim}_{x \to c} \frac{f(x) - f(c)}{x - c}$$

Como este límite existe, será igual a los dos límites unilaterales. O sea:

$$\textbf{(1)} \quad f'(c) = \operatorname*{Lim}_{x \to c^+} \frac{f(x) - f(c)}{x - c} \qquad \textbf{(2)} \quad f'(c) = \operatorname*{Lim}_{x \to c^-} \frac{f(x) - f(c)}{x - c}$$

Por ser $f(c)$ un máximo relativo, para los x próximos a c debemos tener que

$$f(x) - f(c) \leq 0 \qquad \textbf{(3)}$$

Ahora, si tomamos $x > c$, entonces $x - c > 0$. Dividiendo (3) entre $x - c > 0$, tenemos

$$\frac{f(x) - f(c)}{x - c} \leq 0$$

de donde

$$f'(c) = \lim_{x \to c^+} \frac{f(x) - f(c)}{x - c} \leq 0 \qquad \textbf{(4)}$$

Por otro lado, si tomamos $x < c$, entonces $x - c < 0$ y, dividiendo (3) entre $x - c < 0$, tenemos

$$\frac{f(x) - f(c)}{x - c} \geq 0,$$

de donde

$$f'(c) = \lim_{x \to c^-} \frac{f(x) - f(c)}{x - c} \geq 0 \qquad \textbf{(5)}$$

Por último, de (4) y (5) obtenemos que $f'(c) = 0$.

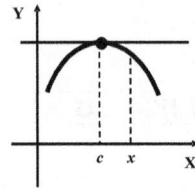

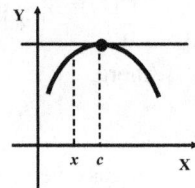

Caso 2. $f(x)$ es un mínimo local.

Sea $g(x) = -f(x)$. Como $f(c)$ es un mínimo local de f, entonces $g(c) = -f(c)$ es un máximo local de g. Por el caso 1, $g'(c) = 0$. Luego, $f'(c) = -g'(c) = -0 = 0$.

OBSERVACION.   La proposición recíproca del teorema de Fermat es falsa. En efecto, $c = 0$ es un número crítico de la función $f(x) = x^3$, ya que $f'(x) = 3x^2$ y $f'(0) = 0$. Sin embargo, f no tiene un extremo relativo en 0.

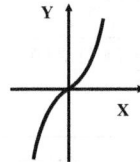

*Fermat escribió en el margen de una página del libro "**Aritmética**", del matemático griego Diofanto, que él tiene la prueba del teorema, pero que no la escribe por falta de espacio del margen. Resultó que el mundo matemático ha tratado de reproducir, sin éxito, esta prueba por más de 300 años. La conjetura recién fue probada en 1994 por el matemático inglés Andrew Wiles.*

CRITERIO DE LA PRIMERA DERIVADA

Es de suma importancia saber cuando un punto crítico es un máximo relativo, un mínimo relativo o ninguna de las dos cosas. Para esto contamos con dos criterios bastante simples, que hacen uso de la primera y segunda derivada, respectivamente. Nos ocuparemos aquí del primer criterio, dejando el otro para más adelante.

| TEOREAMA 8.6 | Criterio de la primera derivada para extremos relativos. |

Sea f una función continua en un intervalo (a, b) y sea $c \in (a, b)$ un número crítico de f.

1. Si $f'(x) > 0$ en un intervalo abierto a la izquierda de c y si $f'(x) < 0$ en un intervalo abierto a la derecha de c, entonces f tiene un **máximo relativo** en c.

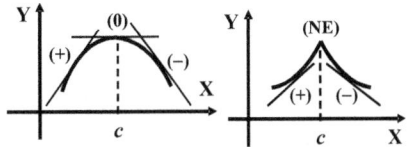

2. Si $f'(x) < 0$ en un intervalo abierto a la izquierda de c y si $f'(x) > 0$ en un intervalo abierto a la derecha de c, entonces f tiene un **mínimo relativo** en c.

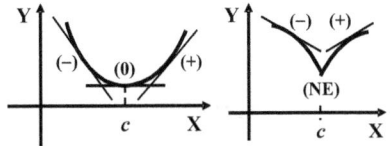

3. Si en un intervalo abierto a la izquierda de c y en un intervalo abierto a la derecha de c, $f'(x)$ tiene el mismo signo, entonces f no tiene ni máximo ni mínimo en c.

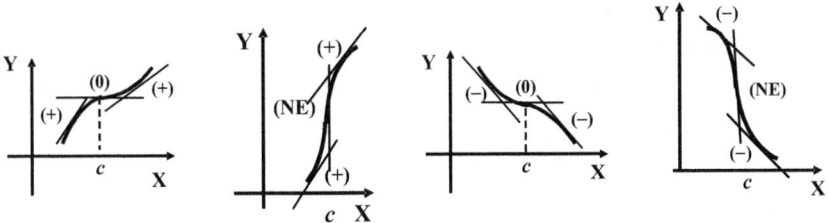

Demostración

Las conclusiones de este teorema siguen inmediatamente del teorema 8.1, como lo sugieren las figuras anteriores. Para muestra probamos la parte 1.

1. Si $f'(x) > 0$ a la izquierda de c y $f'(x) < 0$ a la derecha de c, entonces f es creciente a la izquierda y decreciente a la derecha. Luego, f tiene un máximo relativo en c.

En términos más simples, el criterio de la primera derivada dice que si f es continua y c es un punto crítico de f, entonces f tiene un máximo relativo en c si $f'(x)$ cambia de positivo a negativo, tiene un mínimo relativo si $f'(x)$ cambia de negativo a positivo; y no tiene ni máximo ni mínimo si $f'(x)$ conserva su signo.

EJEMPLO 2. Aplicar el criterio de la primera derivada para hallar los extremos relativos de la función

$$f(x) = -\frac{x^3}{3} + x^2 + 3x - 4$$

Solución

Comenzaremos hallando los puntos críticos de f, para lo cuál calculamos la derivada

$$f'(x) = -x^2 + 2x + 3 = -(x^2 - 2x - 3)$$

$$= -(x+1)(x-3)$$

Como existe $f'(x)$ para todo punto x,   los   únicos puntos críticos de f son aquellos donde la derivada se anula:

$$f'(x) = 0 \Leftrightarrow -(x+1)(x-3) = 0$$

$$\Leftrightarrow x = -1 \text{ ó } x = 3$$

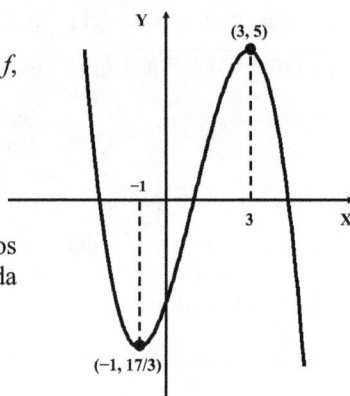

Ahora, analizamos el signo de la derivada en los intervalos $(-\infty, -1)$, $(-1, 3)$ y $(3, +\infty)$. Los resultados los sintetizamos en la siguiente tabla

$$f'(x) = -(x+1)(x-3)$$

$-\infty$ -1 3 $+\infty$

Val de P. $x = -2$	Val de P $x = 0$	Val de P $x = 4$
$f'(-2) = -(-1)(-5) = -5$	$f'(0) = -(+1)(-3) = +3$	$f'(4) = -(+5)(+1) = -5$
↘	↗	↘

Usando el criterio de la primera derivada concluimos que f tiene un mínimo relativo en $x = -1$ y un máximo relativo en $x = 3$. Los valores de estos extremos relativos son:

$$f(-1) = \frac{(-1)^3}{3} + (-1)^2 + 3(-1) - 4 = -\frac{1}{3} + 1 - 3 - 4 = -\frac{17}{3}$$

$$f(3) = -\frac{3^3}{3} + 3^2 + 3(3) - 4 = -9 + 9 + 9 - 4 = 5$$

PROBLEMAS RESUELTOS 8.2

PROBLEMA 1.   La figura siguiente es gráfico de la derivada f' de una función f.

a. Determinar los números críticos de f.
b. Analizar cada número crítico.

Solución

a. Los números críticos de f son los x donde $f'(x) = 0$
ó $f'(x)$ no existe. El gráfico muestra que $f'(x)$ está
definida en todo x. Luego, sólo debemos buscar los
números x donde $f'(x) = 0$. Estos son los puntos:

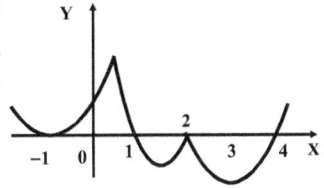

$$-1, 1, 2 \text{ y } 4$$

b. Observando el gráfico confeccionamos la siguiente tabla

$-\infty$	-1	1	2	4	$+\infty$
$f'(x) > 0$ ↗	$f'(x) > 0$ ↗	$f'(x) < 0$ ↘	$f'(x) < 0$ ↘	$f'(x) > 0$ ↗	

Ahora, aplicando el criterio de la primera derivada para extremos relativos, concluimos que f tiene un máximo relativo en 1, un mínimo relativo en 4 y que no tiene extremos relativos ni en -1 ni en 2.

PROBLEMA 2.   El gráfico siguiente corresponde a un polinomio de tercer grado:

$$p(x) = ax^3 + bx^2 + cx + d$$

Hallar este polinomio.

Solución

El gráfico muestra que:

(1) $p(0) = 0$ (2) $p(1) = 2$

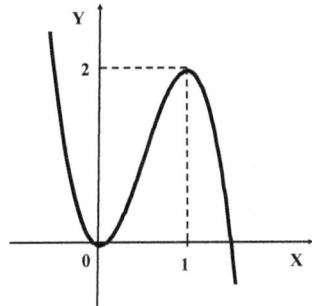

También muestra que $p(x)$ tiene un mínimo
relativo en 0 y un máximo relativo en 1.
  Por lo tanto, debemos tener que:

(3) $p'(0) = 0$ (4) $p'(1) = 0$

De (1) obtenemos que:

$$p(0) = 0 \Rightarrow a(0)^3 + b(0)^2 + c(0) + d \Rightarrow d = 0$$

La derivada de $p(x)$ es $p'(x) = 3ax^2 + 2bx + c$.

En consecuencia de (3) obtenemos:

$$p'(0) = 0 \Rightarrow 3a(0)^2 + 2b(0) + c = 0 \Rightarrow c = 0$$

Reemplazando los valores $c = 0$ y $d = 0$ en $p(x)$ tenemos, por lo pronto, que:

$$(5) \quad p(x) = ax^3 + bx^2$$

Ahora, de (2) y (4) tenemos que:

$$p(1) = 2 \Rightarrow a(1)^3 + b(1)^2 = 2 \Rightarrow a + b = 2$$

$$p'(1) = 0 \Rightarrow 3a(1)^2 + 2b(1) = 0 \Rightarrow 3a + 2b = 0$$

De donde obtenemos el sistema: $\begin{cases} a + b = 2 \\ 3a + 2b = 0 \end{cases}$

La solución de este sistema es $a = -4$ y $b = 6$.

En consecuencia, el polinomio buscado es $p(x) = -4x^3 + 6x^2$

PROBLEMA 3. (**Teorema de Rolle**). Si f es continua en el intervalo cerrado $[a, b]$, diferenciable en el intervalo abierto (a, b) y $f(a) = f(b) = 0$.

Entonces existe un punto $c \in (a, b)$ tal que $f'(c) = 0$

Solución

Caso 1. $f(x) = 0$, para todo $x \in [a, b]$.

En este caso, por ser f constante, $f'(x) = 0$, para todo $x \in (a, b)$. Por lo tanto, tomamos cualquier $c \in (a, b)$ y se cumple que $f'(c) = 0$.

Caso 2. $f(x_0) \neq 0$, para algún $x_0 \in [a, b]$.

$$f(x_0) \neq 0 \Rightarrow f(x_0) > 0 \quad \text{ó} \quad f(x_0) < 0.$$

Supongamos que $f(x_0) > 0$. El teorema del valor extremo nos asegura que existe un punto $c \in [a, b]$, donde f alcanza su máximo. Debemos tener que:

$$f(c) \geq f(x_0) > 0 \Rightarrow c \neq a \text{ y } c \neq b \Rightarrow c \in (a, b).$$

Además, por ser c un punto crítico, se tiene que $f'(c) = 0$.

Similarmente, si $f(x_0) < 0$, el teorema del valor extremo nos asegura que existe un punto $c \in [a, b]$, donde f alcanza su mínimo. Debemos tener que:

$$f(c) \leq f(x_0) < 0 \Rightarrow c \neq a \text{ y } c \neq b \Rightarrow c \in (a, b).$$

Además, por ser c un punto crítico, se tiene que $f'(c) = 0$.

PROBLEMAS PROPUESTOS 8.2

En los problemas del 1 al 33 hallar los números críticos y los extremos relativos de la función dada.

1. $f(x) = x^2 - 6x + 1$

2. $f(x) = -\dfrac{1}{3}x^2 - 4x - 2$

3. $g(x) = 2x^3 - 3x^2 - 12x + 5$

4. $g(x) = \dfrac{-x^3}{3} + 2x^2 - 3x - 2$

5. $g(x) = -x^3 + 12x^2 - 36x$

6. $g(x) = \dfrac{x^3}{16} - \dfrac{3}{4}x^2 + 3$

7. $h(x) = 1 + 2x^2 - x^4$

8. $h(x) = x^4 - 4x + 4$

9. $h(x) = 3x^4 + 4x^3 - 12x^2$

10. $f(x) = x^5 - 5x^4 + 2$

11. $f(x) = 3x^5 - 5x^3 + 1$

12. $g(x) = 5x^6 - 6x^5 - 15x^4 + 1$

13. $f(x) = x + \dfrac{1}{x}$

14. $f(x) = x^2 - \dfrac{16}{x}$

15. $f(x) = \dfrac{1}{x^2 - 4}$

16. $f(x) = \dfrac{x}{x-1}$

17. $f(x) = \dfrac{x^2}{x-1}$

18. $g(x) = \dfrac{1}{7}x^{7/3} + x^{4/3} - 5x^{1/3}$

19. $f(x) = \left(x^2 - 6x\right)^{1/3}$

20. $f(x) = 4 + (x-1)^{2/3}$

21. $f(x) = 4 - (x-1)^{2/3}$

22. $g(x) = 2 - (x-2)^{1/3}$

23. $g(x) = (2x-1)^{1/3}(x-1)^{2/3}$

24. $g(x) = 2x - 3\sqrt[3]{x^2}$

25. $f(x) = \dfrac{x^2 - 3x + 2}{x^2 + 3x + 2}$

26. $f(x) = x\sqrt{1-x}$

27. $f(x) = |x-2| - 1$

28. $g(x) = \left| x^2 + 2x - 3 \right|$

29. $g(x) = xe^{-2x}$

30. $f(x) = e^x / x^3$

31. $h(x) = xe^{x^2}$

32. $f(x) = x - \ln x$

33. $g(x) = x \ln x - x$

34. El gráfico de la derivada f' de una función f es como se indica a lado.
   a. Hallar los números críticos de f
   b. Analizar cada número crítico.

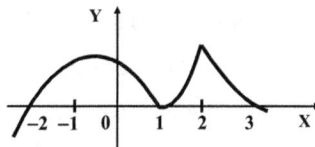

35. El gráfico de lado corresponde a un polinomio de tercer grado. Hallar este polinomio.

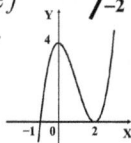

SECCION 8.3
CONCAVIDAD Y CRITERIO DE LA
SEGUNDA DERIVADA

Las figuras siguientes, a pesar de ser los gráficos de funciones crecientes en el intervalo [a, b], tienen una diferencia resaltante: Ellas se "doblan" en direcciones opuestas. La primera es **cóncava hacia arriba** y la segunda es **cóncava hacia abajo**. Para definir estos términos con precisión observemos sus correspondientes rectas tangentes. La gráfica que es cóncava hacia arriba siempre se mantiene encima de cualquiera de sus rectas tangentes. En cambio, la gráfica cóncava hacia abajo siempre se mantiene por debajo de cualquiera de sus tangentes.

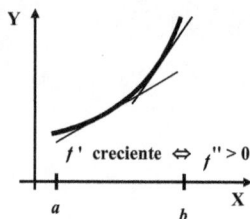

f' creciente $\Leftrightarrow$ $f'' > 0$

Cóncava hacia arriba

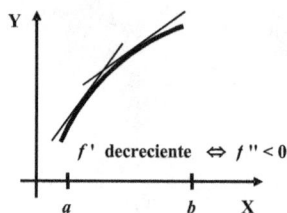

f' decreciente $\Leftrightarrow$ $f'' < 0$

Cóncava hacia abajo

Ahora, si en lugar de las rectas tangentes nos concentramos en sus pendientes, vemos que en las gráficas cóncavas hacia arriba, las pendientes van creciendo, mientras que en las cóncavas hacia abajo las pendientes van decreciendo. Como la pendiente está dada por la derivada, entonces concavidad hacia arriba significa derivada creciente y concavidad hacia abajo significa derivada decreciente. Este último resultado será nuestra definición de concavidad.

| **DEFINICION.** | Sea f una función diferenciable en un intervalo abierto I.

  1. El gráfico de f es **cóncavo hacia arriba** en I si f' **es creciente** en I.

  2. El gráfico de f es **cóncavo hacia abajo** en I si f' **es decreciente** en I.

CRITERIO DE CONCAVIDAD

1. Si $f''(x) > 0$ en (a, b), **el gráfico de f es cóncava hacia arriba en (a, b).**

2. Si $f''(x) < 0$ en (a, b), **el gráfico de f es cóncava hacia abajo en (a, b).**

La veracidad de este criterio sigue fácilmente del criterio de monotonía (teorema 8.1), que afirma que si $f''(x) > 0$ en (a, b), entonces f' es creciente en (a, b) y que si $f''(x) < 0$ en (a, b) entonces f' es decreciente en (a, b).

Usaremos los símbolos $\cup$ y $\cap$ para indicar que el gráfico de una función es cóncava hacia arriba y cóncava hacia abajo, respectivamente.

EJEMPLO 1. Determinar los intervalos de concavidad de la siguiente función:

$$f(x) = x^3 - 3x^2 + 4$$

Solución

Según el criterio de concavidad dado anteriormente, debemos hallar los intervalos donde $f''(x) > 0$ y donde $f''(x) < 0$.

1. $f'(x) = 3x^2 - 6x$ 2. $f''(x) = 6x - 6 = 6(x - 1)$

Luego,

$$f''(x) < 0 \Leftrightarrow 6(x-1) < 0 \Leftrightarrow x < 1 \quad \text{y} \quad f''(x) > 0 \Leftrightarrow 6(x-1) > 0 \Leftrightarrow x > 1.$$

Además, $f''(1) = 0$.

Para resumir tenemos la siguiente tabla:

$$f''(x) = 6(x - 1)$$

$-\infty$ 1 $+\infty$

Val. de P. $x = 0$	Val. de P. $x = 2$
$f''(x) = 6(0 - 1)$	$f''(x) = 6(2 - 1)$
$= -6$	$= +12$
$\cap$	$\cup$

Luego, el gráfico de f es cóncava hacia abajo en el intervalo $(-\infty, 1)$ y es cóncava hacia arriba en el intervalo $(1, +\infty)$.

PUNTOS DE INFLEXION

En el gráfico del ejemplo anterior el punto $(1, 2)$ es un punto muy especial para la concavidad: Precisamente en este punto, el gráfico de f cambia de cóncavo hacia abajo a cóncavo hacia arriba. A este tipo de puntos se les llama puntos de inflexión. Observar que para el punto de inflexión $(1, 2)$ se cumple que $f''(1) = 0$.

DEFINICION. Un **punto de inflexión de un gráfico** de una función es un punto sobre el gráfico donde éste cambia la concavidad.

Si $(c, f(c))$ es un punto de inflexión de la gráfica de $y = f(x)$, para los x cercanos a c debe cumplirse que los signos de $f''(x)$ antes de c y después de c deben ser distintos. En el mismo punto c la derivada $f''(c)$ puede o no existir. Si existe debe cumplirse que $f''(c) = 0$. En consecuencia, c es un número crítico de la función derivada f', y lo llamaremos **número crítico de segundo orden**.

Para hallar los puntos de inflexión del gráfico de una función $y = f(x)$ se procede en dos pasos:

Paso 1: Se encuentran los números críticos de segundo orden de f. Esto es, los números x tales que $f''(x) = 0$ ó $f''(x)$ no existe.

Paso 2: Se estudia el signo de f'' a la izquierda y a la derecha de cada uno de los puntos encontrados en el paso 1. Los signos en ambos lados deben ser distintos.

Observar que estos pasos son los mismos que se dan para hallar los extremos relativos, con la diferencia de que se trabaja con f'' en lugar de de f'.

EJEMPLO 2. Hallar los intervalos de concavidad y los puntos de inflexión del gráfico de la función

$$f(x) = -x^4 + 6x^2 - 1$$

Solución

$$f'(x) = -4x^3 + 12x \qquad\qquad f''(x) = -12x^2 + 12 = -12(x+1)(x-1)$$

Vemos que $f''(x)$ existe en todo $\mathbb{R}$ y que

$$f''(x) = 0 \Leftrightarrow -12(x+1)(x-1) = 0 \Leftrightarrow x = -1 \ \ ó \ \ x = 1$$

Debemos analizar el signo de f'' en los intervalos $(-\infty, -1)$, $(-1, 1)$ y $(1, +\infty)$. Lo hacemos en la tabla:

$$f''(x) = -12(x+1)(x-1)$$

$-\infty$	-1	1	$+\infty$
Val. de P. $x = -2$	Val. de P. $x = 0$	Val. de P. $x = 2$	
$f''(-2) = -36$	$f''(0) = +12$	$f''(2) = -36$	
$\cap$	$\cup$	$\cap$	

Luego, el gráfico de f es cóncavo hacia abajo en los intervalos $(-\infty, -1)$ y $(1, +\infty)$, y es cóncavo hacia arriba en $(-1, 1)$.

La tabla además nos indica que hay cambios de concavidad al pasar por -1 y 1. En consecuencia, tenemos dos puntos de inflexión:

$$(-1, f(-1)) = (-1, 4) \ \ y \ \ (1, f(1)) = (1, 4).$$

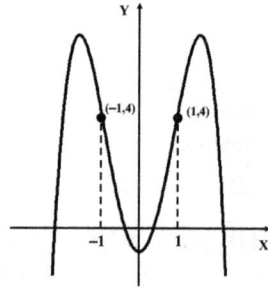

EJEMPLO 3. Dada la función $g(x) = \sqrt[3]{x-2} + 1$. Hallar:

a. Los números críticos de g', o sea los números críticos de segundo orden de g.

b. Los intervalos de concavidad.

c. Los puntos de inflexión.

Solución

a. Puntos críticos de g' :

$$g(x) = (x-2)^{1/3} + 1 \implies g'(x) = \frac{1}{3}(x-2)^{-2/3} \implies g''(x) = -\frac{2}{9\sqrt[3]{(x-2)^5}}$$

$g''(x)$ no se anula en ningún punto; sin embargo $g''(x)$ no existe en $x = 2$.

Luego, g' tiene un solo número crítico, que es 2.

b. Signos de g'' en los intervalos $(-\infty, 2)$ y $(2, +\infty)$

$$g''(x) = -\frac{2}{9(x-2)^{5/3}}$$

Val. de P. $x = -6$	Val. de P. $x = 10$
$g''(-6) = +\dfrac{1}{144}$	$g''(10) = -\dfrac{1}{144}$
$\cup$	$\cap$

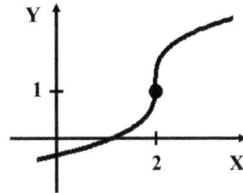

El gráfico es cóncavo hacia arriba en $(-\infty, 2)$ y hacia abajo en $(2, +\infty)$.

c. De acuerdo al resultado anterior, $(2, g(2)) = (2, 1)$ es un punto de inflexión.

PUNTO DE REDUCCION DE RENDIMIENTOS

Supongamos que la inversión de x miles de dólares en publicidad de un producto da un incremento de $n = f(x)$ unidades del producto. Al comienzo de la campaña, las ventas se incrementan a una velocidad creciente, pero después de un tiempo las ventas se incrementan a una velocidad decreciente. Consideremos el valor $x = c$, donde la velocidad de las ventas cambia de creciente a decreciente. Para los x menores que c, la función derivada $f'(x)$ es creciente y, por lo tanto, $f''(x) > 0$. Luego, el gráfico de f es cóncavo hacia arriba. En cambio, para los x mayores que c, $f'(x)$ es decreciente, y por lo tanto, $f''(x) < 0$. Luego, el gráfico de f es cóncavo hacia abajo. En consecuencia, $(c, f(c))$ es un punto de inflexión, llamado **punto de reducción de los rendimientos.** En vista de que $f''(x) > 0$ si $x < c$ y que $f''(x) < 0$ si $x > c$, se tiene que $f'(c)$ es un máximo relativo de la derivada f'.

EJEMPLO 4. Una compañía importadora de carros vende, en promedio, 100 autos mensuales. La compañía hace una inversión de x miles de dólares en publicidad, con lo cual la venta de autos se incrementa de acuerdo a la función

$$f(x) = -0.5x^3 + 8.25x^2 + 100$$

a. Hallar el intervalo donde la razón de cambio de las ventas es creciente.

> **b.** Hallar el intervalo donde la razón de cambio de las ventas es decreciente.
>
> **c.** Hallar el punto de reducción de rendimientos.

Solución

La razón de cambio de las ventas es $f'(x) = -1.5x^2 + 16.5x = 1.5x(x - 11)$ que corta al eje X en 0 y 11 y cuya derivada es

$$f''(x) = -3x + 16.5 = -3(x - 5.5)$$

a. $f''(x) > 0 \Leftrightarrow -3(x - 5.5) > 0 \Leftrightarrow x - 5.5 < 0 \Leftrightarrow x < 5.5$

Luego, por el criterio de monotonía, f' es creciente en el intervalo $[0, 5.5)$

b. $f''(x) < 0 \Leftrightarrow -3(x - 5.5) < 0 \Leftrightarrow x - 5.5 > 0 \Leftrightarrow x > 5.5$

Luego, por el criterio de monotonía, f' es decreciente en el intervalo $(5.5, 11]$

c. El punto de reducción de rendimientos es $(5.5, f(5.5)) = (5.5, 266.375)$

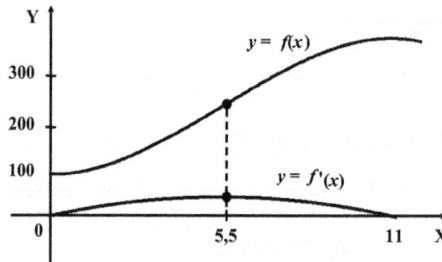

CRITERIO DE LA SEGUNDA DERIVADA PARA

EXTREMOS RELATIVOS

La segunda derivada nos proporciona también un criterio muy simple y práctico para determinar la naturaleza de los puntos críticos de una función diferenciable definida en un intervalo. Este criterio dice así:

Criterio de la segunda derivada.

1. Si $f'(c) = 0$ y $f''(c) > 0$, entonces f tiene un mínimo relativo en c.

2. Si $f'(c) = 0$ y $f''(c) < 0$, entonces f tiene un máximo relativo en c.

La razón de este criterio se explica del modo siguiente:

La condición $f'(c) = 0$ nos dice que c es un número crítico. Ahora, si $f''(c) > 0$, el criterio de concavidad, nos dice que cerca de c, el gráfico de f es cóncavo hacia arriba y por lo tanto, f tiene un mínimo relativo en c. En cambio, si $f''(c) < 0$, el criterio de concavidad nos dice que cerca de c, el gráfico de f es cóncavo hacia abajo y por lo tanto, f tiene un máximo relativo en c.

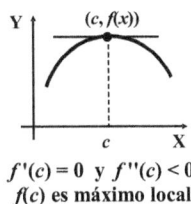

$f'(c) = 0$ y $f''(c) < 0$
$f(c)$ es máximo local

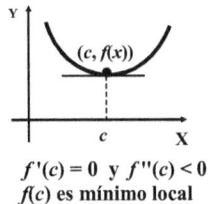

$f'(c) = 0$ y $f''(c) < 0$
$f(c)$ es mínimo local

El criterio de la segunda derivada no dice nada si $f''(c) = 0$. De $f''(c) = 0$ nada se concluye: Puede haber máximo, mínimo o ninguno de los dos. Ver el problema resuelto 1.

EJEMPLO 4.   Identificar los extremos relativos de la siguiente función mediante el criterio de la segunda derivada.

$$f(x) = 2x^3 - 9x^2 + 12x - 3$$

Solución

Hallemos los números críticos de f:

$$f'(x) = 6x^2 - 18x + 12 = 6\left(x^2 - 3x + 2\right) = 6(x-1)(x-2)$$

$$f'(x) = 0 \Leftrightarrow x = 1 \quad \text{ó} \quad x = 2$$

Los números críticos de f son 1 y 2.

Ahora, aplicamos el criterio de la segunda derivada a estos números críticos:

$$f''(x) = 12x - 18 = 6(2x - 3)$$

Tenemos que:

$$f''(1) = 6(2-3)) = -6 < 0$$

Luego, f tiene un máximo relativo en 1,

que es igual a $f(1) = 2$.

Por otro lado, $f''(2) = 6(4-3)) = 6 > 0$
Luego, f tiene un mínimo relativo en 2, que
es igual a $f(2) = 1$.

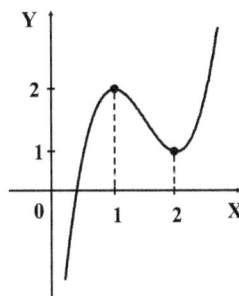

PROBLEMAS RESUELTOS 8.3

PROBLEMA 1.   **Caso $f'(c) = 0$, $f''(c) = 0$**

Hallar tres funciones f, g, h tales que en un punto c se cumpla:
a. $f'(c) = 0$, $f''(c) = 0$ y f tenga un mínimo relativo en c.
b. $g'(c) = 0$, $g''(c) = 0$ y g tenga un máximo relativo en c.
c. $h'(c) = 0$, $h''(c) = 0$ y h no tiene extremo relativo en c.

Solución

a. Sea $f(x) = x^4$ y $c = 0$.

Tenemos que: $f'(x) = 4x^3$ y $f''(x) = 12x^2$
Luego, $f'(0) = 0$ y $f''(0) = 0$
Además, f tiene un mínimo relativo en $c = 0$.

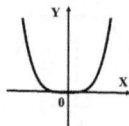

b. Sea $g(x) = -x^4$ y $c = 0$

Tenemos que: $g'(x) = -4x^3$ y $g''(x) = -12x^2$
Luego, $g'(0) = 0$ y $g''(0) = 0$
Además, g tiene un máximo relativo en $c = 0$

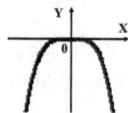

c. Sea $h(x) = x^3$ y $c = 0$

Tenemos que: $h'(x) = 3x^2$, $h''(x) = 6x$
Luego, $h'(0) = 0$ y $h''(0) = 0$
Además, h no tiene ni máximo ni mínimo en $c = 0$.

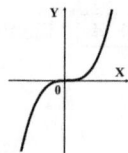

Observar que, $(0, 0)$ es un punto de inflexión sólo de la tercera gráfica.

CONCLUSION.   Este problema nos dice que cuando la segunda derivada se anula
en un número crítico, $f'(c) = 0$ y $f''(c) = 0$), no podemos asegurar
nada acerca de sus valores extremos. Aún más, también nos ilustra
el caso de que la sola igualdad $f''(c) = 0$ no es suficiente para tener
un punto de inflexión.

PROBLEMA 2. Sea la función $f(x) = 2\sqrt{x} - \ln x$. Determinar:

a. Los extremos locales.
b. Los intervalos de concavidad.
c. Los puntos de inflexión.

Solución

Tenemos que: $f'(x) = \dfrac{1}{\sqrt{x}} - \dfrac{1}{x}$ y $f''(x) = -\dfrac{1}{2x\sqrt{x}} + \dfrac{1}{x^2}$

a. $f'(x) = \dfrac{1}{\sqrt{x}} - \dfrac{1}{x} = \dfrac{\sqrt{x}-1}{x}$.

$f'(x) = 0 \Rightarrow \dfrac{\sqrt{x}-1}{x} = 0$ $\sqrt{x} - 1 = 0 \Rightarrow \sqrt{x} = 1 \Rightarrow x = 1$

La función f tiene un solo número crítico, que es $x = 1$. El valor $x = 0$ no es un
número crítico, debido a que $x = 0$ no está en el dominio de la función.

Apliquemos el criterio de la segunda derivada:

$f''(1) = -\dfrac{1}{2(1)\sqrt{1}} + \dfrac{1}{(1)^2} = -\dfrac{1}{2} + 1 = \dfrac{1}{2} > 0$

Luego, $f(1) = 2\sqrt{1} - \ln 1 = 2 - 0 = 2$ es un mínimo local.

b. $f''(x) = -\dfrac{1}{2x\sqrt{x}} + \dfrac{1}{x^2} = \dfrac{-\sqrt{x}+2}{2x^2}$

$f''(x) = 0 \implies \dfrac{-\sqrt{x}+2}{2x^2} = 0 \implies -\sqrt{x}+2 = 0 \implies \sqrt{x} = 2 \implies x = 4$

Hallemos los signos de $f''(x) = \dfrac{-\sqrt{x}+2}{2x^2}$ en lo intervalos $(0, 4)$ y $(4, \infty)$:

0 4 ∞	
Valor de P. $x = 1$	Valor de P. $x = 9$
$f''(1) = +\dfrac{1}{2}$	$f''(9) = -\dfrac{1}{2}$
∪	∩

El gráfico de f es cóncavo hacia arriba en el intervalo $(0, 4)$ y es cóncavo hacia abajo en el intervalo $(4, \infty)$.

c. Tenemos un solo punto de inflexión: $(4, f(4)) = (4, 4 - \ln 4) \approx (4, 2{,}61)$

PROBLEMAS   PROPUESTOS   8. 3

En los problemas del 1 al 12 hallar los intervalos de concavidad y los puntos de inflexión de las funciones dadas.

1. $f(x) - \dfrac{1}{3}x^3 \quad x^2 + 1$ **2.** $f(x) - \dfrac{1}{3}x^3 - x + 1$ **3.** $f(x) = x^3 \mid 3x^2 \mid 2x - 3$

4. $f(x) = (1 - 2x)^3$ **5.** $g(x) = x^{1/3} - 1$ **6.** $g(x) = (x - 1)^{1/3}$

7. $h(x) = 3x^4 - 4x^3 + 2$ **8.** $h(x) = \dfrac{1}{2}x^2 - \dfrac{1}{4}x^4 + 1$ **9.** $f(x) = \dfrac{x}{x^2 + 3}$

10. $f(x) = 2x^{1/3} + x^{2/3}$ **11.** $f(x) = 4exe^x$ **12.** $g(x) = \sqrt{x}\,\ln x$

En los problemas del 13 al 18 hallar los extremos relativos de las funciones dadas, aplicando el criterio de la segunda derivada.

13. $f(x) = \dfrac{1}{3}x^3 - x^2 - 3x + 3$ **14.** $f(x) = x^4 - 8x^2 + 1$

15. $f(x) \; \dfrac{x}{x^2 + 3}$ **16.** $f(x) = x + \sqrt{1 - x}$

17. $f(x) = 4ee^x$ **18.** $g(x) = \sqrt{x}\,\ln x$

SECCION 8.4
TRAZADO CUIDADOSO DEL GRAFICO
DE UNA FUNCION

A esta altura de nuestro curso ya estamos en condiciones de esbozar, con mucha precisión, el gráfico de una función $y = f(x)$. La técnica puede resumirse en los siguientes pasos:

Paso 1: Simetrías.

Determinar si se tiene simetría respecto al eje Y o respecto al origen. En caso afirmativo, el trabajo se reduce a la mitad: Sólo es necesario graficar los puntos que están a la derecha del eje Y. Esto es, los puntos con abscisa $x \geq 0$. Recordar que:

a. La gráfica de f es simétrica respecto al eje Y $\Leftrightarrow$ $f(-x) = f(x)$, $\forall x \in$ Dom(f)

b. La gráfica de f es simétrica respecto al origen $\Leftrightarrow$ $f(-x) = -f(x)$, $\forall x \in$ Dom(f)

Paso 2: Intersecciones con los ejes.

Hallar las intersecciones con los ejes. La intersección con el eje Y se encuentra haciendo $x = 0$. Las intersecciones con el eje X se encuentra resolviendo la ecuación $f(x) = 0$.

Paso 3: Dominio, continuidad y asíntotas.

Hallar el dominio de la función, las discontinuidades y los intervalos de continuidad de la función. Calcular los límites unilaterales en los extremos de estos intervalos. Estos límites nos proporcionan las posibles asíntotas verticales y horizontales.

Paso 4: Estudiar la primera derivada $f'(x)$. Máximos y mínimos.

Hallar los puntos críticos, los intervalos de crecimiento y decrecimientos, los extremos relativos.

Paso 5: Estudiar la segunda deriva $f''(x)$. Concavidad y puntos de inflexión.

Hallar los intervalos de concavidad y los puntos de inflexión.

Paso 6: Esbozar el gráfico.

Esbozar el gráfico de f con la información dada en los pasos anteriores y calculando, si es necesario, algunos puntos extras.

EJEMPLO 1.   Graficar la función. $f(x) = x^3 - 6x^2 + 9x$

Solución

Paso 1: Simetrías.   Ninguna.

Paso 2: Intersección con los ejes.

$x = 0 \implies f(0) = 0$. Luego, la gráfica de f corta al eje Y en el punto $(0, 0)$.

Por otro lado,

$$f(x) = 0 \Leftrightarrow x^3 - 6x^2 + 9x = 0 \Leftrightarrow x(x-3)^2 = 0 \Leftrightarrow x = 0 \ \text{ó} \ x = 3$$

Luego, el gráfico de f corta al eje X en los puntos
$$(0. f(0)) = (0. 0) \ \text{y} \ (3, f(3)) = (3, 0).$$

Paso 3: **Dominio, continuidad y asíntotas.**

$\text{Dom}(f) = \mathbb{R}$ y f es continua en todo $\mathbb{R}$.

Tenemos:

$$\underset{x \to +\infty}{\text{Lim}} \ f(x) = \underset{x \to +\infty}{\text{Lim}} \ (x^3 - 6x^2 + 9x) = +\infty$$

$$\underset{x \to -\infty}{\text{Lim}} \ f(x) = \underset{x \to -\infty}{\text{Lim}} \ (x^3 - 6x^2 + 9x) = -\infty$$

Por lo tanto, no hay asíntotas.

Paso 4: Estudio de la derivada $f\,'$. Máximos y mínimos.

$$f'(x) = 3x^2 - 12x + 9 = 3(x^2 - 4x + 3) = 3(x - 1)(x - 3)$$

$$f'(x) = 0 \Leftrightarrow 3(x - 1)(x - 3) = 0 \Rightarrow x = 1 \ \text{ó} \ x = 3$$

Los puntos críticos de f son 1 y 3. Sus intervalos de crecimiento son:

$$f'(x) = 3(x - 1)(x - 3)$$

$-\infty$	1	3	$-\infty$
Val. de P. $x = 0$	Val. de P. $x = 2$	Val. de P. $x = 4$	
$f'(0) = +9$	$f'(2) = -3$	$f'(4) = +12$	
↗	↘	↗	

Esta tabla también nos dice que f tiene un máximo relativo en $x = 1$ y un mínimo relativo en $x = 3$, cuyos valores son $f(1) = 4$ y $f(3) = 0$.

Paso 5: Estudio de $f\,''$. Concavidad y puntos de inflexión.

$$f''(x) = 6x - 12 = 6(x - 2) \ \text{y} \ f''(x) = 0 \Leftrightarrow 6(x - 2) = 0 \Leftrightarrow x = 2$$

Los intervalos de concavidad son:

$$f''(x) = 6(x - 2)$$

$-\infty$		2	$+\infty$
Val. de P. : $x = 1$		Val. de P. : $x = 3$	
$f''(x) = -6$		$f''(x) = +6$	
∩		∪	

Esta tabla también nos dice que $(2, f(2)) = (2, 2)$ es un punto de inflexión.

Paso 6: Esbozo del gráfico.

Confeccionemos una pequeña tabla con los puntos ya encontrados a los agregamos otros más.

x	$f(x)$
0	0
1	4
2	2
3	0
4	4

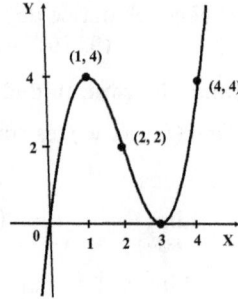

EJEMPLO 2. Graficar la función racional $f(x) = \dfrac{x^2}{x^2 - 4}$

Solución

Paso 1: Simetrías.

El gráfico de f es simétrico respecto al eje Y. En efecto:

$$f(-x) = \frac{(-x)^2}{(-x)^2 - 4} = \frac{x^2}{x^2 - 4} = f(x)$$

En consecuencia, sólo estudiamos los puntos con abscisa $x \geq 0$.

Paso 2: Intersección con los ejes.

$x = 0 \implies f(0) = 0$. Luego, la gráfica de f corta al eje Y en el punto $(0, 0)$.

Por otro lado, $f(x) = 0 \implies \dfrac{x^2}{x^2 - 4} = 0 \implies x = 0$. Luego, el gráfico de f corta al eje X en el punto $(0, 0)$.

Paso 3: Dominio, continuidad y asíntotas.

$\text{Dom}(f) = \mathbb{R} - \{-2, 2\}$. f es discontinua en los puntos -2 y 2. Los intervalos de continuidad son $(-\infty, -2)$, $(-2, 2)$ y $(2, +\infty)$.

Calculemos los límites unilaterales en 2 y en $+\infty$. En vista de la simetría respecto al eje Y, no es preciso calcular los límites en -2 y en $-\infty$.

a. $\displaystyle\lim_{x \to 2^-} \frac{x^2}{x^2 - 4} = -\infty$

b. $\displaystyle\lim_{x \to 2^+} \frac{x^2}{x^2 - 4} = +\infty$

c. $\displaystyle\lim_{x \to +\infty} \frac{x^2}{x^2 - 4} = \lim_{x \to +\infty} \frac{1}{1 - 4/x^2} = 1$

Los limites a. y b. nos dicen que la recta $x = 2$ es una asíntota vertical. De la simetría respecto al eje Y obtenemos que la recta $x = -2$ es también una asíntota vertical.

El límite c. nos dicen que la recta $y = 1$ es una asíntota horizontal.

Paso 4: Estudio de la derivada $f'(x)$. Máximos y mínimos.

$$f'(x) = \frac{-8x}{(x^2 - 4)^2}$$

$$f'(x) = 0 \implies \frac{-8x}{(x^2 - 4)^2} = 0 \implies x = 0$$

Además, f' no está definida en $x = -2$ ni en $x = 2$, pero estos puntos no están en el dominio de f. Luego, f tiene sólo un número crítico, $x = 0$.

Los intervalos de crecimiento y decrecimiento son:

$$f'(x) = \frac{-8x}{(x^2 - 4)^2}$$

$-\infty$	-2	0	2	$-+\infty$
Val. de P. $x = -3$	Val. de P. $x = -1$	Val. de P. $x = 1$	Val. de P. $x = 3$	
$f'(-3) = +24/25$	$f'(-1) = +8/9$	$f'(1) = -8/9$	$f'(3) = -24/25$	
↗	↗	↘	↘	

Mirando la tabla deducimos que $f(0) = 0$ es un máximo relativo.

Paso 5: Estudio de $f''(x)$. Concavidad y puntos de inflexión.

$$f''(x) = \frac{8(3x^2 + 4)}{(x^2 - 4)^3}$$

$f''(x)$ no se anula en ningún punto, pero no está definida en -2 y 2. Pero estos puntos tampoco están en el dominio de f. En consecuencia, la gráfica de f no tiene puntos de inflexión.

Los intervalos de concavidad los da la siguiente tabla:

$-\infty$	-2	2	$+\infty$
Val. de P. $x = -3$	Val. de P. $x = 0$	Val. De P. $x = 3$	
$f''(-3) = +\dfrac{248}{125}$	$f''(x) = -\dfrac{1}{2}$	$f''(x) = +\dfrac{248}{125}$	
∪	∩	∪	

Paso 6: Esbozo del gráfico.

Observar que este gráfico es simétrico respecto al eje Y, lo que nos permite ahorrar la mitad del trabajo. Grafiquemos sólo la parte que corresponde a $x \geq 0$, la otra mitad se obtiene por simetría.

x	$f(x)$
1	$-1/3$
3	$9/5$
4	$4/5$

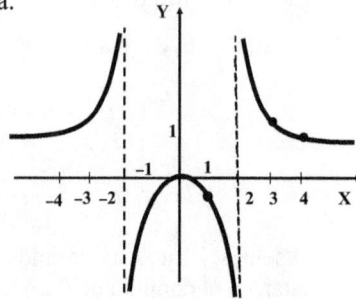

EJEMPLO 3. La función costo de una mercancía es $C(x) = x^2 + 8x + 36$. Graficar la función costo promedio:

$$f(x) = \frac{C(x)}{x} = \frac{x^2 + 8x + 36}{x} = x + 8 + \frac{36}{x}, \text{ donde } x > 0$$

Solución

Paso 1: **Simetrías.**
    Ninguna.

Paso 2: Intersección con los ejes.

No hay intersección con el eje Y ya que $f(x)$ no está definida en $x = 0$. Tampoco hay intersección con el eje X, ya que $x^2 + 8x + 36$ no tiene raíces reales.

Paso 3: **Dominio, continuidad y asíntotas.**

Dom(f) = $(0, +\infty)$ y f es continua en todo su dominio $(0, +\infty)$.

Tenemos.

a. $\displaystyle \lim_{x \to 0^+} f(x) = \lim_{x \to 0^+} \left(x + 8 + \frac{36}{x} \right) = +\infty$

b. $\displaystyle \lim_{x \to +\infty} f(x) = \lim_{x \to +\infty} \left(x + 8 + \frac{36}{x} \right) = +\infty$

El límite a. nos dice que la recta $x = 0$ (el eje Y) es una asíntota vertical.

Paso 4: Estudio de la derivada f'. Máximos y mínimos.

$$f'(x) = 1 - \frac{36}{x^2} = \frac{x^2 - 36}{x^2} = \frac{(x+6)(x-6)}{x^2},$$

$$f'(x) = 0 \iff \frac{(x+6)(x-6)}{x^2} = 0 \implies x = -6 \quad \text{ó} \quad x = 6$$

Tenemos dos puntos críticos: -6 y 6. Desechamos -6, por estar fuera del dominio de f.

Sus intervalos de crecimiento y decrecimiento son:

$$f'(x) = \frac{(x+6)(x-6)}{x^2}$$

0   **6** $+\infty$

Val. de P. : $x = 1$	Val. de P. : $x = 7$
$f'(x) = -35$	$f'(x) = +\dfrac{13}{49}$
↘	↗

Mirando la tabla deducimos que $f(6) = 20$ es un mínimo relativo.

Paso 5: **Estudio de f''. Concavidad y puntos de inflexión.**

$$f''(x) = \frac{72}{x^3}$$

$f''(x)$ no se anula en ningún punto del dominio $(0, +\infty)$. Además, en este intervalo, $f''(x) > 0$. Luego el gráfico de f es cóncavo hacia arriba en todo $(0, +\infty)$.

Paso 6: Esbozo de gráfico

x	$f(x)$
1	45
6	20
12	23
18	28

EJEMPLO 4. Graficar la siguiente función $f(x) = e^{-x^2/2}$

Solución

Paso 1. Simetrías.

f es par. En efecto: $f(-x) = e^{-(-x)^2/2} = e^{-x^2/2} = f(x)$.

En consecuencia, el gráfico de f es simétrico respecto al eje Y.

Paso 2. Intersección con los ejes.

Con el eje Y: $f(0) = e^{-0} = 1$

Luego, el gráfico corta al eje Y en el punto $(0, 1)$.

Con el eje X: $e^{-x^2/2} = 0$ no tiene solución. Luego, el gráfico no corta al eje X.

Paso 3. Dominio, continuidad y asíntotas.

Dom(f) = $\mathbb{R}$ y La función $f(x) = e^{-x^2/2}$ es continua en todo $\mathbb{R}$ y, por tanto, no hay asíntotas verticales.

Asíntotas horizontales.

$$\lim_{x \to +\infty} e^{-x^2/2} = \lim_{x \to +\infty} \frac{1}{e^{x^2/2}} = 0 \qquad y$$

$$\lim_{x \to -\infty} e^{-x^2/2} = \lim_{x \to -\infty} \frac{1}{e^{x^2/2}} = 0$$

Luego, $y = 0$, el eje X, es una asíntota horizontal.

Paso 4. Estudio de f'. Intervalos de monotonía. Máximos y mínimos

$$f'(x) = e^{-x^2/2} D_x\left(-x^2/2\right) = -x\, e^{-x^2/2}$$

$$f'(x) = 0 \Leftrightarrow -x\, e^{-x^2/2} = 0 \Rightarrow x = 0$$

Luego, f tiene un solo punto crítico, que es $x = 0$.

Intervalos de monotonía:

$$f'(x) = -x\, e^{-x^2/2}$$

$-\infty$	0	$+\infty$
Val. de P.: $x = -1$	Val. de P.: $x = 1$	
$f'(-1) = +e^{-1/2}$	$f'(1) = -e^{-1/2}$	
↗	↘	

f es creciente en el intervalo $(-\infty, 0]$ y es decreciente en $[0, +\infty)$. Además

f tiene un máximo en $x = 0$, que vale $f(0) = 1$.

Paso 5. Estudio de f''. Concavidad. Puntos de inflexión

$$f'(x) = -x\,e^{-x^2/2} \;\Rightarrow\; f''(x) = -xe^{-x^2/2}D_x\left(-x^2/2\right) - e^{-x^2/2} \;\Rightarrow$$

$$\Rightarrow\; f''(x) = \left(x^2 - 1\right)e^{-x^2/2}$$

Ahora,

$$f''(x) = 0 \;\Leftrightarrow\; \left(x^2 - 1\right)e^{-x^2/2} = 0 \Leftrightarrow x^2 - 1 = 0 \;\Leftrightarrow x = \pm 1$$

Intervalos de concavidad:

$$f''(x) = \left(x^2 - 1\right)e^{-x^2/2}$$

$-\infty$	-1	1	$+\infty$
Val. de P.: $x = -2$	Val. de P.: $x = 0$	Val. de P.: $x = 2$	
$f''(-2) = +3e^{-2}$	$f''(0) = -1$	$f''(2) = +3e^{-2}$	
$\cup$	$\cap$	$\cup$	

La tabla nos dice que el gráfico de f es cóncavo hacia arriba en los intervalos $(-\infty, -1)$ y $(1, +\infty)$, y que es cóncava hacia abajo en el intervalo $(-1, 1)$.

Luego, $\left(-1, f(-1)\right) = \left(-1, e^{-0.5}\right)$ y

$$\left(1, f(1)\right) = \left(1, e^{-0.5}\right)$$

son puntos de inflexión,

Paso 6. Esbozo del gráfico

x	$f(x)$
0	1
1	$e^{-0.5} \approx 0.606$
2	$e^{-2} \approx 0.135$

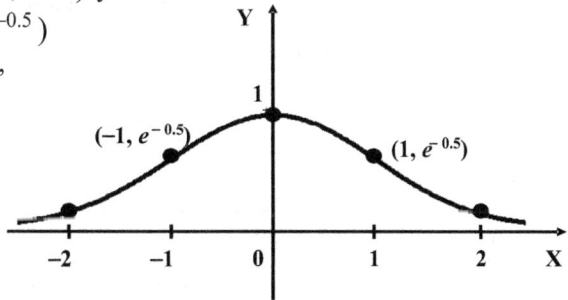

OBSERVACION. En la Estadística y en la Teoría de las Probabilidades aparece con frecuencia la siguiente función, llamada **función de densidad normal:**

$$f(x) = \frac{1}{2\sigma\sqrt{2\pi}}\,e^{-(x - \mu)^2/(2\sigma^2)},$$

donde μ y σ con constantes, llamadas **media** y **desviación estándar**, respectivamente.

La gráfica de esta función se obtiene fácilmente de la gráfica del ejemplo anterior, mediante las técnicas de traslación y estiramiento

PROBLEMAS   PROPUESTOS 8. 4

Graficar las funciones siguientes:

1. $f(x) = x^3 - 6x^2 + 9x + 1$ **2.** $f(x) = x^4 - 2x^2 + 1$ **3.** $f(x) = 2x + 5x^{2/5}$

4. $f(x) = \dfrac{8}{x^2 + 4}$ **5.** $f(x) = \dfrac{x}{x^2 + 3}$ **6.** $f(x) = \dfrac{x-1}{x+1}$

7. $f(x) = x + \dfrac{1}{x}$ **8.** $f(x) = \dfrac{x}{(x^2 - 1)^{1/3}}$

SECCION 8.5
MAXIMOS Y MINIMOS ABSOLUTOS

DEFINICION. Sea *f* una función y *A* un subconjunto del dominio de *f*.

> **1.** *f* tiene un **máximo absoluto** (o simplemente un máximo) sobre el conjunto *A*, si existe $c \in A$ tal que
>
> $$f(c) \geq f(x), \textbf{ para todo } x \in \textbf{A}$$
>
> **2.** *f* tiene un **mínimo absoluto** (o simplemente, un mínimo) sobre el conjunto *A*, si existe $c \in A$ tal que
>
> $$f(c) \leq f(x), \textbf{ para todo } x \in A$$

Un **extremo absoluto** es un máximo absoluto o un mínimo absoluto. Los casos más importantes suceden cuando *A* es un intervalo (abierto, cerrado, semicerrado) o cuando *A* es todo el dominio de *f*.

EJEMPLO 1. Hallar los extremos absolutos de la función $f(x) = -x^2 + 5$ sobre el intervalo $[-2, 1]$

Solución

El gráfico de esta función es la parábola que muestra la figura. De acuerdo a ésta tenemos que el máximo absoluto de *f* en $[-2, 1]$ es 5 y lo alcanza en el punto 0; esto es, $f(0) = 5$. El mínimo absoluto es 1 y lo alcanza en el extremo –2 del intervalo.

Observar que el máximo absoluto es también un máximo relativo; en cambio, el mínimo absoluto no es mínimo relativo.

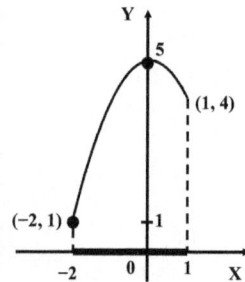

EJEMPLO 2. Hallar los extremos absolutos de la función $g(x) = x$ sobre el intervalo $[-2, 3)$.

Solución

El gráfico de g es el segmento de recta que muestra la figura.

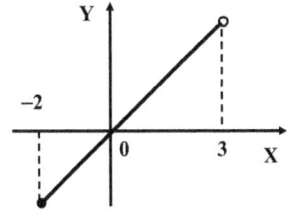

El mínimo absoluto de g sobre el intervalo $[-2, 3)$ es $g(-2) = -2$, ya que:

$$-2 \leq g(x) \text{ para todo } x \text{ en } [-2, 3)$$

En cambio g no tiene máximo absoluto, ya que

$$\lim_{x \to 3} g(x) = 3 \text{ y } g(x) < 3 \text{, para todo } x \text{ en } [-2, 3)$$

Observar que g no tiene extremos relativos

EJEMPLO 3. Hallar los extremos absolutos de la función

$$f(x) = \frac{1}{x}$$

sobre el conjunto $[-2, 2] - \{0\}$

Solución

Esta función no tiene ni máximo ni mínimo absoluto en $[-2, 2]$. En efecto, f decrece ilimitadamente cuando nos acercamos a 0 por la izquierda, y crece ilimitadamente cuando nos acercamos a 0 por la derecha.

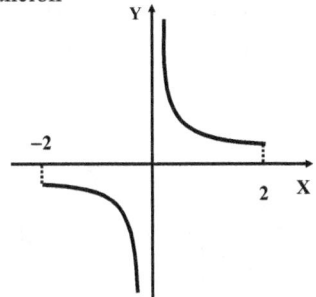

Los ejemplos 2 y 3 nos muestran que una función puede no tener máximo absoluto o mínimo absoluto sobre un intervalo. En el ejemplo 2, el intervalo considerado no es cerrado, y la función del ejemplo 3 no es continua.

Un teorema, conocido con el nombre de teorema del valor extremo, nos asegura que estas situaciones no se presentan para funciones continuas en intervalos cerrados. A este teorema solo lo enunciamos. Su prueba es complicada y no está a nuestro alcance.

TEOREMA 8.6 **Teorema del Valor Extremo.**

Si f es una función continua en un intervalo cerrado $[a, b]$, entonces f tiene un máximo absoluto y mínimo absoluto sobre $[a, b]$.

¿DONDE SON ALCANZADOS LOS EXTREMOS?

La gran mayoría de funciones con que trabajamos satisfacen la hipótesis de este teorema, y por tanto, la existencia de valores extremos absolutos queda asegurada. Sin embargo, nos queda todavía la tarea de encontrarlos. Los siguientes gráficos nos muestran los tres casos donde los extremos absolutos son alcanzados. En la figura 1 $f(c)$ es el mínimo absoluto y $f(d)$ es el máximo absoluto. En las figuras 2 y 3, $f(c)$ es el máximo absoluto y $f(d)$ es el mínimo absoluto.

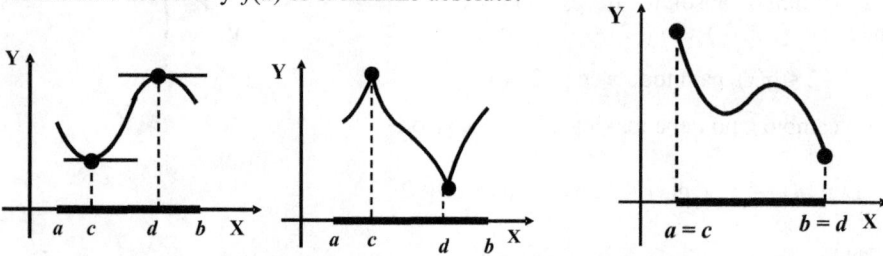

1. $f'(c) = 0$, $f'(d) = 0$ **2.** No existe $f'(c)$,   No existe $f'(d)$ **3.** $c = a$ y $d = b$ son extremos

1. En la figura 1 los extremos absolutos son alcanzados en puntos donde las derivada se anula: $f'(c) = 0$ y $f'(d) = 0$. Las rectas tangentes son horizontales.

2. En la figura 2 los extremos absolutos son alcanzados en puntos donde las derivada no existen: $\nexists f'(c)$ y $\nexists f'(d)$.

3. En la figura 3 los extremos absolutos son alcanzados en los extremos del intervalo $[a, b]$: $a = c$ y $d = b$.

Pueden presentarse combinaciones de los tres casos anteriores. Así, puede darse el caso de que $f'(c) = 0$ y que no exista $f'(d)$, etc.

Observamos que en los dos primeros casos los puntos c y d son puntos críticos.

Estos resultados nos permiten plantear la siguiente estrategia.

ESTRATEGIA PARA HALLAR LOS EXTREMOS ABSOLUTOS

Para determinar los valores extremos absolutos de una función continua f en un intervalo cerrado $[a, b]$, se siguen los siguientes pasos:

Paso 1. Hallar los puntos críticos de la función f en el intervalo $[a, b]$.

Paso 2. Evaluar f en los puntos críticos y en los extremos a y b del intervalo $[a, b]$.

Conclusión. El mayor de los valores del paso 2 es el máximo absoluto y el menor es el mínimo absoluto.

EJEMPLO 4 Hallar los extremos absolutos de $f(x) = \dfrac{x^3}{3} - 4x^2 + 12x + 3$ en el intervalo $[1, 9]$.

Solución

Paso 1. Hallamos los puntos críticos de f en el intervalo $[1, 9]$:

$$f'(x) = x^2 - 8x + 12 = (x - 2)(x - 6)$$

$$f'(x) = 0 \Leftrightarrow (x - 2)(x - 6) = 0 \Leftrightarrow x = 2 \text{ ó } x = 6$$

Los puntos críticos de f son 2 y 6 y ambos están en el intervalo $[1, 9]$.

Paso 2.

$$f(2) = \frac{41}{3}, \; f(6) = 3, \; f(1) = \frac{34}{3}, \; f(9) = 30$$

Tenemos:

$$f(6) = 3 < f(1) = \frac{34}{3} < f(2) = \frac{41}{3} < f(9) = 30$$

Luego, $f(6) = 3$ es el mínimo absoluto y $f(9) = 30$ es el máximo absoluto.

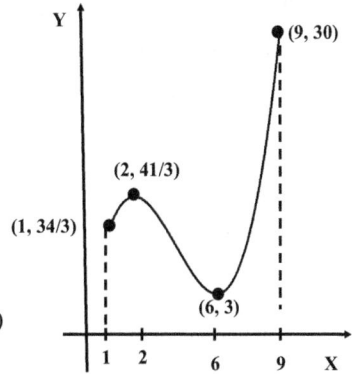

EXTREMOS ABSOLUTOS EN INTERVALOS ABIERTOS

El teorema del valor extremo (teorema 8.6) garantiza la existencia de valores extremos de funciones continuas en intervalos cerrados. Desafortunadamente no tenemos un teorema de ese calibre para intervalos que no son cerrados. Sin embargo, si una función tiene un único extremo local en un intervalo abierto, éste debe ser un extremo absoluto. A este resultado le daremos la categoría de teorema y lo enunciamos a continuación. Pensamos que la conclusión es evidente, por lo que omitimos la demostración.

TEOREMA 8.7 Sea f una función continua en un intervalo abierto I. Si $f(c)$ es extremo local de f en I y si c es el único punto en I en el cual f tiene un extremo local, entonces $f(c)$ es un extremo absoluto de f en I. Aún más,

1. Si $f(c)$ es un mínimo local, entonces $f(c)$ es un mínimo absoluto.

2. Si $f(c)$ es un máximo local, entonces $f(c)$ es un máximo absoluto.

Un caso muy especial donde se aplica este teorema, y que ocurre con mucha frecuencia, se refiere a los extremos absolutos de la función cuadrática:

$$y = ax^2 + bx + c$$

Sabemos que el gráfico de esta función es una parábola, la cual, según se abre hacia arriba ($a > 0$) o hacia abajo ($a < 0$), tiene un único mínimo relativo o un único máximo relativo (el vértice). Este mínimo local o máximo local, por ser único, también es el mínimo absoluto o el máximo absoluto.

| **EJEMPLO 5.** | Hallar los extremos absolutos de la función |

$$f(x) = x^2 - 4x + 5$$

Solución

Observar que no nos indican ningún intervalo. Esto significa que hallamos los extremos de f en todo su dominio, que es $\mathbb{R}$. Hallamos sus puntos críticos:

$$f'(x) = 2x - 4 = 2(x - 2)$$

$$f'(x) = 0 \Leftrightarrow 2(x - 2) = 0 \Leftrightarrow x = 2$$

Sólo hay un único punto crítico: $x = 2$.
Además,

$$f''(x) = 2 \Rightarrow f''(2) = 2 > 0$$

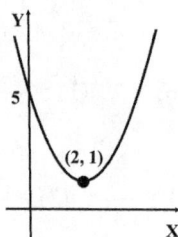

En consecuencia, por el criterio de la segunda derivada, f tiene un mínimo relativo en $x = 2$, que vale $f(2) = 1$, el cuál es el mínimo absoluto.

PROBLEMAS RESUELTOS 8.5

| **PROBLEMA 1.** | Sea la función $f(x) = x^4 - 2x^2$ |

  a. Hallar sus números críticos.
  b. Hallar sus extremos relativos.
  c. Hallar sus extremos absolutos sobre el intervalo $[-2, 2]$.

Solución

a. Calculamos la derivada de f

$$f'(x) = 4x^3 - 4x = 4x(x^2 - 1) = 4x(x + 1)(x - 1)$$

f' está definida en todos $\mathbb{R}$

$$f'(x) = 0 \Leftrightarrow 4x(x + 1)(x - 1) = 0 \Leftrightarrow x = 0, x = -1, x = 1$$

Luego, los números críticos de f son -1, 0, y 1.

b. Para -1 y 1 aplicamos el criterio de la segunda derivada.

$$f''(x) = 12x^2 - 4$$

$f''(-1) = 8 > 0 \Rightarrow f(-1) = -1$ es mínimo local

$f''(1) = 8 > 0 \Rightarrow f(1) = -1$ es mínimo local

Para $x = 0$, el criterio de la segunda derivada no nos ayuda, porque $f''(0) = 0$. Sin embargo, el criterio de la primera derivada nos dice que $f(0) = 0$ es un máximo local.

c. Tenemos que:

$f(-2) = 8, \quad f(-1) = 1, \quad f(0) = 0,$

$f(1) = 1 \quad \text{y} \quad f(2) = 8.$

Además:

$f(0) = 0 < f(-1) = 1 = f(1) < f(-2) = 8 = f(2)$

Luego, sobre el intervalo $[-2, 2]$, el máximo absoluto de f es 8 y es alcanzado en los puntos -2 y 2. El mínimo absoluto es -1 y es alcanzado en los puntos -1 y 1.

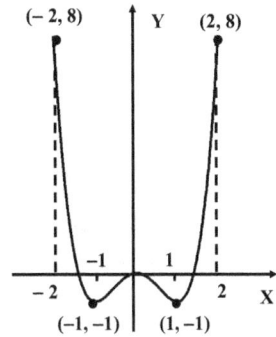

| **PROBLEMA 2.** | Sea la función $g(x) = 4 - \sqrt[3]{(x-3)^2}$ |

        a. Hallar sus puntos críticos.

        b. Hallar sus intervalos de crecimiento y decrecimiento.

        c. Hallar sus extremos relativos.

        d. Hallar sus extremos absolutos sobre el intervalo $[0, 4]$.

Solución

a. Calculemos la derivada de $g(x) = 4 - (x - 3)^{2/3}$:

$$g'(x) = -\frac{2}{3}(x - 3)^{-1/3} = -\frac{2}{3\sqrt[3]{x - 3}}$$

g' no esta definida en $x = 3$ y no se anula en ningún punto. Luego, g tiene un único punto crítico que es 3.

b. Analicemos el signo de la derivada en los intervalos $(-\infty, 3)$ y $(3, +\infty)$

$-\infty$ **3** $+\infty$

Val. de prueba $x = 2$	Val. de prueba $x = 4$
$g'(2) = -(-)^{-1/3} = +\dfrac{2}{3}$	$g'(4) = -\dfrac{2}{3}$
↗	↘

c. Aplicando el criterio de la primera derivada concluimos que g tiene un máximo relativo en $x = 3$ con valor $g(3) = 2$.

d. Tenemos que:

$$g(0) = 4 - \sqrt[3]{(0-3)^2} = 4 - \sqrt[3]{9}$$

$$\approx 4 - 2.08 = 1.92;$$

$$g(3) = 4 \quad y \quad g(4) = 2$$

Además: $g(0) = 1.92 < g(4) = 2 < g(3) = 4$

Luego, sobre el intervalo $[0, 4]$, el máximo absoluto de g es 4 y es alcanzando en el punto $x = 3$, y el mínimo absoluto es $4 - \sqrt[3]{9} \approx 1.92$ y es alcanzado en $x = 0$.

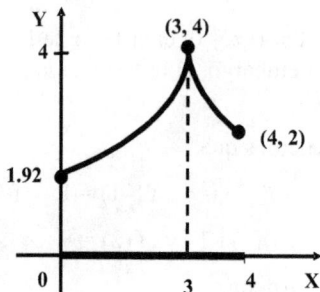

PROBLEMA 3. Sea la función $f(x) = x^2 + \dfrac{2}{x}$, $x \neq 0$

        a. Hallar sus números críticos.
        b. Hallar sus intervalos de crecimiento y decrecimiento
        c. Hallar sus extremos relativos
        d. Hallar sus extremos absolutos sobre el conjunto $[-2, 0) \cup (0, 2]$

Solución

Observamos, en primer lugar, que f no es continua en 0, por no estar definida en este punto.

a. Calculamos la derivada de f

$$f'(x) = 2x - \frac{2}{x^2} = \frac{2x^3 - 2}{x^2} = \frac{2(x^3 - 1)}{x^2}$$

f' no está definida en $x = 0$, pero 0 no es un número crítico, ya que 0 no está en el dominio de f. Por otro lado

$$f'(x) = 0 \Leftrightarrow \frac{2(x^3 - 1)}{x^2} = 0 \Rightarrow x = 1$$

Luego f tiene un único número crítico, que es $x = 1$

b. El punto de discontinuidad 0 lo adjuntamos al conjunto de puntos críticos, para determinar los intervalos de crecimiento y decrecimiento.

Analizamos el signo de la derivada en los intervalos $(-\infty, 0)$, $(0, 1)$, y $(1, +\infty)$.

$$f'(x) = \frac{2(x^3 - 1)}{x^2}$$

| $-\infty$ | 0 | 1 | $+\infty$ |

Val. de P.: $x = -1$	Val. de P.: $x = 1/2$	Val. de P.: $x = 2$
$f'(-1) = -4$	$f'(1/2) = -7$	$f'(2) = +7/2$
↘	↘	↗

c. f tiene sólo un extremo relativo en $x = 1$, el cual es un mínimo relativo y $f(1) = 3$

d. El método que hemos usado en los problemas anteriores para encontrar los extremos absolutos no es aplicable a este caso, ya que $[-2, 0) \cup (0, 2]$ no es intervalo cerrado. Sin embargo, observando que

$$\lim_{x \to 0^-} f(x) = \lim_{x \to 0^-} \left(x^2 + \frac{2}{x} \right) = -\infty$$

Concluimos que f no tiene mínimo absoluto sobre $[-2, 0) \cup (0, 2]$.

Similarmente, como

$$\lim_{x \to 0^+} f(x) = \lim_{x \to 0^+} \left(x^2 + \frac{2}{x} \right) = +\infty,$$

concluimos que f tampoco máximo absoluto sobre $[-2, 0] \cup [0, 2]$

PROBLEMAS PROPUESTOS 8.5

En los problemas del 1 al 18 hallar los extremos absolutos de la función en el intervalo indicado. Bosquejar el gráfico de la función.

1. $f(x) = -5x + 3$; $[-1, 2]$　　　　**2.** $f(x) = x^2 - 6x + 1$; $[0, 4]$

3. $f(x) = -\frac{1}{3}x^2 - 4x - 2$; $[-7, -2]$　　**4.** $g(x) = 2x^3 - 3x^2 - 12x + 3$; $[-2, 4]$

5. $g(x) = -\frac{1}{3}x^3 + 2x^2 - 3x - 2$; $[-1, 5]$　**6.** $g(x) = -x^3 + 12x^2 - 36x$; $[-1, 7]$

7. $h(x) = 1 + 2x^2 - x^4$; $[-2, 2]$　　**8.** $f(x) = x^4 - 4x + 4$; $[0, 2]$

9. $h(x) = x^4 + 4x^2 + 12x + 4$; $[-3, 2]$　**10.** $f(x) = x + \frac{1}{x}$; $[-2, 2]$

11. $f(x) = x^2 - \dfrac{16}{x}$; $[-3, 3]$ $\qquad$ **12.** $f(x) = \dfrac{x^2}{x-1}$; $[3/2, 2]$

13. $f(x) = \left(x^2 - 6x\right)^{1/3}$; $[-1, 7]$ $\qquad$ **14.** $f(x) = 4 - \left(x-1\right)^{2/3}$; $[0, 2]$

15. $g(x) = 2 - \left(x-1\right)^{1/3}$; $[0, 9]$ $\qquad$ **16.** $g(x) = 2x - 3\sqrt[3]{x^2}$; $[-1, 8]$

17. $f(x) = x\sqrt{1-x}$; $[0, 1]$ $\qquad$ **18.** $f(x) = \sqrt[3]{x^2(9-x)}$; $[-1, 9]$

En los problemas del 19 al 24 hallar los extremos absolutos de la función dada en el intervalo indicado. Si el intervalo no es mencionado, los extremos absolutos deben determinarse en todo el dominio de la función. Bosquejar el gráfico de la función.

19. $f(x) = 5x - 1$; $[-2, 3]$ $\qquad$ **20.** $f(x) = x^2 - 4x + 1$

21. $f(x) = -\dfrac{x^2}{2} + x + 3$ $\qquad$ **22.** $f(x) = x^4 + 1$

23. $f(x) = -x^4 + 3$; $[-1, 2]$ $\qquad$ **24.** $g(x) = 3 - x^{2/3}$; $(-1, 1)$

SECCION 8.6
PROBLEMAS DE OPTIMIZACION

Esta sección la dedicaremos a encontrar soluciones de muchos problemas de la vida real, de la economía, etc, en los cuales se busca resultados óptimos. Estos problemas están planteados en términos de nuestro lenguaje diario. Nuestra primera labor, la que requiere ingenio, consiste en traducir el problema al lenguaje matemático, quedando expresado mediante una función. La segunda labor es ya rutinaria; sólo se tiene que calcular los máximos y mínimos de la función encontrada.

| PROBLEMA 1. | Area máxima.

De una lámina circular de hojalata de 5 cm. de radio se quiere obtener un rectángulo en la forma que indica la figura y de área máxima. ¿Qué dimensiones debe tener el rectángulo? (ver el ejemplo 5 de la sección 4.3)

Solución

Sea x la longitud de la base del rectángulo y h la longitud de su altura. Tenemos que:

$$\text{Area} = xy \qquad \textbf{(1)}$$

Expresamos la altura en términos de la base. Para esto, observamos que el diámetro, la base y la altura, forman un triángulo rectángulo de hipotenusa 10 cm.

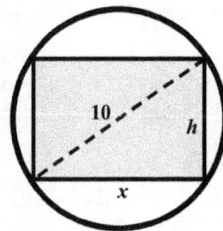

Luego, usando el teorema de Pitágoras, tenemos que

$$h = \sqrt{10^2 - x^2} \qquad \textbf{(2)}$$

Reemplazando (2) en (1) y denotando el área por $A(x)$, obtenemos la función

$$A(x) = x\sqrt{100 - x^2}\,,$$

que expresa el área del rectángulo en términos de la base. Esta es la función que queremos maximizar.

Como la longitud de la base no puede ser negativa ni exceder la longitud del diámetro, debemos tener que

$$0 \le x \le 10$$

Ahora, busquemos el máximo absoluto de la función $A(x)$ sobre el intervalo $[0,10]$. Comencemos hallando los puntos críticos:

$$A'(x) = x\frac{-2x}{2\sqrt{100 - x^2}} + \sqrt{100 - x^2} = \frac{100 - 2x^2}{\sqrt{100 - x^2}} = \frac{2\left(50 - x^2\right)}{\sqrt{100 - x^2}}$$

$A'(x)$ no esta definida en $x = 10$ y

$$A'(x) = 0 \Leftrightarrow \frac{2\left(50 - x^2\right)}{\sqrt{100 - x^2}} = 0 \Leftrightarrow 50 - x^2 = 0 \Leftrightarrow x^2 = 50 \Leftrightarrow x = \pm\, 5\sqrt{2}$$

Los puntos críticos de $A(x)$ son $-5\sqrt{2}$, $5\sqrt{2}$ y 10. Desechamos $-5\sqrt{2}$ por estar fuera del intervalo $[0, 10]$. Tenemos:

$$A(0) = 0, \quad A(5\sqrt{2}) = 5\sqrt{2}\,\sqrt{100 - (5\sqrt{2})^2} = 5\sqrt{2}\,.\,5\sqrt{2} = 50 \quad \text{y } A(10) = 0$$

Luego, el máximo absoluto es $A(5\sqrt{2}) = 50$ y el alcanzado en $x = 5\sqrt{2}$.

Por otro lado, si $x = 5\sqrt{2}$, entonces, de acuerdo a (2),

$$h = \sqrt{100 - (5\sqrt{2})^2} = 5\sqrt{2}$$

En consecuencia la longitud de la base es $x = 5\sqrt{2}$ y la de la altura, $h = 5\sqrt{2}$.

Observar que este rectángulo es un cuadrado.

PROBLEMA 2. **Volumen máximo.**

Un fabricante de envases construye cajas sin tapa utilizando láminas de cartón cuadradas de 72 cm. de lado. A cada lámina se le recorta un pequeño cuadrado de cada esquina y luego se doblan las aletas para formar los lados de la caja. ¿Cuál debe ser la longitud del lado de los cuadrados cortados si se quiere que la caja tenga el mayor volumen posible? (ver el ejemplo 6 de la sección 4.3)

Solución

Sea x la longitud del lado de los cuadrados cortados.

Sabemos que:

Volumen de la caja = (área de base) (altura)

La altura de la caja es x y su base es un cuadrado de lado $72 - 2x = 2(36 - x)$. Luego, si $V(x)$ denota el volumen de la caja tenemos que:

$$V(x) = x(72 - 2x)^2 = 4x(36 - x)^2 = 4x(x - 36)^2.$$

Esto es,

$$V(x) = 4x(x - 36)^2.$$

La longitud x no puede ser negativa ni puede exceder la mitad del lado de la lámina inicial. Luego, $0 \leq x \leq 36$

Hallamos el máximo absoluto de la función volumen sobre el intervalo $[0, 36]$:

$$V'(x) = 4x(2)(x - 36) + (x - 36)^2(4) = 4(x - 36)\big(2x + (x - 36)\big)$$
$$= 4(x - 36)(3x - 36) = 12(x - 36)(x - 12).$$

Esto es,

$$V'(x) = 12(x - 36)(x - 12).$$

Los números críticos de $V(x)$ son 12 y 36. Ahora,

$$V(0) = 0, \quad V(12) = 27,648 \quad \text{y} \quad V(36) = 0$$

Luego, el máximo es 27,648 y es alcanzado en $x = 12$. En consecuencia, la longitud del lado de los cuadrados cortados debe ser de 12 cm.

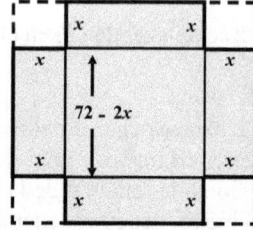

PROBLEMA 3. **Area máxima.**

Se desea construir una pista de carreras de 400 m. de perímetro. La pista debe estar formada por un rectángulo con dos semicírculos localizados en dos lados opuestos del rectángulo. ¿Cuáles deben ser las dimensiones del rectángulo si se quiere que el área de éste sea máxima? (ver el problema resuelto 3 de la sección 4.3)

Solución

Si x y y son las longitudes de los lados del rectángulo, el área de éste es

$$A = xy \qquad \textbf{(1)}$$

El radio de los semicírculos es $y/2$ y. Por tanto, la longitud de las dos semicircunferencias es

$$2\pi\frac{y}{2} = \pi y$$

Como el perímetro de la pista es de 400 m. debemos tener que

$$2x + \pi y = 400,$$

de donde despejamos y:

$$y = \frac{400 - 2x}{\pi} \qquad \textbf{(2)}$$

Reemplazamos (2) en (1) tenemos:

$$A = x\,\frac{400 - 2x}{\pi}, \text{ o bien } \quad A(x) = \frac{2}{\pi}\left(200x - x^2\right)$$

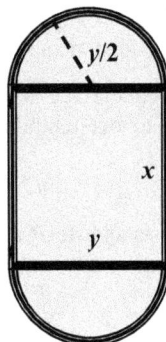

La longitud x es no negativa y no puede exceder la mitad del perímetro. Esto es

$$0 \le x \le 200$$

Ahora, encontremos el máximo (absoluto) de $A(x)$ en el intervalo $[0, 200]$. Como $A(x)$ es una función cuadrática (parábola) bastará encontrar un máximo relativo, ya que éste es el máximo absoluto.

$$A'(x) = \frac{2}{\pi}\,(200 - 2x) = \frac{4}{\pi}(100 - x)$$

$$A'(x) = 0 \iff \frac{4}{\pi}(100 - x) = 0 \iff x = 100$$

Sólo existe un número crítico, que es $x = 100$. Este valor crítico es un máximo relativo, ya que:

$$A'(x) > 0 \text{ si } x < 100 \quad y \quad A'(x) < 0 \text{ si } x > 100$$

Luego $A(x)$ alcanza su máximo absoluto en $x = 100$. En consecuencia, las dimensiones del rectángulo de área máxima son:

$$x = 100 \quad y \quad y = \frac{400 - 2(100)}{\pi} = \frac{200}{\pi}$$

| PROBLEMA 4. | **Costo mínimo.**

Una isla se encuentra a 800 m de una playa recta. En la playa, a 2.000 m. de distancia del punto F, que está frente a la isla, funciona una planta eléctrica. Para dotar de luz a la isla, se tiende un cable desde la planta hasta un punto P de la playa, y de allí, hasta la isla. El costo de tendido de cable por metro es, en tierra, de 30 dólares y, en el agua, de 50 dólares. ¿Dónde debe estar localizado el punto P para que el costo del tendido sea mínimo? (Ver el problema resuelto 2 de la sección 4.3)

Solución

Sea x la distancia del punto P al punto F.

La distancia de P a la planta es $2.000 - x$ y el costo del tendido de esta porción de cable es

$$30(2,000 - x)$$

La distancia de P a la isla, por el teorema de Pitágoras, es

$$\sqrt{x^2 + (800)^2} = \sqrt{x^2 + 640,000}$$

y el costo de esta porción del cable es

$$50\sqrt{x^2 + 640,000}$$

Luego, el costo total del tendido total es:

$$C(x) = 30(2,000 - x) + 50\sqrt{x^2 + 640,000}$$

La distancia x no debe ser negativa ni exceder 2 000. Esto es $0 \leq x \leq 2,000$.

Hallamos el mínimo absoluto de la función costo sobre el intervalo $[0, 2,000]$:

$$C'(x) = -30 + \frac{50x}{\sqrt{x^2 + 640,000}}$$

$$C'(x) = 0 \Leftrightarrow -30 + \frac{50x}{\sqrt{x^2 + 640,000}} = 0 \Leftrightarrow 3\sqrt{x^2 + 640,000} = 5x$$

$$\Leftrightarrow 9(x^2 + 640,000) = 25x^2 \Leftrightarrow x = \pm\, 600$$

Los puntos críticos de $C(x)$ son -600 y 600 pero -600 no debe ser considerado, por no estar en el intervalo $[0, 2,000]$.

Ahora, comparemos los valores $C(0)$, $C(600)$ y $C(2\,000)$:

$$C(0) = 30(2,000) + 50\sqrt{640,000} = 100,000$$

$$C(600) = 30(1,400) + 50\sqrt{360,000 + 640,000} = 92,000$$

$$C(2,000) = 30(0) + 50\sqrt{4,000,000 + 640,000} = 107,703.3$$

Luego, el costo mínimo (absoluto) es $92,000$ y es alcanzado en el punto $x = 600$.

En consecuencia, el punto P debe localizarse entre la planta y el punto F a 600 m. de éste.

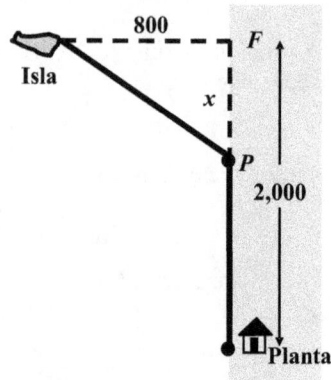

PROBLEMA 5. **Utilidad máxima.**

Un hotel tiene 70 habitaciones. El gerente nota que cuando la tarifa por habitación es 50 dólares todas las habitaciones están ocupadas, y que por cada 2 dólares de aumento en la tarifa se desocupa una habitación. Si el mantenimiento (limpieza, lavado, etc.) de cada habitación ocupada es 6 dólares ¿Qué tarifa se debe cobrar para obtener máxima ganancia?. ¿Cuántas habitaciones se ocupan con esta tarifa?

Solución

Si G es la ganancia del hotel, entonces

G = (habitaciones ocupadas)(tarifa por habitación) – 6 (habitación ocupadas)

Sea x el número de habitaciones desocupadas.

Se debe cumplir que $0 \leq x \leq 70$. Además:

El número de habitaciones ocupadas es $70 - x$

El aumento de la tarifa por habitación es $2x$

La tarifa por habitación es $50 + 2x$

Reemplazando estos valores en la igualdad inicial, tenemos:

$$G(x) = (70 - x)(50 + 2x) - 6(70 - x) = 3.080 + 96x - 2x^2$$

Debemos hallar el máximo absoluto de G(x) sobre el intervalo $[0, 70]$

$$G'(x) = 96 - 4x = 4(24 - x)$$

$$G'(x) = 0 \iff 4(24 - x) = 0 \iff x = 24$$

Luego, $G(x)$ tiene como único punto crítico a $x = 24$. Además este punto está en el intervalo $[0, 70]$.

$G'(x) > 0$ si $x < 24$ y $G'(x) < 0$ si $x > 24$. Luego $G(x)$ tiene un máximo relativo en $x = 24$. Además, como $G(x)$ es una función cuadrática (parábola), este máximo relativo es el máximo absoluto. Esto es, $G(x)$ alcanza su máximo en el punto $x = 24$.

Luego, la tarifa que se debe cobrar para optimizar las ganancias es de $50 + 2(24) = 98$ dólares, y con esta tarifa se ocuparán $70 - 24 = 46$ habitaciones.

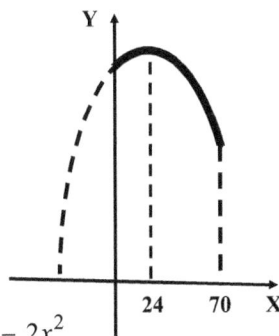

PROBLEMA 6. **Costo de cerca mínimo.**

Se quiere cercar un potrero rectangular de 5 000 m², uno de cuyos lados está a las orillas de un río. De los cuatro lados del potrero, sólo es necesario cercar tres (el lado sobre el río no necesita cerca). ¿Cuáles deben ser las longitudes de los lados si se quiere que el costo de la cerca sea mínimo?

Solución

El costo de la cerca será mínimo si la longitud de la cerca es mínima.

Sean x y y las longitudes de los lados del rectángulo. Si L es la longitud de la cerca, entonces

$$L = x + 2y \qquad \textbf{(1)}$$

Sabemos que el área es de 5,000 m². Luego

$$xy = 5,000$$

de donde, despejando y tenemos:

$$y = \frac{5,000}{x} \qquad \textbf{(2)}$$

Reemplazando (2) en (1) se obtiene

$$L(x) = x + \frac{10,000}{x}$$

Hallemos el mínimo absoluto de la función $L(x)$ sobre el intervalo $(0,+\infty)$:

$$L'(x) = 1 - \frac{10,000}{x^2} = \frac{x^2 - 10,000}{x^2}$$

$$L'(x) = 0 \iff \frac{x^2 - 10,000}{x^2} = 0 \iff x = \pm\,100$$

Los puntos críticos de $L(x)$ son -100 y 100.
El punto -100 es desechado por no estar en el intervalo $(0, +\infty)$.

Analicemos el punto crítico $x = 100$.

0	100	+∞
$L'(x) < 0$	$L'(x) > 0$	
↘	↗	

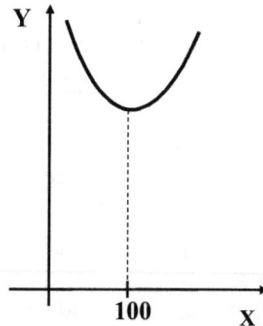

La tabla nos dice que $L(x)$ tiene un mínimo relativo en 100.

Este extremo local, por ser el único en el intervalo abierto $(0, +\infty)$, es también el mínimo absoluto.

En consecuencia, el costo de la cerca será mínimo si los lados del potrero son de

$$x = 100 \text{ m} \quad y \quad y = \frac{5,000}{100} = 50 \text{ m}$$

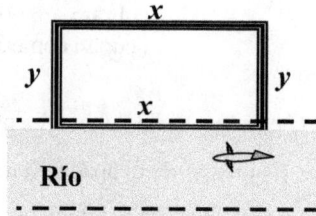

PROBLEMA 7. Costo mínimo.

El costo diario de producción de una fábrica de zapatos es

$$C(x) = 1,200 - 24x + \frac{1}{3}x^2,$$

donde x es el número de pares de zapatos producidos.

a. ¿Cuántos pares de zapatos se deben producir por día si se quiere que el costo sea mínimo?

b. Hallar el costo promedio de x pares de zapatos.

c. ¿Cuántos pares de zapatos se deben producir por día si se quiere que el costo promedio sea mínimo?

Solución

a. Buscamos el punto x del intervalo $[0, \infty)$ en el cual $C(x)$ alcanza su mínimo absoluto.

$$C'(x) = -24 + \frac{2}{3}x = \frac{2}{3}(x - 36)$$

Ahora,

$$C'(x) = 0 \iff \frac{2}{3}(x - 36) = 0 \iff x = 36$$

Además,

$$C'(x) = <0 \text{ si } x < 36 \quad y \quad C'(x) > 0 \text{ si } x > 36$$

Luego, $C(x)$ tiene un mínimo relativo en $x = 36$. Pero como $C(x)$ es una función cuadrática (parábola) este mínimo relativo es el mínimo absoluto. En consecuencia se deben producir 36 pares de zapatos por día para tener un costo mínimo.

b. El costo promedio es el cociente del costo total entre la cantidad de mercancía producida. Si denotamos con $M(x)$ el costo promedio de producir x pares de zapatos, entonces

$$M(x) = \frac{C(x)}{x} = \frac{1,200 - 24x + \frac{1}{3}x^2}{x} = \frac{1}{3}x + \frac{1,200}{x} - 24$$

c. Buscamos un punto x del intervalo $(0, +\infty)$ en el cual la función M alcanza su mínimo absoluto

$$M'(x) = \frac{1}{3} - \frac{1,200}{x^2} = \frac{x^2 - 3,600}{3x^2} = \frac{(x+60)(x-60)}{3x^2}$$

Ahora,

$$M'(x) = 0 \iff \frac{(x+60)(x-60)}{3x^2} = 0 \iff x = -60 \text{ ó } x = 60$$

Los puntos críticos de $M(x)$ son -60 y 60. Pero -60 es desechado por no estar en el intervalo $(0, +\infty)$. Analicemos el otro punto crítico:

$$M'(x) = \frac{(x+60)(x-60)}{3x^2}$$

0	60	+∞

Val. de P.: $x = 10$	Val. de P.: $x = 100$
$M'(x) = -35/3$	$M'(x) = +48/300$
↘	↗

Este cuadro nos dice que $M(x)$ tiene su mínimo relativo en $x = 60$. Este mínimo relativo, por ser único en el intervalo $(0, +\infty)$, también es el mínimo absoluto. En consecuencia, se deben producir 60 pares de zapatos por día para que el costo promedio sea mínimo.

PROBLEMA 8. **Costo promedio mínimo y costo marginal.**

Una ley de economía dice que cuando el costo promedio es mínimo, este costo promedio es igual al costo marginal.

a. Probar esta ley

b. Verificar esta ley usando los resultados del problema anterior.

Solución

a. Sea $C(x)$ la función de costo y $M(x) = \dfrac{C(x)}{x}$ la función de costo promedio.

Supongamos que $M(x)$ tiene un mínimo en x_0. Nos piden probar que:

$$M(x_0) = C'(x_0)$$

Bien, derivando el costo promedio tenemos que

$$M'(x) = \frac{xC'(x) - C(x)}{x^2}$$

Pero, por ser $M(x_0)$ un mínimo, debemos tener que $M'(x_0) = 0$. Luego,

$$\frac{x_0 C'(x_0) - C(x_0)}{x_0^2} = 0 \Rightarrow x_0 C'(x_0) - C(x_0) = 0 \Rightarrow C'(x_0) = \frac{C(x_0)}{x_0} = M(x_0)$$

b. En el problema anterior obtuvimos que:

1) $C'(x) = \dfrac{2}{3}(x - 36)$ **2)** $M(x) = \dfrac{x}{3} + \dfrac{1,200}{x} - 24$

3) $M(x)$ tiene un mínimo en $x_0 = 60$

Ahora,

$$M(60) = \frac{60}{3} + \frac{1,200}{60} - 24 = 20 + 20 - 24 = 16$$

$$C'(60) = \frac{2}{3}(60 - 36) = \frac{2}{3}(24) = 16$$

Veamos que $M(60) = C'(60) = 16$, como era de esperar.

PROBLEMA 9. **Utilidad máxima.**

El costo diario de producción de una fábrica de zapatos es

$$C(x) = 1,200 - 24x + \frac{1}{3}x^2$$

y la ecuación de demanda es $p = 180 - \frac{2}{3}x$, donde p es el precio en dólares de cada par de zapatos.

a. Hallar la función de ingreso y la función de utilidad

b. ¿Cuántos pares de zapato se deben producir por día para obtener máxima utilidad? ¿Cuál es el precio de estos zapatos?

Solución

Como $0 \le p$, se tiene $0 \le 180 - \frac{2}{3}x \Rightarrow \frac{2}{3}x \le 180 \Rightarrow x \le 270$

a. La función ingreso es:

$$R(x) = xp = x\left(180 - \frac{2}{3}x\right) = 180x - \frac{2}{3}x^2 \text{, donde } 0 \le x \le 270$$

La función utilidad es:

$$U(x) = R(x) - C(x) = 180x - \frac{2}{3}x^2 - \left(1,200 - 24x + \frac{1}{3}x^2\right) \Rightarrow$$

$$U(x) = -x^2 + 204x - 1,200, \quad \text{donde } 0 \le x \le 270$$

b. Buscamos el punto x en el intervalo $[0, 270]$ en el cual $U(x)$ alcance su máximo

$$U'(x) = -2x + 204 = -2(x - 102)$$

$$U'(x) = 0 \Leftrightarrow -2(x - 102) = 0 \Leftrightarrow x = 102$$

Tenemos que $102 \in [0, 270]$. Además:

$$U(0) = -1,200, \quad U(102) = 9,202 \text{ y } U(270) = -19,020$$

Luego, $U(x)$ alcanza su máximo absoluto en $x = 102$.

En consecuencia, para obtener una ganancia máxima se deben producir 102 pares de zapatos por día y el precio de cada par debe ser:

$$p = 180 - \frac{2}{3}(102) = 112 \text{ dólares}$$

PROBLEMA 10. **Utilidad máxima.**

Un fabricante de computadoras puede vender x unidades semanales a un precio de $p = 2,430 - \dfrac{x^2}{30}$ dólares. El costo de producción por semana es

$$C(x) = 11x^2 + 10x + 2,000 \text{ dólares.}$$

Además, el fabricante paga al estado un impuesto de 20 dólares por unidad.

a. Hallar la función utilidad.

b. ¿Cuántas computadoras semanales se deben fabricar para maximizar la utilidad?

Solución

Como $p \geq 0$, se tiene: $2,430 - \dfrac{x^2}{30} \geq 0 \implies x^2 \leq 30(2,430) \implies 0 \leq x \leq 270$

a. Utilidad = Ingreso − Costo − Impuestos

El ingreso es $R(x) = xp = x\left(2,430 - \dfrac{x^2}{30}\right) = -\dfrac{x^3}{30} + 2,430x.$

Los impuestos son $20x$.

Luego, la función utilidad es

$$U(x) = -\frac{x^3}{30} + 2,430x - (11x^2 + 10x + 2,000) - 20x \implies$$

$$U(x) = -\frac{x^3}{30} - 11x^2 + 2,400x - 2,000, \text{ donde } 0 \leq x \leq 270.$$

b. Buscamos el punto x en el intervalo $[0, 270]$ donde $U(x)$ alcanza su máximo.

$$U'(x) = -\frac{x^2}{10} - 22x + 2,400 = -\frac{1}{10}\left(x^2 + 220x - 24,000\right) \implies$$

$$U'(x) = -\frac{1}{10}(x + 300)(x - 80)$$

Los puntos críticos de $U(x)$ son -300 y 80. Desechamos -300 por no estar en el intervalo $[0, 270]$.

Se tiene que:

$$U(0) = -2,000, \quad U(80) = 307,600/3 \approx 102,533, \quad U(270) = -812,000$$

Luego, $U(x)$ alcanza un máximo absoluto en $x = 80$.

En consecuencia, para obtener máxima utilidad se deben fabricar 80 computadoras semanales.

PROBLEMA 11. **Costo mínimo de un viaje.**

Un bus debe hacer un viaje de 400 Km. a una velocidad constante de x Km/h. Según el reglamento de tránsito la velocidad no debe exceder de 80 Km/h. El precio de la gasolina es de 0.5 dólares por litro y el bus consume $5 + \dfrac{x^2}{125}$ litros por hora. Si el conductor cobra 20 dólares por hora, averiguar:

a. La función costo del viaje.

b. El costo mínimo del viaje y la velocidad más económica.

Solución

a. Si $C(x)$ es el costo del viaje, entonces

$C(x)$ = costo de la gasolina + salario del conductor.

Tenemos que:

El número de horas del viaje es $\dfrac{400}{x}$

El costo de la gasolina es: $0.50\left(5 + \dfrac{x^2}{125}\right)\left(\dfrac{400}{x}\right) = \dfrac{8}{5}x + \dfrac{1,000}{x}$

Salario del conductor: $20\left(\dfrac{400}{x}\right) = \dfrac{8,000}{x}$

Luego,

$$C(x) = \frac{8}{5}x + \frac{1,000}{x} + \frac{8,000}{x} \implies C(x) = \frac{8}{5}x + \frac{9,000}{x}$$

b. Buscamos el mínimo (absoluto) de C(x) sobre el intervalo (0, 80]

$$C'(x) = \frac{8}{5} - \frac{9,000}{x^2} = \frac{8x^2 - 45,000}{5x^2} = \frac{8(x^2 - 5,625)}{5x^2} = \frac{8(x+75)(x-75)}{5x^2}$$

Los puntos críticos de C(x) son − 75 y 75. Rechazamos − 75 por no estar en el intervalo (0, 80]. Analicemos el otro punto crítico.

0	75	80
Val. de P.: $x = 5$ C'(1) $= -358.4$ ↘	Val. de P.: $x = 78$ C'(x) $= +0.12$ ↗	

Este cuadro dice que, sobre el intervalo (0, 80], el costo C(x) tiene un mínimo relativo en $x = 75$. Además, viendo el comportamiento de la función C(x) en el intervalo indicado, concluimos que este mínimo relativo es también el mínimo absoluto. En consecuencia, la velocidad más económica es de 75 Km/h y el costo mínimo del viaje es

$$C(75) = \frac{8}{5}(75) + \frac{9,000}{75} = 240 \text{ dólares}$$

PROBLEMA 12.   **Ingreso máximo.**

Un productor de tomate, para obtener el mejor precio, quiere cosechar su producto tan pronto comience el período de lluvias. Si él cosecha el primer día de Abril, puede recoger 200 quintales de tomate, que los vende al precio de $ 90 el quintal. Si él espera, su cosecha aumenta en 10 quintales por cada semana que pasa; pero el precio baja a razón de $ 3 el por quintal por semana. ¿Cuántas semanas debe esperar para obtener el máximo ingreso?

Solución

Si x es el número de semanas que espera para cosechar, entonces:

El número de quintales de la cosecha es $200 + 10x$

El precio por quintal es $90 - 3x$ y el ingreso del producto es

$$R(x) = (200 + 10x)(90 - 3x) = -30x^2 + 300x + 18,000,$$

que es una función cuadrática.

Ahora,

$$R'(x) = -60x + 300 = -60(x - 5)$$

$$R'(x) = 0 \Leftrightarrow -60(x - 5) = 0 \Leftrightarrow x = 5$$

Además,

$$R'(x) > 0 \text{ si } x < 5 \quad y \quad R'(x) < 0 \text{ si } x > 5$$

Lo que nos dice que $R(x)$ tiene su máximo (absoluto) cuando $x = 5$. En consecuencia, para maximizar su ingreso, el productor de tomates debe esperar 5 semanas para cosechar.

PROBLEMA 13.   **Radio y altura de un pote de área mínima.**

Una compañía, para envasar sus productos, necesita potes de aluminio de forma cilíndrica con tapa. Cada pote debe tener 128π cm^3 de volumen. Se quiere usar la menor cantidad de aluminio posible. ¿Cual debe ser el radio r y la altura de cada pote?

Solución

Nos piden el radio y la altura del pote de volumen 128π cm^3 y que tenga área total mínima.

El área total S es la suma del área de las 2 tapas más el área lateral. Luego,

$$S = \pi r^2 + \pi r^2 + 2\pi rh \implies$$

$$S = 2\pi r^2 + 2\pi r h, \quad \text{donde } r > 0 \text{ y } h > 0 \quad \textbf{(1)}$$

Pero, el volumen de un cilindro circular recto es $V = \pi r^2 h$.

Luego, en nuestro caso, tenemos que

$$V = \pi r^2 h = 128\pi \implies h = \frac{128}{r^2}$$

Reemplazando este valor de h en (1) se tiene

$$S(r) = 2\pi r^2 + 2\pi r \frac{128}{r^2} \implies S(r) = 2\pi r^2 + \frac{256\pi}{r}$$

Ahora, hallamos el mínimo (absoluto) de $S(r)$ sobre el intervalo $(0, +\infty)$

$$S'(r) = 4\pi r - \frac{256\pi}{r^2} = \frac{4\pi\left(r^3 - 4^3\right)}{r^2}$$

$$S'(r) = 0 \iff \frac{4\pi\left(r^3 - 4^3\right)}{r^2} = 0 \implies r = 4$$

$S(r)$ tiene como único punto crítico $r = 4$. Además

$$S'(r) < 0 \text{ si } 0 < r < 4 \quad \text{y} \quad S'(r) > 0 \text{ si } r > 4$$

Luego, $S(r)$ es mínimo cuando $r = 4$. En consecuencia, la cantidad de aluminio es mínimo cuando el radio del pote es de 4 cm y la altura es de $h = \dfrac{128}{4^2} = 6$ cm.

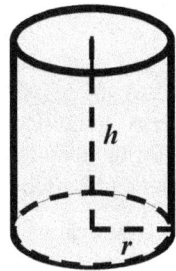

PROBLEMA 14. **Un modelo de inventario**.

Construir un modelo para el costo de un inventario. Luego, aplicar el cálculo para minimizar el costo.

Solución

Antes de plantearnos el caso general resolvemos un ejemplo particular.

Una compañía se dedica al comercio de cauchos y vende 10,800 unidades por año. La compañía recibe los cauchos de los fabricantes, los almacena y los vende gradualmente a sus clientes. El gerente debe determinar la frecuencia con que debe hacer sus pedidos a la fábrica de cauchos. Si pide con poca frecuencia, el número de unidades por pedido es grande y, por tanto, el costo de almacenamiento (seguro, alquileres, costo de capital, etc.) es alto. En cambio, si pide con mucha frecuencia, el costo de almacenamiento baja, pero sube el costo de transporte y manipulación de mercancía.

El costo de almacenamiento de cada caucho es de $ 3 por año, que el costo de cada pedido (transporte y manipulación) es $ 450, y que el precio de fábrica de un caucho es de $ 40.

Para simplificar el problema vamos a suponer que la demanda de cauchos es uniforme durante todo el año (demanda lineal) y que cada pedido llega exactamente cuando el pedido anterior se ha agotado.

a. ¿De cuántos cauchos debe consistir cada pedido para que el costo sea mínimo?
b. ¿Con qué frecuencia se deben hacer los pedidos que aseguran costo mínimo?

Sea x el número de cauchos de cada pedido, y sea $C(x)$ el costo total anual de la compañía. Tenemos que:

$C(x)$ = Costo de almacenamiento + Costo de los pedidos + Costo de los cauchos **(1)**

Determinemos cada uno de estos costos parciales.

Costo de almacenamiento:

Al llegar el primer pedido, todos los x cauchos pasan al almacén. Esta existencia se consume linealmente y cuando se ha vendido el último caucho llega el segundo pedido.

El número promedio de cauchos en el almacén durante el año es $\dfrac{x}{2}$. El costo de almacenamiento anual es igual al costo de almacenamiento del promedio $x/2$ de cauchos. Esto es,

Costo de almacenamiento = (Promedio de cauchos en el almacén) (Costo anual de almacenamiento de un caucho)

$$= \frac{x}{2}\left(3\right) = 1.5x$$

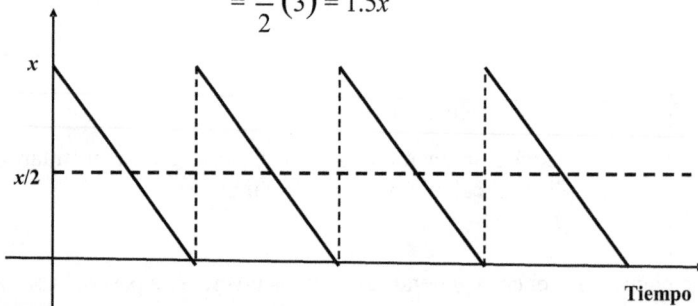

Costos de los pedidos:

Como el número de cauchos de cada pedido es x y se venden 10,800 cauchos por año, entonces el número de pedidos es $\dfrac{10,800}{x}$.

Luego,

$$\text{Costo de los pedidos} = \text{(Costo de cada pedido) (Número de pedidos)}$$

$$= (450)\left(\frac{10,800}{x}\right) = \frac{4.860.000}{x}$$

Costos de los cauchos:

Costos de los cauchos = (número total de cauchos) (precio por caucho)

$$= (10,800)(40) = 432,000$$

Reemplazando estos costos parciales en la igualdad inicial obtenemos la función de costo total anual:

$$C(x) = 1.5x + \frac{4,860,000}{x} + 432,000$$

Buscamos el punto x del intervalo $(0, 10,800]$, donde $C(x)$ alcance su mínimo.

$$C'(x) = 1.5 - \frac{4,860,000}{x^2} = \frac{1.5x^2 - 4,860,000}{x^2} = \frac{1.5(x^2 - 3,240,000)}{x^2}$$

$$= \frac{1.5(x+1,800)(x-1,800)}{x^2}$$

$$C'(x) = 0 \iff x = -1,800 \ \text{ó} \ x = 1,800$$

Desechemos a $-1,800$ por estar fuera del intervalo $(0, 10,800]$.

Analicemos el otro punto crítico:

$$C'(x) < 0 \ \text{si} < 0 < x < 1,800 \ \text{y} \ C'(x) > 0 \ \text{si} \ x > 1,800$$

Veamos que $C(x)$ alcanza su mínimo (absoluto) cuando $x = 1,800$.

En consecuencia, cada pedido de cauchos debe tener 1,800 unidades y se deben hacer $10,800/1,800 = 6$ pedidos al año. Es decir, se deben pedir 1,800 cauchos cada 2 meses.

El ejemplo particular ha terminado. Vayamos al caso general. Buscamos un modelo para el costo de inventario de una mercancía en determinada unidad de tiempo. Sea

a = Costo de almacenamiento de una unidad por unidad de tiempo

d = Número de unidades demandadas por unidad de tiempo

c = Costo en que se incurre por pedido (Trasporte y manipulación)

p = Precio por unidad de mercancía.

Si x, como en el ejemplo particular, representa el número de unidades de cada pedido, reemplazando los datos anteriores en la igualdad (1) se obtiene:

$$C(x) = a\left(\frac{x}{2}\right) + c\left(\frac{d}{x}\right) + dp = \frac{a}{2}x + \frac{cd}{x} + dp.$$

O sea, el modelo que buscamos es

$$C(x) = \frac{a}{2}x + \frac{cd}{x} + dp$$

Ahora, minimizamos este costo sobre el intervalo $(0, d]$:

$$C'(x) = \frac{a}{2} - \frac{cd}{x^2} = \frac{ax^2 - 2cd}{2x^2} = \frac{a\left(x^2 - \frac{2cd}{a}\right)}{2x^2} = \frac{a\left(x - \sqrt{\frac{2cd}{a}}\right)\left(x + \sqrt{\frac{2cd}{a}}\right)}{2x^2}$$

Ahora, $C'(x) = 0 \Leftrightarrow x = \sqrt{\frac{2cd}{a}}$ ó $x = -\sqrt{\frac{2cd}{a}}$

Desechamos $-\sqrt{\frac{2cd}{a}}$ por ser negativo.

Para el otro punto crítico tenemos que:

$$C'(x) < 0 \text{ si } 0 < x < \sqrt{\frac{2cd}{a}}   \text{ y }   C'(x) > 0 \text{ si } x > \sqrt{\frac{2cd}{a}}$$

Luego, $C(x)$ es mínimo cuando cada pedido tiene $x = \sqrt{\frac{2cd}{a}}$ unidades.

PROBLEMA 15.   Utilidad máxima.

Una fábrica de neveras, cuando produce a lo más 100 aparatos por semana, obtiene una utilidad de $ 280 por unidad; pero esta utilidad decrece a razón de 2 dólares por cada aparato que excede los 100. ¿Cuántas neveras debe producir semanalmente la fábrica para que su utilidad sea máxima?

Solución

Sea x el número de neveras producidas semanalmente y sea $U(x)$ la función de utilidad.

Si $0 \leq x \leq 100$, entonces $U(x) = 280x$.

Si $x > 100$, entonces la utilidad por aparato es de $280 - 2(x - 100) = 480 - 2x$ y la utilidad total es:

$$U(x) = x[480 - 2x] = 480x - 2x^2$$

Además, como no se quiere tener utilidades negativas, imponemos que

$$480 - 2x \geq 0 \Rightarrow x \leq 240.$$

Luego, la función de utilidad es

$$U(x) = \begin{cases} 280x, & \text{si } 0 \leq x \leq 100 \\ 480x - 2x^2, & \text{si } 100 < x \leq 280 \end{cases}$$

Observemos que $U(x)$ es continua en 100, ya que

$$\underset{x \to 100^-}{\text{Lim}} (280x) = 28,000 = \underset{x \to 100^+}{\text{Lim}} \left(480x - 2x^2\right)$$

Luego, $U(x)$ es continua en el intervalo cerrado $[0, 280]$ y, por el teorema del valor extremo, $U(x)$ debe tener un máximo sobre $[0, 280]$

Calculemos los números críticos de $U(x)$:

$$U'(x) = \begin{cases} 280, & \text{si } 0 \leq x < 100 \\ 480 - 4x, & \text{si } 100 < x \leq 280 \end{cases}$$

Vemos que $U'(x)$ no existe en $x = 100$ y que

$$U'(x) = 0 \Rightarrow 480 - 4x = 0 \Rightarrow x = 120$$

Luego, los números críticos de $U(x)$ son 100 y 120.

Ahora,

$$U(0) = 0, \quad U(100) = 28,000, \quad U(120) = 28,800 \quad \text{y} \quad U(240) = 0$$

Luego, el máximo (absoluto) de $U(x)$ sobre $[0, 240]$ es 28,800 y es alcanzado cuando $x = 120$. En consecuencia la fábrica debe producir 120 neveras semanales para obtener una utilidad máxima.

PROBLEMA 16. **Costo mínimo.**

Una industria de plástico tiene un pedido de 80.000 pipotes. La compañía cuenta con 9 máquinas que pueden adaptarse para este tipo de producción a un costo de adaptación de 500 dólares por máquina. Una vez adaptadas, cada máquina produce 200 pipotes diarios, y todas ellas trabajan automáticamente y son manejadas por un solo técnico, que gana 80 dólares por día. Si se quiere minimizar el costo,

a. ¿Cuántas máquinas deben adaptarse?

b. ¿En cuántos días se producirán los 80,000 pipotes?

Solución

Costo $=$ Costo de adaptación $+$ salarios.

Si x es el número de máquina que deben adaptarse, entonces, el costo de adaptación de las x máquinas es $500x$ y la producción diaria de pipotes es $200x$

El número de días para producir los 80,000 pipotes es $\dfrac{80,000}{200x} = \dfrac{400}{x}$

El gasto en salarios es $\dfrac{400}{x}(80) = \dfrac{32,000}{x}$

Luego si $C(x)$ es la función costo, tenemos que

$$C(x) = 500x + \frac{32,000}{x} \text{ , donde } 0 < x \leq 9$$

Hallamos el mínimo de esta función sobre el intervalo $(0, 9]$

$$C'(x) = 500 - \frac{32,000}{x^2} = \frac{500x^2 - 32,000}{x^2} = \frac{500(x^2 - 64)}{x^2}$$

$$C'(x) = 0 \Leftrightarrow \frac{500(x^2 - 64)}{x^2} = 0 \Leftrightarrow x^2 = 64 \Leftrightarrow x = -8 \text{ ó } x = 8$$

Desechamos $x = -8$ por estar fuera del intervalo $(0, 9]$.

Analizamos el número crítico $x = 8$. Tenemos que:

$$C''(x) = \frac{64,000}{x^3} \quad \text{y} \quad C''(8) = \frac{64,000}{8^3} > 0$$

Luego, $C(x)$ tiene un mínimo relativo en $x = 8$. Este mínimo relativo es también el mínimo absoluto, ya que como

$$C''(x) = \frac{64,000}{x^3} > 0, \text{ para todo } x > 0,$$

el gráfico de $C(x)$ es cóncavo hacia arriba en todo el intervalo $(0, +\infty)$. Por lo tanto:

a. Para minimizar el costo se deben adaptarse 8 máquinas.

b. Los 80,000 pipotes se producirán en $\frac{400}{8} = 50$ días.

PROBLEMAS PROPUESTOS 8.6

1. **(Area máxima).** Hallar las dimensiones de un rectángulo de 72 m de perímetro que encierra un área máxima.

2. **(Area máxima).** Probar que entre todos los rectángulos de perímetro fijo, el que encierra área máxima es el cuadrado.

3. **(Cerco de longitud mínima).** Se quiere construir un conuco rectangular de 7,200 m^2 de área a la orilla de un río. Si sólo se deben cercar los tres lados que indica la figura. ¿Cuáles deben ser las longitudes de estos lados si se quiere usar la menor cantidad posible de cerco?

4. **(Area máxima).** Se quiere cercar un terreno rectangular que está a las orillas de un río. Si se cercan sólo tres lados del terreno y se cuenta con 400 m de alambrada. ¿Qué dimensiones debe tener el terreno si se quiere que tenga área máxima?

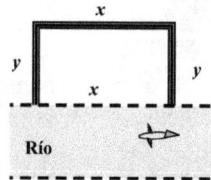

5. (Cerco de longitud mínima). Se va cerrar un terreno rectangular y luego dividirlo en dos partes iguales mediante una cerca. El área del terreno encerrado es de $864\,m^2$. Se desea utilizar la mínima cantidad de cerca. ¿Qué dimensiones debe tener el rectángulo?

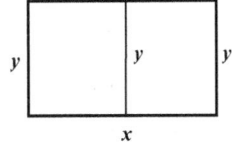

6. (Volumen máximo). Se construye cajas sin tapa utilizando láminas de cartón cuadrado de 96 cm. de lado, a las cuales se les recorta un pequeño cuadrado en cada esquina.   ¿Cuál debe ser la longitud del lado del cuadrado cortado si se quiere que la caja tenga volumen máximo?

7. (Volumen máximo). Se construyen cajas sin tapa utilizando láminas de cartón rectangulares de 8 cm. por 5 cm, a las cuales se les recorta un pequeño cuadrado en cada esquina, ¿Cuál debe ser la longitud del lado del cuadrado si se quiere que la caja tenga máximo volumen?

8. (Caja de área mínima). Se construye una caja cerrada de madera de 72 dm^3 de volumen. La base es un rectángulo cuyo largo sea el doble de su ancho.
   a. ¿Qué dimensiones debe tener la caja si se usa la mínima cantidad de madera?
   b. ¿Qué dimensiones debe tener la caja si no tiene tapa?

9. (Estanque de volumen máximo). Se desea construir un estaque de base cuadrada y paredes perpendiculares a la base. El m^2 de la base cuesta $ 40, y el de las paredes $ 30. Si el costo del estanque debe ser $ 7,680. ¿Qué dimensiones debe tener éste para que su volumen sea máximo?

10. (Volumen máximo). El reglamento del correo exige que la suma de las tres dimensiones, largo + ancho + altura, de un paquete no debe exceder 120 cm, Hallar las dimensiones de la caja con base cuadrada, que cumpla las regulaciones del correo y tenga máximo volumen.

11. (Area mínima). Se tiene un alambre de 8 m el cual se debe cortar en dos partes para hacer, con uno, una circunferencia y, con el otro, un cuadrado.

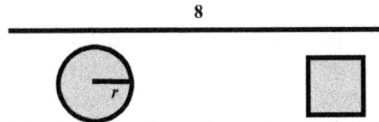

   a. ¿Qué longitud debe tener cada pedazo si se quiere que el área encerrada por ellos sea mínima?
   b. ¿Qué longitud debe tener cada pedazo si se quiere que el área encerada por ellos sea máxima?

12.   (Area máxima). Se desea construir una pista de carreras de 560 m de longitud. La pista debe encerrar un terreno que tenga la forma de un rectángulo con un semicírculo adjunto a cada uno de los lados opuestos del rectángulo.

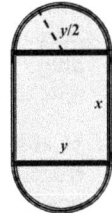

   a. Si se quiere que el rectángulo tenga área máxima, ¿Qué dimensiones debe tener éste?
   b. ¿Cuál es ésta área máxima?

13. **(Area máxima).** Se desea construir una pista de carrera de 400 m de longitud. La pista debe encerrar un terreno que tenga la forma de un rectángulo con un semicírculo adjunto a cada uno de los lados opuestos del rectángulo. ¿Cuál es la máxima área que puede tener el terreno encerrado?

14. **(Ventana de iluminación máxima).** Se desea construir una ventana que tenga la forma de un rectángulo coronada por un semicírculo, y de 7 m de perímetro. ¿Qué dimensiones debe tener la ventana si se quiere que ella deje entrar la mayor iluminación posible?
Sugerencia: A mayor área mayor será la iluminación.

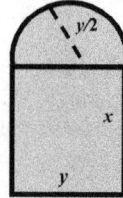

15. **(Diagramación de un libro).** Se quiere imprimir un libro, en el cual cada página tenga 3 cm. de margen superior, 3 cm de margen inferior y 2 cm de margen a cada lado. El texto escrito debe ocupar un área de 294 cm$^{2.}$ Si se busca economizar papel. ¿Qué dimensiones de la página son las más convenientes?

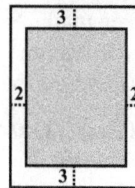

16. **(Casa de área máxima).** Se tiene un terreno rectangular de 480m^2 de área, sobre el cual se va a construir una casa que tendrá también forma rectangular. Para jardines se dejarán 5 m de frente, 5 m atrás y 4 m a los costados. ¿Qué dimensiones debe tener el terreno para que el área de la casa sea máxima?

17. **(Radio y altura de un pote de área mínima).** Para envasar sus productos una compañía necesita potes cilíndricos de hojalata de 2π litros de capacidad y con tapa. Si se busca usar la mínima cantidad de hojalata. ¿Qué dimensiones debe tener cada pote?

18. **(Radio y altura de un pote de área mínima).** Resolver el problema anterior para el caso en que el pote no tenga tapa superior.

19. **(Radio y altura de un pote de volumen mínimo).** Se quieren construir vasos (cilíndricos sin tapa) de vidrio que tengan $108\,\pi$ cm^2 de material. ¿Qué dimensiones debe tener el vaso si se quiere que contenga la mayor cantidad de líquido?

20. **(Radio y altura de un caja de volumen mínimo).** Una caja de regalos se atará con una cinta, como indica la figura. La cinta mide 200 cm, de los cuales 20 cm. se usarán para el moño. Hallar el radio y la altura de la caja de máximo volumen que se puede envolver con esta cinta.

21. **(Cable de costo mínimo).** Dos puntos A y B están opuestos uno al otro en las riberas de un río de 3 Km. de ancho. Un tercer punto C está en la misma ribera que B, pero a 7 Km río abajo.

Una compañía de teléfonos desea unir telefónicamente los puntos A y C. Para esto, tiende un cable de A a un punto P, en el lado opuesto de A, y luego tiende otro cable de P a C. Si el tendido del cable en el agua cuesta $ 17,000 el Km y en tierra, $ 8,000 el Km. ¿Dónde debe estar localizado el punto P para que el costo sea mínimo?

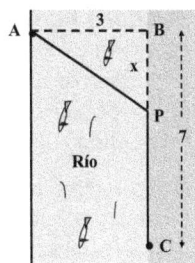

22. **(Cable de costo mínimo).** En el problema anterior, si el tendido de cable en el agua cuesta $ 13,000 el Km y en tierra $ 12,000 ¿Dónde debe estar localizado el punto P?

23. **(Viaje de tiempo mínimo).** Una isla se encuentra a 4.8 Km. de una playa recta. En la playa a 6 Km. del punto F que está frente a la isla, funciona una bodega. Un hombre que está en la isla quiere ir a la bodega. Se sabe que el hombre rema a 3 Km/h y camina a 5 Km/h. ¿Qué camino debe seguir para llegar a la bodega en el menor tiempo posible?

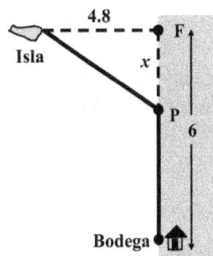

24. **(Viaje de tiempo mínimo).** Si en el problema anterior el hombre rema a razón de 4 Km/h y camina a razón de 5 Km./h. ¿Qué camino debe seguir?

25. **(Velocidad más económica).** Un bus debe hacer un viaje de 500 Km. a una velocidad constante x. La gasolina cuesta $ 0.5 por litro, el bus consume $2 + \dfrac{x^2}{200}$ litros por hora, y el conductor cobra $ 15 por hora. Si el reglamento de tránsito establece como velocidad máxima 90 Km./h. ¿Cuál es la velocidad más económica?

26. **(Utilidad máxima para un hotel).** Un hotel tiene 50 habitaciones. El gerente sabe que cuando el precio por habitación es $ 80, todas las habitaciones son alquiladas; pero por cada 2 dólares de aumento, una habitación queda vacante. El costo de mantenimiento de una habitación ocupada es de $ 8. **a.** ¿Cuántas habitaciones deben alquilarse para obtener máxima ganancia? **b.** ¿Cuál debe ser el precio por habitación?

27. **(Utilidad máxima).** Una tienda compra al fabricante pantalones a un precio de $ 13 cada prenda. Por experiencia se sabe que la tienda puede vender 300 pantalones mensuales si el precio de venta es de $ 25; y que puede vender 30 pantalones adicionales por cada rebaja de $. 0.25 en el precio de venta. ¿A qué precio debe vender cada pantalón para obtener la máxima utilidad?

28. **(Utilidad máxima).** Una tienda compra camisas a una fábrica a $ 10 cada una, para venderlas a sus clientes. El dueño de la tienda sabe, por experiencia, que se venden 400 camisas mensuales si el precio es de $ 16 por unidad, y que por cada dólar de aumento en el precio se dejan de vender 40. ¿A qué precio se debe vender cada camisa para obtener máxima ganancia?

29. **(Utilidad máxima).** Cuando el número de artículos producidos por semana no sobrepasan de 1,000, el productor obtiene una utilidad de $ 40 por artículo; pero si el número de artículos producidos excede los 1,000 la utilidad disminuye en $ 0.1 por cada artículo que excede los 1,000. ¿Qué nivel de producción proporciona una utilidad máxima? ¿Cuál es esta utilidad?

30. **(Producción máxima).** Una finca está sembrada de mangos a razón de 80 plantas por hectárea. Cada planta produce un promedio de 960 mangos. Por cada planta adicional que se siembra, el promedio por planta se reduce en 10 mangos. ¿Cuántas plantas se deben sembrar por hectárea para obtener la máxima producción?

31. **(Ingreso máximo).** Un granjero tiene 200 cochinos que pesan un promedio de 80 Kg cada uno. El precio actual de carne de cochino es de $ 7.5 por kg. Si el granjero pone a engordar sus cochinos, por cada semana que pase, cada cochino aumenta 4 kg de peso; pero en cambio el precio de la carne de cochino baja a razón de $ 0.25 por semana. ¿Cuántas semanas debe engordar el granjero sus cochinos para obtener el máximo ingreso?

32. **(Costo promedio mínimo y costo marginal).** El costo de producir x unidades de un producto es $C(x) = 2x^2 + 15x + 800$
   a. Hallar el costo marginal.
   b. Hallar el costo promedio.
   c. ¿A qué nivel de producción el costo promedio es mínimo?
   d. Comprobar que cuando el costo promedio es mínimo, el costo marginal coincide con el costo promedio.

33. **(Costo promedio mínimo y costo marginal).** El costo de producir x unidades de un producto es $C(x) = ax^2 + bx + c$, donde $a > 0$, $b \geq 0$, $c \geq 0$
   a. Hallar el costo marginal
   b. Hallar el costo promedio
   c. ¿A que nivel de producción el costo promedio es mínimo?
   d. Comprobar que cuando el costo promedio es mínimo, el costo marginal coincide con es costo promedio.

34. **(Ingreso máximo).** La ecuación de demanda de una mercancía es
$$2p = 36,000 - 120x + x^2,$$
   donde p es el precio en dólares y $0 < x < 30$. Hallar:
   a. La función ingreso
   b. El ingreso marginal
   c. El nivel de producción en el cual el ingreso es máximo.

35. **(Utilidad máxima).** La ecuación de demanda de cierto producto es $p = 250 - x$. El costo fijo para producir este producto es de $ 4,000 y el costo por unidad es de $ 30. Hallar:
   a. La función ingreso.
   b. La función costo.
   c. La función de ganancia.

d. El nivel de producción para maximizar la ganancia.

e. ¿Cuál es esta ganancia?

36. (Utilidad máxima). La ecuación de demanda de cierto artículo es $p = 228 - x$ y la función costo de producción es $C(x) = x^3 - 5x^2 + 100x + 500$. Hallar:

a. La función de ingreso.

b. La función de ganancia.

c. El nivel de producción que maximiza la ganancia.

d. La ganancia máxima.

37. (Utilidad máxima). El costo de producir cierto artículo es

$$C(x) = \frac{x^2}{2} + 10x + 500 \text{ dólares.}$$

Si la ecuación demandada es $p = 650 - \frac{3}{2}x$ y el gobierno pone un impuesto de $ 4 por artículo. ¿A qué nivel de producción la ganancia es máxima? ¿Cuál es esta ganancia máxima?

38. (Viajes en grupo e ingreso máximo). Una compañía de turismo organiza grupos de turistas para visitar el parque Morrocoy. La compañía cobra a cada turista $ 90; pero si el grupo es mayor de 20 personas, cada turista tiene un descuento de $ 1,5 por cada individuo que excede los 20.

a. Hallar la función ingreso de la compañía

b. ¿Cuántas personas tiene el grupo que proporciona ingreso máximo a la compañía?

39. (Viajes en grupo e ingreso máximo). Si la compañía del problema anterior para organizar cada grupo hace un gasto general de $. 800 más $. 45 por turista. ¿Cuántas personas tiene el grupo que le proporciona máxima ganancia?

40. (Un modelo de inventario). Una casa comercial tiene una venta anual de 1.200 televisores, los que compra a la fábrica a $140 por unidad. El costo anual de almacenamiento de un televisor es de $ 16, y el costo de cada pedido es $ 150.

a. ¿Cuántos televisores debe tener cada pedido para que el costo sea mínimo?

b. ¿Con qué frecuencia se debe hacer cada pedido?

41. (Un modelo de inventario). Una compañía tiene una demanda anual de 3.000 pares de zapatos. El costo de almacenamiento de cada par de zapatos es de $. 3, y el costo de cada pedido es de $ 180.

a. ¿Cuántos pares de zapatos debe tener cada pedido para que el costo sea mínimo?

b. ¿Con qué frecuencia se debe hacer cada pedido?

42. (Un modelo de inventario). Una licorería vende un promedio de 2,880 botellas de vino. El costo de almacenamiento de cada botella es de $ 0.5 y el costo de cada pedido es de $ 80.

a. ¿Cuántas botellas debe tener cada pedido?

b. ¿Con qué frecuencia se debe hacer este pedido?

43. (Costo mínimo). Una industria de plástico tiene un pedido de 20,250 patinetas. La compañía cuenta con 12 máquinas que pueden adaptarse para este tipo de producción, a un costo de adaptación de $ 450 por máquina. Una vez adaptadas, cada máquina produce 45 patinetas diarias. Las máquinas trabajan automáticamente y son manejadas por un solo operario, que gana $ 81 diarios.
   a. ¿Cuántas máquinas deben adaptarse si se busca minimizar el costo?
   b. ¿En cuántos días se producirá todo el pedido?

44. (Ingreso máximo). La ecuación de demanda de cierto producto es $p = 80e^{-0.02x}$, donde p es el precio por unidad y x es el número de unidades.
   a. Hallar la cantidad demandada para la cual el ingreso es máximo.
   b. Hallar el precio correspondiente al ingreso máximo.

45. (Tiempo óptimo de venta) Una inmobiliaria tiene una casa, la que se está revalorizando de acuerdo a la función $V(t) = 100,000(1 + 0.25t)$, donde t es el tiempo medido en años. El valor presente de esta revalorización es
$$P(t) = V(t)e^{-0.1t} = 100,000(1 + 0.25t)e^{-0.1t}$$
¿A los cuántos años debe venderse la casa para maximizar el valor presente?

46. (Pendiente mínima). Hallar el punto del gráfico de $f(x) = 2x^3 - 6x^2 + 2x + 5$ donde la recta tangente tiene la menor pendiente. Hallar esta recta.

SECCION 8.7
ELASTICIDAD DE LA DEMANDA

Sea $x = f(p)$ una función de demanda de cierto artículo. Esta función es decreciente, ya que a un aumento en el precio p del artículo, bajará la cantidad x de artículos demandados. La magnitud de la respuesta de los consumidores varía de un producto a otro. Así, la demanda de medicinas, no se afectará grandemente por un pequeño porcentaje aumento en el precio. En cambio, un cambio porcentual en las entradas al teatro o en los boletos aéreos, la caída de la demanda puede ser drástica. Para medir esta sensibilidad al cambio de precio se cuenta con el concepto de la elasticidad de la demanda.

Sea $x = f(p)$ la ecuación de demanda, siendo f diferenciable. Un cambio Δp en el precio determina un cambio Δx en el la cantidad x demandada. Queremos comparar los cambios relativos $\dfrac{\Delta x}{x}$ y $\dfrac{\Delta p}{p}$. Para esto, consideramos la siguiente razón

$$\frac{\dfrac{\Delta x}{x}}{\dfrac{\Delta p}{p}} = \frac{p}{x} \cdot \frac{\Delta x}{\Delta p}$$

Si en esta expresión, tomamos límite cuando Δp tiende a 0, obtenemos el concepto de elasticidad de la demanda, la que representaremos con la letra E:

$$E(p) = \lim_{\Delta p \to 0} \frac{\dfrac{\Delta x}{x}}{\dfrac{\Delta p}{p}} = \lim_{\Delta p \to 0} \frac{p}{x} \cdot \frac{\Delta x}{\Delta p} = \frac{p}{x} \cdot \lim_{\Delta p \to 0} \frac{\Delta x}{\Delta p} = \frac{p}{x} \cdot \frac{dx}{dp} = \frac{p}{x} \cdot f'(p)$$

En resumen:

DEFINICION.   Si $x = f(p)$ unidades de un artículo son demandadas en el mercado a un precio unitario p y si $x = f(p)$ es diferenciable, entonces la **elasticidad de la demanda** está dada por

$$E(p) = \frac{p}{x}\frac{dx}{dp} = \frac{p\,f'(p)}{f(p)} \qquad (1)$$

OBSERVACION 1.   **La elasticidad es Negativa**

En vista de que $x = f(p)$ es decreciente, tenemos que $f'(p) < 0$. Además, $p > 0$, $x > 0$. En consecuencia, la elasticidad de la demanda es negativa; es decir,

$$E(p) = \frac{p}{f(p)} f'(p) < 0, \forall\, p$$

EJEMPLO 1.   Si la función demanda es $x = 280 - 2p$, hallar
a. La elasticidad de la demanda en un p cualquiera.
b. La elasticidad de la demanda para $p = 76$

Solución

a. Tenemos que $\dfrac{dx}{dp} = -2$. Luego,

$$E(p) = \frac{p}{f(p)}\frac{dx}{dp} = \frac{p}{280 - 2p}(-2) = -\frac{p}{140 - p}$$

b. Para $p = 130$ se tiene:

$$E(130) = -\frac{130}{140 - 130} = -\frac{130}{10} = -13$$

ELASTICIDAD Y CAMBIO PORCENTUAL

La elasticidad también puede interpretarse en términos de cambio porcentual. El cambio porcentual en la cantidad demandada es, $100\dfrac{\Delta x}{x}$. Simultáneamente, el cambio porcentual en precio es $100\dfrac{\Delta p}{p}$. Ahora

$$\frac{\text{Cambio porcentual en cantidad}}{\text{Cambio porcentual en precio}} = \frac{100\dfrac{\Delta x}{x}}{100\dfrac{\Delta p}{p}} = \frac{\dfrac{\Delta x}{x}}{\dfrac{\Delta p}{p}} = \frac{p}{x}\frac{\Delta x}{\Delta p} \approx E(p)$$

Luego, para valores pequeños de Δp se tiene

Cambio porcentual en cantidad $\approx E(p)$ **(Cambio porcentual en precio)**   **(2)**

EJEMPLO 2. Si en ejemplo 1, donde $x = 280 - 2p$, el precio $p = 130$ se incrementa 5 %, hallar una aproximación del porcentaje del cambio de demanda.

Solución

En la parte b del ejemplo 1 se obtuvo que $E(130) = -13$. Luego, de acuerdo a la expresión (2) anterior, tenemos:

Cambio porcentual en $x \approx E(130)\,(5) = (-13)(5) = -65\,\%$

Esto es, cuando $p = 130$, un incremento en el precio de 5 % provocará una caída en la demanda de 65 %.

TIPOS DE DEMANDA

DEFINICION. Diremos que en el punto p la **demanda** es

a. Elástica si $E(p) < -1$

b. De elasticidad unitaria si $E(p) = -1$

c. Inelástica si $-1 < E(p) < 0$

Analicemos el significado económico de estos conceptos.

1. Si la demanda es **elástica**, $E(p) < -1$, la demanda es sensible al cambio de precio. Un cambio en precio produce un cambio mayor en la demanda.

2. Si la demanda es **unitaria**, $E(p) = -1$. Un cambio en precio produce el mismo en la demanda

3. Si la demanda es **inelástica**, $-1 < E(p) < 0$, la demanda no es sensible al cambio de precio. Un cambio en precio produce un cambio menor en la demanda.

EJEMPLO 3. Para la función de demanda $x = 84 - p$, donde $0 < p < 84$, hallar los valores de p para los cuales:
a. La demanda es inelástica.
b. Se tiene elasticidad unitaria.
c. La demanda es elástica.

Solución

Tenemos que:

$$\frac{dx}{dp} = -1 \quad \text{y} \quad E(p) = \frac{p}{x}\frac{dx}{dp} = \frac{p}{84-p}(-1) = -\frac{p}{84-p}. \quad \text{Luego:}$$

a. La demanda es inelástica $\Leftrightarrow -1 < E(x) < 0 \Rightarrow -1 < -\frac{p}{84-p} \Leftrightarrow 0 < 1 - \frac{p}{84-p}$

$$\Leftrightarrow \frac{84-2p}{84-p} \Leftrightarrow 0 < \frac{2(42-p)}{84-p}$$

Como $x = 84 - p > 0$, tenemos que $2(42-p) > 0 \Leftrightarrow 42 - p > 0 \Leftrightarrow p < 42$

Luego, la demanda es inelástica para p en el intervalo $(0, 42)$.

b. La elasticidad es unitaria $\Leftrightarrow E(p) = -1 \Leftrightarrow -\frac{p}{84-p} = -1 \Leftrightarrow p = 42$

Luego, la demanda es unitaria para $p = 42$

c. La demanda es elástica $\Leftrightarrow E(p) < -1 \Leftrightarrow -\frac{p}{84-p} < -1 \Leftrightarrow \frac{2(42-p)}{84-p} < 0$

Como $x = 84 - p > 0$, tenemos que $2(42-p) < 0 \Leftrightarrow p > 42$

Luego, la demanda es elástica para p en el intervalo $(42, 84)$

ELASTICIDAD Y LA FUNCION DE INGRESO

Relacionamos la elasticidad con la función ingreso. Consideremos al ingreso como función del precio. Sabemos que la función ingreso está dada por

$$R(p) = xp$$

La derivada $\dfrac{dR}{dp}$ es el **ingreso marginal respecto al precio**.

Se tiene que:

$$\frac{dR}{dp} = \frac{d}{dp}(xp) = x + p\frac{dx}{dp} = x\left(1 + \frac{p}{x}\frac{dx}{dp}\right) = x(1 + E(p))$$

Esto es,

$$\frac{dR}{dp} = x(1 + E(p)) \qquad (3)$$

Del signo de esta derivada $\dfrac{dR}{dp}$ depende que el ingreso sea creciente o decreciente.

Pero, la igualdad anterior nos dice que este signo depende de la magnitud de $E(p)$. En términos más precisos:

a. Si la demanda es inelástica, o sea $-1 < E(p) < 0$, entonces $1 + E(p) > 0$. Luego, $\dfrac{dR}{dp} > 0$ y, por lo tanto, **el ingreso es creciente**. En este caso, un aumento en el precio traerá un aumento en el ingreso.

b. Si la demanda es unitaria, o sea $E(p) = -1$, entonces $1 + E(p) = 0$ y por (3), $\dfrac{dR}{dp} = 0$. Por lo tanto, **un aumento en el precio no afecta el ingreso**.

Observar que, en este caso, p es un número crítico de la función ingreso.

c. Si la demanda es elástica, o sea $E(p) < -1$, entonces $1 + E(P) < 0$. Luego, por (3), $\dfrac{dR}{dp} < 0$ y, por lo tanto, la función ingreso es decreciente. En otras palabras, si aumenta el precio, el **ingreso disminuye.**

| **EJEMPLO 3.** | Determinar las intervalos de monotonía de la función ingreso correspondiente a la función de demanda $x = 84 - p$.

Solución

La función ingreso es

$$R(p) = px = p(84 - p) \implies R(p) = 84p - p^2$$

De acuerdo al ejemplo anterior:

1. La demanda $x = 84 - p$ es inelástica en el intervalo $(0, 42)$.

Luego, $R(p) = 84p - p^2$ es creciente en $(0, 42)$

2. La demanda $x = 84 - p$ es elástica en el intervalo $(42, 84)$.

Luego, $R(p) = 84p - p^2$ es decreciente en $(42, 84)$

3. $R(p)$ tiene su máximo en $p = 42$.

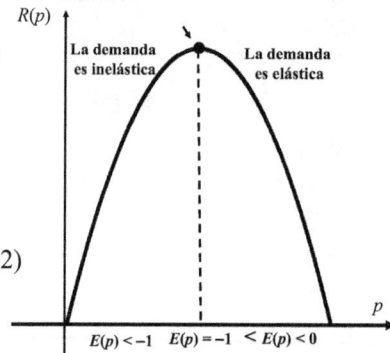

OTRA FORMULA PARA LA ELASTICIDAD

La elasticidad de la demanda para una función de demanda de la forma $p = g(x)$ está dada por la siguiente igualdad, la cual la demostramos en el problema resuelto 3.

$$E(x) = \frac{p}{x} \frac{1}{\dfrac{dp}{dx}} = \frac{g(x)}{x g'(x)} \qquad (4)$$

| **EJEMPLO 3.** | La función de demanda de un producto es $p = \sqrt{16,900 - x^2}$.

Hallar la elasticidad de la demanda cuando $x = 50$.

Solución

Cuando $x = 50$, tenemos que

$$p = \sqrt{16,900 - (50)^2} = \sqrt{16,900 - 2,500} = \sqrt{14,400} = 120$$

Por otro lado,

$$\frac{dp}{dx} = \frac{d}{dx}\sqrt{16,900 - x^2} = \frac{-2x}{2\sqrt{16,000 - x^2}} = \frac{-x}{\sqrt{16,000 - x^2}}$$

Luego,

$$E(x) = \frac{p}{x}\frac{1}{\frac{dp}{dx}} = \frac{\sqrt{16,900 - x^2}}{x}\frac{1}{\frac{-x}{\sqrt{16,900 - x^2}}} = -\frac{16,900 - x^2}{x^2}$$

Para $x = 50$:

$$E(50) = -\frac{16,900 - 50^2}{50^2} = -\frac{16,900 - 2,500}{2,500} = -\frac{14,400}{2,500} = -\frac{144}{25} = -5.76$$

PROBLEMAS RESUELTOS 8.7

| **PROBLEMA 1.** | La ecuación de demanda de cierto producto es

$$x = 26 - 4p^2$$

a. Hallar el cambio relativo de la cantidad demandada cuando el precio aumenta de 2 a 2.05.

b. Hallar el cambio porcentual del cambio anterior.

c. Hallar el cambio porcentual del precio cuando éste se incrementa de 2 a 2.05.

d. Usar los resultados en b. y en c. para hallar una aproximación de la elasticidad cuando $p = 2$.

e. Hallar la elasticidad cuando $p = 2$.

Solución

a. $p = 2 \Rightarrow x = 26 - 4(2)^2 = 10$. $p = 2.05 \Rightarrow x = 26 - 4(2.05)^2 = 9.19$.

Luego,

$$\frac{\Delta x}{x} = \frac{9.19 - 10}{10} = \frac{-0.81}{10} = -0.081$$

b. El cambio porcentual en la cantidad demanda es

$$100 \frac{\Delta x}{x} = 100(-0.081) = -8.1\,\%$$

c. El cambio porcentual en precio es

$$100 \frac{\Delta p}{p} = 100 \frac{2.05 - 2}{2} = 100(0.025) = 2.5\,\%$$

d. Buscamos es una aproximación de $E(2)$. Bien,

$$E(2) \approx \frac{100 \dfrac{\Delta x}{x}}{100 \dfrac{\Delta p}{p}} = \frac{-8.1}{2.5} = -3.24$$

e. Buscamos $E(2)$.

Se tiene que $\dfrac{dx}{dp} = -8p$. Luego, $E(x) = \dfrac{p}{x}(-8p)$

Ahora, para $p = 2$ y $x = 10$, se tiene $E(10) = \dfrac{2}{10}(-8(2)) = -3.2$

PROBLEMA 2. La ecuación de demanda de cierta mercancía es

$$p = -x^2 - x + 89$$

    a. Hallar la función elasticidad.

    b. Hallar la elasticidad cuando la demanda es de $x = 8$ unidades y cuando la demanda es $x = 4$ unidades.

    c. Usar los resultados de la parte b para determinar si un aumento en precio determinará que el ingreso aumente o disminuya cuando la demanda es $x = 8$ unidades y cuando es $x = 4$ unidades.

Solución

a. Se tiene que $\dfrac{dp}{dx} = -2x - 1$. Luego, usando la fórmula (4)

$$E(x) = \frac{p}{x} \frac{1}{\dfrac{dp}{dx}} = \frac{-x^2 - x + 89}{x} \frac{1}{-2x - 1} = \frac{x^2 + x - 89}{x(2x + 1)}$$

b. Si $x = 8$, tenemos:

$$E(8) = \frac{8^2 + 8 - 89}{8\left(2(8) + 1\right)} = \frac{-17}{8(17)} = -\frac{1}{8} = -0.125$$

Si $x = 4$, tenemos:

$$E(4) = \frac{4^2 + 4 - 89}{4\left(2(4) + 1\right)} = \frac{-69}{36} = -\frac{23}{12} \approx -1.93$$

c. Para $x = 8$ se tiene que $-1 < E(8) = -0.125$. Esto es, $E(8)$ es inelástica y, por lo tanto, un incremento en el precio determinará un aumento en el ingreso.

Para $x = 4$ se tiene que $-1 < E(4) \approx -1.93 < -1$ Esto es, $E(4)$ es elástica y, por lo tanto, un incremento en el precio determinará una disminución en el ingreso.

PROBLEMA 3. Probar que la elasticidad de la demanda para una función de demanda de la forma $p = g(x)$ está dada por

$$E(x) = \frac{p}{x} \frac{1}{\dfrac{dp}{dx}} = \frac{g(x)}{xg'(x)} \qquad (3)$$

Solución

Si en la función de demanda $p = g(x)$ despejamos x en términos de p podemos obtener una función $x = f(p)$, que es la inversa de g. Con esta nueva función de demanda se obtiene la fórmula (1) de la elasticidad:

$$E(p) = \frac{p}{x} \frac{dx}{dp} = \frac{p f'(p)}{f(p)} \qquad (1)$$

Usando la derivación implícita se puede probar que

$$f'(p) = \frac{1}{g'(x)} \text{ o bien, } \frac{dx}{dy} = \frac{1}{\dfrac{dp}{dx}} \qquad (4)$$

Reemplazando (4) en (1) obtenemos la igualdad (3).

PROBLEMAS PROPUESTOS 8.7

En los problemas del 1 al 4, hallar la elasticidad de la ecuación de demanda en el punto indicado. Determinar si la elasticidad es elástica, unitaria o inelástica.

1. $x = 30 - \dfrac{p}{3}$, $p = 60$ 　　　　　　**2.** $x = \dfrac{120 - 4p}{p}$, $p = 10$

3. $x = \sqrt{25 - p^2}$, $p = 3$ 　　　　　　**4.** $p = \dfrac{10}{x^2}$, $x = 2$

5. La ecuación de demanda es $\dfrac{x}{15} + \dfrac{p}{12} = 1$. Hallar el valor de p para el cual la elasticidad de la demanda es:

　　　a. -1 　　　　　　　**b.** $-1/2$ 　　　　　　　**c.** -2

6. La ecuación de demanda es $p = 18 - 3x$. Hallar los intervalos de x en los cuales la elasticidad es: **a.** elástica. **b.** unitaria **c.** inelástica.

7. La ecuación de la demanda es $x = 45 - 5p^2$. Hallar los intervalos de p para los cuales la elasticidad de la demanda es: **a.** elástica. **b.** unitaria **c.** inelástica.

8. La ecuación de demanda es $x = 40 - p^2$.

   a. Hallar la elasticidad de la demanda cuando $p = 5$.

   b. El precio se aumenta de 5 a 5.5, hallar un valor aproximado del cambio porcentual en la cantidad demanda.

9. La ecuación de la demanda es $x = \sqrt{17 - p^2}$.

   a. Hallar la elasticidad de la demanda cuando $p = 4$.

   b. Hallar una aproximación del porcentaje de disminución de la demanda si el precio de 4 es aumentado en 0.5 %.

   c. ¿En qué porcentaje debe bajarse el precio actual de 4 para lograr un incremento aproximado de 24 % en la demanda?

RESPUESTAS

CAPITULO 0

SECCION 0.2

1. $-x^2 + 8x - 3$ **2.** $2a^2 - 18a$ **3.** $1 + 3/a$ **4.** $1 - 4/b$ **5.** $1/a - 1/b$

6. $-2/b + 5/a$ **7.** $4/5$ **8.** $1/2$ **9.** $6b^2$ **10.** $\dfrac{6a}{5b}$ **11.** $-\dfrac{5x}{24y}$

12. $\dfrac{5x+6}{10x^2}$ **13.** $\dfrac{x(b+1)}{ab}$ **14.** $-\dfrac{7a}{b}$ **15.** $1/3$ **16.** $17/24$ **17.** $\dfrac{2}{35}$

18. $-\dfrac{3}{4}$ **19.** $-\dfrac{1}{90}$ **20.** $-\dfrac{1}{12}$ **21.** -7 **22.** $\dfrac{19}{10}$ **23.** 1 **24.** $-\dfrac{1}{5}$

25. $3/2$ **26.** $4/9$ **27.** $\dfrac{7b}{5a}$ **28.** $-\dfrac{5x}{18y}$

SECCION 0.3

1. $2^{10} = 1.024$ **2.** 1 **3.** $4/3$ **4.** $\dfrac{5}{6^2}$ **5.** $\dfrac{3}{2^4} = \dfrac{3}{16}$ **6.** $\dfrac{2^6}{3^6} = \dfrac{64}{729}$

7. $\dfrac{4}{5} + 1 = \dfrac{9}{5}$ **8.** $3 \times 2^3 = 24$ **9.** $\dfrac{15}{4}$ **10.** $3 \times 2^4 = 48$

11. $2 \times 5^6 = 31.250$ **12.** $\dfrac{1}{3ab^7}$ **13.** $\dfrac{16}{x^2 y^5}$ **14.** $-\dfrac{2^7 y^{12}}{x^3} = -128\dfrac{y^{12}}{x^3}$

15. $\dfrac{3^2 a^8}{b^6} = 9\dfrac{a^8}{b^6}$ **16.** $\dfrac{y^{12}}{2^3 x^6} = \dfrac{y^{12}}{8x^6}$ **17.** $\dfrac{1}{4}$ **18.** $\dfrac{a^2 b^2}{b^2 - a^2}$

19. $\dfrac{9x^3 - 2x}{21}$ **20.** $\dfrac{3}{4}x^2 y$ **21.** $\dfrac{1}{2}$ **22.** $-\dfrac{9}{5x}$

23. a. 9.44×10^{12} Km. **b.** 4×10^{-13} cm. **c.** 6.251×10^9 habitantes **d.** 1.67×10^{-22} Kg.

24. a. 462,400 Km.   **b.** 0.0000000000492 m.

SECCION 0.4

1. 5 **2.** $-0,3$ **3.** $\dfrac{1}{0,4} = \dfrac{5}{2}$ **4.** $\dfrac{1}{2^2} = \dfrac{1}{4}$ **5.** $-\dfrac{3}{2}$ **6.** 125

7. 5 **8.** $\dfrac{1}{75}$ **9.** $\dfrac{2}{3}$ **10.** $\dfrac{108}{b}$ **11.** $\dfrac{81}{4y^4}$ **12.** $\dfrac{y^{10}}{x^{15}}$ **13.** $-\dfrac{2a}{3}$

14. $\dfrac{x^2}{y}$ **15.** $3\sqrt{5}$ **16.** $2\sqrt{7} - \sqrt{3}$ **17.** $-\sqrt{3}$ **18.** $\dfrac{1}{9}$ **19.** $3\sqrt[3]{5}$

20. $13\sqrt{3}$ **21.** $-3\sqrt{7}$ **22.** $7\sqrt{3}$ **23.** $-\dfrac{3}{4}\sqrt{6}$ **24.** $\dfrac{\sqrt{3}}{3}$ **25.** $\dfrac{5}{12}\sqrt[3]{2}$

26. $1/4$ **27.** $2^{n} \times 5^{3n} = 250^{n}$ **28.** $n = 13/6$ **29.** $n = 1/10$ **30.** $n = 3$

SECCION 0.5

1. $-2x^3 - 5x^2 - 9x + 8$ **2.** $\dfrac{1}{5}x^3 + \dfrac{5}{8}x^2 + \dfrac{1}{3}x + \dfrac{5}{7}$ **3.** $10\sqrt{x} + 2\sqrt{xy} - 12\sqrt{y}$

4. $12x^2 - 11xy + 18y^2 - 10$ **5.** $a^3 + \dfrac{5}{6}a^2b + ab^2$ **6.** $9x^3 + 27x^2 - 3x - 9$

7. $\dfrac{2}{15}a^4 - \dfrac{11}{60}a^2 - \dfrac{3}{8}$ **8.** $x^{2n} - a^{2m}$ **9.** $x^{4/3} + 2x - 4x^{2/3} - 6x^{1/3} + 3$

10. $3x - 19\sqrt{xy} + 20y$ **11.** $3x^3 + 6x^2 - 11x - 2$ **12.** $-3x^2 - 62x + 33$

13. $x^4 - 2x^3 - x^2 + 8x - 12$ **14.** $x^{8/3} - 2x^{4/3} + 1$ **15.** $y - 4\dfrac{x}{y} + 2x^2$

16. $5x^3 - \dfrac{15}{4}x^2 + \dfrac{9}{2}x$ **17.** $-6x^4 + 11x^3 - 13x^2 - 21x - 5$

18. $q(x) = x^3 + 2x^2 - x,\ r(x) = 0$ **19.** $q(x) = 2x^2 + 3x + 3,\ r(x) = -3x + 1$

20. $q(x) = -x^2 + xy + 3y^2, r(x) = 0$ **21.** $q(x) = x/3 + y/3,\ r(x) = 0$

22. $q(x) = 5x^3 + 10x^2 + 18x + 44,\ R = 85$ **23.** $q(x) = 4x^2 - 6x - 2,\ R = -4$

24. $q(x) = x^3 - \dfrac{1}{2}x^2 - 4x + 2,\ R = -6$ **25.** $q(x) = 4x^6 - x^4 - 2x^2 - 8,\ R = -21$

26. $2x^{10} + 6x^5 + 8,\ R = 9$ **27.** $q(x) = x^4 + \sqrt{2}\,x^3 + 3,\ R = -5\sqrt{2}$

28. $q(x) = -\dfrac{1}{2}x^2 + \dfrac{7}{4}x + \dfrac{1}{8},\ R = \dfrac{7}{8}$ **29.** $q(x) = 2y^3 - 2y^2 + y + 3,\ R = -5$

30. $q(x) = 2y^2 - 3y^3 + y^2 - 2y + 1,\ R = 0$

SECCION 0.6

1. $4x^2 - 5$ **2.** $4x - y$ **3.** $9x^4 - 16y^6$ **4.** h **5.** $x - 1/y^2$

6. $a^2 + b^2 - c^2 + 2ab$ **7.** $16x^2 + 40x + 25$ **8.** $4x^2 - 20xy + 25y^2$

9. $x^2 - 2 + 1/x^2$ **10.** $x^6 - 2 + 1/x^6$ **11.** $64x^3 + 48x^2y + 12xy^2 + y^3$

12. $a^6 + 3a^4b^2 + 3a^2b^4 + b^6$ **13.** $x^6 - 3x^4y + 3x^2y^2 - y^3$

14. $x + 3\sqrt[3]{x^2y} + 3\sqrt[3]{xy^2} + y$ **15.** $x^4 - 50x^2 + 625$ **16.** $16x^4 - y^4$

17. $7x^2(x - 9)$ **18.** $4xy^2z^2(2xz - 6y - x^2y^2z)$ **19.** $(x - 2)^2(x + 2)$

20. $4(y + 4)(y + 3x)$ **21.** $(x - 1)(xy^2 + y^2 - 4)$ **22.** $(2x - 5y)(a^2 - 3b)$

23. $(x+8)(x-4)$ **24.** $(x-5)(x+1)$ **25.** $(xy+29)(y-1)$ **26.** $(x+24)(x-9)$

27. $\left(x-\sqrt{10}\right)\left(x+\sqrt{10}\right)\left(x^2+8\right)$ **28.** $(ab+4)(ab-3)$ **29.** $(3x+4)(x+1)$

30. $5(y+5)(y-3)$ **31.** $(ax+2)(5ax-6)$ **32.** $(3x-10)(3x+5)$

33. $y^2(x+2)(4x+3)$ **34.** $(5x^2-1)^2$ **35.** $(5x+6y^2)(5x-6y^2)$

36. $7x^2(3x+1)(3x-1)$ **37.** $5x^2(3y+x)(3y-x)$ **38.** $(x/6+y/5)(x/6-y/5)$

39. $(4x^n+1/7)(4x^n-1/7)$ **40.** $(a-b+3)(a-b-3)$ **41.** $4ab$

42. $(x+y-3)(x-y+1)$ **43.** $(x+y+3)(x-y-3)$ **44.** $(5a-b)(a-5b)$

45. $(a^2-1)^2$ **46.** $(4x-3y)^2$ **47.** $(20x^2+1)^2$ **48.** $(x/3+1)^2$

49. $(2x/5-1/4)^2$ **50.** $(2x-y)(4x^2+2xy+y^2)$ **51.** $(3a+4b)(9a^2-12ab+16b^2)$

52. $5(xy+1)(x^2y^2-xy+1)$ **53.** $x^2(x-5)(x^2+5x+25)$

54. $(x+y-1)(x^2+2xy+y^2+x+y+1)$

55. $(x-y-2)(x^2-2xy+y^2+2x-2y+4)$ **56.** $9(x^2-x+1)$

SECCION 0.7

1. $4ab-3$ **2.** $-x$ **3.** $a-1$ **4.** $\dfrac{x-5}{x-2}$ **5.** $x+2$ **6.** $\dfrac{x-1}{2(x+1)}$

7. $\dfrac{x-y}{x+y}$ **8.** $\dfrac{x-2y}{x^2+2xy+4y^2}$ **9.** $\dfrac{3-a}{a^2+3a+9}$ **10.** $\dfrac{1}{x-1}$ **11.** $\dfrac{4y+1}{y(y+6)}$

12. $\dfrac{x+y}{x+6}$ **13.** $-2(1+\sqrt{2})$ **14.** $\sqrt{3+h}+\sqrt{3}$ **15.** $a\left(\sqrt{a+1}+\sqrt{a-1}\right)$

16. $-\dfrac{1}{5}\left(21+9\sqrt{6}\right)$ **17.** $\dfrac{x-\sqrt{ax}-2a}{x-4a}$ **18.** $-\dfrac{1}{2}\left(\sqrt{x-3}+\sqrt{x-13}\right)$

19. $\dfrac{1}{3}\left(\sqrt[3]{49}-\sqrt[3]{14}+\sqrt[3]{4}\right)$ **20.** $8\sqrt[3]{x^2}+4\sqrt[3]{x}+2$

21. $8\sqrt[3]{(x-1)^2}-12\sqrt[3]{x(x-1)^2}+18\sqrt[3]{x^2}$ **22.** $3\sqrt[3]{x}-3\sqrt[3]{3y}$

23. $\sqrt{2-\sqrt[3]{x}}\left(4+2\sqrt[3]{x}+\sqrt[3]{x^2}\right)$ **24.** $\dfrac{1}{2}\sqrt{2\sqrt{x}+\sqrt{2}}\left(2\sqrt{x}-\sqrt{2}\right)$

25. $\dfrac{1}{3-\sqrt{5}}$ **26.** $\dfrac{1}{\sqrt{a+2}+\sqrt{a}}$ **27.** $\dfrac{1}{\sqrt{a-1+h}+\sqrt{a-1}}$ **28.** $\dfrac{a(5a-1)}{(a+1)(a-1)}$

29. $\dfrac{4xy}{(x+y)(x-y)}$ **30.** $\dfrac{x+1}{x+3}$ **31.** $\dfrac{x-3}{(x+1)(x-1)}$ **32.** $\dfrac{3x}{(x+1)(x-1)}$

33. $\dfrac{3(x^2+x-8\ )}{(x+1)^2(x-5)}$ **34.** $\dfrac{x+2}{(x+1)(x+7)}$ **35.** $\dfrac{x^2}{y(y+x)}$ **36.** $\dfrac{x(3x+2)}{x-4}$

37. $\dfrac{x-2}{a-1}$ **38.** $x-y$ **39.** $\dfrac{a(a-3b)}{b(a-2b)}$ **40.** $\dfrac{x(x^2+x+1)}{x+2}$ **41.** $\dfrac{x(5x+1)}{2x+3}$

42. $\dfrac{(x-1)^2}{x(x-2)}$ **43.** $\dfrac{3(x-3)}{x(x+2)}$ **44.** $\dfrac{a^2+ab+b^2}{b}$ **45.** $x(x+6)$ **46.** $\dfrac{y}{x}$

47. $\dfrac{x-1}{x^2+1}$ **48.** $\dfrac{a}{a^2+1}$ **49.** x^2+x+1 **50.** $\dfrac{a^2+ab+b^2}{a+b}$

51. $\dfrac{a^3}{a^2+b^2}$ **52.** x^2 **53.** $\dfrac{a+1}{(a-2)(a+7)}$

CAPITULO 1

SECCION 1.2

1. $x=36$,   **2.** $y=2$ **3.** $x=-5/8$ **4.** $x=2$ **5.** $x=13$ **6.** $z=-4$

7. $x=-2$ **8.** $x=3$ **9.** $x=-5$ **10.** $x=-7$ **11.** $x=2$ **12.** $x=-4$

13. $x=1/2$ **14.** $x=4/5$ **15.** $x=\dfrac{a}{a+5}$ **16.** $x=a$ **17.** $x=\dfrac{b-1}{2}$

18. $x=2a$ **19.** $x=a+b$ **20.** $x=2m$ **21.** $x=2$ **22.** $x=3b$

23. $s=\dfrac{A-\pi r^2}{\pi r}$ **24.** $a=\dfrac{S(1-r)}{1-r^n}$ **25.** $h=\dfrac{HS-f}{S}$ **26.** $x=\dfrac{ay}{y-a}$

27. $x=3$ **28.** $x=3$ **29.** $x=0$ **30.** $x=3/8$ **31.** $x=11$ **32.** $x=-10$

33. $x=10$ **34.** $y=7$ **35.** $x=3$ **36.** $z=9$ **37.** $x=2$ **38.** $x=1/4$

SECCION 1.3

1. \$ 150   **2.** 30, 31 y 32   **3.** 41   **4.** 16 y 48   **5.** \$ 320   **6.** 4 y 12

7. $2\dfrac{2}{5}$ días   **8.** 3/7   **9.** \$ 600   **10.** \$ 2,000 al 12 % y 4,000 al 9 %

11. \$ 9,000 al 6 % y \$ 15,000 al 10 %   **12.** 12 %   **13.** \$ 80

14. \$ 18,000 por la camioneta y \$ 12,000 por el auto.   **15.** 40,000 ejemplares

SECCION 1.4

1. $x=-6,\ y=3$ **2.** $x=3,\ y=-2$ **3.** $x=8,\ y=-6$ **4.** $x=12,\ y=8$

5. $x=13,\ y=8$ **6.** $x=5,\ y=2$ **7.** $x=3/2,\ y=5/7$ **8.** $x=1/4,\ y=1/9$

9. $x = 2$, $y = 6$ **10.** Padre 9 horas. Hijo 18 horas   **11.** 20 de paseo y 40 de carrera

12. 30 kg de de 6 % y 40 kg. de 13 %   **13.** 7/11   **14.** $ 30.000

15. $ 12.000 al 6 % y $ 18,000 al 9 %.   **16.** Carne: $ 5.5 kg. Leche: 3,5 kg.

17. $ 2,000 en la del 12 % y $ 2,600 en la de 15 %.

SECCION 1.5

1. −2, 6   **2.** 3   **3.** −3, −8   **4.** 1, 1/2   **5.** 2, −1/9

6. 5, −1/3   **7.** −2, −3/2   **8.** 3, −5/6   **9.** 1/4, 1/6   **10.** 8, −19/4

11. −1, 1, −4, 4   **12.** −1/2, 1/2   **13.** −27, 8   **14.** 1/8, −8

15. $1 - \dfrac{1}{3}\sqrt{5}$, $1 + \dfrac{1}{3}\sqrt{5}$ **16.** $\dfrac{1}{2}\sqrt{3}$ **17.** $\dfrac{3}{4} - \dfrac{\sqrt{5}}{4}$, $\dfrac{3}{4} + \dfrac{\sqrt{5}}{4}$ **18.** $-3\sqrt{5}$, $3\sqrt{5}$

19. $-a$, $a + 2$ **20.** a, 2   **21.** 2   **22.** $1 - \sqrt{2}$, $1 + \sqrt{2}$

23. $2 - \dfrac{1}{3}\sqrt{42}$, $2 + \dfrac{1}{3}\sqrt{42}$ **24.** 5/2   **25.** $1 - \sqrt{2}$, $1 + \sqrt{2}$ **26.** $-3 - \sqrt{2}$, $-3 + \sqrt{2}$

27. 1/3, −1/5   **28.** 3, 2/5   **29.** −1, 5/2   **30.** −1, −1/3   **31.** 2

32. 2   **33.** 4   **34.** 4   **35.** 1   **36.** 2

SECCION 1.6

1. 8 y 13   **2.** 5 y 7   **3.** 10 y 12   **4.** 13 y 15   **5. a.** 10 y 30 seg. después de disparada.   **b.** 40 seg. después de disparada.   **c.** 6,400 pies

6. A 18 días y B 36 días   **7.** A en 15 horas y B en 10 horas   **8.** 3 m.   **9.** 2.5 cm.

10. 30 cm.   **11.** 5 y 12 cm..   **12.** 40 y 15 años   **13.** 10 años

14. 40 libros a $ 9 cada uno. **15.** $ 225 **16.** $ 230   **17.** 12 % **18.** 12 %

19. 6 % y 12 %   **20.** $ 10   **21. a.** 40 ó 60 unidades   **b.** 80 ó 320   **c.** 26 ó 72 unidades   **d.** 100 ó 308

SECCION 1.7

1. 4   **2.** −4   **3.** Raíces: 1, −2, −1; $(x − 1)(x + 2)(x + 1)$.

4. Raíces: 1, $1 + \sqrt{3}$, $1 − \sqrt{3}$; $(x − 1)(x − 1 − \sqrt{3})(x − 1 + \sqrt{3})$.

5. Raíces: 1, −3/2, 1/2; $4(x − 1)(x + 3/2)(x − 1/2) = (x − 1)(2x + 3)(2x − 1)$

6. Raíces: −2, $3/2 + \sqrt{7}/2$, $3/2 − \sqrt{7}/2$; $2(x + 2)(x − 3/2 + \sqrt{7}/2)(x − 3/2 − \sqrt{7}/2)$.

7. Raíces: −1, 2, $\sqrt{3}$, $-\sqrt{3}$; $(x + 1)(x − 2)(x − \sqrt{3})(x + \sqrt{3})$

8. Raíces: $1, -1, -2, 1/3$; $3(x-1)(x+1)(x+2)(x-1/3) = (x-1)(x+1)(x+2)(3x-1)$

9. Raíces: $-1, -2, 1, 2, 3$; $(x+1)(x+2)(x-1)(x-2)(x-3)$.

10. Raíces: $-1, -2, -3, 3$; $(x+1)^2(x+2)(x+3)(x-3)$.

CAPITULO 2
SECCION 2.2

1. $(-\infty, 4)$ **2.** $(-\infty, -32/3)$ **3.** $(10, \infty)$ **4.** $(-\infty, 5]$ **5.** $(17/5, 19]$

6. $(-19, -9)$ **7.** $[-6, \infty)$ **8.** $(-\infty, 19]$ **9.** $(9, \infty)$ **10.** $(-\infty, 3/7)$

11. $(-\infty, 3]$ **12.** $(-\infty, -3]$ **13.** $(-\infty, -1/2]$ **14.** $(1/2, \infty)$ **15.** $(30, \infty)$

16. $[6, \infty)$ **17.** $(-\infty, \sqrt{2}\,]$ **18.** $15,001$ **19.** $2,000$ **20.** $20,000$

21. $24,000$ dólares   **22.** $10,001$

SECCION 2.3

1. $(0, 2)$ **2.** $[0, \sqrt{5}\,]$ **3.** $(-\infty, -1/3) \cup (0, \infty)$ **4.** $(-1, 1)$

5. $(-\infty, 3) \cup (3, \infty)$ **6.** $(-\infty, -3/4] \cup [3/4, \infty)$ **7.** $(-2, 3)$

8. $(-\infty, -1-\sqrt{21}\,] \cup [-1+\sqrt{21}, +\infty)$ **9.** $(-\infty, -3) \cup (1/2, +\infty)$

10. $(-\infty, 1/3) \cup (2/3, +\infty)$ **11.** $(3, 4)$ **12.** $(-\infty, -1/2) \cup (1/2, +\infty)$

13. $[-3, 10]$ **14.** $[-1/4, 1]$ **15.** $(-\infty, -3] \cup [2, +\infty)$ **16.** $[-3, 3/2]$

17. $(-\infty, -1] \cup [3/4, +\infty)$ **18.** $[-2, 1]$ **19.** $(-\infty, -5) \cup (0, 1)$

20. $[-3, -2] \cup [1, +\infty)$ **21.** 50 camisas   **22. a.** 5 seg.   **b.** $[2, 3]$ **c.** $[0, 1] \cup [4, 5]$

23. 10 %   **24.** 5 % **25. a.** 25 habitaciones   **b.** \$ 105   **26.** \$ 11   **27.** 6 cm.

SECCION 2.4

1. $(-2, 2]$ **2.** $[-10/3, 0)$ **3.** $[1/3, 1)$ **4.** $(-\infty, -2] \cup (0, 2]$

5. $(-\infty, -1-\sqrt{3}\,] \cup (-1, -1+\sqrt{3}\,]$ **6.** $(-3, -1) \cup (0, +\infty)$

7. $(-\infty, -2) \cup (1, +\infty)$ **8.** $(2-2\sqrt{3}, 0) \cup (3, 2+2\sqrt{3}\,)$

SECCION 2.5

1. 9, 1 **2.** − 4/3, 2 **3.** 7/2 **4.** 11/4 **5.** −1 **6.** 5/3, 3 **7.** −6, 2

8. 1/4, 1 **9.** −2, 8/3 **10.** $(1, 7)$ **11.** $(-16/3, 14/3)$ **12.** $(-3/2, 9/2)$

13. $[-2, 2/3]$ **14.** $(-\infty, -3/5] \cup [-1/5, +\infty)$ **15.** $(-\infty, -1) \cup (-1/2, +\infty)$

16. $(-\infty, -5/2] \cup [25/2, +\infty)$ **17.** $[-\infty, -3] \cup [-1, 1] \cup [3, +\infty)$

18. $[-4, -1) \cup (1, 4]$ **19.** $(2, 4) - \{3\}$ **20.** $(1/2, +\infty)$ **21.** $[2/3, 4]$

22. $[-1, 2] - \{1/2\}$ **23.** $(-\infty, 1) \cup (2, +\infty)$ **24.** $[-2, 2]$. **25.** $(-1, 0) \cup (0, +\infty)$

26. $(-\infty, -7] \cup [1/3, +\infty)$

CAPITULO 3

SECCION 3.1

1. $\sqrt{5}$, $(1/2, 1)$ **2.** $2\sqrt{2}$, $(2, 4)$ **3.** $\sqrt{7 - 2\sqrt{2}}$, $\left(0, \dfrac{1}{2}\left(1 + \sqrt{2}\right)\right)$ **5.** $B = (3, 9)$

6. $A = (-1, 18)$ **13.** $(2, 2)$ y $(-4, 2)$ **14.** $(1, 13)$ y $(1, -11)$ **15.** $5x + 2y - 3 = 0$

16. $x^2 + y^2 = 9$ **17.** $(1, -3)$, $(3, 1)$, $(-5, 7)$ **18.** $(-2, -5)$, $(0, -9)$

SECCION 3.2

1. Eje Y **2.** Origen **3.** Eje X, eje Y y Origen **4.** Eje X, ejeY y Origen

5. Eje X **6.** Eje X **7.** Eje X, ejeY y Origen **8.** $(x - 2)^2 + (y + 1)^2 = 25$

9. $(x + 3)^2 + (y - 2)^2 = 5$ **10.** $x^2 + y^2 = 25$ **11.** $(x - 1)^2 + (y + 1)^2 = 50$

12. $(x - 1)^2 + (y + 3)^2 = 9$ **13.** $(x + 4)^2 + (y - 1)^2 = 16$ **14.** $(x - 3)^2 + (y - 1)^2 = 10$

15. $(x - 1)^2 + y^2 = 1$ **16.** $(x - 3)^2 + (y - 4)^2 = 25$ **17.** Centro $(1, 0)$, $r = 2$

18. Centro $(0, -2)$, $r = 2\sqrt{2}$ **19.** Centro $\left(0, -\dfrac{1}{2}\right)$, $r = \dfrac{1}{2}$ **20.** Centro $(1, -2)$, $r = 3$

21. Centro $(1/4, -1/4)$, $r = \dfrac{\sqrt{10}}{4}$ **22.** Centro $\left(3/2, 1/2\right)$, $r = \dfrac{9}{4}$

23. $(y-1)^2 = (x+1)^3$ **24.** $(x-1)^2 = (y-1)^3$ **25.** $(y+1)^2 = (x-1)^3$

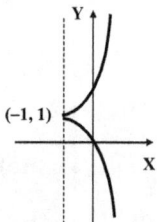

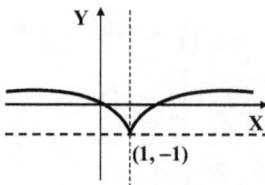

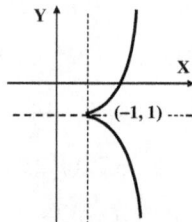

26. $(x-3)^2(y-2)=4(4-y)$ **27.** $(y-3)^2(x-2)=4(4-x)$ **28.** $(x+3)^2(y+2)=4(-y)$

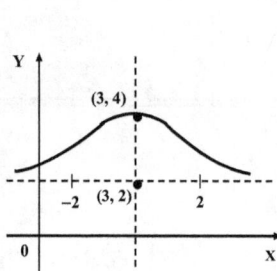

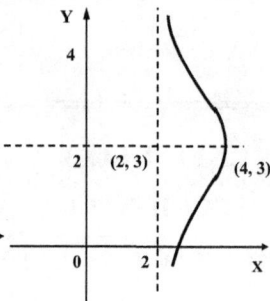

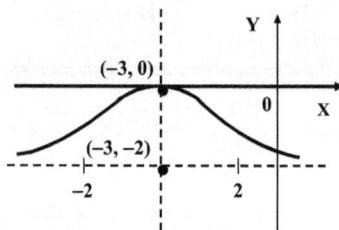

29. $y - x^2 = 2x$ **30.** $x = -y^2 + 2$ **32.** $16x^2 + 9y^2 - 36y = 108$

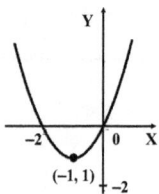

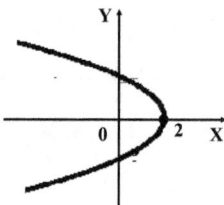

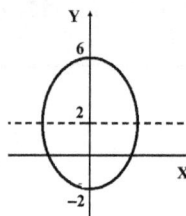

33. $16x^2 - 25y^2 = 400$ **34.** $16y^2 - 25x^2 = 400$ **35.** $16y^2 - 25x^2 + 32y - 50x = 391$

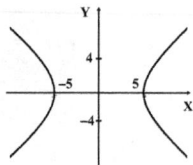

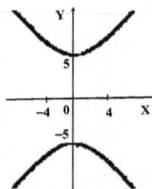

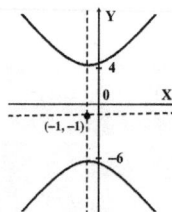

SECCION 3.3

2. $y = 5x - 2$ **3.** $y = -3x$ **4.** $y = 2x - 1$ **5.** $y = -\dfrac{2}{5}x + 2$

6. $y = -\dfrac{3}{5}x + \dfrac{18}{5}$ **7.** $y = \dfrac{x}{5} + \dfrac{11}{5}$ **8.** $y = -2x + \dfrac{5}{3}$

9. $y = -x + 2,\; x - y = 14$ **10. a.** $y = -\dfrac{1}{2}x + \dfrac{3}{2}$ **b.** $\dfrac{9\sqrt{5}}{10}$ **11.** 5

12. L_2 es paralela a L_5 ; L_3 es perpendicular a L_1 ; L_4 es perpendicular a L_6 .

13. a. $x - 3y - 6 = 0$ **b.** $x + 2y - 13 = 0$ **c.** $y = 1$

14. $y + 3x - 25 = 0$ **15.** 3   **16.** 2   **17.** $\dfrac{1}{5}\sqrt{10}$ **18.** 2   **19.** $\dfrac{4}{5}\sqrt{10}$

20. 28/5   **21.** $C = -7$ ó $C = 59/3$ **22.** $5x + 12y + 40 = 0,\;\; 5x + 12y - 64 = 0$

23. $3x - 4y + 7 = 0$ **24.** $5x - 3y - 34 = 0,\;\; 3x + 5y + 34 = 0$ **25.** $(5, -3)$ y $(-3, -5)$

26. $x - y - 3\sqrt{2} = 0,\; x - y + 3\sqrt{2} = 0$ **27.** $3x + 4y - 14 = 0$

28. $(x - 1)^2 + (y + 1)^2 = 9$ **29.** $x^2 + y^2 = 16$ **30.** $(x - 2)^2 + (y - 4)^2 = 10$

31. $(x + 2)^2 + (y + 1)^2 = 20$ **32.** $3x - 2y - 12 = 0,\; 3x - 8y + 24 = 0$

33. a. $k \neq 3$, n cualquiera **b.** $k = -\dfrac{4}{3}$, n cualquiera **c.** $k = 3$, $n \neq 6$ **d.** $k = 3$, $n = 6$.

34. a. $k = -4$ y $n \neq 2$ ó $k = 4$ y $n \neq -2$ **b.** $k = -4$ y $n = 2$ ó $k = 4$ y $n = -2$

   c. $k = 0$ y n cualquiera.   **35.** $x - 2y - 18 = 0,\;\; 2x + y + 14 = 0,\; 2x + y - 16 = 0$

38. $y - x + 4\sqrt{2} = 0$ **39.** $\pi/4$ **40.** $x - 5y + 3 = 0,\; 5x + y - 11 = 0$

41. $A = (0,\, 14/5)$ $B = (7/4,\, 0)$

CAPITULO 4

SECCION 4.1

1. a. $\dfrac{3}{4}$ **b.** $\dfrac{1+\sqrt{2}}{2+\sqrt{2}}$ **c.** $\dfrac{h}{3(h+3)}$ **d.** $\dfrac{h}{(a+1)(a+h+1)}$

2. a. 2   **b.** $\dfrac{1}{4}a^2 + a + 2$ **c.** $\dfrac{h^2 + 2ah}{4}$

3. $\text{Dom}(f) = \mathbb{R} - \{-4\}$, $\text{Rang}(f) = \mathbb{R} - \{0\}$ **4.** $\text{Dom}(f) = \mathbb{R} - \{0\}$, $\text{Rang}(f) = \mathbb{R} - \{3\}$

5. $\text{Dom}(f) = \mathbb{R} - \{3\}$, $\text{Rang}(f) = \mathbb{R} - \{-2\}$ **6.** $\text{Dom}(f) = [9, +\infty)$, $\text{Rang}(f) = [0, +\infty)$

7. $\text{Dom}(g) = [-4, 4]$, $\text{Rang}(g) = [0, 4/3]$ **8.** $\text{Dom}(h) = (-\infty, -2] \cup [2, +\infty)$,

   $\text{Rang}(h) = [0, +\infty)$ **9.** $\text{Dom}(u) = \text{Rang}(u) = \mathbb{R}$ **10.** $\text{Dom}(f) = \mathbb{R} - \{0\}$, $\text{Rang}(f) = \mathbb{R}$

11. $\text{Dom}(y) = (-\infty, 0] \cup [2, +\infty)$, $\text{Rang}(y) = [0, +\infty)$ **12.** $\text{Dom}(g) = (-\infty, 9] - \{5\}$

13. $\text{Dom}(y) = (-\infty, -2) \cup [2, +\infty) - \{-2\sqrt{2}, 2\sqrt{2}\}$

14. $\text{Dom}(y) = (-\infty, 0) \cup [1/4, +\infty)$ **15.** $\text{Dom}(y) = (-\infty, 1] - \{-15\}$

16. $\mathbb{R} - \{-2, 1, 3\}$ **16.** $\mathbb{R} - \{-2, 1, 3\}$ **17.** $(-\infty, -2) \cup (2, +\infty)$ **18.** $(1, 2)$

19. $(3, 1)$ **20.** $(1, 8)$ **21.** $(1/2, -25/4)$ **22. b.** $f(-3) = -1$ **c.** $[-1, \infty)$

23. b. $f(-3) = -25/2$ **c.** $[-25/2, \infty)$ **24. b.** $f(4) = 3$ **c.** $[-\infty, 3]$

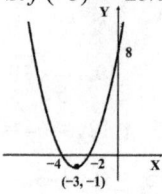

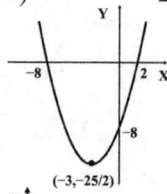

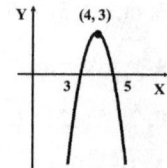

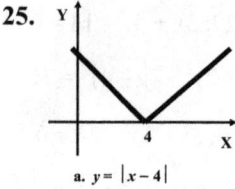

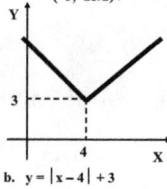

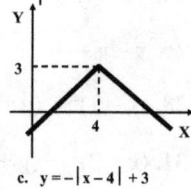

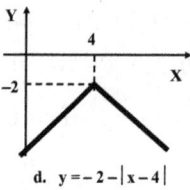

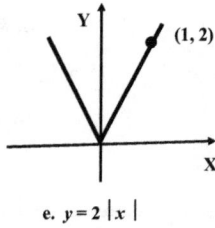

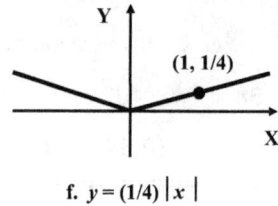

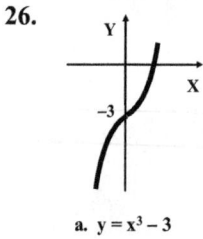

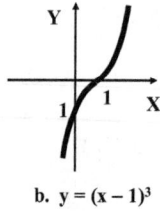

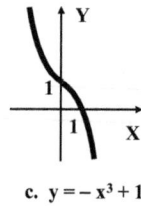

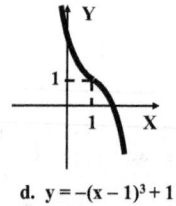

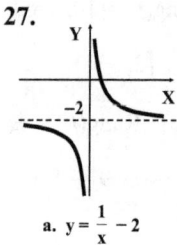

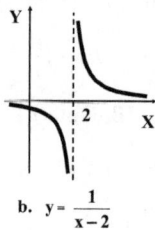

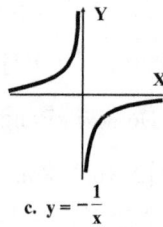

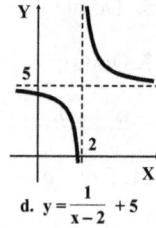

25.

a. $y = |x - 4|$

b. $y = |x - 4| + 3$

c. $y = -|x - 4| + 3$

d. $y = -2 - |x - 4|$

e. $y = 2|x|$

f. $y = (1/4)|x|$

26.

a. $y = x^3 - 3$

b. $y = (x - 1)^3$

c. $y = -x^3 + 1$

d. $y = -(x - 1)^3 + 1$

27.

a. $y = \dfrac{1}{x} - 2$

b. $y = \dfrac{1}{x - 2}$

c. $y = -\dfrac{1}{x}$

d. $y = \dfrac{1}{x - 2} + 5$

28. a. $y = \dfrac{1}{(x+2)^2}$ **b.** $y = -\dfrac{1}{(x+2)^2}$ **c.** $y = -\dfrac{1}{(x+2)^2} - 2$

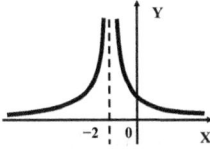   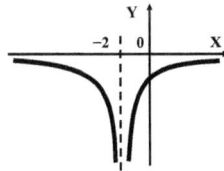   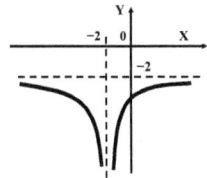

29. a. $y = \big[\,x + 2\,\big]$ **b.** $y = \dfrac{1}{2}\big[\,x\,\big]$

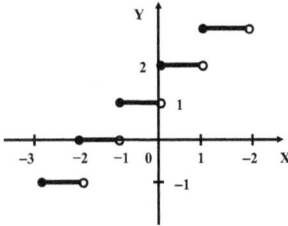   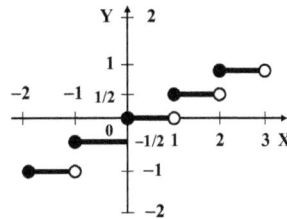

SECCION 4.2

1. $\mathrm{Dom}(f+g) = \mathrm{Dom}(f-g) = \mathrm{Dom}(fg) = (-\infty, 1) \cap (1, 2]$,

$\mathrm{Dom}\!\left(\dfrac{f}{g}\right) = (-\infty, 1) \cap (1, 2)$

2. $\mathrm{Dom}(f+g) = \mathrm{Dom}(f-g) = \mathrm{Dom}(fg) = [-4, -2] \cap [2, 4]$,

$\mathrm{Dom}\!\left(\dfrac{f}{g}\right) = [-4, -2) \cap (2, 4]$

3. $\mathrm{Dom}(f+g) = \mathrm{Dom}(f-g) = \mathrm{Dom}(fg) = (-2, 2)$, $\mathrm{Dom}\!\left(\dfrac{f}{g}\right) = (-2, 2) - \{0\}$.

4. $\mathrm{Dom}(f) = [1, 4]$ **5.** $\mathrm{Dom}(f) = (-2, 0]$ **6.** $\mathrm{Dom}(g) = [-2, 3)$

7. $(f \circ g)(x) = x - 1,\ \mathrm{Dom}(f \circ g) = [0, +\infty)$

$(g \circ f)(x) = \sqrt{x^2 - 1}$, $\mathrm{Dom}(g \circ f) = (-\infty, -1] \cup [1, +\infty)$

$(f \circ f)(x) = x^4 - 2x^2$, $\mathrm{Dom}(f \circ f) = \mathbb{R}$ $(g \circ g)(x) = \sqrt[4]{x}$, $\mathrm{Dom}(g \circ g) = [0, +\infty)$.

8. $(f \circ g)(x) = x - 4,\ \mathrm{Dom}(f \circ g) = [4, +\infty)$

$(g \circ f)(x) = \sqrt{x^2 - 4}$, $\mathrm{Dom}(g \circ f) = (-\infty, -2] \cap [2, +\infty)$

$(f \circ f)(x) = x^4$, Dom$(f \circ f) = \mathbb{R}$, $(g \circ g)(x) = \sqrt{\sqrt{x-4}-4}$, Dom$(g \circ g) = [20, +\infty)$.

9. $(f \circ g)(x) = \dfrac{1}{x^2} - \dfrac{1}{x}$, Dom$(f \circ g) = \mathbb{R} - \{0\}$,

$(g \circ f)(x) = \dfrac{1}{x^2 - x}$, Dom$(g \circ f)$ $\mathbb{R} - \{0, 1\}$

$(f \circ f)(x) = x^4 - 2x^3 + x$, Dom$(f \circ f) = \mathbb{R}$, $(g \circ g)(x) = x$, Dom$(g \circ g) = \mathbb{R} - \{0\}$

10. $(f \circ g)(x) = \dfrac{1}{1 - \sqrt[3]{x}}$, Dom$(f \circ g) = \mathbb{R} - \{1\}$

$(g \circ f)(x) = \dfrac{1}{\sqrt[3]{1-x}}$, Dom$(g \circ f) = \mathbb{R} - \{1\}$

$(f \circ f)(x) = \dfrac{x-1}{x}$, Dom$(f \circ f) = \mathbb{R} - \{0,1\}$, $(g \circ g)(x) = \sqrt[9]{x}$, Dom$(g \circ g) = \mathbb{R}$.

11. $(f \circ g)(x) = \sqrt{-x}$,   Dom$(f \circ g) = (-\infty, 0]$

$(g \circ f)(x) = \sqrt{1 - \sqrt{x^2 - 1}}$,   Dom$(g \circ f) = (-\sqrt{2}, -1] \cup [1, \sqrt{2}]$

$(f \circ f)(x) = \sqrt{x^2 - 2}$,   Dom$(f \circ f) = (-\infty, -\sqrt{2}] \cup [\sqrt{2}, +\infty)$

$(g \circ g)(x) = \sqrt{1 - \sqrt{1-x}}$,   Dom$(g \circ g) = [0, 1]$

12. $(f \circ g \circ h)(x) = \sqrt{\dfrac{1}{x^2 - 1}}$ **13.** $(f \circ g \circ h)(x) = \sqrt[3]{\dfrac{x^2 - x}{x^2 - x + 1}}$

14. $(f \circ f \circ f)(x) = x$, Dom$(f \circ f \circ f) = \mathbb{R} - \{0,1\}$ **15.** $f(x) = \dfrac{1}{x}$, $g(x) = 1 + x$.

16. $f(x) = x - 3$, $g(x) = \sqrt{x}$ **17.** $f(x) = \sqrt[3]{x}$, $g(x) = (2x - 1)^2$

18. $f(x) = \dfrac{1}{x}$, $g(x) = \sqrt{x^2 - x + 1}$ **19.** $f(x) = \dfrac{1}{x+1}$, $g(x) = \dfrac{1}{x}$, $h(x) = x^2$

20. $f(x) = \sqrt[3]{x}$, $g(x) = x + 1$, $h(x) = x^2 + |x|$

21. $f(x) = \sqrt[4]{x}$, $g(x) = x - 1$, $h(x) = \sqrt{x}$

22. $g(x) = x^2 - 2x + 1$ **23.** $g(x) = \dfrac{1}{x+1}$ **24.** $f(x - 1) = (x - 5)^2$

25. $f(x) = \dfrac{1}{2}x^2 + \dfrac{1}{2}x$

26. $f^{-1}(x) = \dfrac{1}{2}x - \dfrac{1}{2}$ **27.** $g^{-1}(x) = \sqrt{x+1}$ **28.** $h^{-1}(x) = \sqrt[3]{x-2}$ **29.** $k^{-1}(x) = \dfrac{1}{x+1}$

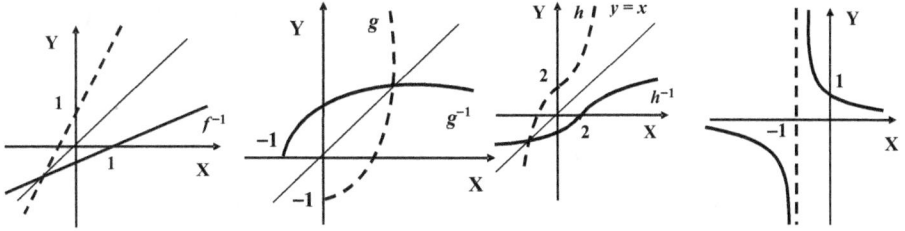

SECCION 4.3

1. a. $C(x) = 1,200x + 32,000$ **b.** $R(x) = 1,600x$ **c.** $U(x) = 400x - 32,000$

2. a. $R(x) = 100x$ **b.** $C(x) = 35x + 9,000$ **c.** $U(x) = 65x - 9,000$

3. $C(x) = x^2 + 2.000/x$ **4.** $C(x) = 12\left(x + 90,000/x\right)$ **5.** $C(x) = 12\left(x + 45,000/x\right)$

6. $V = 400x - x^3/3$ **7.** $U(x) = -5x^2 + 226x - 80$

8. $U(x) = \begin{cases} 40x, & \text{si } 0 \le x \le 1,000 \\ 40,140 - 0.1x, & \text{si } x > 1,000 \end{cases}$

9. a. $R(x) = -20x^2 - 400x + 6,000$ **b.** $R(6) = 2,880$ **10. a.** $U(x) = -7.5x^2 + 285x + 3,600$

   b. $U(8) = \$\,5,400$ **c.** $U(40) = \$\,3,000$ **d.** 19   **d.** $\$\,6,307.5$

11. $f(x) = -10x^2 + 1,760x$ **12.** $V = 150x^2 - 2x^3$ **13.** $A = \pi r^2 + \dfrac{1}{4}(4-r)^2$

14. $A = 6(18 - x)\sqrt{x-9}$ **15.** $A = \dfrac{x}{8}(28 - 4x - \pi x)$ **16.** $V = 4x(40 - x)(25 - x)$

17. $\dfrac{1}{x}(x + 4)(252 + 6x)$ **18.** $C(x) = 10,000(12 - x) + 15,000\sqrt{x^2 + 9}$

SECCION 4.4

1. a. $x = 480$ **b.** $(480, 14,400)$ **2. a.** $x = 180$ **b.** $(180, 4,500)$ **c.** $\$\,27$

   d. $(120, 3,600)$ **3. a.** $1,500$ **b.** $(1,500, 90,000)$ **c.** $\$\,63$ **d.** $(1,800, 104,400)$

4. a. 20 ó 60   **c.** $(20, 240)$ ó $(60, 720)$ **5. a.** 900   **b.** $(900, 10,800)$

6. $(35, 7.5)$ **7.** $(1, 3)$ **8.** $(3, 16)$ **9.** $(15, 5)$ **10.** $(9, 38)$ **11. a.** $(150, 33)$

   b. $(135, 33.9)$ **c.** $(174, 31.56)$ **12. a.** $(150, 9)$ **b.** 1.35   **c.** 1.135

13. a. $12,800,000$ **b.** $1,600,000$ **c.** $11,200,000$ **d.** $200,000$ **e.** $1,400,000$

   f. $160,000$ **14. a.** $32,000,000$ **b.** $10,240$ **c.** 320   **d.** $9,920$ **e.** $8,000,000$

CAPITULO 5
SECCION 5.1

1. a. $ 93,000 **b.** $ 94,080   **c.** $ 95,007.76   **d.** $ 95,230.10   **e.** $ 95,343.69

2. a. $ 168,242.83   **b.** $ 167,580.01   **3. a.** $ 25,314.66   **b.** $ 25,150.11

4. a. $ 20,707.29   **b.** $ 20,565.22   **5. a.** $ 30,346.03   **b.** $ 30,165.10

6. 8 %   **7.** 7.2 %   **8. a.** 9 %   **b.** $ 60,000   **9.** 7 %   **10.** 11.14 %

11. 8.2 % trimestral **12.** 9.8 % semestral   **13.** 9 %   **14. a.** $ 46,319.35

   b. $ 44,932.90 **15. a.** $ 16,727.75   **b.** 16,705.40   **16.** $ 97,000 al contado

17. $ 21,097.7   **18.** $ 40,944.84   **19.** $ 7,988.05 **20.** $ 35,805.76

21. $ 35,568.37   **22.** $ 39,056.75   **23.** $ 12,506.05 **24.** $ 300.100.5

25. $ 4,834.1   **26.** $ 20,815.12   **27.** 12 %   **28.** $ 3, 173, 350,575

SECCION 5.2

1. 3   **2.** 16   **3.** 125   **4.** $\dfrac{1}{125}$ **5.** 4   **6.** $\dfrac{4}{3\sqrt{3}}$ **7.** 100

8. $e^{-4} = \dfrac{1}{e^4}$ **9.** $\dfrac{1}{81}$ **10.** $\dfrac{1}{5}$ **11.** 2^{14} **12.** $\dfrac{1}{32}$ **13.** 2

14. 2   **15.** -4 **16.** $\dfrac{5}{3}$ **17.** $-\dfrac{7}{8}$ **18.** $-\dfrac{1}{3}$ **19.** -1 ó 3

20. $y = e^{x+2}$ **21.** $y = -2e^x + 1$ **22.** $y = e^{-x}$ **23.** $y = e^{-x} + 2$

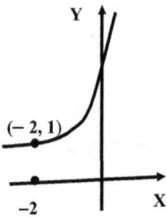
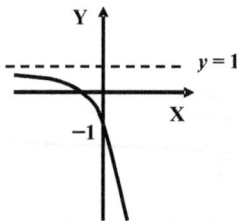
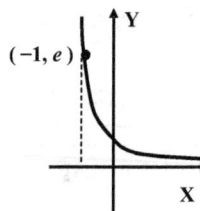
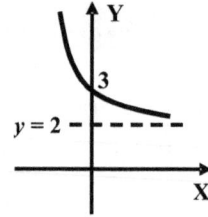

24. $y = 2 - e^{-x}$ **26.** $y = 3^{-x+2}$ **28.** $y = -4^{-x-1}$

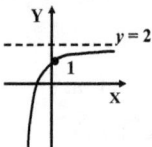
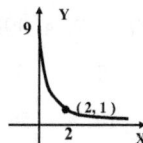
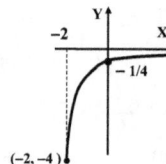

29. 125/81   **30.** $-1,590$

SECCION 5.3

1. -6 **2.** 4 **3.** -4 **4.** $-\dfrac{1}{2}$ **5.** 3 **6.** 9 **7.** $\sqrt{3}$ **8.** $\dfrac{8}{9}$ **9.** 625

10. $8, -2$ **11.** 5 **12.** $e^{-a/3}$ **13.** $e^{-1+k/20}$ **14.** e^2 **15.** $e^{e^{-4}}$

16. $\dfrac{\ln (14/3)}{-1.2} \approx -1.2837$ **17.** $1 + \dfrac{3}{\ln 3} \approx 3.73$ **18.** $\dfrac{6 \ln 2}{3 \ln 2 + \ln 3} \approx 1.3086$

19. $\dfrac{8}{(4 \log_2 3 - 1)} = \dfrac{8 \ln 2}{4 \ln 3 - \ln 2} \approx 1.498$

20. $y = \ln (x - 2)$ **21.** $y = \ln (-x)$ **22.** $y = \ln (x + 3)$

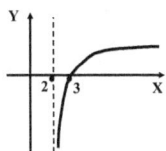 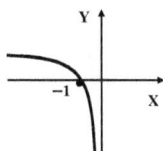 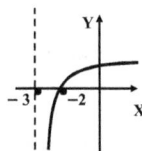

23. $y = 4 - \ln x$ **24.** $y = 4 - \ln (x + 3)$ **25.** $y = 2 - \ln |x|$

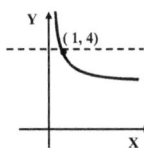 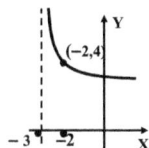 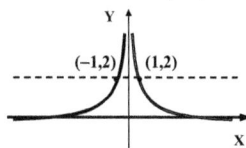

26. $y = 3 + \log x$ **27.** $y = 3 + \log (x+3)$

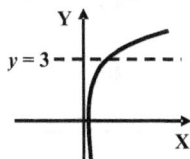 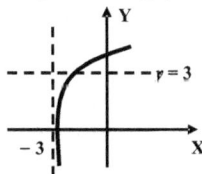

28. $2\log a + \log b - \log c$ **29.** $\dfrac{1}{2} \log b - 2\log a - 3\log c$

30. $-\ln a + \dfrac{3}{2} \ln c - \dfrac{1}{2} \ln b$ **31.** $\dfrac{1}{5}(2 \ln a - \ln b - 4 \ln c)$

32. $\ln \dfrac{x^3 y}{z^2}$ **33.** $\log \dfrac{a^2 b}{(zx)^3}$ **34.** $\ln \dfrac{\sqrt[4]{a^3} b^3}{\sqrt{c^3}}$

35. a. $y = 5e^{(0.5 \ln 3)t}$ **b.** $y = 6e^{(\ln (1.04))t}$

SECCION 5.4

1. a. 127,020   **b.** 5.127 %   **2. a.** $ 15,809.88 **b.** 22.12 %

3. a. 18, 000,000   **b.** 24,297.459   **c.** 2.02 %   **4.** 108,000   **5.** 6.75 millones

6. 6,351 gr.   **7.** 280.93 gr.   **8.** 64,000 millones   **9.** 1,476.28 libras/pie^2

10. a. 81.87 % **b.** 67.03 % **c.** 14.84 % **11. a.** 12 mil   **b.** 15,841 **12.** 2,554 textos.

13. b. 980 mil   **c.** $. 485,889.28   **14.** 3.924 años   **15.** 2.32 horas = 2 horas   32 minutos y 2 seg.   **16.** 4 años   **17.** 29.54 meses   **18.** 11,460 años

19. a. 4.792 años **b.** 4.621 años   **20. a.** 7.595 años   **b.** 7.324 años

21. b. 0   **c.** 66.08   **d.** 120 unidades por día **22.** 67.04   **23. b.** 250   **c.** 5 mil

24. a. 5   **b.** 500   **c.** 600 **25 a.** 19 millones   **b.** 40.149 millones   **c.** 114 millones.

26. 2 horas

CAPITULO 6

SECCION 6.1

1. 10   **2.** $\dfrac{1}{2}$ **3.** 0   **4.** $\dfrac{2}{3}$ **5.** 6   **6.** –10   **7.** $\dfrac{1}{4}$ **8.** 12

9. 9   **10.** 12   **11.** $-\dfrac{7}{2}$ **12.** -1 **13.** $2\sqrt{2}$ **14.** $\dfrac{\sqrt{3}}{6}$ **15.** $\dfrac{1}{4}$

16. $\dfrac{1}{4}$ **17.** 0   **18.** $-\dfrac{1}{56}$ **19.** $\dfrac{1}{32}$ **20.** $\dfrac{1}{6}$ **21.** 1.458   **22.** $-\dfrac{1}{2}$

23. $-\dfrac{5}{2}$ **24.** 2   **25.** $\dfrac{4}{3}$ **26.** 12   **27.** $\dfrac{1}{3}$ **28.** $-\dfrac{1}{16}$ **29.** 1   **30.** $\dfrac{\sqrt{3}}{6}$

SECCION 6.2

1. a. $\text{Lim}_{x\to 1^-} f(x) = -2$ **b.** $\text{Lim}_{x\to 1^+} f(x) = 3$ **c.** No existe $\text{Lim}_{x\to 1} f(x)$

2. a. $\text{Lim}_{x\to 0^-} g(x) = 2$ **b.** $\text{Lim}_{n\to 0^+} g(x) = -2$ **c.** No existe $\text{Lim}_{n\to 0} g(x)$

3. a. $\text{Lim}_{x\to 2^-} h(x) = 5$ **b.** $\text{Lim}_{n\to 2^+} h(x) = 5$ **c.** $\text{Lim}_{x\to 2} h(x) = 5$

4. a. $\text{Lim}_{x\to 2^-} f(x) = 8$ **b.** $\text{Lim}_{n\to 2^+} f(x) = 8$ **c.** $\text{Lim}_{x\to 2} f(x) = 8$

5. $k = 10$ **6.** $k = -3$ **7.** $a = -2, \quad b = 3$

8. a. $\text{Lim}_{x\to 0^-} g(x) = -1$ **b.** $\text{Lim}_{x\to 0^+} g(x) = 1$ **c.** No existe $\text{lím}_{x\to 0} g(x)$

9. a. $\underset{x \to n^-}{\text{Lim}} f(x) = n - 1$ **b.** $\underset{x \to n^+}{\text{Lim}} f(x) = n$ **c.** No existe $\underset{x \to n}{\text{Lim}} f(x)$.

SECCION 6.3

2. $g(0) = \dfrac{1}{2}$ **3.** $g(3) = 5$ **4.** 0 **5.** -2 **6.** -2 y 2 **7.** 5

8. 3 y -8 **9.** 2 **10.** 3 **11.** 1 **12.** $3, 5$ **13.** 4 **14.** 2

15. $-1, 2$ **16.** $a = 1$ y $b = -1$ **17.** Todos números enteros.

SECCION 6.4

1. $\underset{x \to 2^-}{\text{Lim}} \dfrac{1}{x - 2} = -\infty$, $\underset{x \to 2^+}{\text{Lim}} \dfrac{1}{x - 2} = +\infty$ **2.** $\underset{x \to 2^-}{\text{Lim}} \dfrac{1}{|x - 2|} = +\infty$, $\underset{x \to 2^+}{\text{Lim}} \dfrac{1}{|x - 2|} = +\infty$

3. $\underset{x \to -1^-}{\text{Lim}} \dfrac{1}{(x+1)^2} = +\infty$, $\underset{x \to -1^+}{\text{Lim}} \dfrac{1}{(x+1)^2} = +\infty$ **4.** $\underset{x \to 4^-}{\text{Lim}} \dfrac{1}{x - 4} = -\infty$, $\underset{x \to 4^+}{\text{Lim}} \dfrac{1}{x - 4} = +\infty$

5. $\underset{x \to 5^-}{\text{Lim}} \dfrac{x+1}{x - 5} = -\infty$, $\underset{x \to 5^+}{\text{Lim}} \dfrac{x+1}{x - 5} = +\infty$ **6.** $\underset{x \to 0^-}{\text{Lim}} \dfrac{1}{x(x+2)} = -\infty$, $\underset{x \to 0^+}{\text{Lim}} \dfrac{1}{x(x+2)} = +\infty$

$\underset{x \to -2^-}{\text{Lim}} \dfrac{1}{x(x-2)} = +\infty$, $\underset{x \to -2^+}{\text{Lim}} \dfrac{1}{x(x+2)} = -\infty$ **7.** $\underset{x \to -1^-}{\text{Lim}} \dfrac{x}{x^2 - 2x - 3} = -\infty$

$\underset{x \to -1^+}{\text{Lim}} \dfrac{x}{x^2 - 2x - 3} = +\infty$ $\underset{x \to 3^-}{\text{Lim}} \dfrac{x}{x^2 - 2x - 3} = -\infty$ $\underset{x \to 3^+}{\text{Lim}} \dfrac{x}{x^2 - 2x - 3} = +\infty$

8. $\underset{x \to -2^-}{\text{Lim}} \dfrac{x^2 + 4}{x^2 - 4} = +\infty$, $\underset{x \to -2^+}{\text{Lim}} \dfrac{x^2 + 4}{x^2 - 4} = -\infty$, $\underset{x \to 2^-}{\text{Lim}} \dfrac{x^2 + 4}{x^2 - 4} = -\infty$, $\underset{x \to 2^+}{\text{Lim}} \dfrac{x^2 + 4}{x^2 - 4} = +\infty$

9. $\underset{x \to 0^-}{\text{Lim}} \left(x - \dfrac{1}{x} \right) = +\infty$, $\underset{x \to 0^+}{\text{Lim}} \left(x - \dfrac{1}{x} \right) = -\infty$,   **10.** $\underset{x \to 0^-}{\text{Lim}} \dfrac{\sqrt{1 + x^2}}{x} = -\infty$,

$\underset{x \to 0^+}{\text{Lim}} \dfrac{\sqrt{1 + x^2}}{x} = +\infty$ **11.** $\underset{x \to (-1/2)^-}{\text{Lim}} \dfrac{x}{4x^2 - 1} = -\infty$, $\underset{x \to (-1/2)^+}{\text{Lim}} \dfrac{x}{4x^2 - 1} = +\infty$

12. $\underset{x \to 0^-}{\text{Lím}} \left(\dfrac{1}{x} - \dfrac{1}{x^2} \right) = -\infty$ $\underset{x \to 0^+}{\text{Lím}} \left(\dfrac{1}{x} - \dfrac{1}{x^2} \right) = -\infty$

13. a. 0 **b.** 0 **14. a.** 0 **b.** 0 **15. a.** 1 **b.** 1 **16. a.** $-\infty$ **b.** $+\infty$

17. a. 0 **b.** 0 **18. a.** $-\infty$ **b.** $+\infty$ **19. a.** $-\infty$ **b.** $-\infty$ **20. a.** 1 **b.** 1

21. a. $+\infty$ **b.** $+\infty$ **22.** $-\infty$ **23.** -1 **24.** 1 **25.** -2 **26.** 2 **27.** 0

28. Verticales: $x = 1$. Horizontales: $y = 0$

29. Verticales $x = 0, x = -2$. Horizontales: $y = 0$

30. Verticales: $x = 1/2$, $x = -1/2$. Horizontales: $y = 0$
31. Verticales: No tiene. Horizontales: $y = 2, y = -2$.

32. Verticales: $x = 1, x = -1$. Horizontales: $y = 1, y = -1$

33. Verticales: $x = 1, x = -1$. Horizontales: no tiene.

SECCION 6.5

1. a   **2.** $1/a$ **3.** $1/e$ **4.** e **5.** $a - b$ **6.** 1   **7.** 0   **8.** 1   **9.** 1   **10.** 850

11. 90   **12.** 0   **13.** 0   **14.** $+\infty$ **15.** 1   **16.** 2   **17.** -1 **18.** $+\infty$ **19.** 0

20. 1   **21.** 0   **22.** $-\infty$ **23.** $-\infty$ **24.** $+\infty$ **25.** 1   **26.** 0   **27.** $-\infty$ **28.** 0

CAPITULO 7

SECCION 7.1

1. $f'(1) = 0$ **2.** $g'(3) = 1$ **3.** $h'(2) = 3$ **4.** $f'(2) = 4$ **5.** $g'(1) = 4$

6. $h'(-2) = -\dfrac{3}{4}$ **7.** $f'(-1) = -6$ **8.** $g'(2) = \dfrac{3}{4}$ **9.** $h'(-1) = 3$

10. $f'(x) = 0$ **11.** $g'(x) = 1$ **12.** $h'(x) = 3$ **13.** $f'(x) = 4$ **14.** $g'(x) = 4x$

15. $h'(x) = -\dfrac{3}{x^2}$ **16.** $f'(x) = 6x$ **17.** $g'(x) = 1 - \dfrac{1}{x^2}$ **18.** $h'(x) = 3x^2$

19. $y' = -\dfrac{1}{(x+1)^2}$ **20.** $y' = \dfrac{1}{(t+1)^2}$ **21.** $u' = \dfrac{3}{2\sqrt{x}}$ **22. a.** $9 \dfrac{m}{seg}$ **b.** $7 \dfrac{m}{seg}$

23. a. 5 seg.   **b.** $160 \dfrac{pies}{seg}$ **24. a.** $f'(1) = 5$ **b.** $y - 5x + 3 = 0$ **c.** $x + 5y - 11 = 0$

25. a. $m = g'(12) = \dfrac{1}{6}$ **b.** $6y - x - 6 = 0$ **c.** $6x + y - 75 = 0$

26. a. $h'(x) = x - 1$ **b.** $(4, 11)$ **c.** $y - 3x + 1 = 0$ **27. a.** $f'(x) = \dfrac{1}{\sqrt{2x+1}}$

   b. $4y - 2x - 5 = 0$ **28. a.** 3,000 por mes   **b.** 2,600 por mes   **c.** 2,000 por mes

29. a. 3 millones por año   **b.** 0.12   **c.** 12 %   **30. a.** $C'(t) = 0.2 + 0.24t$ **b.** 1.4
   millones de litros/año   **c.** 0.025   **d.** 2.5 %

31. $f'(x) = \begin{cases} 1 \text{ si } x > 0 \\ -1 \text{ si } x < 0 \end{cases}$ **32.** $x = 0$ **33.** $x = 1$

SECCION 7.2

1. $y' = 8x - 6$ **2.** $y' = -\dfrac{1}{3} + x^5$ **3.** $y' = 2x^2 - 0,6x + 2,5$

4. $u' = 10v^9 - 6v^7 + 1,2v^2$ **5.** $u' = -10t^{-6} + t^2 + 0,6t^{-3}$ **6.** $z' = \dfrac{-1}{3y^2} + \dfrac{6}{y^3}$

7. $f'(x) = \dfrac{5}{2}x^{-1/6} + \dfrac{8}{3}x^{-5/3}$ **8.** $g'(x) = 5ax^4 + 4bx^{-5} + \dfrac{3}{2}cx^{1/2}$ **9.** $y' = -\dfrac{4x^5}{a}$

10. $z' = \dfrac{3x^2}{a+b} + \dfrac{5x^4}{a-b} - 1$ **11.** $z' = \dfrac{1}{2}t^2 - \dfrac{1}{3}bt$ **12.** $y' = \dfrac{2}{\sqrt{x}} + \dfrac{3}{x^3}$

13. $z' = \dfrac{1}{3\sqrt[3]{t^2}} + \dfrac{1}{3\sqrt[3]{t^4}}$ **14.** $u' = -\dfrac{\sqrt{3}}{4\sqrt{x^3}} + \dfrac{10}{9\sqrt[3]{x^5}}$ **15.** $y' = -64x^7 - 14x^6 + 90x^5$

16. $y' = 3x^2 - 12x + 11$ **17.** $y' = 72x^5 - 50x^4 - 32x^3 + 2x^2 + 10x + 4$

18. $z' = \dfrac{1}{2\sqrt{t}}\left(21t^{10} - 13t^6 - 18t^4 + 2\right)$ **19.** $y' = 1$ **20.** $u' = 5x\sqrt{x} + \dfrac{\sqrt{5}}{\sqrt{x}} - 2$

21. $y' = -\dfrac{1}{2\sqrt{x}} - \dfrac{1}{x\sqrt{x}} + \dfrac{6}{x^2}$ **22.** $y' = -\dfrac{3}{(x-9)^2}$ **23.** $y' = -\dfrac{8}{(x-8)^2}$

24. $y' = \dfrac{-6}{(x-3)^2}$ **25.** $z' = \dfrac{1-t^2}{(t^2+1)^2}$ **26.** $u' = \dfrac{4t^2 - 6t^2 - 1}{(t-1)^2}$

27. $y' = \dfrac{x^4 + 2x^3 + 5x^2 - 2}{(x^2 + x + 1)^2}$ **28.** $y' = \dfrac{ax^2 - c}{x^2}$ **29.** $y' = \dfrac{3ax^2 + bx - c}{2x\sqrt{x}}$

30. $y' = \dfrac{2ax}{\sqrt{a^2 + b^2}}$ **31.** $y' = \dfrac{-4x}{(x^2-1)^2} - 3x^2 + 2x + 1$ **32.** $y' = \dfrac{-2(x-2)}{(x-1)^2(x-3)^2}$

33. $y' = \dfrac{-3}{2\sqrt{x}(1 + 2\sqrt{x})^2}$ **34.** $y' = \dfrac{-4}{3\sqrt[3]{x^2}(1 + 3\sqrt[3]{x})}$ **35.** $x + y + 2 = 0$

36. $8x + y - 4 = 0$ **37.** $x - 2y + 2 = 0$ **38.** $y - 4ax + 3a^2 = 0$ **39.** $\left(1/3,\ -4/3\right)$

40. $(2, -65/6)$, $(-3, 10)$ **41.** $3x + y + 4 = 0$ **42.** $2y - x - 5 = 0$

43. $y = 3x^2 - 12x$ **44.** $y = -x^2 + 8x$ **45.** $y = x^2 + 2x - 3$

46. a. \$ 3,000 por mes   **b.** \$ 5,240 por mes   **c.** \$ 9,500 por mes

47. a. $v(t) = s'(t) = 64 - 32t$ **b.** después de 2 seg   **c.** 164 pies

48. a. $f'(6) = -0.5$ **b.** Si aumenta el precio en \$ 1 de \$ 6 a \$ 7, el volumen de ventas baja en 500 unidades.

SECCION 7.3

1. $C'(x) = 6x^2 - 6$ **2.** $R'(x) = 2 + \dfrac{2}{\sqrt{x}}$ **3. a.** $C'(x) = 80$ **b.** $R'(x) = 180 - 4x$

   c. $U'(x) = 100 - 4x$ **4. a.** $C'(x) = 35$ **b.** $R'(x) = 40 - \dfrac{x}{30}$ **c.** $U'(x) = 5 - \dfrac{x}{30}$

5. a. $C'(x) = 60 - 0.1x$ **b.** $C'(25) = 57.5$ **c.** $C(26) - C(25) = 57.45$

6. a. $C'(x) = 0.003x^2 - 0.1x + 30$ **b.** $C'(40) = 30.8$ **c.** $C(41) - C(40) = 30.871$

7. a. $R(x) = 300x - x^{3/2}$ **b.** $R'(x) = 300 - \dfrac{3}{2}\sqrt{x}$ **c.** $R'(16) = 294$

   c. $R(17) - R(16) = 293.91$ **8. a.** $R(x) = -\dfrac{1}{40}x^{5/2} + 40x$ **b.** $R'(x) = -\dfrac{1}{16}x^{3/2} + 40$

   c. $R'((160)^{2/3}) = 24$ **9. a.** $R(x) = -0.01x^3 - 0.2x^2 + 18x$

   b. $R'(x) = -0.03x^2 - 0.4x + 18$ **c.** $R'(20) = -2$ **10. a.** $U(x) = -x^{3/2} + 298x - 50$

   b. $U'(x) = -\dfrac{3}{2}\sqrt{x} + 298$ **c.** $U'(400) = 268$ **d.** $U(401) - U(400) = 267.98$

11. a. $U(x) = -\dfrac{1}{40}x^{5/2} + 38x - 70$ **b.** $U'(x) = -\dfrac{1}{16}x^{3/2} + 38$ **c.** $U'(64) = 6$

   d. $U(65) - U(64) = 5.62$ **12. a.** $U(x) = -\dfrac{1}{40}x^{5/2} - x^{3/2} + 40x - 80$

   b. $U'(x) = -\dfrac{1}{16}x^{3/2} - \dfrac{3}{2}x^{1/2} + 40$ **c.** $U'(16) = 30$ **d.** $U'((160)^{2/3}) = 21.86$

13. a. $U(x) = -0.01x^3 - 0.3x^2 + 18x - 60$ **b.** $U'(x) = -0.03x^2 - 0.6x + 18$

   c. $U'(10) = 9$ **d.** $U'(20) = -6$ **14. a.** $U(x) = -\dfrac{x^2}{300} + 15x - 4{,}000$

   b. $U'(x) = -\dfrac{x}{150} + 15$ **c.** $p = \$ 17.5$ **d.** \$ 12,875   **e.** \$ 12,875   **f.** \$ 11,000

15. a. 0.4   **b.** 0.6   **16. a.** 0.612   **b.** 0.388   **17. a.** $f'(n) = \dfrac{5{,}000}{n^{3/4}}$ **b.** $f'(625) = 40$

   c. Si $n = 625$ aumenta a 626, la productividad se incrementa en 40 unidades.

SECCION 7.4

1. $\dfrac{dy}{dx} = 3(x^2 - 3x + 5)^2(2x - 3)$ **2.** $f'(x) = -32(15 - 8x)^3$

3. $g'(t) = -18t^2(2t^3 - 1)^{-4}$

4. $\dfrac{dz}{dx} = -\dfrac{8(25x - 4)}{x^{33}(5x - 1)^9}$

5. $\dfrac{dy}{dx} = 2x\left(3x^2 - 8\right)^2\left(-4x^2 + 1\right)^3\left(-84x^2 + 137\right)$

6. $f'(u) = -\dfrac{6u(2u^2 + 1)}{(u^2 - 1)^2}$

7. $\dfrac{dy}{dx} = \dfrac{8(x - 1)}{(x + 3)^3}$

8. $g'(t) = \dfrac{-12t(3t^2 + 2)(t^3 + 2t + 1)}{(2t^3 - 1)^3}$

9. $y' = -\dfrac{1}{\sqrt{1 - 2x}}$

10. $u' = \dfrac{1 - 4t - 24t^2}{2\sqrt{1 + t - 2t^2 - 8t^3}}$

11. $h'(x) = \dfrac{2x^5}{\sqrt{x^4 - 1}} + 2x\sqrt{x^4 - 1}$

12. $g'(x) = \dfrac{1}{\left(x^2 + 1\right)^{3/2}}$

13. $y = \dfrac{3x\sqrt[3]{2x + 1}}{\sqrt{3x^2 - 1}} + \dfrac{2\sqrt{3x^3 - 1}}{3(2x + 1)^{2/3}}$

14. $z' = -\dfrac{(1 - 3x^2)^2}{\sqrt{x}\left(\sqrt{x} + 1\right)^3} - \dfrac{12x\left(1 - 3x^2\right)}{\left(\sqrt{x} + 1\right)^2}$

15. $h'(t) = \dfrac{3 - t}{2(1 - t)^{3/2}}$

16. $z' = \dfrac{-2t}{3\left(1 + t^2\right)^{4/3}}$

17. $z' = \dfrac{ax^2}{\sqrt[3]{\left(b + ax^3\right)^2}}$

18. $f'(x) = \dfrac{1}{\sqrt{\left(b^2 + x^2\right)^3}}$

19. $y' = \dfrac{-1}{\sqrt{1 + x}\left(1 + \sqrt{1 + x}\right)^2}$

20. $f'(x) = \dfrac{3x^2 - 2(a + b + c)x + ab + ac + bc}{2\sqrt{(x - a)(x - b)(x - c)}}$

21. $(g \circ f)'(x) = \dfrac{-5x - 7}{(x + 1)^3}$

22. $h'(x) = 24x^2 - 40x + 14$

23. $h'(x) = \dfrac{1}{2\sqrt{v}}\left(6x^2\right) = \dfrac{3x^2}{\sqrt{2x^3 - 4}}$

24. $h'(x) = 5t^4\left(-\dfrac{1}{\sqrt{x}}\right) = \dfrac{-5\left(1 - 2\sqrt{x}\right)^4}{\sqrt{x}}$

25. $h'(x) = \dfrac{-2bc}{(b + cx)^2}$

26. $h'(x) = \left(-\dfrac{1}{v^2}\right)\left(\dfrac{-ax}{\sqrt{a^2 - x^2}}\right) = \dfrac{x}{a\left(a^2 - x^2\right)^{3/2}}$

27. $\dfrac{dy}{dx} = \left(9u^2 - 16u^3\right)(2x) = 18x(x^2 - 1)^2 - 32x(x^2 - 1)^3$

28. $\dfrac{dy}{dx} = 5y^4(2b) = 10b(3a + 2bx)^4$

29. $\dfrac{dy}{dx} = 4t^3\left(\dfrac{a}{c}\right) = \dfrac{4a(ax + b)^3}{c^4}$

30. $\dfrac{dy}{dx} = \dfrac{-1}{2v^{3/2}}(6x) = \dfrac{-3x}{(3x^2 - 1)^{3/2}}$

31. Tangente: $12x + y + 11 = 0$. Normal: $x - 12y + 13 = 0$

32. Tangente: $y = 3/4$. Normal: $x = 0$

33. Tangente: $7x - 18y - 13 = 0$. Normal: $54x + 21y - 47 = 0$

34. Tangente: $x - 12y - 17 = 0$. Normal: $12x + y + 86 = 0$

35. Tangente: $8x - y - 3 = 0$. Normal: $2x + 16y - 17 = 0$.

37. a. $C'(x) = \dfrac{8x(x+22)}{(x^2+11)^{3/2}}$ **b.** $C'(5) = 5$ **38. a.** $U'(x) = \dfrac{320\left(3x^2 + 8x - 27\right)}{\sqrt{x^2+9}\,(3x+4)^{3/2}}$

b. $U'(4) = 53$ **39.** \$ 59,810 por mes **40.** -200 Kg. por semana

41. 1,440 dólares por semana. **42. a.** 0.6 **b.** 0.4

SECCION 7.5

1. $\dfrac{dy}{dx} = \dfrac{3}{2}x$ **2.** $\dfrac{dy}{dx} = \dfrac{2x-y}{x}$ **3.** $\dfrac{dy}{dx} = \dfrac{2p}{y}$ **4.** $\dfrac{dy}{dx} = \dfrac{1 + 2xy - 3y^2}{6xy - x^2 - 2y}$

5. $\dfrac{dy}{dx} = \dfrac{1 + 2x^2}{2x^2 y}$ **6.** $\dfrac{dy}{dx} = \dfrac{(3x^2 - y)y^2}{1 + xy^2}$ **7.** $\dfrac{dy}{dx} = \dfrac{y^3 - 2xy^2}{y^3 - 3xy^2 + 2x^2 y - 1}$

8. $\dfrac{dy}{dx} = \dfrac{y}{x} + 3x(x-y)^2$ **9.** $\dfrac{dy}{dx} = -\dfrac{x}{y}$ **10.** $\dfrac{dy}{dx} = -\dfrac{b^2}{a^2}\dfrac{x}{y}$ **11.** $\dfrac{dy}{dx} = -\dfrac{\sqrt{y}}{\sqrt{x}}$

12. $\dfrac{dy}{dx} = \dfrac{x^2 - ay}{ax - y^2}$ **13.** $\dfrac{dy}{dx} = -\dfrac{\sqrt{y}}{\sqrt{x}}$ **14.** $\dfrac{dy}{dx} = \dfrac{6\sqrt{y}\sqrt[3]{y^2}}{2\sqrt{y} + 3\sqrt[3]{y^2}}$ **15.** $x - y + 5 = 0$

16. $5x - 6y + 9 = 0$ **17.** $x + y - 3 = 0$ **18.** $x + y - 3a = 0$ **19.** $y - x = 0$

20. $14x + 13y - 12 = 0$ **21.** $20\sqrt{3}y + 9x - 75 = 0$, $20\sqrt{3}y - 9x + 75 = 0$

22. 750 unidades por mes **23.** -100 unidades por mes **24.** -4.5 m/min

25. -2.8 Km/h

SECCION 7.6

1. $y'' = 20x^3 - 24x,\ y''' = 60x^2 - 24$

2. $z'' = 14x^6 - 10x^4 - 1,\ z''' = 84x^5 - 40x^3$

3. $f'''(x) = 12(x-1)^2,\ \ f'''(x) = 24(x-1)$

4. $g''(x) = 6(x^2+1)^2 + 24x^2(x^2+1),\ g'''(x) = 120x^3 + 72x$

5. $y'' = \dfrac{-1}{4x^{3/2}}$, $\quad y''' = \dfrac{3}{8x^{5/2}}$ $\qquad$ **6.** $h''(x) = \dfrac{-4}{(2+x)^3}$, $\quad h'''(x) = \dfrac{12}{(2+x)^4}$

7. $y'' = \dfrac{2}{x^3}$ $\qquad$ **8.** $y'' = -\dfrac{\sqrt{a}}{2x\sqrt{x}} = -\dfrac{a}{xy}$ $\qquad$ **9.** $y'' = -\dfrac{2xy^3 + 2x^4}{y^5} = -\dfrac{2x}{y^5}$

10. $y'' = \dfrac{6y^3 - 8x^2}{9y^5} = -\dfrac{2}{9x^{4/3}}$ $\qquad$ **11.** $y'' = \dfrac{2y^2(y+x)}{x^4}$ $\qquad$ **12.** $y'' = -\dfrac{b^4}{a^2 y^3}$

16. $y^{(n)} = n!$ $\qquad$ **17.** $y^{(n)} = 0$ $\qquad$ **18.** $y^{(n)} = (n+1)!x$ $\qquad$ **19.** $y^{(n)} = n!a$

20. $y^{(n)} = n!a_n$ $\qquad$ **21.** $y^{(n)} = (-1)^n \dfrac{n!}{x^{n+1}}$ $\qquad$ **22.** $y^{(n)} = (-1)^n \dfrac{n!}{(x-a)^{n+1}}$

23, $y'(1) = 40$ $\qquad$ **24.** $y'(-1) = -\dfrac{11}{8}$ $\qquad$ **25.** $y'(1) = \dfrac{1}{2}$ $\qquad$ **26.** $y'(2) = -\dfrac{3}{2}$

27. $-27 \dfrac{\text{m}}{\text{seg}}$ $\quad$ **28. a.** $t = 3$ $\quad$ **b.** $t = 3\sqrt[3]{2}$ $\qquad$ **29. a.** $v(t) = \dfrac{1}{\sqrt{2t}} - \dfrac{1}{2\sqrt{2t^3}}$,

$a(t) = -\dfrac{1}{2\sqrt{2t^3}} + \dfrac{3}{4\sqrt{2t^5}}$ $\quad$ **b.** $a(1/2) = 2 \dfrac{\text{m}}{\text{seg}}$

SECCION 7.7

1. $y' = \dfrac{3}{x}$ $\qquad$ **2.** $y' = \dfrac{8x}{x^2 + 1}$ $\qquad$ **3.** $y' = \dfrac{x}{1+x^2}$ $\qquad$ **4.** $y' = x^2(1 + 3\ln x)$

5. $y' = \dfrac{1 - \ln x}{x^2}$ $\qquad$ **6.** $y' = \dfrac{1}{x \ln x}$ $\qquad$ **7.** $y' = \dfrac{2 \ln x}{x}$ $\qquad$ **8.** $y' = \log x + \log e$

9. $y' = \dfrac{\log_5 e}{2x\sqrt{\log_5 x}}$ $\qquad$ **10.** $y' = \dfrac{2}{x(1 - \ln x)^2}$ $\qquad$ **11.** $y' = -6xe^{-3x^2 + 1}$

12. $y' = \dfrac{2^{\sqrt{x}-1} \ln 2}{\sqrt{x}}$ $\qquad$ **13.** $y' = 10^x(1 + x\ln 10)$ $\qquad$ **14.** $y' = \dfrac{1 - 2t \ln t}{te^{2t}}$

15. $y' = \dfrac{1}{x} - 1$ $\qquad$ **16.** $y' = \dfrac{4}{(e^x + e^{-x})^2}$ $\qquad$ **17.** $y' = \dfrac{8e^{4x}}{e^{8x} - 1}$

18. $y' = -\dfrac{(2 \ln 10)10^x}{(1 + 10^x)^2}$ $\qquad$ **19.** $y' = e^{x\ln x}(1 + \ln x)$ $\qquad$ **20.** $y' = \dfrac{2x}{x^2 - 1}$

21. $y' = \dfrac{x - 5}{2(x+1)(x-2)}$ $\qquad$ **22.** $y' = \dfrac{1 - x\ln x}{xe^x}$ $\qquad$ **23.** $y' = -\dfrac{6}{5(x^2 - 1)}$

24. $y' = x^{n-1}a^{-x^2}\left(n - 2x^2\ln a\right)$ **25.** $y' = 0$ **26.** $y' = 1$ **27.** $y' = = 0$

28. $y' = \dfrac{2xy}{3 - 2y^2}$ **29.** $y' = \dfrac{y}{x} + e^{y/x}$ **30.** $y' = \dfrac{2^{x+y} - 2^x}{2^y - 2^{x+y}} = 2^{x-y}\dfrac{2^y - 1}{1 - 2^x}$

31. $ey - x + e = 0$ **32.** $y - 5x + 2 = 0$ **33.** $2y - x - 2\ln 2 = 0$

34. $4y + x - 8 = 0$ **35.** $y' = x^{x^3+2}(1 + 3\ln x)$ **36.** $y' = \dfrac{1}{2}x^{\sqrt{x}-1/2}\left(2 + \ln x\right)$

37. $y' = 2x^{\ln x - 1}\ln x$ **38.** $y' = \dfrac{1}{x}(\ln x)^{\ln x}\left(1 + \ln(\ln x)\right)$

39. $y' = (\ln 2)(\ln 3)\,3^x 2^{3^x}$ **40.** $y' = a^x x^a\left(\dfrac{a}{x} + \ln a\right)$ **41.** $y' = \dfrac{\sqrt[x]{x}}{x^2}(1 - \ln x)$

42. $y' = \left(1 + \dfrac{1}{x}\right)^x\left(\ln\dfrac{x+1}{x} - \dfrac{1}{x+1}\right)$ **43.** $y' = \dfrac{x(x^2-1)}{\sqrt{x^2+1}}\left(\dfrac{1}{x} + \dfrac{2x}{x^2-1} - \dfrac{x}{x^2+1}\right)$

44. $y' = \dfrac{1}{3}\sqrt[3]{\dfrac{x(x^2-1)}{(x+1)^2}}\left(\dfrac{1}{x} + \dfrac{2x}{x^2-1} - \dfrac{2}{x+1}\right)$ **45.** $y' = \sqrt[3]{\dfrac{2(x^3+1)^2}{x^6 e^{-3x}}}\left(\dfrac{x^4+x-2}{x(x^3+1)}\right)$

46. $y'' = 2e^{x^2-1}(1 + 2x^2)$ **47.** $y''' = -\dfrac{1}{x^2}$ **48.** $y''' = -\dfrac{x^2 - 6x + 7}{e^x}$

49. $y'' = -\dfrac{y}{(y-1)^3}$ **50.** $C'(200) = 20e \approx 54.366$ **51.** $R'(x) = 8 - (1 + 0.3x)e^{0.3x}$

52. a. $R'(x) = 200 + \dfrac{100\,(\ln x - 1)}{\ln^2 x}$ **b.** $R'(4) = 220.1$ **c.** \$ 220.1

53. a. $R'(x) = 10e^{-x/40}(40 - x)$ **b.** $U'(x) = 10e^{-x/40}(40 - x) - 15$

54. a. 0.442068 millones por año **b.** 2 % anual **56. a.** $f'(t) = \dfrac{76e^{-0,8t}}{\left(1 + 19e^{-0,8t}\right)^2}$

   b. 25.17 personas por semana **c.** 0.507 % **57.** $f'(t) = \dfrac{kABe^{-kt}}{\left(1 + Be^{-kt}\right)^2}$

58. 16 años **59.** 13.5 años

CAPITULO 8

SECCION 8.1

3. Decreciente en $(-\infty, 0]$ y creciente en $[0, +\infty)$ **4.** Creciente en $(-\infty, -2]$ y decreciente en $[-2, +\infty)$ **5.** Decreciente en $(-\infty, 1]$, creciente en $[1, +\infty)$

6. Creciente en todo $\mathbb{R}$ **7.** Creciente en $(-\infty,-1]$ y en $[1, +\infty)$, decreciente en $[-1, 1]$

8. Creciente en $(-\infty,-1]$ y en $[3, +\infty)$, decreciente en $[-1, 3]$

9. Decreciente en $(-\infty,-1]$ y $[0, 1]$, creciente en $[-1, 0]$ y $[1, +\infty)$

10. Decreciente en $(-\infty,-2]$ y $[-1/2,1]$, creciente en $[-2, -1/2]$ y $[1, +\infty)$

11. Creciente en $(-\infty, 0)$ y decreciente en $(0, +\infty)$

12. Decreciente en $(-\infty, 2)$ y en $(2, +\infty)$ **13.** Creciente en $(-\infty,-1)$ y en $(-1, +\infty)$;

14. Decreciente en $[0, 2]$ y creciente en $[2, +\infty)$

15. Creciente en $(-\infty, 1]$ y decreciente en $[1, +\infty)$

16. Decreciente en $(-\infty,-2]$ y en $[0, +\infty)$. Creciente $[-2, 0]$

17. Decreciente en $(0, 1]$ y creciente en $[1, +\infty)$

18. Decreciente en $(0, e^{-1}]$ y creciente en $[e^{-1}, +\infty)$

19. Función de demanda en el intervalo $[0, 20]$

20. Función de oferta en el intervalo $[0, +\infty)$

21. Función de demanda en el intervalo $(0, +\infty)$

22. Función de demanda en el intervalo $[0, 8]$

23. Función de oferta en el intervalo $[0, +\infty)$.

SECCION 8.2

1. Números críticos: 3. Mín. relativo $= -8$ en 3

2. Números críticos: -6. Máx. relativo $= 10$ en -6

3. Números críticos: -1, 2.Máx. relativo $= 12$ en -1, Mín. relativo $= -15$ en 2

4. Números críticos: 1, 3. Mín. relativo $= -\dfrac{10}{3}$ en 1, máx. relativo $= -2$ en 3

5. Números críticos: 2, 6. Mín. relativo $= -32$ en 2 y máx. relativo $= 0$ en 6

6. Números críticos: 0 y 8. Máx. relativo $= 3$ en 0 y mín. relativo $= -13$ en 8

7. Números críticos: -1, 0, 1. Mín. relativo $= 1$ en 0 y máx. relativo $= 2$ en 1 y -1

8. Números críticos: 1. Mínimo relativo $= 1$ en 1

9. Números críticos: -2, 0, 1. Mín. relativo $= -32$ en -2, máx. relativo $= 0$ en 0,

mín. relativo $= -5$ en 1

10. Números críticos: 0, 4. Máx. relativo $=2$ en 0, mín. relativo $= -254$ en 4

11. Números críticos: -1, 0 y 1. Máx. relativo $= 3$ en -1 y Mín. relativo $= -1$ en 1

12. Números críticos: 2, 0, -1. Mín. relativo $= -111$ en 2. Máx. relativo $= 1$ en 0, Mín. relativo $= -3$ en -1

13. Números críticos: $-1,1$. Máx. relativo $= -2$ en -1 y mín. relativo $= 2$ en 1

14. Números críticos: -2. Mín. relativo $= 12$ en -2

15. Números críticos: 0. Máx. relativo $= -\dfrac{1}{4}$ en 0

16. No tiene Números críticos

17. Números críticos: 0, 2. Máx. relativo $= 0$ en 0 y Mín. relativo $= 4$ en 2

18. Números críticos: -5, 0, 1. Máx. relat. $= \dfrac{45}{7}\sqrt[3]{5}$ en -5, Mín. relat. $= -\dfrac{27}{7}$ en 1

19. Números críticos: 0, 3, 6. Mín. relativo en $-\sqrt[3]{9}$ en 3

20. Números críticos: 1, Mín. relativo $= 4$ en 1

21. Números críticos: 1, Máx. relativo $= 4$ en 1

22. Números críticos: 2, no tiene extremos relativos

23. Números críticos: $\dfrac{1}{2}$, $\dfrac{2}{3}$, 1. Máx. relativo $= \dfrac{1}{3}$ en $\dfrac{2}{3}$ Mín. relativo $= 0$ en 1

24. Números críticos: 0, 1. Máx. relativo $= 0$ en 0. Mín. relativo $= -1$ en 1

25. Números críticos: $-\sqrt{2}$, $\sqrt{2}$. Máx. relativo $= \dfrac{4+3\sqrt{2}}{4-3\sqrt{3}}$ en $-\sqrt{2}$,

     Mín. relativo $= \dfrac{4-3\sqrt{2}}{4+3\sqrt{3}}$ en $\sqrt{2}$

26. Números críticos: 1, $2/3$. Máx. relativo $= \dfrac{2}{3\sqrt{3}}$ en $\dfrac{2}{3}$

27. Números críticos: 2. Min. Relativo $= -1$ en 2

28. Números críticos: -3, -1, 1. Min. Relativo $= 0$ en -3. Min. Relativo $= 0$ en 1. Máx. Relativo $= 4$ en -1.

29. Números críticos: $1/2$. Máx. Relativo $= 1/2e$ en $½$

30. Números críticos: 3. Min. Relativo $= e^3/27$ en 3.

31. Números críticos: No tiene. No tiene extremos locales.

32. Números críticos: 1. No tiene extremos locales.

33. Números críticos: 1. Min. Relativo $= -1$ en 1.

34. Números críticos: −2, 1, 3, Mín. relativo en −2, Máx. relativo en 3

35. $P(x) = x^3 - 3x^2 + 4$

36. a. −2, 2   **b.** creciente en $(-\infty, -2)$ y $(-2, 0)$, decreciente en $(0, 2)$ y $(2, +\infty)$

   c. Máx. relativo = 0 en 0

SECCION   8.3

1. Cóncavo hacia arriba en $(1, +\infty)$, cóncavo hacia abajo en $(-\infty, 1)$, punto de inflexión $(1, 1/3)$

2. Cóncavo hacia arriba en $(0, +\infty)$, cóncavo hacia abajo en $(-\infty, 0)$, punto de inflexión $(0, 1)$

3. Cóncava hacia arriba en $(-\infty, -1)$, cóncava hacia abajo en $(-1, +\infty)$, punto de inflexión en $(-1, -1)$

4. Cóncava hacia arriba en $(-\infty, 1/2)$, cóncava hacia abajo $(1/2, +\infty)$, punto de inflexión en $(1/2, 0)$

5. Cóncava hacia arriba en $(-\infty, 0)$, cóncava hacia abajo en $(0, +\infty)$, punto de inflexión $(0, -1)$

6. Cóncava hacia arriba en $(-\infty, 1)$, cóncava hacia abajo $(1, +\infty)$, punto de inflexión en $(1, 0)$

7. Cóncava hacia arriba en $(-\infty, 0)$, cóncava hacia abajo en $(0, 2/3)$, cóncava hacia arriba en $(2/3, +\infty)$, puntos de inflexión $(0, 2)$ y $(2/3, 38/27)$

8. Cóncava hacia abajo en $(-\infty, -\sqrt{3}/3)$, cóncava hacia arriba en $(-\sqrt{3}/3, \sqrt{3}/3)$, cóncava hacia abajo en $(\sqrt{3}/3, +\infty)$, puntos de inflexión $(-\sqrt{3}/3, 41/36)$ y $(\sqrt{3}/3, 41/36)$

9. Cóncava hacia arriba en $(-3, 0)$ y $(3, +\infty)$, cóncava hacia abajo en $(-\infty, -3)$ y $(0, 3)$, puntos de inflexión $(-3, -1/4)$, $(0, 0)$ y $(3, 1/4)$

10. Cóncava hacia arriba en $(-\infty, 0)$ cóncava hacia abajo en $(0, +\infty)$, puntos de inflexión $(0, 0)$

11. Cóncava hacia abajo en $(-\infty, -2)$, cóncava hacia arriba en $(-2, +\infty)$. Punto de inflexión $(-2, -8/e) \approx (-2, -2.94)$

12. Cóncava hacia arriba en $(0, 1)$, cóncava hacia abajo en $(1, +\infty)$. Punto de inflexión $(1, g(1)) = (1, 0)$.

13. Máximo relativo = $\dfrac{14}{3}$ en $x = -1$, mínimo relativo = −6 en $x = 3$

14. Máx. relativo = 1 en $x = 0$, Mín. relativo = −15 en $x = -2$ y $x = 2$

15. Máx. relativo = $\dfrac{\sqrt{3}}{6}$ en x = $\sqrt{3}$, Mín. relativo = $-\dfrac{\sqrt{3}}{6}$ en $x = -\sqrt{3}$

16. Máx. relativo = $\dfrac{5}{4}$ en $x = \dfrac{3}{4}$, Mín. relativo = −1 en $x = -1$

17. Máx. relativo = 4 en $x = -1$ **18.** Mín. relativo $= -2/e \approx -0.74$ en $x = 1/e^2 \approx 0.14$

SECCION 8.5

1. Máx. = 8 en –1, Mín. = –7 en 2

2. Máx. = 1 en 0, Mín. = –8 en 3

3. Máx. = 10 en –6, Mín. = 14/3 en –2

4. Máx. = 35 en 4, Mín. = –17 en 2.

5. Máx. = 10/3 en –1. Mín.= 26/3 en 5

6. Máx. = 47 en –1. Mín. = –32 en 2

7. Máx. = 2 en –1 y 1. Mín. = –7 en 2 y –2

8. Máx. = 12 en 2. Mín. = 1 en 1

9. Máx. = 81 en –3. Mín. = –3 en –1

10. No tiene   **11.** No tiene

12. Máx.=9/2 en 3/2. Mín. =4 en 2 **13.** Máx. $=\sqrt[3]{7}$ en –1 y 7. Mín. $= -\sqrt[3]{9}$ en 3

14. Máx. = 4 en 1, Mín. = 3 en 0 y 2   **15.** Máx. = 3 en 0, mín. = 0 en 9

16. Máx. = 4 en 8, Mín. = –5 en –1   **17.** Máx. $= \dfrac{2}{3\sqrt{3}}$ en $\dfrac{2}{3}$, Mín. = 0 en 0 y 1

18. Máx. = $3\sqrt[3]{4}$ en 6. Mín. = 0 en 0 y 9 **19.** Mín. = –11 en –2, no tiene máximo

20. Mín. = –3 en 2, no tiene máximo   **21.** Máx. = 7/2 en 1, no tiene mínimo

22. Mín. = 1 en 0, no tiene máximo   **23.** Máx. = 3 en 0, no tiene mínimo

24. Máx. = 3 en 0, no tiene mínimo

SECCION 8.6

1. Largo = ancho = 18 m.   **3.** 120 m. y 60 m   **4.** 200 m. y 100 m.

5. 36 m. y 24 m.   **6.** 16 cm.   **7.** 1 cm.

8. a. 6 dm. 4 dm. y 3 dm.   **b.** $6\sqrt[3]{2}$ dm. $3\sqrt[3]{2}$ dm. y $2\sqrt[3]{2}$ dm.

9. 8 m. de lado de la base y $\dfrac{16}{3}$ m. de altura **10.** Largo = ancho = altura = 40 cm.

11. a. La longitud del pedazo para la circunferencia $=\dfrac{8\pi}{\pi+4}$ m., longitud del pedazo

para el cuadrado $= \dfrac{32}{\pi+4}$ m **b.** Longitud del pedazo para la circunferencia = 8
y para el cuadrado = 0.

12. a. 140 m. y $\dfrac{280}{\pi}$ m. **b.** $\dfrac{39,200}{\pi}$ m^2.

13. El terreno debe ser un circulo de   área $\dfrac{40,000}{\pi}$ m^2.

14. $\dfrac{14}{4+\pi}$ m. de base, $\dfrac{7}{4+\pi}$ m. de altura (del rectángulo) y $\dfrac{7}{4+\pi}$ m. de radio

15. 27 cm. y 18 cm.   **16.** $10\sqrt{6}$ m. y $8\sqrt{6}$ m.

17. 1 dm. de radio y 2 dm. de altura   **18.** radio = altura = $\sqrt[3]{2}\ \approx 1.23$ dm.

19. radio = altura = 6 cm.   **20.** radio = altura = 15 cm.

21. Entre B y C a 1.6 Km. de B **22.** El punto P debe coincidir con el punto C

23. Debe remar hasta el punto P que está entre F y B a 3.6 Km. de F

24. Debe remar hasta la bodega   **25. a.** 80 Km./h.

26. a. 43 habitaciones. **b.** $ 94 por habitación   **27.** $ 20.75   **28.** $ 18

29. 1,200, $. 44,000   **30.** 88 plantas   **31.** 5 semanas

32. a. $C'(x) = 4x + 15$ **b.** $\dfrac{C(x)}{x} = 2x + 15 + \dfrac{800}{x}$ **c.** $x = 20$

33. a. $2ax + b$ **b.** $\dfrac{C(x)}{x} = ax + b + \dfrac{c}{x}$ **c.** $x = \sqrt{\dfrac{c}{a}}$

34. a. $R(x) = px = \dfrac{1}{2}x^3 - 120x + 1,800x$ donde $0 < x < 30$

  b. $R'(x) = \dfrac{3}{2}x^2 - 120x$ **c.** $x = 20$

35. a. $R(x) = px = 250x - x^2$ **b.** $C(x) = 30x + 4,000$

  c. $G(x) = R(x) - C(x) = 220x - x^2 - 4,000$ **d.** 110   **e.** 8,100

36. a. $R(x) = 228x - x^2$ **b.** $G(x) = -x^3 + 4x^2 + 128x - 500$ **c.** 8   **d.** 268

37. a. 159 artículos, $ 50,062 **38. a.** $R(x) = \begin{cases} 90x, & \text{si } 0 \le x \le 20 \\ 120x - 1.5x^2, & \text{si } x > 20 \end{cases}$

  b. 40 personas **39.** 25 personas **40.** 150 lámparas, 8 pedidos al año, es decir
     1 cada mes y medio

41. 600, 5 veces por año **42. a.** 960 botellas **b.** Cada 4 meses.

43. a. 9 máquinas   **b.** 50 días **44. a.** $x = 50$ unidades **b.** $p = 80/e \approx 29.4$

  c. $4.000/e \approx 1,475.5$ **45.** 6 años   **46.** $(1, 3)$, $y + 4x - 7 = 0$

SECCION 8.7

1. – 2 elástica   **2.** $-12/11$, elástica   **3.** $-9/16$, inelástica   **4.** $-1/2$, inelástica

5. a. 6   **b.** 4   **c.** 8   **6. a.** $(0, 3)$ **b.** 3   **c.** $(3, 6)$

7. a. $(0, \sqrt{3}\,)$ **b.** $\sqrt{3}$ **c.** $(\sqrt{3}, 3)$ **8. a.** $E(5) = -10/3$ **b.** $-33.33\ \%$

9. a. -16 **b.** 8%   **c.** 1.5 %

TABLAS
ALGEBRA
EXPONENTES Y RADICALES

1. $a^0 = 1, \; a \neq 0$ **2.** $(ab)^x = a^x \, b^x$ **3.** $a^x \, a^y = a^{x+y}$

4. $\dfrac{a^x}{a^y} = a^{x-y}$ **5.** $(a^x)^y = a^{xy}$ **6.** $a^{-x} = \dfrac{1}{a^x}$

7. $\left(\dfrac{a}{b}\right)^x = \dfrac{a^x}{b^x}$ **8.** $a^{\frac{1}{n}} = \sqrt[n]{a}$ **9.** $a^{\frac{m}{n}} = \sqrt[n]{a^m} = \left(\sqrt[n]{a}\right)^m$

11. $\sqrt[n]{ab} = \sqrt[n]{a} \; \sqrt[n]{b}$ **12.** $\sqrt[n]{\dfrac{a}{b}} = \dfrac{\sqrt[n]{a}}{\sqrt[n]{b}}$

TEOREMA DEL BINOMIO

13. $(a \pm b)^2 = a^2 \pm 2ab + b^2$ **14.** $(a \pm b)^3 = a^3 \pm 3a^2 b + 3ab^2 \pm b^3$

15. $(a+b)^n = a^n + na^{n-1}b + \dfrac{n(n-1)}{2}a^{n-2}b^2 + ... + \binom{n}{k} a^{n-k}b^k + ... + na^{n-1}b + b^n$

16. $(a-b)^n = a^n - na^{n-1}b + \dfrac{n(n-1)}{2}a^{n-2}b^2 + ... + (-1)^k \binom{n}{k} a^{n-k}b^k + ...$

$$- na^{n-1}b + (-1)^n b^n \;, \text{ donde } \binom{n}{k} = \frac{n(n-1)(n-2)\,...\,(n-k+1)}{k!}$$

PROGRESION GEOMETRICA

17. $a_1 = a, \; a_2 = ar, a_3 = ar^2, a_4 = ar^3, ..., a_n = ar^{n-1}$ $S_n = \displaystyle\sum_{k=1}^{n} a_k = a\dfrac{1-r^n}{1-r}$

FACTORIZACION

18. $a^2 - b^2 = (a+b)(a-b)$ **19.** $a^2 \pm 2ab + b^2 = (a \pm b)^2$

20. $a^3 + b^3 = (a+b)\left(a^2 - ab + b^2\right)$ **21.** $a^3 - b^3 = (a-b)\left(a^2 + ab + b^2\right)$

DESIGUALDADES Y VALOR ABSOLUTO

22. $a < b \Rightarrow a + c < b + c$ **23.** $a < b$ y $c > 0 \Rightarrow ac < bc$

24. $a < b$ y $c < 0 \Rightarrow ac > bc$ **25.** $|x| = a \Leftrightarrow x = a$ ó $x = -a$

26. $|x| < a \Leftrightarrow -a < x < a$ **27.** $|x| > a \Leftrightarrow -a < x$ ó $x > a$

EXPONENCIALES Y LOGARITMOS

28. $\log_a x = \dfrac{\ln x}{\ln a}$ 29. $\log_a e = \dfrac{1}{\ln a}$ 30. $a^x = e^{x \ln a}$

FORMULAS DE DERIVACION

1. $D_x\left[\,f(x)\,g(x)\,\right] = f(x)\,D_x\,g(x) + g(x)\,D_x f(x)$

2. $D_x\left[\dfrac{f(x)}{g(x)}\right] = \dfrac{g(x)D_x f(x) - f(x)D_x g(x)}{[g(x)]^2}$

3. $D_x(u^n) = nu^{n-1}\,D_x u$ ó bien $D_x\left(\,(\,g(x)\,)^n\,\right) = n(g(x))^{n-1}\,D_x u$

4. $D_x e^u = e^u\,D_x u$ 5. $D_x a^u = a^u \ln a\,D_x u$

6. $D_x \ln u = \dfrac{1}{u}\,D_x u$ 7. $D_x \log_a u = \dfrac{1}{u\ln a}\,D_x u$

ALFABETO GRIEGO

A	α	alfa	I	ι	iota	P	ρ	rho
B	β	beta	K	κ	kappa	Σ	σ	sigma
Γ	γ	gamma	Λ	λ	lambda	T	τ	tau
Δ	δ	delta	M	μ	mu	Y	υ	ipsilon
E	ε	epsilon	N	ν	nu	Φ	ϕ	fi
Z	ζ	zeta	Ξ	ξ	xi	X	χ	ji
H	η	eta	O	o	omicron	Ψ	ψ	psi
Θ	θ	theta	Π	π	pi	Ω	ω	omega

GEOMETRIA

h = altura, A = Area, AL = Area Lateral, V = Volumen

Triángulo	Triángulo Equilátero
$h = a \operatorname{sen} \theta$ $A = \dfrac{1}{2}bh$ $A = \dfrac{1}{2}b \operatorname{sen} \theta$	$h = \dfrac{\sqrt{3}}{2}a$ $A = \dfrac{\sqrt{3}}{4}a^2$

Trapecio	Sector Circular
$A = \dfrac{h}{2}(a+b)$	$s = r\theta$ $A = \dfrac{1}{2}r^2\theta$

Cono Circular Recto	Tronco de Cono
$AL = \pi r \sqrt{r^2 + b^2}$ $V = \dfrac{1}{3}\pi r^2 h$	$V = \dfrac{\pi h}{3}\left(r^2 + rR + R^2\right)$ $AL = \pi s(r+R)$

Cilindro	Esfera
$V = \pi r^2 h$ $AL = 2\pi rh$	$V = \dfrac{4}{3}\pi r^3$ $A = 4\pi r^2$

INDICE   ALFABETICO

www.ingramcontent.com/pod-product-compliance
Lightning Source LLC
Chambersburg PA
CBHW081456200326
41518CB00015B/2282